嚴濟慈

電 磁 學
上 册
严 济 慈

中国科学技术大学建校初期著名科学家教学史料丛编

电磁学

严济慈

嚴濟慈

中国科学技术大学出版社

图书在版编目(CIP)数据

电磁学/严济慈. —合肥:中国科学技术大学出版社,2013.9
(中国科学技术大学建校初期著名科学家教学史料丛编)
ISBN 978-7-312-03001-7

Ⅰ.电…　Ⅱ.严…　Ⅲ.电磁学—高等学校—教材　Ⅳ.O441

中国版本图书馆 CIP 数据核字(2013)第 213031 号

中国科学技术大学出版社出版发行
(安徽省合肥市金寨路 96 号,230026)
中国科学技术大学印刷厂印刷
全国新华书店经销
*
开本:787 mm×1092 mm　1/16　印张:26.75　插页:2　字数:583 千
2013 年 9 月第 1 版　2013 年 9 月第 1 次印刷
定价:69.00 元

代　　序

谈谈读书、教学和做科学研究[①]

一

读书主要靠自己，对于大学生来说尤其如此。读书有一个从低级向高级发展的过程，这就是听（听课）——看（自学）——用（查书）的发展过程。

听课，这是学生系统学习知识的基本方法。要想学得好，就要会听课。所谓会听课，就是抓住老师课堂讲授的重点，弄清基本概念，积极思考联想，晓得如何应用。有的大学生，下课以后光靠死记硬背，应付考试，就学不到真知识。我主张课堂上认真听讲，弄清基本概念；课后多做习题。做习题可以加深理解，融会贯通，锻炼思考问题和解决问题的能力。一道习题做不出来，说明你还没有真懂；即使所有的习题都做出来了，也不一定说明你全懂了，因为你做习题有时只是在凑凑公式而已。如果知道自己懂在什么地方，不懂又在什么地方，还能设法去弄懂它，到了这种地步，习题就可以少做。所谓"知之为知之，不知为不知，是知也"，就是这个道理。

一个学生，通过多年的听课，学到了一些基本的知识，掌握了一些基本的学习方法，又掌握了工具（包括文字的和实验的工具），就可以自己去钻研，一本书从头到尾循序地看下去，总可以看得懂。有的人靠自学成才，其中就有这个道理。

再进一步，到一定的时候，你也可以不必尽去看书，因为世界上的书总是读不完的，何况许多书只是备人们查考，而不是供人们读的。一个人的记忆力有限，总不能把自己变成一个会走路的图书馆。这个时候，你就要学会查书，一旦要用的时候就可以去查。在工作中，在解决某个问题的过程中，需要某种知识，就到某一部书中去查，查到你要看的章节。遇到看不懂的地方，你再往前面翻，而不必从头到尾逐章逐节地看完整部书。很显然，查书的基础在于博览群书，博览者，非精读也。如果你"闭上眼睛"，能够"看到"某本书在某个部分都讲到什么，到要用的时候能够"信手拈来"，那就不必预先去精读它死背它了。

读书这种由听到看，再到用的发展过程，用形象的话来说，就是把书"越读越薄"的过

① 本文原载《红旗》1984年第1期（总第21期），后作为代序转载于作者编著的教材中（严济慈. 电磁学[M]. 北京：高等教育出版社，1989）。

程。我们读一本书应当掌握它的精髓，剩下的问题就是联系实际，反复应用，熟则生巧了。

那么，我们应当怎样理解对某个问题弄懂与否呢？其实，我们平时所谓“懂”，大有程度之不同。你对某个问题理解得更透彻更全面时，就会承认自己过去对这个问题没有真懂。现在，真懂了吗？可能还会出现“后之视今，亦犹今之视昔”的情形。所以，“懂”有一个不断深入的过程。懂与不懂，只是相对而言的。这也就是“学而后知不足”的道理。

每个人都要摸索适合自己的读书方法，要从读书中去发现自己的长处，进而发扬自己的长处。有的人是早上读书效果最好，有的人则是晚上读书效果最好；有的人才思敏捷，眼明手快，有的人却十分认真严谨，遇事沉着冷静；有的人动手能力强，有的人逻辑思维好。总之，世上万物千姿百态，人与人之间也有千差万别，尽管同一个老师教，上同样的课，但培养出来的人总是各种各样的，绝不是同一个模子铸出来，像一个工厂的产品似的，完全一个模样。

归根结底，读书主要还是靠自己，有好的老师当然很好，没有好的老师，一个人也能摸索出适合自己的读书方法，把书读好。我这样讲并不是说老师可以不要了。老师的引导是十分重要的。但是，即使有了好的老师，如果不经过自己的努力，不靠自己下苦功，不靠自己去摸索和创造，一个人也是不能成才的。

当今，在科学技术迅猛发展的时期，自然科学和社会科学更是密不可分，相互交叉，出现不少边缘学科。所以理工科的学生，应当读点文科的书。同样，文科学生，也应该读点理工科的书。理工科的学生只有既懂得自然科学知识，又知道一些社会科学知识，既有自己专业的知识，又有其他学科的一般知识，这样才能适应现代社会的要求。

二

搞好教学工作是老师的天职。一个大学老师要想搞好教学工作，除了要有真才实学以外，还必须一要大胆，二要少而精，三要善于启发学生，识别人才。

首先讲要大胆，中青年教师尤其要注意这点。一些教龄较长、教学经验较丰富、教学效果较好的同志一定有这样的体会，即从某种意义上来说，讲课是一种科学演说，教书是一门表演艺术。如果一个教师上了讲台，拘拘束束，吞吞吐吐，照本宣科或者总是背向学生抄写黑板，推导公式，那就非叫人打盹不可。一个好的教师要像演员那样，上了讲台就要“进入角色”，“目中无人”，一方面要用自己的话把书本上的东西讲出来；另一方面，你尽可以“手舞足蹈”，“眉飞色舞”，进行一场绘声绘色的讲演，这样，同学们就会被你的眼色神情所吸引，不知不觉地进入到探索科学奥秘的意境中来。怎样才能做到这一点呢？这就要求你必须真正掌握自己所要讲的课程的全部内容，也就是要做到融会贯通，运用自如，讲课时能详能简，能长能短，既能从头讲到尾，也能从尾讲到头，既能花一年之久详细讲解，也能在一个月之内扼要讲完。到了这种时候，就像杂技艺人玩耍手中的球一样，抛上落下，变幻无穷，从容不迫，得心应手。要做到这一点，必须自己知道的、理解的东西，比你要讲的广得多、深得多。我个人的体会是讲课不能现准备、现讲授，要做到不需要准备就能讲的才讲，而需要准备才能讲的不要讲。

老师对自己所教的课程掌握熟练，又能用自己的话去讲，才能做到少而精，深入浅出。老实说，如果你只会照书本讲，你讲一个小时，学生自己看半个小时就够了。好的老师，虽曾写过讲义，著过书，讲课时也不会完全照着自己写的书或讲义去讲，他只需把最精彩的部分讲出来就行了。这是什么道理呢？可以打个比方，著书类似于写小说，教书则类似于演戏。要将一本小说改编成一出戏，不过是三五幕，七八场。从上一幕末到下一幕初，之间跳过了许多事情，下一幕开始时，几句话一交代，观众就知道中间跳过了什么情节，用不着什么都搬到舞台上来。搬到舞台上的总是最精彩的段落，最能感动人而又最需要艺术表演的场面。

要想教好书，还必须了解学生。下课后和学生随便聊聊，“口试”一下，不消半个小时，就可以从头问到底，学生掌握课堂知识的深浅程度就知道了，老师讲课就有了针对性，效果会好得多。现在有的老师对学生不了解，也分不出自己教的学生的程度来；上课前东抄西抄，上课时满堂灌，虽然教了多年书，效果也不会好。

好的老师要善于启发学生，善于识别人才，因材施教。你到讲台上讲一个基本概念，就要发挥，要启发学生联想，举一反三，这样才能引人入胜。这个问题是怎样提出来的？又是怎样巧妙地解决的？与它类似的有哪些问题？还有哪些问题没有解决？这就是我们常说的“启发式的教学”，它可以一步步地把学生引入胜景，把学生引向攀登科学技术高峰的道路上去，使人的雄心壮志越来越大。现在的大学生素质好，肯努力，男的想当爱因斯坦，女的想当居里夫人，都想为国家争光，为四化多做贡献，我们做老师的应该竭尽全力帮助他们成才。如果一个青年考进大学后，由于教学的原因，一年、二年、三年过去了，雄心壮志不是越来越大，而是越来越小，从蓬勃向上到畏缩不前，那我们就是误人子弟，对不起年轻人，对不起党和国家。这是我们当教师、办学校的人所应当十分警惕的。

三

许多学生准备考研究生，有些学生大学毕业后可能直接分配到研究所参加科学研究工作。大家常问：科学研究工作的特点是什么？从事科学研究的人应该具备什么样的条件？

我认为，科学研究工作的最大的特点在于探索未知，科学研究成果的意义也正在于此。恩格斯说过：“科学正是要研究我们所不知道的东西。”(《马克思恩格斯选集》第 3 卷第 541 页)科学研究工作是指那些最终在学术上有所创见，在技术上有所创造，即在理论上和实践上有所创新的工作。所谓创新，就是你最先解决了某个未知领域或事物中的难题，研究的结果应该是前人从未有过，而又能被别人重复的；得到的看法应该是从来没有人提出来，而又能逐渐被别人接受的。总之，科学研究工作的成果完全是你自己和研究工作的集体在前人的基础上创造出来的。

因此，从事科学研究的人，要经过训练，要有导师指导，在学术上必须具备两条，第一是能够提出问题，第二是善于解决问题。

首先是你要在所从事的领域里，在古今中外前人工作的基础上，提出新的问题，也就是要找到一个合适的研究题目。这个题目应该是经过努力短期内能够解决的，而不是那种经过十年、二十年的努力都没有希望解决的问题。这一点是区分初、中、高级研究人员的重要标志之一。初级人员是在别人给他指点的领域、选定的题目之下完成一定的研究工作；中级人员自己能够找到一个比较合适的研究题目，并独立地去解决它；高级人员除了自己从事创造性的工作外，还应该具有指导研究工作的能力，能为别人指点一个合适的领域或题目。因此，对于一个研究生或刚参加工作的大学生来说，找到一个好的导师是很重要的。找怎样的导师好呢？是年老的还是年纪稍轻的？我说各有各的长处和短处。年轻的导师自己正在紧张地做研究工作，你该做些什么，导师早已安排好了，也许一年半载就出了成果，这对一个研究生的成长是有利的。但是，由于你只是参加了部分研究工作，虽然出了成果，你和导师联名发表论文，但你可能还不完全知道其中的奥秘，也不完全明白它的深刻意义。如果你是在国外，你的导师也许把你当作劳动力来使用，回国以后你想重复，可能也做不起来。反过来，如果导师是年老的，他很忙，只给你指点个方向，许多具体困难你只好自己去克服，出成果可能就慢些，但可以锻炼你独立工作的能力。跟这样的导师还有一个好处，就是与他打交道的大都是当代名家鸿儒，你在那里工作，他们来参观，点个头，握个手，问答几句，可以受到启发和鼓舞，增强你克服困难的信心，有助于在研究工作中突破难关。

其次，要求科学研究人员有善于解决问题的能力。创造，实际上是一个克服困难的过程。你能克服这个困难，你把这个问题解决了，就有新的东西得出来了，也就是说你有所创新了。不管是搞自然科学还是搞社会科学都一样。要做科学研究工作，总会碰到一些困难的，没有困难还要你去研究什么？困难克服得越多，你解决的问题、得到的结果越重要，你的创新也就越大。所以我们讲一个人能不能独立地做研究工作，就是讲他有没有克服困难的能力、决心和信心。一个人的能力，就是在不断克服困难中锻炼出来的。培养人就是培养克服困难的能力。一个人能不能搞科研工作，并不取决于他书读得多少，而在于他有没有克服困难的能力。

怎样才能称得上是第一流的科学研究工作呢？首先，研究题目必须是在茫茫未知的科学领域里独树一帜的；其次，解决这个问题没有现成的方法，必须是自己独出心裁设想出来的；最后，体现这个方法、用来解决问题的工具，即实验用的仪器设备等，必须是自己设计、创造，而不是用钱能从什么地方买来的。如果能够做到这些，就可以说我们的科研工作是第一流的。

在大学里，科学研究工作一定要与教学工作密切结合起来。我们现在需要搞好科研，更需要搞好教学。教学与科研两者是相辅相成的。一所大学应该成为以教学为主的教学与科研中心。教书的人必须同时做科研工作，或曾经搞过科研工作。搞科研的人还要教点书，多与青年人接触，这样可以帮助你多思考一些问题。

一个老师把教学工作搞好了，科学研究工作做好了，由于长期的积累，到了一定的时候，就可以自己动手写书。可以说，写书是教学和科研工作的总结。写好一本书，特别是写教科书，意义是十分重大的。要写好书，就应该推陈出新，写出自己的风格来，决不能东抄西摘，剪剪贴贴，拼拼凑凑。写书就好像是蜂酿蜜，蚕吐丝。蜜蜂采的是花蜜，经过自己酿制之后，就变成纯净甘美的蜂蜜。蚕吃的是桑叶，经过自己消化之后，就变成晶莹绵长的蚕丝。采花酿蜜，可以说是博采众长，吐丝结茧，真正是“一气呵成”。那么，怎么样才是写出了“自己的风格”？就是要文如其人。除了数字、公式、表格之外，要尽量用自己的话去论述问题。当别人看你写的书时，就好像听见你在说话一样。中青年教师应该大胆写书，朝这个方向去努力。

总之，一个人要有所成就，必须专心致志，刻苦钻研，甚至要有所牺牲。法国小说家莫泊桑说过：“一个人以学术许身，便再没有权利同普通人一样地生活。”

严济慈

目　　录

上　　册

下　　册

上册

第1章　在真空中静止电荷的电场

§1　电 的 本 质

电为物质的一种基本特性。电不能离开物质而存在。世未有不涉及物质的电。

电有两种，也只有两种，因而可以用正、负或阴、阳来区别。一种是和用毛皮摩擦过的玻璃所带的电相同的，叫做正电或阳电；另一种是和摩擦过玻璃棒的毛皮所带的电相同的，叫做负电或阴电。带同号电的物体互相排斥，带异号电的物体互相吸引。

物体带电多寡的程度，用电量来表示。两个带电体在同一的位置，且在同一的情况下，对于另一指定的带电体所起的排斥或吸引作用，不论数值与方向都相同时，它们所带的电量自必完全相等。如果排斥或吸引作用的数值相等而方向相反，则它们所带电量相等，而其电性相反，一为正电，一为负电。我们每以电荷一词代表带电的物体及其所荷的电量。

一个物体同时荷有正负两电，不但其量相等，而且在体内分布又完全相同时，对外不显电的作用，是为电的中和，所以在不带电的物体中，并不是没有电荷存在。事实上一切物体都含有大量的正负电荷，不过两者互相抵消，对外不显作用而已。所谓带电体的电量，系指它所带的正负二个电量的差。对于一个含有过多正电荷的物体，我们说它带正电；对于一个含有过多负电荷的物体，我们说它带负电。

1. 电量守恒定律

以摩擦使物体带电的时候，二个互相摩擦的物体同时带电，总是一个物体带正电，而另一个物体带负电，而且正负二个电量总是相等。按一切物理经验，无论何处原无些许正电或负电可资鉴别者，倘或偶然使其出现一种电荷，则必有一等值而异号的另一种电荷同时出现，出现的二个电量之和恒为零。所谓“起电”云者，实际上只是设法使原有的正负二电分离开来，分别聚集于物体的不同部分上，或使一种符号的电量离开这个物体，迁入另一物体，使其对外各显作用而已；而且分离开来的又只是物体所含巨大电量中的极小极小的一部分。起电并不“产生”电量。

电也永不消灭。二个带电体互相接触的时候，电会从一个物体迁移到另一个物体上去。假设它们带电异号而等值，那么接触之后，各呈电的中和状态。所谓中和，只是把原来分开的二个等值而异号的电荷重新聚集在一起，对外不显作用而已。

由此我们得出结论：电既不能产生，也不能消灭，是为电量守恒定律。

电既恒与物质结合，不能离开物质而存在，则电量守恒定律又可归纳于物质守恒定律之中。

宇宙内正电与负电的总量哪个大，抑是相等？根据我们今天的知识无从回答这样一个问题。但从我们所掌握的事实，确有理由信其相等。

2. 电的颗粒性

各种物质都由分子或原子构成。各种原子均由性质完全相同而带有一定负电的电子与结构复杂而带有正电的原子核组成。

电子所带的电量甚微，但有一定，其值为

$$e = 4.803\times10^{-10}\ \text{静电单位} = 1.602\times10^{-19}\ \text{库仑}$$

我们从来没有见过电子的电量有多于或少于这个数值的，也从来没有见过比电子电量更小的电荷。电子电荷实为电剖分后所能得到的最后微粒或最后单位[①]。电之为量是不连续的。

电子不仅有一定的电荷，而且有一定的质量。电子的质量只约为氢原子质量的1/1 840，其值为

$$m = 9.109\times10^{-28}\ \text{克}$$

各种原子核的质量与其所含的正电量各不相同。最简单的为氢的原子核，其质量几为氢原子质量的全部，称为质子。质子所含的正电荷适等于一个电子所含的负电荷之值。氢原子就是一个电子围绕着一个质子运动而成的，因而对外呈电的中性。

原子核中含有若干个质子和中子。质子带有正电，电量和电子相同；而中子不带电，中子的质量几与质子相等。

在正常的状态下，一个原子的原子核外部电子的数目等于原子核内质子的数目；所以原子呈电的中和。如果原子或分子，由于外来原因失去一个或数个电子，就成为带正电的正离子；反之，如果原子或分子从外界擒获一个或几个电子，就成为带负电的负离子。所以物体带负电，即为其所含电子过多的表征；物体带正电，则为缺少若干电子的状态。

在固体中，正电荷以其所联系的质量很大，不能移动。当我们说正电荷从甲点移到乙点时，其实是电子从乙点移到甲点。此后我们仍常说正电荷从某点移到另一点，而不提及电子的移动。这种说法不致发生困难或误解。至于在溶液或气体中，情况不同，电荷的移动是离子的移动，有负离子的移动，也有正离子的移动，因而往往引起化学变化。

① 校者注：目前的基本粒子理论预言，存在6种称为夸克的粒子，但尚无实验确认其存在。

§2 库 仑 定 律

二个带电体之间的相互作用，除了它们所带的电量之外，还与它们的形状和大小有关。为了简单起见，库仑于1785年根据扭秤所做的实验，确定了二个静止的点电荷之间的相互作用力。所谓点电荷，指的是带电体的大小和所考虑的距离比较起来是很小的。

库仑所用扭秤的构造如图2.1所示。l是一根银丝，它的上端固定于纽头S上，下端悬有一根浸蜡的绝缘草杆。杆的一端带有一个木髓小球m，另一端悬有一个平衡体P。全部设备置于玻璃罩内，使其不受空气流动的影响。玻璃罩的盖上有一小孔，用以放入装在绝缘柄上的另一木髓小球n。实验时，先使两个小球带电；小球m在小球n的电力作用下，将转过某一角度。旋转纽头S使小球回到原来的位置。此时，悬丝的扭转力矩等于电力施于小球m上的力矩。如果悬线的扭转常数已事先测定，则由纽头转过的角度，就可以确定力矩的大小。若再知道杆的长度，就可以确定小球m与n之间的相互作用力。至于小球m在实验开始时的位置也可转动纽头S来改变，从而改变小球m与n之间的相对距离，由此可测定在各种不同距离下的小球m和n之间的相互作用力。

实验结果表明：两球携带的电荷保持一定时，两球之间的相互作用力与它们球心之间距离的平方成反比，即

$$f \propto \frac{1}{r^2}$$

在实验中，两球的线度都比它们之间的距离要小得多，因此可把它们当作两个点电荷来处理。

要确定作用力 f 与电量之间的关系，须先确定比较两个电量的方法。

为了比较两个电荷 q_1 和 q_2 的大小，我们把这两个电荷先后放在某一定的第三电荷 q_0 的距离同为 r_0 的地方，量度这两个电荷与第三个电荷 q_0 相互作用的力 f_1 和 f_2。具体的做法是：我们依次给小球n以电荷 q_1 和 q_2，保持小球m的电荷 q_0 不变。实验表明力之比 f_1/f_2 是和第三电荷 q_0 的大小无关的，也和电荷 q_1 和 q_2 至第三电荷的距离 r_0 无关。由此可见，力之比值 f_1/f_2 仅由电荷 q_1 和 q_2 决定，因此就取电荷之比 q_1/q_2 等于力之比 f_1/f_2。我们这样就得两个电荷之比 q_1/q_2 的测量方法。

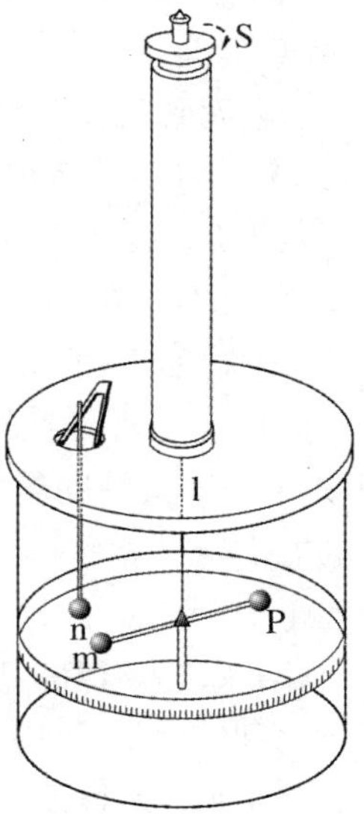

图2.1

既有比较电荷的方法，我们现在就可以把不同的电荷 q_1，q_2，q_3，…两两地放置在彼此距离相同的地方。在此情形下，实验表明，两个电荷 q_i，q_k 之间的相互作用力 f 是和它们的大小的乘积 q_iq_k 成比例的。

最后我们得出**库仑定律**：两个点电荷之间的相互作用力，沿着它们之间的连接线，大

小相等而方向相反，与电荷 q_1 和 q_2 的大小乘积成比例，而与它们之间的距离 r 的平方成反比：

$$f = k\frac{q_1 q_2}{r^2} \tag{2.1}$$

式中 k 是比例系数。

如果给正电荷以正号（+），而给负电荷以负号（-），则力的负值表示引力，而正值表示斥力。

对于库仑定律，我们要作以下几点说明：

(1) **库仑定律确定了电量的静电单位**。在上面我们讲过如何比较两个电量的方法。为了计量一个电量，还必须规定电量单位。库仑定律中之所以包含一个未定的常数 k，就是由于电量单位还未确定的缘故。在库仑定律中，r 与 f 都已有一定的计量单位。若取 $k=1$，这样规定的电量单位称为绝对静电单位制的电量单位。又若 r 与 f 都采用CGS单位制①，那么 $k=1$ 这个条件所规定的电量单位称为CGS绝对静电单位制的电量单位，所以在CGS绝对静电单位制中，电量单位的定义可述之如次：

两个相等的电荷，在真空中（或近似地在空气中）相距1厘米，相互作用的力等于1达因时，它们所含的电量各等于1个静电单位。

电量的静电单位在实用上殊嫌太小。例如，在一普通电灯中，一秒钟内即有 10^8 至 10^9 静电单位的电量流过，为数已如此之大，所以我们又采用了一种实用单位制。在实用单位制中，电量单位为库仑，而

$$1\ 库仑 = 3 \times 10^9\ 静电电量单位$$

(2) **库仑定律的精确程度**。"点电荷"是一个极限的东西、抽象的概念。在库仑实验中，二个带电体不能很小，它们之间的距离不能很大，因此库仑的扭秤直接测定的结果的精密程度是不能很大的。但是库仑定律的正确性，不仅在于这一定律的直接验证，而且重要得多的是，由这一定律得到的全部推论和实验的一致。库仑定律可说是实验材料的概括，因而就成为静电场理论的基础。

以后我们将要看到，导体内部没有电荷存在是库仑定律的一个结论。麦克斯韦曾于1879年以很大的准确度确定了这个事实，并从而断定二个点电荷间的作用力随距离而消减的方次与2相差不会超过1/20000；1936年有人又用放大器和电流计证明这个相差不会大于 10^{-9}。

(3) **库仑定律的适用范围**。根据 α 粒子在原子核上的散射实验，我们可以断定库仑定律直到数量级为 $10^{-12} \sim 10^{-18}$ 厘米的距离上还是正确的。

(4) **库仑定律所规定的作用力并不小**。我们来计算氢原子中电子和原子核（质子）之间的静电作用力与万有引力，并把它们比较一下就可知道。

在氢原子中，电子和质子之间的距离 $r=0.529 \times 10^{-8}$ 厘米，电子和质子所带的电荷为

$$q_e = q_p = 4.803 \times 10^{-10}\ 静电单位$$

---

① 校者注：厘米·克·秒单位制。

所以电子和质子之间的静电作用力等于

$$f_e = \frac{q_e q_p}{r^2} = \frac{(4.803 \times 10^{-10})^2}{(0.529 \times 10^{-8})^2} = 8.24 \times 10^{-3}(\text{达因})$$

电子和质子的质量各为

$$m_e = 9.11 \times 10^{-28}\ \text{克}, \quad m_p = 1.67 \times 10^{-24}\ \text{克}$$

万有引力常数为

$$G = 6.67 \times 10^{-8}\ \text{达因}\cdot\text{厘米}^2/\text{克}^2$$

所以电子和质子之间的万有引力等于

$$f_m = G\frac{m_e m_p}{r^2} = 6.67 \times 10^{-8} \times \frac{9.11 \times 10^{-28} \times 1.67 \times 10^{-24}}{(0.529 \times 10^{-8})^2}$$

$$= 3.63 \times 10^{-42}(\text{达因})$$

可见在氢原子中,静电引力远比万有引力为大,即

$$\frac{f_e}{f_m} = 2.27 \times 10^{39}$$

因此,在考虑原子内部结构时,万有引力对于电力是完全可以忽略不计的。

库仑定律所规定的作用力并不小这一事实,还可从氢原子中电子围绕质子运动所得到的速度来说明,即

$$m_e \frac{v^2}{r} = f_e$$

或

$$v = \sqrt{\frac{rf_e}{m_e}} = \sqrt{\frac{0.529 \times 10^{-3} \times 8.24 \times 10^{-3}}{9.11 \times 10^{-28}}}$$

$$= 2.2 \times 10^8(\text{厘米}/\text{秒}) = 2200(\text{公里}/\text{秒})$$

库仑定律所规定的作用力既然不小,为什么我们日常所遇到静电力总是不过几克或几十克①甚至不过几十或几百达因呢?在静电实验中,我们常用轻物体如通草球来带电,用灵敏的扭秤来量力,那是因为我们所能聚积的电量很小的缘故。设有两个电量各为1库仑的电荷,当它们相距1米时,彼此间作用力根据库仑定律计算就有90余万吨之大!实际上,我们不可能使一个物体带电达到或接近1库仑。因为任何物体上如有这样大的电荷,周围任何绝缘体早就被击穿。这样,电荷就从物体上跑掉,而不可能停留在物体上。

在静电学中,库仑是一个很大而不易实现的电量。电为一种不宜囤积而利于流通的东西。故由库仑定律所规定的电荷间吸引或排斥的力并不小,小的是我们所能积聚而使其静止的电量。

(5) **库仑定律包含着"超距作用"的概念**。超距作用是不能令人满意的,人们逐渐发展了场的概念。

---

① 校者注:这是工程单位制的力的单位,1克力=980达因。

§3 电　　场

电荷在它的周围空间中引起某种物理变化，使它具有特殊的物理性质。这种物理变化或特殊性质首先表现在：任何与该电荷有一定距离的另一个电荷都将受到力的作用，我们说电荷在它的周围空间中产生电场，静电荷产生静电场。

凡为电荷的作用力所及的地方都是它的电场的范围，任何电荷的电场都充满整个空间，但在事实上我们常以其作用可觉或可量的区域为限。

要确定电场中某一点场的性质，我们利用**试探电荷**来作测定。试探电荷必须是一个电量足够微小的点电荷。首先，它的几何形状必须足够小，使它置于场中某一点时，它的位置具有确定的意义；其次，它所带的电量 q_0 必须足够小，使它引入到电场后不会对原来的电场发生任何显著的影响。

把试探电荷放在场中某一点，它受到的力的大小和方向是一定的。如果我们改变它的电量 q_0 的数值，则它所受的力的方向不变，但力的大小改变。若研究一下，当 q_0 取不同的值时所受的力 $\boldsymbol{F}$ 与相应的 q_0 的比值 $\boldsymbol{F}/q_0$，我们发现这个比值具有确定的大小，换言之，比值 $\boldsymbol{F}/q_0$ 的大小和 $\boldsymbol{F}$ 的方向都只与这一点的电场性质有关，而与试探电荷 q_0 的大小无关。电场是物质存在的一种形式，这种客观存在通过它对试探电荷的作用力表现出来，因此，我们就有可能利用这种表现形式来描述这种客观存在。我们把比值 $\boldsymbol{F}/q_0$ 和 $\boldsymbol{F}$ 的方向作为描述静电场中给定点的客观性质的一个物理量，并称为**电场强度**或简称**场强**。它是一个矢量，用 $\boldsymbol{E}$ 代表，即

$$\boldsymbol{E} = \frac{\boldsymbol{F}}{q_0} \tag{3.1}$$

如果在上式中令 q_0 等于 1 个单位的正电荷，则 $\boldsymbol{E}=\boldsymbol{F}$。由此可见，电场中某点的电场强度在数值上等于放在该点的单位正电荷所受的力，场强的方向和力的方向一致。在 CGS 绝对静电单位制中，当一个 CGS 静电单位的电荷在场中某点所受的力为 1 达因时，该点的场强即是一个 CGS 静电制场强单位。

在此还要重复强调电场 $\boldsymbol{E}$ 的客观存在。电场 $\boldsymbol{E}$ 虽然由于试探电荷的引入，由于试探电荷受到电力，才被揭露出来，但它的存在和性质是由别的电荷所产生、所决定的，并不因试探电荷的引入与否而有改变。

到现在为止，我们仅谈到了静电场的存在，而它的性质还是不知道的。不同的场具有不同的性质。要想预先推测电场的性质是不可能的，只有从实验中才可以求得它们。

把试探电荷先后置于由电荷 q 所产生的电场中的各点，就可测定电荷 q 所产生的电场中各点的场强 $\boldsymbol{E}$。这就是对电场进行实验研究的方法。$\boldsymbol{E}$ 是点的坐标的函数，它沿坐标轴的三个分量各为

$$E_x(x,y,z),\quad E_y(x,y,z)\quad 和\quad E_z(x,y,z)$$

这样由试探电荷得来的 $\boldsymbol{E}$ 与 q 之间的关系就是静电场的规律。

这个静电场规律的获得，初不必知道库仑定律；相反地，可由它得出库仑定律。当然我们也可根据作为实验事实的电荷相互作用的库仑定律来求出静电场的规律。这两种方法都是合理的，并且是等同的。我们将选择后一种方法，这是受着纯教学法的理由的主使。对于初年级的大学生来说，后一种方法似乎比较简单，因为它是从已知的东西出发的。新的概念是要逐渐引进来的，新的数学工具也同样是要逐渐掌握住的。

根据库仑定律，试探电荷 q_0 与产生电场的电荷 q 之间的作用力为

$$\boldsymbol{F} = \frac{q_0 q}{r^3}\boldsymbol{r}$$

从而依定义得电场强度为

$$\boldsymbol{E} = \frac{\boldsymbol{F}}{q_0} = \frac{q}{r^3}\boldsymbol{r} \tag{3.2}$$

设电场是由 n 个点电荷 $q_1, q_2, \cdots, q_n$ 所产生的，并设 P 点与各个点电荷的距离分别为 $r_1, r_2, \cdots, r_n$。若在 P 点放一试探电荷 q_0，根据力的独立作用原理，则它所受的力等于

$$\boldsymbol{F} = \frac{q_0 q_1}{r_1^3}\boldsymbol{r}_1 + \frac{q_0 q_2}{r_2^3}\boldsymbol{r}_2 + \cdots + \frac{q_0 q_n}{r_n^3}\boldsymbol{r}_n$$

因此，P 点的场强是

$$\boldsymbol{E} = \frac{\boldsymbol{F}}{q_0} = \frac{q_1}{r_1^3}\boldsymbol{r}_1 + \frac{q_2}{r_2^3}\boldsymbol{r}_2 + \cdots + \frac{q_n}{r_n^3}\boldsymbol{r}_n = \boldsymbol{E}_1 + \boldsymbol{E}_2 + \cdots + \boldsymbol{E}_n \tag{3.3}$$

等于各个点电荷单独在该点所产生的场强的矢量和，是为**场的叠加原理**。

利用场的叠加原理，可以计算任意带电体所产生的场强。为此，我们可把带电体携带的电荷看成许多极小的电荷元 $\mathrm{d}q$ 的集合，每一电荷元 $\mathrm{d}q$ 在距离为 r 处的 P 点所产生的场强为

$$\mathrm{d}\boldsymbol{E} = \frac{\mathrm{d}q}{r^3}\boldsymbol{r}$$

$\boldsymbol{r}$ 是由元电荷所在处指向所考虑 P 点的矢径。所以，整个带电体所产生的场强为

$$\boldsymbol{E} = \int \frac{\mathrm{d}q}{r^3}\boldsymbol{r}$$

以前我们曾引入点电荷这个辅助的概念，它是实际带电体的抽象，在特殊情况即当带电体的线度比所考虑的距离小得很多时，分布在带电体中的电荷才可当作点电荷来处理。严格地说，点电荷在客观的现实世界中是不存在的。实际上，带电体都有一定的大小及形状，而电荷又分布于整个带电体之中，这样分布的电荷叫做**体电荷**。一般说来，电荷的分布是不均匀的，为了表征某一点附近电荷分布的情况，我们可引入**体电荷密度**这个概念。

考虑一个体积为 V 的带电体上的电荷分布。在带电体中任一点 O 的附近取一体积元 ΔV，其中所含的电量为 Δq（图 3.1），则比值 $\bar{\rho} = \Delta q/\Delta V$ 定义为 O 点的平均体电荷密度。

如果 ΔV 取得足够小，则其中所含的电量 Δq 一定也很小，但比值 $\Delta q/\Delta V$ 却有一定

的极限值。当 $\Delta V \to 0$ 时，平均体电荷密度 $\overline{\rho}$ 就趋近于体电荷密度，即

$$\rho = \lim_{\Delta V \to 0} \frac{\Delta q}{\Delta V} = \frac{\mathrm{d}q}{\mathrm{d}V} \tag{3.4}$$

现在我们稍为详尽地阐明 $\Delta V \to 0$ 的意义。这里我们必须区别数学上的无穷小和物理上的无穷小。数学上，ΔV 可以无限地趋近于零。但在物理上，ΔV 必须是宏观地足够小，使得在某一点的体电荷密度具有确切的意义；同时 ΔV 又必须是微观地足够大，使其中含有足够数量的电荷最后微粒。这样才能使体电荷密度的讨论具有实际的意义。如果 ΔV 真正趋近于零，小到其中将不含有一个电荷最后微粒，这样讨论体电荷密度毫无意义。

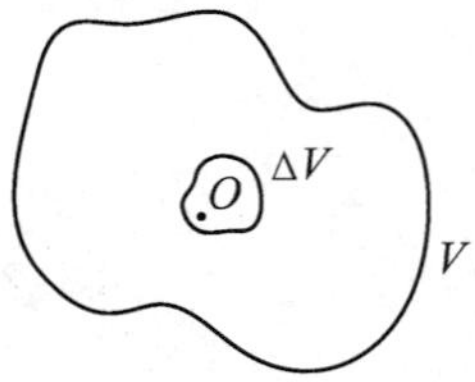

图 3.1

体电荷分布的例子是很多的。例如，物质本身就有等量而异号的体电荷分布，电解液中的正负离子及电子管中的空间电荷的分布等都是体电荷分布。

有时我们会遇到电荷分布在表面上的情形。例如，由摩擦起电而得的玻璃棒上的电荷就是分布在表面上的；当导体带电达于静电平衡时，电荷也分布在导体的表面上。严格地说，电荷是实物，它总占有一定的体积，因此总是体电荷分布，不可能集中在无限薄的面上。但是在特殊的情况下，当电荷分布于薄层中，如果它所占的厚度比所考虑的距离小得很多，则近似地可看做面电荷分布。在面电荷分布的情形中，我们可引入面电荷密度这个概念来表征电荷在某一点附近的分布情况。

用 σ 表示面电荷密度。ΔS 是在面上某点附近的一个面积元，Δq 为其上所含的电荷，则 σ 定义为

$$\sigma = \lim_{\Delta S \to 0} \frac{\Delta q}{\Delta S} = \frac{\mathrm{d}q}{\mathrm{d}S} \tag{3.5}$$

如果电荷分布在一根细长的棒上，则可定义电荷的线密度 λ 如下：

$$\lambda = \lim_{\Delta l \to 0} \frac{\Delta q}{\Delta l} = \frac{\mathrm{d}q}{\mathrm{d}l} \tag{3.6}$$

式中 Δl 是棒上某点附近的线段元，Δq 为其上所含的电量。

如果电场是由体电荷和面电荷所产生的，则计算场强的公式就可写成

$$\boldsymbol{E} = \int \frac{\rho \mathrm{d}V}{r^3}\boldsymbol{r} + \int \frac{\sigma \mathrm{d}S}{r^3}\boldsymbol{r} \tag{3.7}$$

最后，我们举几个计算场强的实例。

【例 1】 电偶极子的电场。设有两个大小相等、符号相反的电荷 $+q$ 和 $-q$，它们间的距离较我们所要考虑的距离小得很多。这样一对电荷的总体称为电偶极子。从负电荷到正电荷的矢径 $\boldsymbol{l}$ 称为电偶极子的轴线。电荷 q 和轴线 $\boldsymbol{l}$ 的乘积称为电偶极矩，它是一个矢量，用 $\boldsymbol{p}$ 表示，即

$$\boldsymbol{p} = q\boldsymbol{l}$$

首先计算在电偶极子轴线的延长线上 P 点的场强。

以 r_+ 和 r_- 分别表示电荷 $+q$ 和 $-q$ 与点 P 之间的距离(图 3.2)，以 r 表示点 P 至电偶极子中心的距离，于是我们有

$$r_+ = r - \frac{l}{2}, \quad r_- = r + \frac{l}{2}$$

场强 $\boldsymbol{E}$ 等于每一电荷所产生的场强 $\boldsymbol{E}_+$ 和 $\boldsymbol{E}_-$ 的几何和。在此情形下，因为 $\boldsymbol{E}_+$ 和 $\boldsymbol{E}_-$ 都是沿着电偶极子的轴，所以这几何和也就是代数和：

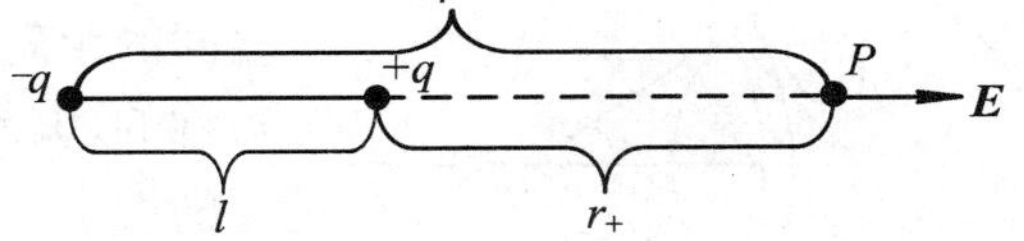

图 3.2　电偶极子轴上的场强

$$E = \frac{q}{r_+^2} - \frac{q}{r_-^2}$$

或

$$E = \frac{q(r_-^2 - r_+^2)}{r_+^2 r_-^2} = \frac{q(r_+ + r_-)(r_- - r_+)}{r_+^2 r_-^2}$$

由于

$$r_- - r_+ = l, \quad r_+ + r_- = 2r$$

又按题设条件 $r \gg l$，所以有

$$r_+^2 r_-^2 \approx r^4$$

由此得出

$$E = \frac{2ql}{r^3} = \frac{2p}{r^3}$$

沿电偶极子的轴的方向。

其次，求电偶极子中垂线一点 Q 的场强。Q 点的场强等于电荷 $+q$ 与 $-q$ 所产生的场强的几何和。因为点 Q 与电荷 $+q$ 的距离 r_+，等于它与电荷 $-q$ 的距离 r_-，所以在数值上，

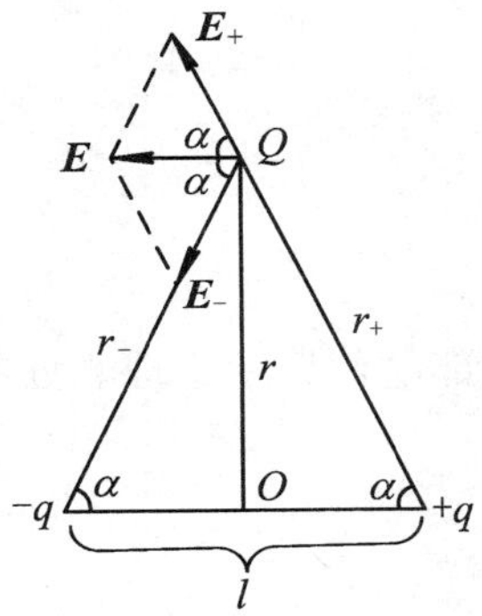

图 3.3

$$E_+ = E_- = \frac{q}{r_+^2}$$

场强矢量 $\boldsymbol{E}_+$ 与 $\boldsymbol{E}_-$ 的方向如图 3.3 所示。

由图 3.3 可知，合场强矢量 $\boldsymbol{E} = \boldsymbol{E}_+ + \boldsymbol{E}_-$ 的大小等于

$$E = E_+ \cos\alpha + E_- \cos\alpha = \frac{2q}{r^2}\cos\alpha$$

$$= \frac{2q}{r_+^2} \cdot \frac{l/2}{r_+} = \frac{ql}{r_+^3} = \frac{p}{r_+^3}$$

以 r 表示 Q 点与电偶极子中心的距离，则因 $l \ll r$，近似地有 $r_+ = r$，于是上式可以写成

$$E = \frac{p}{r^3}$$

Q 点的场强与电偶极矩 $\boldsymbol{p}$ 平行而反向。

在这二种情况下，电偶极子的场强都是和电偶极矩 p 成正比，而和至电偶极子的距离 r 的立方成反比。

【例 2】　均匀带电球壳的电场。设面电荷密度为 σ，球壳的半径为 a，如图 3.4 所示。

球壳上介乎 θ 与 $\theta+\mathrm{d}\theta$ 之间的窄环带上所带的电荷元为

$$\mathrm{d}q = \sigma\mathrm{d}S = \sigma\cdot 2\pi a^2\sin\theta\mathrm{d}\theta$$

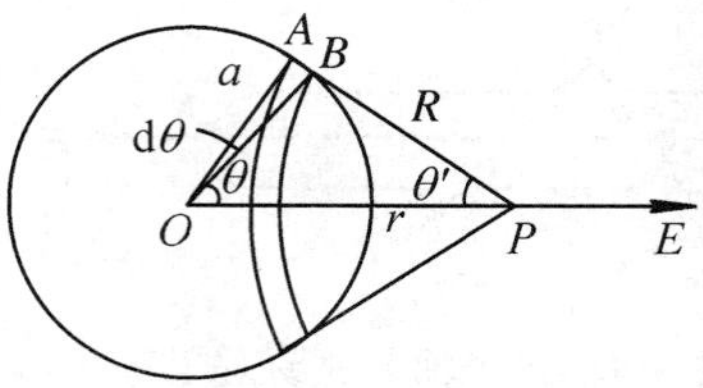

图 3.4

先求在球壳外一点 P 的场强。设 P 与球心 O 点之间的距离为 r，由于所考虑的问题对于 OP 轴是旋转对称的，电荷元 $\mathrm{d}q$ 在 P 点所产生的场强沿着 OP 方向，它的大小等于

$$\mathrm{d}E = \frac{2\pi a^2\sigma\sin\theta\mathrm{d}\theta\cos\theta'}{R^2}$$

式中 R 是环带至 P 点的距离，θ' 是 PA 与 PO 间的夹角。

由图 3.4 可知

$$\cos\theta' = \frac{R^2+r^2-a^2}{2Rr}$$

及

$$\cos\theta = \frac{a^2+r^2-R^2}{2ar}$$

以从这二式得到的 $\cos\theta'$ 和 $\sin\theta\mathrm{d}\theta=-\mathrm{d}(\cos\theta)$ 之值代入 $\mathrm{d}E$ 的表达式，得

$$\mathrm{d}E = \frac{\sigma\pi a}{r^2}\left(1+\frac{r^2-a^2}{R^2}\right)\mathrm{d}R$$

因此带电球壳在 P 点产生的总场强是

$$E=\int\mathrm{d}E = \frac{\pi\sigma a}{r^2}\int_{r-a}^{r+a}\left(1+\frac{r^2-a^2}{R^2}\right)\mathrm{d}R$$

$$= \frac{\pi\sigma a}{r^2}\left(R-\frac{r^2-a^2}{R}\right)\Bigg|_{r-a}^{r+a} = \frac{4\pi\sigma a^2}{r^2}$$

但 $4\pi\sigma a^2$ 是球壳上所带的总电荷，可用 Q 表示。于是

$$E = \frac{Q}{r^2}$$

由此可见，一个均匀带电球壳在球外所产生的场强，和假定把全部电荷集中于球心处的点电荷所产生的场强相同。

当 P 点无限贴近球面时，$r=a$，于是

$$E = \frac{Q}{a^2} = 4\pi\sigma$$

当 P 点在球内时，有

$$E = \frac{\pi\sigma a}{r^2}\int_{a-r}^{a+r}\left(1+\frac{r^2-a^2}{R^2}\right)\mathrm{d}R = \frac{\pi\sigma a}{r^2}\left(R-\frac{r^2-a^2}{R}\right)\Bigg|_{a-r}^{a+r} = 0$$

由此可知，均匀带电球壳内部的场强为零。

电场强度的大小与球心距离的关系如图 3.5 所示，场强 E 在球面上是不连续的，通过球面时经历一个突变。

【例 3】 均匀带电球体的电场。设 a 为球的半径，电荷 Q 以体密度 $\rho=\dfrac{Q}{4\pi a^3/3}$ 均匀地分布于整个球体内。可把球体分成许多同心的球壳，应用例 2 的结果，来求得球体在各点所产生的场强。

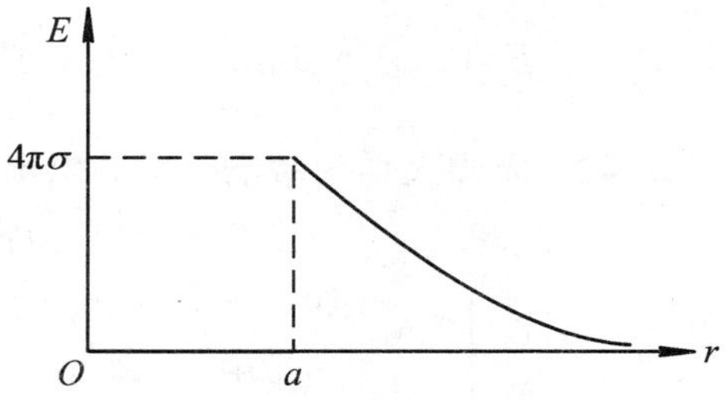

图 3.5

先求在球体之外与球心 O 相距 $r>a$ 的任意点 A 的场强(图 3.6)。这些均匀带电球壳在 A 点所产生的电场，好像它们所带的电荷都集中在球心一样，由此立刻可得，一个均匀带电球体在它外边一点所产生的场强，和假定所有的电荷都集中在球心时所产生的场强相同，即 $E=Q/r^2$。

再求在球体之内与球心 O 相距 $r<a$ 的任意点 B 的场强。在 B 点之外的各个球壳在 B 点所产生的场强都为零，在 B 点之内的各个球壳在 B 点所产生的场强，好像它们所带的电荷都集中在球心一样。以 O 为心，通过 B 点的球体所带的电量显然等于 Qr^3/a^3，从而得出 B 点的场强 $E=Qr/a^3$。由此可知，均匀带电球体内的场强是和离球心的距离成正比而增加的。电场强度的大小与球心距离的关系如图 3.7 所示。

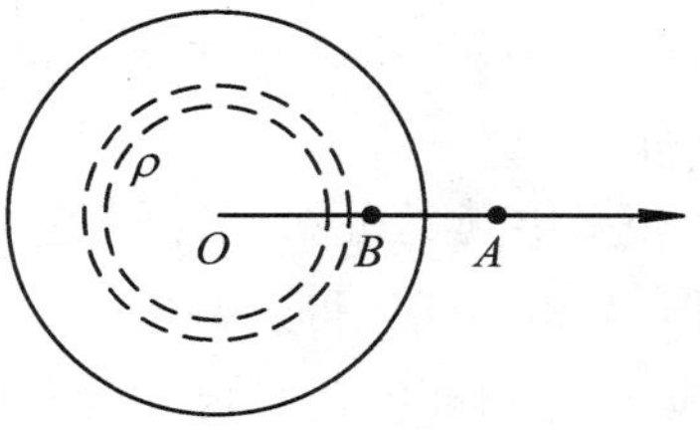

图 3.6

【例 4】 均匀带电圆面的电场。设 a 为圆面半径，σ 为面电荷密度，求通过圆心 O 与圆面正交的轴上一点 P(图 3.8)的场强。

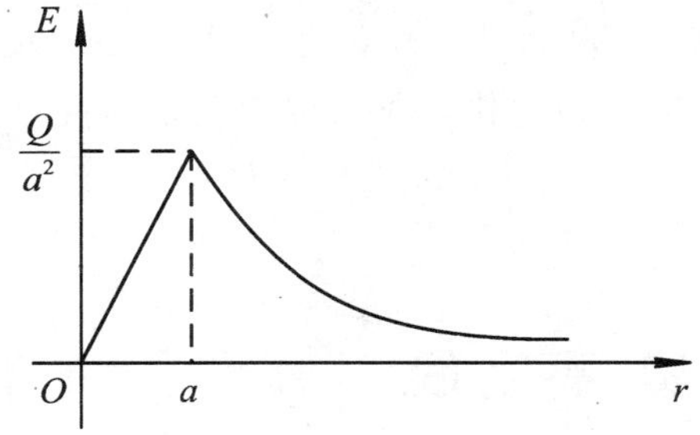

图 3.7

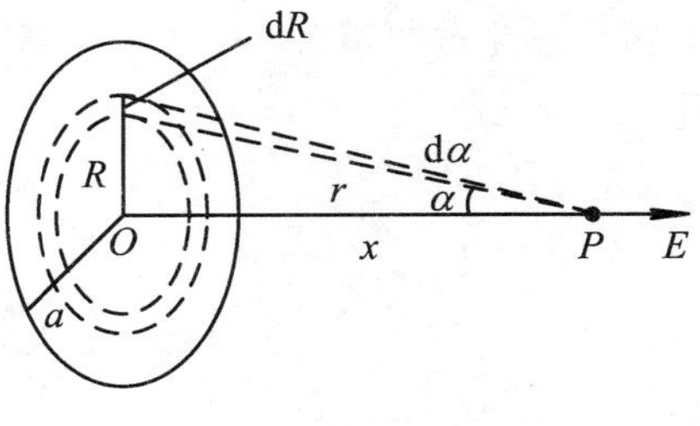

图 3.8

由于对称关系，可知 P 点的电场沿 OP 方向。令 $\overline{OP}=x$，把圆面分割成无数的同心环带。以 R 为半径、$\mathrm{d}R$ 为宽度的环带所带的电荷元为

$$\mathrm{d}q = 2\pi\sigma R\mathrm{d}R$$

它在 P 点所产生的场强为

$$\mathrm{d}E = \frac{2\pi\sigma R\mathrm{d}R}{r^2}\cos\alpha$$

式中 r 为环带与 P 点的距离。由图 3.8 可知 $\cos\alpha\mathrm{d}R=r\mathrm{d}\alpha$ 和 $R=r\sin\alpha$，以之代入上式，得

$$dE = 2\pi\sigma\sin\alpha d\alpha$$

将上式过$(0, \alpha_0)$积分，$\alpha_0 = \arccos(x/\sqrt{a^2 + x^2})$，求得均匀带电圆面在 P 点所产生的场强为

$$E = 2\pi\sigma\int_0^{\alpha_0}\sin\alpha d\alpha = 2\pi\sigma(1 - \cos\alpha_0) = 2\pi\sigma\left(1 - \frac{x}{\sqrt{a^2 + x^2}}\right)$$

【例 5】 无限大均匀带电平面的电场。在例 4 的结果中，令 $a \to \infty$ 即得 $E = 2\pi\sigma$ 是一个均匀电场，方向与平面正交而向外(图 3.9)。由平面的一边通过平面到另一边时，场强经历一个突变 $4\pi\sigma$。在远离无限大均匀带电平面的地方，电场强度并不减弱而是保持不变。

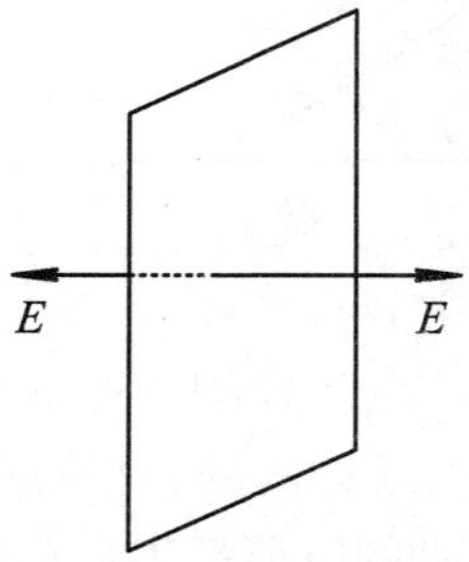

图 3.9

通过上述几个例子，我们进一步明确了“点电荷”的理想的、极限的意义。一个很小的球壳和一个很小的球体在外部空间所产生的电场是相同的，同于库仑定律所直接告诉我们的。所以“点电荷”是一个很小的带电体，小到我们可以不说它的形状和大小，更不必说电荷在它体上或体中的分布。

上面几个例子具体告诉我们：如果电荷的分布已经知道，则每个电荷元独自激发的电场可由库仑定律给出，再将它们矢量相加就算得这些电荷的总电场 $\boldsymbol{E}$。一般说来，这种直接相加的方法，由于带电体形状的不同和电荷在体上分布的不同，每一次都需要作十分复杂的计算。所得场强结果自然又是各种各样的，有的与距离的立方成反比，如电偶极子；有的与距离的平方成反比，如球壳和球体的外部；有的与距离成正比，如球体的内部；有的与距离无关，如球壳内部和无限大平面两侧。总的一句话，没有普遍性。

那么，关于电场有没有表述普遍性质的定理呢？有，而且在许多场合下，应用这些表述电场普遍性质的定理，可以使计算场强这一问题大为简化。我们现在就来研究这些定理。

§4 电通量——奥-高定理

为了这一目的，我们考虑电场矢量 $\boldsymbol{E}$ 的通量，称为电通量。首先，我们假定这个电场是由放在 O 点的点电荷 q 所激发的。在面积元 dS 上一点的电场 $\boldsymbol{E}$ 沿着矢径 $\overrightarrow{OP}(= r)$ (图 4.1)。依定义，通过面积元 dS 的电通量为

$$dN = \boldsymbol{E} \cdot d\boldsymbol{S} = E\cos(\boldsymbol{E}, \boldsymbol{n})dS = \frac{q}{r^2}\cos(\boldsymbol{E}, \boldsymbol{n})dS$$

式中 $\boldsymbol{n}$ 是沿面积元 dS 的法线正方向上的单位矢量。乘积 $\cos(\boldsymbol{E}, \boldsymbol{n})dS$ 等于 dS 在正交于 OP 的面上的投影 dS'，而 dS'/r^2 等于 dS'，也即 dS 对 O 点所张的立体角 $d\Omega$。假如从 O 点看到的是 dS 的内侧，则 $d\Omega$ 当作是正的；假如看到的是 dS 的外侧，则 $d\Omega$ 当作是

负的。那么上式就可以写成

$$dN = q d\Omega$$

对于一个有限面积 S，我们就有

$$N = \int_S \boldsymbol{E} \cdot d\boldsymbol{S} = q\int_S d\Omega = q\Omega \tag{4.1}$$

式中 Ω 是整个 S 面对电荷 q 所在点 O 所张的正的或负的立体角。

这个立体角 Ω 完全由有限曲面积 S 的边缘所成的闭合曲线 L 决定。换句话说，通过两个同以闭合曲线 L 为边缘的曲面如 S 与 S'（图 4.2）的电通量都等于 $q\Omega$。必须注意的是：只有从 O 点所看到的 S 和 S' 面同是内侧（或同是外侧）时，这个结果才正确。若把曲面 S 逐渐变形成为 S' 再成为 S''，我们从 O 点看到的是 S'' 面的外侧，因此曲面 S'' 对 O 点所张的立体角为 $4\pi - \Omega$，而且必须作为负的。所以通过曲面 S'' 的电通量为 $N'' = -q(4\pi - \Omega)$。

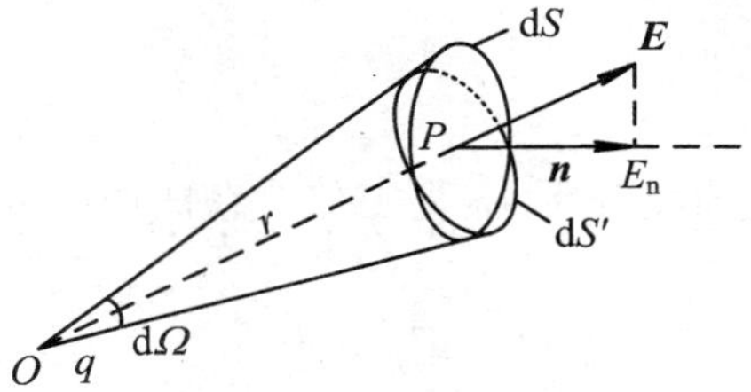

图 4.1

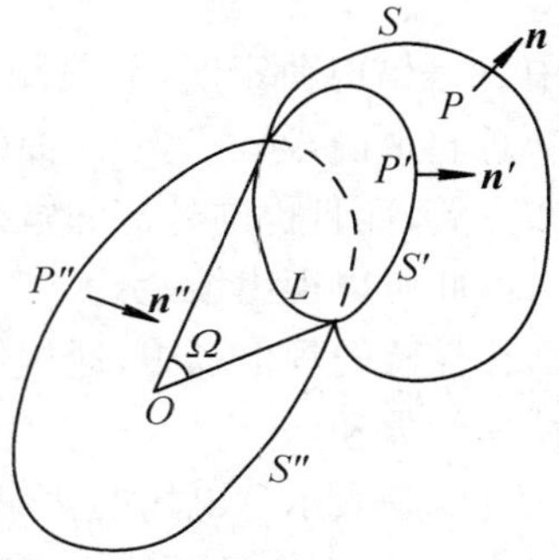

图 4.2

上面所得结果的重要意义特别表现在 S 为闭合曲面的情形下；此时，这一立体角只能是 4π 和 0 这两个数值中的一个。

如果电荷 q 放在闭合曲面内部的任意一点 O（图 4.3），那么这个曲面从各方围绕它，因而对电荷所张的立体角总是等于 4π。这一场合下，

$$N = \oint_S \boldsymbol{E} \cdot d\boldsymbol{S} = 4\pi q$$

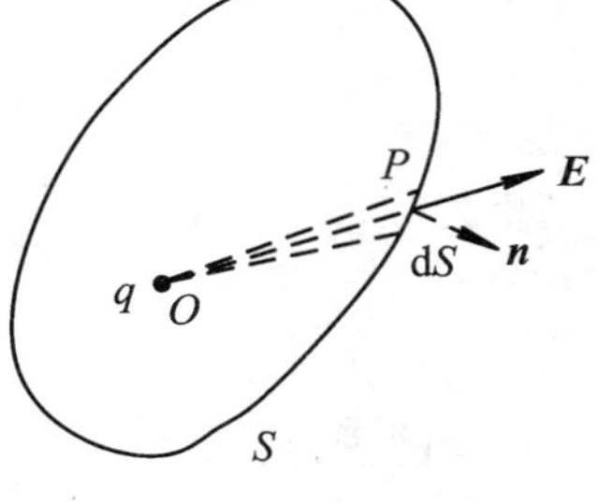

图 4.3

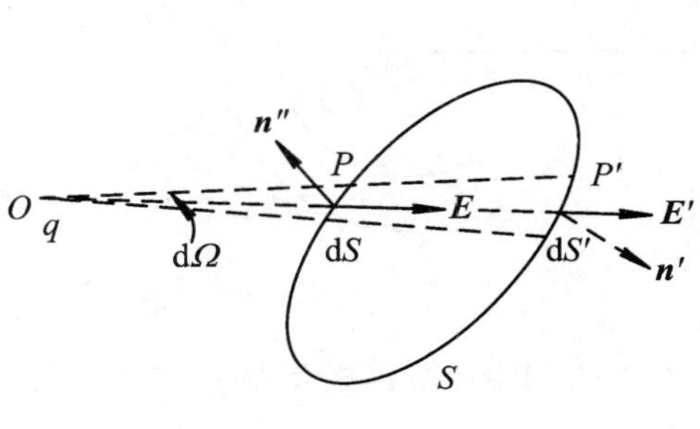

图 4.4

如果电荷 q 放在闭合曲面 S 外部的任意一点 O（图 4.4），那么，以 O 为顶点作一顶

角为 $d\Omega$ 的小锥体，在闭合曲面 S 上截出二个面积元 dS 和 dS'。通过 dS 和 dS' 的电通量各为 $-qd\Omega$ 和 $qd\Omega$，互相抵消。可见从外部电荷所产生的电场通过任一闭合曲面的电通量为零。那就是说，进入闭合曲面的电通量等于从这个闭合曲面流出的电通量。

若电场是由静止的点电荷组或带电体组所激发的，我们可以把电荷组或带电体组分解成许多元(点)电荷。对于每个元电荷，上面结果都是正确的。由于场的可叠加性，我们有

$$N = \oint_S \boldsymbol{E} \cdot d\boldsymbol{S} = 4\pi \sum_i q_i \tag{4.2}$$

式中 $\boldsymbol{E}$ 为整个电荷组或带电体组的合电场强度，N 为合电场通过闭合曲面 S 的电通量。$\sum_i q_i$ 只对 S 面内部的电荷求和。

又若电场是由体电荷所产生的，上式可以写成

$$N = \oint_S \boldsymbol{E} \cdot d\boldsymbol{S} = 4\pi \int_V \rho dV$$

式中 ρ 是体电荷密度，V 是闭合曲面所包围的体积。

总起来说，通过闭合曲面的电通量，只与其中所包含的总电量有关，与这些电量如何分布无关，而且也与外部的电荷完全无关。

由此可以得出结论：

在任意的静电场中，通过任意闭合曲面的电通量等于 4π 乘上放置在曲面内部的诸电荷的代数和。

这就是表示静电场的普遍性质的基本定理之一的奥-高定理[①]。

应用奥-高定理可使许多静电学问题，特别是具有对称性的问题，很容易解决。我们仍举上节的例子来说明：

(1) **均匀带电球壳的电场**。根据对称性，均匀带电球壳在空间中任意一点 P 所产生的电场，应该沿从球心 O 到 P 点的矢径 $\boldsymbol{r}$，其强度应该只与距离 r 有关。因此在以 O 为心、r 为半径的球面上各点的场强 $\boldsymbol{E}$ 大小相等(图 4.5)。

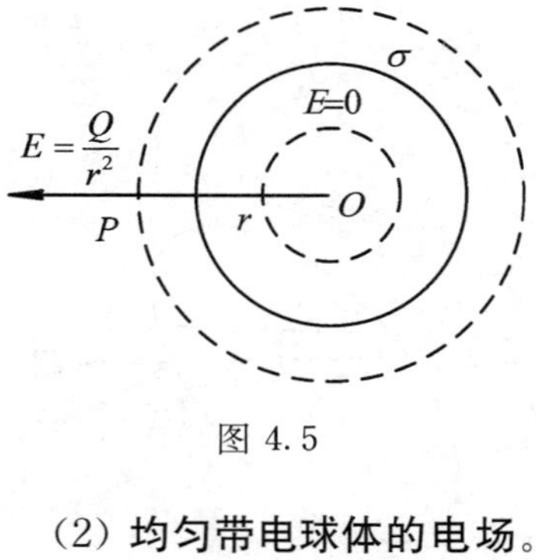

图 4.5

若 $r > a$(球壳半径)，应用奥-高定理于这个球面，就得

$$N = 4\pi r^2 E = 4\pi Q$$

即

$$E = \frac{Q}{r^2}$$

若 $r < a$，则应用奥-高定理的结果为

$$N = 4\pi r^2 E = 0$$

即 $E = 0$。

(2) **均匀带电球体的电场**。对于球体外一点 P 的场强，同上一例子，得 $E = Q/r^2$ (图 4.6)。

① 校者注：现称作高斯定理。

对于球体内一点 P，应用奥-高定理，有

$$N = 4\pi r^2 E = 4\pi \frac{4}{3}\pi r^3 \rho$$

得

$$E = \frac{4}{3}\pi\rho r = \frac{Q}{a^3} r$$

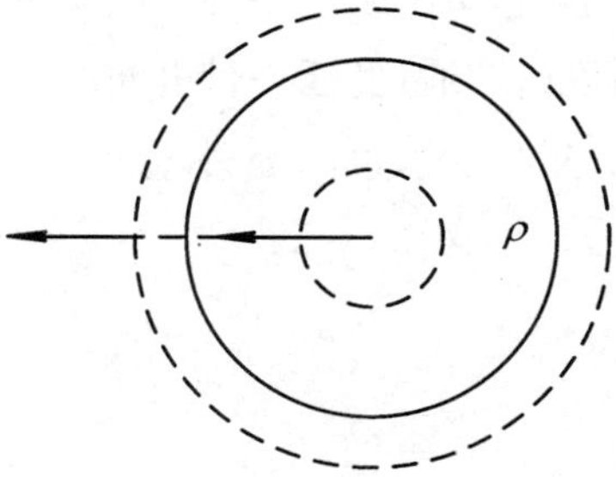

图 4.6

(3) **无限大均匀带电平面的电场**。根据对称性，无限大均匀带电平面的电场应该正交于这一平面，并且在平面的两边应该具有恰好相反的方向，场中各点电场强度 E 的大小只能与该点到带电平面的距离有关。因而在任一与带电平面平行的平面上所有各点，电场应该是一样的。

为了应用奥-高定理，作一正交于并对称于带电平面的圆柱面，其底面积为 S（图 4.7）。通过圆柱侧面的电通量既然为零，通过两底面上的电通量就为

$$N = 2SE = 4\pi\sigma S$$

得

$$E = 2\pi\sigma$$

(4) **场强 $\boldsymbol{E}$ 的法线分量在带电面上的突变**。考虑一个任意带电面 S 上的任意一点 P，$\boldsymbol{n}$ 为 S 面在 P 点的法线。在 S 面的两侧与 P 点无穷接近的地方各取一点 P_1 和 P_2（图 4.8）。我们现在来研究在 P_1 和 P_2 这两点的场强 E_1 和 E_2。不用说，E_1 和 E_2 是由 S 面上所带的电荷和空间中其他一些可能存在的带电体所共同产生的。

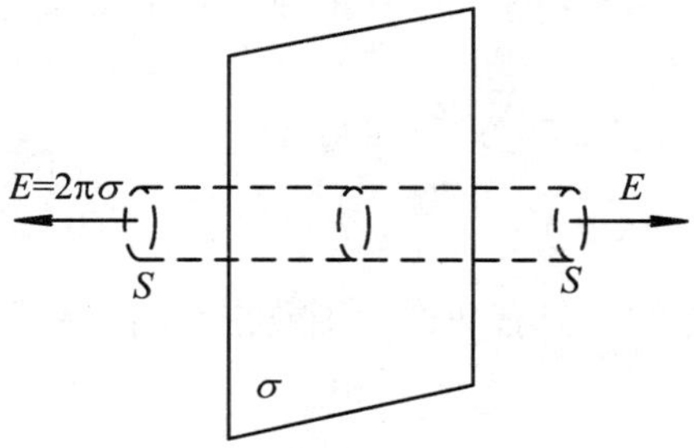

图 4.7

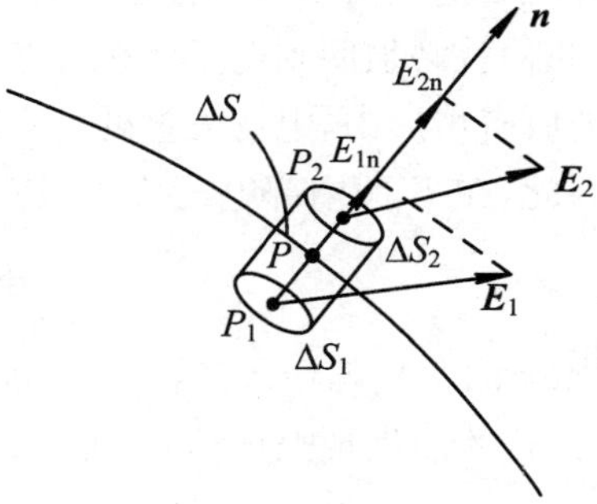

图 4.8

为此，在带电面 S 上 P 点的周围任取一面积元 ΔS。若 ΔS 取得足够小，可认为其上电荷分布是均匀的。ΔS 所带的电量 $q = \sigma\Delta S$，σ 为 S 面在 P 点的面电荷密度。

沿 ΔS 的边缘，作一正交于 S 的无穷扁的圆柱体，使它的上下两底 ΔS_1 和 ΔS_2 各通过 P_1 和 P_2，都平行于 ΔS 而且都等于 ΔS。

通过这个无穷扁的圆柱面的侧面的电通量等于零，因为侧面积是无穷小的缘故。应用奥-高定理于这个无穷扁的圆柱面，就得

$$N = \boldsymbol{E}_2 \cdot \Delta \boldsymbol{S}_2 - \boldsymbol{E}_1 \cdot \Delta \boldsymbol{S}_1 = (E_{2n} - E_{1n})\Delta S = 4\pi\sigma\Delta S$$

即

$$E_{2n} - E_{1n} = 4\pi\sigma$$

可见，在由带电面所分开的场中两个无穷邻接点上，场强 $\boldsymbol{E}$ 的法线分量相差 $4\pi\sigma$。换句话说，在“通过”任一带电面时，场强 $\boldsymbol{E}$ 的法线分量经历一个 $4\pi\sigma$ 的突变；这一突变与面的形状无关，也与面外空间中有无电荷存在无关，而只与面上被通过处的面电荷密度有关。

§5 泊松方程

在奥-高定理中，表达通过闭合曲面 S 的电通量的面积分，可借高斯公式变换成一个对 S 面所包围的体积 V 的体积分：

$$N = \oint_S \boldsymbol{E} \cdot \mathrm{d}\boldsymbol{S} = \int_V \mathrm{div}\boldsymbol{E}\mathrm{d}V$$

然而这一变换，只有在 S 面所包围的体积 V 中的各点上，$\mathrm{div}\boldsymbol{E}$ 具有确定的有限值的情况下，才是可能的。也即在这一体积内部，矢量 $\boldsymbol{E}$ 应该是有限而且连续的，特别是 S 面内部既不应有电量有限的点电荷，也不应有面密度有限的面电荷；因为当 $r\to 0$ 时点电荷的电场强度趋于无限大，而在带电面上，矢量 $\boldsymbol{E}$ 的连续性受到破坏：它的法线分量经历 $4\pi\sigma$ 的突变。

好在点电荷和面电荷的概念本身只有辅助意义。我们之所以引用它们，只是为了便于研究距离比电荷本身的大小大得多的地方的电场。在研究电荷附近或电荷内部的电场时，我们就必须回到电量体积分布的观念上来（见§3 例 3）。在电荷以有限密度作体积分布的所有情形中，电场矢量处处有限，处处连续。

因此，在 S 面内部电荷按体积分布的条件下，奥-高定理可以写成

$$\int_V \mathrm{div}\boldsymbol{E}\mathrm{d}V = \int_V 4\pi\rho\mathrm{d}V$$

不管积分范围 V 怎样选择，这二个积分总是相等的。只有两被积函数在空间每一点上彼此相等时，才能出现上述结果，即

$$\mathrm{div}\boldsymbol{E} = 4\pi\rho \tag{5.1}$$

或者，在直角坐标系中，

$$\frac{\partial E_x}{\partial x} + \frac{\partial E_y}{\partial y} + \frac{\partial E_z}{\partial z} = 4\pi\rho \tag{5.2}$$

这一微分方程式，称为**泊松方程**，是静电学也是整个电动力学的基本方程式之一。从这一方程式可以定出场中每一点电场矢量的散度，为此而需要知道的只是该点的体电荷密度，与场中其他区域的电荷分布没有关系；反之，要决定场中某一点的电荷密度，只要知道场中这一点的 $\boldsymbol{E}$ 的散度就可以了。

从宏观理论的观点看来，虽然一切电荷都是连续分布的体电荷，但在某些情况下，如果电荷层的厚度比起能够测量的距离小得多，保留面电荷的概念还是方便的。比如导体

的面电荷就是这样。由于矢量 $\boldsymbol{E}$ 在通过带电面时经历突变，这些带电面就称为电场矢量的突变面。在突变面上，微分方程式(5.1)显然是不适用的，应该以

$$E_{2n} - E_{1n} = 4\pi\sigma \tag{5.3}$$

来代替(§4(4))。这一方程式称为矢量 $\boldsymbol{E}$ 的边界条件，在实质上，它是泊松方程(5.1)用在无限薄电荷层上时的极限形式。

§6 静电场强与场源之间的关系

电场是由电荷所激发的，电荷可以称为电场的源头。根据库仑定律，我们知道电荷 q 在相距 r 处所激发的电场强度为

$$\boldsymbol{E} = \frac{q}{r^3}\boldsymbol{r}$$

这方程式把电场强度与电荷的值联系起来。它所代表的是原始的实验事实。它给出了场中没有电荷的那些地方的电场强度，甚至于是离电荷很远的地方的电场强度；相反地，它不能给出电荷所在点或其附近的电场强度，因为 r 必须比电荷的线度大得多。它陷在“超距作用”的泥坑中，没能自拔。

我们能否把场中某一点的电荷之值和同一点的电场强度联系起来呢？奥-高定理没有完全解决这个问题。它从库仑定律推导出来，表现成为积分形式：

$$\oint_S \boldsymbol{E}\cdot\mathrm{d}\boldsymbol{S} = 4\pi\sum q$$

奥-高定理表明，在任何静电场中，通过任意一个闭合曲面的电通量，与在闭合曲面外的电荷无关，只与闭合曲面所包围的内部电荷总量有关，并且与这些内部电荷的分布也无关。它在某些问题的应用中，也与库仑定律等效，但它比库仑定律有着更概括的意义。它是适用于场的一个区域中的。

由奥-高定理推导出来的微分形式的泊松方程

$$\mathrm{div}\boldsymbol{E} = 4\pi\rho$$

就完全解决了这个问题。它直接而简单地给出了场中任何一点场强的散度与该点的电荷密度之间的关系。这种关系是“定域化”的关系，与“超距作用”有本质的区别。可见在某一点的电荷所确定的，不是在该点的场强本身，而是在该点的场强的散度。

仿照流体力学，在任何矢量 $\boldsymbol{A}$ 的场中 $\mathrm{div}\boldsymbol{A}\neq 0$ 的那些点称为场的源头，而 $\mathrm{div}\boldsymbol{A}$ 的数值则称为源强。因此，我们可以说：电场的源头是在场中有电荷存在的那些点上，也只有在那些点上；并且这些源头的强度(如果电荷按体积分布)等于 $4\pi\rho$。

我们还必须指出：表达静电场强与场源之间的关系的定域化形式(泊松方程)的积分形式(奥-高定理)在意义上和在内容上都有区别。积分形式的奥-高定理，即使库仑定律的原始形式 $\boldsymbol{E}=q\boldsymbol{r}/r^3$ 在靠近 $r=0$ 处有所改变时，仍然正确；可是微分形式的泊松方程却要求原始形式的库仑定律处处有效，其中包括无论怎样小的距离在内。

§7 静电学的逆问题

泊松方程及其边界条件式(5.3)，对于解决静电学的“逆”问题是完全充分的。所谓“逆”问题，就是在空间中已经给出了每点的电场矢量 $\boldsymbol{E}$，去求场中(体和面)电荷的分布，特别是，面电荷的分布决定于矢量 $\boldsymbol{E}$ 的突变面的分布。然而要解决静电学的“正”问题，就是已给电荷在空间中的分布，去决定电场，这些方程式是不充分的，因为一个泊松微分方程式是不可能定出矢量 $\boldsymbol{E}$ 的三个分量 E_x, E_y, E_z 来的。要解决静电学的“正”问题，还必须利用静电场的其它普遍性质。这就是我们要在下一节所研究的。

【例 1】 已知 $\boldsymbol{E} = \pm E_0 \boldsymbol{i}$ 依 x 的正负而定，式中 E_0 为常数，$\boldsymbol{i}$ 为沿 Ox 轴的单位矢量，试求电荷分布。

依题意，可知 $x=0$ 即 yOz 平面是已给电场的一个突变面。在通过 yOz 平面时，电场经历一个突变 $2E_0$，从而断定这个面上的电荷密度 $\sigma = 2E_0/(4\pi) = E_0/(2\pi)$。

在 $x \neq 0$ 处，由 $\rho = \mathrm{div}\boldsymbol{E}/(4\pi)$，得 $\rho = 0$。

由此可知，给定的这个电场是由无限大均匀带电的 yOz 平面所产生的，其面密度为 $E_0/(2\pi)$。

【例 2】 已知：$\boldsymbol{E} = Q\boldsymbol{r}/r^3$，当 $r > a$ 时；以及 $\boldsymbol{E} = Q\boldsymbol{r}/a^3$，当 $r < a$ 时。试求电荷分布。

当 $r < a$ 时，我们有

$$\begin{aligned}\rho &= \frac{1}{4\pi}\mathrm{div}\boldsymbol{E} = \frac{1}{4\pi}\mathrm{div}\left(\frac{Q}{a^3}\boldsymbol{r}\right) = \frac{Q}{4\pi a^3}\mathrm{div}\boldsymbol{r} \\ &= \frac{Q}{4\pi a^3}\left(\frac{\mathrm{d}x}{\mathrm{d}x} + \frac{\mathrm{d}y}{\mathrm{d}y} + \frac{\mathrm{d}z}{\mathrm{d}z}\right) = \frac{Q}{\frac{4}{3}\pi a^3}\end{aligned}$$

当 $r > a$ 时，我们有

$$\begin{aligned}\rho &= \frac{1}{4\pi}\mathrm{div}\boldsymbol{E} = \frac{1}{4\pi}\mathrm{div}\left(\frac{Q}{r^3}\boldsymbol{r}\right) \\ &= \frac{Q}{4\pi}\left[\frac{\partial}{\partial x}\left(\frac{x}{r^3}\right) + \frac{\partial}{\partial y}\left(\frac{y}{r^3}\right) + \frac{\partial}{\partial z}\left(\frac{z}{r^3}\right)\right] \\ &= \frac{Q}{4\pi}\left[\frac{3}{r^3} - \frac{3}{r^4}\left(x\frac{\partial r}{\partial x} + y\frac{\partial r}{\partial y} + z\frac{\partial r}{\partial z}\right)\right] \\ &= \frac{Q}{4\pi}\left(\frac{3}{r^3} - \frac{3}{r^4}\cdot\frac{x^2+y^2+z^2}{r}\right) = 0\end{aligned}$$

由此可见，这个给定的电场是由以原点为心、以 a 为半径的均匀带电球体所产生的，其总电荷为 Q。

§8 电力所作的功——静电场的无旋性

电荷 q_0 在电场 $\boldsymbol{E}$ 中受到作用力 $\boldsymbol{F}=q_0\boldsymbol{E}$。当电荷 q_0 在场中移动 $\mathrm{d}\boldsymbol{l}$ 的时候，作用于电荷上的力 $\boldsymbol{F}$ 所作的功为

$$\mathrm{d}w = \boldsymbol{F}\cdot\mathrm{d}\boldsymbol{l} = q_0\boldsymbol{E}\cdot\mathrm{d}\boldsymbol{l} = q_0E\mathrm{d}l\cos\theta$$

式中 θ 是电场 $\boldsymbol{E}$ 与位移 $\mathrm{d}\boldsymbol{l}$ 的夹角(图 8.1)。若电荷移动一有限路程 L，场力所作的功等于

$$w = q_0\int_L \boldsymbol{E}\cdot\mathrm{d}\boldsymbol{l}$$

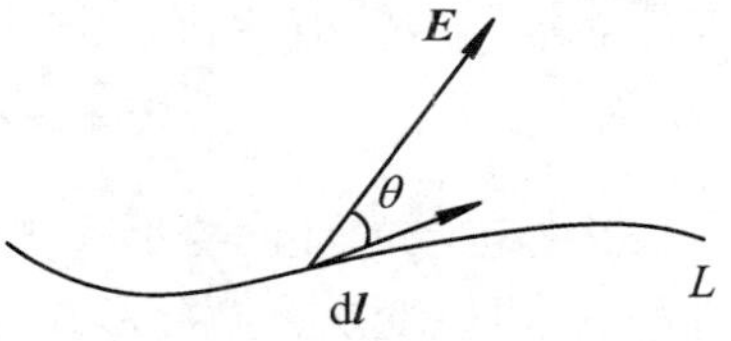

图 8.1

这是电场 $\boldsymbol{E}$ 沿路线 L 的线积分。一般地说，这个积分的值当然与所沿的路线有关。下面将要证明，静电场具有一个极其重要的特性，就是电荷移动时静电场的力所作的功是与移动所循路线的形状无关的，仅由电荷大小和路线的起点和终点这两个位置决定。

我们首先研究电荷 q_0 在点电荷 q 的静电场中电力对它所作的功。当它作无限小位移 $\mathrm{d}\boldsymbol{l}$ 时，电力所作的功为

$$\mathrm{d}w = q_0\boldsymbol{E}\cdot\mathrm{d}\boldsymbol{l} = \frac{q_0 q}{r^3}\boldsymbol{r}\cdot\mathrm{d}\boldsymbol{l} = \frac{q_0 q}{r^2}\mathrm{d}r$$

如果电荷 q_0 沿曲线 L 从 P_1 移动到 P_2，我们就有

$$w = q_0\int_{\overset{\frown}{P_1P_2}} \boldsymbol{E}\cdot\mathrm{d}\boldsymbol{l} = q_0 q\int_{r_1}^{r_2}\frac{\mathrm{d}r}{r^2} = q_0 q\left(\frac{1}{r_1}-\frac{1}{r_2}\right)$$

式中 r_1 和 r_2 分别是点电荷 q 到路线的起点 P_1 和终点 P_2 的距离。可见 w 与从 P_1 与 P_2 所循的路线 L 的形状无关，只决定于起点 P_1 和终点 P_2 的位置。

如果电荷 q_0 从场中某点出发沿一任意闭合曲线 L(图 8.2)而回到出发点，则由于 $r_1=r_2$，电力所作的功等于零，即

$$\oint_L \boldsymbol{E}\cdot\mathrm{d}\boldsymbol{l} = 0 \tag{8.1}$$

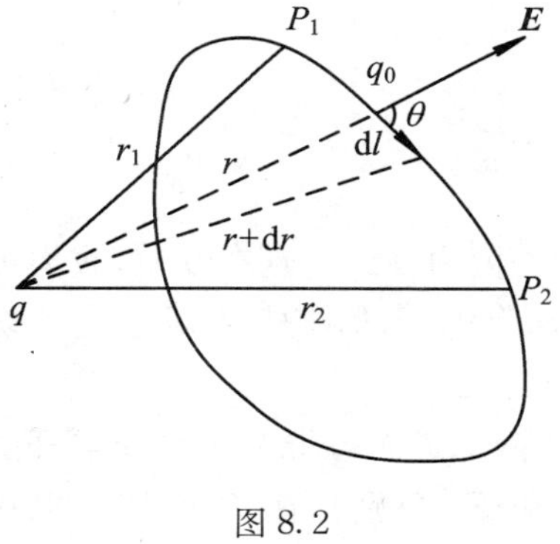

图 8.2

这个结果不仅对点电荷的电场成立，而且对所有的静电场都成立；这是由于任何带电系统可以看做许多点电荷的集合，它的电场可以看做这些点电荷的电场的叠加。

任何矢量 $\boldsymbol{E}$ 沿一任意闭合曲线 L 的线积分，称为这一矢量沿回路的环流。场强 $\boldsymbol{E}$ 的环流等于零是静电场的另一个基本性质。它告诉我们静电场是非旋涡的。

这一个基本性质，实质上，是能量守恒定律在静电场中的特殊形式。这可从下面的讨

论清楚地看出来。假定环流$\oint \boldsymbol{E} \cdot \mathrm{d}\boldsymbol{l} > 0$,则电场就对电荷作了正功,电荷将从电场中获得能量。但是电荷在电力作用下沿着闭合曲线移动,回到了原处,一切都恢复了原状,实验证明场的状态没有发生任何变化,场的能量没有丝毫减小;如是周而复始,利用电荷的移动将可制成一个永动机,这就违反了能量守恒定律,显然是不可能的事。再假定环流$\oint \boldsymbol{E} \cdot \mathrm{d}\boldsymbol{l} < 0$,此时只要把电荷移动的方向反过来,重复上面的验证,也会得出与能量守恒定律相抵触的结论,因而环流小于零也是不可能的。唯一的可能是

$$\oint \boldsymbol{E} \cdot \mathrm{d}\boldsymbol{l} = 0$$

表达静电场的环流等于零这一基本性质的积分条件,适用于场中的一个区域,是概括性的,也可以变换为微分形式,就是定域化形式。根据斯托克斯公式

$$\oint_L \boldsymbol{E} \cdot \mathrm{d}\boldsymbol{l} = \int_S \mathrm{rot}\boldsymbol{E} \cdot \mathrm{d}\boldsymbol{S}$$

任意矢量 $\boldsymbol{E}$ 沿闭合曲线 L 的环流,等于这一矢量的旋度通过以 L 为边线的 S 曲面的通量。这个公式成立的唯一条件是矢量 $\boldsymbol{E}$ 在 S 面上所有各点的连续性和可微性。

因此,在静电场中任意点 P,其场强矢量 $\boldsymbol{E}$ 的旋度在任意方向 $\boldsymbol{n}$ 的分量等于

$$(\mathrm{rot}\boldsymbol{E})_n = \lim_{\mathrm{d}S \to 0} \frac{\oint \boldsymbol{E} \cdot \mathrm{d}\boldsymbol{l}}{\mathrm{d}S}$$

式中 $\mathrm{d}S$ 是一个通过 P 点并正交于矢量 $\boldsymbol{n}$ 的无限小面积,右边的分子是场强 $\boldsymbol{E}$ 沿这一面积 $\mathrm{d}S$ 的边线的环流。这一环流等于零,因而$(\mathrm{rot}\boldsymbol{E})_n = 0$。由于方向 $\boldsymbol{n}$ 是任意的,这就证明,在静电场内所有各点上,场强 $\boldsymbol{E}$ 的旋度等于零:

$$\mathrm{rot}\boldsymbol{E} = \boldsymbol{0} \tag{8.2}$$

这个定域化的形式表现了静电场的无旋性。

如众所周知的,一个矢量 $\boldsymbol{E}$ 的旋度 $\mathrm{rot}\boldsymbol{E}$ 也是一个矢量。在直角坐标系中,它的三个分量是

$$\left.\begin{aligned} (\mathrm{rot}\boldsymbol{E})_x &= \frac{\partial \boldsymbol{E}_z}{\partial y} - \frac{\partial \boldsymbol{E}_y}{\partial z} \\ (\mathrm{rot}\boldsymbol{E})_y &= \frac{\partial \boldsymbol{E}_x}{\partial z} - \frac{\partial \boldsymbol{E}_z}{\partial x} \\ (\mathrm{rot}\boldsymbol{E})_z &= \frac{\partial \boldsymbol{E}_y}{\partial x} - \frac{\partial \boldsymbol{E}_x}{\partial y} \end{aligned}\right\} \tag{8.3}$$

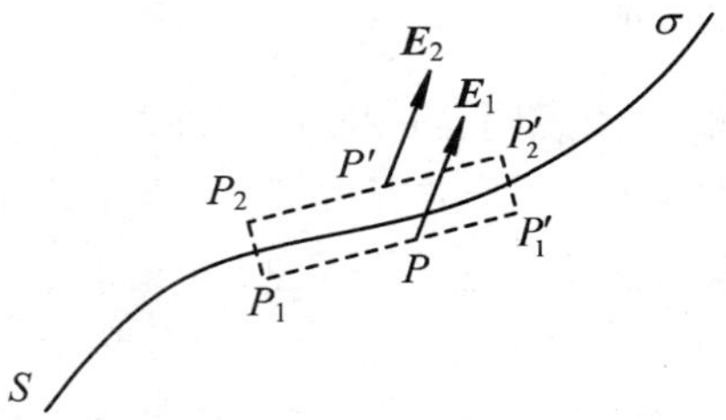

图 8.3

应用静电场的环流为零这一基本性质,我们可以得出结论:在任何带电面的两侧,电场强度的切向分量是连续的。

设 P 和P'是无限靠近而被带电面 S 所隔开的两点(图 8.3),$\boldsymbol{E}_1$ 和 $\boldsymbol{E}_2$ 分别是在 P 和P'的电场强度。如果 P_1 和 P_2,P'_1和 P'_2是两对类似的点,$P_1P'_1$和 $P_2P'_2$分别是通过 P 和P'点的二个线元,各

等于 Δl，则沿 P_1P_1' 和 P_1P_2' 二线元场力所作的功各为 $E_{1t}\Delta l$ 和 $E_{2t}\Delta l$，E_{1t} 和 E_{2t} 分别是 $\boldsymbol{E}_1$、和 $\boldsymbol{E}_2$ 的切向分量。另一方面，鉴于场力是有限的，它在无限短线段 P_1P_2 和 $P_1'P_2'$ 上所作的功都是无限小的。所以静电场沿闭合曲线 $P_1P_2P'P_2'P_1'PP_1$ 的环流为

$$E_{2t}\Delta l - E_{1t}\Delta l = 0$$

从而得

$$E_{2t} = E_{1t} \tag{8.4}$$

§9　电荷在电场中的位能——电位

根据上节所述，电荷在静电场中移动时，电场力对它所作的功，仅与起点和终点在电场中的位置有关，而与移动所遵循的途径无关（图 9.1），即

$$w = q_0\int_{P1Q}\boldsymbol{E}\cdot \mathrm{d}\boldsymbol{l} = q_0\int_{P2Q}\boldsymbol{E}\cdot \mathrm{d}\boldsymbol{l}$$

电场力作功的这种特性和重力作功相似。因此我们可以仿效引入重力位能那样，认为电荷在静电场中任一个位置时也都具有一定的位能，而电场力所作的功是这位能改变的量度。电荷在静电场中所具有的位能称为**电位能**。

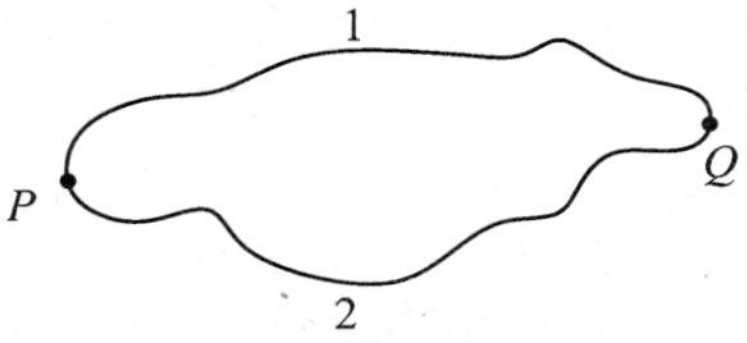

图 9.1

设以 w_P 和 w_Q 分别表示电荷 q_0 在起点 P 和终点 Q 时的电位能，w 为电场力所作的功，则

$$w_P - w_Q = w = q_0\int_P^Q\boldsymbol{E}\cdot \mathrm{d}\boldsymbol{l}$$

上式只决定电荷 q_0 在静电场中位置改变时电位能的改变，即只能决定在场中两点的电位能的差，并不能决定电荷在静电场中某一点的电位能。但是一旦场中任意一点的电位能的值确定了之后，场中所有其它各点的电位能的值就由上式唯一地决定了。

通常是采取电荷 q_0 在离开产生静电场的电荷系统无限远处各点的电位能作为零。在这样一个约定的条件下，电荷 q_0 在静电场中任意一点 P 的电位能就由下式完全决定：

$$w_P = q_0\int_P^\infty\boldsymbol{E}\cdot \mathrm{d}\boldsymbol{l}$$

在任何情况下，电荷 q_0 在静电场中移动时，电场力所作的功都正比于电荷 q_0 的大小，所以比值

$$\frac{w}{q_0} = \int_P^\infty\boldsymbol{E}\cdot \mathrm{d}\boldsymbol{l}$$

仅与静电场中给定点 P 的位置有关，而与电荷 q_0 无关，是一个表征静电场中给定点的性质的物理量，称为电位，以 φ_P 表示 P 点的电位，我们有

$$\varphi_P = \frac{w_P}{q_0} = \int_P^\infty\boldsymbol{E}\cdot \mathrm{d}\boldsymbol{l} \tag{9.1}$$

令上式中 $q_0 = +1$，则 $\varphi_P = w_P$。可见静电场中某点的电位在数值上等于放在该点的单

位正电荷的电位能，也即等于单位正电荷从该点通过任意途径到无限远时电场力对它所作的功。

于是电荷 q_0 在静电场中从 P 点移动到 Q 点时，电力对它所作的功等于电荷 q_0 与这两点间的电位降落的乘积，即

$$w = q_0(\varphi_P - \varphi_Q) \tag{9.2}$$

在式(9.1)中包含了矢量场 $\boldsymbol{E}$ 的电位 φ 这一概念的定义。φ 是一个标量，是场中点(的坐标)的函数。电位 φ 这一概念之所以具有确定的意义，只是因为静电力的功和途径形状没有关系，或者说，因为静电场 $\boldsymbol{E}$ 满足了环流为零的条件。标量电位 φ 和矢量场强 $\boldsymbol{E}$ 都可用来表示静电场中各点的态。

在绝对静电单位制中，电位的量纲是

$$[\varphi] = \frac{[w]}{[q]} = \frac{\mathrm{ML^2T^{-2}}}{\mathrm{M^{1/2}L^{3/2}T^{-1}}} = \mathrm{M^{1/2}L^{1/2}T^{-1}}$$

在 CGS 绝对静电单位制中，功的单位为尔格，电量的单位为 CGS 制静电电量单位。从式(9.1)可知，如果静电场中某点上 1 静电电量单位电荷的电位能是 1 尔格，则该点的电位就规定为 1 静电电位单位。在实用制中，如果静电场中某点上 1 库仑电荷的电位能是 1 焦耳，则该点的电位称为 1 伏特。在数值上，这两种电位单位的关系为

$$1\ \text{伏特} = \frac{1\ \text{焦耳}}{1\ \text{库仑}} = \frac{10^7\ \text{尔格}}{3\times 10^9\ \text{静电电量单位}}$$

或

$$1\ \text{伏特} = \frac{1}{300}\ \text{静电电位单位}$$

下面要说明静电场中电位的计算方法。首先求点电荷 q 所产生的静电场中任意一点 P 的电位，它显然为

$$\varphi = \int_P^\infty \boldsymbol{E}\cdot \mathrm{d}\boldsymbol{l} = \int_P^\infty \frac{q}{r^2}\mathrm{d}r$$

积分后得

$$\varphi = \frac{q}{r} \tag{9.3}$$

式中 r 为 P 点与电荷 q 间的距离。可见电位可以为正，也可以为负，随产生电场的电荷 q 的符号而定；离开电荷 q 愈远则电位的绝对值愈小；在离电荷 q 无限远处电位等于零，正如我们所约定的。

其次来求 n 个点电荷组 $q_1, q_2, \cdots, q_n$ 所产生的静电场中任意一点的电位 φ。由于电位是标量的缘故，点电荷组所产生的电位显然等于每一点电荷单独产生的电位的代数和，即

$$\varphi = \sum_{i=1}^{n} \frac{q_i}{r_i} \tag{9.4}$$

式中 r_i 为待求电位的点离开相应的点电荷 q_i 的距离。由此可见在任意一点上，电场的叠加要用矢量加法，而电位的叠加只要用代数方法；这说明了电位的计算往往比电场的

计算容易。当然，无论是式(9.3)还是式(9.4)，都只有在场内离开各个点电荷 q_i 的距离比这些点电荷的大小要大得很多的点上才有意义。

如果电场是由体电荷所产生的，我们可把它看成许多电荷元的集合。每一电荷元 $\mathrm{d}q=\rho\mathrm{d}V$ 所产生的电位为

$$\mathrm{d}\varphi=\frac{\rho\mathrm{d}V}{r}$$

式中 r 是待求电位的点与所考虑的电荷元间的距离。整个体电荷所产生的电位为

$$\varphi=\int_V\frac{\rho\mathrm{d}V}{r}\tag{9.5}$$

同样在面电荷的情形下，电位为

$$\varphi=\int_S\frac{\sigma\mathrm{d}S}{r}\tag{9.6}$$

必须指出：虽然在公式(9.5)和(9.6)的被积函数的分母中包含有 r，然而从这些公式求得在体电荷和面电荷场中所有各点(包括体电荷和面电荷中各点在内)上的电位依然是有限的，只要面的和体的电荷密度是有限的。作为例子，我们且来研究式(9.5)。为此，引用球坐标系 r,θ,α，并取我们要求电位的那一点作为坐标系的原点。大家知道，体积元在球坐标系中是

$$\mathrm{d}V=r^2\sin\theta\mathrm{d}\theta\mathrm{d}\alpha\mathrm{d}r$$

因而公式(9.5)具有下列形式：

$$\varphi=\iiint\rho r\sin\theta\mathrm{d}\theta\mathrm{d}\alpha\mathrm{d}r$$

可见，即使在 $r=0$ 时，被积函数依然是有限的。

§10 电场强度和电位的关系

在前面的讨论里，我们先从电荷在电场中受到的电力引出了电场强度这个物理量；然后从电荷在电场中运动时所作的功又引出了电位这个物理量。电场强度和电位这二个物理量既然都可用来描述同一电场中各点的性质，那么它们两者之间必有密切的关系存在。我们现在就来研究这种关系。

我们知道当电荷 q_0 在静电场中从 P 移动到 Q 点时，电力对它所作的功为

$$\begin{aligned}w&=q_0\int_P^Q\boldsymbol{E}\cdot\mathrm{d}\boldsymbol{l}=q_0\int_P^Q(E_x\mathrm{d}x+E_y\mathrm{d}y+E_z\mathrm{d}z)\\&=q_0(\varphi_P-\varphi_Q)\end{aligned}$$

若 P,Q 两点无限接近，则有

$$\boldsymbol{E}\cdot\mathrm{d}\boldsymbol{l}=E_x\mathrm{d}x+E_y\mathrm{d}y+E_z\mathrm{d}z=-\mathrm{d}\varphi$$

式中 $\mathrm{d}\varphi=\varphi_Q-\varphi_P$ 为从 P 到 Q 的电位增量。因为上式是一个全微分，所以有

$$
\left.\begin{aligned}
E_x &= -\frac{\partial \varphi}{\partial x} \\
E_y &= -\frac{\partial \varphi}{\partial y} \\
E_z &= -\frac{\partial \varphi}{\partial z}
\end{aligned}\right\} \tag{10.1}
$$

可见电场 $\boldsymbol{E}$ 的三个分量 $\boldsymbol{E}_x, \boldsymbol{E}_y, \boldsymbol{E}_z$ 可从一个位函数 φ 导出。因此静电场是一个位场。在位场中，反抗场力所作的功变为场能的增加；这增加的位能释放出来时，可以对外作同量的功而没有其它形式的能的消耗；所以位场也称保守场。

表达电场强度分量与电位之间的三个关系式，利用梯度定义，可以写成一个，即

$$
\boldsymbol{E} = -\operatorname{grad}\varphi = -\left(\frac{\partial \varphi}{\partial x}\boldsymbol{i} + \frac{\partial \varphi}{\partial y}\boldsymbol{j} + \frac{\partial \varphi}{\partial z}\boldsymbol{k}\right) \tag{10.2}
$$

所以静电场的强度 $\boldsymbol{E}$ 等于静电位 φ 的梯度加一负号。

又从式(10.1)可知，作为电场强度分量的 E_x, E_y, E_z 不能是三个任意的函数。它们之间有相互依存或相互制约的关系，即

$$
\frac{\partial E_z}{\partial y} = \frac{\partial E_y}{\partial z}\left(= -\frac{\partial^2 \varphi}{\partial y \partial z}\right), \quad \frac{\partial E_x}{\partial z} = \frac{\partial E_z}{\partial x}\left(= -\frac{\partial^2 \varphi}{\partial z \partial x}\right), \quad \frac{\partial E_y}{\partial x} = \frac{\partial E_x}{\partial y}\left(= -\frac{\partial^2 \varphi}{\partial x \partial y}\right)
$$

或

$$
\frac{\partial E_z}{\partial y} - \frac{\partial E_y}{\partial z} = 0, \quad \frac{\partial E_x}{\partial z} - \frac{\partial E_z}{\partial x} = 0, \quad \frac{\partial E_y}{\partial x} - \frac{\partial E_x}{\partial y} = 0
$$

这就是说，$\operatorname{rot}\boldsymbol{E} = \boldsymbol{0}$。

所以我们说，静电场有位而无旋。“有位”与“无旋”两词是等效的，或者说是同义的，因为无旋是一个矢量有位的必要与充分的条件。$\boldsymbol{E} = -\operatorname{grad}\varphi$ 和 $\operatorname{rot}\boldsymbol{E} = \boldsymbol{0}$ 两式是一而二、二而一的。所有位场都是无旋场。

【例 1】 求电偶极子的场中任意一点 P 的电位和场强。

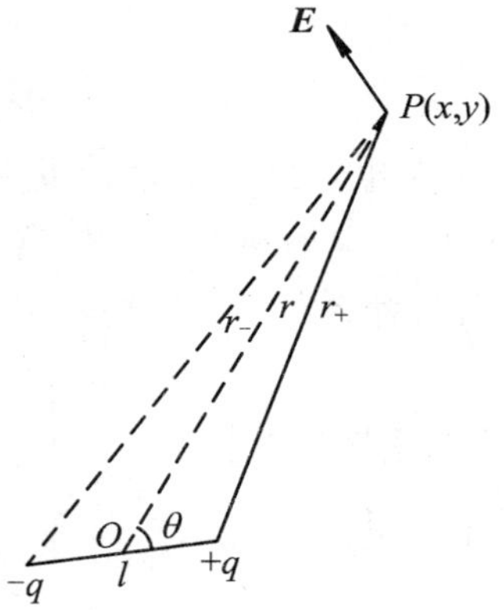

图 10.1

P 点的位置由它与电偶极子中心 O 的距离 r 和 OP 与电偶极子的轴所成的角 θ 来决定。设 P 与 $+q$ 和 $-q$ 的距离各为 r_+ 和 r_-（图 10.1），则电偶极子在 P 点所产生的电位为

$$
\varphi = \frac{q}{r_+} - \frac{q}{r_-} = \frac{q(r_- - r_+)}{r_+ r_-}
$$

由于 r, r_+, r_- 远比 l 为大，我们近似地有

$$
r_+ r_- = r^2, \quad r_- - r_+ = l\cos\theta
$$

最后得

$$
\varphi = \frac{ql\cos\theta}{r^2} = \frac{p\cos\theta}{r^2} = \frac{px}{(x^2 + y^2)^{3/2}}
$$

式中 $p = ql$ 是电偶极矩。

从 φ 来计算场强，微分就得

$$
\begin{cases} E_x = -\dfrac{\partial \varphi}{\partial x} = p\dfrac{3\cos^2\theta - 1}{r^3} \\ E_y = -\dfrac{\partial \varphi}{\partial y} = p\dfrac{3\sin 2\theta}{2r^3} \end{cases}
\quad 或 \quad
\begin{cases} E_r = -\dfrac{\partial \varphi}{\partial r} = \dfrac{2p\cos\theta}{r^3} \\ E_\theta = -\dfrac{1}{r}\dfrac{\partial \varphi}{\partial \theta} = \dfrac{p\sin\theta}{r^3} \end{cases}
$$

【例 2】 求均匀带电圆面在垂直中轴上一点 P 的电位和场强。

设 P 点与圆面中心 O 的距离为 x，圆面的半径为 R。圆面上，以 O 为中心、以 r 和 $r+\mathrm{d}r$ 为半径的环带所带的电量为 $2\pi\sigma r\mathrm{d}r$。它在 P 点所产生的电位为

$$
\mathrm{d}\varphi = \frac{2\pi\sigma r\mathrm{d}r}{\sqrt{r^2 + x^2}}
$$

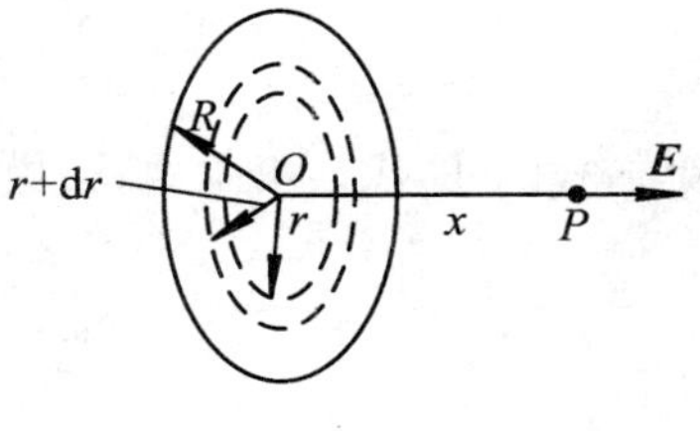

图 10.2

积分之，即得圆面在 P 点的电位：

$$
\varphi = \int_0^R \frac{2\pi\sigma r\mathrm{d}r}{\sqrt{r^2 + x^2}} = 2\pi\sigma(\sqrt{R^2 + x^2} - x)
$$

又令 $x=0$，即得圆面中心 O 点的电位

$$
\varphi_O = 2\pi R\sigma
$$

确是一个有限的值。

从 φ 微分，就得场强：

$$
\left.\begin{aligned} E_x &= -\frac{\partial \varphi}{\partial x} = 2\pi\sigma\left(1 - \frac{x}{\sqrt{R^2 + x^2}}\right) \\ E_y &= -\frac{\partial \varphi}{\partial y} = 0 \\ E_z &= -\frac{\partial \varphi}{\partial z} = 0 \end{aligned}\right\}
$$

还要提醒一句：上面这些结果的获得，是根据在离开电荷无限远处的电位为零这一约定得到的。

【例 3】 求无限大均匀带电平面在面外任意一点 P 所产生的电位。

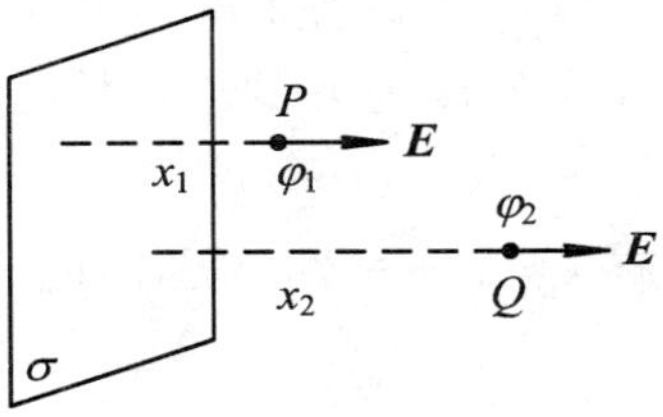

图 10.3

我们能否利用例 2 关于圆面的结果，使 $R\to\infty$ 来得到本题的解答呢？如果那样做，将见一个无限大均匀带电平面在任何一点所产生的电位都是无穷大。这是由于带电平面为无限大，在无限远处也有电荷存在，就使在离开电荷无限远处的电位为零这一约定成为不可能，因而不再有什么意义了。

我们在此只能计算在带电平面的一侧的任意两点 P 和 Q 之间的电位差 $\varphi_1 - \varphi_2$，根据电位的定义，我们有

$$
\varphi_1 - \varphi_2 = \int_P^Q \boldsymbol{E}\cdot\mathrm{d}\boldsymbol{l} = 2\pi\sigma\int_{x_1}^{x_2}\mathrm{d}x = 2\pi\sigma(x_2 - x_1)
$$

若令 φ_0 为带电平面的电位，则场中任意一点的电位可以写成

$$
\varphi = \varphi_0 - 2\pi\sigma x
$$

式中 x 是该点离开带电平面的距离。

§11 静电学中的正问题

综上所说，我们得到静电场的两个基本定律的微分形式为

$$\boldsymbol{E} = -\operatorname{grad}\varphi$$

和

$$\operatorname{div}\boldsymbol{E} = 4\pi\rho$$

以第一式的 $\boldsymbol{E}$ 代入第二式，泊松方程就可写成

$$\frac{\partial^2 \varphi}{\partial x^2} + \frac{\partial^2 \varphi}{\partial y^2} + \frac{\partial^2 \varphi}{\partial z^2} = \nabla^2 \varphi = -4\pi\rho$$

或

$$\nabla^2 \varphi + 4\pi\rho = 0 \tag{11.1}$$

式中$\nabla^2 = \frac{\partial^2}{\partial x^2} + \frac{\partial^2}{\partial y^2} + \frac{\partial^2}{\partial z^2}$称为拉普拉斯算符。

如果所考虑的空间没有电荷存在，即 $\rho = 0$，则泊松方程为

$$\nabla^2 \varphi = \frac{\partial^2 \varphi}{\partial x^2} + \frac{\partial^2 \varphi}{\partial y^2} + \frac{\partial^2 \varphi}{\partial z^2} = 0 \tag{11.2}$$

称为**拉普拉斯方程**。

写成这种形式的泊松方程，事实上，是把有关静电场的两个基本定律结合在一起了，这就能解决静电学中的正问题。先从它，求得位函数 φ；再从 φ，求得电场强度 $\boldsymbol{E}$ 的三个分量。

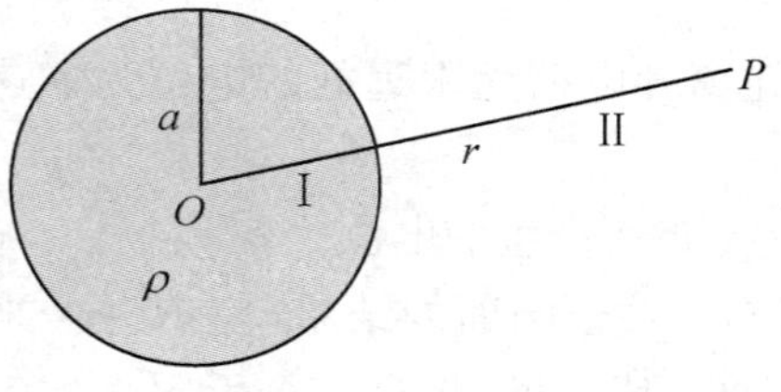

图 11.1

现在我们举几个例子来说明如何在具体问题中对泊松方程和拉普拉斯方程求解。

【例 1】 决定电荷密度为 ρ 的均匀带电球体的场(图 11.1)。

由于电荷分布的对称性，电位只与离开 O 点的距离 r 有关，即 $\varphi = \varphi(r)$。因此，我们引用球坐标最为简便。在球坐标系中，

$$\nabla^2 \varphi = \frac{1}{r^2}\frac{\partial}{\partial r}\left(r^2 \frac{\partial \varphi}{\partial r}\right) + \frac{1}{r^2 \sin\theta}\frac{\partial}{\partial \theta}\left(\sin\theta \frac{\partial \varphi}{\partial \theta}\right) + \frac{1}{r^2 \sin^2\theta}\frac{\partial^2 \varphi}{\partial \alpha^2}$$

但在本题的球对称情形下，$\frac{\partial \varphi}{\partial \theta} = 0$，$\frac{\partial \varphi}{\partial \alpha} = 0$，因而在球内和球外的两个区域中的泊松方程和拉普拉斯方程各为：

球内区域Ⅰ中，

$$\frac{\partial^2 \varphi}{\partial r^2} + \frac{2}{r}\frac{\partial \varphi}{\partial r} = -4\pi\rho$$

球外区域Ⅱ中，

$$\frac{\partial^2 \varphi}{\partial r^2} + \frac{2}{r}\frac{\partial \varphi}{\partial r} = 0$$

先求齐次方程$\frac{\partial^2 \varphi}{\partial r^2} + \frac{2}{r}\frac{\partial \varphi}{\partial r} = 0$，即$\frac{\varphi''}{\varphi'} = -\frac{2}{r}$（撇号表示对 r 的微商）的解，得

$$\varphi_{\mathrm{II}} = -\frac{C}{r} + D$$

式中 C 和D 是两个积分常数，可由边界条件决定。

非齐次方程$\frac{\partial^2 \varphi}{\partial r^2} + \frac{2}{r}\frac{\partial \varphi}{\partial r} = -4\pi\rho$ 的特解，一看可知应具 kr^2 的形式，我们求出它是 $-\frac{2}{3}\pi\rho r^2$，并因此得

$$\varphi_{\mathrm{I}} = -\frac{2}{3}\pi\rho r^2 - \frac{A}{r} + B$$

式中 A 和B 是另两个积分常数，也可由边界条件决定。

根据当 r 为任何值时，φ 都是有限的，以及当 $r \to \infty$时，$\varphi = 0$ 这两个条件，我们得 $A = D = 0$。又根据在球面上 φ 和φ'是连续的条件，即当 $r = a$ 时，$\varphi_{\mathrm{I}} = \varphi_{\mathrm{II}}$和 $\varphi'_{\mathrm{I}} = \varphi'_{\mathrm{II}}$，我们求得

$$C = -\frac{4}{3}\pi a^3 \rho, \quad B = 2\pi a^2 \rho$$

于是最后得出

$$\left.\begin{aligned} \varphi_{\mathrm{I}} &= 2\pi a^2 \rho - \frac{2}{3}\pi\rho r^2 = \frac{Q}{2a^3}(3a^2 - r^2) \\ \varphi_{\mathrm{II}} &= \frac{4}{3}\pi a^3 \frac{\rho}{r} = \frac{Q}{r} \end{aligned}\right\}$$

和

$$\left.\begin{aligned} \boldsymbol{E}_{\mathrm{I}} &= \frac{4}{3}\pi\rho r = \frac{Q}{a^2}r \\ \boldsymbol{E}_{\mathrm{II}} &= \frac{Q}{r^2} \end{aligned}\right\}$$

【例 2】 求无限大均匀带电平面层的场。

取带电平面层的半厚处一点 O 作为原点，取 Oz 轴正交于带电层（图 11.2）。由于对称关系，场中任一点的电位只和坐标 z 有关。设带电层的厚度为 ε，其中体电荷密度为 ρ，我们就带电层中、带电层的上方和带电层的下方这三个区域来进行研究。在带电层外的Ⅰ和Ⅲ这两个区域中（$\rho = 0$），我们有

$$\frac{\mathrm{d}^2 \varphi}{\mathrm{d}z^2} = 0$$

及其解

$$\varphi_{\text{I}} = Cz + D, \quad \varphi_{\text{III}} = C'z + D'$$

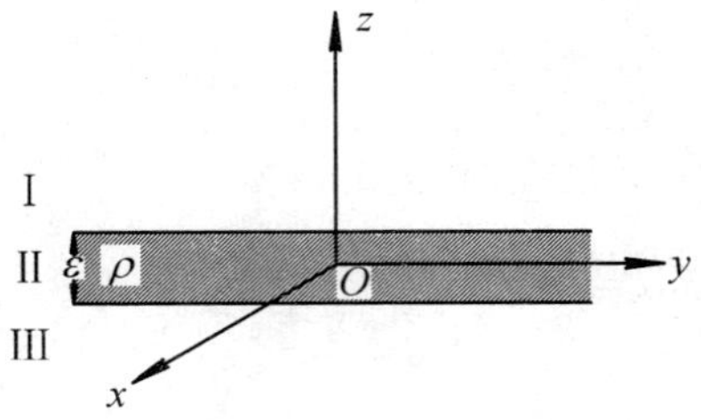

图 11.2

在带电层的区域Ⅱ中,我们有

$$\frac{\mathrm{d}^2\varphi}{\mathrm{d}z^2} = -4\pi\rho$$

解之得

$$\varphi_{\text{II}} = -2\pi\rho z^2 + Az + B$$

我们得到了具有六个任意常数的三个方程式。如何来决定这六个常数呢? φ_{I},φ_{II} 和 φ_{III} 既然代表着不同区域中的同一个位函数,它们必须连续而且平滑地从一个过渡到另一个,即(撇号表示对 z 的微商):当 $z = \varepsilon/2$ 时,

$$\varphi_{\text{I}} = \varphi_{\text{II}}, \quad \varphi'_{\text{I}} = \varphi'_{\text{II}}$$

当 $z = -\varepsilon/2$ 时,

$$\varphi_{\text{II}} = \varphi_{\text{III}}, \quad \varphi'_{\text{II}} = \varphi'_{\text{III}}$$

除此之外,在 xOy 平面上下两边各点的电位应当是对称的,也就是说,还有一个物理条件:$\varphi(z) \equiv \varphi(-z)$。对区域Ⅰ和Ⅲ,由这个条件立刻给出

$$Cz + D \equiv -C'z + D'$$

从而得

$$C = -C', \quad D = D'$$

对区域Ⅱ,由这个条件给出

$$-2\pi\rho z^2 + Az + B \equiv -2\pi\rho z^2 - Az + B$$

从而得 $A = 0$。又设 $z = 0$ 之点的电位 $\varphi = 0$,则有 $B = 0$,因此我们有

$$\left.\begin{aligned} \varphi_{\text{II}} &= -2\pi\rho z^2 \\ \varphi_{\text{I}} &= \varphi_{\text{III}} = C|z| + D \end{aligned}\right\}$$

在区域Ⅱ和Ⅰ的边界上,应满足下列条件:

$$\left.\begin{aligned} \varphi_{\text{I}} &= \varphi_{\text{II}}, \quad \text{即} \quad C\frac{\varepsilon}{2} + D = -\frac{\pi\rho\varepsilon^2}{2} \\ \varphi'_{\text{I}} &= \varphi'_{\text{II}}, \quad \text{即} \quad C = -2\pi\rho\varepsilon \end{aligned}\right\}$$

从而又得

$$C = -2\pi\rho\varepsilon, \quad D = \frac{\pi\rho\varepsilon^2}{2}$$

所有六个常数都确定了,我们最后得出

$$\left.\begin{aligned} \varphi_{\text{I}} &= 2\pi\rho\varepsilon\left(\frac{\varepsilon}{4} - z\right) \\ \varphi_{\text{II}} &= -2\pi\rho z^2 \\ \varphi_{\text{III}} &= 2\pi\rho\varepsilon\left(\frac{\varepsilon}{4} + z\right) \end{aligned}\right\}$$

电场强度可由 $\boldsymbol{E} = -\operatorname{grad}\varphi$ 立刻决定:

$$\left.\begin{aligned} E_{\mathrm{I}} &= 2\pi\rho\varepsilon \\ E_{\mathrm{II}} &= 4\pi\rho z \\ E_{\mathrm{III}} &= -2\pi\rho\varepsilon \end{aligned}\right\}$$

如果 $\varepsilon \to 0$，而 $\rho\varepsilon \to \sigma$，则得我们所熟知的关于无限大均匀带电平面的结果。

§12　同位面与电力线

为了使电场强度与电位的关系更加明朗化，同时也使电场更加形象化，我们进而考虑同位面与电力线。

静电场中各点各有自己的电位，电位是点的坐标的函数。电位 $\varphi(x, y, z)$ 在场中虽然逐点变化，但是有限而连续的。在场中有许多电位相同的点，这些点所形成的曲面叫做同位面，其方程式为

$$\varphi(x, y, z) = C \tag{12.1}$$

式中 C 是一个常数。当 C 取不同的数值时，就得一系列的同位面。这些同位面把电场所在的空间分成许多层。图 12.1 中画出了电位为 φ_0，$\varphi_0 \pm \Delta\varphi$，$\varphi_0 \pm 2\Delta\varphi$ 等等的一系列同位面的平面截线，这些同位线和地图上的等高线有类似的意义。

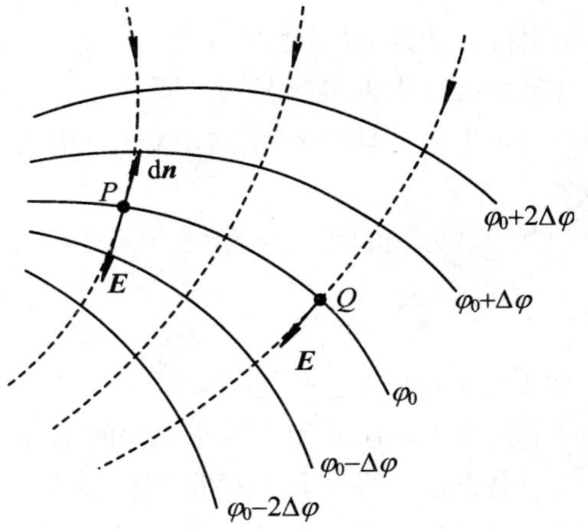

图 12.1

同位面可以是闭合曲面，但两个同位面不能相交。在点电荷或均匀带电球体的场中，同位面是同心球；在无限大均匀带电平面的场中，它们是平行面；在无限长均匀带电圆柱体的场中，它们是同轴圆筒等等。一般说来，在更复杂的情形中，不但各个循序相邻的同位面的位置和大小有所不同，而且形状也有区别。

这些同位面能告诉我们一些静电场的情况吗？

同位面上各点的电场都与该同位面正交。因为同位面上各点的电位相等，一个电荷在同位面上移动时，电力对它所作的功恒等于零，可见同位面与它面上各点的场正交。所以在电场中知道了同位面，也就同时知道了同位面上各点电场的方向。

我们也能从同位面的分布知道同位面上各点的电场强度的大小吗？设单位正电荷从一个同位面上的 P 点沿着法线移动很小的距离 $\mathrm{d}n$ 而达到相邻的同位面，电场对它所作的功等于 $E\mathrm{d}n = -\mathrm{d}\varphi$。因此

$$\boldsymbol{E} = -\frac{\mathrm{d}\varphi}{\mathrm{d}\boldsymbol{n}} = -\operatorname{grad}\varphi$$

式中 $\mathrm{d}\varphi/\mathrm{d}\boldsymbol{n}$ 表示电位 φ 沿法线方向 $\boldsymbol{n}$ 的方向导数，称为电位梯度；式中右边的负号表示电场强度的方向和同位面的法线方向相反：法线指着电位增加的方向，而电场指着电位减小的方向。电场强度 $\boldsymbol{E}$ 的大小是与两相邻同位面的垂直距离 $\mathrm{d}n$ 成反比的。在用等差的电位之值来描绘出同位面时，同位面分布的稠密度，可以作为电位梯度的量度，即电场强度的量度。如在 P 点，同位面稠密，则电场强度大；在 Q 点同位面稀疏，则电场强度小。所以任意一点的电场强度 $\boldsymbol{E}$，与通过该点的同位面正交，指着电位降低的方向，并与相邻两个同位面在该点的垂直距离成反比。

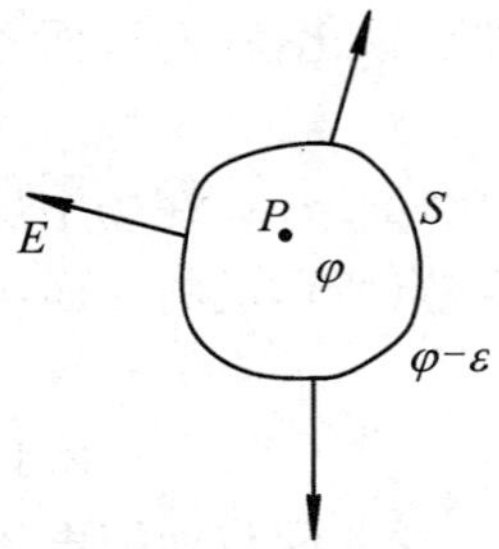

图 12.2

在场中没有电荷的区域，电位不能成为极大或极小。假设在场中 P 点没有电荷存在，而它的电位 φ 又是极大，那么包围 P 且在 P 的附近能作一个同位面 S，其电位比 φ 小而等于 $\varphi-\varepsilon$（图 12.2）。在 S 面上各点，电场都将向外，因而通过 S 闭合曲面的电通量必然为正。根据奥-高定理，S 面所包围的体积内 P 点上应有正电荷存在；这与假设不符。可见 P 点的电位不能成为极大。

同理也可证明 P 点的电位不能成为极小。

在静电场中各点的场强 $\boldsymbol{E}$ 都有确定的方向。我们可以在场中绘出许多曲线，使这些曲线上每一点的切线方向都和该点的场强方向一致。这种曲线叫做**电力线**。根据电场和同位面正交的关系，可知电力线是和同位面正交的曲线族。例如在均匀带电球体所产生的电场中，电力线为通过球心的直线族，与同心的球同位面正交。

由于电力线的线元（分量为 $\mathrm{d}x,\mathrm{d}y,\mathrm{d}z$）和场强（分别为 E_x,E_y,E_z）平行，我们有

$$\frac{\mathrm{d}x}{E_x} = \frac{\mathrm{d}y}{E_y} = \frac{\mathrm{d}z}{E_z} \tag{12.2}$$

即为电力线的微分方程组。

电力线不可能是闭合的。不然的话，沿这闭合电力线的线积分将不等于零，这与静电场的环流为零这一结果发生矛盾。又任何两条电力线不能相交，除非在这交点上场强为零。

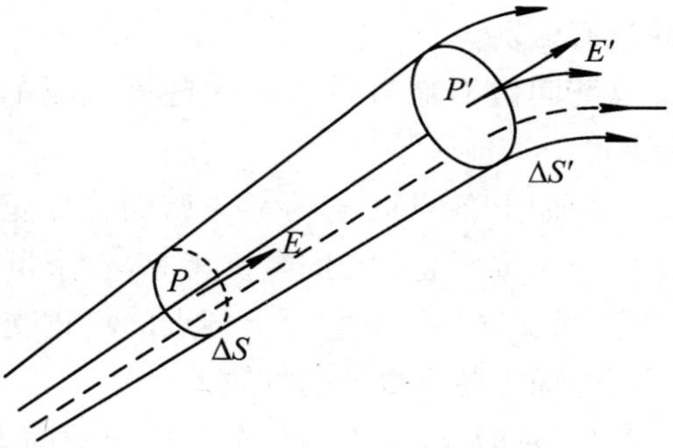

图 12.3

电力线表示场强的方向，但它本身并不表示场强的大小。为了探讨场强的大小，我们进一步考虑电力线管。如图 12.3 所示，取一个无穷细的电力线管，在管中 P 和 P' 点各作电力线管的正截面，其面积各为 ΔS 和 $\Delta S'$。如果在 PP' 段电力线管内没有电荷存在，则通过 ΔS 和 $\Delta S'$ 这两个正截面的电通量相等，即

$$\Delta N = E\Delta S = E'\Delta S'$$

式中 E 和 E' 各为 P 和 P' 的场强。可见场强 E 和正截面面积 ΔS 成反比。那就是说，电力线密的地方，电场强度大；电力线疏的地方，电场强度小。电力线分布的稠密度，就可以用来度量电场强度。如果把电力线条数和电通量等同起来看待，那么从 $E = \Delta N/\Delta S$ 这个式子所规定的电场强度的大小可以理解为通过正截面单位面积的电力线条数或电通量密度。

就这段电力线管来说，从 ΔS 进入管内的电力线数，等于从 $\Delta S'$ 出去的电力线数。如果把出去的作为正，进入的作为负，那么穿过任何一个不包含电荷的闭合曲面的电力线数都等于零。由此得出结论：在场中没有电荷的区域，电力线不能获得开始，也不能获得归宿；所以电力线总是起源于正电荷而终止于负电荷，否则只有从无穷远来或到无穷远去，也不可能一条电力线从无穷远来又到无穷远去（为什么？读者自行回答）。

在图 12.4 中，实线表示两个异号等量的点电荷场的电力线，虚线表示同位面与纸面的交线。在远处，这些电力线就是由一个电偶极子所产生的。图 12.5 中的实线表示两个同号等量的点电荷场的电力线，虚线表示同位面与纸面的交线。有一个同位面自交于中点 O，这是不足为奇的，因为在 O 点场强等于零。在远处电力线逐渐成为通过 O 点的直线，好像这两个点电荷集中在 O 点一样。

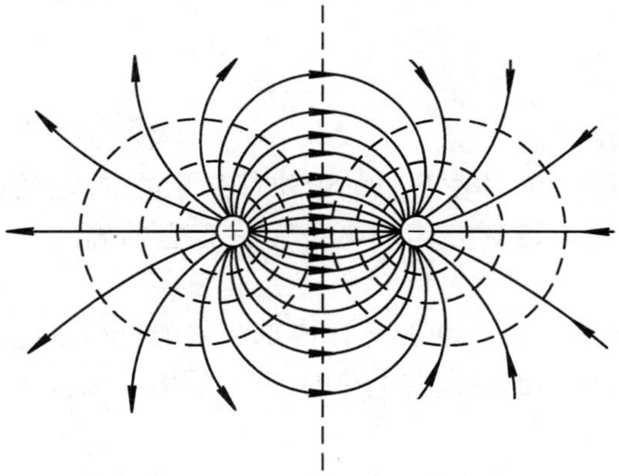

图 12.4

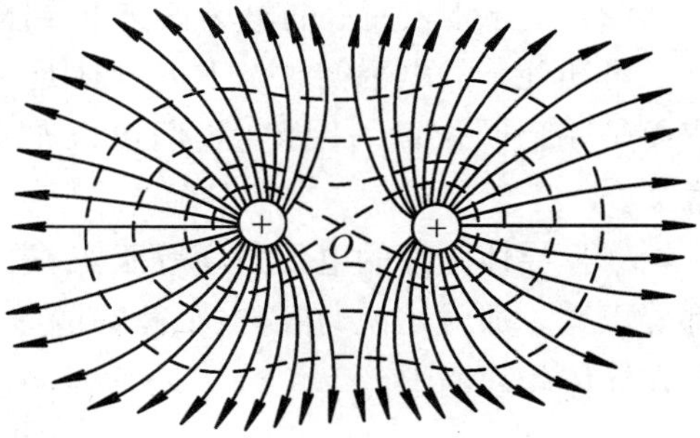

图 12.5

必须注意，在场中一点，正电荷所受的力的方向虽然和通过该点的电力线方向相同，但是在一般情形下，电力线并不是电荷在场中运动的轨道。并且还须注意，电力线和同位面一样，只是一个辅助的概念，是为了更直观地、更形象化地描述电场而提出的。实际上，在静电场中并不真正存在着这些线。

第 2 章　静电场中的导体

§13　导体在静电场中

1. 导体处于静电平衡状态下的条件

电荷能在导体中自由地移动，这个性质可以看成是“导体”这一名词的定义。所谓自由地移动，并不是说电荷在导体中移动不会遇到任何阻力；事实上，它是要遇到阻力的，电流的焦耳热效应就是证明；不过这种阻力是属于黏滞性质的，它随着移动速度之变为零而消失。当电荷在导体中处于静电平衡时，它们必须没有受到任何力的作用，因此带电导体处于静电平衡的条件为：

(1) 导体内部各处的电场等于零；

(2) 在导体表面上的电场正交于导体表面。

可知处于静电平衡状态下的导体是一个同位体，体中各点的电位都是相同的，它的表面是一个同位面。因此，我们可以直截了当地谈到导体的电位而它有它的确切的意义。

一旦导体内部的电场强度等于零，根据 $\mathrm{div}\boldsymbol{E}=4\pi\rho$，可知导体内部各点的电荷密度都等于零。那就是说，在静电平衡的情形下，导体内部是没有电荷的，所有的电荷都将分布在导体的表面上。

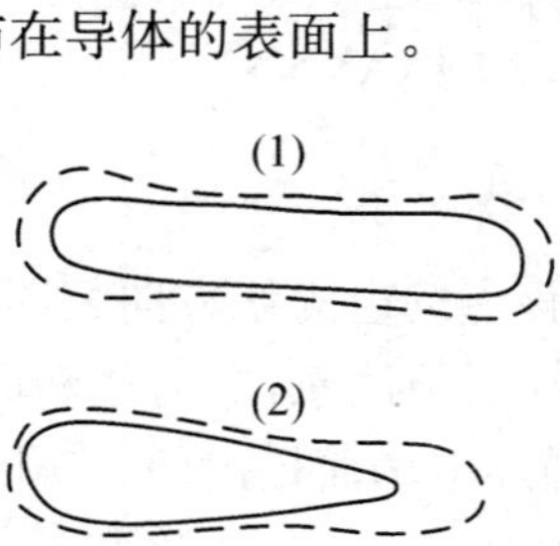

图 13.1

导体表面上的电荷，当其在平衡中时，分布极不均匀，要看导体的几何形状而定。在导体上曲率大的地方，电荷密度来得大。如图 13.1 所示①，平滑处所聚的电荷少，尖锐处所聚的电荷多。若导体在其它带电体的附近，则导体表面上电荷的分布，又要看电场的情形而定。

金属是最重要的一类导体。从金属电子论的观点看来，一部分电子可从它们所组成的金属原子脱离开来，成为“自由”电子(大约每个原子分出一个电子)，剩下的金属正离子组成了固体的骨架(晶体点阵)。在普通情况下，这些“自由”电子不能轻易地脱离金属而跑到金属之外。“自由”电子就以某种“电子气”的形式分布在离子之间，不断地在作不规

① 校者注：实线表示导体边界，虚线离实体的距离示意电荷密度的大小。

则的微观的热骚动①，而没有沿某一定方向的宏观的迁移。因此金属内部各处所含电荷正负等量，电场为零。但当金属受到外电场的作用时，不管外电场是多么微弱，其中的“自由”电子将在电力的作用下，相对于晶体点阵作宏观的运动，从而形成电流。自由电子运动的方向和作用在它们上面的力的方向一致，到达金属表面，运动才会停止下来，这样就引起导体中电荷的重新分布。电荷重新分布的结果，使它们自己在体内各点产生的电场适与外电场相抵消，使导体内部各点的电场强度再成为零，此时导体又处于静电平衡中。在静电平衡中，电荷总是分布在导体表面上。

2. 带电导体表面附近的场强

导体内部的电场等于零，导体外部靠近导体表面的电场正交于导体表面。在通过带电面时，场强法线分量又要经历突变(见§4)。根据这些结果，立刻得出带电导体表面附近的场强

$$E = 4\pi\sigma \tag{13.1}$$

这就是所谓**库仑定理**。由此可见，在静电平衡的情形下，导体表面附近的电场强度只决定于紧邻的导体表面元的电荷密度 σ，而与场中其它区域的电荷分布完全无关。知道导体表面上某点的电荷密度，就可以知道该点附近的场强；反过来，知道导体表面附近某点的场强，就可以知道导体表面上该处的电荷密度。事实上，我们往往测定附近的场强来决定导体表面上的电荷密度。

3. 静电压力

带电导体表面的每一部分 ΔS 都是处在这导体的带电表面的其余部分和空间中其它可能存在的电荷所产生的静电场中，因而它必然受着一个电力 ΔF 的作用。

设 A，B 为导体外部和内部无限邻接的两点(图 13.2)。在外部 A 点的场强 E 是由 E_1 和 E_2 相加而成：E_1 是由导体表面的 ΔS 这一部分所带电荷在 A 点产生的电场强度，E_2 是由导体表面除 ΔS 外的其余部分的空间中可能存在的其它电荷所产生的电场强度。根据库仑定理，我们有

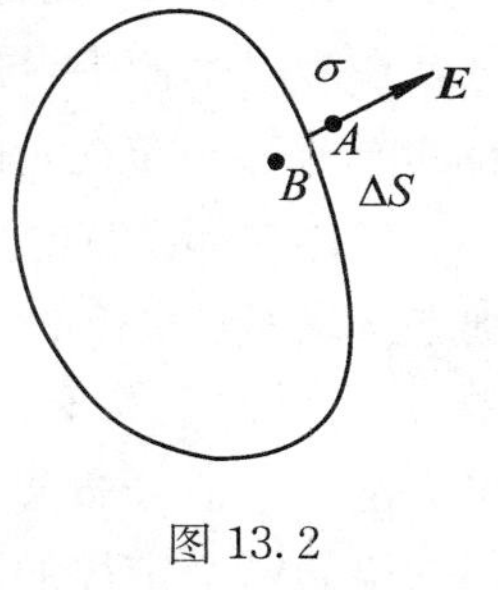

图 13.2

$$E_1 + E_2 = 4\pi\sigma$$

当然，在内部 B 点的场强也是由于上述两部分电荷所产生的两个电场相加而成的。由于 A 和 B 点无限邻接，在 B 点的 E_2 完全同于在 A 点的 E_2；不过 A 和 B 是在 ΔS 的两侧，因此在 B 点的 E_1 和在 A 点的 E_1 大小相等而方向相反。又因 B 点在导体内部，它的场强应该等于零，即

$$E_2 - E_1 = 0$$

从上面这两个式子，得出导体表面除 ΔS 外其余部分和在空间中可能存在的其它电荷，在 A 点，在 B 点，也在 ΔS 上，所产生的电场强度

① 校者注：现称作热运动。

$$E_2 = 2\pi\sigma$$

因此,导体表面 ΔS 上受到的电力为

$$\Delta F = E_2\sigma\Delta S = 2\pi\sigma^2\Delta S$$

从而得出带电导体表面上每单位面积所受到的静电压力为

$$P = \frac{\Delta F}{\Delta S} = 2\pi\sigma^2 \tag{13.2}$$

必须注意,静电压力总是指向导体之外的,不管导体上的电荷是正或者是负。在此,我们还要附带指出:带电导体表面 ΔS 在它两侧无限邻接的A,B 两点上所产生的场强为 $E_1 = 2\pi\sigma$,对 A 和B 点来说,ΔS 可看做是一个无限大带电平面而立刻得到这一结果。

5. 导体内部空腔中的场强

把导体内部挖掉一部分,成为空腔。当使导体带电或把导体置于静电场中时,导体内部空腔中的场强将是怎样的呢?

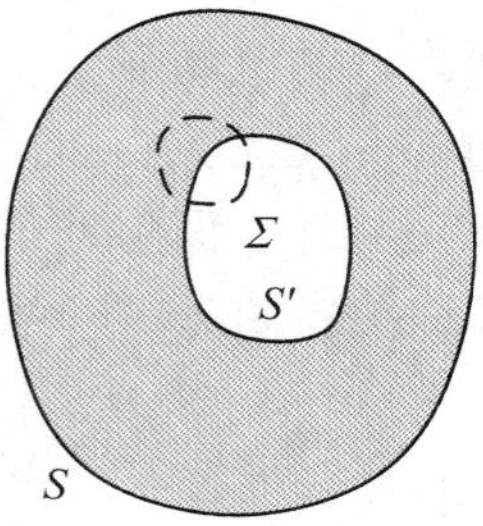

图 13.3

导体是一个同位体,它的内壁 S'当然是一个同位面,从而可以断定,S'面所包的空腔也是一个同位体。不然的话,空腔中将有电位极大或极小的点;这是不可能的,因为空腔中没有电荷存在(见§12)。所以导体内部包括空腔中的各点电位都相同,在空腔中各点和在导体中各点一样,电场强度都等于零。

导体内壁 S' 面上能否有电荷存在呢?为了回答这一问题,任意作闭合曲面 Σ,使其一部分在空腔中,一部分在导体中(图 13.3),这样它就包含了导体内壁 S' 的一部分。在闭合曲面 Σ 上各点电场为零,从而通过它的电通量也等于零。根据奥-高定理,它的内部,也就是在它所包括的那部分 S' 曲面上,电荷必须为零。所以在导体内壁上不可能有电荷分布。

在静电平衡中,导体内部,无论是空的或实的,各点的电位相同,各点的场强为零,所有的电荷都分布在它的外表面上。

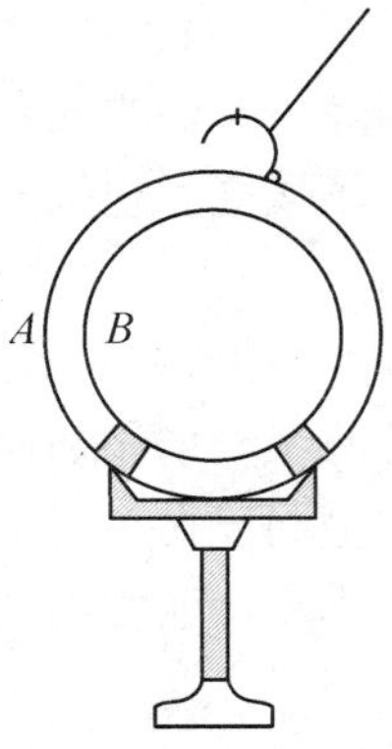

图 13.4

导体内部没有电荷存在,这是奥-高定理的结果,而奥-高定理的确立又是库仑定律的结果。如果在表示库仑定律的式子 $f = kq_1q_2/r^2$ 中,r 的指数不等于 2,而是等于任何其他的数 n,那么,在导体内部也必定有电荷分布着。因此,导体内部有无电荷存在这一事实,可以用来检验库仑定律的正确性。库仑用扭秤所作的直接测定,精密程度是不很大的,因为十分严格地实现点电荷的条件是很困难的。但是导体内部有无电荷存在这一件事,是能够十分准确地确定的。在库仑实验之后约 100 年,麦克斯韦曾用二个金属球壳,把其中一个放在另外一个的里面,并且用导线把它们连接起来(图 13.4)。给球外以电荷时,内球并不带电,麦克斯韦能够以很大的准确度确定这一点。他从这里得出的结论是,库仑定律中的指数 n 与 2 相差不会超过 1/20000。

§14 静电感应

把一未带电的导体B置于某一电场中，例如将其持近一带电体A(图14.1)，将引起B中自由电子的移动，但是移动B的前后俱应遵守静电平衡条件。

初时导体B的各部分，确跨于电场中电位不同的各区域内，它的内部因之有电场发生，静电平衡遂为A的电场所扰乱，导体中自由电子将因之移动，直到平衡重新恢复而止。此时导体上的电荷将成另一个新的分布情形。在导体内部各点，由其本身电荷所引起的电场，与外来A的电场互相重叠，适相抵消，而两电场的合成力线则又到处与导体表面正交。

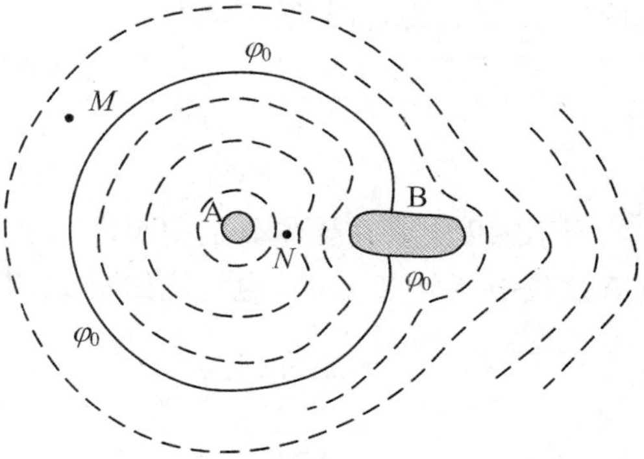

图14.1

导体B原未带电，今其电荷重新排列后，电荷之和固仍为零，但其正负电荷的分布则与前不同。在导体一部分表面上，有过剩的正电荷 $+q'$，而在它部分表面上则有过剩的负电荷 $-q'$。如果A是一个带正电的带电体，则负电荷必在离A较近之处，而正电荷必在离A较远之处。惟其如此，导体内部电场才能为零。此即所谓**静电感应**现象，A称为感应体，B称为被感应体。被感应体上的正电荷 $+q'$ 与负电荷 $-q'$ 称为感生电荷。正、负感生电荷之间由一条中和线分开，在中和线附近电荷密度和电场强度都几乎为零。

假设感应体A是一个小球，我们来看感应体和被感应体B所产生电场中同位面的一般情形。

在A的附近，同位面依然是以A为心的同心球，不过在较远的地方，特别是在B的附近，这些同位面就或多或少地变形了。在图14.1中 M 点，电位要比没有B在场时稍许小一点；又在 N 点，电位要比原来稍许大一点。

特别引人注意的是电位与被感应导体B相同的那个同位面 φ_0。导体B的表面显然是同位面 φ_0 的一部分，同位面 φ_0 的其它部分与导体B表面衔接之处正是那条中和线，因为在导体表面上其它地方都有感生电荷，这些电荷都要阻止同位面落脚。从图14.1中同位面的分布情形也可很清楚地看出，在中和线上各点的电场强度等于零。

在导体B带感生正电荷处的附近，电场指向导体外方，而在带感生负电荷处的附近，电场指向内方；这都表示电场指向电位降落的方向。

受静电感应作用的导体B，若与大地通连，则其电位为零。被感应体上所感应的与感应体同号的电荷将悉数流入地中，被感应体上存在的就只有与感应体异号的感生电荷。

至于感生电荷 q' 与感应体所带电荷 q 这两个电量之间的关系，要看下面两种情形而有所不同。

(1) 被感应体 B 完全包围了感应体 A。

在这种称为全感应的情形下(图 14.2)，在导体 B 的内腔空间中，不管放置在哪里，不管放置了多少带电体 A，它们在空腔内壁上感生的电荷 q' 必与它们自己所带的电荷总量 q 等量而异号。这个结果很容易应用奥-高定理来证明。

在导体 B 中，任作一闭合曲面 Σ，在 Σ 上各点电场都为零，因此通过 Σ 闭合曲面的电通量为零。根据奥-高定理，有

$$q + q' = 0$$

即

$$q' = - q$$

至于感生电荷在导体 B 的空腔内壁上的分布，自然要看感应体 A 的位置而有不同，近 A 之处电荷分布较多。电力线如图 14.3 所示。

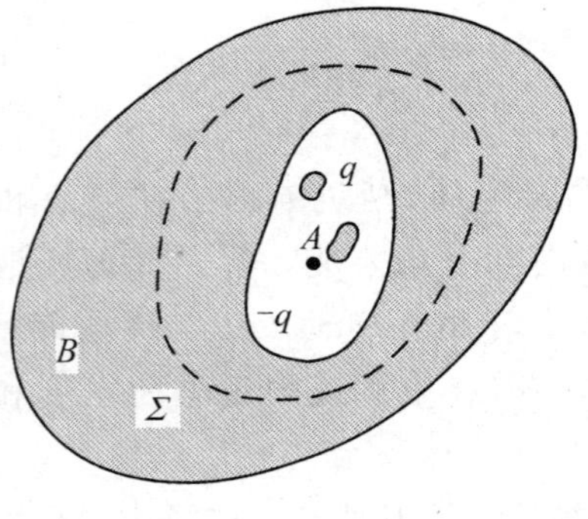

图 14.2

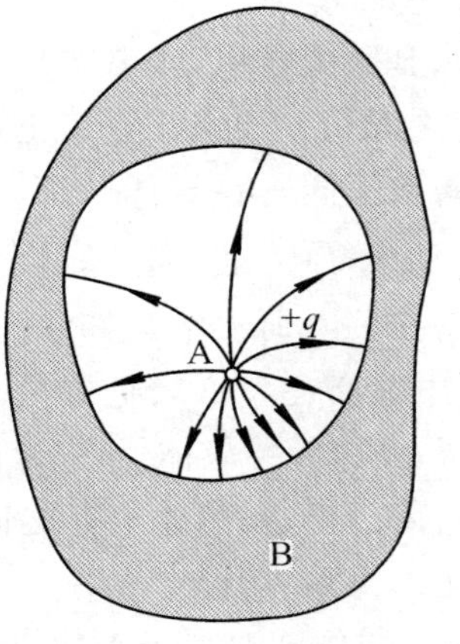

图 14.3

若导体 B 是绝缘的，则其外壁上的感生电荷与感应体所带电荷同号而且等量；若导体 B 是接地的，则外壁上没有电荷。

(2) 被感应体 B 不包围感应体 A。

在这种情形下，无论接地与否，导体 B 上的感生电荷 q'，就绝对值说，总小于感应体 A 上所带的电荷 q，这是因为从 A 出发的所有电力线并非全都终止于 B 上的缘故。

在导体 A 的表面上任取面积元 $\mathrm{d}S$，沿 $\mathrm{d}S$ 边缘的电力线所成的电力线管在导体 B 的表面上割出一个相对应的面积元 $\mathrm{d}S'$(图 14.4)。

现在让我们考虑以这个电力线管侧面和在 A，B 内部两个任意面 Σ，Σ′ 所围成的闭合曲面。通过这个闭合曲面的电通量显然为零。根据奥-高定理，可知这个闭合曲面所包围的电量必须为零。那就是说，两个导体上相对应的面积元 $\mathrm{d}S$ 和 $\mathrm{d}S'$ 所带的电荷等量而异号，是为**相对应面积元定理**。

被感应体 B 既然没有包围感应体 A，那么从 A 出发的电力线中只有一部分到了 B，其他部分直接去到无穷远。根据相对应面积元定理，可见在导体 B 上的感生电荷，就绝对值说，总是小于感应体 A 所带的电荷，不管 B 是绝缘或接地的。被感应体 B 接地时的情形有如图 14.5 所示。

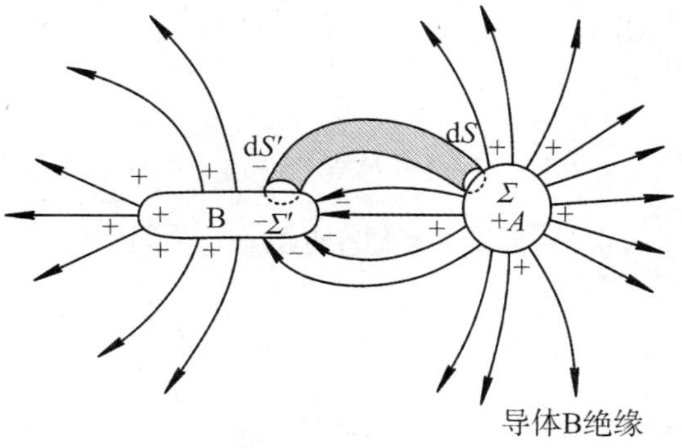

图 14.4

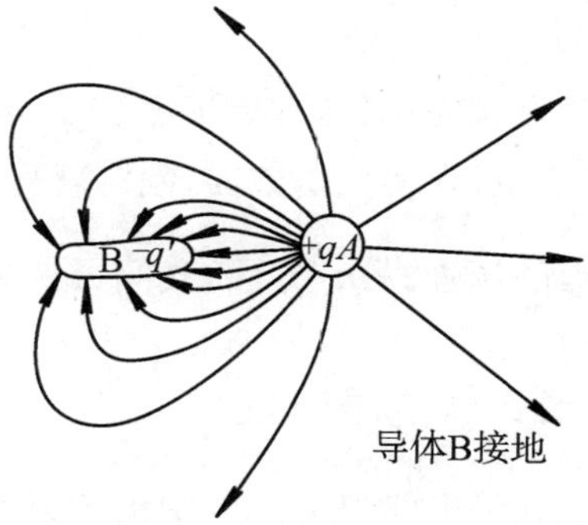

图 14.5

§15 静电学中的典型问题及其解

1. 问题的性质

前面曾一再指出过，当已知电荷分布时，就可根据边界条件，对泊松方程或拉普拉斯方程求解，来确定场中各点的电位。反之，如果已知场中各点的电位，则可根据泊松方程确定场中各点的体电荷密度为

$$\rho = -\frac{1}{4\pi}\nabla^2\varphi$$

当场中有面电荷存在时，则可根据场强法线分量的突变来确定面电荷密度为

$$\sigma = -\frac{1}{4\pi}\left[\left(\frac{\partial\varphi}{\partial n}\right)_2 - \left(\frac{\partial\varphi}{\partial n}\right)_1\right]$$

然而在实际上，我们不可能去测定场中各点的电荷密度或电位梯度，而容易确定的乃是场中导体的电位或它所带的电荷总量，因此静电学中所遇到的典型问题是：

已知场中所有导体的形状和位置以及其中一些导体的电位和另一些导体所带的(总)电荷，去决定这些导体的场和它们表面上的电荷分布。

在这里我们假定体电荷是不存在的，因为导体的电荷都集中在它们的表面上，而在本章中我们不考虑电介质。无论在导体内部或外部的空间里，电位都满足拉普拉斯方程。问题就是在一定的边界条件下，对拉普拉斯方程求解；要求得到一个位函数 φ，在空间各点满足微分方程

$$\nabla^2\varphi = \frac{\partial^2\varphi}{\partial x^2}+\frac{\partial^2\varphi}{\partial y^2}+\frac{\partial^2\varphi}{\partial z^2} = 0$$

在各个导体表面上，它成为一个常数，适等于该导体的电位；在带电量 Q 的导体表面上，它符合条件：

$$\frac{1}{4\pi}\oint\frac{\partial\varphi}{\partial n}\mathrm{d}S = Q$$

并且在无穷远处，它等于零。

一旦求得位函数 φ，问题就完全解决了。一方面，我们可从 $\boldsymbol{E}=-\operatorname{grad}\varphi$，求得场中各点的场强；另一方面，我们可从 $\sigma=-\frac{1}{4\pi}\frac{\partial\varphi}{\partial n}$，求得导体表面上各点的面电荷密度。

2. 解的唯一性

在静电学典型问题中给的只是导体的形状、位置和它们的电位或所带的电荷，尽管数据是这样之少，在整个空间中电场的情态是完全决定了的。从物理上说，这是一个客观存在的事实，这些导体上的电荷必然要达到静电平衡，从而在空间中产生一定的静电场。在数学上，严格地证明这个问题的解的存在是可能的。这样一般的典型问题虽然不可能有一般形式的解，但是，如果用某种方法求得了解，那它就是唯一的解，再没有别的解。我们来证明解的唯一性定理。

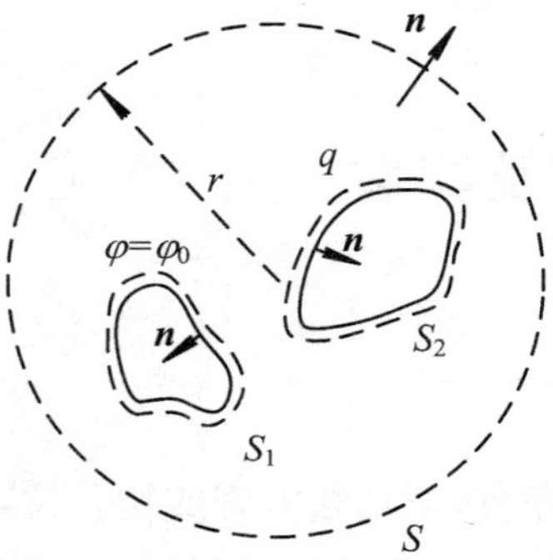

图 15.1

为了讨论简单起见，我们假设场中只有两个导体，其中一个的电位已知，等于 φ_0，另一个的电荷已知，等于 q（图 15.1），即我们已知下列边界条件：

当 $r\to\infty$ 时，$\varphi_\infty=0$；

在第一个导体上，$\varphi=\varphi_0$；

在第二个导体上，

$$\frac{1}{4\pi}\oint_{S_2}\nabla\varphi\cdot\mathrm{d}\boldsymbol{S} = q$$

而要去证明拉普拉斯方程的解是唯一的。

为此，我们先假定拉普拉斯方程有两个不同的解 φ_1 和 φ_2，即

$$\nabla^2\varphi_1 = 0,\quad \nabla^2\varphi_2 = 0$$

由于拉普拉斯方程是一个线性方程式，两解之差 $\varphi_3=\varphi_1-\varphi_2$ 显然是它的又一个解，即

$$\nabla^2\varphi_3 = 0$$

但是边界条件是不同的，对于 φ_3 而言，它应满足的边界条件是：在第一个导体上，电位为零；在第二个导体上，电荷为零；在无穷远处，电位为零。

根据矢量分析中的关系式

$$\nabla\cdot(\varphi_3\nabla\varphi_3) = \nabla\varphi_3\cdot\nabla\varphi_3+\varphi_3\nabla^2\varphi_3$$

我们有

$$\int(\nabla\varphi_3)^2\mathrm{d}V = \int[\nabla\cdot(\varphi_3\nabla\varphi_3)\mathrm{d}V - \varphi_3\nabla^2\varphi_3]\mathrm{d}V$$

由于$\nabla^2\varphi_3=0$,并应用高斯公式,上式可以写成

$$\int_V(\nabla\varphi_3)^2\mathrm{d}V = \int_V\nabla(\varphi_3\nabla\varphi_3)\mathrm{d}V = \oint_{S+S_1+S_2}\varphi_3\nabla\varphi_3\cdot\mathrm{d}\boldsymbol{S}$$

式中 V 是两个导体以外的场中整个空间,S 是包围场的曲面,S_1 和 S_2 是两个无限接近而包围导体的曲面。

S_1 和 S_2 既然与两个导体无限贴近,在对 S_1 和 S_2 进行积分时可以看成是对两个导体的表面进行的。在第一个导体上,$\varphi_3=0$,因而

$$\oint_{S_1}\varphi_3\nabla\varphi_3\cdot\mathrm{d}\boldsymbol{S} = 0$$

在第二个导体上,φ_3 是一个常数,可以移到积分号外面,有

$$\oint_{S_2}\varphi_3\nabla\varphi_3\cdot\mathrm{d}\boldsymbol{S} = \varphi_3\oint_{S_2}\nabla\varphi_3\cdot\mathrm{d}\boldsymbol{S} = \varphi_3\oint_{S_2}\nabla(\varphi_1-\varphi_2)\cdot\mathrm{d}\boldsymbol{S}$$

$$= 4\pi\varphi_3(q-q) = 0$$

在无穷远处;$\varphi_3\propto 1/r$,$\nabla\varphi_3\propto 1/r^2$,而 $\mathrm{d}S\propto r^2$,因此

$$\oint_S\varphi_3\nabla\varphi_3\cdot\mathrm{d}\boldsymbol{S}\rightarrow 0$$

于是我们有

$$\int_V(\nabla\varphi_3)^2\mathrm{d}V = 0$$

由于被积分的式子总是正的,从这一等式得到结论:在整个空间中,$\nabla\varphi_3=0$,即 $\varphi_3=$ 常数,又因第一个导体上,φ_3 为零,所以它必到处都等于零,因而

$$\varphi_1\equiv\varphi_2$$

可见两解是完全相同的。这样就证明了问题解答的唯一性。解的唯一性定理在解静电学中的具体问题时起着很重要的作用。我们先来研究唯一性定理的某些应用。

3. 电容概念的根据

对于一个绝缘而带一定电量 q 的导体来说,电位 φ 应该满足下面两个方程:

$$\nabla^2\varphi = 0,\qquad -\frac{1}{4\pi}\oint\nabla\varphi\cdot\mathrm{d}\boldsymbol{S} = q$$

在导体的形状和大小保持一定、其它条件保持不变的情况下,我们假定导体的电荷增加到 k 倍,即

$$q' = kq$$

那么,正如边界条件所指出的,应当有

$$\varphi' = k\varphi$$

这个新的电位之值 φ'同样必须满足拉普拉斯方程,而且是唯一的。由此得出结论:导体的电量和电势的值,彼此严格地成比例。那就是说,比值 q/φ 与 q 或 φ 的值无关,完全由

导体的形状和大小来确定。比值 q/φ 与 q 和 φ 的无关性是引进**电容**这个概念的根据。这样规定的电容 $C=q/\varphi$ 表征着导体的特性，具有物理的意义。

至于电容的单位，在 CGS 绝对静电单位制中为厘米，在实用单位制中为法拉，而 1 法拉 $=9\times10^{11}$ 厘米，以及平板、圆柱形和球形电容器的电容量与电容器的串联和并联方法等等，都是读者所熟知的，我们就不重复讲述了。

4. 静电屏蔽作用

设有中空的导体 A，其电位为 φ_0，在它的内腔中有导体 B′，C′，…，各带电荷 q_1'，q_2'，…，在它的外部空间中有导体 B″，C″，…，各带电荷 q_1''，q_2''，…（图 15.2）。我们来求它们的静电平衡状态，就是来求场中各点的电位和电场以及导体表面上各点的电荷密度。令导体 A 的外部任意一点 P 的电位和场强分别为 φ_e 和 $\boldsymbol{E}_e$，内部任意一点 Q 的电位和场强分别为 φ_i 和 $\boldsymbol{E}_i$，导体 A 外壁上一点 M 和内壁上一点 N 的电荷密度各为 σ_e 和 σ_i。

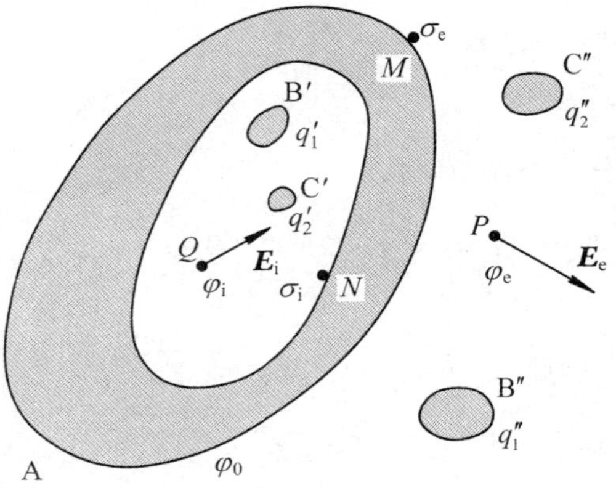

图 15.2

先就导体 A 的电位为零、外部导体不带电荷这一特殊情况来研究，即

$$\varphi_0=0,\quad q_1''=q_2''=\cdots=0$$

有待于确定的是 φ_e'，φ_i'，$\boldsymbol{E}_e'$，$\boldsymbol{E}_i'$和 σ_e'，σ_i'等。在 φ，$\boldsymbol{E}$ 和σ 上，我们都加了一撇，用来标记这种平衡状态下的数值。在这种情形下，在导体 A 的外部空间中，所有各点的电位为零，电场为零，所有导体 B″，C″，…表面上各点和导体 A 的外壁上各点的电荷密度也都为零，总的一句话，导体 A 的外部空间里没有电场存在。导体 B″，C″，…既然不带电荷，它们的移动，甚至于存在与否，都将丝毫不会影响场中的平衡状态，也不会影响导体 A 内部空腔中电的状态。至于导体 A 内部空腔中各点的电位 φ_i'，以及场强 $\boldsymbol{E}_i'$和电荷密度 σ_i'只与 A 的内壁的形状，空腔中导体 B′，C′，…的形状、位置和它们所带的电荷 q_1'，q_2'，…有关，而且是整个场中（导体 A 的内和外）仅有的全部数据，因此可以取消注脚 i，简称 $\boldsymbol{E}'$，φ'和 σ'。在这个平衡状态下的数据汇总在表 15.1 第二列内。

再就导体 A 的电位为 φ_0、内部导体不带电荷这另一特殊情况，即

$$\varphi_0''=\varphi_0,\quad q_1'=q_2'=\cdots=0$$

来研究，并用字母加上两撇的 φ_i''，φ_e''，$\boldsymbol{E}_i''$，$\boldsymbol{E}_e''$，σ_i''，σ_e''来标记另一种平衡状态的数值。在这种情形下，导体 A 内部（包括空腔）是一个同位体，没有电荷，也没有电场存在。导体 A 外部空间中各点的电位 φ_e''，场强 $\boldsymbol{E}_e''$和电荷密度 σ_e''，与导体 A 的内壁和内部导体 B′，C′，…的存在与否无关，完全由导体 A 的电位 φ_0 和它外壁的形状，外部导体 B″，C″，…的形状和位置，以及它们所带的电荷 q_1''，q_2''，…而决定，而且是整个场中仅有的全部数据，因此，可以取消注脚 e，简称 φ''，$\boldsymbol{E}''$和 σ''。在这另一个平衡状态下的数据汇总在表 15.1 第三

列内。

把上面所考虑的两个平衡状态加在一起，汇总在表 15.1 第四列内，必然代表第三个平衡状态，这是由于泊松方程和拉普拉斯方程是线性方程的结果，称为静电平衡叠加定理。

表 15.1

	第一个平衡状态	第二个平衡状态	第三个平衡状态
A 的电位	$\varphi_0' = 0$	$\varphi_0'' = \varphi_0$	φ_0
B′的电荷	q_1'	0	q_1'
B″的电荷	0	q_1''	q_1''
P 点的电位	$\varphi_e' = 0$	$\varphi_e'' = \varphi''$	$\varphi_e = \varphi''$
P 点的场强	$E_e' = 0$	$E_e'' = E''$	$E_e = E''$
M 点的电荷密度	$\sigma_e' = 0$	$\sigma_e'' = \sigma''$	$\sigma_e = \sigma''$
Q 点的电位	$\varphi_i' = \varphi'$	$\varphi_i'' = \varphi_0$	$\varphi_i = \varphi_0 + \varphi'$
Q 点的场强	$E_i' = E'$	$E_i'' = 0$	$E_i = E'$
N 点的电荷密度	$\sigma_i' = \sigma'$	$\sigma_i'' = 0$	$\sigma_i = \sigma'$

从表 15.1 可见，第三个平衡状态所列举的导体 A 的电位和内外导体的电荷正是在本节初提出来要求解决的那个问题的已给条件。由于问题的解是唯一的，表中第四列的各个函数就代表这一个解。由此得出结论：

一个电位维持一定的中空导体的外部空间中各点的电位和场强以及它的外壁上的电荷分布，与它内壁的形状和内壁上的电荷，与空腔中导体的形状、位置和所带的电荷全无关，同时，空腔中各点的电位和场强以及内壁上的电荷分布，也与中空导体外壁的形状和外壁上的电荷，与中空导体外部空间的导体形状、位置和所带的电荷全无关。

这个结论称为**静电屏蔽定理**。一个中空导体，当它的电位保持不变时，就把整个空间分成两个对电来说完全独立（没有关系）的世界（区域），起着电的屏蔽作用，我们可以移动或改变任一区域中的电荷，而丝毫没有影响另一区域中的电的状态。

比如说，我们改变中空导体 A 的电位 φ_0，外部空间中电的状态将随着发生变化；但是空腔内部的场强 $E_i = E'$ 和电荷密度 $\sigma_i = \sigma'$ 丝毫没有改变，所改变的只是各点的电位 $\varphi_i = \varphi_0 + \varphi'$，都增加或减小了一个相同的量。这是无关紧要的，因为我们所能观测的是两点之间的电位差，而电位本身原来没有什么物理的实在意义。

由此可见，在一个导体的空腔中，电的状态只与空腔内壁的形状和置在空腔中的导体的形状、位置及其所带的电荷有关。

就电来说，中空金属导体隔离了它的内部空间，使其不受外界沾染，并且保护了放在它的内腔中的物体，使它们不受任何外电场的影响。这就是静电屏蔽的原理。进行精密测量时，为了避免外电场的干扰，常把仪器放在金属匣或金属丝制成的笼内，金属匣和金属丝笼就是起着电屏的作用。

在此我还要说明一下在静电学中**“接地”**两字的意义。依理论说，无穷远处电位为零；实际上，把一个导体接地就说它的电位为零。有什么可以证明地球的电位等于无穷远处的电位呢？相反地，我们可以知其绝不如此，因为大气中各点就有电位差存在。事实上，接地只是把我们在其中工作的实验室的四壁和大地连成一个真正的中空导体，造成一个电屏而已。

在这个真正的中空导体——实验室里，我们做电学实验时所做的，或是移动一些电荷，或是在其中利用所谓电源建立电位差，从而测定电荷、电力或者电力所作的功。所有这些观测，根据静电屏蔽定理，全与实验室外可能发生的事变和实验室四壁的电位无关。因此，把大地和实验室四壁的电位作为零，是没有什么不方便的。

但是在这个实验室之内的空间中，电的状态和室中存在的所有导体有关，也和实验者所在的位置有关，因为实验者的身体，由于与电源接触或由于静电感应，通常也是一个带电的导体。因此，在进行精密工作时，为了避免这些干扰，必须把每一架仪器，甚至每一根导线，都用适当的电屏包围起来，再把这些电屏连通成为一个整体。在这个整体电屏之内进行实验，并取整体电屏的电位作为计量电位的起点。电源放在整体电屏之外，但是它的一极必须与电屏相连。实验者的身体与实验室的四壁，自然也在整体电屏之外，对在整体电屏内进行的实验不会引起任何影响。这样一来，把整体电屏与大地连接也就成为完全不必要的事了；不过我们还是把上述接法叫做接地。

§16 电像法

我们知道，在给定的边界条件下，静电学问题的解是唯一的。解的唯一性定理有着实际的意义。不管用什么样的特殊方法，如果求出具体问题的某一个解，根据解的唯一性定理，我们就能保证这个解确是所求的问题的真正的解，因为其它的解是不存在的。

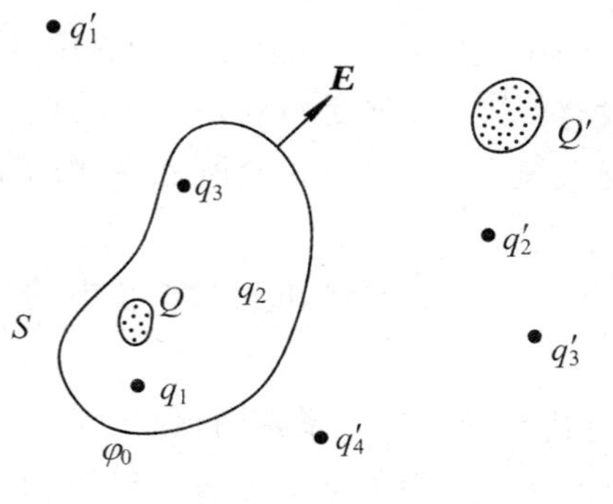

图 16.1

电像法就是解静电学问题中的特殊方法之一，在解某些实际问题时有较广泛的应用。

在一个电荷系统的电场中（这些电荷的分布，有的是按体积的，有的是按面积的，有的是按曲线的，也有的是点电荷），考虑一个电位为 φ_0 的同位面 S（图 16.1），它把系统的一部分如 q_1,q_2,q_3,Q 包围在它的内部。我们知道，同位面 S 上各点的电场是与同位面正交的，而且有 $\boldsymbol{E}=-\partial\varphi/\partial\boldsymbol{n}$。这是一个静电学的正问题，它有一定的解，原则上我们知道用积分来求。

现在设想把被包围在同位面 S 内的那些电荷拿走，以 S 为表面的一个金属导体来体现这个等位面(图 16.2)，并使金属导体的电位就是原来同位面的电位 φ_0。这个具有一定电位 φ_0 的金属导体和放在它的外部空间中未动的电荷 $q_1', q_2', q_3', q_4', Q'$达成静电平衡。这又是一个静电学的问题，它也有它的一定的解。

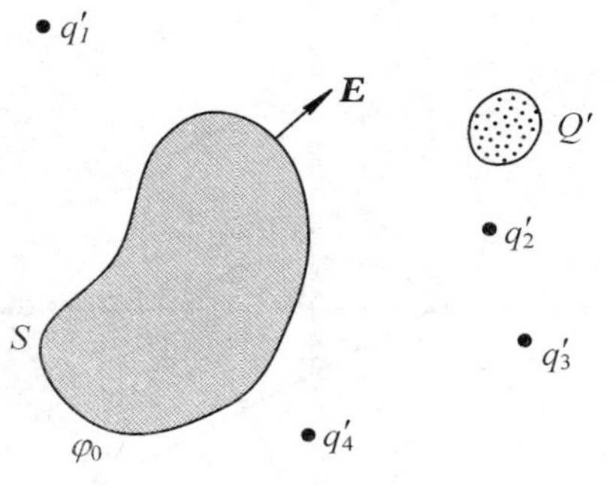

图 16.2

上述两个问题确是不完全相同的。在 S 面的外部空间中，它们将有完全相同的电场，也就是说，应该有完全相同的解，所不同的是在 S 面的内部空间里，在第一个问题所规定的情况下，将有一定的电场，而在第二个问题所规定的情况下，此地处处电场为零。由此可见，第二个问题的解决可从第一个问题有关同位面外部空间的结果来获得。

在第二个问题中，根据库仑定理，金属导体表面 S 上的总电荷将是

$$\oint_S \sigma \mathrm{d}S = \frac{1}{4\pi}\oint_S E \mathrm{d}S$$

但从第一个问题中，根据奥-高定理，又有

$$\oint_S E \mathrm{d}S = 4\pi(q_1 + q_2 + q_3 + Q)$$

所以

$$\oint_S \sigma \mathrm{d}S = q_1 + q_2 + q_3 + Q$$

好像用金属导体来体现同位面 S 的同时，同位面内部的电荷就全转移到导体表面上来，重新分布一样。

在第一个问题中，在同位面 S 内部的电荷，如 $q_1, q_2, \cdots, Q$ 等，可称为外部电荷如 $q_1', q_2', \cdots, Q'$等，对于 S 面的像。这些像在第二个问题中是不存在的，是虚构的。这样把原来要解决的由电荷与具有一定电位的导体所形成的电位和电场问题转化为解决电荷与“虚构”电荷所产生的电位和电场问题。这种方法称为电像法，导体好像一面镜子，虚构电荷就是原有电荷的像。

这种方法之所以可能，就是由于在一定的边界条件下，拉普拉斯方程和泊松方程的解的唯一性。导体以外的空间中的电位和电场，在替换前后，所满足的边界条件相同，因而它们的解也必相同。

一般地说，知道金属导体和它外部的电荷，并不足以简单地决定它们的像；只有在金属导体为平面、球面或圆柱面时才有可能。

现在我们举两个例子说明如何应用电像法来处理具体问题。

1. 点电荷和接地的无限导体平面

问题是要决定点电荷所在的那半个空间的电场和点电荷 $+q$ 在无限导体平面上所

感生的电荷密度。

由于无限导体平面是接地的，它的电位可取为零。这个问题立刻使我们联想到通过两个等量而异号的点电荷的连接线的中垂面是一个电位为零的同位面。因此我们可以用电位为零的金属导体代替这个同位平面而丝毫不会改变右半空间中的电位和电场，在导体平面左方与 $+q$ 对称的 $-q$ 就是像(图 16.3)。

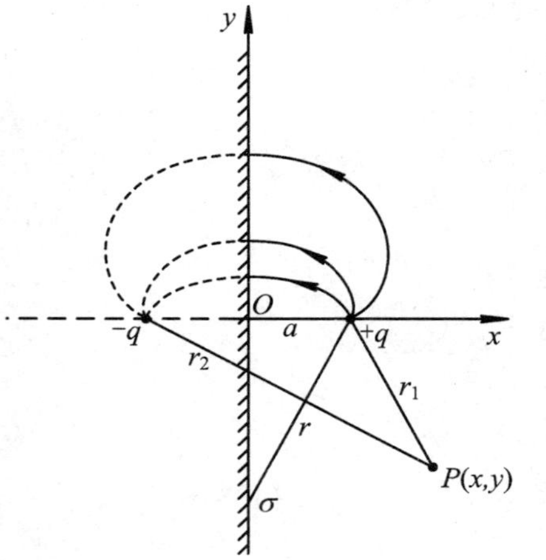

图 16.3

这样一来，我们的问题就转化成为去决定两个点电荷 $+q$ 和 $-q$ 的电场的问题。这是一个极其简单的问题。由此可知，在右半空间中，P 点电位为

$$\varphi = q\left(\frac{1}{r_1} - \frac{1}{r_2}\right) = q\left[\frac{1}{\sqrt{(x-a)^2 + y^2}} - \frac{1}{\sqrt{(x+a)^2 + y^2}}\right]$$

这就是本题的解。

在导体表面上的感生电荷密度为

$$\sigma = -\frac{1}{4\pi}\left(\frac{\partial \varphi}{\partial x}\right)_{x=0} = -\frac{aq}{2\pi(a^2 + y^2)^{3/2}} = -\frac{aq}{2\pi r^3}$$

有如图 16.4 所示。从此很容易计算出，也是我们可以预先知道的，导体表面上感生的总电荷等于 $-q$。点电荷 $+q$ 与导体平面间的吸引力等于它与它的电像 $-q$ 间的吸引力，即

$$F = -\frac{q^2}{4a^2}$$

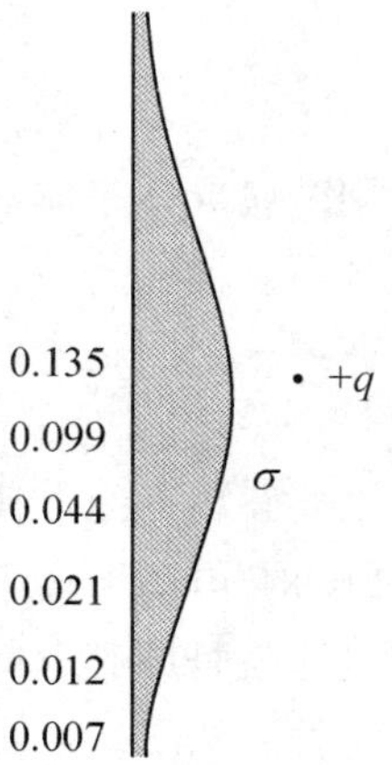

图 16.4

当然，在导体平面左方半个空间里，电位和电场到处为零。这是由于导体平面上感生电荷和点电荷 $+q$ 在这里产生的电场相等而相反，适相抵消的结果。无限导体平面起着电屏的作用。

2. 点电荷对于球面导体的感应

设 R 为球面导体的半径，a 为点电荷 $+q$ 与球心 O 之间的距离。我们先求电像 $-q'$ 的电量和它的位置。

由两个电量不等、符号相反的点电荷 $+q$ 和 $-q'$ 所形成的同位面

$$\varphi = \frac{q}{r_1} - \frac{q'}{r_2} = 常数$$

一般地说，是不简单的。只有那电位为零的同位面

$$\frac{r_2}{r_1} = \frac{q'}{q}$$

才是一个球面。我们先来考虑这个比较简单的情形。

(1) 接地的球面导体

在球面上一点 M，$+q$ 和 $-q'$所产生的电位为

$$\varphi_c = \frac{q}{r_1} - \frac{q'}{r_2} = \frac{q}{\sqrt{a^2 + R^2 - 2aR\cos\alpha}} - \frac{q'}{\sqrt{b^2 + R^2 - 2bR\cos\alpha}}$$

式中 b 是 $-q'$离球心 O 的距离，α 是OM 与OA 间的夹角(图 16.5)。

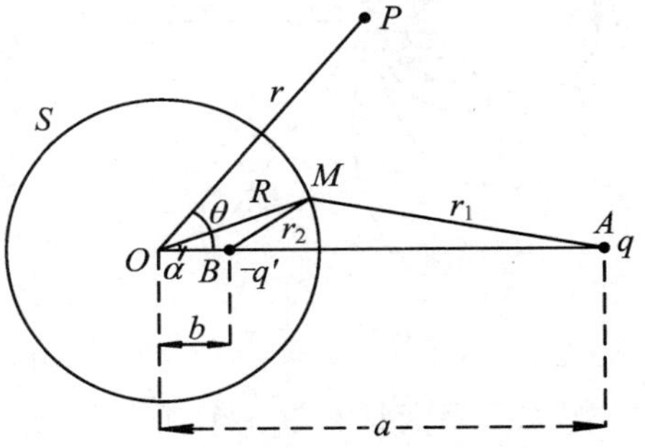

图 16.5

要使球面上任意一点的电位为零，必须

$$q^2(b^2 + R^2 - 2bR\cos\alpha) = q'^2(a^2 + R^2 - 2aR\cos\alpha)$$

不管 α 的值是什么，上式均成立，这要求

$$q^2(b^2 + R^2) - q'^2(a^2 + R^2) = 0$$

和

$$2R(q^2 b - q'^2 a) = 0$$

从而得

$$b = \frac{R^2}{a} \quad 和 \quad q' = \frac{R}{a}q$$

这样就求出了电像的位置和电量。由于 $R<a$，可见电像在球内，它的电量 $-q'$也就是导体表面上的感生总电荷，q'恒小于 q。

对球面导体的外部空间而言，点电荷 $+q$ 和接地球面导体上的感生电荷在任意一点 P 的电位，就是点电荷 $+q$ 和它的电像 $-q'$在该点所产生的电位，为

$$\begin{aligned}\varphi &= \frac{q}{\sqrt{r^2 + a^2 - 2ar\cos\theta}} - \frac{q'}{\sqrt{r^2 + b^2 - 2br\cos\theta}} \\ &= q\left[\frac{1}{\sqrt{r^2 + a^2 - 2ar\cos\theta}} - \frac{R/a}{\sqrt{r^2 + R^4/a^2 - 2r(R^2/a)\cos\theta}}\right]\end{aligned}$$

式中 r 为P 点与球心 O 间的距离，θ 为 OP 与 OA 间的夹角。可以注意的是，上式中最后没有 q'和 b，这是完全应该的，因为它们在本问题中并不代表实在的东西。

球面导体上任意一点 M 的感生电荷密度为

$$\begin{aligned}\sigma &= -\frac{1}{4\pi}\left(\frac{\partial\varphi}{\partial r}\right)_{r=R} = -\frac{q}{4\pi R}\frac{a^2 - R^2}{(a^2 + R^2 - 2aR\cos\alpha)^{3/2}} \\ &= -\frac{q}{4\pi R}\cdot\frac{a^2 - R^2}{MA^3}\end{aligned}$$

可见接地的球面导体上各点的感生电荷密度都与感应点电荷的符号相反，而且与它的距离的立方成反比。

图 16.6 是所求问题的电力线分布。

球面导体在 A 点的场强等于在 B 点的 $-q'$ 在该点所产生的场强，即 $-q'/(a-b)^2$。因此，球面导体对于电荷 $+q$ 的吸引力，也就是电荷 $+q$ 对于球面导体的吸引力，为

$$F=-\frac{qq'}{(a-b)^2}=-\frac{aRq^2}{(a^2-R^2)^2}$$

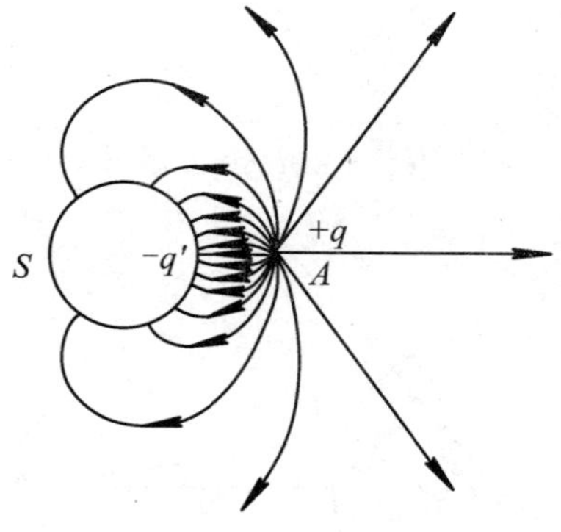

图 16.6

(2) 绝缘而原来不带电的球面导体

如果所考虑的球面导体不是接地而是绝缘的，而且原来不带电，把它放在点电荷 $+q$ 的电场中时，就整体而言，它将仍是不带电的。这个问题的解决，可以认作是下面两个平衡状态的叠加。

第一个平衡状态就是我们刚研究过的一个点电荷 $+q$ 与接地球面导体的平衡，也就是一个点电荷 $+q$ 与一个带电 $-q'=-qR/a$ 的球面导体之间的平衡状态。

第二个平衡状态是一个孤立的、绝缘的、带电 $+q'$ 的球面导体的平衡状态。当它处于静电平衡时，电荷 $+q'$ 均匀地分布在它的球面上，面密度为 $\sigma'=q'/(4\pi R^2)=q/(4\pi aR)$；在球外各点所产生的电场，好像电荷 $+q'$ 完全集中在球心上一样；球面的电位为 $\varphi_S=q'/R=q/a$。

把这两个平衡状态叠加起来，就得到一个新的平衡状态：点电荷 $+q$ 与绝缘的原来不带电的球面导体的平衡，这正是我们所要解决的问题。

由此可知，在点电荷 $+q$ 与绝缘的原来不带电的球面导体的场中，球外空间中各点的电场强度可由下列三个点电荷所产生的电场叠加而得：一个点电荷 $+q$ 放在 A，另一个点电荷 $-q'$ 放在球内 B，再一个点电荷 $+q'$ 放在球心 O。球面导体的电位为 q/a。最后这个结果很容易直接得到。

在球面上任意一点 M 的电荷密度，就是上面已经求出的 σ 与 σ' 之和，为

$$\sigma_1=\sigma+\sigma'=-\frac{q(a^2-R^2)}{4\pi R}\frac{1}{r^3}+\frac{q}{4\pi aR}=\frac{q}{4\pi R}\left(\frac{1}{a}-\frac{a^2-R^2}{r^3}\right)$$

式中 $r=\overline{MA}$ 代表 M 点与电荷 $+q$ 间的距离。可见 σ_1 为正或负，视 r 的值而定。在球面上有两个区域，一个带负电，另一个带正电，中间由一条中和线分开。中和线的位置由

$$r^3=a(a^2-R^2)$$

决定。它是球面上垂直于 OA 的一个小圆。对应于中和线的 r 之值介乎 a 与 $\sqrt{a^2-R^2}$ 之间。可见中和线位于垂直于 OA 的大圆与以 A 为顶点和导体球面相切的圆锥体的切割小圆之间（这个切割小圆的平面通过 B 点垂直于 OA，见图 16.7）。

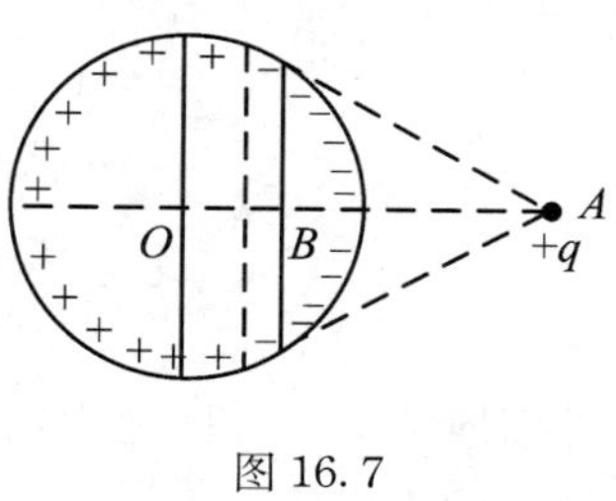

图 16.7

图 16.8 表示出金属球为绝缘时的电力线分布。

至于点电荷 $+q$ 与绝缘的原来不带电的球面导体间的吸引力 F_1，等于放在 B 和 O 点的两个点电荷 $-q'$ 和 $+q'$ 对于放在 A 点的点电荷 $+q$ 的作用力之和，即

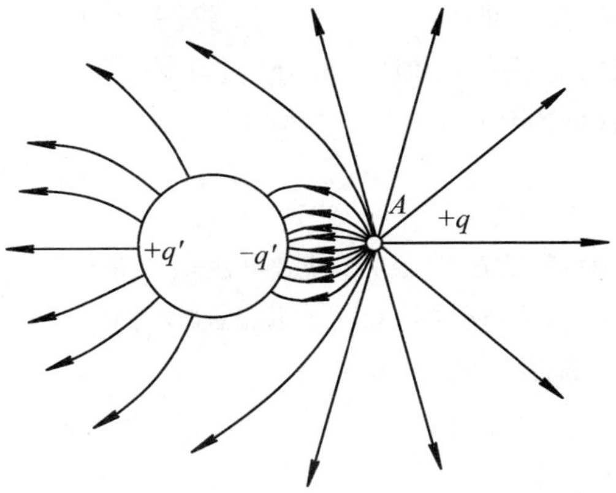

图 16.8

$$F_1 = -\frac{qq'}{(a-b)^2} + \frac{qq'}{a^2}$$

$$= -q^2 \cdot \frac{R^3}{a^3} \cdot \frac{2a^2 - R^2}{(a^2 - R^2)^2}$$

可见，F_1 比球面导体接地时的 F 小。这就定量地说明了为什么一个接地的静电摆比绝缘时更为灵敏(见图 16.9)。

(3) 均匀电场对于球面导体的感应

作为上面问题的极限情形来研究。令放在 A 点的电荷 $+q$ 无限增大，同时移向无穷远处，即 $a\to\infty$，$q\to\infty$，但使它在球附近的区域中所产生的电场强度 q/a^2 保持一定的值 E_0。在这过程中，电像 $-q'$ 将从 B 点无限地趋近球心 O，与球心上的 $+q'$ 组成一个电偶极子，它的偶极矩为

$$p = q'b = q \cdot \frac{R^3}{a^2} = E_0 R^3$$

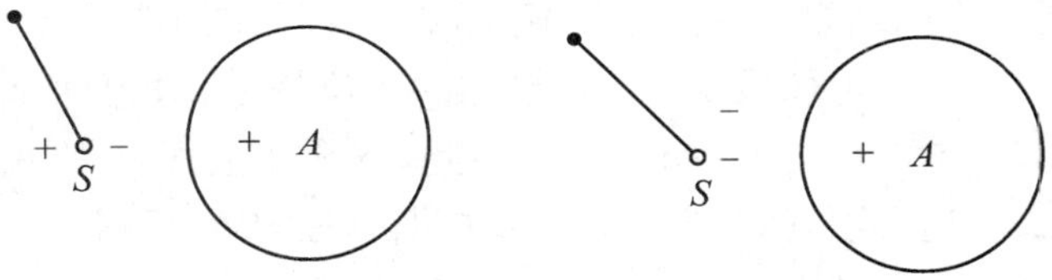

图 16.9　电摆接地(右图 S)时比绝缘(左图 S)时更为灵敏

E_0 是由一个处于无穷远的、电量为无限大的点电荷所产生的场强。由此得出结论：一个绝缘处在均匀电场 E_0 中的导体球的作用，对它外部的空间而言，与一个放在球心处的极矩为 E_0R^3 的电偶极子所起的作用完全等效。

这样我们就可利用等效电偶极子来研究均匀电场中引入球面导体后的电场变化。

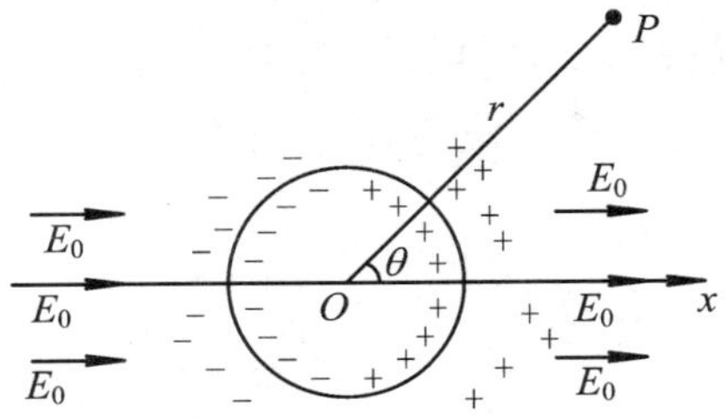

图 16.10

由于电位是一个相对量，可差一任意常数，为了讨论方便起见，可取球面的电位为零。当球引入场中后，只改变它附近的场，而对远距离处的场不发生影响。远处的场仍为均匀电场。若取球心 O 为原点，通过球心与原来电场 E_0 平行的直线为 x 轴(图 16.10)，则场所满足的边界条件为：

(a) 当 $r\to\infty$ 时，$\varphi = -E_0 x = -E_0 r\cos\theta$；

(b) 当 $r = R$ 时，$\varphi = 0$。

在球内和球外的场的电位均满足拉普拉斯方程

$$\nabla^2 \varphi = 0$$

要满足边界条件(a),在拉普拉斯方程的解中必须包含如 $r\cos\theta$ 的项;同时一个处于均匀电场中的导体球对外的作用好像是一个电偶极子,因此在解中应包含如 $\cos\theta/r^2$ 的项(见§10 例1),所以可设解 φ 为

$$\varphi = Ar\cos\theta + \frac{B\cos\theta}{r^2}$$

式中 A 及 B 为积分常数,可由边界条件决定。

当 $r\to\infty$ 时,$\varphi = -E_0 r\cos\theta$,由此得出 $A = -E_0$;而当 $r = R$ 时,$\varphi = 0$,由此得出 $B = E_0 R^3$;把 A,B 的值代入上式,便得

$$\varphi = \left(\frac{R^3}{r^3} - 1\right) E_0 r\cos\theta$$

这代表球外场中各点的电位。

导体球面上各点的电荷密度为

$$\sigma = -\frac{1}{4\pi}\left(\frac{\partial \varphi}{\partial r}\right)_{r=R} = \frac{3E_0}{4\pi}\cos\theta = \sigma_0\cos\theta$$

式中 $\sigma_0 = 3E_0/(4\pi)$。可见球面上感生电荷不是均匀分布的,而是依余弦定律分布的。

在球面上依余弦定律分布的电荷密度,将在球内各点产生一个均匀电场 E_0(我们下面再去证明),适与原来均匀的外电场 E_0 互相抵消,才使球内各点的总电场为零,这是一个任何导体内部应有的结果。球面导体附近的电力线如图 16.11 所示。

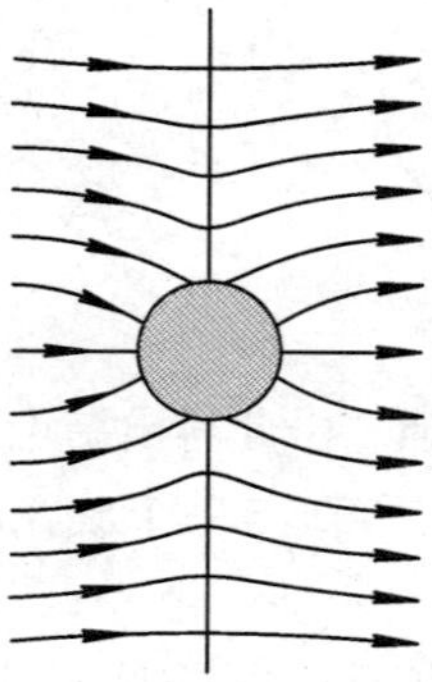

图 16.11

上面假定了球面导体的电位是零。我们从此很容易过渡到它的电位为 φ_S 的情形。为此,只须在上面 φ 的式子中加上 $\varphi_S R/r$ 这一项,因为它也是拉普拉斯方程的解,而得

$$\varphi_1 = \left(\frac{R^3}{r^3} - 1\right) E_0 r\cos\theta + \varphi_S \frac{R}{r}$$

同时,电位为 φ_S 的导体球面上的电荷密度为

$$\sigma_1 = \frac{3E_0}{4\pi}\cos\theta + \frac{\varphi}{4\pi R}$$

现在回过头来研究球面上依余弦定律分布的电荷密度在球内所产生的电场问题。这种电荷密度分布可以看做是两个均匀带电球体经过一个无限小的相对位移 ε 而形成的(图 16.12(a))。令 $\pm\rho$ 为它们的体电荷密度。经过相对位移 ε 之后,右方出现正电荷,左方出现负电荷,在 P 点附近的体积元 $\mathrm{d}V$ 中出现的电荷为

$$\mathrm{d}q = \rho\mathrm{d}V = \rho\cdot\overline{PQ}\mathrm{d}S = \rho\varepsilon\cos\theta\mathrm{d}S$$

可见球面上 P 点的面电荷密度

$$\sigma = \frac{\mathrm{d}q}{\mathrm{d}S} = \rho\varepsilon\cos\theta = \sigma_0\cos\theta$$

确是依照余弦定律分布的,式中 $\sigma_0 = \rho\varepsilon$。因此,球面上依照余弦定律分布的电荷密度无论在球外或球内,所产生的电场和由两个均匀带电球体经过无限小相对位移后所产生的

一样。就在球外空间的电场而言,又好像两个球体所带的电 $\pm q$ 都集中在它们的球心(图 16.12(b))而成的电偶极子产生的一样,其偶极矩为

$$p = q\varepsilon = \frac{4\pi R^3}{3}\rho\varepsilon = \frac{4\pi R^3}{3}\sigma_0 = E_0 R^3$$

这又一次直接得出了前面的结果。

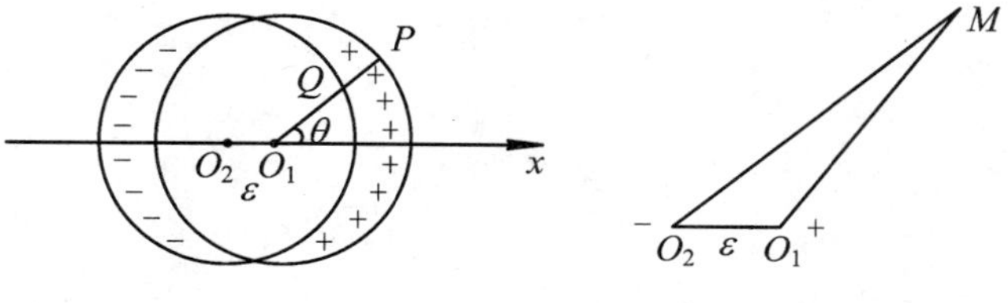

(a) (b)

图 16.12

至于在球内一点 M 的电场(图 16.12(b)),根据§3 例 3 的结果,我们有

$$\boldsymbol{E} = \frac{q}{R^3}(\overrightarrow{O_1M} - \overrightarrow{O_2M}) = \frac{q}{r^3}\overrightarrow{O_1O_2}$$

$$= -\frac{q}{R^3}\varepsilon\boldsymbol{i} = -\frac{4\pi}{3}\rho\varepsilon\boldsymbol{i} = -\frac{4\pi}{3}\sigma_0\boldsymbol{i} = -\boldsymbol{E}_0$$

式中 $\boldsymbol{i}$ 为沿 x 轴的单位矢量。这就是我们所要补充证明的。

§17 共轭函数法

在电荷按圆柱式分布的某些问题中,与圆柱轴正交的任一平面都是对称面。这个对称面上的电场就可以代表整个空间中场的情形。这样,问题就成为二维空间的问题了。

我们知道,电场中的同位线和电力线是两族互相正交的曲线;从此可以预见到它们之间必有可以互相转换的地方。

两个 x, y 的函数 φ 和 ψ 称为共轭函数,如果它们符合下列条件:

$$\frac{\partial\varphi}{\partial x} = \frac{\partial\psi}{\partial y}, \quad \frac{\partial\varphi}{\partial y} = -\frac{\partial\psi}{\partial x}$$

那么,函数 φ 和 ψ 都能满足拉普拉斯方程,因为

$$\nabla^2\varphi = \frac{\partial^2\varphi}{\partial x^2} + \frac{\partial^2\varphi}{\partial y^2} = \frac{\partial^2\psi}{\partial x\partial y} - \frac{\partial^2\psi}{\partial y\partial x} = 0$$

同理

$$\nabla^2\psi = 0$$

而且 φ 和 ψ 除了变号之外,是可以互相转换的,因为

$$\frac{\partial \psi}{\partial x} = \frac{\partial(-\varphi)}{\partial y}, \quad \frac{\partial \psi}{\partial y} = -\frac{\partial(-\varphi)}{\partial x}$$

我们将进一步证明：

$$\varphi(x, y) = \text{常数}, \quad \psi(x, y) = \text{常数}$$

是互相正交的两族曲线。沿着曲线 $\varphi(x,y)=$常数，我们有

$$\frac{\partial \varphi}{\partial x}\mathrm{d}x + \frac{\partial \varphi}{\partial y}\mathrm{d}y = 0$$

即

$$\left(\frac{\mathrm{d}y}{\mathrm{d}x}\right)_1 = -\frac{\partial \varphi}{\partial x}\bigg/\frac{\partial \varphi}{\partial y}$$

沿着曲线 $\psi(x,y)=$常数，我们又有

$$\left(\frac{\mathrm{d}y}{\mathrm{d}x}\right)_2 = -\frac{\partial \psi}{\partial x}\bigg/\frac{\partial \psi}{\partial y}$$

从而

$$\left(\frac{\mathrm{d}y}{\mathrm{d}x}\right)_1\left(\frac{\mathrm{d}y}{\mathrm{d}x}\right)_2 = \frac{\dfrac{\partial \varphi}{\partial x}}{\dfrac{\partial \varphi}{\partial y}} \cdot \frac{\dfrac{\partial \psi}{\partial x}}{\dfrac{\partial \psi}{\partial y}} = -1$$

可见这些曲线是互相正交的。

由此得出结论：若曲线 $\varphi(x,y)=$常数代表电场中的同位线，曲线 $\psi(x,y)=$常数就代表电力线；反之也然。对于一个已经解决的静电学二维问题，相应地就有另一个可以解决的问题。第二问题的同位线就是第一问题的电力线，第二问题的电力线就是第一问题的同位线，第二问题的解答可全从第一问题搬过来。

【例】 设 $\varphi=2q\ln r$，$\psi=2q\theta$，式中 r，θ 为极坐标。这两个函数描述了无限长均匀带电的直线、圆柱面或圆柱体在外部空间中的电场。φ 代表场中各点的电位，而 $\psi=2q\theta=$常数代表电力线。由

$$\varphi = q\ln(x^2 + y^2), \quad \psi = 2q\arctan\frac{y}{x}$$

我们有

$$\frac{\partial \varphi}{\partial x} = \frac{2qx}{x^2 + y^2}, \quad \frac{\partial \varphi}{\partial y} = \frac{2qy}{x^2 + y^2}$$

$$\frac{\partial \psi}{\partial x} = -\frac{2qy}{x^2 + y^2}, \quad \frac{\partial \psi}{\partial y} = \frac{2qx}{x^2 + y^2}$$

可见 φ 和 ψ 是共轭函数。同位线是以 O 为心的同心圆，电力线是通过 O 点的直线，O 是无限长电直线或圆柱轴与纸面的垂直交点(图 17.1)。

根据上面所述，我们可取

$$\left.\begin{aligned}\varphi &= 2q\theta \\ \psi &= -2q\ln r\end{aligned}\right\} \tag{17.1}$$

来代表一个新问题的同位线和电力线。这个新问题是由两个可以相交的金属半平面(图

17.2)，当它们之间存在电位差 φ_0 时，所产生的电场。由

$$\varphi_0 = 2q(\theta_2 - \theta_1)$$

可以决定式(17.1)中常数 q 的值。

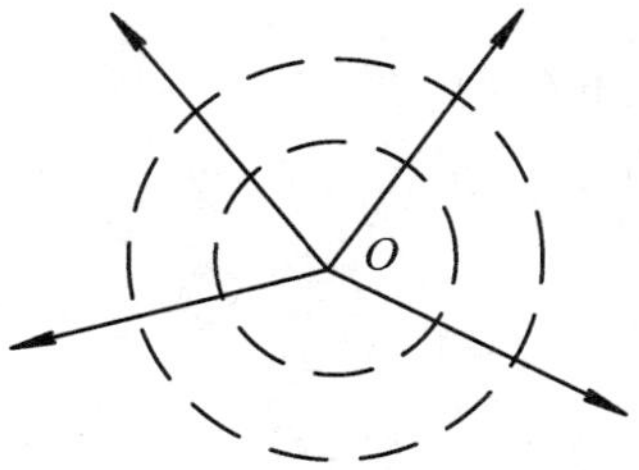

图 17.1

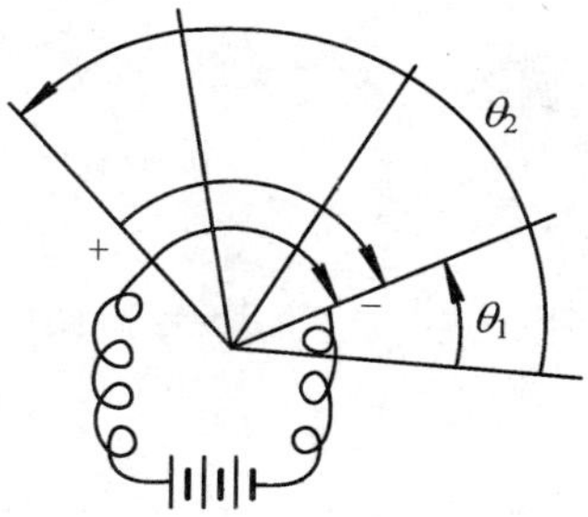

图 17.2

在新问题中，同位面是通过交点 O 的半平面，电力线是以 O 为圆心的同心圆。与 O 相距 r 处，电场强度为

$$E = \frac{\mathrm{d}\varphi}{r\mathrm{d}\theta} = \frac{2q}{r}$$

与 θ 无关，即其大小沿电力线不变，一直到金属平面。在金属平面上各点的电荷密度为

$$\sigma = \frac{E}{4\pi} = \frac{q}{2\pi r}$$

与 r 成反比，即在金属平面板上靠近要相交的这一头，电荷愈来愈密，这是可以预先想象得到的。

如何去找成对的共轭函数呢？

设 $f(z)$ 为复变数 $z = x + \mathrm{i}y$ 的函数；把它的实数部分和虚数部分分开，可以写成

$$f(z) = f(x + \mathrm{i}y) = \varphi(x,y) + \mathrm{i}\psi(x,y)$$

如果 φ 和 ψ 是共轭函数，则函数 $f(z)$ 的导数有一定的值，不管我们是循何途径趋近 z 的，即

$$\lim_{\Delta z \to 0} \frac{\Delta f}{\Delta z} = \lim_{\substack{\Delta x \to 0 \\ y = 常数}} \frac{\Delta f}{\Delta x} = \lim_{\substack{\Delta y \to 0 \\ x = 常数}} \frac{\Delta f}{\mathrm{i}\Delta y}$$

$f(z)$ 称为**解析函数**。上式可以写成

$$\frac{\mathrm{d}f}{\mathrm{d}z} = \left(\frac{\partial f}{\partial x}\right)_y = -\mathrm{i}\left(\frac{\partial f}{\partial y}\right)_x$$

但是

$$\frac{\partial f}{\partial x} = \frac{\partial \varphi}{\partial x} + \mathrm{i}\frac{\partial \psi}{\partial x}, \quad \frac{\partial f}{\partial y} = \frac{\partial \varphi}{\partial y} + \mathrm{i}\frac{\partial \psi}{\partial y}$$

代入上式，就得

$$\frac{\partial \varphi}{\partial x} = \frac{\partial \psi}{\partial y}, \quad \frac{\partial \varphi}{\partial y} = -\frac{\partial \psi}{\partial x}$$

可见 φ 和 ψ 是共轭函数，这就是解析函数的柯西-黎曼(Cauchy-Riemann)条件。

反过来，如果 $f(z)$ 是一个解析函数，那么它的实数部分 φ 和虚数部分 ψ 必然是共轭函数。

这样一来，只要把任意一个解析函数的实数部分和虚数部分分开来，就得到一对共轭函数。

在上例中，

$$\begin{aligned}\varphi + \mathrm{i}\psi &= 2q\ln r + 2q\mathrm{i}\theta = 2q\ln(r\mathrm{e}^{\mathrm{i}\theta}) \\ &= 2q\ln(x + \mathrm{i}y) = f(x + \mathrm{i}y)\end{aligned}$$

是一个解析函数，$\varphi = 2q\ln r$ 和 $\psi = 2q\theta$ 是共轭函数。

第 3 章　静电场的能量

§18　电荷系统的能量

任何带电物体系统的形成，都要依靠外力来克服这些带电物体之间按照库仑定律彼此互相作用着的吸引或排斥，才能把它们分别置于指定的地方，或使置于某些地方的物体带电。一句话，我们必须对它作功。比如，由两个相距 r 的正电荷 q_1 和 q_2 所成的系统(图 18.1)，它们之间就有斥力 $\boldsymbol{F}$ 互相作用着，必须对它们分别施加与 $\boldsymbol{F}$ 相等而相反的力 $\boldsymbol{F}'$，才能维持它们平衡静止。$\boldsymbol{F}'$称为系统外的力，通常也不起源于电；而 $\boldsymbol{F}$ 是系统内的力。如果 $\boldsymbol{F}'$总是大于 $\boldsymbol{F}$，而与 $\boldsymbol{F}$ 相差又总是无穷小，那么，这两个电荷将移动起来，但是移动得无穷慢，它们的动能可以忽略不计。在这种情况下，外力所作的功，根据能量守恒定律，将决定该系统的能量变化；我们说，系统的电能增加了。以后这些带电物体放电或者改变位置，它们的电能就部分地或者完全地转变为其它形式的能。

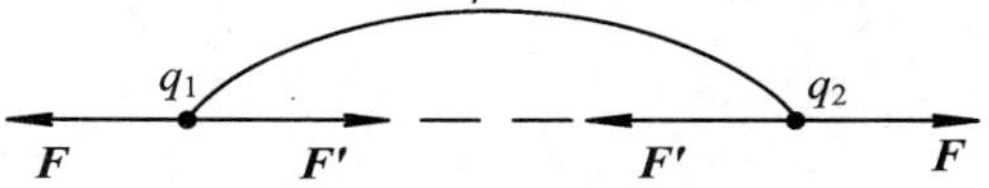

图 18.1

为了明确地规定系统的电能 W，必须选择某一情况的电能作为零。通常选定：当系统不带电，即 $\rho=0,\sigma=0$ 时，

$$W = 0$$

1. 点电荷间的相互作用能

我们先来研究由相距 r 的两个点电荷所构成的系统。要构成这个系统，就是要把电荷 q_1 和 q_2 从相距无限远迁移到相距 r 的地方，该费多少功呢?

我们先把电荷 q_1 从无穷远迁移到 A 点，在这个过程中。电荷 q_2 距 q_1 无限远，对 q_1 不发生作用；因此迁移电荷 q_1 毫不费功。把电荷 q_1 放在 A 点之后，我们再把电荷 q_2 从无穷远处移至 B 点，B 与 A 相距 r。在这过程中，所费的功等于所迁移的电荷 q_2 和所到达的终点 B 在 q_1 所产生的电场中的电位 φ_{12}的乘积，即

$$W' = q_2\varphi_{12} = \frac{q_2 q_1}{r}$$

同样，若先把 q_2 移到 B 点，然后再把 q_1 从无穷远移到 A 点，所费的功为

$$W'' = q_1\varphi_{21} = \frac{q_1 q_2}{r}$$

在上述两种不同的迁移过程中，所费的功当然是相等的。这个相等的功就是这两个点电荷所构成的系统的相互作用能量 W 的量度：

$$W = q_1\varphi_{21} = q_2\varphi_{12} = \frac{q_1 q_2}{r}$$

最方便也最合理的是把上式写成如下对称形式：

$$W = \frac{1}{2}(q_1\varphi_{21} + q_2\varphi_{12}) \tag{18.1}$$

在上述讨论中，我们没有考虑点电荷 q_1 和 q_2 本身的形成所费的功，而认为这两个点电荷是已经形成了的。

很容易把表示两个点电荷系统能量的公式推广到由 n 个点电荷所构成的系统，这些电荷相互之间的距离是给定了的。为此，我们只须对于每一对电荷写出式(18.1)，然后相加，就得

$$W = \frac{1}{2}\sum_{i=1}^{n} q_i \sum_{\substack{j=1\\ j\neq i}}^{n} \varphi_{ij} = \frac{1}{2}\sum_i q_i\varphi_i \tag{18.2}$$

式中

$$\varphi_i = \frac{q_1}{r_{i1}} + \frac{q_2}{r_{i2}} + \cdots + \frac{q_{i-1}}{r_{i,i-1}} + \frac{q_{i+1}}{r_{i,i+1}} + \cdots + \frac{q_n}{r_{in}}$$

表示在 q_i 处由 q_i 以外其它所有电荷所产生的电位。

如果所考虑的电荷是连续地分布在体积中和表面上，则我们可将电荷分成许多电荷元 $\rho\mathrm{d}V$ 和 $\sigma\mathrm{d}S$，并把上式中的取和改为积分，即

$$W = \frac{1}{2}\int\rho\varphi\,\mathrm{d}V + \frac{1}{2}\int\sigma\varphi\,\mathrm{d}S \tag{18.3}$$

式中 φ 是电荷系统的场在体积元 $\mathrm{d}V$ 或面积元 $\mathrm{d}S$ 所在处的电位。虽然在形式上，式(18.3)可认为是从式(18.2)过渡而得的，但是它们之间也存在着内容上的差别：式(18.3)表示电荷系统的总静电能，而式(18.2)仅表示点电荷间的静电相互作用能，并未包含各个点电荷的固有静电能。

电荷系统的能量具有位能的性质，由此可得出重要的结果。我们知道，系统的稳定平衡状态相当于位能最小。但是不论电荷的相互位置如何，表示电荷系统的能量的式子都不能达到最小值。事实上，每一对电荷 q_i 和 q_k 的能量都被形式为 $\frac{1}{2}\frac{q_i q_k}{r_{ik}}$ 的项所表示，式中 r_{ik} 是这一对电荷间的距离。对于同号的电荷来说，这个式子是正的，而且随着电荷间的距离 r_{ik} 的增加而不断减小。这是和两个同号的电荷不断地彼此推斥，一直到分开无限大的距离为止的事实相当的。对于异号的电荷来说，式子 $\frac{1}{2}\frac{q_i q_k}{r_{ik}}$ 是负的，而且随着这两个电荷的接近而不断减小：两个异号电荷互相吸引，直到它们合并而部分地或完全地彼此中和为止。能够严格地证明，这个关于由每一对电荷形成的组态的不稳定性

的结论,对于任何电荷系统也是正确的。

仅在静电力作用下,带电系统不可能处于稳定平衡状态,是为**安素定理**。要使它达到稳定平衡,必须有非静电起源的约束力同时作用在电荷上。

从安素定理可知,原子或分子这些复杂的带电系统,不可能是静止的稳定平衡系统,而是动平衡系统。原子中的电子不停地绕着原子核运动,这时电子和原子核间的静电引力与惯性离心力相平衡,因而原子内部的带电质点处于动平衡状态。但是以后我们会看到,当带电粒子作加速运动时,将以辐射方式不断地损失能量,因此原子的动平衡模型也是不稳定的;电子绕核的加速运动,将使轨道半径不断地变小,最后与核相碰。因而这种动平衡的解释也是不完备的。要对原子或分子的稳定模型加以进一步的解释,须借助于量子力学才能做到。

2. 点电荷的固有能量

在上面关于点电荷之间的相互作用能的讨论中,我们并未考虑各个点电荷的内部结构,偷偷地假定了当它们迁移时,它们的内部结构(包括所带的电荷分布和固有能量)是不变的,因而其中不可避免地包含下列两个值得指出的结果:一是孤立(没有相互关系)点电荷的能量作为零;二是点电荷间的相互作用能可以具任意的符号,它可以是负的,当它们所带电荷的符号是不同的时候。我们之所以容许或能够这样做,是因为我们所能观察到的幸而只是能量的变化,而不是能量的绝对值。当电荷移动时,它们固有的能量不改变,改变的只是它们之间相互作用的能量,因此我们可以不计各个电荷本身所固有的不变的能量。这些固有能量只是场中总能量的附加常数而已。

点电荷的固有能量究竟是什么呢?它是点电荷内部的各个电荷元之间的相互作用能。无论是正点电荷或者是负点电荷,内部的电荷元总是同号的;因此,这些电荷元间的相互作用能,也就是点电荷的固有能量,总是正的。点电荷的固有能量和它的内部结构以及电荷的大小有关。这一能量等于当点电荷瓦解,即这些电荷元向各个方向飞散到无穷远处时,电荷元间相互斥力所作的功。

每个电荷的固有能量既然是它内部各电荷元间的相互作用能,而两个电荷间的相互能量则是这一个电荷内部的各电荷元与另一个电荷内部的各电荷元之间的相互作用能,那么各个电荷的正的固有能量之和总是大于(或者至少等于)它们的相互能量(相互能量可以为正的,也可以为负的)。为什么呢?因为相互作用能是与相互之间的距离成反比的,而同一个电荷内部的各电荷元之间的平均距离,总是小于它们和另一个电荷的各电荷元之间的平均距离。由此得出结论:静电场的总能量——电荷的固有能量加相互能量——总是正的。

要看点电荷的固有能量与它内部结构的关系,我们举半径为 a 的带电球为例。

(1) 如果电荷 q 均匀分布在球面上(导体),则固有能量为

$$W = \frac{1}{2}\int \sigma\varphi \mathrm{d}S = \frac{\varphi}{2}\int \sigma \mathrm{d}S = \frac{q}{2a}\int \sigma \mathrm{d}S = \frac{q^2}{2a}$$

(2) 如果电荷 q 均匀分布在球体中,则固有能量为

$$W = \frac{1}{2}\int \rho\varphi \mathrm{d}V$$

式中 $\varphi = \frac{q}{2a^3}(3a^2 - r^2)$（见§11 例 1），$\mathrm{d}V = 4\pi r^2 \mathrm{d}r$；即

$$W = \frac{\pi q\rho}{a^3}\int_0^a (3a^2 - r^2) r^2 \mathrm{d}r = \frac{4\pi}{5}a^2\rho q = \frac{3}{5}\frac{q^2}{a}$$

就一般情况而论，可以认为

$$W = \alpha\frac{q^2}{a}$$

式中 α 是一数字系数，它因分布规律的不同而不同。可见点电荷的固有能量与电荷在它本身体积中的分布有关。不知道电荷在它本身体积中的分布，要确定电荷的固有能量是不可能的。

根据上面这个公式，若认为电子的能量 mc^2 纯粹是起源于电磁的能量，则可以估计电子半径的数量级。对于这样的电子，我们有

$$mc^2 \approx \frac{e^2}{a}$$

即

$$a \approx \frac{e^2}{mc^2} \approx 3 \times 10^{-13} \text{ 厘米}$$

可见电子的半径比原子的半径小得多。由于质子的质量比电子的质量大 1836 倍，同理可知质子半径的数量级为 10^{-16} 厘米。

3. 孤立带电导体的能量

设有绝缘的导体，其电位为 Φ，所带电荷为 Q。为了计算它的能量，我们必须从它的中和状态开始考虑，从无穷远处把电荷一点一点地迁移到导体上来。设导体在某一时刻已经带电 Qx，则它的电位必为 Φx（为什么?），x 在使导体带电的整个过程中从 0 变到 1。在这一时刻，从无穷远再迁移电荷 $\mathrm{d}Q = Q\mathrm{d}x$ 到导体上，所费的功将为 $\mathrm{d}A = \Phi x Q\mathrm{d}x = \Phi Q x\mathrm{d}x$。因此，使导体从零带电到 Q 所费的总功，也就是带电体的能量，为

$$W = \int_0^1 \Phi Q x\mathrm{d}x = \Phi Q\int_0^1 x\mathrm{d}x = \frac{1}{2}\Phi Q \tag{18.4}$$

只由导体的电荷和电位确定，而与电荷在导体上的分布无关。

4. 带电导体系统的能量

设有 n 个导体在静电平衡中，其电位和电量各为

$$\Phi_1, \Phi_2, \cdots, \Phi_n \quad \text{和} \quad Q_1, Q_2, \cdots, Q_n$$

由于每个导体上的各点电位相同，而导体内部体电荷密度又等于零，根据式(18.3)，带电导体系统的能量为

$$W = \frac{1}{2}\sum_{i=1}^{n}\int_{S_i}\sigma_i\Phi_i \mathrm{d}S = \frac{1}{2}\sum_{i=1}^{n}\Phi_i\int_{S_i}\sigma_i \mathrm{d}S = \frac{1}{2}\sum_{i=1}^{n}\Phi_i Q_i \tag{18.5}$$

等于各个导体的能量之和。如果系统中某个导体的电位或电荷为零,对于系统的能量它自然没有直接的贡献,但这绝不是说系统的能量与它的存在无关。事实上,倘使把它撤走,其它导体的平衡就要改变,从而也就改变了导体系统的能量。

千万不要把这一公式和完全相似的公式(18.2)混为一谈:前者表示带电导体系统的总能量,既包括了固有能量,也包括了相互作用的能量;后者只表示点电荷系统的相互能量。这是因为和式(18.5)不同,在公式(18.2)中,

$$\varphi_i = \frac{q_1}{r_{i1}} + \frac{q_2}{r_{i2}} + \cdots + \frac{q_{i-1}}{r_{i,i-1}} + \frac{q_{i+1}}{r_{i,i+1}} + \cdots + \frac{q_n}{r_{in}}$$

不是电荷 q_i 所在处的总电位。

5. 电容器的能量

设电容器两板的电位各为 Φ_1 和 Φ_2,所带电荷各为 $+Q$ 和 $-Q$。根据公式(18.5),即得电容器的能量

$$W = \frac{1}{2}(Q\Phi_1 - Q\Phi_2) = \frac{1}{2}Q\Phi \tag{18.6}$$

式中 $\Phi = \Phi_1 - \Phi_2$ 为电容器两板之间的电位差。引入电容器的电容量 $C = Q/\Phi$,我们有

$$W = \frac{1}{2}Q\Phi = \frac{1}{2}C\Phi^2 = \frac{1}{2}\frac{Q^2}{C} \tag{18.7}$$

这些能量表示式在各种单位制中都能适用。

例如一个电容为 2 微法拉的云母片电容器,当它充电到 100 伏特时,能量为

$$W = \frac{1}{2}C\Phi^2 = \frac{1}{2} \times 2 \times 10^{-6} \times 100^2 = 10^{-2}(\text{焦耳})$$

又如一个来顿瓶[①]的电容为 600 静电单位,当它充电到 60000 伏特时,能量为

$$W = \frac{1}{2}C\Phi^2 = \frac{1}{2} \times 600 \times \left(\frac{60000}{300}\right)^2 = 12 \times 10^6(\text{尔格}) = 1.2(\text{焦耳})$$

再如一个电容为 0.8 微法拉的工业电容器,当它充电到 100000 伏特时,能量为

$$W = \frac{1}{2}C\Phi^2 = \frac{1}{2} \times 0.8 \times 10^{-6} \times 100000^2 = 4000(\text{焦耳})$$

§19 能量储存在电场中

依上节所述,电荷系统的能量是用与场有关的量 φ 和与电荷有关的量 q(或 ρ 和 σ)来表示的。但是 φ 由 q 确定,所以,很显然,能量的值仅由带电体的形状、位置以及所带电荷的大小来确定。在这种意义上,它相似于位能。在表达能量的式(18.3)中,仅对包

① 校者注:现译为莱顿瓶。

含电荷的体积或面积来积分，在其他的地方，积分都等于零。这种表达式告诉我们能量局限在空间中电荷所在的那些地方。

但是我们可给静电场的能量以另外的表达式。在这种表达式中，对与电荷有关的量的依赖关系将消失不见了，而只剩下表征场的电场强度这个物理量。它所表达的关系具有崭新的物理诠释。

我们先就平行板电容器来考虑，然后再讨论一般情形。

1. 以平行板电容器为例

设平行板电容器的每一板面积为 S(图 19.1)，两板间的距离为 d，比起板的线度要小得多，因之两板间的电场可以认为是均匀的。若两板间的电位差为 $\varphi_1-\varphi_2$，两板上的电荷各为 $+q$ 和 $-q$，则它的电能为

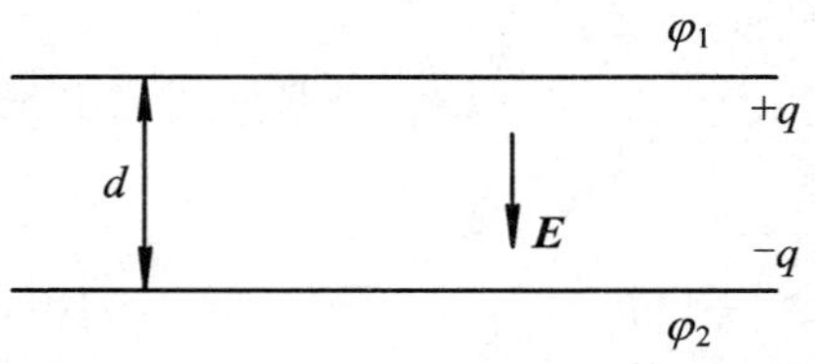

图 19.1

$$W=\frac{1}{2}q(\varphi_1-\varphi_2)$$

把 $q=\sigma S=ES/(4\pi)$ 和 $\varphi_1-\varphi_2=Ed$ 代入上式，即得

$$W=\frac{E^2}{8\pi}Sd$$

乘积 Sd 代表平行板电容器中电场区域的体积。由此可见平行板电容器的能量储存在电场中，每单位体积的能量为 $E^2/(8\pi)$，称为**能量密度**，与电场强度的平方成正比。

我们进一步去证明上述结果对于任何电场都是正确的。

2. 任何带电导体系统的情形

设在真空中(图 19.2)有导体 A，A′，…，其电位各为 $\Phi,\Phi',\cdots$。考虑一个无限窄的从 A 到 A′的电力线管，其两端在导体 A，A′上划出电荷 $\mathrm{d}q$ 和 $-\mathrm{d}q$。在电力线管中任意一点 P 的场强为 E，它的正截面为 $\mathrm{d}S$。沿电力线管各个正截面的电通量是一个常量，等于

$$\mathrm{d}N=E\mathrm{d}S=4\pi\mathrm{d}q$$

另一方面，若 $\mathrm{d}l$ 代表电力线的长度元，则有

$$\int E\mathrm{d}l=\Phi-\Phi'$$

把上两式左右相乘，并把常量 $E\mathrm{d}S$ 纳入积分号下，得

$$\int E^2\mathrm{d}S\mathrm{d}l=4\pi(\Phi\mathrm{d}q-\Phi'\mathrm{d}q)$$

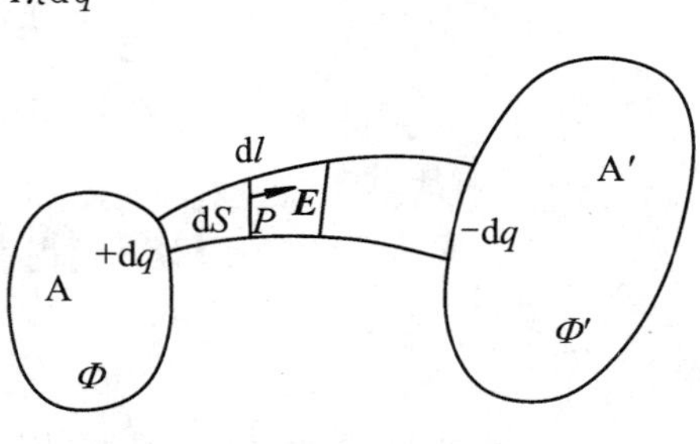

图 19.2

式中 $\mathrm{d}S\mathrm{d}l$ 代表电力线管的体积元 $\mathrm{d}V$，而

$$\frac{1}{2}\Phi\mathrm{d}q-\frac{1}{2}\Phi'\mathrm{d}q$$

则代表导体上电荷元 $+\mathrm{d}q$ 和 $-\mathrm{d}q$ 的能量。可见这两个电荷元的能量等于

$$dW = \frac{1}{2}\Phi dq - \frac{1}{2}\Phi' dq = \int \frac{E^2}{8\pi} dV$$

积分延展到所考虑的电力线管中的整个体积。

对空间中所有电力线管作同样的计算，并把计算结果加拢来。由于每个导体表面上的每个电荷总是电力线管的起端或终端，在加拢的时候，把有关同一导体的各项聚集在一起，就有

$$\frac{1}{2}\sum \Phi dq = \frac{1}{2}\Phi \sum dq = \frac{1}{2}\Phi Q$$

可见导体系统的能量为

$$W = \frac{1}{2}\sum \Phi Q = \int \frac{E^2}{8\pi} dV \tag{19.1}$$

积分延展到电场所在的整个空间中的体积。

3. 一般情形

现在，我们从式(18.3)：

$$W = \frac{1}{2}\int_V \rho\varphi dV + \frac{1}{2}\int_S \sigma\varphi dS \tag{19.2}$$

出发，作一般的讨论。

在体积 V 中 $\rho \neq 0$ 处(图 19.3)，电位 φ 满足泊松方程 $\nabla^2\varphi = -4\pi\rho$，我们有

$$\frac{1}{2}\int_V \rho\varphi dV = -\frac{1}{8\pi}\int_S \varphi\nabla^2\varphi dV$$

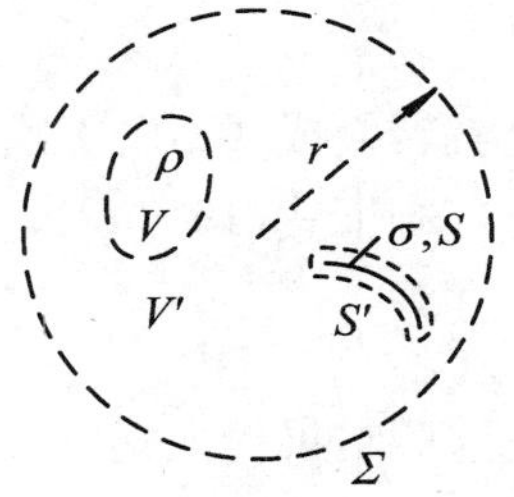

图 19.3

又在突变面 S 上 $\sigma \neq 0$ 处，电位梯度满足边界条件

$$\left(\frac{\partial\varphi}{\partial n}\right)_2 - \left(\frac{\partial\varphi}{\partial n}\right)_1 = -4\pi\sigma$$

我们有

$$\frac{1}{2}\int_S \sigma\varphi dS = -\frac{1}{8\pi}\int_S \varphi\left[\left(\frac{\partial\varphi}{\partial n}\right)_2 - \left(\frac{\partial\varphi}{\partial n}\right)_1\right]dS = \frac{1}{8\pi}\int_{S'} \varphi \nabla\varphi \cdot d\boldsymbol{S}$$

S'是无限贴近包围着带电面 S 的一个闭合曲面。

把这两个结果代入式(19.2)，就有

$$W = -\frac{1}{8\pi}\int_V \varphi\nabla^2\varphi dV + \frac{1}{8\pi}\int_{S'} \varphi\nabla\varphi \cdot d\boldsymbol{S} \tag{19.3}$$

下一步的做法就是如何把上式对 V 和对 S'的两个积分转换成对整个场的空间 V'的积分。为此，利用矢量分析中的关系式

$$\nabla\cdot(\varphi\nabla\varphi) = \varphi\nabla^2\varphi + (\nabla\varphi)^2$$

并把它对整个场的空间 V'积分，就有

$$\int_{V'} \nabla\cdot(\varphi\nabla\varphi) dV = \int_{V'} \varphi\nabla^2\varphi dV + \int_{V'} (\nabla\varphi)^2 dV \tag{19.4}$$

根据格林公式，式(19.4)左方的体积分可以变成面积分：

$$\int_{V'} \nabla\cdot(\varphi\,\nabla\varphi)\mathrm{d}V = \int_{\Sigma+S'} \varphi\,\nabla\varphi\cdot\mathrm{d}\boldsymbol{S}$$

Σ 是整个电场的边界，可以推移到无限远处。在边界 Σ 上，

$$\varphi \sim \frac{1}{r},\quad |\nabla\varphi| \sim \frac{1}{r^2},\quad S \sim r^2$$

因此

$$\int_{\Sigma} \varphi\,\nabla\varphi\cdot\mathrm{d}\boldsymbol{S} = 0$$

从而

$$\int_{\Sigma+S'} \varphi\,\nabla\varphi\cdot\mathrm{d}\boldsymbol{S} = \int_{S'} \varphi\,\nabla\varphi\cdot\mathrm{d}\boldsymbol{S}$$

于是式(19.4)左方的体积分

$$\int_{V'} \nabla\cdot(\varphi\,\nabla\varphi)\mathrm{d}V = \int_{S'} \varphi\,\nabla\varphi\cdot\mathrm{d}\boldsymbol{S}$$

就转换成式(19.3)右方第二项的面积分了。

至于式(19.4)右方第一项，因为整个场的空间 V'中，除 V 外，到处 $\rho=0$，即$\nabla^2\varphi=0$，可以写成

$$\int_{V'} \varphi\,\nabla^2\varphi\mathrm{d}V = \int_{V} \varphi\,\nabla^2\varphi\mathrm{d}V$$

这就转换成式(19.3)右方第一项的体积分了。

剩下式(19.4)右方第二项，可以写成

$$\int_{V'} (\nabla\varphi)^2\mathrm{d}V = \int_{V'} \boldsymbol{E}^2\mathrm{d}V$$

把这些结果代入式(19.4)中，并利用式(19.2)和(19.3)，推得

$$W = \frac{1}{2}\int_V \rho\varphi\mathrm{d}V + \frac{1}{2}\int_S \sigma\varphi\mathrm{d}S = \int_{V'} \frac{E^2}{8\pi}\mathrm{d}V \tag{19.5}$$

可见能量储存在整个电场的空间中，能量以密度

$$w = \frac{E^2}{8\pi}$$

在空间中到处分布着，在场中没有电荷的地方也有能量。一般地说，场强是逐点变化的，因此能量密度也是逐点变化的。

我们还要指出，电场强度虽然可以依照叠加原理相加，但是电场的能量并不具有类似的相加性。设场 $\boldsymbol{E}$ 是 $\boldsymbol{E}_1$ 和 $\boldsymbol{E}_2$ 两场之和，但场 $\boldsymbol{E}$ 的能量，一般说来，并不等于两个分场的能量之和。因此通常就说，这两个场发生干涉作用。

由于

$$\boldsymbol{E}^2 = (\boldsymbol{E}_1+\boldsymbol{E}_2)^2 = \boldsymbol{E}_1^2 + \boldsymbol{E}_2^2 + 2(\boldsymbol{E}_1\cdot\boldsymbol{E}_2)$$

我们有

$$W = \frac{1}{8\pi}\int E^2\mathrm{d}V = \frac{1}{8\pi}\int E_1^2\mathrm{d}V + \frac{1}{8\pi}\int E_2^2\mathrm{d}V + \frac{1}{8\pi}\int 2(\boldsymbol{E}_1\cdot\boldsymbol{E}_2)\mathrm{d}V$$

或者

$$W = W_1 + W_2 + W_{12}$$

式中

$$W_1 = \frac{1}{8\pi}\int E_1^2 \mathrm{d}V, \quad W_2 = \frac{1}{8\pi}\int E_2^2 \mathrm{d}V$$

是它们的固有能量，而

$$W_{12} = \frac{1}{8\pi}\int 2(\boldsymbol{E}_1 \cdot \boldsymbol{E}_2)\mathrm{d}V$$

是它们的相互能量。从

$$(\boldsymbol{E}_1 - \boldsymbol{E}_2)^2 \geqslant 0$$

有

$$\boldsymbol{E}_1^2 + \boldsymbol{E}_2^2 \geqslant 2(\boldsymbol{E}_1 \cdot \boldsymbol{E}_2)$$

因而

$$W_1 + W_2 \geqslant W_{12}$$

这就严格地证明了系统的固有能量总是大于相互能量(参见§18－2)。

4. 能量定域化的重要意义

关于任何带电系统的能量，我们一方面可以通过电荷密度与电荷所在处的电位表示出来，这表示能量为电荷所具有；另一方面，也可通过场中各点的场强表示出来，这表示能量定域于电场中，电场是能量的负荷者。这两种不同的表示式，虽然在静电场的具体问题中给出相同的结果，好像只是形式上的数学变换，其实它们确是代表着两种截然不同的观点。

第一种表示式断定了能量局限于电荷上。它是超距作用理论的基础。由于电荷与电荷之间恒被没有包含电荷的空间分隔开来，第一种观点就不能不认为电荷可以超越没有包含能量的空间区域发生相互作用。换句话说，相互作用可以不借任何媒介而通过真空来传递。第二种表示式则正相反，场所在的空间中任何一个体积元都具有能量。而且这些能量可以随时就地被取用或被测定。相互作用依靠充满空间的场一步一步地从一点传递到另一点，即使场所在的空间是真空也无妨。从第二种观点说来，两个电荷间的静电作用力，是由于其中一个电荷在它的周围空间中产生电场而被另一个电荷就其所在地"吸取"，同时前一个电荷也就地"吸取"后一个电荷所产生的电场，这样通过电场树立了两个电荷间的相互作用力。作为超距作用的基础观点，如果确认可以通过"乌有"而起相互作用，则从辩证唯物论看来，是完全不能接受的，因为这就使物质同空间割裂开来。

根据第二种表示式，正如能量密度 $E^2/(8\pi)$ 所指出的，电场的总能量——相互作用能量＋固有能量——永远是正的。那就是说，空的空间(其中 $E=0$)的能量等于零，要建立电场，必须消耗能量；场不能自己产生，也不能凭空建立。

能量定域于场中的观念，已成为科学的稳固可靠的基础。它是麦克斯韦理论的基础，而麦克斯韦理论预见了赫芝[①]波的存在，并从而发展成为现代无线电。在一个无线电站，我们每秒几十万次使天线与大地所成的电容器充电又放电，来不断供给这个电容器以能量；这些能量可被远在几千公里外的接收器所收获。可见能量并不停留在组成电容器的导体上，而是在整个电场的空间中传播。这些事实迫使我们不得不承认，能量定域于场中不是一个设想，也不只是一种计算方法，而是铁一般的事实。

§ 20　从能量的表示式来决定静电场中的力

可有几种方法来计算在静电场中平衡静止的导体所受的力 $\boldsymbol{F}$。如果知道了导体面上各点的电场强度 E_i 和电荷密度 σ，即有

$$\boldsymbol{F} = \int_S \sigma \boldsymbol{E}_i \mathrm{d}S$$

由于 $E_i = 2\pi\sigma$，我们已在§ 13 - 3 得到导体表面上单位面积所受的力为

$$f = 2\pi\sigma^2$$

垂直于导体表面，且背离导体。若把 σ 用导体表面附近的场强 E（见§ 13 - 2）来表示，则上式可以写成

$$f = \frac{E^2}{8\pi}$$

由此可知，带电导体上单位表面积所受的力在数值上等于贴近该处的场能密度。

现在从场能的观点对导体在静电场中所受的力作一般的讨论。

1. 导体的电荷固定

设有 n 个绝缘的导体在静电平衡中。把其中一个导体 A 移动 $\mathrm{d}x$（图 20.1）。若 F_x 表示该导体所受的电力 $\boldsymbol{F}$ 在移动方向上的投影，则在此移动中电力所作的功为 $F_x\mathrm{d}x$。由于导体都是绝缘的，它们所带电荷保持不变，与外界不发生其它形式的能量交换。因此，这个电力所作的功应等于电场场能 W 的减少，即

$$F_x \mathrm{d}x = -\mathrm{d}W$$

从而

$$F_x = -\frac{\mathrm{d}W}{\mathrm{d}x} = -\frac{\partial W}{\partial x} \tag{20.1}$$

式中 W 是导体的电荷和它们的形状与位置（几何参数）的函数。

同理，若该导体能绕某轴 Δ 而转动（图 20.2），L 代表静电力矩，则对于角位移 $\mathrm{d}\theta$，我们有

① 校者注：现译为赫兹。

$$L\mathrm{d}\theta = -\mathrm{d}W$$

从而得

$$L = -\frac{\partial W}{\partial \theta} \tag{20.2}$$

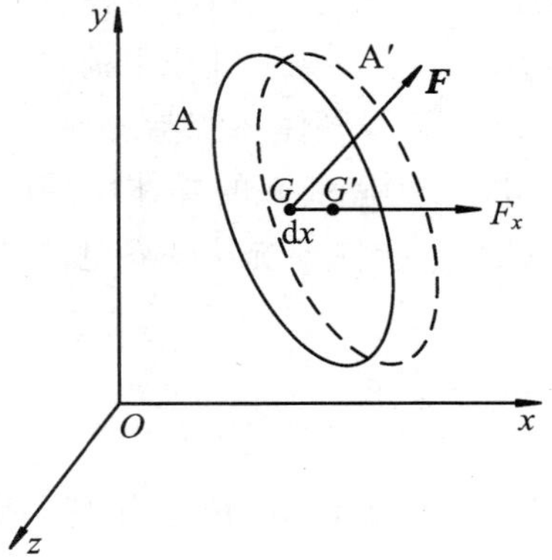

图 20.1

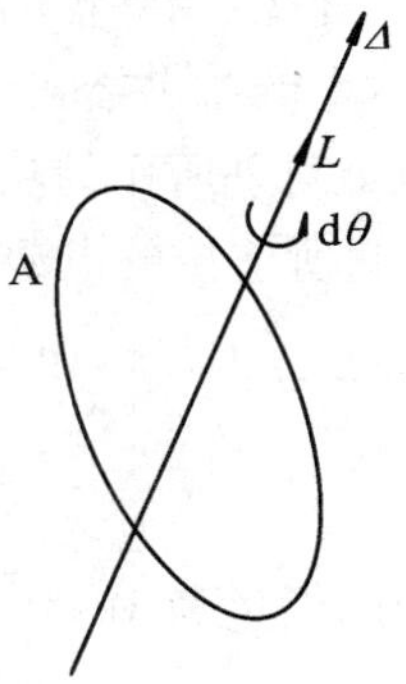

图 20.2

作为例子,我们来计算平行板电容器两板间的吸引力(图 20.3)。A 板的位置由它与 B 板的距离 x 来规定。平行板电容器的电容为

$$C = \frac{S}{4\pi x}$$

它的静电能量,用导体的电荷和几何参数表示,为

$$W = \frac{1}{2}\frac{Q^2}{C} = \frac{2\pi x}{S}Q^2$$

可见两板间的作用力沿 x 轴方向,它的数值为

$$F_x = -\frac{\partial W}{\partial x} = \frac{1}{2}\frac{Q^2}{C^2}\frac{\partial C}{\partial x} = -\frac{2\pi Q^2}{S}$$

式中负号表示作用力为吸引力,有使两板互相接近的倾向。这是显而易见的,因为两板带有异号的电荷。

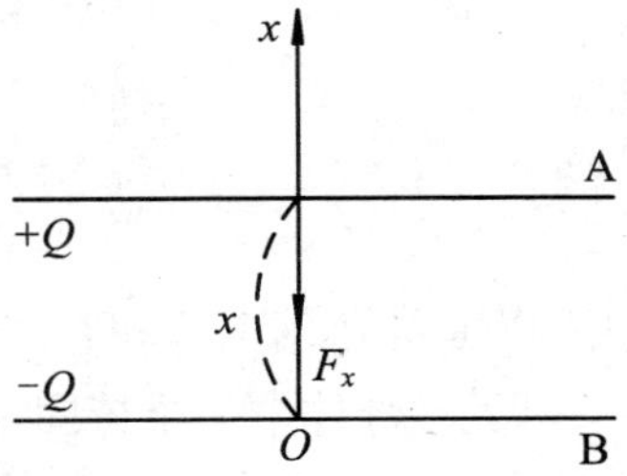

图 20.3

对于一定值的电荷 Q 而言,引力 F_x 不以两板间的距离而异。这可直接从电力线概念得到说明。两板间的距离虽改,电容器中电力线的数目未变,因而电场强度和场能密度都不稍变。

上面结果还可直接从场强求得。B 板在 A 板上各点所产生的场强为

$$E = -2\pi\sigma = -\frac{2\pi Q}{S}$$

因而对于 A 板电荷 $+Q$ 的吸引力为

$$F_x = QE = -\frac{2\pi Q^2}{S}$$

但是,一般来说,从场能比从场强来求导体所受的力,往往要简单得多。

2. 导体的电位固定

若各个导体的电位维持不变，当其中某个导体移动 dx 时，电力所作的功 $F_x dx$ 不再等于电场能量的减少 $-dW$ 了。这是什么缘故呢？

试问如何才能维持各个导体的电位不变？为此，必须把它们和电位各有一定的电源分别连接起来。那么，当导体的电位要增高时，电源就从它取去一些正电荷；反之，导体的电位要减低时，电源就供给它一些正电荷。在这种情况下，导体系统与外界的能量交换，就不再只是电力对外所作的功 $F_x dx$ 了。若某个电位维持为 Φ 的导体所带电荷增加了 dQ，那它就从它所连接的电源得到了电能 ΦdQ。因此，导体系统从外界电源得到了能量 $\sum \Phi dQ$，做出了功 $F_x dx$，而系统能量的变化应该是

$$dW = \sum \Phi dQ - F_x dx$$

但是导体系统的能量是 $W = \dfrac{1}{2}\sum \Phi Q$（§ 18 - 4）。由于导体的电位 Φ 维持不变，我们有

$$dW = \frac{1}{2}\sum \Phi dQ$$

从上两式得

$$F_x dx = dW$$

即

$$F_x = +\frac{\partial W}{\partial x} \tag{20.3}$$

同理有

$$L = +\frac{\partial W}{\partial \theta} \tag{20.4}$$

式中 W 是导体的电位和它们的形状与位置（几何参数）的函数。

可见在导体电位维持固定的条件下，从外部吸取的能量，一半用来对外作功，一半储存起来，增加场能。

值得注意的是：在导体电荷固定的条件下，$F_x = -\partial W/\partial x$；在导体电位固定的条件下，$F_x = \partial W/\partial x$。两者之间虽在形式上差一符号，但在实际上当然应该是相同的。在一定的平衡状态下，导体所受的力 F_x，不管从电荷或从电位来计算，应该得出相同的结果；电场能量 W 也是如此。形式上之所以有一个符号的差异，是由于 W 在这两种条件下是两个不同的函数。在前一条件下，$W = \dfrac{1}{2}\dfrac{Q^2}{C}$，从而 $F_x = -\dfrac{\partial W}{\partial x} = \dfrac{1}{2}\dfrac{Q^2}{C^2}\dfrac{\partial C}{\partial x}$；在后一条件下，$W = \dfrac{1}{2}\Phi^2 C$，从而 $F_x = \dfrac{\partial W}{\partial x} = \dfrac{1}{2}\Phi^2\dfrac{\partial C}{\partial x}$。两者相等，因为 $Q = C\Phi$。

仍以平行板电容器为例，我们有

$$F_x = \frac{\partial W}{\partial x} = \frac{\partial}{\partial x}\left(\frac{S\Phi^2}{8\pi x}\right) = -\frac{S\Phi^2}{8\pi x^2}$$

结果与§20－1所得的相同，只是形式上不一样而已。

在维持电荷不变的情况下，把电容器两板移近，就减少了它们之间的电位差，从而减少了电场的能量；若在维持电位不变的情况下，把电容器两板移近，就增加了两板的电荷，从而增加了电场的能量。可见电场能量 W 在这两种情况下是 x 的两个不同的函数，它们随 x 而变的方向恰好相反；这就完全说明了式(20.1)与(20.3)正好相差一个符号的道理。

3. 绝对静电计

利用电容器两板间的引力，可专靠力学的方法，来测定电位差，是为绝对静电计。平行板电容器的一板(图20.4)悬于天平的一端，而固定另一板。第二板吸引第一板的力 F 可借天平它端的砝码来抵消。这样就可通过引力 F、板面积 S 及两板间距离 d 来测定两板间的电位差：

$$\Phi = d\sqrt{\frac{8\pi F}{S}} = d\sqrt{\frac{8\pi mg}{S}}$$

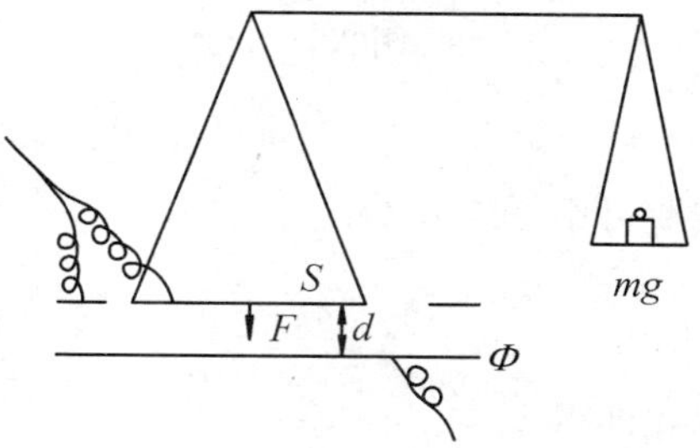

图20.4

静电计是静电测量中的基本仪器。它不仅可以测定电位，而且可以测定电荷与微弱电流。过去通用的是象限静电计，比绝对静电计灵敏，但到今日已为电子管静电计所代替。

4. 电偶极子在外电场中所受的力和力矩

先考虑在均匀电场中的情形。如图20.5所示，电偶极子的轴线 l 与场强 $\boldsymbol{E}$ 的方向成 θ 角。因为场是均匀的，电荷 $+q$ 和 $-q$ 所受的力 $\boldsymbol{f}_+$ 和 $\boldsymbol{f}_-$ 大小相等，方向相反，因而合力为零。但 $\boldsymbol{f}_+$ 和 $\boldsymbol{f}_-$ 不在同一直线上，它们组成一个力偶，力偶矩为

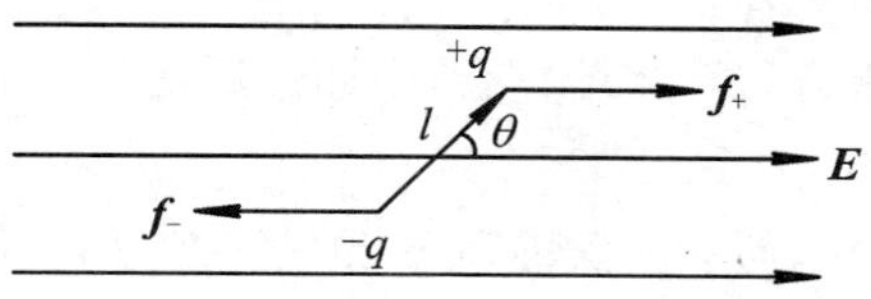

图20.5

$$L = f_+ l\sin\theta = qEl\sin\theta = pE\sin\theta$$

这个力矩将使电偶极子转至与场一致的方向。

电偶极子在均匀的外电场中所受的力和力矩，也可以从它的能量表示式来求得。它的能量显然为

$$W = q\varphi_+ - q\varphi_-$$

式中 φ_+ 和 φ_- 分别表示电场在 $+q$ 和 $-q$ 处的电位。由于 l 很小，φ_+ 与 φ_- 的差为

$$\varphi_+ - \varphi_- = \frac{\partial\varphi}{\partial l}l = -lE\cos\theta$$

因此

$$W = -qlE\cos\theta = -pE\cos\theta \tag{20.5}$$

从而得

$$\left.\begin{aligned} F_x &= -\frac{\partial W}{\partial x} = 0 \\ L &= -\frac{\partial W}{\partial \theta} = -pE\sin\theta \end{aligned}\right\} \tag{20.6}$$

式中负号表示力矩所引起的转动将使 θ 减小。

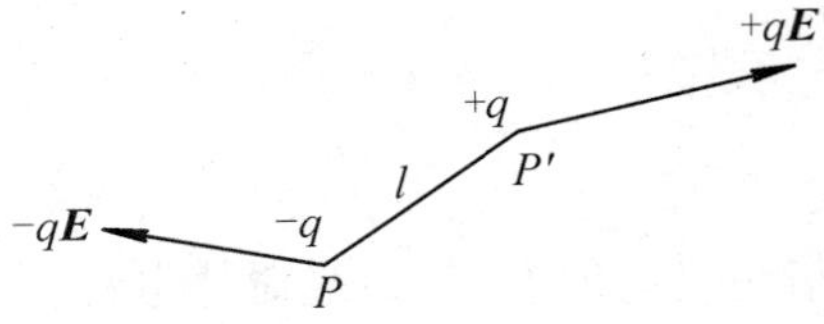

图 20.6

其次考虑在不均匀电场中的情形。设 $\boldsymbol{E}$ 和 $\boldsymbol{E}'$ 是外电场在电偶极子的 $-q$ 和 $+q$ 所在的 P 和 P' 点的强度(图 20.6)。作用在这两电荷上的合力 $\boldsymbol{F}$ 将为

$$\boldsymbol{F} = q\boldsymbol{E}' - q\boldsymbol{E} = q(\boldsymbol{E}' - \boldsymbol{E})$$

$\boldsymbol{E}' - \boldsymbol{E}$ 这一差值是 $\boldsymbol{E}$ 在等于电偶极子的长度 l 的线段 PP' 上的增量。由于这一线段很小，这一增量可用下式表示：

$$\boldsymbol{E}' - \boldsymbol{E} = l\frac{\partial \boldsymbol{E}}{\partial l} = \boldsymbol{l} \cdot \nabla\boldsymbol{E}$$

由此即得

$$\boldsymbol{F} = q\boldsymbol{l} \cdot \nabla\boldsymbol{E} = \boldsymbol{p} \cdot \nabla\boldsymbol{E} \tag{20.7}$$

可见，在不均匀电场中作用在偶极子上的力 $\boldsymbol{F}$ 的大小与电场在偶极子轴的方向上的改变率有关；在均匀电场中，$\boldsymbol{E}$ 为一常矢量，因此 $\boldsymbol{F} = \boldsymbol{0}$，这与前面所得的结果一致。

为了完全决定作用在电偶极子上的各力，除了合力 $\boldsymbol{F}$ 以外，还必须决定这些力对偶极子中心的力矩 $\boldsymbol{L}$。它们对 P 点(电荷 $-q$ 所在处)的力矩显然等于

$$\boldsymbol{L} = \boldsymbol{l} \times q\boldsymbol{E}' = \boldsymbol{p} \times \boldsymbol{E}'$$

当 l 充分小时，在极限情形下，P 点和偶极子中心重合，$\boldsymbol{E}'$ 和 $\boldsymbol{E}$ 重合，因而最后得到

$$\boldsymbol{L} = \boldsymbol{p} \times \boldsymbol{E} \tag{20.8}$$

从这一表示式得出结论：在电场中偶极子要这样旋转，使它的偶极矩 $\boldsymbol{p}$ 和电场 $\boldsymbol{E}$ 平行，因为此时它的静电能为极小，所受力矩为零。在 $\boldsymbol{p}$ 的方向与 $\boldsymbol{E}$ 的方向相反时，旋转力矩也等于零，可是这一平衡是不稳定的。

§21 静电单位与实用单位

在力学中，于长度、质量和时间这三个基本量外，引入了三个重要的物理量，即力、功与功率。在 CGS 制中，力的单位为达因，功的单位为尔格，功率的单位为尔格/秒。但在实用上，我们取 10^7 尔格等于 1 焦耳，为功的单位；1 焦耳每秒称瓦特，为功率的单位。故焦耳和瓦特可称为力学上的实用单位。

在 MKS(米 · 千克 · 秒)制中，力的单位为使 1 千克的质量得 1 米/秒^2 的加速度者，

称为牛顿，等于 10^5 达因。如是以 1 牛顿之力，使物体移动 1 米，所成之功适为 1 焦耳。故在实用力学中采用 MKS 单位制极为方便。

在电的现象的研究中要遇到力和功，因此规定或量度电的物理量时，常与力学单位联系起来，是很自然的事。在静电学中，每用静电单位制。此制之作，乃在使库仑定律中的比例常数于真空中为 1；这样规定的电量就不是基本量，它的单位是导出单位。自电量单位导出电场强度、电位和电容等静电单位；遇及力或功时，其单位在 CGS 制中为达因或尔格，故称为静电单位 CGS 绝对制。

采取静电单位 CGS 绝对制，通常可使公式简单明了，虽在理论物理学中多用之，但实用时每感不便。我们另取实用单位制，基单位为库仑、伏特和法拉等。静电与实用两单位制间的关系如下：

静电单位	实用单位
电量	1 静电单位(或静库仑) $= \frac{1}{3}\cdot 10^{-9}$ 库仑
电位	1 静电单位(或静伏特) $=300$ 伏特
电容	1 静电单位(或静法拉) $= \frac{1}{9}\cdot 10^{-11}$ 法拉

在实用电学单位制中，功的单位为焦耳，功率的单位为瓦特，即将力学的实用单位与电学的实用单位打成一片。在有关电能的公式中，如在电容器的电能

$$W = \frac{1}{2}Q\Phi = \frac{1}{2}C\Phi^2 = \frac{1}{2}\frac{Q^2}{C}$$

中，若其电量和电位，或电位和电容，各用静电单位，则电能单位为尔格；若用库仑和伏特，或伏特与法拉，则电能单位为焦耳。

在静电学中，有四个实用单位，即焦耳、库仑、伏特和法拉。实用单位制，事实上，包含了四个基本量和四个基本单位，即米、千克、秒和库仑。这四个单位一经选定之后，库仑定律中的比例常数 k，在实用单位制中，就不等于 1，而等于 9×10^9，即

$$f(\text{牛顿}) = 9\times10^9\times\frac{q_1(\text{库仑})\times q_2(\text{库仑})}{[r(\text{米})]^2}$$

从而常数 $k=9\times10^9$ 将引入到下列公式中来：

$$E = k\frac{q}{r^2},\quad \Phi = k\frac{q}{r},\quad \int_S \boldsymbol{E}\cdot \mathrm{d}\boldsymbol{S} = 4\pi kq$$

$$\nabla^2\Phi + 4\pi k\rho = 0,\quad \boldsymbol{E} = 4\pi k\sigma,\quad C = \frac{S}{4\pi kd}$$

第 4 章　电　介　质

在前面三章所讲静止电荷的电场中，除了导体以外，没有任何别的物体。所有物体，就它对电的行为来说，可分为两类：导体和非导体。非导体也称绝缘体或电介质。

§ 22　有关电介质的基本实验

把绝缘而带电的导体 A 连接于验电器 E 上（图 22.1），则验电器的金箔有一定的展开，指示 A 的电位为 Φ。

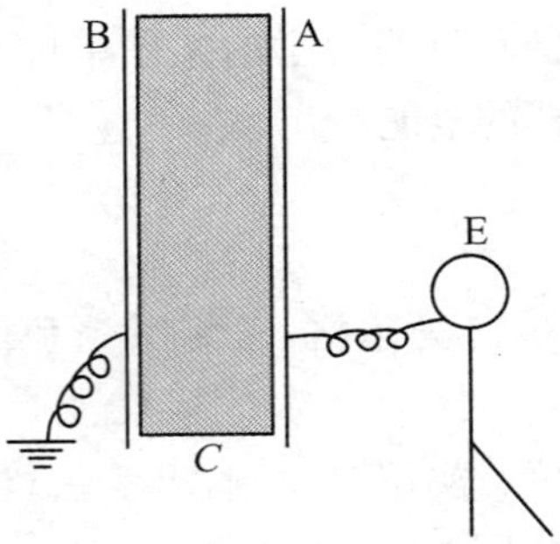

图 22.1

(1) 把另一不带电而绝缘的导体 B 移近导体 A，则见验电器金箔展开减小，B 愈近 A，减小愈甚。

(2) B 置于 A 附近的某一位置，再将 B 与大地连接，则金箔展开又见减小。

以上两个事实，构成电容器原理的实验依据。

(3) 取一绝缘体 C 置于 A 和 B 之间，则金箔展开更加减小。

凡上实验都表示了导体 A 的电位 Φ 在逐步减小；但其电量 Q 始终未变，那么变的是电容 $C = Q/\Phi$，实已逐步增大了。故导体的电容以其附近有其它导体存在而增加，尤其是这个邻近导体与大地连接，而其间又有绝缘体填满时为甚。可见电容器的电容与极板间不导电的物质的种类有关。

§ 23　介 电 常 数

以 C_0 表示极板间为真空时电容器的电容量。当这个电容器填满某种电介质时，它的电容量 C 就增大 ε 倍，即 $C = \varepsilon C_0$，此值 ε 依电介质的性质而定，称为介电常数。介电常数，和比重一样，是一个无纲的量。这是因为我们选取了真空的介电常数为 1 的缘故。实验表明，对于一切物质，$\varepsilon > 1$。

由表 23.1 可知，普通物质的介电常数介乎 1 与 10 之间，水的介电常数特别大；气体的介电常数均似空气，与 1 相差极微。故电容器中为空气或为真空，对于电容而言，区别很小。

表 23.1　介电常数

物　质	ε	物　质	ε
空气	1.000576	玻璃	5～7
CO_2	1.000987	石蜡	2.3
硫化碳	2.63	硫磺	4
水	81	云母	7

也有这样一些物体，如酒石酸钾钠和钛酸钡，其介电常数可以达到几千（见§36），而且不为常量，与场强 E 有关，和铁磁体的磁性相似。近年来，还用电解或陶瓷的方法制备特殊电介质，从而制成体积极小、电容很大的电容器。

§24　电介质中的场强——库仑定律的推广

不导电的物质充满电容器极板之间的空间就使电容量增大 ε 倍，这是实验事实。在电介质中，和在真空中一样，我们可以建立电场（大家知道，我们不能在金属导体中建立静电场）。

现在要问：在电介质中的静电场和在真空中的静电场有什么不同呢？

设有两个相同的平行板电容器，两板上同带电量 $\pm Q_0$，如图 24.1 所示，两板间一个是真空，另一个充满电介质 ε。

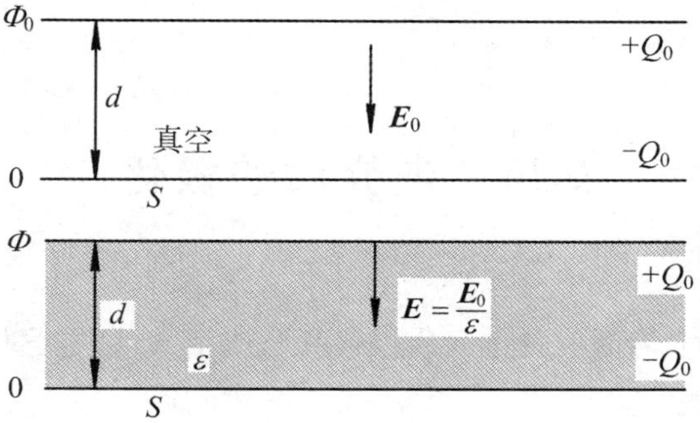

图 24.1

在这种情况下，Q_0 一样，而 $C=\varepsilon C_0$，从而有

$$\Phi_0=\frac{Q_0}{C_0},\quad \Phi=\frac{Q_0}{C}=\frac{Q_0}{\varepsilon C_0}=\frac{\Phi_0}{\varepsilon}$$

$$E_0=\frac{\Phi_0}{d},\quad E_0=\frac{\Phi}{d}=\frac{1}{\varepsilon}\frac{\Phi_0}{d}=\frac{E_0}{\varepsilon}$$

可见同样的电量，在两平行板所夹的电介质中产生的电场强度，是在这两平行板所夹的真空中产生的电场强度的 $1/\varepsilon$ 倍。

我们再看这两个电容器两板之间的电位差维持一定而同是 Φ_0 的情况（图 24.2）。在这两个电容器极板间，电场强度相等，即 $E_0 = E = \Phi_0/d$。不过场强相等这个结果的取得，是以充满电介质电容器极板上的电荷 $Q = C\Phi_0$ 比真空电容器极板上的电荷 $Q_0 = C_0\Phi$ 大 ε 倍①，即 $Q = \varepsilon Q_0$ 为代价的。充满电介质的电容器极板上增多的电荷，不用说，是由维持电位一定的外电源所供给的。倘使真空电容器极板上的电荷也有同样的增多，它的电场强度又将比充满电介质电容器的电场强度大 ε 倍。

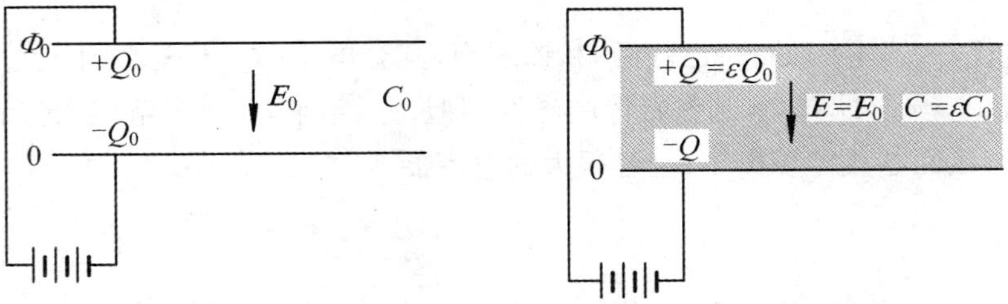

图 24.2

上面两种情况，两种结果，都迫使我们不能不得出结论：在无限的、均匀的电介质中，库仑定律应该是

$$f = \frac{q_1 q_2}{\varepsilon r^2} \tag{24.1}$$

这就是库仑定律的推广。

显然，我们不能在固体或液体的电介质中来做库仑实验，而气体的介电常数又都与真空的相差很小，故普遍库仑定律的实验根据就是加入电介质后电容器的电容增大 ε 倍这一回事。

§25 电介质的极化

在电容器的极板间，若置它种电介质以代真空或空气，则电容增大而场强减小，我们如何来解释这种现象呢？

电介质是电的非导体②。它与导体不同之点，就在于电介质中没有能够移动一个宏观距离，因而能够传送电流的自由电荷。

① 校者注：此说法不严谨，应大 $\varepsilon - 1$ 倍。以下类同，书中均保持原来的说法。另有类似的说法：小 x 倍，也均保持原说法不动。

② 实际上，一切电介质都具有一些导电性，哪怕是很小的。因此理想的非导体这一概念只是实际情形的第一级近似。

电介质是由中性分子(所有气体和液体的电介质及一部分固体电介质)或束缚于某一平衡位置(例如晶体点阵的结点)的带电离子所构成的。离子的晶体点阵所成的每一个元晶胞中包含有等量的正负电荷;所以从整个晶胞来说,仍然是中性的。因此,在今后说理中,不妨假定电介质都是由中性分子所构成的。

电介质分子中的电荷,虽在外电场的作用下,也不至于被扯走,只是从原来的平衡位置稍微移开一些,而到达新的平衡位置。为了描述这种情况,我们说:电介质的电荷处于束缚状态中。

在均匀电场中,作用在中性分子上的电力的合力显然等于零,因此电介质分子的重心保持不动。然而组成电介质分子的、符号相反的带电质点,在电场的作用下,将向相反的方向移动,以至分子中正负电荷之间有一个微观的相对位移,或者它们的连接线稍微改变方向。换句话说,每个分子都将成为电偶极子,或是原本就是电偶极子的分子将改变它的电矩的大小和方向。结果,电介质的正电组织稍沿场向移动,而负电组织则背此移动,于是在其前后表面上各有正负电荷出现(图 25.1)。这种现象称为电介质的极化。

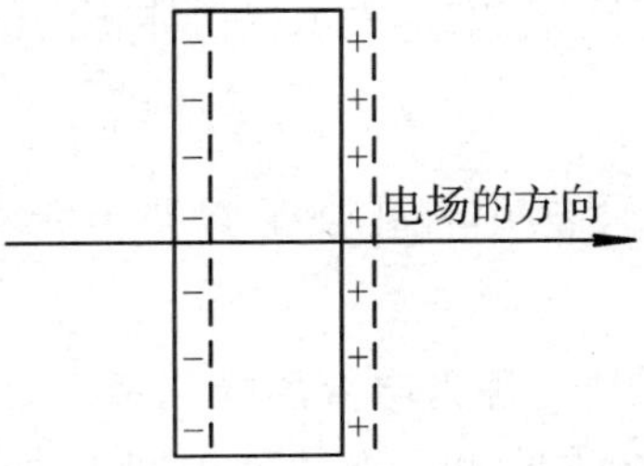

图 25.1

电介质的极化与导体的静电感应,虽在形式上有相似之处,但实质上是不同的。我们可以设法用静电感应使导体带电;但是电介质,当使它极化的电场撤去之后,仍呈中和状态。电介质极化时所产生的正负电荷是不能分割的。所以要利用电介质的极化使其带电是不可能的。这种区别就在于金属导体中有自由电子,这些自由电子在外电场的影响下可在分子间作宏观运动,因而正负电荷可以分离;但在电介质中,电子处于束缚状态,在外电场的影响下,正负电荷仅能在分子内作微观的相对位移,或在分子内正负电荷所构成的电偶极子改变取向,因而它们老是结合在一起。

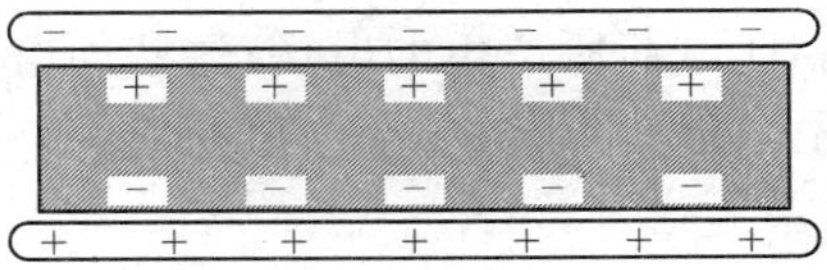

图 25.2

电介质被置于荷电的电容器两极板之间,即受电容器中电场的作用而起极化,与正板相向的一面出现负电荷,而与负板相向的另一面则有相应的正电荷。这些正负电荷称为束缚电荷(图 25.2)。于是在电介质之中,由于其表面上束缚电荷的上述分布情形,产生另一电场,其方向适与电容器中原有的电场相反。它们之间彼此抵消了一部分;结果在电介质中的电场强度比在真空中要小了。

§26 极化强度

当电介质受到外电场的作用时,分子内正负电荷系统的两个中心将有相对的微观位移,形成一个电偶极子,具有一定的电偶极矩 $\boldsymbol{p}$。电偶极矩矢量就是从量的方面初步而很好地表征着中性分子内正负电荷分布情况的一个物理量。

为了描述电介质的极化，我们引入极化强度这个概念，来表征由许多分子组成的宏观大小的电介质的电状态。为此，在极化了的电介质中，取体积元 ΔV；ΔV 必须是宏观地足够小，使其中的极化是均匀的；同时 ΔV 又必须是微观地足够大，使其中含有足够多的电偶极子。这样取定 ΔV 使其符合物理无限小所必须满足的条件以后，我们对 ΔV 中所有分子的电矩 $\boldsymbol{p}$ 取矢量和，并规定极化强度 $\boldsymbol{P}$ 为

$$\boldsymbol{P} = \frac{\sum \boldsymbol{p}}{\Delta V}$$

可见极化强度 $\boldsymbol{P}$ 是单位体积内的电偶极矩，它代表电介质的极化程度。在均匀极化的情况下，若以 n 表示单位体积内的分子数，则有

$$\boldsymbol{P} = \sum_{\Delta V = 1} \boldsymbol{p} = n\boldsymbol{p}$$

实验表明，极化强度 $\boldsymbol{P}$ 与电介质中场强 $\boldsymbol{E}$ 成正比，即

$$\boldsymbol{P} = \chi \boldsymbol{E}$$

式中 χ 称为**电介质极化率**。必须强调指出：电介质中某点的场强 $\boldsymbol{E}$ 不单是外电场在该点的强度，还是外电场的场强与由极化而出现的束缚电荷在该点所产生的场强之和。

§27 极化了的电介质在它外部空间所产生的场强

极化了的电介质中各点都有它自己的极化强度 $\boldsymbol{P}$，$\boldsymbol{P}$ 是一个点的函数。我们要去证明：极化了的电介质在它外部空间所产生的电场可以表达为由一些面电荷和体电荷所产生的电场；这些面电荷和体电荷，不用说，都是束缚电荷，完全由电介质的极化强度 $\boldsymbol{P}$ 唯一地决定。

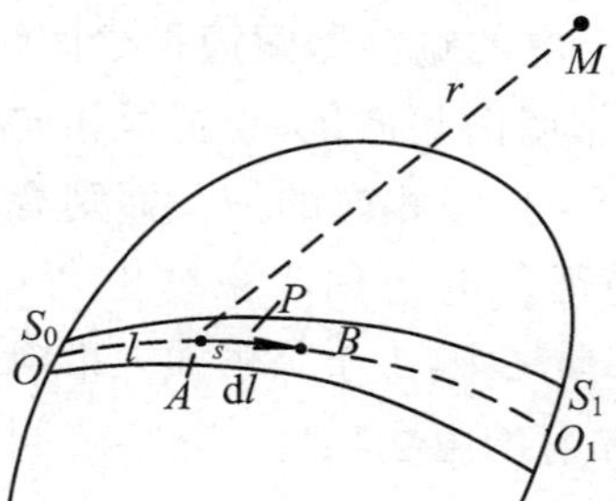

图 27.1

考虑一个体积有限的电介质 C(图 27.1)，其中各点的极化强度为 $\boldsymbol{P}$，为了计算这个极化了的电介质 C 在它外部 M 点的电场，我们来求 M 点的电位。

取一个无限细窄的极化线管(也即电力线管) OO_1，在电介质表面上截获两个面积 S_0 和 S_1。一般来说，S_0 和 S_1 与极化线不正交。在管中，任取一点 A，经过 A 点的极化线分别与 S_0，S_1 相交于 O，O_1 点。A 点的位置可由 $\overset{\frown}{OA} = l$ 来决定。A 点的极化强度 $\boldsymbol{P}$ 和极化线管在 A 点的正截面面积 s 都是 l 的函数。

长为 dl 的 AB 这一段极化线管的体积为 $s\mathrm{d}l$，其电偶极矩为

$$dp = Ps\mathrm{d}l$$

它在 M 点所产生的电位为(见§10 例 1)

$$\mathrm{d}\Phi = \frac{\mathrm{d}p}{r^2}\cos\alpha = \frac{sP\mathrm{d}l}{r^2}\cos\alpha$$

式中 α 为 $\boldsymbol{P}$ 与 AM 间的夹角。因为 $-\mathrm{d}l\cos\alpha = \mathrm{d}r$，上式可以写成

$$\mathrm{d}\Phi = -sP\frac{\mathrm{d}r}{r^2}$$

可见整个极化线管 OO_1 在 M 点所产生的电位为

$$\Phi = -\int sP\frac{\mathrm{d}r}{r^2}$$

用分部积分法，得

$$\Phi = \left(\frac{sP}{r}\right)_0^1 - \int\frac{1}{r}\frac{\mathrm{d}(sP)}{\mathrm{d}l}\mathrm{d}l \qquad (27.1)$$

上式右方第一项

$$\left(\frac{sP}{r}\right)_0^1 = \frac{s_1P_1}{r_1} - \frac{s_0P_0}{r_0}$$

表示在电介质表面 S_1 和 S_0 上有异号而不一定相等的电荷 $+s_1P_1$ 和 $-s_0P_0$(与 $\Phi = q/r$相比较)。须知 s_1 和 s_0 是极化线管在 O_1 和 O_0 点的正截面面积，并不就是 S_1 和 S_0，而是 S_1 和 S_0 在极化线上的投影(图 27.2)。在 O_1 点电介质表面外法线 $\boldsymbol{n}_1$ 与该点的极化强度 $\boldsymbol{P}_1$ 成角 θ_1，则有 $S_1 = s_1/\cos\theta_1$。因此，我们可以说在端面 S_1 上有面电荷密度

$$\sigma_1' = \frac{+s_1P_1}{S_1} = P_1\cos\theta_1$$

同理，在端面 S_0 上有面电荷密度

$$\sigma_0' = \frac{-s_0P_0}{S_0} = P_0\cos\theta_0$$

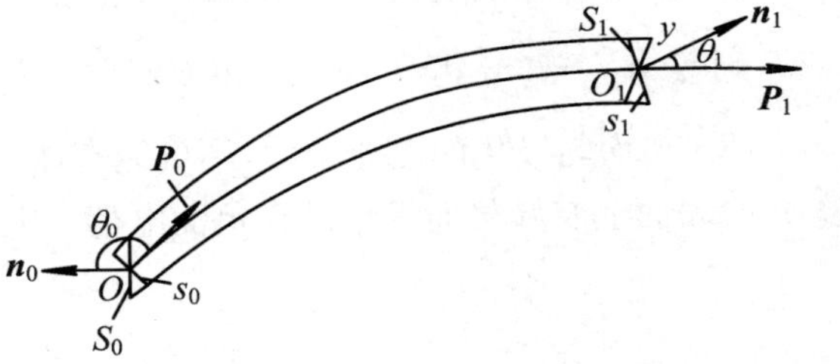

图 27.2

注意 $\cos\theta_0$ 是负的。

总起来说，式(27.1)右方第一项告诉我们：电介体表面上有束缚面电荷密度

$$\sigma' = P_0\cos\theta = P_n \qquad (27.2)$$

这完全由极化强度 $\boldsymbol{P}$ 的法向分量决定。

式(27.1)右方第二项告诉我们什么呢？它将告诉我们束缚体电荷密度。$-\dfrac{1}{r}\dfrac{\mathrm{d}(sP)}{\mathrm{d}l}\mathrm{d}l$ 表示AB 段极化线管(它的体积为 $\mathrm{d}V = s\mathrm{d}l$)内有电荷 $-\dfrac{\mathrm{d}(sP)}{\mathrm{d}l}\mathrm{d}l$ 对 M 点产生电位。这个电荷 $-\dfrac{\mathrm{d}(sP)}{\mathrm{d}l}\mathrm{d}l$ 分布在体积 $\mathrm{d}V = s\mathrm{d}l$ 内。命 ρ'为它的体密度，就有

$$\rho' \mathrm{d}V = -\frac{\mathrm{d}(sP)}{\mathrm{d}l}\mathrm{d}l$$

另一方面，sP 代表通过 A 点正截面的 $\boldsymbol{P}$ 的通量。那么，$\frac{\mathrm{d}(sP)}{\mathrm{d}l}\mathrm{d}l$ 就代表通过 B 和 A 的两个正截面的 $\boldsymbol{P}$ 的通量，也就是通过 AB 段极化线管的闭合曲面的 $\boldsymbol{P}$ 的通量，即

$$-\rho' \mathrm{d}V = \text{通过包围 } \mathrm{d}V \text{ 的闭合曲面的 } \boldsymbol{P} \text{ 的通量}$$

但是

$$\text{通过包围 } \mathrm{d}V \text{ 的闭合曲面的 } \boldsymbol{P} \text{ 的通量} = \mathrm{div}\boldsymbol{P}\mathrm{d}V$$

从而得出束缚体电荷密度

$$\rho' = -\mathrm{div}\boldsymbol{P} \tag{27.3}$$

完全由极化强度 $\boldsymbol{P}$ 的散度加一负号决定。

把上面得到关于极化线管 OO_1 的结果应用于电介质体内所有的极化线管，就得出我们所要证明的结论：

极化了的电介质在它体外任意一点所产生的电场，等于束缚面电荷和束缚体电荷所产生的电场之和，束缚面电荷密度(有正的，也有负的)等于极化强度沿外法线方向的分量，而束缚体电荷密度等于极化强度的散度加一负号，即

$$\Phi = \oint_S \frac{\sigma' \mathrm{d}S}{r} + \int_V \frac{\rho' \mathrm{d}V}{r} = \oint_S \frac{P_n \mathrm{d}S}{r} - \int \frac{\mathrm{div}\boldsymbol{P}\mathrm{d}V}{r} \tag{27.4}$$

在此还要注意下列两点：

(1) 由于电介质的极化而出现的所有束缚电荷的总和等于零，即

$$\int_V \rho' \mathrm{d}V + \oint_S \sigma' \mathrm{d}S' = -\int_V \mathrm{div}\boldsymbol{P}\mathrm{d}V + \oint \boldsymbol{P}\cdot\mathrm{d}\boldsymbol{S} = \int(-\mathrm{div}\boldsymbol{P} + \mathrm{div}\boldsymbol{P})\mathrm{d}V = 0$$

(2) 在均匀极化的电介质中，不可能有体电荷，因为 $\boldsymbol{P}$ = 常量，所以 $\mathrm{div}\boldsymbol{P} = 0$；而仅在电介质表面上有异号而等量的正负面电荷。电介质的这种行为类似于永久磁铁。

§28 束缚电荷密度的直观解释

对于极化了的电介质表面上和体积中都有束缚电荷出现这一事实，我们还要给以更直观的解释。

在极化了的电介质中，以 S 面划出某一体积 V(图 28.1)，S 面将把某些分子分割为二，即某些分子的一部分电荷落在体积 V 的内部，而另一部分电荷落在体积 V 的外部。因而体积 V 内的总电荷，随之平均体电荷密度，可以不等于零，虽然电介质的每个分子都是中性的。

要决定这个体电荷密度的大小，为简单起见，以等效电偶极子代替电介质分子，并考察 S 面上一个物理地无限小的面积元 $\mathrm{d}S$(图 28.2)。在紧贴着 $\mathrm{d}S$ 两侧的无限小体积内，极化强度 P 和电偶极子的平均长度 l 由 $P = \sum p = np = nql$ 联系着，即 $l = P/(nq)$，

式中 n 是单位体积的分子数。

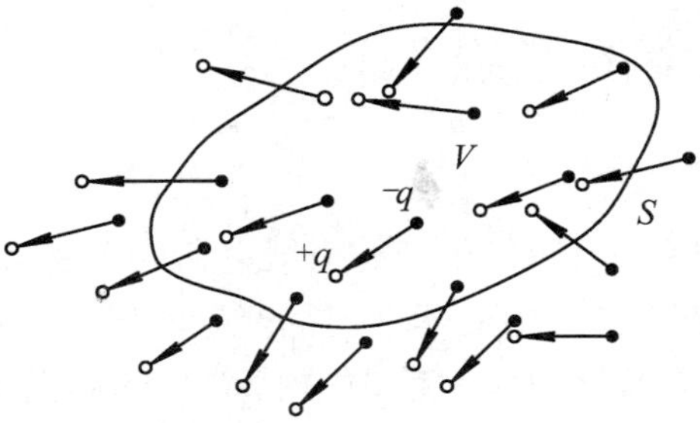

图 28.1

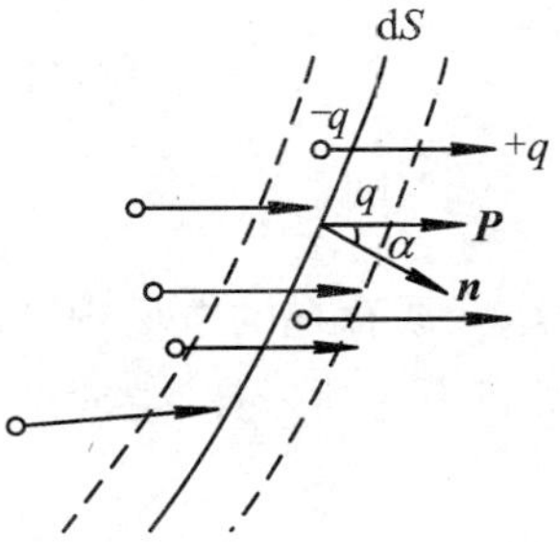

图 28.2

这些电偶极子中,只有中心在和 dS 紧贴的厚度为 $l\cos\alpha$ 的电介质层内的电偶极子,才被面积元 dS 所分割。这一电介质层的体积为 $dSl\cos\alpha$。因而,被面积元 dS 所分割的电偶极子数目等于 $nldS\cos\alpha$,在面积元 dS 内侧未被抵消的电荷的绝对值等于

$$|dQ| = nqldS|\cos\alpha| = P|\cos\alpha|dS = |P_n|dS$$

如果极化强度与外法线间的夹角 α 是锐角,即 $\cos\alpha>0$,那么在 dS 内侧体积中未被抵消的是被 dS 所截电偶极子的负电荷($dQ<0$);而在相反的情况下,即在 $\cos\alpha<0$ 时,是正电荷($dQ>0$)。在这两种情况下,我们都有

$$dQ = -P_n dS$$

要决定体积 V 内未被抵消的总电荷,只须将上式沿这一体积的整个边界面 S 积分,就得

$$Q = -\oint_S P_n dS = -\int_V \mathrm{div}\boldsymbol{P} dV$$

另一方面,显然有

$$Q = \int \rho' dV$$

式中 ρ' 为束缚电荷体密度。最后得到我们已经熟知的公式(27.3):

$$\rho' = -\mathrm{div}\boldsymbol{P}$$

我们必须注意:上面这个公式,只有在极化强度 $\boldsymbol{P}$ 是连续的这一前提下才是正确的。在 $\boldsymbol{P}$ 的突变面上,又将怎么样呢?

什么是 $\boldsymbol{P}$ 的突变面? 因为 $\boldsymbol{P}=\chi\boldsymbol{E}$,可见 $\boldsymbol{P}$ 的突变面就是 χ 的突变面或者是 $\boldsymbol{E}$ 的突变面,前者是两种不同电介质的分界面(例如在真空中或空气中的电介质体的表面),后者是有自由电荷按面积密度分布的曲面。

由于紧贴着极化强度突变面两侧的电偶极子的电荷不能互相抵消的缘故,突变面上就有束缚面电荷出现。束缚面电荷密度 σ',可由上式 $\rho'=-\mathrm{div}\boldsymbol{P}$ 的极限求得,即

$$\sigma' = -\mathrm{div}\boldsymbol{P} = -(P_{2n} - P_{1n})$$

式中 $\mathrm{div}\boldsymbol{P}$ 是矢量 $\boldsymbol{P}$ 的散度,而 P_{1n} 和 P_{2n} 是在电介质内外紧贴分界面的两点的极化强度沿外法线方向的分量。就真空或金属与电介质的交界面来说,$P_{2n}=0$。因此

$$\sigma' = P_n$$

这就是我们所要再次证明的。

§ 29　电介质中的场强

在有电介质存在的电场中，除自由电荷之外，还有束缚电荷。束缚电荷除不能自由移动外，和自由电荷一样，也能产生电场，而且也按真空中的库仑定律产生电场。因此，在电介质外部空间中任一点 M(图 29.1)的场强 $\boldsymbol{E}$，是由自由电荷所产生的电场 $\boldsymbol{E}_0$ 和由束缚电荷所产生的电场 $\boldsymbol{E}'$ 的矢量和，即

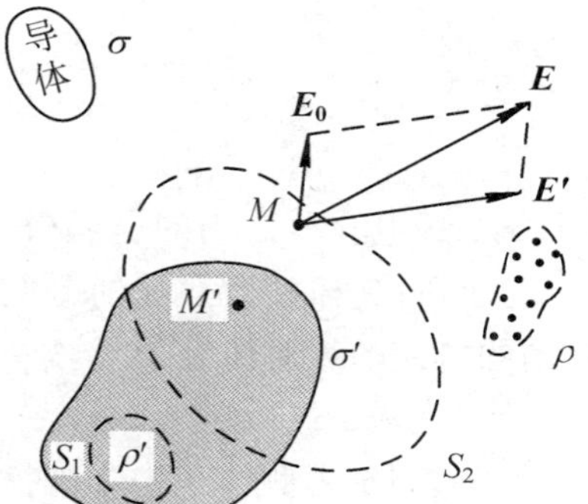

图 29.1

$$\boldsymbol{E} = \boldsymbol{E}_0 + \boldsymbol{E}'$$

或者

$$\varphi = \int \frac{\rho + \rho'}{r} \mathrm{d}V + \int \frac{\sigma + \sigma'}{r} \mathrm{d}S \qquad (29.1)$$

从而

$$\nabla^2 \varphi = -4\pi(\rho + \rho') \qquad (29.2)$$

式中 σ 和 ρ 各是自由电荷的面和体密度，而 σ' 和 ρ' 各是束缚电荷的面和体密度。

在电介质内部任一点的场强，又将是怎样的呢？显然，应该一样看待，即电介质内部任一点 M' 的场强也由上面这一式子决定。不过这样规定的电场 $\boldsymbol{E}$，和在真空中没有电介质存在时的电场 $\boldsymbol{E}$ 有着不完全相同的意义。为什么这样说呢？

请看，在有电介质存在的静电场中，即使在没有自由电荷存在的区域内，通过一个闭合曲面的 $\boldsymbol{E}$ 的通量也不一定等于零。比如说闭合曲面 S_1 完全在电介质内，其中没有自由电荷，但有 ρ' 不为零，因而 $\boldsymbol{E}$ 的通量不等于零。又如闭合曲面 S_2 只包围电介质的一部分，其中没有自由电荷，但有 ρ'，又有 σ'，$\boldsymbol{E}$ 的通量也不等于零。这都说明空间中有电介质存在时的静电场 $\boldsymbol{E}$ 和没有电介质存在时的静电场 $\boldsymbol{E}_0$ 不一样的地方。

如果我们想要测定被极化了的电介质内部一点的电场强度，一般说来，也不是随便就能做到的。需要采取特殊方法，才能达到所期待的结果。大家都会说：在电介质中挖出一个空腔，装进试探电荷，来测量其中的电场强度，不就行了吗？挖出一个空腔，势必挖去一些电介质，从而一同挖去一些束缚体电荷。问题的严重性并不在此，因为挖去的体电荷将随空腔体积的尽量缩小而趋于零。更严重的问题在于被挖成空腔的内壁上将出现新生的束缚面电荷而大大影响其中的电场，使我们测出的场强完全不是原来的电场强度；测出的场强将与空腔的形状和大小有关。一句话，空腔不能随便挖，挖成的空腔必须符合一定的规格。

什么规格呢？空腔的形状必须是一个细而长的柱体(图 29.2)，其轴平行于极化矢量，也就是平行于电场方向。在这种情况下，侧壁上 $P_n = 0$，不会有束缚面电荷出现；束缚电荷出现在柱体的端面上，其密度为

$$\sigma' = P_0$$

这些束缚电荷在 M 点所产生的场强 $2\pi a^2\sigma'/b^2 = 2\pi a^2 P/b^2$ 将随 a/b 之趋近于零而趋近于零，式中 a 为柱体端面的半径，b 为柱体的半长。此时在 M 点测出的场强，确是没有挖空以前在电介质中该点的场强。

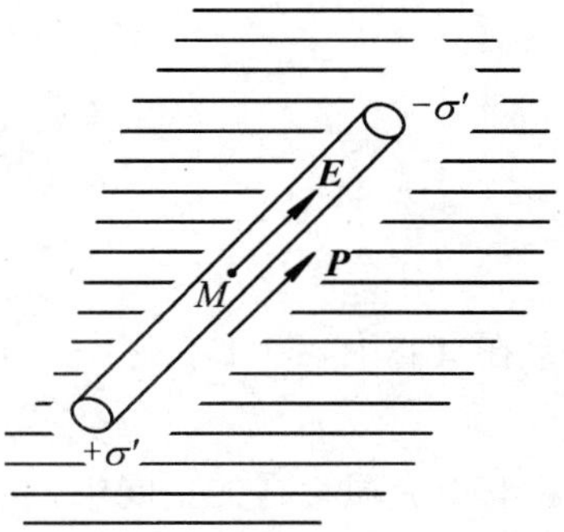

图 29.2

【例 1】 均匀极化球体的电场。因为 $\boldsymbol{P}$ 为常量，我们有

$$\rho' = -\operatorname{div}\boldsymbol{P} = 0$$

和

$$\sigma' = P_n = P\cos\theta$$

可见球内束缚体电荷密度为零，球面上束缚面电荷密度按余弦定律分布（图 29.3）。这样分布的电荷。在球外所产生的电场（见§ 16－2(2)），同于一个置在球心、极矩为 $p = 4\pi R^2 P/3$ 的电偶极子的电场；在球内所产生的电场是一个均匀电场，其电场强度

$$\boldsymbol{E}' = -\frac{4\pi}{3}\boldsymbol{P}$$

与电极化强度方向相反，因此也称**消极化电场**。在均匀极化球体的电场中，电力线有如图 29.4 所示。

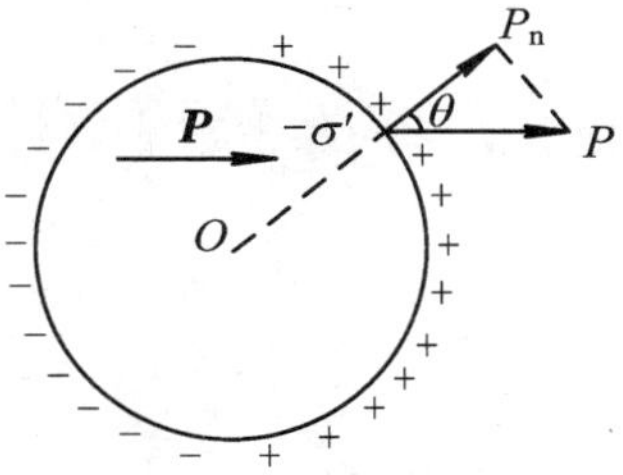

图 29.3

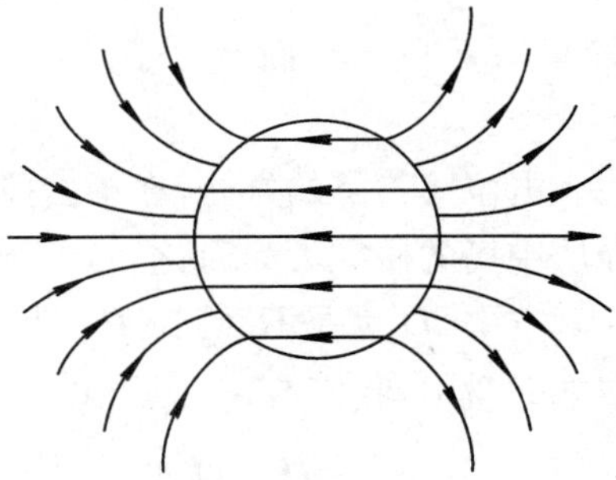

图 29.4

【例 2】 均匀极化圆柱体的电场。设均匀极化强度 $\boldsymbol{P}$ 平行于圆柱体轴（图 29.5），则束缚体电荷为零，只有束缚面电荷，而且在圆柱侧面上束缚面电荷也为零。只有在圆柱体端面上出现束缚面电荷，一端为正，一端为负，其密度为

$$\sigma' = \pm P$$

所以均匀极化圆柱体所产生的电场，完全和两个平行均匀带电圆面所产生的电场一样。

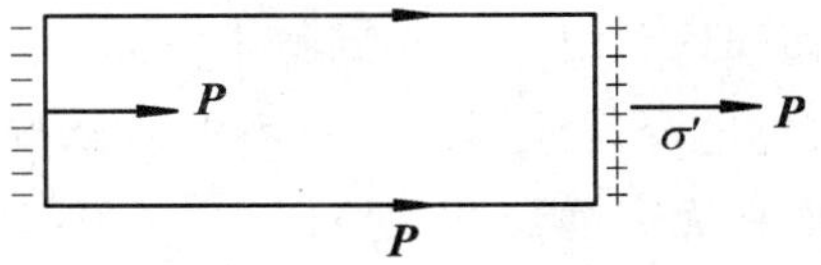

图 29.5

§ 30 电位移矢量

在真空中，我们有

$$\mathrm{div}\boldsymbol{E} = -\nabla^2\varphi = 4\pi\rho \tag{30.1}$$

但在有电介质存在的空间中，

$$\mathrm{div}\boldsymbol{E} = -\nabla^2\varphi = 4\pi(\rho + \rho') \tag{30.2}$$

两者差别虽仅在微分方程式右边多了含束缚电荷 ρ' 的一项，却使问题变得复杂很多。如何把 ρ' 从微分方程式中消去，这便是我们下面要考虑的问题。

以 $\rho' = -\mathrm{div}\boldsymbol{P}$ 代入式(30.2)，即得

$$\mathrm{div}(\boldsymbol{E} + 4\pi\boldsymbol{P}) = 4\pi\rho$$

故若引入**电位移矢量** $\boldsymbol{D}$(也称电感应矢量)，它的定义是

$$\boldsymbol{D} = \boldsymbol{E} + 4\pi\boldsymbol{P} \tag{30.3}$$

则静电场的基本方程之一具有非常简单的形式：

$$\mathrm{div}\boldsymbol{D} = 4\pi\rho \tag{30.4}$$

这样 $\boldsymbol{D}$ 就取 $\boldsymbol{E}$ 的地位而代之了。式(30.4)是式(30.1)的推广，式(30.1)是式(30.4)的特例。

引入电位移矢量的好处，在于去掉了束缚电荷 ρ'，使静电学的基本定律复归于统一，使电介质中场的研究大为简化。

在真空中，$\boldsymbol{D}$ 就是 $\boldsymbol{E}$，因为 $\boldsymbol{P} = 0$。

在电介质中，我们有

$$\boldsymbol{D} = \boldsymbol{E} + 4\pi\boldsymbol{P} = \boldsymbol{E} + 4\pi\chi\boldsymbol{E} = (1 + 4\pi\chi)\boldsymbol{E}$$

若命

$$\varepsilon = 1 + 4\pi\chi \tag{30.5}$$

将见 ε 就是§23 中所说的介电常数，则有

$$\left.\begin{aligned} &\boldsymbol{D} = \varepsilon\boldsymbol{E} \\ &\boldsymbol{P} = \frac{\varepsilon - 1}{4\pi}\boldsymbol{E}, \quad \boldsymbol{P} = \frac{\varepsilon - 1}{4\pi\varepsilon}\boldsymbol{D} \end{aligned}\right\} \tag{30.6}$$

一般地说，电介质中的 $\boldsymbol{D}$ 并不等于保持自由电荷分布不变而去掉电介质后的 $\boldsymbol{E}_0$，只在特殊情况下，两者才相等。例如当均匀电介质充满整个空间(充满电场不为零的整个空间)时，电介质中的 $\boldsymbol{D}$ 就等于去掉电介质以后保持自由电荷分布不变情况下的 $\boldsymbol{E}_0$。这是因为在此种情况下，电介质表面在无穷远处，束缚面电荷 σ' 不起作用，而束缚体电荷

$$\rho' = -\mathrm{div}\boldsymbol{P} = -\mathrm{div}\left(\frac{\varepsilon - 1}{4\pi\varepsilon}\boldsymbol{D}\right) = -\frac{\varepsilon - 1}{4\pi\varepsilon}\mathrm{div}\boldsymbol{D} = -\frac{\varepsilon - 1}{\varepsilon}\rho$$

因而在电介质中的场强

$$\boldsymbol{E} = \int_V \frac{\rho + \rho'}{r^3} \boldsymbol{r} \mathrm{d}V = \frac{1}{\varepsilon} \int_V \frac{\rho \boldsymbol{r}}{r^3} \mathrm{d}V = \frac{\boldsymbol{E}_0}{\varepsilon}$$

即

$$\boldsymbol{D} = \varepsilon \boldsymbol{E} = \boldsymbol{E}_0$$

由此可见，不论在真空中或在充满整个空间的均匀电介质中，电位移矢量总是等于真空中的场强，与电介质的种类无关，完全由自由电荷的分布情况决定。这就是说，在自由电荷的分布已给定时，充满整个空间的均匀电介质的电势和电场强度是真空中电势和电场强度的 $1/\varepsilon$ 倍。往往把这个结果作为整个电介质静电理论的基础。

从这里得到，在无限的均匀电介质中，点电荷的电势和电场强度分别为

$$\Phi = \frac{q}{\varepsilon r}, \quad E = \frac{q}{\varepsilon r^2}$$

这就是所谓普遍的库仑定律。

然而，必须注意，这个结果绝不能应用到有限的或不均匀的电介质的情形中。比如说，如果在电荷 $+q$ 的场中加进一块电介质 A（图 30.1），那么，由于这块电介质的极化，在 P_1 和 P_2 点的电场强度非但没有减弱，反而增大起来。这是因为，电介质中所成电偶极子的负电荷移向左，而正电荷移向右，因此这些束缚电荷在 P_1 和 P_2 点的电场的方向和自由电荷 $+q$ 的电场方向一致。电介质的极化使在 P_3 点的场强，虽比自由电荷 $+q$ 在该点的原有场强 E_0 要小，但也不等于 E_0/ε。

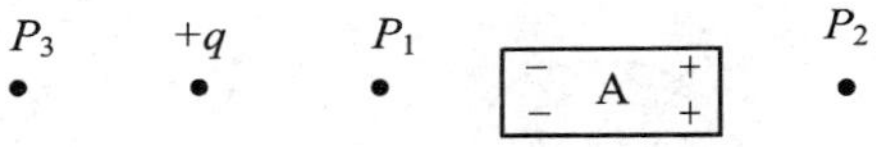

图 30.1

一般说来，在有限的或不均匀的电介质中，绝不能找到像库仑定律那样简单的关系。也就是说，在有电介质存在而又不充满整个的空间时，场强不只决定于自由电荷的分布，还有赖于束缚电荷的分布。只有乞助于场的微分方程式，也即把空间相邻各点上表征场的各量之值联系起来的方程式，才能得到这些量之间比较简单的关系式，如：$\mathrm{div}\boldsymbol{D} = 4\pi\rho$。只有微分关系才完全决定于所给电介质元的性质，而和远离该点的电介质其它部分的性质无关。

1. 电位移矢量的物理意义

实质上，电位移矢量把两个完全不同的概念——电场强度和物质的极化强度——合并起来。尽管可以设法赋予它一些意义，然而它并不是物理的实在。

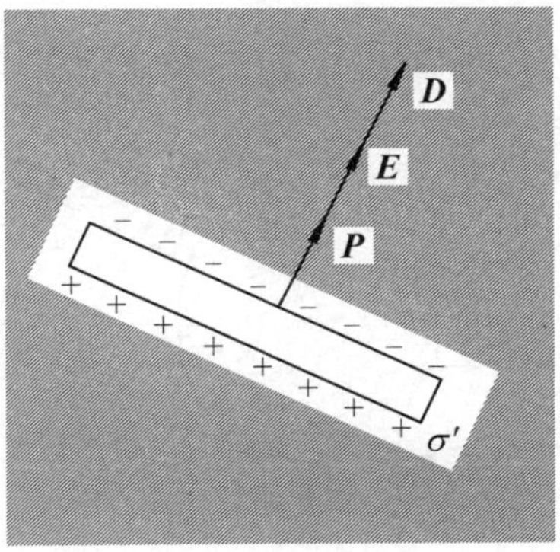

图 30.2

如果在电介质中挖出一个粗而扁的饼状空腔（图 30.2），使其底面正交于极化强度 $\boldsymbol{P}$，也就是正交于电场 $\boldsymbol{E}$，则在其中测定的场强即等于在该处的电位移矢量 $\boldsymbol{D}$ 的值，因为在这种情况下，空腔的两个底面上出现了正负束缚电荷，其密度为 $\sigma' = P$，在腔中产生了附加场 $4\pi\boldsymbol{P}$；而腔中的场是由场 $\boldsymbol{E}$ 和束缚面电荷 $\pm\sigma'$ 的

场所合成的，即

$$\boldsymbol{E} + 4\pi\boldsymbol{P} = \boldsymbol{D}$$

我们在此再一次看到了，在电介质内部的空腔中的场强或作用于放在空腔中的试探电荷的力，是与空腔的形状和大小有关系的。

2. 奥-高定理的推广

在 $\mathrm{div}\boldsymbol{D} = 4\pi\rho$ 的两边各乘体积元 $\mathrm{d}V$，然后对任意的闭合曲面 S 所包围的体积 V 求积分，就得

$$\oint_S \boldsymbol{D}\cdot\mathrm{d}\boldsymbol{S} = 4\pi\int_V \rho\mathrm{d}V = 4\pi Q \tag{30.7}$$

这是奥-高定理在任意电介质中的推广。在此必须注意“闭合曲面是任意的”这一句话，它可以完全在真空中，可以完全在电介质中；也可以一部分在真空中，另一部分在电介质中（图 30.3）。通过任何闭合曲面的电位移通量恒等于 4π 与其中所包含的自由电荷 Q 的乘积，而 $\boldsymbol{E}$ 的通量就不是这样。在没有自由电荷存在的任何区域内，电位移矢量 $\boldsymbol{D}$ 的通量是守恒的，而 $\boldsymbol{E}$ 的通量也不是这样。

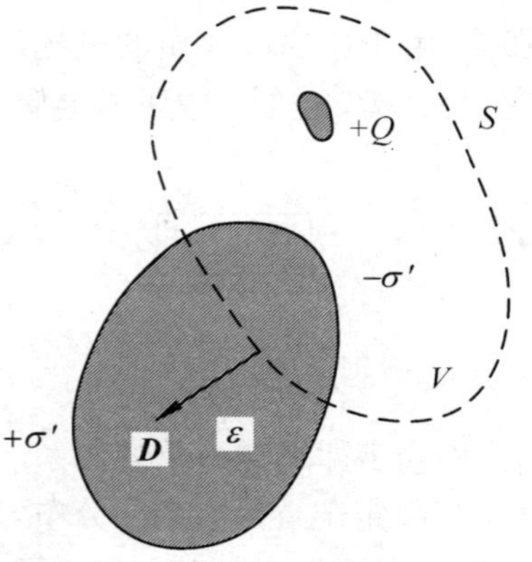

图 30.3

在均匀电介质中，ε 为常数，可从积分号下移出，即

$$\oint\boldsymbol{D}\cdot\mathrm{d}\boldsymbol{S} = \varepsilon\oint\boldsymbol{E}\cdot\mathrm{d}\boldsymbol{S} = 4\pi Q$$

从而得

$$\oint_S\boldsymbol{E}\cdot\mathrm{d}\boldsymbol{S} = \frac{4\pi Q}{\varepsilon}$$

可见通过浸没在均匀电介质中的闭合曲面 S 的电场强度 $\boldsymbol{E}$ 的通量（图 30.4）等于 $4\pi/\varepsilon$ 与其中所包含的自由电荷 Q 的乘积，是真空中的 $1/\varepsilon$ 倍。

3. 库仑定理的推广

设有带电的导体，其面电荷密度为 σ，浸没在介电常数为 ε 的电介质中（图 30.5）。

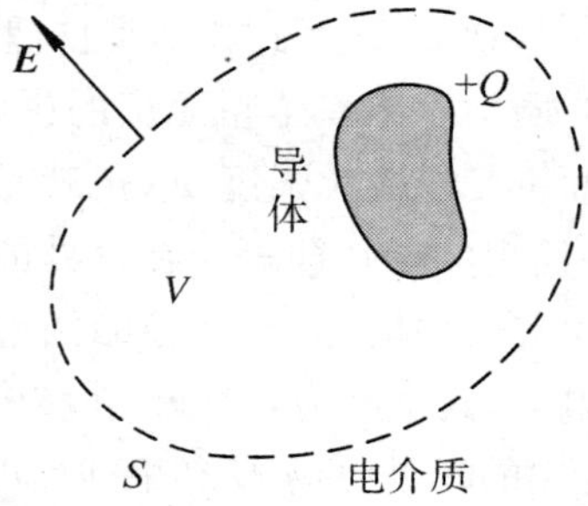

图 30.4

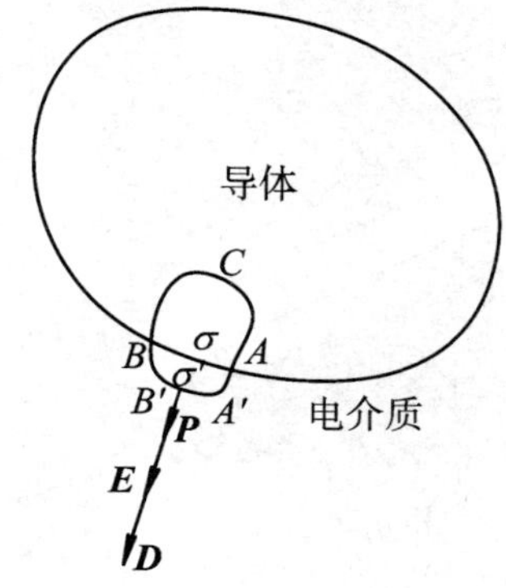

图 30.5

在静电平衡的情形下,导体内部电场 $\boldsymbol{E}$(因而 $\boldsymbol{D}$ 也一样)等于零,导体表面是一个同位面,在导体外表面上电场矢量 $\boldsymbol{E}$(因而 $\boldsymbol{P}$ 和 $\boldsymbol{D}$ 也一样)总是和表面正交。在电介质与导体的分界面上,有束缚面电荷出现,其密度为 $\sigma' = -P_n = -P$,P 前加一负号是因 $\boldsymbol{P}$ 与电介质表面外法线方向相反的缘故。

沿导体表面上面积元 dS 的边缘,取一电力线管元,作闭合曲面 $A'B'BCAA'$,其外端面 $A'B'$ 在电介质中与分界面 $AB(=dS)$ 平行,其在导体内部部分 BCA 可以是任意的。应用推广的奥-高定理,就得

$$D = 4\pi\sigma \tag{30.8}$$

即

$$E = \frac{4\pi\sigma}{\varepsilon} \tag{30.9}$$

是为库仑定理的推广。

可见,在具有相同的面电荷密度 σ 下,导体附近的电场强度,当它浸没在电介质中时,是它在真空中的 $1/\varepsilon$ 倍,而电位移矢量则是一样。

我们也可直接用奥-高定理,有

$$E = 4\pi(\sigma + \sigma')$$

但

$$\sigma' = -P, \quad D = E + 4\pi P = 4\pi\sigma$$

从而有

$$E = \frac{4\pi\sigma}{\varepsilon}$$

以及

$$\sigma + \sigma' = \frac{E}{4\pi} = \frac{\sigma}{\varepsilon} \quad 或 \quad \sigma' = \frac{1-\varepsilon}{\varepsilon}\sigma$$

4. 电介质的边界条件

根据以前所说,可知电介质的存在就使自由电荷在真空中所产生的电场变形。在电介质与真空的分界面上,或在两个不同电介质的分界面上,电场强度和电位移矢量又是怎样变化的呢?

我们先假设分界面上没有自由电荷存在。

在任意电介质中,电力所作的功总和路径的形状无关,因而可以在分界面两侧取一如图 30.6 所示的闭合回路 $ABCD$,矢量 $\boldsymbol{E}$ 的环流为零,其极限为

$$(E_{2t} - E_{1t})dl = 0$$

因而

$$E_{2t} = E_{1t} \quad 或 \quad \frac{1}{\varepsilon_2}D_{2t} = \frac{1}{\varepsilon_1}D_{1t} \tag{30.10}$$

可见电介质边界上电场强度的切向分量是连续的,而电位移的切向分量有一个突变。

为了确定法线分量的情况,我们考虑正交于分界面的一个小圆柱体 $ABCD$

(图 30.7)。圆柱的高度很小,而底面颇大,因而,在极限情况下,上下底面从内外两侧贴近于分界面。应用普遍的奥-高定理,得

$$(D_{2n} - D_{1n})dS = 0$$

即

$$D_{2n} = D_{1n} \quad 或 \quad \varepsilon_2 E_{2n} = \varepsilon_1 E_{1n} \tag{30.11}$$

可见在两个不同电介质的分界面上,电位移的法向分量是连续的,而电场强度的法向分量却要发生突变。

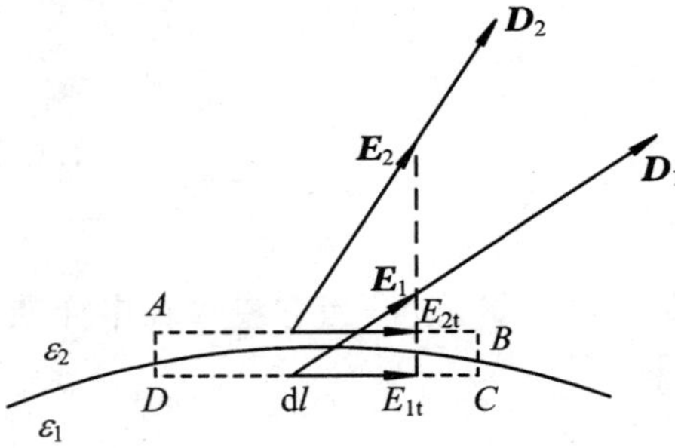

图 30.6

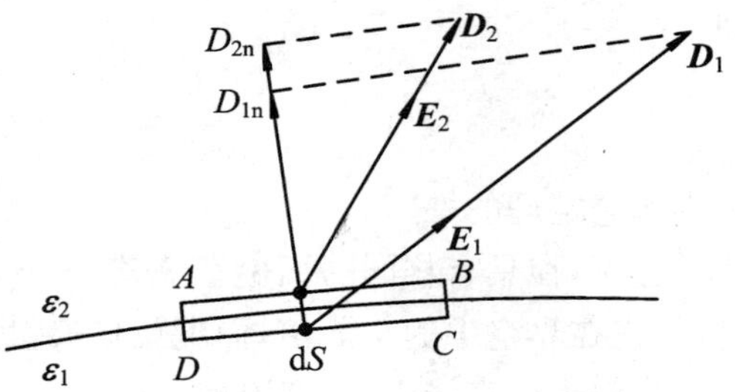

图 30.7

在各向同性的任何电介质中,各点的矢量 **D** 和矢量 **E** 平行,因而每一条电位移线也就是电力线;反过来也是一样。通过两个不同电介质的分界面时,一条电力线或电位移线要经历一个屈折(图 30.8)。根据边界条件:

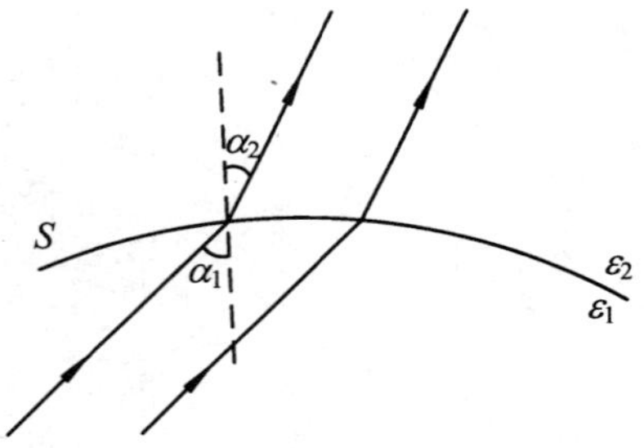

图 30.8

$$E_{2t} = E_{1t}, \quad \varepsilon_2 E_{2n} = \varepsilon_1 E_{1n}$$

或

$$D_{2n} = D_{1n}, \quad \frac{1}{\varepsilon_2} D_{2t} = \frac{1}{\varepsilon_1} D_{1t}$$

就得入射角 α_1 与折射角 α_2 间的关系:

$$\frac{\tan\alpha_1}{\varepsilon_1} = \frac{\tan\alpha_2}{\varepsilon_2} \tag{30.12}$$

在一个经过曲折的电力线管的各个不同截面上,电位移通量都是相等的,而电通量则不然。我们说,在没有自由电荷时,电位移通量是守恒的,意义就在于此。

现在考虑分界面上有自由电荷 σ 存在的情形。显然,在贴近分界面的两侧,电场强度的切向分量不受它的影响,照旧是连续的,而电位移的法向分量也将经历一个突变:

$$D_{2n} - D_{1n} = 4\pi\sigma \tag{30.13}$$

5. 回到平行板电容器,并证明 $1 + 4\pi\chi$ 就是介电常数 ε

使一个充满电介质的平行板电容器带电而绝缘(图 30.9),则除 A,B 两极板带有面密度各为 $\pm\sigma$ 的自由电荷外,由于极化的缘故,电介质与 A 板的接触面上将出现负束缚电荷,与 B 板的接触面上出现正束缚电荷,其面密度为 $\sigma' = P = \chi E$,式中 E 代表电介质

中也即电容器中的场强。

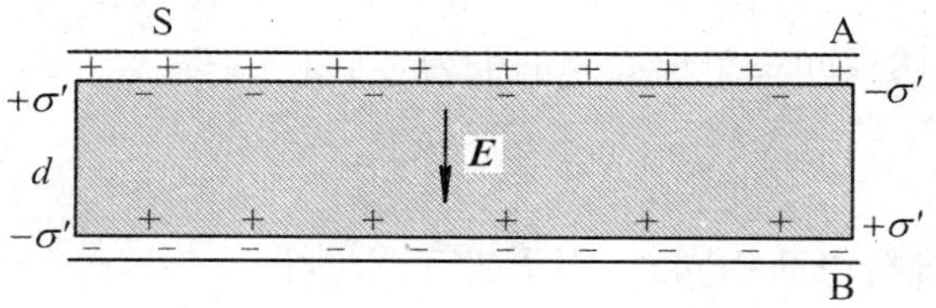

图 30.9

在这种情况下,我们有

$$E = 4\pi(\sigma - \sigma') = 4\pi(\sigma - \chi E)$$

即

$$E = \frac{4\pi\sigma}{1 + 4\pi\chi}$$

从而得 A,B 两板间的电位差

$$\Phi = Ed = \frac{4\pi\sigma d}{1 + 4\pi\chi}$$

和电容量

$$C = \frac{\sigma S}{\Phi} = \frac{(1 + 4\pi\chi)S}{4\pi d}$$

可见充满了电介质的电容器的电容量比真空时要大 $1 + 4\pi\chi$ 倍,而 $1 + 4\pi\chi$ 就等于 § 23 所说的介电常数 ε。

极化假设就使我们这样从理论上得出充满电介质的电容器的电容量比真空时大 ε 倍这一实验结果,同时也证明了介电常数与极化系数之间的关系:

$$\varepsilon = 1 + 4\pi\chi$$

平行板电容器的能量和两极板间的引力,由于其中充满了电介质,又将如何改变呢?

把

$$E = \frac{4\pi\sigma}{\varepsilon}, \quad C = \frac{\varepsilon S}{4\pi d}$$

代入

$$W = \frac{1}{2}Q\Phi = \frac{1}{2}C\Phi^2 = \frac{Q^2}{2C}$$

中任一表示式,都会得到

$$W = \frac{\varepsilon E^2}{8\pi}Sd$$

可见在电场强度 E 给定的条件下,在电介质中能量密度

$$w = \frac{\varepsilon E^2}{8\pi} \tag{30.14}$$

比在真空中要大 ε 倍。这与在电荷固定的条件下,能量密度要小 ε 倍(充满电介质时比

真空时)的结果是完全一致的,因为在充满电介质时要维持和真空时相同的场强(或电位差),必须增多极板上的电荷到 ε 倍,而能量又是与电荷或场强的平方成正比的。

至于介质电容器两板间每单位面积的引力,则为

$$f = E\sigma = \frac{2\pi\sigma}{\varepsilon}\sigma = \frac{2\pi\sigma^2}{\varepsilon}$$

要比真空时小 ε 倍(维持电荷相同)。用 E 来表示,则

$$f = \frac{\varepsilon E^2}{8\pi} = w$$

形式上,结果和在真空中一样。

上面所说是电介质充满了电场不为零的整个空间的情形。在这种情形下,可以直接应用普遍的库仑定律(或者从它得出的普遍的奥-高定理或普遍的库仑定理)而不必考虑束缚电荷;也可以同时考虑束缚电荷与自由电荷,而都用真空中的库仑定律来计算它们所产生的场强 $\boldsymbol{E}_0$ 与 $\boldsymbol{E}'$ 的矢量和 $\boldsymbol{E}$。这时 $\boldsymbol{E}$,$\boldsymbol{E}_0$ 和 $\boldsymbol{E}'$ 平行,$\boldsymbol{E}$ 就是 $\boldsymbol{E}_0$ 与 $\boldsymbol{E}'$ 的代数和。

对于非均匀的电介质,以及当电介质(即使它是均匀的)不完全充满场所占有的整个空间的时候(例如放在电场中单个均匀电介质块),一般说来,前一种办法即普遍库仑定律不能适用,后一种办法所得结果也不是那么简单。但若整个空间虽不为电介质所填满,而填满的乃是真空静电场中某两个同位面之间的空间,则上述办法还可适用。仍以平行板电容器为例,加以说明。

在平行板电容器中(图 30.10),同位面就是平行于极板的平面。若引入一层与极板平行的电介质,厚度为 d',其上下空间各厚 d_1 和 d_2($d = d_1 + d_2$),仍为真空,求电容量。

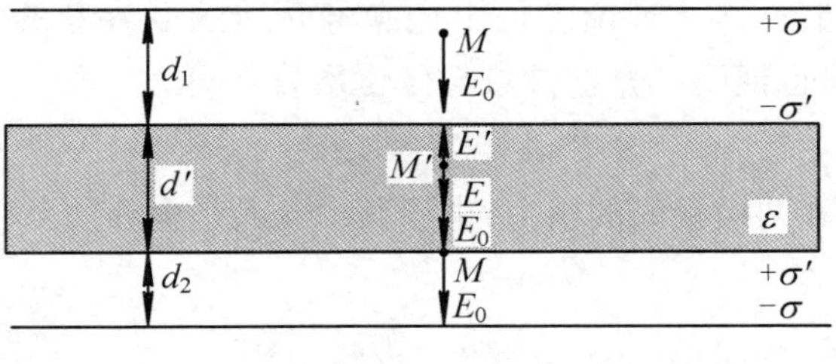

图 30.10

第一种解法 由于对称关系,电场方向不论在真空中或在电介质层中,都与极板正交。又由于电位移的法线分量是连续的缘故,可知在电介质层中的场强 E 要比在真空中的 E_0 小 ε 倍,即

$$E = \frac{E_0}{\varepsilon}$$

而在真空中 M 点的场强 E_0 是与极板上面电荷密度 σ 由库仑定理联系着的,即

$$E_0 = 4\pi\sigma$$

于是两板间的电位差为

$$\Phi = d_1E_0 + d'E + d_2E_0 = \left(d + \frac{d'}{\varepsilon}\right)E_0 = 4\pi\sigma\left(d + \frac{d'}{\varepsilon}\right)$$

而电容量为

$$C = \frac{\sigma S}{\Phi} = \frac{S}{4\pi(d + d'/\varepsilon)}$$

在这个解法里，我们没有一句话提到束缚电荷。

第二种解法 由于电介质的极化，其上下两面有束缚面电荷密度$\mp\sigma'$出现。这两个无限的平行的均匀带束缚电荷的平面，在它们之外的真空中 M 点所产生的电场互相抵消，而在它们中间 M'点所产生的场强为 $E' = -4\pi\sigma'$。因此在真空中 M 点的场强为

$$E_0 = 4\pi\sigma$$

而在电介质中 M'点的场强为

$$E = E_0 + E' = 4\pi(\sigma - \sigma') = 4\pi(\sigma - P) = 4\pi(\sigma - \chi E)$$

即

$$E = \frac{4\pi\sigma}{1 + 4\pi\chi} = \frac{4\pi\sigma}{\varepsilon} = \frac{E_0}{\varepsilon}$$

与第一种解法自然得到相同的结果。同样可以求出电容量。

在此还要附带指出：为了要用图形来表示电介质中的电场，应用电力线不如应用电位移线来得方便。在有电介质存在时，$\boldsymbol{E}$ 的散度不仅在场中有自由电荷的那些点，而且在电介质有束缚电荷分布的那些点，也都不为零。相反地，$\boldsymbol{D}$ 的体散度和面散度，只与自由电荷的分布有关，而且这种关系同电介质不存在时 div$\boldsymbol{E}$ 和 Div$\boldsymbol{E}$ 与ρ 和σ 的关系一样。所以电力线（虚线）往往被电介质的束缚电荷所打断，而相应的电位移线（实线）却能穿过这些束缚电荷，一直到遇见自由负电荷为止（图 30.11）。电位移线只能起始和终止在场中有自由电荷分布的那些点上，或者就趋于无穷远处。这就形象化地说明了：为什么在真空中 $D = E$，而在电介质中 $D > E$，以及为什么我们说 $\boldsymbol{D}$ 的通量是守恒的，而 $\boldsymbol{E}$ 的通量则不然。

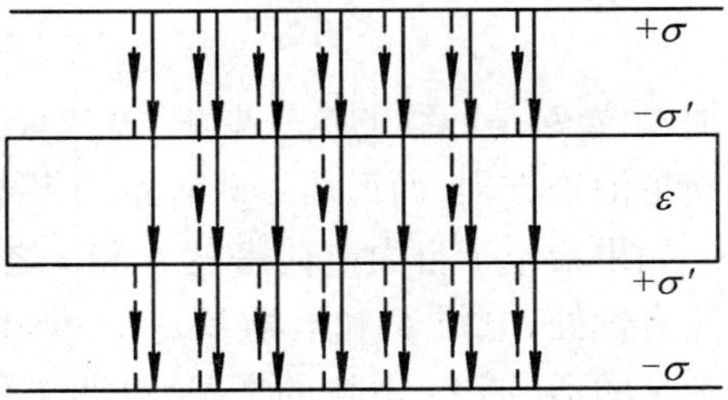

图 30.11

另一个例子，若平行板电容器中充满两种不同的电介质，介电常数分别为 ε_1 和 ε_2，如图 30.12 所示，则由两介质间的边界条件，有

$$E_1 = E_2 = \frac{\Phi}{d}$$

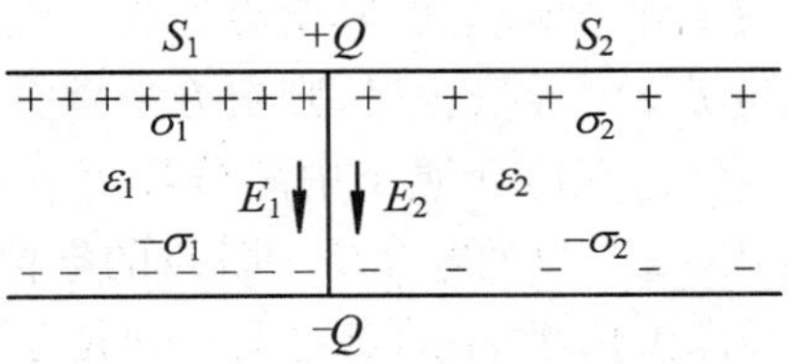

图 30.12

因为两侧的电场都与电介质的分界面平行。又由极板与介质间的边界条件，有

$$\varepsilon_1 E_1 = 4\pi\sigma_1, \quad \varepsilon_2 E_2 = 4\pi\sigma_2$$

从而得

$$\frac{\sigma_1}{\sigma_2} = \frac{\varepsilon_1}{\varepsilon_2}$$

可见面对不同电介质的两部分极板上，自由电荷

密度是不相同的。

至于极板上总电荷 Q 显然为

$$Q = \sigma_1 S_1 + \sigma_2 S_2 = \frac{1}{4\pi}(\varepsilon_1 E_1 S_1 + \varepsilon_2 E_2 S_2) = \frac{\Phi}{4\pi d}(\varepsilon_1 S_1 + \varepsilon_2 S_2)$$

从而得电容量

$$C = \frac{\varepsilon_1 S_1}{4\pi d} + \frac{\varepsilon_2 S_2}{4\pi d}$$

这个结果可以把该电容器看做是两个电容器 S_1 和 S_2 并联而直接得到的。

§ 31　电介质中的场微分方程组

把前面所讲的有关电介质中静电场的结果汇集在一起，有

$$\left.\begin{aligned} &\boldsymbol{E} = -\operatorname{grad}\Phi, \\ &\boldsymbol{D} = \varepsilon\boldsymbol{E} \\ &\operatorname{div}\boldsymbol{D} = 4\pi\rho \\ &D_{2n} - D_{1n} = 4\pi\sigma \end{aligned}\right\} \tag{31.1}$$

再加电位 Φ 是连续的这一要求，就成任意电介质中静电场的完整方程组。可见电位移矢量满足泊松方程；而最后一式表示边界条件，若在边界上没有自由电荷，则 $D_{2n} = D_{1n}$。

如果给定了自由电荷密度 ρ 和 σ 之值，以及空间每一点介电常数 ε 之值，并且如果在无穷远处，电位 φ 和电场 $\boldsymbol{E}(=-\operatorname{grad}\varphi)$ 趋于零的速率不比 $1/r$ 和 $1/r^2$ 来得慢的条件是满足的话，那么，电场的情况，也即空间中各点 φ，$\boldsymbol{E}$ 和 $\boldsymbol{D}$ 的值，被方程组(31.1)唯一地确定；反过来，如果给定了空间每一点的介电常数 ε 和每一点的电场强度 $\boldsymbol{E}$（或者是电位 φ，或者是电位移 $\boldsymbol{D}$），那么，自由电荷 ρ 和 σ 的分布也就被方程组(31.1)唯一地确定。

现在我们举几个例子来说明如何应用边界条件处理具体问题。

1. 点电荷在一半为电介质所填满的空间中的电场

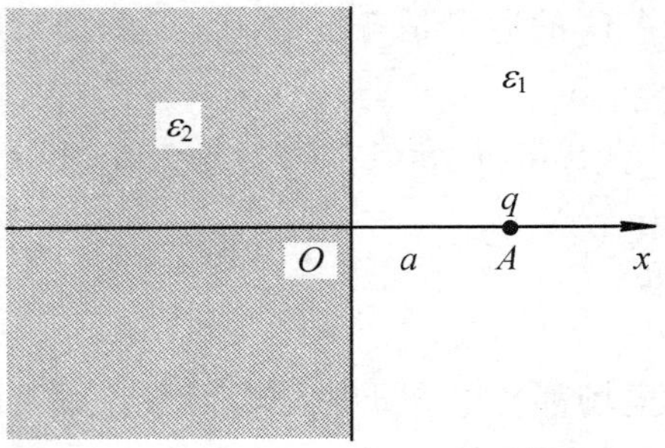

图 31.1

整个空间由两种介电常数分别为 ε_1 和 ε_2 的均匀电介质 1 和 2 所填满，其交界处为一无限大的平面（图 31.1）。若 $\varepsilon_1 = 1$，则右方半个空间就是真空或空气。在电介质 1 中离分界面 a 处置点电荷 q。求在这两个电介质中各点的电位。

应用电像法，我们将见：在电介质 1 中，电位 Φ_1 好像由位于 A 的点电荷 q 和位于其对称点的点电荷 q' 所产生，同时整个空间为均匀介质 1 所充满一样；而在电介质 2 中，电位 Φ_2 好像由位于 A 的点电荷 q'' 所产生，同时整个空间为均匀介质 2 所充满一样，即：

当 $x>0$ 时，

$$\Phi_1 = \frac{1}{\varepsilon_1}\left[\frac{q}{\sqrt{(x-a)^2+y^2+z^2}} + \frac{q'}{\sqrt{(x+a)^2+y^2+z^2}}\right]$$

当 $x<0$ 时，

$$\Phi_2 = \frac{1}{\varepsilon_2}\frac{q''}{\sqrt{(x-a)^2+y^2+z^2}}$$

显然，Φ_1 在 $x>0$ 的空间里（除 A 点外）和 Φ_2 在 $x<0$ 的空间里都满足拉普拉斯方程。现在的问题是如何决定 q'和 q''。

在分界面 $x=0$ 上，Φ_1 和 Φ_2 两者应该相等，即得

$$\frac{1}{\varepsilon_2}q'' = \frac{1}{\varepsilon_1}(q+q') \tag{31.2}$$

又在贴近分界面两侧，电位移法向分量应该相等，即

$$\varepsilon_1\left(\frac{\partial \Phi_1}{\partial x}\right)_{x=0} = \varepsilon_2\left(\frac{\partial \Phi_2}{\partial x}\right)_{x=0}$$

但

$$\varepsilon_1\left(\frac{\partial \Phi_1}{\partial x}\right)_{x=0} = \frac{(q-q')a}{(a^2+y^2+z^2)^{3/2}}$$

$$\varepsilon_2\left(\frac{\partial \Phi_2}{\partial x}\right)_{x=0} = \frac{q''a}{(a^2+y^2+z^2)^{3/2}}$$

所以有

$$q'' = q - q' \tag{31.3}$$

从式(31.2)和(31.3)，就得

$$q' = -\frac{\varepsilon_2-\varepsilon_1}{\varepsilon_2+\varepsilon_1}\cdot q, \quad q'' = \frac{2\varepsilon_2}{\varepsilon_1+\varepsilon_2}\cdot q$$

这就完全解决了问题。整个场中电力线有如图 31.2 所示。

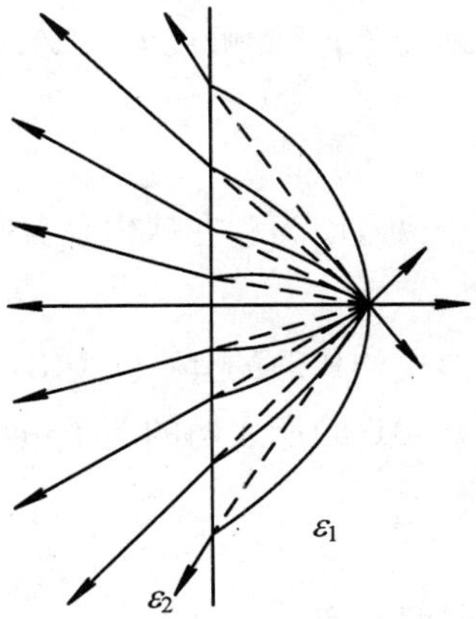

图 31.2

不管 q 是正的或是负的，若 $\varepsilon_2>\varepsilon_1$，则 q'和 q 异号，电荷 q 对于电介质 2 或电介质 2 对于电荷 q 的作用力总是引力。这个引力的大小为

$$F = \frac{qq'}{\varepsilon_1(2a)^2} = -\frac{\varepsilon_2-\varepsilon_1}{\varepsilon_2+\varepsilon_1}\cdot\frac{q^2}{4\varepsilon_1 a^2}$$

反之，若 $\varepsilon_2<\varepsilon_1$，则电荷 q 与电介质 2 互相斥拒。可见 ε 大的介质总要挤向电场较强的地方。

如果半个空间是真空（$\varepsilon_1=1$），半个空间是导体（$\varepsilon_2=\infty$），则

$$q' = -q, \quad q'' = 2q$$

从而

$$\Phi_1 = q\left[\frac{1}{\sqrt{(x-a)^2+y^2+z^2}} - \frac{1}{\sqrt{(x+a)^2+y^2+z^2}}\right], \quad \Phi_2 = 0$$

与§16－1所得结果完全一致。

2. 在均匀电场中的电介质球

取均匀电场 E_0 的方向为 z 轴的正方向(图 31.3),则原来电场的电位为

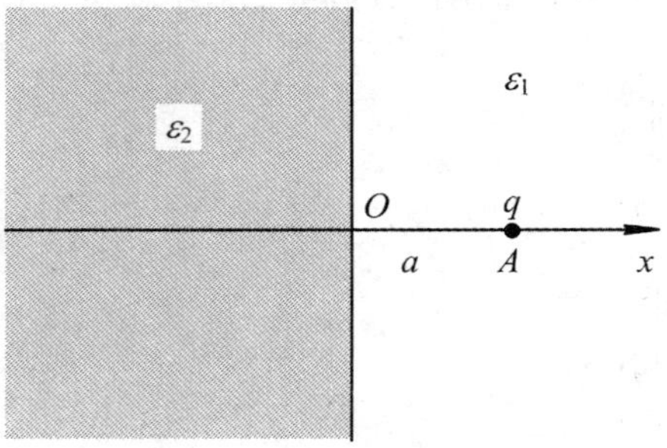

图 31.3

$$\Phi_0 = -E_0 z = -E_0 r\cos\theta$$

引进电介质球,就使原来电场 E_0 的均匀性受到破坏,特别是在电介质球的附近。

命 Φ_1 和 Φ_2 各表球外空间(ε_1)和球内空间(ε_2)的电位。Φ_2 在球内必须是有限的,而 Φ_1 可以写成

$$\Phi_1 = -E_0 r\cos\theta + \Phi'$$

式中 Φ' 必须在无穷远处为零,因为在无穷远处电场所受电介质球上束缚电荷的影响将弱到可以忽略不计。

其次,Φ_1 和 Φ_2 还必须满足在电介质球面上的边界条件,即当 $r=a$ 时,

$$\left.\begin{aligned} &\Phi_1 = \Phi_2 \quad (\text{电位的连续性}) \\ &\varepsilon_1\left(\frac{\partial\Phi_1}{\partial r}\right) = \varepsilon_2\left(\frac{\partial\Phi_2}{\partial r}\right) \quad (\text{电位移法向分量的连续性}) \end{aligned}\right\} \tag{31.4}$$

极化了的电介质球,对球外一点而言,作用有如电偶极子,而在无穷远处它的电位又必须为零,因此可设 $\Phi' = A\cos\theta/r^2$(参见§29 例 1)。从而有

$$\Phi_1 = -E_0 r\cos\theta + \frac{A\cos\theta}{r^2} \tag{31.5}$$

至于 Φ_2,因为它在球内是有限的,同时为了使它在球面上等于 Φ_1,可设

$$\Phi_2 = Br\cos\theta \tag{31.6}$$

显然式(31.5)的 Φ_1 和式(31.6)的 Φ_2 都能满足拉普拉斯方程 $\nabla^2\Phi=0$,而常数 A 和 B 则由式(31.4)所表明的两个边界条件决定,得

$$A = \frac{\varepsilon_2-\varepsilon_1}{\varepsilon_2+2\varepsilon_1}E_0 a^3, \quad B = -\frac{3\varepsilon_1}{\varepsilon_2+2\varepsilon_1}E_0$$

于是我们有

$$\Phi_1 = -E_0 r\cos\theta + \frac{\varepsilon_2-\varepsilon_1}{\varepsilon_2+2\varepsilon_1}\frac{a^3}{r^2}E_0\cos\theta = \left(1 - \frac{\varepsilon_2-\varepsilon_1}{\varepsilon_2+2\varepsilon_1}\cdot\frac{a^3}{r^3}\right)\Phi_0$$

$$\Phi_2 = -\frac{3\varepsilon_1}{\varepsilon_2+2\varepsilon_1}E_0 r\cos\theta = \frac{3\varepsilon_1}{\varepsilon_2+2\varepsilon_1}\Phi_0 = \left(1 - \frac{\varepsilon_2-\varepsilon_1}{\varepsilon_2+2\varepsilon_1}\right)\Phi_0$$

由此可见:① 在电介质球内的电场(图 31.4)还是一个均匀电场,方向与原来电场 $\boldsymbol{E}_0$ 一致,强度为

$$E_2 = -\frac{\mathrm{d}\Phi_2}{\mathrm{d}z} = \frac{3\varepsilon_1}{\varepsilon_2 + 2\varepsilon_1}E_0 = \left(1 - \frac{\varepsilon_2 - \varepsilon_1}{\varepsilon_2 + 2\varepsilon_1}\right)E_0$$

而

$$E' = -\frac{\varepsilon_2 - \varepsilon_1}{\varepsilon_2 + 2\varepsilon_1}E_0$$

代表着束缚面电荷在电介质球内所引起的消极化电场。球内场强 E_2 自然等于 E_0 与 E' 之和。② 常数 $A = \frac{\varepsilon_2 - \varepsilon_1}{\varepsilon_2 + 2\varepsilon_1}E_0 a^3$ 就是电介质球在均匀电场中极化后的偶极矩。因此，电介质球的极化强度——单位体积的电偶极矩——为

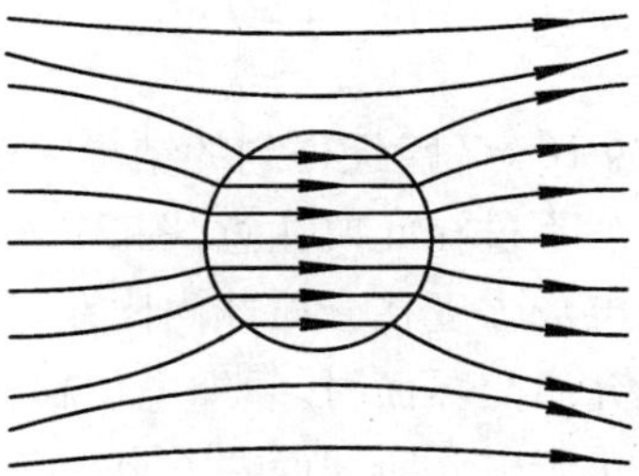

图 31.4

$$P = \frac{A}{\frac{4}{3}\pi a^3} = \frac{3}{4\pi} \cdot \frac{\varepsilon_2 - \varepsilon_1}{\varepsilon_2 + 2\varepsilon_1}E_0$$

也是均匀的。$\boldsymbol{P}$ 的方向与 $\boldsymbol{E}_0$ 的方向相同或相反，看 ε_2 大于或小于 ε_1 而定。

至于球面上束缚电荷面密度，可从极化矢量 $\boldsymbol{P}$ 求得，即

$$\sigma' = P_n = P\cos\theta = \frac{3}{4\pi} \cdot \frac{\varepsilon_2 - \varepsilon_1}{\varepsilon_2 + 2\varepsilon_1}E_0\cos\theta = \frac{\varepsilon_2 - \varepsilon_1}{4\pi\varepsilon_1}E_2\cos\theta$$

在整个空间中沿 Oz 轴上，电场强度 E 的变化有如图 31.5 所示。

若是一个电介质球置在真空或空气的均匀电场中（图 31.6），则 $\varepsilon_1 = 1, \varepsilon_2 = \varepsilon$，而 $\varepsilon > 1$，我们有

$$\boldsymbol{E}_2 = \frac{3}{\varepsilon + 2}\boldsymbol{E}_0$$

$$\boldsymbol{E}' = -\frac{\varepsilon - 1}{\varepsilon + 2}\boldsymbol{E}_0$$

$$P = \sigma' = \frac{3}{4\pi}\frac{\varepsilon - 1}{\varepsilon + 2}E_0 = -\frac{3}{4\pi}E'$$

或

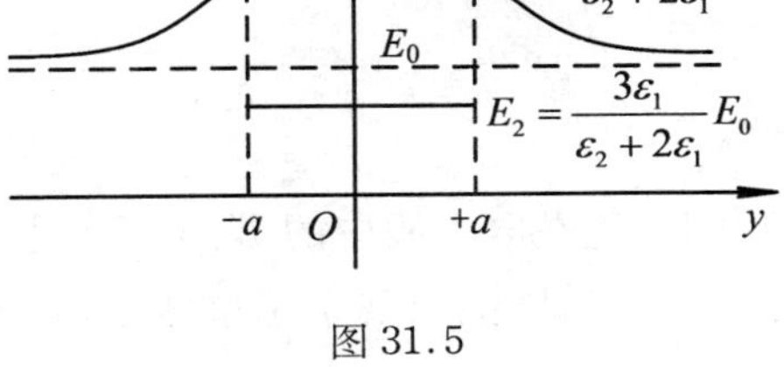

图 31.5

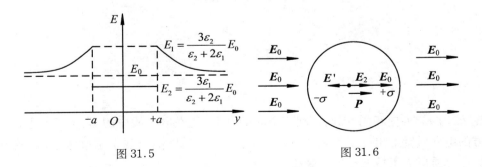

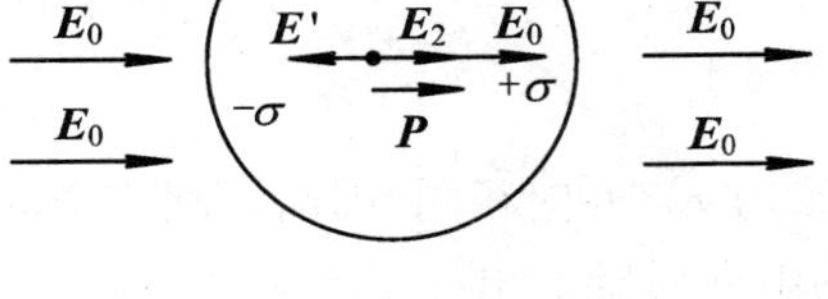

图 31.6

$$P = \frac{\varepsilon - 1}{4\pi}E_2 = \chi E_2$$

$$E' = -\frac{4\pi}{3}P$$

与§16－3曾经得到的结果完全一致。这就是图31.4和图31.5所表示的情形。

不过在此要注意，图31.4所表示的是电位移线，不是电力线，否则就会发生疑问：明知电场强度在介质球内比在球外真空中小，何以在球内电力线比球外反而更密？在通过电介质交界面时，须知电位移通量是守恒的，而电通量则否。从左方来的一些电力线将终止于电介质球面左方束缚负电荷上，没有进入球内，而从球右方束缚正电荷又将有另一些电力线发生，向右前进。因此，球内电力线是要比球外电力线来得疏些。

又若 $\varepsilon_2 = \infty$，这就是导体球浸没在真空或电介质中的情形，则球面上由静电感应而得的电荷密度为

$$\sigma = \frac{3}{4\pi}E_0\cos\theta$$

球内电场强度(消极化电场等于 $-E_0$，与感应电场适相抵消)为

$$E_2 = 0$$

都与§16－2(3)所得结果一致。

3. 在有均匀电场存在的电介质中挖一圆孔

这就是上一部分所讨论的一般问题中 $\varepsilon_1 = \varepsilon$，$\varepsilon_2 = 1$ 的情形，在这种情形下(图31.7)，我们有

$$E' = \frac{\varepsilon - 1}{2\varepsilon + 1}E_0$$

$$E_2 = \frac{3\varepsilon}{2\varepsilon + 1}E_0 = E_0 + E'$$

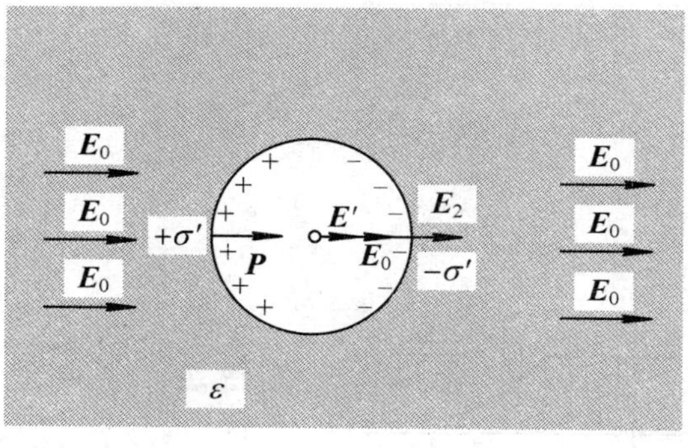

图31.7

可见 E' 与 E_0 方向相同，因而在圆孔中的场强 E_2 比在电介质中的 E_0 大，这是由于圆孔右方的电介质壁上出现了负束缚电荷，左方的电介质壁上出现了正束缚电荷，适与挖去了的小介质球面上情况相反的缘故。

电位移线和沿 Oz 轴上电场的变化分别如图 31.8 和图 31.9 所示。

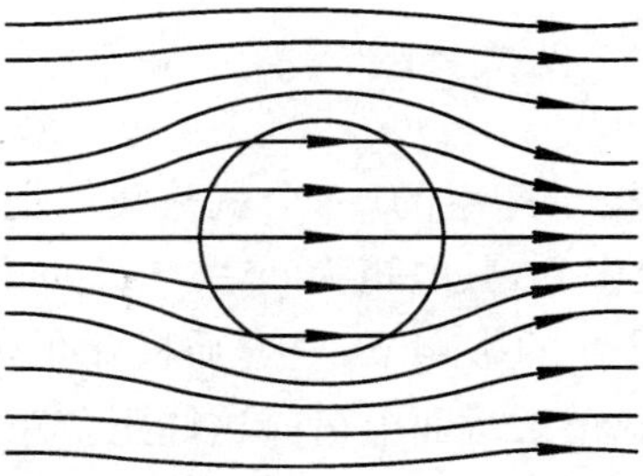

图 31.8

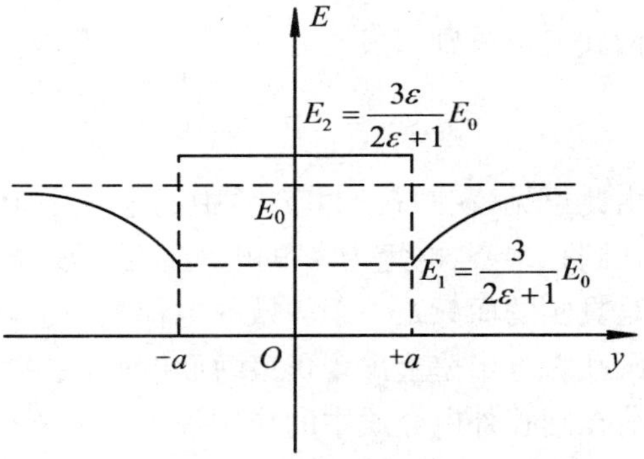

图 31.9

4. 置于电介质圆孔中电偶极子的电场

在电介质中挖一半径为 a 的圆孔，并在圆孔中心 O 安置一个电矩为 p 的电偶极子（图 31.10），求它在圆孔中和圆孔外电介质中所产生的电场。

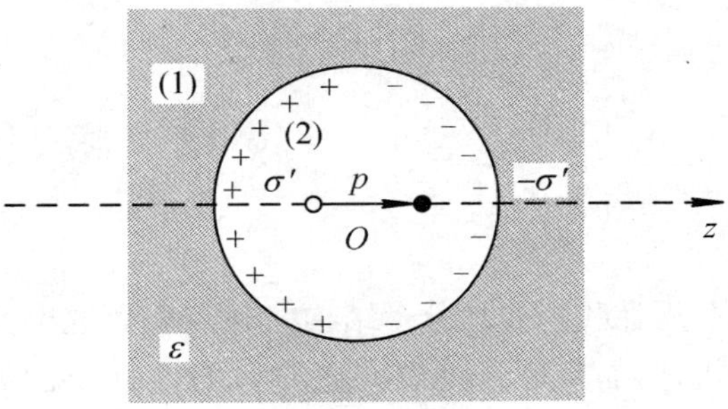

图 31.10

设 φ_1 和 φ_2 各为电偶极子在圆孔外电介质中和在圆孔中所产生的电位。由于电偶极子的电位为

$$\varphi_0 = \frac{p\cos\theta}{r^2}$$

以及 φ_1 在无穷远为零，又由于 φ_1 和 φ_2 在 $r=a$ 处必须"缝合"，可设

$$\varphi_1 = \frac{A\cos\theta}{r^2}, \quad \varphi_2 = \frac{p\cos\theta}{r^2} + Br\cos\theta$$

式中 A 和 B 由边界条件

$$(\varphi_1)_{r=a} = (\varphi_2)_{r=a}, \quad \varepsilon\left(\frac{\partial\varphi_1}{\partial r}\right)_{r=a} = \left(\frac{\partial\varphi_2}{\partial r}\right)_{r=a}$$

决定，即

$$A = p + Ba^3, \quad 2\varepsilon A = 2p - Ba^3$$

从而得

$$A = \frac{3p}{2\varepsilon+1}, \quad B = -\frac{2(\varepsilon-1)p}{(2\varepsilon+1)a^3}$$

于是我们有

$$\varphi_1 = \frac{3p}{2\varepsilon+1}\cdot\frac{\cos\theta}{r^2}$$

$$\varphi_2 = \frac{p\cos\theta}{r^2} - \frac{2(\varepsilon-1)p}{(2\varepsilon+1)a^3}r\cos\theta$$

这就是本问题的解。若令

$$E' = \frac{2(\varepsilon - 1)}{2\varepsilon + 1} \cdot \frac{p}{a^3}$$

则上两式又可分别写成

$$\varphi_1 = (p - E'a^3)\frac{\cos\theta}{r^2}, \quad \varphi_2 = (p - E'r^3)\frac{\cos\theta}{r^2}$$

由此可见,在圆孔外电介质中的电场是由两个电偶极子产生的,一个就是我们把它安置在圆孔中心、电矩为 p 的电偶极子,另一个也在圆孔中心,其电矩为 $p' = -E'a^3$,但它不是真实的而只是一个等效的电偶极子。在电偶极子 p 的影响下,电介质极化了,因而在圆孔右方半壁上出现负束缚面电荷,左方半壁上出现正束缚面电荷。这些正负束缚面电荷在圆孔外电介质中的作用等于一个放在圆孔中心、电矩为 p'的电偶极子的作用。

又从

$$\varphi_2 = \frac{p\cos\theta}{r^2} - E'r\cos\theta = \frac{p\cos\theta}{r^2} - E'z$$

可知在圆孔内的电场是由两个电场合成的:一个就是安置在圆孔中心、电矩为 p 的电偶极子所产生的电场;另一个电场 $\boldsymbol{E}'$平行于 Oz 轴,是一个均匀电场,是由圆孔左右壁上的正负束缚电荷在圆孔中产生的。

§32 极 化 理 论

现在我们要从分子结构的观点来研究电介质的极化。这不仅可以进一步了解极化的机理,而且可以决定介电常数与电介质的温度和密度,甚至与分子的大小和形状的关系。

1. 无极分子与有极分子

电介质可分为两类:一类由无极分子组成,另一类由有极分子组成。

无极分子的特征是分子中正负电荷系统的两个中心彼此重合,因而不具有电矩,具有高度的对称性。例如 H_2,N_2,O_2,CO_2,CH_4 诸气体,以及气态和液态的 CCl_4 等等的分子都是无极分子。在电场的作用下,无极分子中的正电荷沿电场方向移动,而负电荷则沿相反方向移动,正负两个电荷系统的中心之间就有一个相对位移,分子成为一个电偶极子,具有一定的电矩 p(图 32.1)。可见无极分子的电矩是由电场的作用激起的,而由分子的变形形

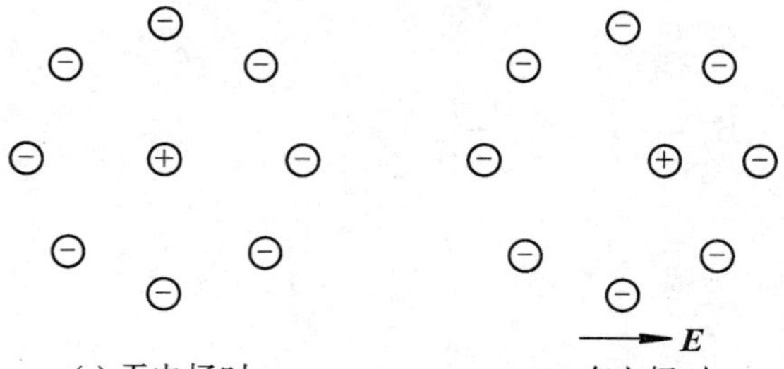

(a) 无电场时　　(b) 有电场时

图 32.1　CH_4 分子的极化

成的。电场一旦撤除，分子恢复原形，电矩随即消失。因此这类分子所形成的电偶极子，称为**似弹性电偶极子**。

有极分子情况不同，即使在没有外电场时，分子本身即为一个电偶极子，具有确定的电矩 p_0。最简单的例子是 HCl（图 32.2）。氯原子，依它的结构来说，最外壳层有 7 个电子，还剩一个“空穴”，就抓住氢原子的唯一电子来填满它的最外壳层。这样组成的 HCl 分子，其电子系统的中心与原子核系统的中心显然不相重合，形成一个电偶极子，而且电子中心落到靠 Cl 一头，核中心落在靠 H 一头。有极分子按其结构来说，是各向异性的。虽然每个有极分子都具有一定的电矩，但是由于分子的热运动，它们的排列是杂乱的，电矩的取向是任意的。因此，就有限体积的电介质来说，总电矩等于零。故有极分子组成的电介质在没有外电场时也不显示极化现象。如 SO_2，H_2S，NH_3 等气体分子，水、硝基苯、酯类、有机酸等液体分子都是有极分子。有极分子组成的液体电介质中大多数具有颇大的介电常数。

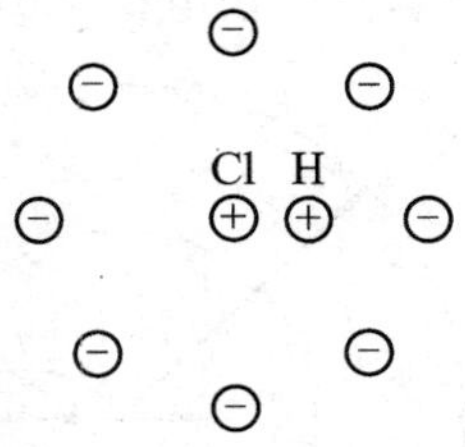

图 32.2

一个具有永久电矩 p_0 的有极分子（图 32.3），在电场 $\boldsymbol{E}$ 的作用下，将发生两个效应：第一个效应是使分子中原来已经分开的正负电荷中心再分开一些，因而有电矩 p_0 的些微增加；第二个效应是使分子电偶极轴转向电场的方向。第一个效应所引起的变形极化完全类似于无极分子的极化，不过它所引起的附加电矩比永久电矩 p_0 要小得多，往往可以忽略不计。这种有极分子也称刚性分子。可见有极分子的极化主要是由于第二个效应，即电场企图使分子轴线转向电场方向而引起的，也就是电场要使分子电矩取向规律化所引起的。

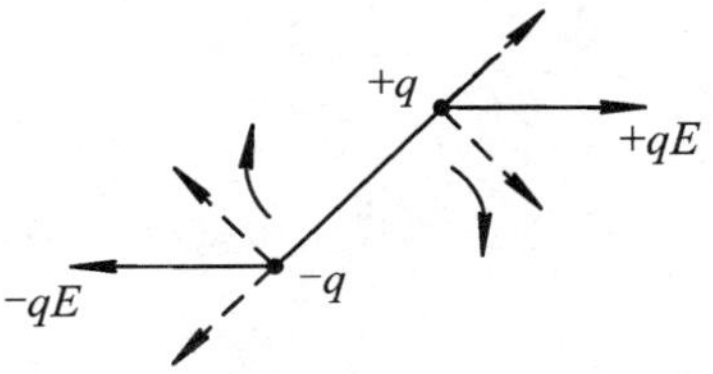

图 32.3

2. 分子极化率

在电场不太强时，由于极化而引起的分子电矩的大小与场强成正比，即 $\boldsymbol{p}=\alpha\boldsymbol{E}'$，式中 α 称为分子极化率，$\boldsymbol{E}'$ 为作用在分子电偶极子上的电场强度。我们以后要看到作用在每个分子上的这个微观场强 $\boldsymbol{E}'$ 并不等于电介质中的宏观场强 $\boldsymbol{E}$。

以 n 代表单位体积的分子数目，我们有

$$\boldsymbol{P}=n\boldsymbol{p}=n\alpha\boldsymbol{E}' \tag{32.1}$$

这就在宏观的极化强度与微观的分子极化率之间搭了桥。就宏观来说，单位体积电介质的极化强度 $\boldsymbol{P}=\chi\boldsymbol{E}$，$\chi$ 为电介质的极化率。

如果假设电介质的分子对于作用在它身上的电场 $\boldsymbol{E}'$ 的反应，好像是一个导电的金属小球的话，根据§16－2(3)的结果，分子电矩将为

$$\boldsymbol{p}=R^3\boldsymbol{E}'$$

式中 R 为分子小球的半径。从此得出

$$\alpha = R^3$$

这个似乎新奇的结果,可以直接从研究无极分子的极化过程得到。根据简单的原子模型,具有正电荷 $+q$ 的核,被球形对称的电子云所包围,电子云的电荷 $-q$ 均匀地分布在电子云的整个体积上。今有外电场 $\boldsymbol{E}'$加到原子上,则原子内正负电荷受着方向相反的电力 $\pm qE'$,它们就有一个相对位移 $\boldsymbol{l}$,因而形成电矩 $p = ql = \alpha E'$。但是,当正负电荷中心相对移动 l 时,就出现另一个力 F 的作用,F 就是正负电荷之间的库仑吸引力,要使它们回到原来的位置(图 32.4)。作用在核上的力 F 由处在半径为 l 的球内电子云的电荷来确定。根据§3 例 3,我们有

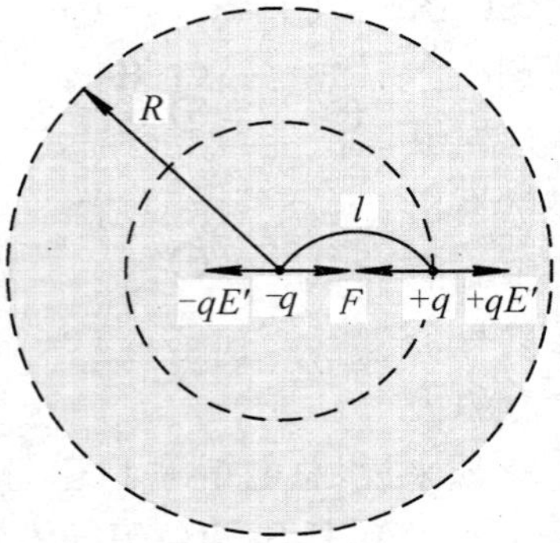

图 32.4

$$F = \frac{4}{3}\pi l^3 \cdot \frac{q}{\frac{4}{3}\pi R^3 l^2} \cdot q = \frac{q^2}{R^3} l$$

而 F 必须与 qE'平衡,即

$$F = \frac{q^2}{R^3} l = qE'$$

从而得

$$p = ql = R^3 E'$$

和

$$\alpha = R^3$$

这个结果还可根据原子模型得出。以氢原子为例,当没有外电场时,在电子围绕氢原子核的运动中,库仑引力 e^2/R^2 与离心力 $m\omega^2 R$ 平衡。今有外电场 $\boldsymbol{E}'$加于原子上,并设 $\boldsymbol{E}'$正交于电子轨道平面,则电力 $-e\boldsymbol{E}'$与离心力的合力必须通过原子核,而与库仑引力平衡(图 32.5)。因此,原子核将跑出电子轨道平面到相距 l 的地方,而 l 由

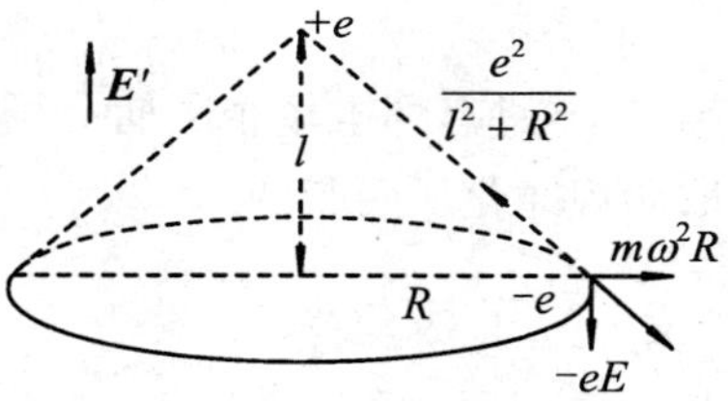

图 32.5

$$\frac{l}{R} = \frac{eE'}{m\omega^2 R}$$

决定。又因

$$l \ll R, \quad \frac{e^2}{l^2 + R^2} \approx \frac{e^2}{R^2} \approx m\omega^2 R$$

所以得

$$p = el = \frac{e^2 E'}{m\omega^2} = R^3 E'$$

和

$$\alpha = R^3$$

这个计算显然是不完整的，因为我们作了电场 $\boldsymbol{E}'$ 正交于电子轨道平面的假设。更精确的量子力学计算，对于在基态的原子，给出 $\alpha=9R^3/2$ 的结果。

3. 电介质中的场和作用在电介质分子上的场的区别

在电介质中，每一个分子的附近或是它的内部，从一点到另一点，电场改变得非常之快。不错，场的这种改变，是在微观的尺度内发生，而为我们日常的宏观观察所难以发现的。但是，我们可以设想用电子作为试探电荷，来测定分子附近或其内部各点的场强。这样测定的场强可有不同的值，要看试探电子放在该分子附近的哪一点或放在分子内靠近构成分子的哪一个电荷而定。如果我们不辞辛苦地把试探电子相继地放在电介质中物理无限小体积内的任意选定的不同的各点，而求所测出的各点场强的平均值，这个平均值就代表电介质中这个小体积范围内的电场强度 E。所以电介质中某点的电场强度，和其它一切宏观的物理量一样，都应理解为它真正的值或微观的值在包围该点的物理无限小体积内的平均值。

必须重复指出，上面决定电介质中电场强度 E 的平均值时，放置试探电子的地点，对于电介质分子而言，是任意选取的。现在我们要决定作用在电介质分子上的电场强度 E'，试探电子就只能安置在一个分子所在的体积范围内，不能放在两个分子之间的空地上。在一个分子所在的体积范围内作用着的平均场强 E'，就不同于电介质中平均场强 E。这是因为在此情形下，所得的结果是对于分子中心所在的那些点测定的场强取平均值，而且是假定该被测分子本身每次都被移开了的。所以在求电介质中场强 E 时，要考虑到电介质内所有各点的电场；而在求作用在电介质分子上的场强 E' 时，应该只考虑这些分子电偶极子所在各点的电场，而且这一电场对每个分子电偶极子来说又都是外电场（就是不包括该分子在它自己所在点所产生的电场）。E' 和 E 的区别就在于此。

为要决定 E' 和 E 的关系，让我们在电介质中考虑一个包围 O 点宏观地足够小、微观地足够大的体积。在这个体积范围内，电介质中电场是均匀的，而且等于宏观电场的平均强度 E。为了决定分子电偶极子所在的 O 点的电场强度 E'（E' 也称**有效场强**），我们不能无视电介质的微观构造，至少对于分子所在 O 点附近而言，这个分子可看做处在一个被介电常数为 ε 的均匀电介质包围着的真空小球的中心 O（图 32.6）。因此，我们现在所要解决的问题，是在有均匀电场 E 存在的无限电介质中挖出一个圆孔，同时拿走了这个圆孔中的分子电偶极子，再求此时真空小球中心 O 的场强。这样测定的场强才是有效场强 E'。

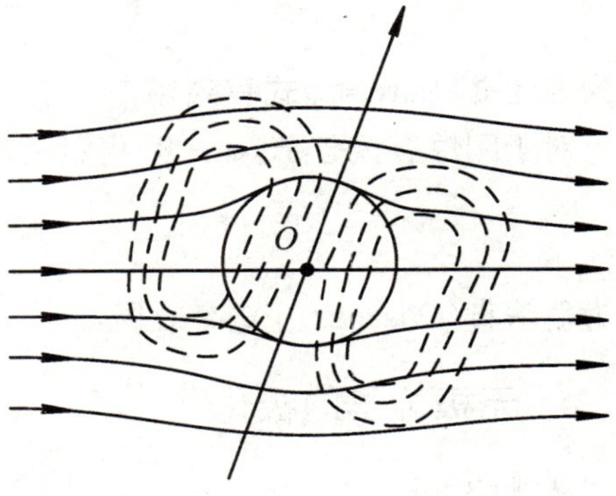

图 32.6

好在，在有均匀电场 E 存在的无限电介质内挖成圆孔，求圆孔中的电场（图中以实线表示），和在无限电介质的圆孔中置一电偶极子，求电偶极子在圆孔中产生的电场（图中以虚线表示),这二个问题都已分别在§31－3和§31－4中解决了。

根据§31－3,在有均匀电场 $\boldsymbol{E}$ 存在的无限电介质内圆孔中的场强为

$$\boldsymbol{E}+\frac{\varepsilon-1}{2\varepsilon+1}\boldsymbol{E}$$

根据§31－4,置于无限电介质内圆孔中的电偶极子在圆孔内的场强为该电偶极子所产生的电场和一个均匀电场

$$\frac{2(\varepsilon-1)}{2\varepsilon+1}\frac{\boldsymbol{p}}{a^3}$$

之和。由此可知,作用在 O 点的分子电偶极子上的有效场强为

$$\boldsymbol{E}'=\boldsymbol{E}+\frac{\varepsilon-1}{2\varepsilon+1}\boldsymbol{E}+\frac{2(\varepsilon-1)}{2\varepsilon+1}\frac{\boldsymbol{p}}{a^3}$$

式中 a 为真空圆孔的半径,在最后结果中 a 自然会不见的。

分子电矩,一般说来,可以包括永久电矩 $\boldsymbol{p}_c$ 和感应电矩 $\boldsymbol{p}_i$ 这两部分,即

$$\boldsymbol{p}=\boldsymbol{p}_c+\boldsymbol{p}_i$$

但是由分子永久电矩 $\boldsymbol{p}_c$ 产生的电场是沿该分子轴线的,对分子本身不起转向作用,因此可以略去不计;而上式可以写成

$$\boldsymbol{E}'=\boldsymbol{E}+\frac{\varepsilon-1}{2\varepsilon+1}\boldsymbol{E}+\frac{2(\varepsilon-1)}{2\varepsilon+1}\frac{\boldsymbol{p}_i}{a^3} \tag{32.2}$$

对于无极分子,我们有

$$\boldsymbol{p}_i=\frac{4\pi}{3}a^3\boldsymbol{P}=\frac{\varepsilon-1}{3}a^3\boldsymbol{E} \tag{32.3}$$

把它代入上式,就得

$$\boldsymbol{E}'=\frac{\varepsilon+2}{3}\boldsymbol{E}=\boldsymbol{E}+\frac{4\pi}{3}\boldsymbol{P} \tag{32.4}$$

称为**洛伦兹**(Lorentz)**式有效场**。

对于刚性有极分子,$\boldsymbol{p}_i=\boldsymbol{0}$,我们从式(32.2)就得

$$\boldsymbol{E}'=\frac{3\varepsilon}{2\varepsilon+1}\boldsymbol{E} \tag{32.5}$$

称为翁啥直(Onsager)①式有效场。

4. 无极分子的极化

从式(32.1):

$$\boldsymbol{P}=n\boldsymbol{p}=n\alpha\boldsymbol{E}'=\chi'\boldsymbol{E}'$$

式中

$$\chi'=n\alpha \tag{32.6}$$

以及式(32.4):

① 校者注:现译作昂萨格。

$$\boldsymbol{E}' = \boldsymbol{E} + \frac{4\pi}{3}\boldsymbol{P}$$

我们有

$$\boldsymbol{P} = \frac{n\alpha}{1 - \frac{4\pi}{3}n\alpha}\boldsymbol{E}$$

另一方面,通常又认为

$$\boldsymbol{P} = \chi\boldsymbol{E} = \frac{\varepsilon - 1}{4\pi}\boldsymbol{E}$$

因此得

$$\chi = \frac{\varepsilon - 1}{4\pi} = \frac{n\alpha}{1 - \frac{4\pi}{3}n\alpha} \tag{32.7}$$

又可写成

$$\frac{\varepsilon - 1}{\varepsilon + 2} = \frac{4\pi}{3}n\alpha = \frac{4\pi}{3}\chi' \tag{32.8}$$

称为**克劳修斯-莫索蒂**[①]**公式**(Clausius-Mossotti),它表明了电介质的介电常数 ε 和它的分子极化率 α 之间的关系,使我们看到有从电介质的分子数据来计算介电常数的可能。

在 $\chi \ll 1$ 时,也即在 ε 接近于 1 时,有效场 E'几等于平均场 E,χ 可认为等于 $\chi' = n\alpha$,我们就从克劳修斯-莫索蒂公式回到 $\varepsilon = 1 + 4\pi\chi'$上来。可见这个公式对于弱电极化的电介质来说是完全正确的。这是理所当然的,因为在弱电极化的电介质中,分子电偶极子相互间的影响起不了什么作用,也就不必斤斤计较,实质上正是由于它们之间的相互作用才引起了 E'和 E 的区别。

(1) 克分子极化强度

为了阐明 ε 和电介质密度 τ 的关系,让我们在克劳修斯-莫索蒂公式中用电介质密度 τ、电介质的分子量 M 以及等于 1 克分子中的分子数目的阿佛伽德罗常数[②] $N(=6.02\times10^{23})$来表示单位体积内的分子数 n,即

$$n = \frac{\tau N}{M}$$

就得

$$\frac{\varepsilon - 1}{\varepsilon + 2}\frac{M}{\tau} = \frac{4\pi}{3}N\alpha$$

由上式可知,量$\frac{\varepsilon - 1}{\varepsilon + 2}\frac{M}{\tau}$对于一种电介质来说,是一个常量,不因它的密度改变而改变,通

① 校者注:现译作莫索提。
② 校者注:现译作阿伏伽德罗常量,记作 N_A。

常称它为电介质的克分子极化强度①，以 P_M 表之，即

$$P_M = \frac{\varepsilon - 1}{\varepsilon + 2}\frac{M}{\tau} = \frac{4\pi}{3}N\alpha \tag{32.9}$$

式中 M，τ 和 ε 都可由实验测定。实验结果与理论符合得很好。

如 P_M 不以物态的改变而改变，以苯为例，见表 32.1。

表 32.1

物　态	ε	P_M（厘米^3）
固态	2.60	26.70
液态	2.31	26.54
气态	1.0033	28.3

又如 P_M 不随压力②而变，以在 20 ℃时的二硫化碳为例，见表 32.2。

表 32.2

压力（千克/厘米^2）	τ（克/厘米^3）	ε	P_M（厘米^3）
1	1.263	2.647	21.36
1000	1.347	2.818	21.32
2000	1.409	2.940	21.20
3000	1.456	3.047	21.20

再如 P_M 不随温度而变，以乙炔为例，见表 32.3。

表 32.3

温度（℃）	ε	P_M（厘米^3）
−75.6	1.001873	9.96
22.7	1.001236	9.95
92.6	1.001000	9.97
1187.5	1.000792	9.95

克分子极化强度这个常量究竟代表什么呢？

从 $P = \alpha E'$ 来看，α 标志着分子接受极化的倾向或态度；从量纲来说，α 代表体积。如果像莫索蒂当年把分子看做导体小球，则 $\alpha = R^3$，R 为分子小球的半径（见 §32－2），而

$$P_M = \frac{\varepsilon - 1}{\varepsilon + 2}\frac{M}{\tau} = \frac{4\pi}{3}R^3 N$$

① 这个名词取得很坏，因为它并不代表极化强度。
② 校者注：这里指压强。

就代表1克分子的电介质内所有分子的实际体积，其不因液化或汽化，不随温度或压力而改变，不就成为十分应该的事吗？

在标准条件下的气体，M/τ 等于22.4升，而 ε 又极近于1。把这些数值代入上式，就得

$$\alpha = R^3 = \frac{(\varepsilon - 1)M}{4\pi N\tau} = 2.94 \times 10^{-21}(\varepsilon - 1)$$

这样就能够从纯粹是电的量 ε，求出在物理学其它部分中具有重要意义的量——气体分子的大小、分子的体积、范德瓦耳斯方程的常数 b 等等，例如表32.4所示。

表32.4

介　质	ε	R(厘米)
氢	1.00026	0.94×10^{-8}
氧	1.00055	1.17×10^{-8}
二氧化碳	1.00098	1.36×10^{-8}

(2) 克劳修斯-莫索蒂公式的适用范围

M/τ 代表1克分子的电介质的体积，$4\pi R^3 N/3$ 代表这1克分子电介质内所有分子的实际体积，可见

$$\frac{\varepsilon - 1}{\varepsilon + 2} = \frac{4\pi}{3}R^3 N \Big/ \frac{M}{\tau}$$

总是小于1，因为分子与分子之间总有许多空的地方，即便把它们挤得再紧，这个比值也不能超过0.745，因而 ε 不能大于9.8。

如果克劳修斯-莫索蒂公式能够适用于所有电介质的话，我们将得出这样荒谬的结论：所有物质的介电常数不能大于10。事实上，对于 $\varepsilon>5$ 的电介质，根据克劳修斯-莫索蒂公式计算的结果已和实验数据不相符合，更不用说介电常数大到81的水了。好在水的分子是有极分子。

5. 刚性有极分子的极化

电介质的极化，并不是立刻达到它的最后强度，而是随着电场的建立而逐渐成长的。有极分子组成的电介质的极化，主要是由于电场要使分子轴线转向电场的方向，要使分子电矩取向规律化而引起的。但是分子不规则的热运动和它们相互间的碰撞，又不断地在破坏分子电矩在电场中取向的有序化。电介质的极化强度就由上述两种矛盾因素的消长关系决定。从此可以预见到，有极分子电介质的极化强度将随着介质温度的升高而显著地减小。这又是与无极分子电介质的极化不相同的地方。

现在进而去求由于取向而极化的电介质的极化强度。

设单位体积电介质内有 n 个分子，各具永久电矩 p_0，在没有电场的时候，这些分子电矩的方向是任意的，也就是说，这些分子电矩在各个方向上的分布是均匀的。我们可以设想把这 n 个分子的电矩都集中到原点 O 上来(图32.7)。电矩方向在 $\mathrm{d}\theta\mathrm{d}\Psi$ 范围内

的分子数目，将正比于单位半径球面上的面积 $\mathrm{d}S=\sin\theta\mathrm{d}\theta\mathrm{d}\Psi$，即

$$\mathrm{d}n = C\sin\theta\mathrm{d}\theta\mathrm{d}\Psi$$

式中 C 为待定的比例系数。

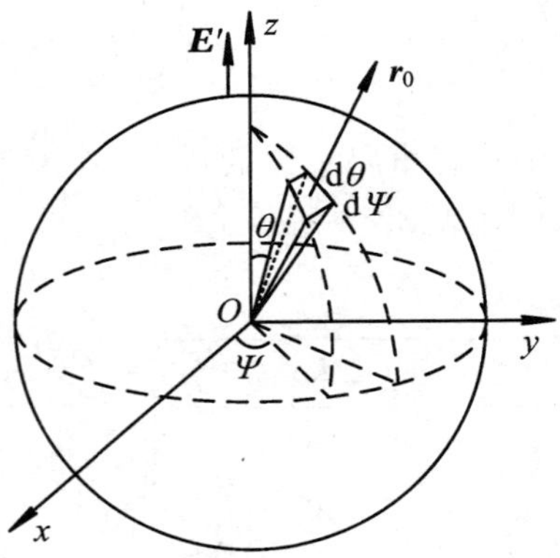

图 32.7

在电场 $\boldsymbol{E}'$ 的作用下，分子电矩要转向电场方向，因而它们在各个方向上的分布几率就不相同了。一个轴线与电场 $\boldsymbol{E}'$ 成夹角 θ 的分子电偶极子的能量（见§20-4），与原来没有电场时相比，将差

$$U = -p_0E\cos\theta$$

可见分子电偶极子沿着电场方向排列就要减小它的位能，而这一部分腾出来的能量自然要传给相邻的分子。

另一方面，这个分子电偶极子又参与热运动。从热运动中，它获得能量

$$kT$$

k 为玻尔兹曼常数，等于 1.38×10^{-16} 尔格/度，T 为绝对温度。此时，分子处在两种互相斗争着的敌对势力支配下：一种是与能量参数 $p_0\boldsymbol{E}'$ 成正比，要使它们作有秩序的排列；另一种相反，是与能量 kT 成正比，要使它们处于杂乱无章的状态中。从这个定性的讨论中，我们可以想到：分子电偶极子的取向，将对电场偏离最小的方向，具有最大的几率；而这个几率，从而有秩序的程度，也就是极化强度，将随比值

$$a = \frac{p_0\boldsymbol{E}'}{kT}$$

的增大而增加。

根据统计力学中玻尔兹曼定理：在热力学平衡的条件下，存在保守力场（在我们这里是静电场）时，分子的分布规律和没有场时的分布规律差一个 $\exp(-U/kT)$ 的乘数，可知，在电场 E' 的作用下，在 1 厘米^3 中，轴线方向在 $\mathrm{d}\theta\mathrm{d}\Psi$ 范围内的分子数目将为

$$\mathrm{d}n = C\exp\left(\frac{p_0\boldsymbol{E}'}{kT}\cos\theta\right)\sin\theta\mathrm{d}\theta\mathrm{d}\Psi = C\mathrm{e}^{a\cos\theta}\sin\theta\mathrm{d}\theta\mathrm{d}\Psi$$

式中比例常数 C 就是根据在 1 厘米^3 中共有 n 个分子这一事实：

$$n = C\int_0^{2\pi}\mathrm{d}\Psi\int_0^{\pi}\exp\left(\frac{p_0\boldsymbol{E}'}{kT}\cos\theta\right)\sin\theta\mathrm{d}\theta$$

来决定。

这样求出了分子轴线分布规律之后，就不难决定它们的总电矩，也即电介质的极化强度 $\boldsymbol{P}$。矢量 $\boldsymbol{P}$ 与电场 $\boldsymbol{E}'$ 平行，取 Oz 轴作为 $\boldsymbol{E}'$ 的方向。因此 $\boldsymbol{P}$ 的数值应等于所有 n 个分子的电矩在 Oz 上的投影之和。轴线在 θ 和 $\theta+\mathrm{d}\theta$ 间的 $\mathrm{d}n$ 个分子的总电矩等于 $p_0\mathrm{d}n$，而这个总电矩在 Oz 轴上的投影等于 $p_0\mathrm{d}n\cos\theta$。于是，我们得单位体积的电偶极矩

$$P = C\int p_0 \cos\theta \mathrm{d}n$$

$$= np_0 \frac{\int_0^{2\pi} \mathrm{d}\Psi \int_0^{\pi} \exp\left(\frac{p_0 E'}{kT}\cos\theta\right)\cos\theta\sin\theta\mathrm{d}\theta}{\int_0^{2\pi} \mathrm{d}\Psi \int_0^{\pi} \exp\left(\frac{p_0 E'}{kT}\cos\theta\right)\sin\theta\mathrm{d}\theta}$$

$$= np_0 \frac{\int_0^{\pi} \mathrm{e}^{a\cos\theta}\cos\theta\sin\theta\mathrm{d}\theta}{\int_0^{\pi} \mathrm{e}^{a\cos\theta}\sin\theta\mathrm{d}\theta}$$

作 $u = \cos\theta$ 的变数替换，则上式可以写成

$$P = np_0 \frac{\int_{-1}^{+1} u\mathrm{e}^{au}\mathrm{d}u}{\int_{-1}^{+1} \mathrm{e}^{au}\mathrm{d}u} = np_0 \frac{\mathrm{d}}{\mathrm{d}a}\left(\ln\int_{-1}^{+1}\mathrm{e}^{au}\mathrm{d}u\right)$$

$$= np_0 \frac{\mathrm{d}}{\mathrm{d}a}[\ln(\mathrm{e}^a - \mathrm{e}^{-a}) - \ln a] = np_0\left(\frac{\mathrm{e}^a + \mathrm{e}^{-a}}{\mathrm{e}^a - \mathrm{e}^{-a}} - \frac{1}{a}\right)$$

$$= np_0\left(\coth a - \frac{1}{a}\right) = np_0 \mathrm{L}(a)$$

式中 $\mathrm{L}(a) = \frac{\mathrm{e}^a + \mathrm{e}^{-a}}{\mathrm{e}^a - \mathrm{e}^{-a}} - \frac{1}{a}$ 称为郎之万函数。

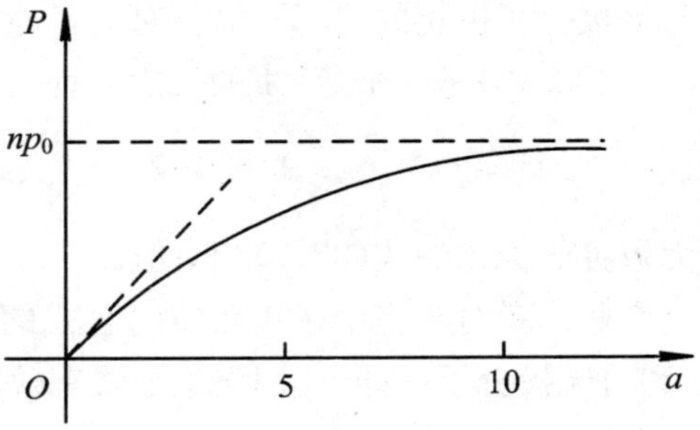

图 32.8

若以 P 为纵坐标，a 为横坐标，则得如图 32.8 所示的曲线。由图可见，当 $a \gg 1$，即 $p_0 E' \gg kT$，场强很大而温度很低时，P 趋近于 $P_0 = np_0$，这时介质的极化趋近于饱和。

实际上，极化的饱和是很难实现的，这可从下面具体数据中清楚地看到。当 $p_0 \approx 10^{-18}$CGS 静电单位，$T \approx 300$ K 时，要达到饱和，就应当有

$$E' \gg \frac{kT}{P_0} \approx 4 \times 10^4 \text{CGS 静电单位} \approx 10^7 \text{ 伏特 / 厘米}$$

没有电介质能承受这样强大的电场而不被击穿的。

在正常的温度下，在实际上可以达到的电场强度中，a 比 1 要小得多，在这种情形下，

$$\coth a = \frac{\mathrm{e}^a + \mathrm{e}^{-a}}{\mathrm{e}^a - \mathrm{e}^{-a}} = \frac{1 + \frac{a^2}{2} + \frac{a^4}{24} + \cdots}{a + \frac{a^3}{6} + \frac{a^5}{120} + \cdots} = \frac{1}{a} + \frac{a}{3} - \frac{a^3}{45} + \cdots$$

我们足够准确地有

$$P = np_0 \frac{a}{3} = \frac{1}{3}\frac{np_0^2}{kT}E' = \chi'' E' \tag{32.10}$$

式中

$$\chi'' = \frac{np_0^2}{3kT} \tag{32.11}$$

把翁啥直式有效场(见§ 32 - 3)

$$E' = \frac{3\varepsilon}{2\varepsilon + 1}E$$

和

$$P = \frac{\varepsilon - 1}{4\pi}E$$

代入式(32.10),就得

$$\frac{(\varepsilon - 1)(2\varepsilon + 1)}{\varepsilon} = \frac{4\pi np_0^2}{kT} \tag{32.12}$$

这把分子电矩 p_0 和介电常数 ε 直接联系了起来。其中涉及 n,它标志着刚性有极分子电介质的介电常数 ε 与电介质的温度和压力的依赖关系。

如把上式写成

$$\frac{(\varepsilon - 1)(2\varepsilon + 1)}{9\varepsilon} = \frac{4\pi}{3}\chi'' \tag{32.13}$$

就与无极分子极化的式(32.8)相对应了,同时可以看到两者并不完全相同的地方。

式(32.13)是一个 $\varepsilon - 1$ 的二次方程式,解之,得

$$\varepsilon - 1 = 4\pi\chi'' + \frac{1}{3}(4\pi\chi'')^2 - \frac{1}{9}(4\pi\chi'')^3 + \cdots \tag{32.14}$$

与无极分子极化的式(32.7)相对应。

有些作者对于洛伦兹式和翁啥直式的两种有效场不加区别。对刚性有极分子的极化,和对无极分子一样,应用洛伦兹式有效场,就会得到与式(32.7)相类似的式子:

$$\varepsilon - 1 = \frac{4\pi\chi''}{1 - \frac{4\pi\chi''}{3}} = 4\pi\chi'' + \frac{1}{3}(4\pi\chi'')^2 + \frac{1}{9}(4\pi\chi'')^3 + \cdots$$

并从而得出非常荒谬的结论:当 $4\pi\chi'' = 3$,即 $4\pi np_0^2/(3kT) = 3$,或

$$T = \frac{4\pi np_0^2}{9k}$$

时,介电常数 ε 成为无穷大。这与实验结果完全不符。就水和 HCl 来说,HCl 将分别等于 170 K 和 26 K。但在这些温度附近,事实上,水和 HCl 的介电常数毫无异常之处。可见有效场 $\boldsymbol{E}'$ 和平均场 $\boldsymbol{E}$ 之间的洛伦兹关系式(32.4)不能应用于刚性电偶极子的电介质中。

6. 一般有极分子的极化

现在要考虑到,实际上所有物质的分子即使具有永久电矩 p_0,也都具有似弹性分子极化率 α。因此,一般有极分子电介质的极化强度是由两部分合成的:一部分为似弹性极

化强度 $\boldsymbol{P}_{\mathrm{i}}$，另一部分相当于刚性电偶极子取向规律化的极化强度 $\boldsymbol{P}_{\mathrm{e}}$，即

$$\boldsymbol{P} = \boldsymbol{P}_{\mathrm{i}} + \boldsymbol{P}_{\mathrm{e}} = \left(n\alpha + \frac{np_0^2}{3kT}\right)\boldsymbol{E}' = (\chi' + \chi'')\boldsymbol{E}'$$

对于这类一般有极分子求它的有效场时，我们要用

$$\boldsymbol{p}_{\mathrm{i}} = \frac{4}{3}\pi a^3\left(\boldsymbol{P} - \frac{np^2}{3kT}\boldsymbol{E}'\right)$$

代替式(32.3)，并从式(32.2)得出

$$\boldsymbol{E}' = \frac{1}{3}\frac{(\varepsilon + 2)(2\varepsilon + 1)}{(2\varepsilon + 1) + \frac{2}{3}(\varepsilon - 1)4\pi\chi''}\boldsymbol{E} \tag{32.15}$$

把 $\boldsymbol{E}'$代入

$$\boldsymbol{P} = \chi\boldsymbol{E} = \frac{\varepsilon - 1}{4\pi}\boldsymbol{E} = (\chi' + \chi'')\boldsymbol{E}'$$

就得

$$\frac{\varepsilon - 1}{\varepsilon + 2} = \frac{1}{3}\left[4\pi\chi' + \frac{9\varepsilon}{(\varepsilon + 2)(2\varepsilon + 1)}4\pi\chi''\right] \tag{32.16}$$

当 $\chi''=0$ 时，上式就成为无极分子的式(32.8)；又当 $\chi'=0$ 时，上式就成为刚性有极分子的式(32.13)。这都是应有的结果。

当 ε 很近于 1 时，也只有当 ε 很近于 1 时，上式成为

$$P_M = \frac{\varepsilon - 1}{\varepsilon + 2}\frac{M}{\tau} = \frac{4\pi}{3}N\left(\alpha + \frac{p_0^2}{3kT}\right) \tag{32.17}$$

这个式子称为**德拜公式**，可以直接应用洛伦兹式有效场得到。那样做，我们说过，对于有极分子，是不适当的。

如果所研究的电介质是气态的话，德拜公式所表明的 ε，T 及 τ 的关系就很好地得到证实。以 P_M 为纵坐标，$1/T$ 为横坐标，就得如图 32.9 所示的直线，从直线的斜率和它延长后与纵轴的交点，即

$$\tan\theta = \frac{4\pi}{3}\cdot\frac{Np_0^2}{3k}\quad \overline{OA} = \frac{4\pi}{3}N\alpha$$

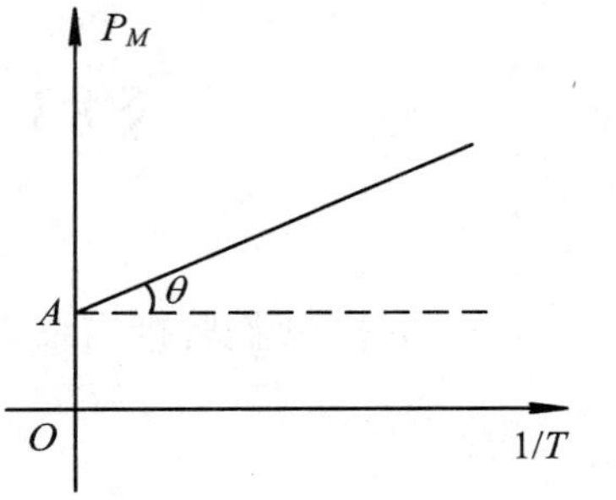

图 32.9

可以测定分子极化率 α 和分子电矩 p_0。对于 CCl_4，CH_4，CO_2，N_2 等，结果 $p_0=0$，因此我们断定它们都是无极分子。对于大多数具有永久电矩的分子来说，测得 p_0 的数量级是 10^{-18} CGS 绝对静电单位，例如：

H_2O	$p_0 = 1.86\times10^{-18}$
HCl	$p_0 = 1.02\times10^{-18}$
C_2H_5Cl	$p_0 = 2.07\times10^{-18}$
CH_3Cl	$p_0 = 2.01\times10^{-18}$

这些结果还被利用分子束在不均匀电场中的偏转对单个分子电矩的直接测定所证实。

对于介电常数很大的液体电介质，如水和酒精等，不能应用德拜公式，而当应用公式(32.16)。两者的差别就在第二项中差一个因子$\frac{9\varepsilon}{(\varepsilon+2)(2\varepsilon+1)}\approx\frac{9}{2\varepsilon}$。实验结果如图 32.10中实线所示，而虚线所代表的是用气态测定的 α 和 p_0 数据根据德拜公式计算的结果。

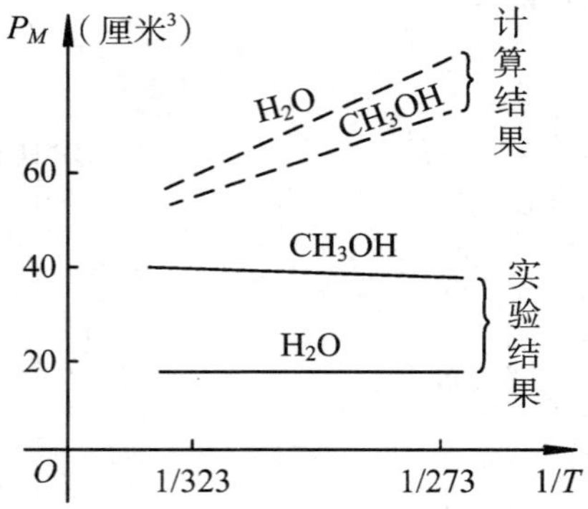

图 32.10

分子电矩的大小是决定分子结构的重要资料之一。以三原子组成形式 AB_2 的分子为例。

若 A 离子的极化率很小，几乎为零，它不能变形，它的外层电子是完整的，而且电子中心就在核上。在这种情形下，两个 B 原子核将互相排斥，能在 A 的外电子层中自由移动，将居于分子直径的两端，使分子成为对称的，不具电矩。

相反，若 A 离子的极化率很大，那就是说，A 核能在电子云中比较容易地移动，由于两个 B 核的排斥，它将设法离开它们。直线阵形不再成为它们的平衡位置，三个核将各居一个三角形的顶点。所以，如果 A 的极化率比 B 的小很多，AB_2 形式的分子将成直线 B－A－B，成为一个无极分子；反之，若 A 的极化率比 B 的大，分子将成三角形，成为有极分子。

比如 H_2O 中，氢离子的极化率显然比氧的小，因为它所有的唯一电子都已转让给氧了。水分子的结构只能是一个三角形。氧所在的顶角约为 110°，这样才具电矩 1.86×10^{-18}。同理，H_2S 和 SO_2 分子也是成三角形的有极分子。相反地，由于碳原子的极化率比较弱，CO_2 和 CS_2 成为对称直线形的无极分子。

§33 电介质内的电场能量

在§18 中，我们曾推出没有电介质时电场能量的表示式

$$W=\frac{1}{2}\int\rho\varphi\mathrm{d}V+\frac{1}{2}\int\sigma\varphi\mathrm{d}S \tag{18.3}$$

只要将 ρ 和 σ 理解为自由电荷的密度，这一公式，对于任意媒质中的静电场来说，也还是正确的。电介质的影响只是表现在：对于同样的自由电荷分布，在电介质内电位 φ 的值和在真空中 φ 的值不相同。在充满整个空间的电介质中的电位，是在真空中的 $1/\varepsilon$。从上式可知能量也是如此。

就形式来说，电能表示式(18.3)相当于电荷超矩相互作用的观念。和没有电介质的情形一样，这一表示式可以改写，写成合于近距作用理论的观念，使场能也以一定的体密度 w 分布在所有电场不等于零的空间。事实上，上式中第一个积分的被积函数可以写成

$$\rho\varphi = \frac{1}{4\pi}\varphi \operatorname{div}\boldsymbol{D} = \frac{1}{4\pi}[\operatorname{div}(\varphi\boldsymbol{D}) - \boldsymbol{D}\cdot\operatorname{grad}\varphi]$$

$$= \frac{1}{4\pi}[\operatorname{div}(\varphi\boldsymbol{D}) + \boldsymbol{D}\cdot\boldsymbol{E}]$$

从而，根据高斯公式，就有

$$\frac{1}{2}\int_V \rho\varphi \mathrm{d}V = \frac{1}{8\pi}\int_V \boldsymbol{D}\cdot\boldsymbol{E}\mathrm{d}V + \frac{1}{8\pi}\int_V \operatorname{div}(\varphi\boldsymbol{D})\mathrm{d}V$$

$$= \frac{1}{8\pi}\int_V \boldsymbol{D}\cdot\boldsymbol{E}\mathrm{d}V + \frac{1}{8\pi}\oint_{S+S'} D_{\mathrm{n}}\varphi \mathrm{d}S$$

式中后一面积分首先应该对包围积分体积 V 的 S 面求积，其次应该对包围着从这一体积中割裂开来被积函数突变面（即矢量 $\boldsymbol{D}$ 法向分量的突变面）S_1 的 S'面求积（图 33.1）。如果我们规定去考察整个的场，那么在包围此场的 S 面上求积的积分为零（见§19－3）。矢量 $\boldsymbol{D}$ 法向分量的突变面 S_1 是带有自由电荷的面，而这一分量 D_{n} 的突变由 $D_{2\mathrm{n}} - D_{1\mathrm{n}} = 4\pi\sigma$ 来决定。当我们和平常一样，使 S'面和突变面完全紧贴的时候，我们就有

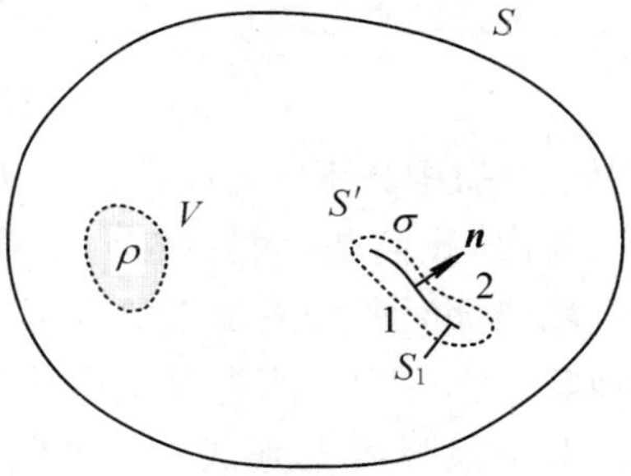

图 33.1

$$\frac{1}{8\pi}\int_{S'} D_{\mathrm{n}}\varphi \mathrm{d}S = \frac{1}{8\pi}\int_{S_1} \varphi(D_{1\mathrm{n}} - D_{2\mathrm{n}})\mathrm{d}S = -\frac{1}{2}\int_{S_1} \sigma\varphi \mathrm{d}S$$

因此

$$\frac{1}{2}\int \rho\varphi \mathrm{d}V = \frac{1}{8\pi}\int \boldsymbol{D}\cdot\boldsymbol{E}\mathrm{d}V - \frac{1}{2}\int \sigma\varphi \mathrm{d}S$$

最后，我们得出在电介质中电场的能量

$$W = \frac{1}{8\pi}\int \boldsymbol{D}\cdot\boldsymbol{E}\mathrm{d}V \tag{33.1}$$

这就表示电场能量以体密度

$$W = \frac{1}{8\pi}\int \boldsymbol{D}\cdot\boldsymbol{E} = \frac{\varepsilon}{8\pi}E^2 \tag{33.2}$$

分布在电场所占据的整个空间中。

我们还要指出：只有在恒定场中，式(18.3)和(33.1)才是等效的；我们以后将要看到，在交变电场中就不是这样。一般的交变电场不能用一个单值的标位 φ 来描写，因而包含有 φ 的公式(18.3)在交变电场中是没有意义的；而电场能量的表示式(33.2)在交变电场中仍然有效。因此式(33.1)应该看成电场能量的基本定义，它是电学理论的基本公式之一。

我们要进一步答复下列两个问题：

(1) 为什么在给定的电场强度 E 下，电介质内的场能比真空中的场能大到 ε 倍？

这个问题的提出不是没有道理的。如果像近距作用理论所想象的那样，电场是电能的负电荷者，那么看起来对于同样的电场强度来说，不管是在真空中，或者在空间中充满

着电介质，场能似乎应该是一样的；换句话说，电场能量应该只与电场强度有关而与场中媒质的性质无关。

有两个理由可以说明电介质内的场能密度与场强 E 的关系和真空中的情况有所不同。

首先，在宏观理论中，E 被理解为平均电场强度（见§32－3），即 $E=\bar{E}_{微观}$，而平均电能密度应该理解为

$$W = \frac{1}{8\pi}\overline{E^2}_{微观}$$

因为电场强度平方的平均值，一般说来，不等于平均电场强度的平方，即

$$\overline{E^2}_{微观} \neq (\bar{E}_{微观})^2 = E^2$$

所以电介质中真正的电能密度，一般说来，不等于 $E^2/(8\pi)$。

其次，我们是，而且应该是，将场能理解成建立电场所必须消耗的全部能量，或者是电场消灭时所释放出来的全部能量。在电介质中，场的建立和电介质的极化不可分割地联系在一起。当电介质中性分子在电场 E' 的影响下极化时，它的正负电荷 $\pm q$ 相对离开一段距离 l，形成一个电偶极子，其电矩为 $p=ql=\alpha E'$。此时，正负电荷各受电力 $qE'=q^2l/\alpha$ 的作用。要与 qE' 取得平衡，必有另一个似弹性力 F 同时作用在正负电荷上，即

$$F = kl = qE'$$

式中 k 是电偶极子的"弹性系数"。

因此，在电介质中建立电场的过程，也就是使电介质分子极化的过程，好像是要把一根弹簧拉长 l 的过程。把弹簧拉长 l 所需的功，我们知道，是 $Fl/2=kl^2/2$，成为弹簧的位能。由此可知，在极化一个分子的过程中，电场的力由于克服似弹性力而完成了的功为

$$\frac{1}{2}kl^2 = \frac{1}{2}qE'l = \frac{1}{2}pE'$$

就贮存于这个极化了的分子中，成为极化分子的内能。对于单位体积电介质内所有 n 个分子而言，贮存起来总的弹性能量为

$$W_{弹性} = \frac{1}{2}n\,\overline{pE'}$$

这是在真空中建立电场时所无需花费的。在金属导体中，我们根本不能建立静电场，自然也没有这笔额外消耗（电介质，在电场的影响下，从内到外全极化了；而金属导体，即使带电，内部也丝毫不起变化）。

电场能量既然被理解为建立电场所必须消耗的全部能量，电介质内电场的能量 W 将等于两部分之和，一部分是和在真空中一样的固有能量，另一部分是和 $W_{固有}$ 不可分割地联系着的、贮存在极化了的分子内的弹性能量，即

$$W = W_{固有} + W_{弹性} = \frac{1}{8\pi}\overline{E^2}_{微观} + \frac{1}{2}n\,\overline{pE'}$$

如果我们忽略 $E_{微观}$，E' 和平均宏观电场强度 E 之间的区别，并且考虑到，$P=np=$

$\chi E = \frac{\varepsilon - 1}{4\pi}E$，我们就得

$$W = \frac{1}{8\pi}E^2 + \frac{1}{8\pi}(\varepsilon - 1)E^2 = \frac{\varepsilon E^2}{8\pi}$$

这个计算十分简单清楚，但是严格说起来，忽略 $E_{微观}$，E' 和 E 之间的区别，实在是完全不应该的。

(2) 为什么矢量 $\boldsymbol{D}$ 叫做电位移？

若电场强度有一个变化 $\mathrm{d}E$，则电能密度的相应变化为

$$\frac{\varepsilon E \mathrm{d}E}{4\pi} = E\mathrm{d}\left(\frac{\varepsilon E}{4\pi}\right) = E\mathrm{d}\left(\frac{D}{4\pi}\right)$$

把这个式子和弹性力 $F = kx$ 所作的功

$$F\mathrm{d}x = kx\mathrm{d}x$$

作一比较，则 kx 类似于 E，而 x 类似于 $\varepsilon E/(4\pi)$ 或 D。单位正电荷所受的电力 F 正比于电位移大小 $\varepsilon E/(4\pi)$ 或 D。电位移这个名词的创造者麦克斯韦是把 $\varepsilon\boldsymbol{E}/(4\pi)$，而不是把 $\varepsilon\boldsymbol{E}$，叫做电位移 $\boldsymbol{D}$。我们以后还要遇到与 $\varepsilon\boldsymbol{E}/(4\pi)$ 有关的所谓位移电流。

§34 电介质在电场中受到的力

在电场中，显然有力作用在电介质的每一体积元上，它就等于作用在电介质各个分子上的各力之和。照旧以等效电偶极子来代替这些极化分子，并利用作用在电偶极子上的力的公式(20.7)：

$$\boldsymbol{F} = \boldsymbol{p} \cdot \nabla\boldsymbol{E}$$

就得作用在单位体积电介质上的力，称为力的体密度：

$$\boldsymbol{f} = \sum\boldsymbol{F} = \sum\boldsymbol{p} \cdot \nabla\boldsymbol{E} = n\boldsymbol{p} \cdot \nabla\boldsymbol{E} = \boldsymbol{P} \cdot \nabla\boldsymbol{E}$$

式中 n 是单位体积内的分子数目，$\boldsymbol{P}$ 是极化强度。

利用关系式

$$\boldsymbol{P} = \frac{\varepsilon - 1}{4\pi}\boldsymbol{E}$$

上式又可写成

$$\boldsymbol{f} = \frac{\varepsilon - 1}{4\pi}\boldsymbol{E} \cdot \nabla\boldsymbol{E}$$

根据矢量分析，有

$$\boldsymbol{E} \cdot \nabla \cdot \boldsymbol{E} = \frac{1}{2}\nabla\boldsymbol{E}^2 - \boldsymbol{E} \times \mathrm{rot}\boldsymbol{E}$$

最后一项等于零，因为在静电场中 $\mathrm{rot}\boldsymbol{E} = \boldsymbol{0}$。因此，我们得

$$f = \frac{\varepsilon - 1}{8\pi} \nabla \boldsymbol{E}^2 \tag{34.1}$$

可见在电介质中，力的体密度正比于场强平方的梯度。这是很容易理解的，因为，首先在均匀电场中，作用在各个电偶极子上各力的和等于零。其次，随着电场的增长，不仅场力增长，而且极化强度，也即各个电偶极子电矩的矢量和，也要同时增长。还可以看到力 $\boldsymbol{f}$ 的方向与矢量 $\boldsymbol{E}$ 绝对量增长的方向一致，而与矢量 $\boldsymbol{E}$ 的方向无关；理由在于：在矢量 $\boldsymbol{E}$ 方向改变时，极化强度 $\boldsymbol{P}$ 的方向也随之改变。因此，在电场中，电介质总被吸引到电场强度较大的区域。带电物体，不论所带电荷为正抑或为负，总是吸引轻微物体如纸屑、木髓等，就是由于这个原因。

如果电介质体积中存在着自由电荷，它的密度为 ρ，则除了由式(34.1)所决定的力以外，还需加上自由电荷所受的力 $\rho\boldsymbol{E}$，即

$$\boldsymbol{f} = \rho\boldsymbol{E} + \frac{\varepsilon - 1}{8\pi} \nabla \boldsymbol{E}^2 = \frac{1}{4\pi}(\nabla \cdot \boldsymbol{D})\boldsymbol{E} + \frac{\varepsilon - 1}{8\pi} \nabla \boldsymbol{E}^2 \tag{34.2}$$

上面这两个公式的推得，是以一连串的近似计算和简化为基础的。严格说来，它们只有在介电常数和电介质密度的关系是线性(在气体电介质中情况确是这样)的条件下，才是正确的。

电介质在电场中受到的力，可用如图 34.1 所示的装置来演示。P 为石蜡板，上端悬在天平盘下，下端浸入平行板电容器 AB 中。在电容器中建立电场，则石蜡板被吸入更多，天平失去平衡。

也可用如图 34.2 所示的装置来演示液体电介质在电场中所受的力。当平行板电容器 AB 中建立电场时，其中液面上升，可由右方连通管中液面下降而知之。

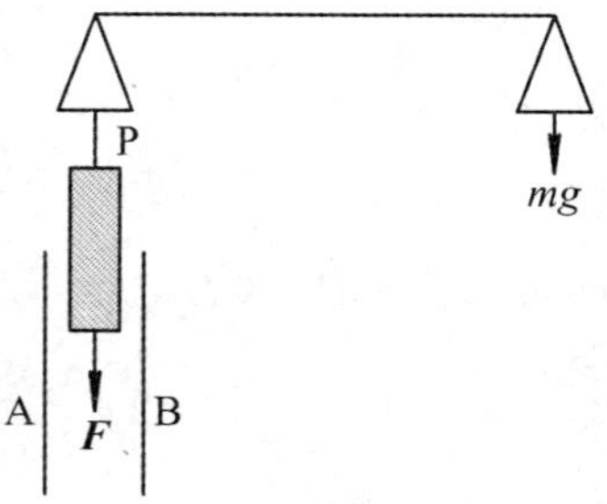

图 34.1

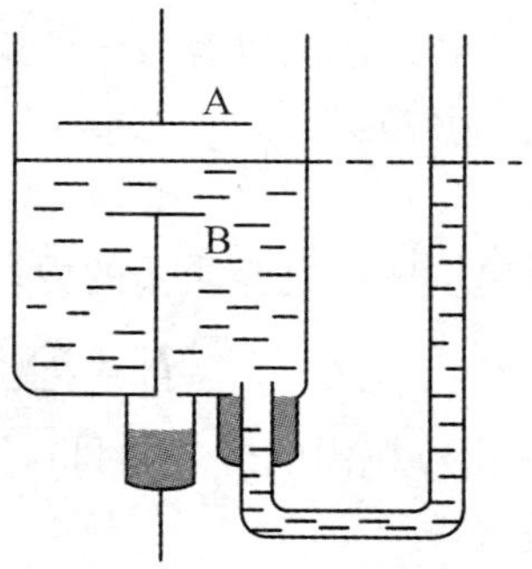

图 34.2

§35 压电现象

到现在为止，我们所研究的极化现象都是由电场引起的。但某些晶体，如石英、电气石、酒石酸钾钠复盐等，即使没有外电场，但在机械力的作用下，也会发生极化，称为压电

现象。压电现象是居里兄弟在1880年首先发现的。

研究得最多的是关于石英的压电现象。石英属于六角形晶系，有左旋与右旋之分，如图35.1所示。Oz 称为光轴，垂直于光轴取正截面，得正六边形 $ABCDEF$（图35.2），其对角线 AD，CF，EB 称为电轴。电轴是有向的，从缺角的一端向尖角的一端。

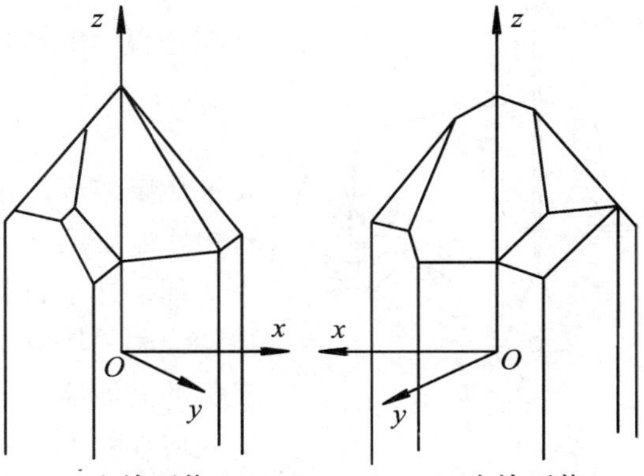

(a) 左旋石英　　(b) 右旋石英

图35.1

于石英晶体中割取一片（图35.3）；其宽沿光轴 Oz 方向为 h，厚沿电轴 Ox 方向为 d，长沿第三正交方向（Oy）为 l。

对这样割成的石英片，沿电轴（Ox）施力 F 压它，则垂直于电轴的两面上将出现等量而异号的电荷（前面为正，后面为负）：

$q_1 = 6.32\times10^{-8}F$ 静电单位（CGS）

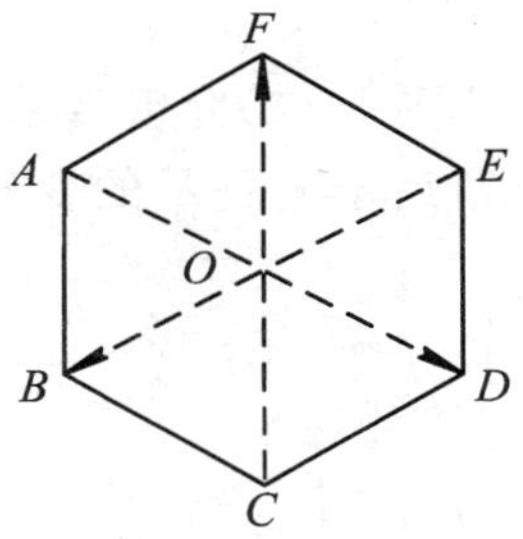

图35.2

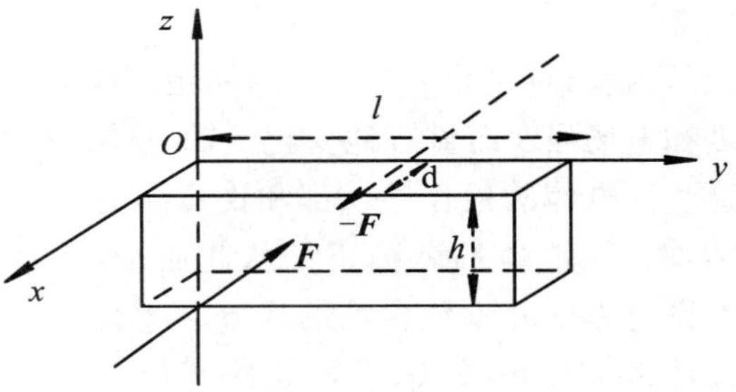

图35.3

这个现象称为**纵压电效应**。

当力 F 沿着 Oy 轴压在晶片上时，则有电荷

$$q_2 = 6.32\times10^{-8}\frac{l}{d}F \text{ 静电单位(CGS)}$$

仍出现在垂直于电轴的两面上，但电荷的符号与前一情形中观察到的适相反。这一现象称为**横压电效应**。

如果压力改为拉力，则电荷跟着改变符号，压缩时出现正电荷的面上在拉伸时将出现负电荷；反之亦然。不管压力或拉力，如施在光轴方向，就没有电荷出现。

由此可见，石英的各向异性是很显著的。x 轴是产生压电的特殊方向，因此称为电轴。

在横压电效应中，产生的电荷，除正比于所加的力 F 外，还正比于 l/d。因此，对于长而薄的压电石英片，只须加几克之重，就能得可观的电荷。一片压电石英，实为量电天平（图35.4）。居里夫妇就是利用压电石英测量放射性，从而发现了钋和镭。

除了上述压电效应外，还有一种相反的现象，称为**逆压电效应**，即当电压 Φ 沿电轴加在石英晶体上时，石英发生形变，在电轴方向为

$$\Delta d = 6.32 \times 10^{-8} \Phi (\text{CGS}) \text{ 静电单位}$$

而在垂直于电轴和光轴的方向为

$$\Delta l = 6.32 \times 10^{-8} \frac{l}{d} \Phi$$

正逆压电效应的常数同为 6.32×10^{-8}，这可由理论推知，也曾由实验证实。

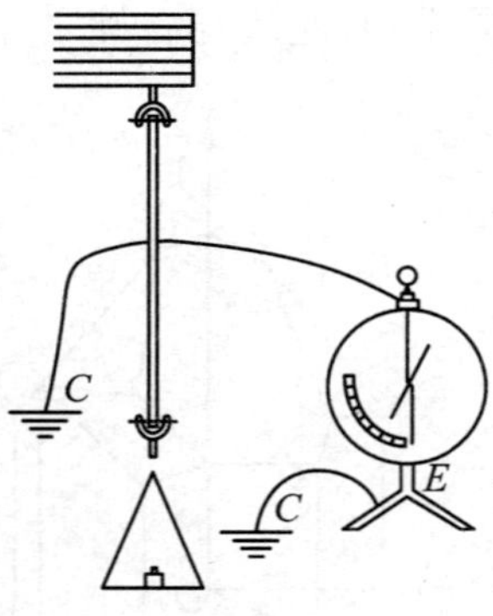

图 35.4

如果加于石英的电压是交变的，则石英一伸一缩，形成振动。利用压电石英可以造成稳定的高频振荡器和选择性灵敏的滤波器。压电石英成为频率标准，正压电效应和逆压电效应在技术上有很多实际应用。

§36 铁 电 体

最后，我们研究关于铁电体的问题。铁电体具有很大的介电常数；它的介电常数又随温度和电场强度而显著地变化。铁电体的极化强度 P 的变化落后于电场 E 的变化。所有这些铁电体的极化性质都和铁磁体的磁性相似。铁电体的名称正是从此而来。事实上铁电体中并不包含铁的成分。所有铁电晶体都有压电效应，但不是所有压电晶体都有铁电性质。石英就是一个非铁电体。

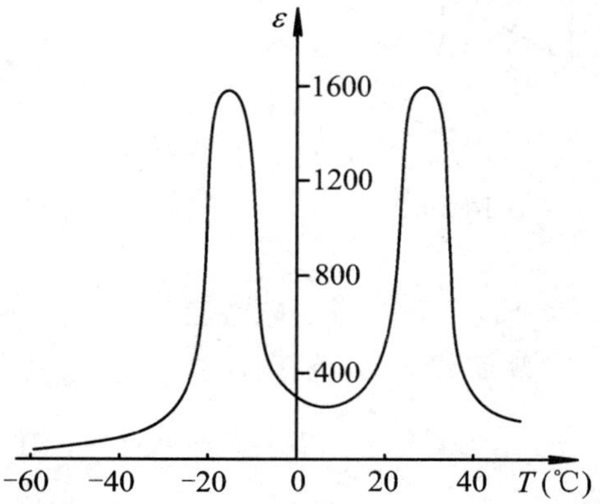

图 36.1

历史上最早发现的铁电体就是赛格涅特盐，它是酒石酸钾钠复盐，它的组成为 $KCO_2-CHOH-CHOH-NaCO_2 \cdot 4H_2O$。当电场强度 E 不超过几十伏特/厘米时，介电常数 ε 随温度 T 的变化如图 36.1 所示。在 -18 ℃和 $+24$ ℃，即所谓居里点，ε 达到极大值约 1600。但在 E 等于 100 到 1000 伏特/厘米时，情况完全不同，有如图 36.2 所示。在以居里点为上下限的间隔内，介电常数最大，可达几千甚至 10 万。

其后，又相继发现了不少其它铁电体，如磷酸二氢钾（KH_2PO_4）及钛酸钡（$BaTiO_3$）等，尤其后者在机械强度及耐潮耐热方面都远远超过了其它铁电体，因此钛酸钡的实用价值最大。

钛酸钡的上居里点是 $+125$ ℃（图 36.3）。在这温度附近，钛酸钡的介电常数大到数千；在相当大的温度范围内也大于 1000。利用它的这一特点，可以制成体积很小而电容

很大的电容器。因为钛酸钡和其它铁电体一样，它的介电系数随着电压而变化，故可用它制成非线性的电容器。这种电容器可应用于振荡电路、介质放大器和倍频器中。在压电技术中，钛酸钡将逐渐代替石英的地位，因为前者可以大量生产，而且它的压电效应胜过石英百倍。此外，利用钛酸钡的电滞现象可以制成计算机中保存讯息的记忆系统的元件。

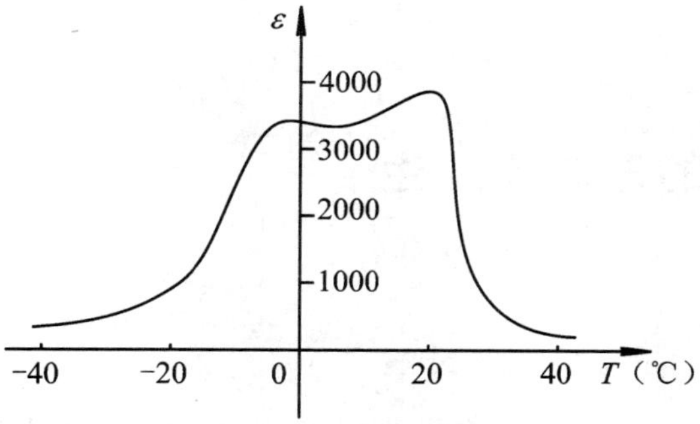

图 36.2

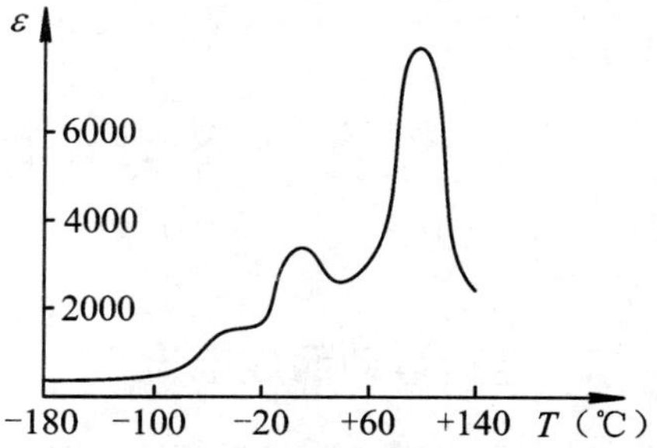

图 36.3

第5章　稳 定 电 流

§37　电流的形成与产生

1. 电荷运动而成电流

两个原来带电而具有不同电位的导体，若用一根金属导线连接，正电荷就从高电位导体流到低电位导体，直到它们的电位相等为止。在导线任一截面上，单位时间内流过的电量称为**电流强度**，即

$$I = \frac{\mathrm{d}q}{\mathrm{d}t} \tag{37.1}$$

电流强度虽可随时间而变，但在某一时刻，通过导线所有截面的电流强度都相同，除非这根导线长到几千公里。可见：

(1) 在有电流流通的导线中任何一点，即使是由两种不同金属连成一根导线的接头处，也没有电荷的聚集或消失。

(2) 在有电流流通的导线中，输入多少电荷，就输出多少电荷；它内部的总电荷密度始终为零，对于形成电流的每一部分移动电荷（电子），总有完全相等而符号相反的静止电荷（正离子）和它相对应，以保持导线的中和性。一队电子在由正离子组成的晶体点阵中滑动，就是导线中电流形成的很好形象。电子队伍的电荷密度和晶体点阵的电荷密度两者的绝对值是完全相等的。

由上所述，电流是由电荷的定向移动而形成的。假设这些电荷的运载者都是一样的，比如说，金属中的自由电子；假设在导线上坐标为 x 的地方，每单位体积内有 n_x 个电荷运载者，每个所载电荷为 e，在 x 方向平均移动速度为 V_x，又假设导线的正截面面积为 S_x，则在 $\mathrm{d}t$ 时间内，通过 S_x 截面的有 $n_xS_xV_x\mathrm{d}t$ 个电荷运载者，总电量为

$$\mathrm{d}q_x = en_xS_xV_x\mathrm{d}t$$

而电流强度为

$$I_x = \frac{\mathrm{d}q_x}{\mathrm{d}t} = en_xS_xV_x$$

但是 $I_x = I$ 与 x 无关，沿着整根导线我们有

$$n_xV_xS_x = 常数$$

若有 k 种不同的电荷运载者，如在电解液中正负离子都是，即上一结果成为

$$S_x \sum_k e_k (n_k V_k)_x = 常数$$

回到只有一种电荷运载者的情形，并设导线的粗细是不变的，即 $S_x = S =$ 常数，从而有

$$n_x V_x = 常数$$

这个结果表明什么呢？那就是说，单位体积内有很多但是移动很慢的电荷运载者，可以和单位体积内有很少但是移动很快的电荷运载者，形成同样强度的电流，只要在相同的时间内有相同数目的运载者通过相同的截面。

比如说，10 个速度为 1 的电子和 1 个速度为 10 的电子可以形成同样强度的电流，只要它们立刻分别为每立方厘米 10 个和 1 个而且具有速度为 1 和 10 的电子所补充。可见同一电流可由两种状态形成。但是这两种状态绝不是完全相同的。设电子的质量为 m，则在第一种状态下，单位体积内的电子动能为

$$10 \times \frac{1}{2} m \times 1^2 = 5m$$

而在第二种状态下，单体体积内的电子动能为

$$1 \times \frac{1}{2} m \times 10^2 = 50m$$

在同样强度的电流下，速度大、数目少的电荷运载者比速度小、数目多的电荷运载者携带着更多的功能。

上述结果可用在平板两极管中所产生的电流加以说明。阳极 A 与阴极 C 间的电位差用来加速由阴极产生的电子。电子速度，从阴极到阳极，逐渐加大；因而阴极附近每单位体积的电子数目比在阳极附近大，以保持 $n_x V_x =$ 常数。在阴极附近，电子位能最大，动能为零；而在阳极附近，以至达到阳极，电子能量全成动能形式，将在外电路中为我们所利用。

2. 电能发生器

上述两个带电导体用一根导线连接而产生的电流顷刻即止。要产生源源不断的电流，必须有电能发生器。电能发生器，依其构造说，种类很多，但就其应用之最重要者而言，只有两种：

(1) **电池**。是把一个化学系统中的可用能转变为电能。它的化学成分，随着电流之不断产生，而逐渐变化。最简单而不是最常用的电池是把一块混汞的锌板和一块铜板浸在酸液中而成。蓄电池则可看做一种能再生的电池，利用外来电能使它再生。

(2) **发电机**。无论为磁铁式的或是电磁式的，靠机械能来维持其转动，以发生电能。在转动中，转动部分(转子)与静止部分(静子)之间有电磁力偶，需要克服，需要制胜。

电能发生器与外部之间的联系，赖乎两片金属，称为发生器的两极。这两个极不完全相同，应该加以区别。就电池说，两极的区别是很明显的；一个和铜板相连，叫做正极；另一个和锌板相连，叫做负极。至于发电机，我们就把那和电池阳极性质相同的一块作为正极，以资一律。

3. 电路

当其两极不与任何东西相连或是绝缘的时候,我们说电能发生器在断路中。在断路中,没有热的、化学的或是机械的任何现象发生;电池丝毫没有变化;发电机空空在转,除了制胜摩擦外,不费其它的功。惟有发生器两极间通路的时候,能的转换才会开始。这条电路又必须完全由所谓导体组成,或是金属,或是某些液体(酸、碱或盐基溶液)。

电路可能是单独的,那就是说,从发生器的这一极到那一极只有一路可通;但是这条电路的各部分自然可以是各式各样的(各种金属丝、各种液体等等),这样一段紧接一段,我们说这些部分串联在一起。电路或电路的某一部分也可能分成几条支路,我们说这些支路是并联的。

4. 电流的效应

电路一接通,在它的各部分中,在它的周围,立刻发生一连串的现象。这些现象的发生是不可分割地联系着的。我们用一句话来概括这些复杂的现象:电路中有电流流通了。试举其效应中最重要的:

(1) 电路的各部分就成为发放热量的处所;每单位时间内发放的热量各有一定的,又同摩擦生热一样,只能发放,永不吸收。

(2) 一根磁针,放在电路附近,就受有力的作用,可以使它移动,如果它能动的话。反之,根据作用与反作用定律,一块放在电路附近的磁铁也可以使电路中能动的各部分移动起来。这种电磁作用就被利用在电动机上,来作机械功,来开动街上的电车和工厂里的机器。

(3) 若电路上包括一个酸或盐溶液,这溶液就起化学作用,即所谓电解。

若电路在任何一点割断,这些现象立刻停止;我们说电流断了。用来接通或扳断电路的器件,叫做开关。

5. 电流的方向

电流的效应中,有的是会改变方向的,如电磁作用与电解现象;有的是不会改变方向的,如热效应。把导线和电能发生器两极相连的两端拆开,将发生器两极对调,又重新把它们接好,至于电路上其它部分一点也没有改动。这样一来,所有电磁作用都要改变方向。原来向前移动的变成向后,向左移动的变成向右;但是移动的大小却和从前一样。

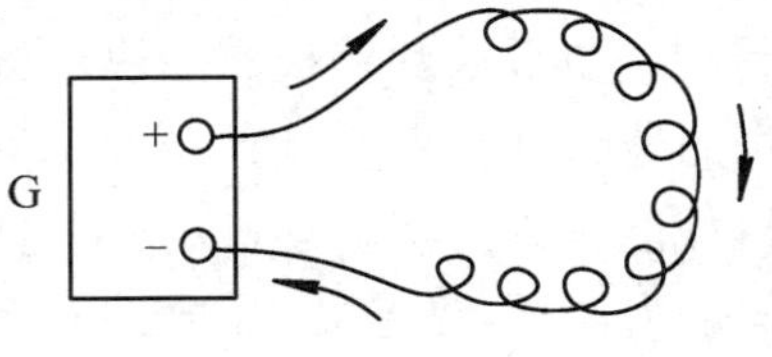

图 37.1

由此可见,沿电路上,从电能发生器的正极到负极,或是从负极到正极,这两个方向有加以区别的必要。那从正极到负极的,叫做电流的方向。如图 37.1 所示,G 为电能发生器,其正负两极用 + 和 - 标明,箭头即表示在电路中的电流方向。若将两极对调,电流即行改向,电磁作用跟着改变方向。电磁作用与电流两者之间的方向关系,一经研究清楚之后,我们就能根据电磁作用来决定电流方向，无须跑到电能发生器面前去看看究竟哪一端是正极或负极了。电解现象同样可以解决这个电流方向问题。

根据习惯上这样规定的电流方向，恰与金属导线中电流负载者电子移动的方向相反，一经说明之后，不妨仍旧沿用。

6. 电流强度和电流强度的单位

由电流而发生的各种特征效应，可有程度大小之别。一个电路，对于放在附近一定位置的磁针，所施的机械作用可大可小；电路上某段导线中，每秒钟内发生的热量可多可少；在电解液中，每单位时间内所分解的物质可重可轻。这些效应不是一起增大，就是一起减小，总是共同在变。可是它们由于一个共同原因所致，就是由于电流有强有弱的缘故。这一个或那一个效应都可用来作为测量电流强度的根据，而且结果完全互相符合。

以上所述，只可决定两个电流强度之间的比。真要量它，还须选定一个单位。关于电学上单位的问题，只在对全部电的现象和规律都有一番研究之后，才能加以合理的讨论。但是我们不能等待；在等到那个时候之前，就要碰到许多电学上的量，不能不有数据。所以迫得就要用若干单位，这些单位的精确定义，留待以后再说，此于逻辑没有什么不方便，而在实际上是需要的。

除 CGS 静电单位制与实用单位制外，在动电学中又将引进另一种 CGS 电磁单位制。CGS 电磁单位制和 CGS 静电单位制一样，它的选定是使某些表示电磁学定律的公式里数字系数等于 1。这样一来，就顾不到合用与否。其中有几个很重要的单位，不是大得可怕，就是小得可怜。

电流强度的实用单位为安培，其定义留待讨论过电磁作用后再说，但现在不妨就开始使用。经常的使用，比之一个抽象的定义，更容易使我们对于安培的大小得到更直接、更具体的印象。举例来说，在电报里用的电流通常为千分之几安培；在家用电灯泡里流过的电流是十分之几安培；电车电动机里通过的电流往往超过 100 安培；发电厂里的每个大发电机可以发生几千安培的电流。

就微弱电流而言，一个极普通的电流计很容易测出 10^{-7} 安培的电流，而一个灵敏的电流计可以测出小到 10^{-12} 安培的电流。

根据式(37.1)，1 安培定义为 1 秒钟内通过导体截面的电量是 1 库仑时的电流强度，即

$$1\ \text{安培} = 1\ \text{库仑}/\text{秒}$$

事实上，库仑这个单位倒是从安培推导出来的。

在 CGS 静电单位制中，电流强度单位就是 1 秒钟内通过导体截面 1 CGS 静电单位制电量单位的电流强度，因此，我们有

$$1\ \text{安培} = 3 \times 10^{9}\ \text{CGS 静电电流单位}$$

而 CGS 电磁单位制电流强度单位等于 3×10^{10} CGS 静电单位制电流强度单位，因此我们又有

$$1\ \text{安培} = \frac{1}{10}\ \text{CGS 电磁电流单位}$$

§ 38　电路中的热与能——电阻与电压

1. 在导体中发放的热量——焦耳定律

有电流通过的时候，电路上各部分都成为发放热量的处所，并不需要怎样精细的实验就可证实这个事实。电灯灯丝之所以成为白炽就是这个现象的结果。一根铁丝通过几安培电流，便会发热烧红，甚至烧断，倘使电流加强一点的话。

这些事实告诉我们：发放热量的多寡，在电路各部分中是极不相等的。当白炽电灯灯丝热到 2000 ℃左右时，那引着电流来去的铜线还是温和可摸的。因此我们应该把电路中某部分分开来研究，看看其中是怎样的一个经过。

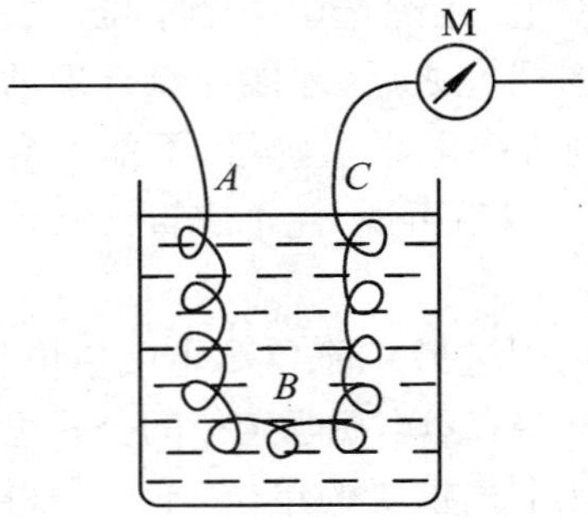

图 38.1

设 ABC 为电路的一部分(图 38.1)，其两端为 A 与 C，系一根金属导线，全部浸入量热器中，M 为安培表，指出电路中维持一定的电流强度 I。这根 ABC 金属导线的发放热量情形，可以用其每秒发放的热量(卡路里)表示，根据热的工作当量，1 卡路里 = 4.18 焦耳，用焦耳每秒，即瓦特来表示，将更简便，以 P 表之。

这根金属线的发热功率 P 只依电流强度 I 而变，显然是 I 的函数，而且是 I 的偶函数，因为它不因 I 的改向而变号。用量热器直接测量的结果，知 P 与电流的平方成正比，即得焦耳定律：

$$P = RI^2 \tag{38.1}$$

R 为一常数，是这根金属线的特征常数。

2. 电阻

这根导线的特征常数 R 称为导线的电阻。就数值言，一导体的电阻等于单位电流通过其中时所发放的热量功率。在实用单位制中，P 以瓦特计，I 以安培计，则 R 以欧姆计。欧姆为电阻的实用单位。所以有 1 安培电流通过时，导体放热每秒 1 焦耳者，则其电阻等于 1 欧姆。

在 CGS 电磁单位制中，R 以 CGS 电磁单位制电阻单位表示。由

$$1\text{ 瓦特} = 10^7\ \text{CGS 功率单位}$$

$$1\text{ 安培} = \frac{1}{10}\ \text{CGS 电磁单位制电流单位}$$

可知

$$1\text{ 欧姆} = 10^9\ \text{CGS 电磁单位制电阻单位}$$

在 t 秒钟内，在这导体上，能之变为热量者将是

$$W = Pt = RI^2 t \tag{38.2}$$

在实用单位制中（R 以欧姆计，I 以安培计，t 以秒计），W 以焦耳计，若愿用卡路里表出，以 $J = 4.18$ 除之即得。

若把导体浸入量热器中，用一个安培表测定电流，用时钟测定时间，即可量得其电阻。但是这个办法几乎是没有人用的，因为以后可知我们有更方便的方法。

在有电流流通的电路上，各部分导体在源源不绝地发放热量。若说这些热量是无所费而获得的，当然是荒谬之论，所费的能量是由电路中的电能发生器供给的。

电能发生器若是一个发电机，电路一通，即有电流流出，同时我们在对它作功以维持其转动。在电路上各部分中放出的热量，就是取给于这个功中的一部分。若此电能发生器为一电池，则其组成之物，随着电路接通，立刻开始变化，因而产生热量，一如在炉火中碳与氧发生变化而成碳酸气。但有一极为特别之点，即其产生的热量，至少是大部分的热量，并不产生在化学反应进行的地方。所以从能量的观点看来，电流所起的作用，不外是将电能发生器所供给的能量搬移到电路中其它较远的各区段上。电能发生器所供给的电能，这样传到电路上各区段，可以转变成各种形式的能量，供我们利用。上述电能变为热能的情形，并非这些应用中之最有用者。

若导体有很大的电阻，这就是说，在其中通过电流要发放很多的热量，要费很多的功。这个导体极不利于电能的输送。它以发放热量来阻碍电流通过，因有电阻之名。我们将见导体的电阻这一性质，确实与电流的运送者——电子——在运动中所遭遇的阻力密切联系着。

在大多数情形下，这些依照公式(38.1)和(38.2)而发放的热量，毫无益处，徒成电能的浪费，如同机械运转中之因摩擦生热一样。但是两者之间也有不同之处。机械上的摩擦阻力只能粗略估计，而焦耳效应之由电能变为热量所遵循的规律极其简单而确定。机械工程师很少能说明其机械功的传递效率，而电工程师随时可以计算他们的电能输送效率。

3. 导体的电阻

一根导线的电阻，不但容易测量，而且可从定义出发，由极简单的理论，推知其由何而定与如何确定。

当几个导体串联时，它们的电阻是相加的，因为发放的总热量等于各部分发放的热量之和，而这些热量即可作为电阻的量度，如果通过的电流是 1 安培、时间是 1 秒的话。所以粗细均匀导线的电阻与其长度成正比。

导线的长短一定，它的电阻又与其正截面积成反比。试就长度有一定、正截面积为 1 的一根导线而论之，假设 R 是它的电阻。取这样的导线 n 根并联起来（图 38.2），在其全体上通过 1 安培电流时，每根导线中将有电流 $1/n$ 安培流过，每根导线中每秒钟将发放热量 $R(1/n)^2$。于是全体导线成为每秒钟发放热量

$$P = nR\left(\frac{1}{n}\right)^2 = \frac{R}{n}I^2$$

的处所。由此式，可见这全体导线所发放的热量和一根电阻为 R/n 的导线所发放的一样，但是全体导线显然同于一根截面积为 n 的导线，故知导线的电阻与其正截面积成反比。

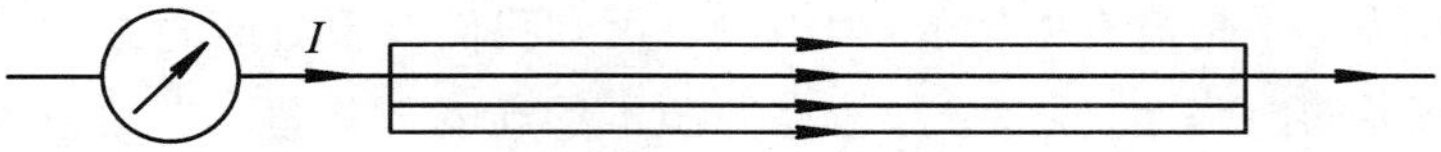

图 38.2

长短一样、粗细相同的两种金属导体，其电阻又可大不相同。因此，各种物质又各有一个称为**电阻率**的特征常数。物质的电阻率就是由该物质而成的单位长、单位截面积的导体的电阻。

把上面结果归纳起来，得出结论：

有均匀导体，其截面积为 S，长度为 l，由电阻率为 ρ 的物质而成，则其电阻为

$$R = \rho\frac{l}{S} \tag{38.3}$$

在实用单位制中，电阻率以欧姆·米计，或用欧姆·厘米作为电阻率单位。

电阻率的倒数

$$\sigma = \frac{1}{\rho}$$

称为物质的**电导率**。

4. 各种物质的电阻率

在一定的情形下，各种物质都有一定的电阻率。在电阻率小的物质中，电流容易通过，不费很多能量；我们说这些物体善于导电。从那最善导电的开始，来看各种物质的导电性质。

表 38.1

金　　属	电导率(欧姆·厘米)
银	1.468×10^{-6}
铜	1.692×10^{-6}
铝	2.828×10^{-6}
铁	8.85×10^{-6}
汞	95.78×10^{-6}

我们首先碰到金属。各种金属的电阻率，在通常温度下，只有兆分之几欧姆·厘米。例如表 38.1 所示。

为了输送电流，我们自然愿用那些电阻率最小的金属，同时要顾到价钱与材料强弱问题。最常用的是铜，其次是铝，铁比较少用。

当温度增高时，各种金属的电阻率增加很快。以温度和相对应的电阻率之值为坐标，实测结果近于一条直线。于是我们可以 T(℃)的函数表 ρ 如次：

$$\rho = \rho_0(1 + \alpha T) \tag{38.4}$$

式中温度系数 α，对于各种金属（合金除外），都很相近，其值约为

$$\alpha = 0.004 = \frac{1}{250}$$

这个数目，和理想气体的膨胀系数 1/273 相比，又是差得不多。可见 ρ 的变化，近似地与绝对温度成正比。

这个结果，和我们在§37－1所提出的对电流形成的粗浅形象是符合的。电子队伍，在由正离子组成的晶体点阵中滑动（图38.3），要受到分子热运动的阻碍。这种阻碍表现为电阻。在绝对零度，热运动完全停止，电阻也就降而为零。温度升高，运动的能量正比于绝对温度，宜乎电阻也遵循着同样规律而变化。

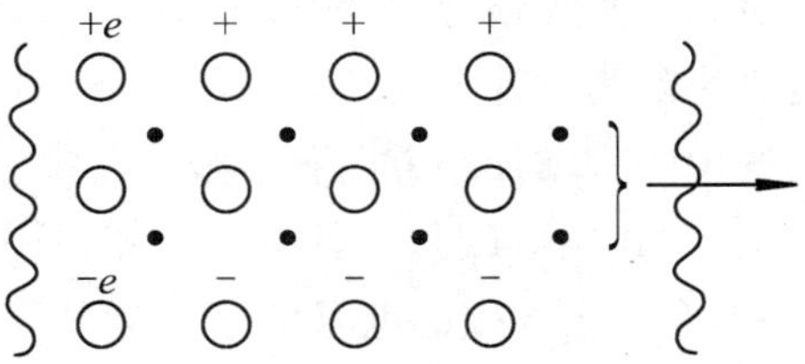

图38.3

须知电阻随温度的变化很大，因为温度的变化范围可以极广的缘故。例如钨丝为现代电灯的灯丝，当灯丝发亮时（温度在2000 ℃以上），其电阻为在普通温度下的十余倍；反之，当温度很低时，电阻率却很小。例如在液态空气温度（约－180 ℃），铜的电阻比在寻常温度要小6倍之多。

在绝对零度附近研究电阻率的变化，当然是很重要的事。为此，用液氢可达14 K，用液氦可达5 K，使液氦在低压下汽化可达0.9 K，用顺磁物体绝热去磁方法可达0.01 K甚至0.001 K。

在这样极低温度时，有些金属的电阻率呈现更特别的现象，不是慢慢地而是突然地落到零，至少是落到一个无法测量的数值，一定是不及在寻常温度时的兆分之一（图38.4）。这就是荷兰物理学家翁纳斯在1911年所发现的**超导电现象**。呈现超导电性的介质称为**超导体**。介质突然变成超导体的温度 T_c 称为转变点。例如表38.2所示。

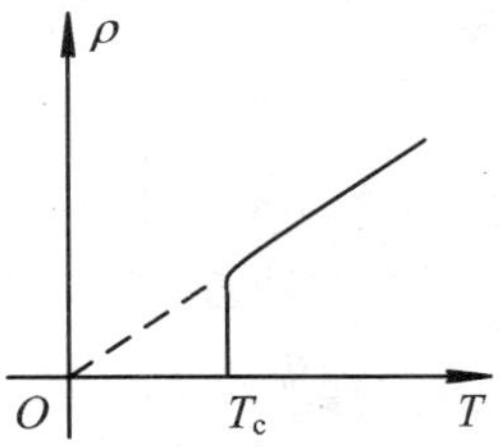

图38.4

表38.2

金　属	转变温度(K)
铅	7.19
银	3.72
铝	1.20
镉	0.56

奇怪的是，所有这些超导体，在室温时，并不一定是最良导体。良导体，如金和铜，直到0.1 K，还不呈现超导电性。有些由非超导体的元素所组成的化合物和合金却又呈现超导电性，如 Au_2Bi 以及若干碳化物和氮化物等。氮化铌甚至在23 K时已呈超导电性，转变点之高可说是例外。

在超导体中，可以维持电流而不消耗能量。在铅环中，翁纳斯曾建立一个300安培的电流，经半小时而没有百分之一的衰减。

合金的电阻率每比其成分金属的电阻率为大；金属里加进一点杂质往往增大它的电阻率。对于许多合金而言，电阻率随温度的变化极微，有的几乎是零。这些电阻率很大而温度系数很小的合金极宜于制造电阻器之用，如变阻器、电阻箱以及标准电阻等都需具有大而确定不变的电阻。最常用的为铜镍合金，成分比例各式各样，有的且含些锌，其电阻率介乎 20×10^{-6} 与 50×10^{-6} 欧姆·厘米之间，其温度系数为 0.0004 或更小。电阻率特别大的为镍铬合金（60％Ni，24％Fe，16％Cr），$\rho=111.6\times10^{-6}$ 欧姆·厘米。温度系数特别小的为铜镍合金（55％Cu，45％Ni），$\alpha=0.1\times10^{-4}\ \mathrm{K}^{-1}$。

往电阻率增加的方向看下去，其次是有金属光泽的非金属物，例如各种形式的碳（弧光碳极，旧式电灯碳丝），其电阻率随各种样品而大有不同，在 5×10^{-5} 欧姆·厘米上下，为铜的 3000 倍。碳的电阻率随温度增高反而减小；从寻常温度加热到白炽（碳丝电灯略低于 2000 ℃），碳丝的电阻要减少一半。

再往下看，就是酸的、盐的或盐基的溶液，其中最善导电的要算强酸和强碱，其电阻率为 1 至 2 欧姆·厘米，但已比铜大到 1 兆倍之多。盐类溶液有更大的电阻率。食盐的饱和溶液是 5 欧姆·厘米。硫酸铜的饱和溶液是 20 欧姆·厘米。当温度升高时，溶液的电阻率也就减少，大约每升高 50 K，减小一半。

普通的水含有盐类杂质，因此总能或多或少地导电；其电阻率随纯净程度而大可不同，可达数千欧姆·厘米。最纯洁的蒸馏水也有其本身的很小的导电性，电阻率为 20×10^{6} 欧姆·厘米，约 10^{13} 倍于铜。

最后，临到所谓绝缘体，其电阻率是如此之大，大得几乎不可能在其中通过电流。但是绝缘体与不良导体之间并不存在明显的分界。我们不容易也不必要给绝缘体的电阻率以精确的数值，一点杂质就能使它们改变很多。在绝缘体中，我们可以提到矿物油（液体碳氢化合物），其电阻率约在 10^{12} 至 10^{13} 欧姆·厘米之间；固体碳氢化合物，如石蜡的电阻率可以超过 10^{18} 欧姆·厘米；更复杂的有机物质如橡胶，以及玻璃和陶瓷等。

从物质的电阻率来看，我们拥有一个多么广阔而丰富的园地！石蜡与铜之间成 10^{24} 与 1 的对比。这样巨大的量变自然引起根本的质变。

导体与非导体之间还存在着所谓半导体。例如硒、锗、硅、氧化亚铜及其它。半导体的电阻率在 10^{-2} 到 10^{8} 欧姆·厘米范围内。半导体与金属不同的地方，不仅是电阻率非常大，而且电阻率与温度之间的关系也不相同。金属的电阻率随温度升高而增大，而半导体的电阻率则依非线性关系

$$\rho = \rho_0 e^{b/T} \tag{38.5}$$

而减小，式中 b 为常数，对不同的半导体有不同的数值。有的半导体，如 $Fe_3O_4-MgCO_3$ 每当温度升高 30 K，电阻就会减小到它原来的 1/3。利用电阻随温度巨大改变的半导体作测温计，是非常方便的。

在某几种半导体与金属接触的地方发生特殊现象：形成阻挡层，能够使电流只沿一个方向通过。例如在氧化亚铜的情形中，由金属流向氧化亚铜的电流，要比由氧化亚铜流向金属的电流大几千倍。现代固体整流器就是根据这种现象而制成的。

5. 电能发生器所供给的功率——电动势

电能发生器在电路中所供给的功率，显然，随电流的增减而增减。我们可取电流强度 I 为表示电能发生器所供给的功率的因素之一。单是这样一个因数是不够的。两个发生器，在不同的电路中，可以发生相同的电流，而供给大小悬殊的功率。所以对于每个电能发生器，除电流外，还得同时另用一外特征系数，称为**电动势**，才能表达它的作功本领。

设 $\mathscr{E}$ 为电能发生器的电动势，I 为当时的电流强度，则在全电路中，它所供给的功率为

$$P = \mathscr{E}I$$

这样规定的电能发生器的电动势显然是相当于电位差的一个物理量。这样规定的实际好处是，对于每一个电能发生器来说，在电流强度的很大变动范围内，$\mathscr{E}$ 是不变的。

各种不同的电能发生器有它自己固定的电动势。一个普通电池的电动势是 1 至 2 伏特；一个蓄电池的电动势约为 2 伏特；一个供给电灯用电的发电机，其电动势为 110 或 220 伏特；至于备远距离输送用的电能，其电动势往往是几万甚至是几十万伏特。一个电动势为 10 万伏特的发电机，每输出 1 安培电流，即供给 100 千瓦特（合 135 马力）的功率。所以由并不大的电流可以供给很大的功率。这不大的电流，可在一根很长而无须很粗的电线上输送，不至把太多的能量变成热量而损失。这几句简单的话，说明了为什么电力工业，从一开始以来，就在电动势上往高处爬。

上面所说，是在全电路中从总能量的考虑，得出电能发生器的电动势的观念，没有说明能量是在电路中哪一部分上被利用了。不过已经可以知道发生器所发生的能量不是全用在外部电路上，因为发生器内部结构也有电阻，当电流流通时，由于焦耳效应，就要消耗一部分能量。

6. 用电器所消费的功率——端电压

在电路中有一个电能发生器 G 和几个用电器串联（图 38.5）。设 M 为其中的一个（或是电灯，或是马达，或是电解器，或简直就是一段电线），电流从 A 点通入，B 点流出，A 和 B 两点称为用电器的两端。命 I 为电路中的电流强度。

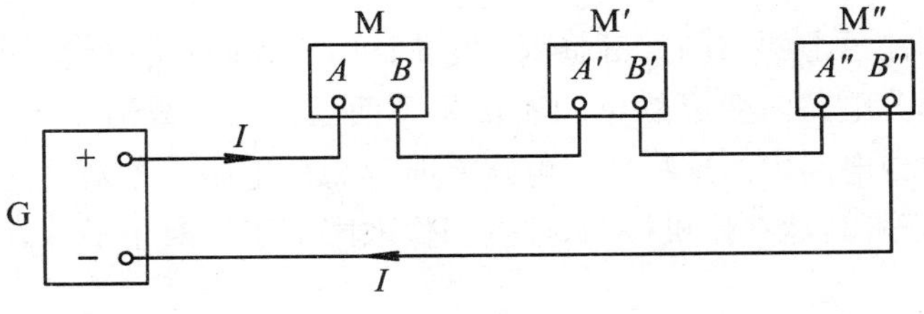

图 38.5

用电器 M 接受若干功率，把它转变成热量，若它是一个取暖器；或大部分变成机械功，若它是一个马达等等。命 P 代表这个功率，可由下式规定一个 V 的量：

$$P = VI$$

这个量 V 显然与电动势 $\mathscr{E}$ 为同类，称为用电器 M 的**端电压**，或 A，B 两点间的电位差。

同样可以规定发电机 G 的端电压。发电机，除在它内部导线中变成热量而消失的外，供给外电路的功率可以写成

$$P = VI$$

式中 V 就是发电机的端电压，显然等于电路中诸用电器的端电压之和。发电机的端电压与其电动势不同的地方，在于在电动势的计算中，系指全电路中所有的能量，包括发电机内部依焦耳定律变成热量的在内；至于在端电压的计算中，系专指发电机送给外电路的能量，所以发电机的端电压小于其电动势；我们稍后就要说到它们两者之间的关系。

7. 欧姆定律

假设 AB 为电路中的一部分(图 38.5)，除发热外，再无其它现象发生。例如是一段不能移动的导线，那就不会做出机械功，也不会发生化学变化，只有依照焦耳定律在那里发热。命 R 为这部分电路的电阻，I 为通过其中的电流，V 为其两端 A，B 间的电位差，则电能之供给于这部分电路中的功率为

$$P = VI$$

另一方面，从焦耳定律，可知在这部分电路上变成热量而消耗了的功率为

$$P' = RI^2$$

因其除发热外，并无别的现象发生，即 P 与 P' 必须相等，而有 $VI = RI^2$，即

$$V = RI \tag{38.6}$$

是为欧姆定律，可述之如下：

当电阻 R 中有电流 I 通过的时候，若除依照焦耳定律发热外，并无其它现象发生，则在其两端间有等于乘积 RI 的电位差存在。

若解上式以求 I，则又可说：

一个电位差 V 加于电阻为 R 的导体两端，若在其中除依照焦耳定律发热外，并无其它现象，则所产生的电流强度由

$$I = \frac{V}{R} \tag{38.7}$$

来定。

我们应该特别注意上两式的实际涵义。它们所表示的只是供给于某一部分的电路中的电能与在该部分电路内变成热量的能量相等而已。它们只适用于除焦耳效应外无其它现象发生的部分电路中。这种部分电路有时称为死电阻。若对马达写这些等式，将是荒谬之至，简直忘了马达在作机械功，把它当作取暖器了。对于马达，欧姆定律变成什么样子，以后再说。

上面的推论可以应用于除电能发生器外，只有焦耳效应，再无其它现象发生的整个电路中。在这种条件下，命 $\mathscr{E}$ 为发生器的电动势，R 为全电路的总电阻(其中包括发生器的电阻)，I 为电流强度，则有

$$\mathscr{E} = RI \quad 或 \quad I = \frac{\mathscr{E}}{R}$$

如果电路中有一个马达或电解槽,这些式子就完全不对了。

但实际上,只有电阻与电动势的这种电路是够少见的,反而在中等物理学上很注重这种情况,以致引起初学者许多错误观念。

8. 用电器的反电动势——欧姆式电位降落

我们几次说过,由式(38.6)表出的欧姆定律,只适用于接受的能量全变为热量的情况。如图 38.6 所示的用电机件 M,若它接受电流,变成别种形式的能量,比如是一个马达,又将怎么样呢?

仍命 I 为电流强度,V 和 r 各为用电机件 M 的端电压和电阻,则它所接受的功率为 $P = VI$;其中一部分变成热量而消失了,当然依照焦耳定律,为 $P' = rI^2$;另有一部分功率 P'' 转变成为它种形式的能量,例如机械功;于是我们有

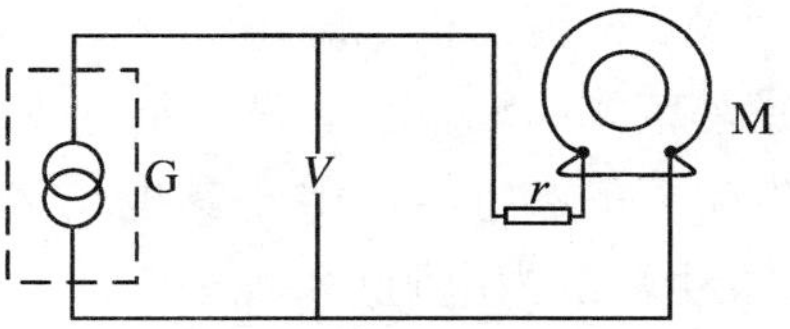

图 38.6

$$P = P' + P''$$

或

$$V = rI + \frac{P''}{I} \tag{38.8}$$

由此可见,由式(38.6)表示的欧姆定律不再适用于此地了。这并不只是一个小小的改正,后一项 P''/I 比前一项 rI 往往要重大得多。在一个效率不坏的马达里,这代表机械功的 P'',要比那变成热量而浪费了的 P' 大很多。

回到方程式(38.8),其中 P''/I 这一项,也和其它各项一样,是一个伏特数,可用 $\mathscr{E}'$ 来表示,即有

$$V = rI + \mathscr{E}' \tag{38.9}$$

又可写成

$$I = \frac{V - \mathscr{E}'}{r} \tag{38.10}$$

在这个式子里出现的 $\mathscr{E}'$ 称为用电器的**反电动势**。由此可知,欧姆定律又可适用了,只是不要忘了 $\mathscr{E}'$ 这一项,它倒是顶重要的呢! 式(38.9)或(38.10)可以看做是欧姆定律的推广。关于电能变热的那一项 rI,称为**欧姆式电位降落**。

归结起来,我们可以这样说:

所有用电而不是用来生热的机件,都有一个反电动势。其端电压即等于这个反电动势与依欧姆定律所规定的电位降落之和。

9. 电能发生器的端电压

设 $\mathscr{E}$ 为电能发生器的电动势。电能发生器,和电路中其它部分一样,也有电阻,以 r

表之。改变外部电路情形，可使它所产生的电流改变强度。设 I 为在某一情形下的电流强度，一个连在发生器两端的伏特表又可指出此时的端电压 V。我们现在要去计算这个 V。

发生器发生的总功率为 $\mathscr{E}I$，其中大部分供给外电路使用的为 VI，另一部分在发生器内部变成热量而消失的为 rI^2。于是有

$$\mathscr{E}I = VI + r^2 I$$

从而得

$$V = \mathscr{E} - rI \tag{38.11}$$

所以发生器的端电压，当它供给电流时，比电动势小，等于电动势减去发生器内的欧姆式电位降落。式(38.11)也可以看做是欧姆定律的推广。

以 I 的值为横坐标，V 的值为纵坐标，可作图来表示端电压 V 与电流强度 I 之间的关系。依式(38.11)，这是一条直线(图 38.7)。当 $I=0$ 时，有 $V=\mathscr{E}$；这就是说，电流不通时发生器的端电压即等于其电动势，在这个时候为最大。端电压随着电流的增大而降落；发生器的内电阻愈大，则降落愈快。如果误把发生器的两端直接连接起来，就成短路，它的端电压变成零；此时电流强度最大为 $I=\mathscr{E}/r$；我们说，决流了。

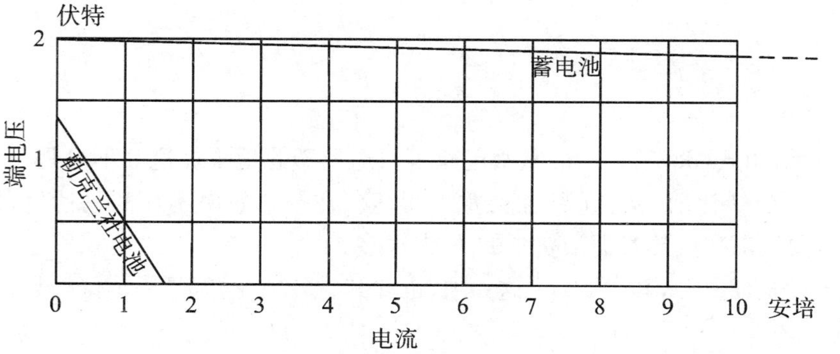

图 38.7

在许多事例中，使用发生器的电流，不宜超过一定的强度。这个一定强度远在相应于它决流时的强度之下。若超过了一定强度，发生器可因在其内部发热过多或以它种过分疲劳，而招致损坏。若把发生器造成短路，在短时间内即可发生重大障碍。故图 38.7 中的直线，到某一地步，即应停止，再画出去，毫无意义。发生器的内部电位降落应只限于一个极小数值，约占它的电动势的百分之几；这是使发生器用得好、效率高的一个必要条件。惟有那些内电阻大的发生器可以造成短路而对本身没有危险；但是当它的电位降落达到原来电压的相当成数时，效率已经很坏。

在图 38.7 中的两条直线，一为关于勒克兰社电池的，其电动势为 1.4 伏特，其电阻为1 欧姆，短时决流(决流时的电流将为 1.4 安培)不致损坏；一为关于蓄电池的，其电动势为 2 伏特，电阻只有 0.015 欧姆，决流时电流将强至 133 安培，其不遭损坏者几希。这个蓄电池的安全使用电流不宜超过 10 安培；故在此点之外，延长直线即无意义。在正常

使用的情形下，其欧姆式电位降落不宜超过 0.15 伏特。

电能发生器的电动势本身，因为各种原因，可以不是常数，也随它所发生的电流强度而变。在这种情形下，那代表端电压与电流强度之间关系的，自然不再是直线，而为曲线。这种曲线可以直接测定，即由一个安培表测定电流强度，同时由一个伏特表测定端电压。这种曲线，极其有用，使人一目了然于发生器的功能与情状，称为电能发生器的**外特性曲线**。

10. 为什么电能要在定压下分配

欧姆式电位降落，我们知道，是在导体中电能变成热量的结果。当电能从发电厂输送到远近各处的用电器，欲其输送效率良好，必须在路上变成热量而消失了的功率只占发电厂所产生功率中的一个极小部分。这就是说，那由 rI 表示的欧姆式电位降落，对于发电机的端电压而言，该是一个极小的数值；也就是说，用电器的端电压低于发电机的端电压的部分应该尽可能地小。

故由发电厂规定一个供电电压，使用户有所遵循，并力求实现这个电压的稳定，是高效率输送电能的必要条件。因此，分配电路由两根干线通到各家用户；在这两干线间恒保持一定的电位差，以便各用户的电灯、电动机等等的两端莫不有相同的固定电压。

§39 在三维导体中的电流

上面讨论的是在线状导体中流动的电流，电流的方向就是导线的方向。现在我们要去研究三维导体中的电流。

1. 电流密度

在静电平衡中，导体是一个同位体，其内部电场处处为零。不然的话，就有电荷移动而成电流。故在有电流流通的导体中，各点电位不同，电流从高电位处流向低电位处，电流的方向也就是电场的方向。

为了表明通过导体中每一点的电流，我们引进**电流密度**这一重要概念。依定义，电流密度的大小等于 1 秒钟内流过垂直于电流的单位导体截面的电量，必须理解为电流强度 $\mathrm{d}I$ 和正截面积元 $\mathrm{d}S$ 之比的极限，即

$$i = \lim_{\mathrm{d}S\to 0}\frac{\mathrm{d}I}{\mathrm{d}S}$$

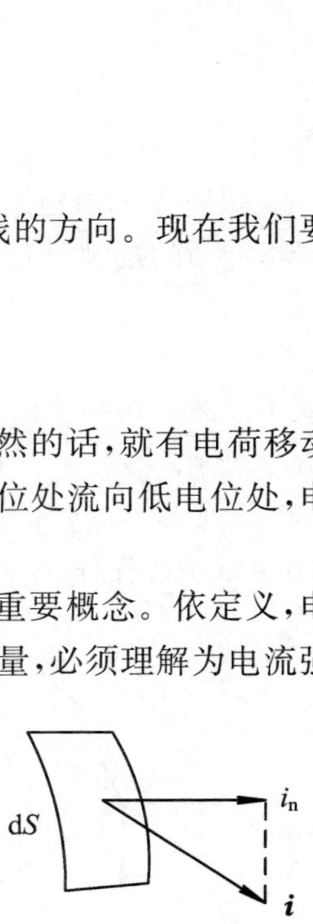

图 39.1

电流密度 $\boldsymbol{i}$ 是一个矢量，它的方向就是该点的电流方向。

对于任意方向的小面积 $\mathrm{d}S$（图 39.1），我们有

$$\mathrm{d}I = i_n\mathrm{d}S \quad 或 \quad i_n = \frac{\mathrm{d}I}{\mathrm{d}S}$$

式中 i_n 是矢量 $\boldsymbol{i}$ 在 dS 的法线上的投影，dI 是流过 dS 的电流强度。可见电流强度就是电流密度矢量的通量。这里可以很清楚地看到为什么电流密度是矢量，而电流强度是标量。

2. 电流稳定的条件和稳定电流的电场

电流趋于稳定之后，电荷在空间各点（包括在导体中各点）的分布，将不再随时间而改变。尽管由于电流的存在，空间某点上一些电荷元不断地被另一些同样多的电荷元所代替，但也不会影响到空间每一点的电荷密度。既然空间每一点的电荷密度，也就是电荷分布，保持不变，那么它们所产生的电场，就必然和不动而同样分布的电荷所产生的静电场相同。因而，和静电场一样，恒定电流的稳定电场是一个位场，可用电位梯度来表示，即

$$\boldsymbol{E} = -\operatorname{grad} V$$

从在恒定电流的场中电荷分布的稳定性，将可得出电流稳定与电场稳定的普遍条件。沿任意闭合曲面的积分 $\oint i_n dS$ 应该等于通过这个曲面的各个面积元 dS 的电流强度之代数和，也即应该等于单位时间内从 S 面所包围的体积 V 中流出的电量（因为 $\boldsymbol{n}$ 是 S 面的外法线）。另一方面，按照作为电学基础的电量守恒定律，单位时间内从体积 V 流出的电量应该等于在同一时间中这体积内部电量 q 的减小，即 $-dq/dt$。这样一来，我们得到等式：

$$\oint i_n dS = -\frac{dq}{dt}$$

如果 S 面所包围的体积 V 中没有矢量 $\boldsymbol{i}$ 的突变面（一般说来，这种突变只有在两个导电介质的接触面上才会发生），上式可以写成

$$\operatorname{div}\boldsymbol{i} = -\frac{\partial \rho}{\partial t} \tag{39.1}$$

式中 ρ 是体电荷密度。这个极其重要的方程式称为**连续性方程式**；它是电量守恒定律的数学表示。

我们现在讨论的是恒定电流，电荷的分布是稳定的，各点的电荷密度是不变的，即 $\partial\rho/\partial t = 0$，因而连续性方程式在此成为

$$\operatorname{div}\boldsymbol{i} = 0 \tag{39.2}$$

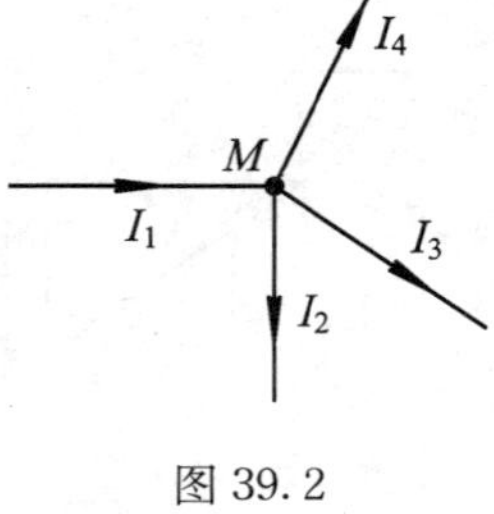

图 39.2

可见恒定电流没有源头。不然的话，随着时间的推移，在始点和终点电荷将要积聚或减少；换句话说，电流线或者是闭合的，或者是来自无穷远又去到无穷远。显然，这里所说的电流线必须理解为矢量 $\boldsymbol{i}$ 的线，它的切线和在切点的矢量 $\boldsymbol{i}$ 的方向相合。

这个恒定电流的连续性条件应用到电路中有两个以上的带有电流的导体的交叉点 M 上时（图 39.2），就是基尔霍夫第一定

律:流到电路交叉点上的电流强度的代数和等于零,即

$$\sum I = 0$$

在两种不同导电介质的接触面上,电流密度矢量的连续性可以遭到破坏,然而,矢量 $\boldsymbol{i}$ 沿接触面法线方向的分量,在接触面的两侧应该仍是一样的。不然的话,从一侧流入的电量就不会等于从另一侧流出的电量,所以

$$i_{1n} = i_{2n} \tag{39.3}$$

式中 i_1 和 i_2 分别是第一导电介质和第二导电介质中电流密度的大小,$\boldsymbol{n}$ 是接触面的法线。如果导体和不导电介质相接触,那么在不导电介质中 $\boldsymbol{i} = \boldsymbol{0}$,因而在导体中垂直于接触面的电流密度分量也应该等于零,该处导体上的电流将是沿着表面流动的。

3. 欧姆定律和焦耳定律的微分形式

利用电流密度这一概念,我们可将电流的基本方程式表示为微分形式或定域形式,把属于导体中同一点的诸量联系起来。欧姆定律和焦耳定律联系了导体中属于不同之点的 V_1 和 V_2 以及属于导体的有限线段的 R。

在导体中考虑一段电流线管(图 39.3),其中流过的电流强度为 $\mathrm{d}I$。电流线管的每个正截面都是导体的同位面。这段电流线管前后两个正截面 $\mathrm{d}S_2$ 和 $\mathrm{d}S_1$ 之间的电位差为 $-\mathrm{d}V$,R 为它的电阻。根据欧姆定律,就有

$$\mathrm{d}I = -\frac{\mathrm{d}V}{R}$$

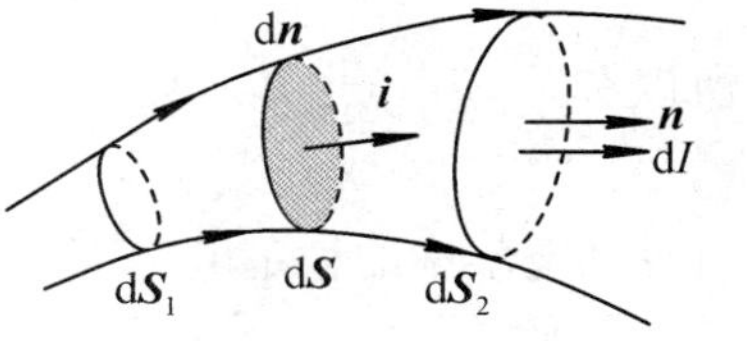

图 39.3

但

$$R = \rho\frac{\mathrm{d}n}{\mathrm{d}S}$$

从而得

$$\mathrm{d}I = -\frac{\mathrm{d}\boldsymbol{S}}{\rho}\cdot\frac{\mathrm{d}V}{\mathrm{d}\boldsymbol{n}} = \frac{\boldsymbol{E}}{\rho}\mathrm{d}S$$

即

$$\boldsymbol{i} = \frac{\mathrm{d}I}{\mathrm{d}S}\boldsymbol{n} = \sigma\boldsymbol{E} \tag{39.4}$$

式中 $\sigma = 1/\rho$ 是导体的电导率。这个方程式表明,导体中某点的电流密度与该点的电场强度成正比。它是欧姆定律最普遍的和最简单的表述,称为欧姆定律的微分形式,虽然其中并未包含微商。

和欧姆定律一样,带有积分意义的焦耳定律也可变换成微分形式。为了这个目的,我们不用整个导体发放热量的功率 P,而用导体单位体积发放热量的功率 p,称为**热功率密度**。应用焦耳定律于上面所考虑的这段电流线管,就得

$$p = \frac{R(\mathrm{d}I)^2}{\mathrm{d}S\mathrm{d}n} = \frac{1}{\sigma}\left(\frac{\mathrm{d}I}{\mathrm{d}S}\right)^2$$

即

$$p = \frac{1}{\sigma}i^2 = \rho i^2 \tag{39.5}$$

或

$$p = \sigma E^2 = iE \tag{39.6}$$

方程式(39.5)是焦耳定律最普遍的表述。它可以应用到任何导体,不论它的形状、均匀性等等如何,甚至也可不论我们涉及的是恒定电流还是可变电流。

和在静电学中一样,在恒定电流的场合下,均匀导体内部的宏观(自由)电荷密度等于零,因为在 σ = 常数时,根据电流密度矢量 $\boldsymbol{i}$ 的通量守恒条件

$$\operatorname{div}\boldsymbol{i} = 0$$

和

$$\boldsymbol{i} = \sigma\boldsymbol{E}$$

我们有

$$\operatorname{div}(\sigma\boldsymbol{E}) = \sigma\operatorname{div}\boldsymbol{E} = 0$$

从而得

$$\rho = \frac{1}{4\pi}\operatorname{div}\boldsymbol{E} = 0$$

又因

$$\boldsymbol{E} = -\operatorname{grad}V$$

所以有

$$\nabla^2 V = 0$$

可见动电学中的稳定电位 V 也为拉普拉斯方程所决定。

4. 均匀导体电阻的计算

由于动电学中的电位也满足拉普拉斯方程,动电学中某些问题的解将可从静电学中有关问题的解得出。我们用均匀导体电阻的计算来说明这个结果的重要意义。

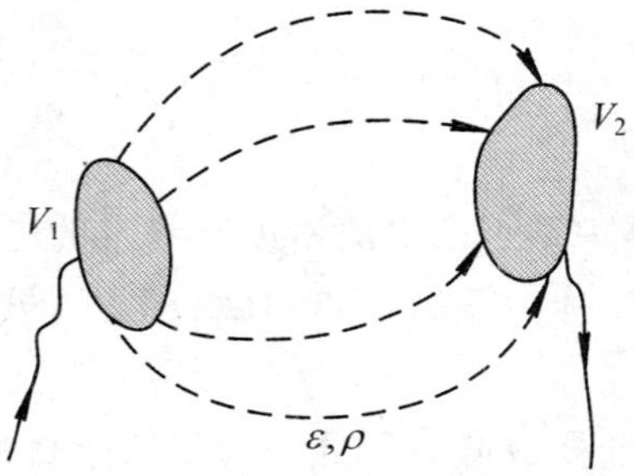

图 39.4

作为动电学问题,我们在导电介质中考虑两个电极,它们自然各是同位面,电位分别为 V_1 和 V_2。求它们之间的电阻 R(图 39.4)。

通过这两个电极之间的电流强度为

$$I = \frac{V_1 - V_2}{R}$$

但一方面,我们有

$$I = \int \boldsymbol{i}\cdot \mathrm{d}\boldsymbol{S} = \frac{1}{\rho}\int \boldsymbol{E}\cdot \mathrm{d}\boldsymbol{S} = -\frac{1}{\rho}\int \frac{\partial V}{\partial n}\mathrm{d}S$$

式中积分对电极或任一同位正截面求积,从而得

$$\frac{V_1 - V_2}{R} = -\frac{1}{\rho}\int \frac{\partial V}{\partial n}\mathrm{d}S \tag{39.7}$$

这同一问题，在静电学中，将告诉我们一电极上的电量，即

$$Q = \frac{\varepsilon}{4\pi}\int \boldsymbol{E} \cdot \mathrm{d}\boldsymbol{S} = -\frac{\varepsilon}{4\pi}\int \frac{\partial V}{\partial n}\mathrm{d}S$$

但是

$$Q = C(V_1 - V_2)$$

式中 C 为这两电极在介质中所组成的电容器的电容量，从而得

$$C(V_1 - V_2) = -\frac{\varepsilon}{4\pi}\int \frac{\partial V}{\partial n}\mathrm{d}S \tag{39.8}$$

(39.7)和(39.8)两式相除，即得

$$R = \frac{\varepsilon\rho}{4\pi C} \tag{39.9}$$

这样就能从电容量的计算结果求出电阻。

例如在截面为 S 的导体中，取相距 l 的两个正截面作为平行板电容器的两极，则其电容量为 $C = \varepsilon S/(4\pi l)$；从此立刻得出这段导体的电阻公式

$$R = \rho\frac{l}{S}$$

再如半径为 a 的金属球，浸没在无限导电介质中(图 39.5)，与电能发生器连接，作为它的一极，电位为 V，另一极在无穷远处。有电流 I 源源不断地流到金属球，再由金属球流到无限电介质中。求金属球与在无穷远的另一极之间的电阻 R。

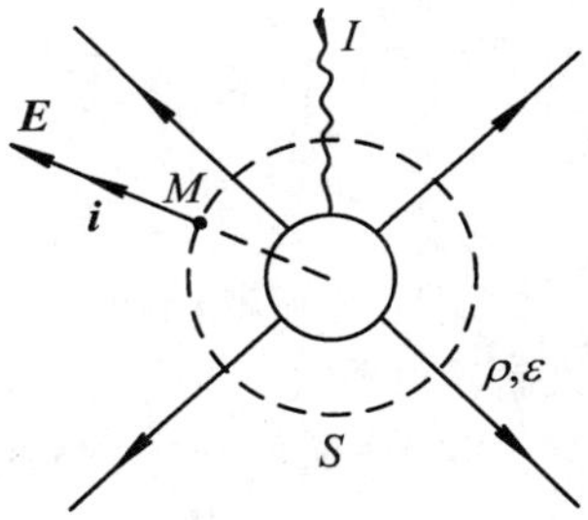

图 39.5

设 ρ 和 ε 分别为导电介质的电阻率和介电常数。当电流强度 I 稳定后，金属球上带有一定的电荷 $Q = \varepsilon aV$。这个电荷在无限导电介质中产生电场，好像电荷都集中在球心一样。电力线为通过球心的直线，同位面为与金属球同心的球面。在距球心 r 处的 M 点，电位为 $\Phi = Q/(\varepsilon r)$，电场强度为 $E = Q/(\varepsilon r^2)$，电流密度为

$$i = \frac{E}{\rho} = \frac{Q}{\varepsilon\rho r^2} = \frac{aV}{\rho r^2}$$

通过以 r 为半径的球面 S 的电流强度为

$$I = \int_S i\mathrm{d}S = \int_S \frac{aV}{\rho r^2}\mathrm{d}S = \frac{aV}{\rho r^2}\int_S \mathrm{d}S = \frac{4\pi aV}{\rho}$$

根据欧姆定律，即得

$$R = \frac{\rho}{4\pi a}$$

这个结果可以直接从式(39.9)立刻得出，因为孤立金属球在真空中的电容量 $C = \varepsilon a$。

同时，我们得出

$$i = \frac{I}{4\pi r^2} \tag{39.10}$$

可见电流密度随距离平方而衰减，与介质的电阻率无关；而电极球上的电荷

$$Q = \frac{\varepsilon\rho I}{4\pi} \tag{39.11}$$

与导电介质的 ε 和 ρ 都有关，至于介质中各点的电位

$$\Phi = \frac{\rho I}{4\pi r} \tag{39.12}$$

只与导电介质的 ρ 有关，而与 ε 无关。

又如一根海底电缆(图 39.6)，其金属导线与绝缘体的半径各为 R_1 和 R_2。阻止导线中电流通过绝缘体而漏失的每单位长的电阻，就可根据同轴圆筒容器的电容量而知其为

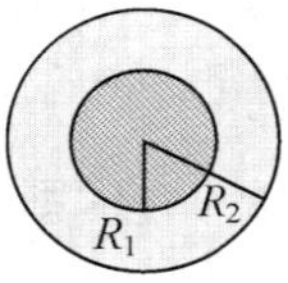

图 39.6

$$R = \frac{\rho}{2\pi}\ln\frac{R_2}{R_1}$$

式中 ρ 为绝缘体的电阻率。

§40 地层与矿藏的电阻法探测

稳定电流和电场在三维导电介质中的分布符合拉普拉斯方程，因此我们可用电模拟法来解决一切由拉普拉斯方程决定的问题。它在科学技术上的应用是很广泛的。作为例子，我们举地层与矿藏的勘探，而电阻法是勘探地层构造和矿藏的常用方法之一。

电阻探测法的原理是，在两个接地电极 A，B 上(图 40.1)接上直流电源，以在大地中形成稳定电流；由于地层构造和矿藏会对电流分布发生影响，也就是会对电位分布发生影响，所以通过地面上任意两点 M 和 N 电位差 $\Delta\Phi$ 的测量，就可决定地面下介质的电阻率，从而确定地层构造和矿藏情况。

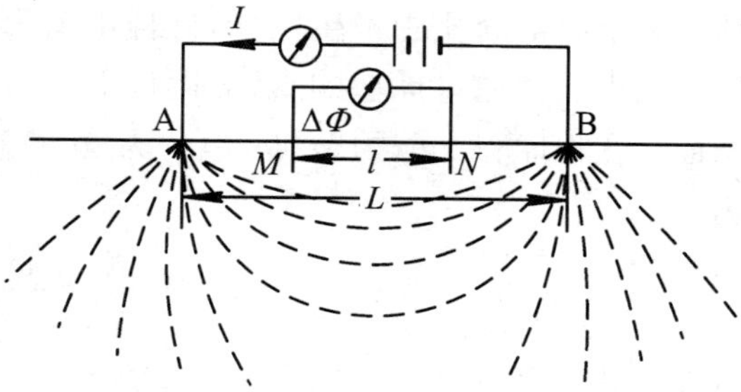

图 40.1

已知电流 I 的大小、电位差 $\Delta\Phi$，以及 A 和 B、M 和 N 之间的距离 L 和 l，根据电场和电流在三维空间内的分布规律，可以决定 M 和 N 间地段的岩石的所谓视电阻率；调整距离 L 和 l，测得类似的视电阻率；根据这些视电阻率，可以得出有关这些岩石的地质和矿物性质及其埋藏深度的结论。

1. 为导电介质所充满的半空间内的电场和电流场

设有两种不同导电介质，其电阻率各为 ρ_1 和 ρ_2，分别充满半空间(图 40.2)。取分界

面为 $z=0$ 平面，Oz 垂直向下。在 ρ_1 导电介质内 $A(0,0,h)$ 点，安置供电电极 A，则 A 带有电荷（见式(39.11)）

$$Q = \frac{\varepsilon_1 \rho_1 I}{4\pi}$$

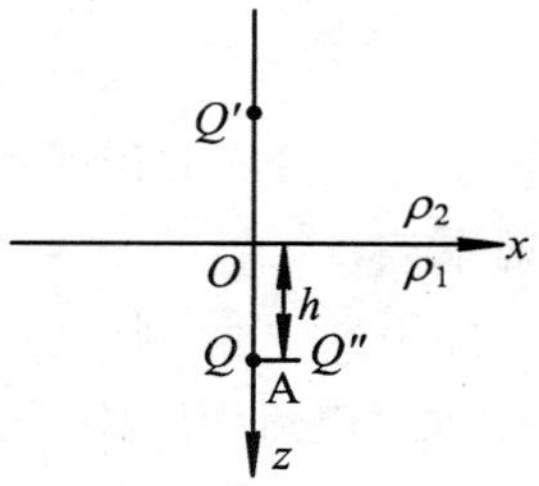

图 40.2

除 A 点外，整个空间各点的电位 Φ 应该满足拉普拉斯方程

$$\nabla^2 \Phi = 0$$

而在无穷远处

$$\Phi = 0$$

在 A 点附近（见式(39.12)）

$$\Phi_1 \approx \frac{\rho_1 I}{4\pi r_A}$$

式中 r_A 表示离点A 的距离；在分界面上，必须符合边界条件

$$\Phi_1 = \Phi_2$$

$$\frac{1}{\rho_1}\frac{\partial \Phi_1}{\partial z} = \frac{1}{\rho_2}\frac{\partial \Phi_2}{\partial z}$$

由此可见，我们所要解决的这个动电学问题有关的公式与条件，正好和静电学中§31-1 所已经解决的点电荷在一半为电介质所填满的空间中的电场这一问题有关的公式与条件具有完全相同的形式，只要分别用 $\rho_1 I/(4\pi)$ 和 $\rho_2 I/(4\pi)$ 去代替 Q/ε_1 和 Q/ε_2，用 $1/\rho_1$ 和 $1/\rho_2$ 代替 ε_1 和 ε_2。把该部分的结果应用到本问题上来，就有

$$Q' = \frac{\dfrac{1}{\rho_1} - \dfrac{1}{\rho_2}}{\dfrac{1}{\rho_1} + \dfrac{1}{\rho_2}} Q = \frac{\rho_2 - \rho_1}{\rho_2 + \rho_1} Q$$

$$Q'' = \frac{\dfrac{2}{\rho_2}}{\dfrac{1}{\rho_1} + \dfrac{1}{\rho_2}} Q = \frac{2\rho_1}{\rho_2 + \rho_1} Q$$

从而得本问题的解：

$$\Phi_1 = \frac{\rho_1 I}{4\pi}\left[\frac{1}{\sqrt{x^2 + y^2 + (z-h)^2}} + \frac{\rho_2 - \rho_1}{\rho_2 + \rho_1}\frac{1}{\sqrt{x^2 + y^2 + (z+h)^2}}\right]$$

$$\Phi_2 = \frac{\rho_2 I}{4\pi}\frac{2\rho_1}{\rho_2 + \rho_1}\frac{1}{\sqrt{x^2 + y^2 + (z-h)^2}}$$

可见在导电介质 ρ_1 中的电场分布和电流密度分布，好像是由 A 极供给电流 I 外，同时由它的像 A′极供给电流 $I' = \dfrac{\rho_2 - \rho_1}{\rho_2 + \rho_1} I$ 一样；在导电介质 ρ_2 中的电场分布和电流密度分布，好像由 A 极供给电流 $I'' = \dfrac{2\rho_1}{\rho_2 + \rho_1} I$ 一样。系数

$$k_{12} = \frac{\rho_2 - \rho_1}{\rho_2 + \rho_1}$$

决定了被分界面反射回到介质 ρ_1 中去的那一部分电流 I'，而系数

$$1 - k_{12} = \frac{2\rho_1}{\rho_2 + \rho_1}$$

决定了由这分界面透射到介质 ρ_2 中去的那一部分电流 I''。因此，我们称 k_{12} 为分界面的反射系数，$1 - k_{12}$ 为透射系数。

如果 $\rho_2 = \infty$，则 $k_{12} = 1$，而 $1 - k_{12} = 0$。在此情况下，分界面将不透射电流。在介质 ρ_2 中没有电流密度场存在，虽然可以有电场存在。这正是分界面为地面的实际情况，地面上空气的电阻率为无穷大。

在另一个理想导体介质，即导体 $\rho_2 = 0$ 的极端情况下，$k_{12} = -1$，$1 - k_{12} = 2$，此时电流线不但不被分界面偏转，而正相反地被第二介质完全吸引。由电极 A 在 4π 立体角中流出的所有电流都将流入第二介质中，并在那里分布在 2π 立体角中，这就相当于电极 A 输出加倍的电流强度。

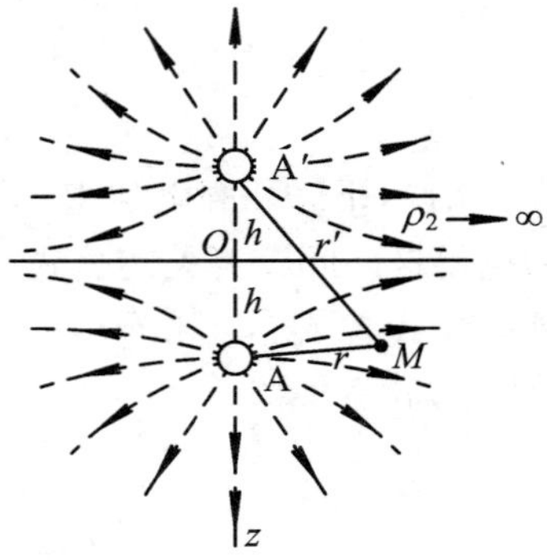

图 40.3

在野外的电法勘探中，我们忽略地形的不平和地球的曲率，把地面近似地当作无限的平面。在地面上，由于空气的电阻率为无穷大，电流密度的垂直分量应等于零，也即对这表面上所有各点，

$$i_n = -\frac{1}{\rho}\frac{\partial \Phi}{\partial n} = 0$$

没有电流从地面下流入地面上的空气中。

为了导出确定地下半空间中电场分布规律的方程式，我们首先假定供电接地只有一个球形电极 A，并且位于地下导电介质中，与地面相距 h(图 40.3)。由于反射系数 $k_{12} = 1$，好像在 A 的对称点 A' 处(A′是 A 对于地面的电像)有另一供电电极，电流强度 $I' = I$。在地面下半空间内任意一点 M 的电位为

$$\Phi = \frac{\rho I}{4\pi r} + \frac{\rho I'}{4\pi r'} = \frac{\rho I}{4\pi}\left(\frac{1}{r} + \frac{1}{r'}\right)$$

$$= \frac{\rho I}{4\pi}\left[\frac{1}{\sqrt{x^2 + y^2 + (z - h)^2}} + \frac{1}{\sqrt{x^2 + y^2 + (z + h)^2}}\right]$$

式中 r 和 r' 各为 M 点到 A 和 A' 的距离，原点 O 在 AA' 的中点，Oz 轴垂直向下。

在野外勘探时，电极 A 置于导电半空间的表面即地面上。在这种情况下，$h = 0$，于是

$$\Phi = \frac{\rho I}{2\pi}\frac{1}{\sqrt{x^2 + y^2 + z^2}} = \frac{\rho I}{2\pi r} \tag{40.1}$$

可见在导电介质半空间中的电位为式(39.12)所给出的导电介质充满整个空间的电位的二倍。

在地面下导电介质半空间中的电场强度和电流密度由下面的式子决定：

$$\boldsymbol{E} = -\frac{\partial \Phi}{\partial r} = \frac{\rho I}{2\pi r^2} \tag{40.2}$$

$$i = \frac{E}{\rho} = \frac{I}{2\pi r^2} \tag{40.3}$$

可见电场强度与电流密度随距离 r 的平方而衰减。

实际上，由电源通过接地电极 A 流入地内的电流，总要通过另一个安置在与 A 有一段距离 L 的电极 B 回到电源（图 40.4）。在这种情况下，导电半空间中任一点 M 的电位 Φ_M 将等于单个的向均匀各向同性半空间输入电流为 $+I$ 的电极 A 及由流出电流为 $-I$ 的电极 B 所造成的电位 Φ_{AM} 与 Φ_{BM} 之和，即

$$\Phi_M = \Phi_{AM} + \Phi_{BM} = \frac{\rho I}{2\pi}\left(\frac{1}{r_{AM}} - \frac{1}{r_{BM}}\right)$$

式中 r_{AM} 和 r_{BM} 各为点 M 与点 A 和 B 的距离。

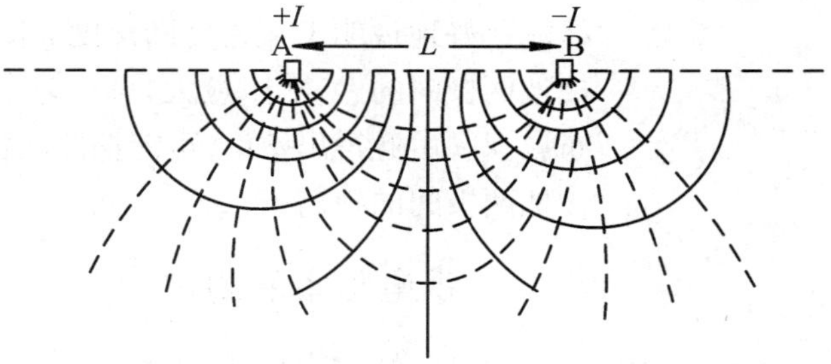

图 40.4

因此，在地面上 M 与 N 两点间的电位差为

$$\Delta\Phi = \Phi_M - \Phi_N = \frac{\rho I}{2\pi}\left(\frac{1}{r_{AM}} - \frac{1}{r_{AN}} - \frac{1}{r_{BM}} + \frac{1}{r_{BN}}\right) \tag{40.4}$$

2. 在导电介质半空间中的电流分布

在电阻法勘探的理论和实用上，电流密度随地下深度而改变的特性具有重要的意义。集中在表面的电流愈多或流入岩石深处的电流愈少，则进行勘探可以走到的深度愈小。我们必须设法使埋藏很深的岩石中电流密度足够大，大到岩石电阻率的改变能够影响到靠近地表面的电流密度，从而反映在地表面上被测定的两点之间的电位差。

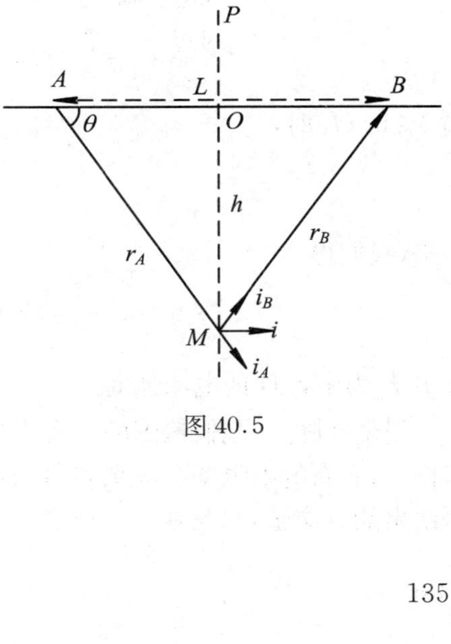

图 40.5

在利用电阻法勘探时，大多是在 A，B（所在处分别记作 A，B 点，下同）两极连接线的中央部分 M，N 两点间测量电位差，来决定埋藏在其下的岩石的电阻率。所以在通过 AB 线段中点 O 的垂直面 P 上，探讨电流随深度而分布的特性，是很必要的。

在这 P 平面上距 AB 直线为 h 的任一点 M 的电流密度(图 40.5)为

$$\boldsymbol{i}_A = \frac{I\boldsymbol{r}_A}{2\pi r_A^3} \quad 与 \quad \boldsymbol{i}_B = \frac{I\boldsymbol{r}_B}{2\pi r_B^3}$$

的矢量和,其大小为

$$i = \frac{I}{\pi r_A^2}\cos\theta = \frac{I}{\pi h^2}\sin^2\theta\cos\theta = \frac{4I}{\pi L^2}\cos^3\theta$$

可见电流密度随 h 由 0 趋于无穷大,由地面上 O 点的电流密度 $i_0 = 4I/(\pi L^2)$ 减小至 0。因此,上式可以写成

$$\frac{i}{i_0} = \frac{I\cos\theta}{\pi r_A^2}\Big/\frac{4I}{\pi L^2} = \frac{(L/2)^3}{r_A^3} = \frac{1}{[1 + (2h/L)^2]^{3/2}}$$

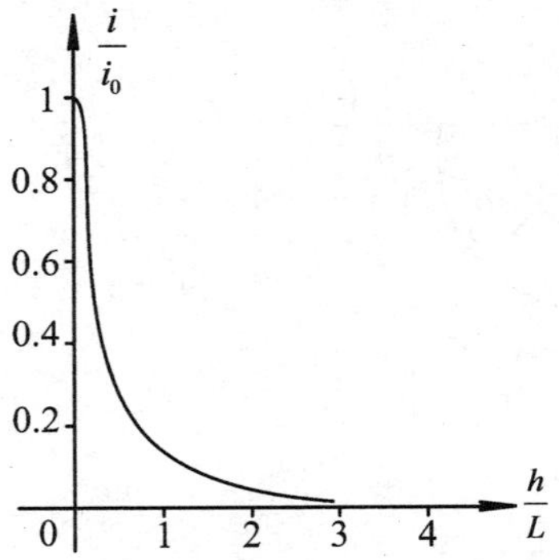

图 40.6

以 i/i_0 为纵坐标,h/L 为横坐标,如图 40.6 所示的曲线能更好地说明电流密度随深度而减小的关系,即供电接地两极间的距离 L 愈大,则一定成数的电流密度分布愈深。由此得出结论:可能探测的深度 h 正比于供电接地两极间的距离 L。

3. 视电阻率的测定

如果已知供电电极 A 和 B 及测量点 M 和 N 之间的距离 L 和 l,供电电路中通过的电流强度 I,以及在 M 和 N 两点之间的电位差 $\Delta\Phi$,即可由公式(40.4)求出均匀各向同性介质的电阻率。A 和 B 与 M 和 N 的相对位置可有各种各样的安排。若 AB 和 MN 安排在同一直线上,M 和 N 关于 AB 的中点 O 对称,又 M 和 N 间的距离 l 大大地小于 A 和 B 间的距离 L(如图 40.1 所示,称为四极对称装置),则有

$$\Delta\Phi = \frac{\rho I}{2\pi}\left(\frac{1}{r_{AM}} - \frac{1}{r_{AN}} - \frac{1}{r_{BM}} + \frac{1}{r_{BN}}\right) = \frac{2\rho I}{\pi}\left(\frac{1}{L-l} - \frac{1}{L+l}\right)$$
$$= \frac{4\rho I}{\pi}\cdot\frac{l}{L^2 - l^2} \approx \frac{4\rho Il}{\pi L^2}\left[1 + \left(\frac{l}{L}\right)^2\right]$$

当 $l \leqslant 0.1L$ 时,

$$\Delta\Phi \approx \frac{4\rho I}{\pi}\frac{l}{L^2} \tag{40.5}$$

于是,我们得

$$\rho = \frac{\pi L^2}{4I}\cdot\frac{\Delta\Phi}{l} = \pi\left(\frac{L}{2}\right)^2\frac{E}{I} \tag{40.6}$$

式中 E 为中点 O 的电场强度。

但是实际上,我们探测的岩石很少是均匀的,也很少是各向同性的。在天然埋藏的条件下,岩石的电阻率在垂直方向和在水平方向往往有很大的变化。因此,公式(40.6)所给出的 ρ 之值,只是在一定程度上代表岩石电阻率的平均值,称为岩石的**视电阻率**,以

ρ_K 表之。岩石的视电阻率等于虚构的均匀各向同性介质的真电阻率，在这种虚构介质中，当接地电极 A,B 和 M,N 间的距离及电流强度 I 各为一定时，所产生的电位差 $\Delta\Phi$ 等于在实际的非均匀介质中所测量的电位差。

可见视电阻率

$$\rho_K = K\frac{\Delta\Phi}{I} \tag{40.7}$$

与测量电极的电位差 $\Delta\Phi$ 和供电电流强度 I 的比值成正比，比例系数 K 只与供电电极和测量电极间的距离有关，称为测量装置系数。在四极对称装置中，$K=\pi L^2/(4l)$。

测量点 M 和 N 间岩石的视电阻率与其真电阻率之间的关系，对于 M 和 N 相距很近的装置中，是可以导出的。为此，把公式(40.5)写成

$$\rho_K = \frac{\dfrac{\Delta\Phi}{l}}{\dfrac{I}{\pi(L/2)^2}} = \frac{E}{\dfrac{I}{\pi(L/2)^2}}$$

而

$$E = i\rho_{MN}$$

式中 i 和 ρ_{MN} 分别为 M,N 间的电流密度和真电阻率；又

$$\frac{I}{\pi(L/2)^2} = i_0$$

为在均匀各向性介质中 M,N 间的电流密度，于是我们有

$$\frac{\rho_K}{\rho_{MN}} = \frac{i}{i_0} \tag{40.8}$$

即视电阻率与测量点所在介质的真电阻率之比，等于 M,N 间电流密度平均真值与假设的所探测介质是均匀各向同性且具有电阻率为 ρ_{MN} 的介质中的电流密度之比。

4. 二层介质的探测问题

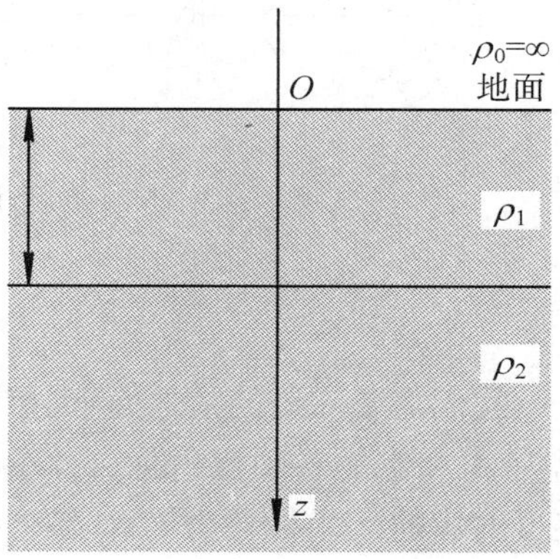

图 40.7

根据上述结果，我们讨论层状矿体或岩层的勘探问题。在勘探储油构造和工程地质时就常遇到这种情形。为简单计，我们只讨论层面是水平的，而且地面下只有二层介质，如图 40.7 所示的情形。上层介质的电阻率为 ρ_1，厚度为 h；下层介质的电阻率为 ρ_2，厚度为无穷大。勘探的目的就是要测出 h 以及 ρ_1 和 ρ_2。

先考虑单个供电电极 A 所产生的电位分布。设 A 点的位置为$(0,0,z_0)$，并取地面为 $z=0$ 的平面。除 A 点外，电位 Φ 满足拉普拉斯方程

$$\nabla^2\Phi = 0$$

在无穷远处，

$$\Phi = 0$$

在 A 点附近，

$$\Phi \approx \frac{\rho I}{4\pi r_A}$$

在地面上，

$$\left.\begin{aligned} &\Phi_0 = \Phi_1 \\ &\frac{1}{\rho_0}\frac{\partial \Phi_0}{\partial z} = \frac{1}{\rho_1}\frac{\partial \Phi_1}{\partial z} \end{aligned}\right\} \tag{40.9}$$

在层面上，

$$\left.\begin{aligned} &\Phi_1 = \Phi_2 \\ &\frac{1}{\rho_1}\frac{\partial \Phi_1}{\partial z} = \frac{1}{\rho_2}\frac{\partial \Phi_2}{\partial z} \end{aligned}\right\} \tag{40.10}$$

我们可用§40－1得出的结果，通过电像法逐步逼近求解。首先找出 A 点对地面的反射像 A_1 和折射像 A_1'，使得地面边值关系式(40.9)能够得到满足(图 40.8)。其次，考虑使层面处的边值关系式(40.10)能够满足；为此，必须引入 A 和 A_1 对层面的反射像 A_2 和 A_{12} 及折射像 A_2' 和 A_{12}'。这时，由于 A_2 和 A_{12} 的出现，式(40.9)又被破坏；为使式(40.9)能再度满足，可再引入 A_2 和 A_{12} 对地面的反射像 A_{21} 和 A_{121}。同样，在引入这些像后，式(40.10)又遭到破坏，需再引入对层面的反射像 A_{212} 和 A_{1212} 及折射像 A_{212}' 和 A_{1212}'。如此重复不已，修正愈来愈小，结果愈来愈精，问题的解将通过收敛的无穷级数之和表示出来。

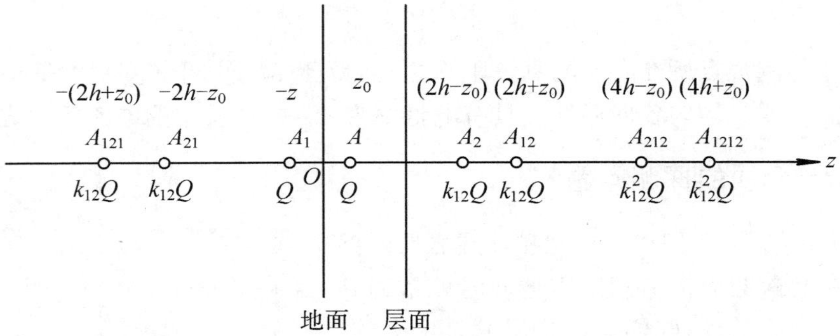

图 40.8

我们需要知道的是地面下、层面上介质 ρ_1 中的电位分布。在介质 ρ_1 中的电位将表达为 A 和它的各项反射像 $A_1, A_2, A_{12}, A_{21}, A_{121}, A_{212}, A_{1212}, \cdots$ 所产生的电位之和。这些反射像的 z 坐标各为 $-z_0, 2h-z_0, 2h+z_0, -(2h-z_0), -(2h+z_0), 4h-z_0, 4h+z_0, \cdots, 2nh-z_0, 2nh+z_0, \cdots$。

由于 $k_0 = \dfrac{\rho_0-\rho_1}{\rho_0+\rho_1} = 1$(因为空气不导电，$\rho_0=\infty$)，而 $k_{12} = \dfrac{\rho_2-\rho_1}{\rho_2+\rho_1}$，$A$ 和 A_1 的电荷都为 Q；A_2, A_{12} 和 A_{21}, A_{121} 的电荷都为 $k_{12}Q$；A_{212}, A_{1212} 和 A_{2121}, A_{12121} 的电荷都为 $k_{12}^2 Q$ ……当实际上电极 A 安置在地面上，即 $z_0=0$ 时，我们有

$$\Phi = \frac{2Q}{\varepsilon_1}\left[\frac{1}{\sqrt{x^2+y^2+z^2}} + \frac{k_{12}}{\sqrt{x^2+y^2+(z-2h)^2}} + \frac{k_{12}}{\sqrt{x^2+y^2+(z+2h)^2}}\right.$$
$$+ \frac{k_{12}^2}{\sqrt{x^2+y^2+(z-4h)^2}} + \frac{k_{12}^2}{\sqrt{x^2+y^2+(z+4h)^2}} + \cdots$$
$$\left.+ \frac{k_{12}^n}{\sqrt{x^2+y^2+(z-2nh)^2}} + \frac{k_{12}^n}{\sqrt{x^2+y^2+(z+2nh)^2}} + \cdots\right]$$
$$= \frac{\rho_1 I}{2\pi}\left[\frac{1}{\sqrt{x^2+y^2+z^2}} + \sum_{n=1}^{\infty}\frac{k_{12}^n}{\sqrt{x^2+y^2+(z-2nh)^2}}\right.$$
$$\left.+ \sum_{n=1}^{\infty}\frac{k_{12}^n}{\sqrt{x^2+y^2+(z+2nh)^2}}\right]$$

对于地面上各点，$z=0$，我们就得

$$\Phi = \frac{\rho_1 I}{2\pi}\left[\frac{1}{r} + 2\sum_{n=1}^{\infty}\frac{k_{12}^n}{\sqrt{r^2+(2nh)^2}}\right] \tag{40.11}$$

$$E = -\frac{\partial \Phi}{\partial r} = \frac{\rho_1 I}{2\pi}\left\{\frac{1}{r^2} + 2\sum_{n=1}^{\infty}\frac{k_{12}^n r}{[r^2+(2nh)^2]^{3/2}}\right\} \tag{40.12}$$

式中 $r^2 = x^2 + y^2$。把上两式与式(40.1)和(40.2)比较，就可知道后一项这个和的出现完全是由于距地面 h 处开始有不同的导电介质 ρ_2 存在的缘故。

对于地面上任意邻近两点 M 和 N 的电位差，可由式(40.12)按 $\Delta\Phi = E\Delta r$ 求得，式中，$\Delta r = r_N - r_M$。在四极对称装置中，由于另一供电电阻 B 的存在，测量点 M 和 N 间的电位差 $\Delta\Phi$ 将二倍于此值。又因 $\Delta r = l$，$r = L/2$，我们得

$$\Delta\Phi = 2E\Delta r = \frac{\rho_1 Il}{\pi}\left\{\frac{1}{r^2} + 2\sum_{n=1}^{\infty}\frac{k_{12}^n r}{[r^2+(2nh)^2]^{3/2}}\right\}$$
$$= \frac{\rho_1 Il}{\pi r^2}\left\{1 + 2\sum_{n=1}^{\infty}\frac{k_{12}^n}{[1+(2nh/r)^2]^{3/2}}\right\}$$
$$= \frac{4\rho_1 Il}{\pi L^2}\left\{1 + 2\sum_{n=1}^{\infty}\frac{k_{12}^n}{[1+(4nh/L)^2]^{3/2}}\right\}$$

代入式(40.6)，就得

$$\rho_K = \rho_1\left\{1 + 2\sum_{n=1}^{\infty}\frac{k_{12}^n}{[1+(4nh/L)^2]^{3/2}}\right\}$$
$$= \rho_1\left\{1 + 2\sum_{n=1}^{\infty}\frac{k_{12}^n (L/h)^3}{[(L/h)^2+16n^2]^{3/2}}\right\} \tag{40.13}$$

可见视电阻 ρ_K 的大小，除与 ρ_1 和 ρ_2 有关外，是供电电极距离对岩层厚度之比 L/h 的一个函数。

当 $L/h \to 0$，即 $L \to 0$ 或 $h \to \infty$ 时，$\rho_K \to \rho_1$。

当 $L/h \to \infty$，即 $L \to \infty$ 或 $h \to 0$ 时，

$$\rho_K \to \rho_1\left(1 + 2\sum_{n=1}^{\infty}k_{12}^n\right) = \rho_1\left(1 + \frac{2k_{12}}{1-k_{12}}\right) = \frac{1+k_{12}}{1-k_{12}}\rho_1 = \rho_2$$

逐渐增加供电电极间距离 L，来完成一系列的视电阻率测定，就可立刻知道 ρ_1 和 ρ_2 的近似值。

又若令 $L/h=\lambda,\rho_2/\rho_1=\mu$，则

$$k_{12}=\frac{\rho_2-\rho_1}{\rho_2+\rho_1}=\frac{\mu-1}{\mu+1}$$

于是式(40.13)可以写成

$$\frac{\rho_K}{\rho_1}=1+2\sum_{n=1}^{\infty}\frac{\left(\frac{\mu-1}{\mu+1}\right)^n\lambda^3}{(\lambda^2+16n^2)^{3/2}}$$

这样就明白指出视电阻 ρ_K 与 ρ_1 的比值 ξ 只是 μ 与 λ 的函数。以 μ 为参数，我们可以计算出一簇曲线：

$$\frac{\rho_K}{\rho_1}=\xi=f(\lambda)$$

用这些预先计算好的理论曲线，与由不同距离 L 所测出的视电阻率实测曲线 $\rho_K=f(L)$ 相比较，就可决定覆盖岩层的电阻率 ρ_1、它的厚度 h 及下伏岩层的电阻率 ρ_2。知道了 ρ_2 和 h，就可以确定下伏岩层的性质和它埋藏的深度，因为各种主要造岩矿物的电阻率都在实验室里测定过。例如：

黄铜矿	$10^{-5}\sim10^{-3}$ 欧姆·厘米
煤	$1\sim10^4$ 欧姆·厘米
赤铁矿	$10^2\sim10^4$ 欧姆·厘米
闪锌矿	$10^3\sim10^5$ 欧姆·厘米
硬石膏	$10^5\sim10^8$ 欧姆·厘米
石油	$10^7\sim10^{14}$ 欧姆·厘米
石盐	$10^{12}\sim10^{13}$ 欧姆·厘米

在实际勘探中，常遇见二个以上的多层界面及界面倾斜的情况，我们在此不多讨论了。在电子光学中用电解槽方法来求电场分布时，情况与此有很多相似，其中液面的影响也是常用电像法来考虑。

§41　金属导电性的电子论

1. 金属中的自由电子

我们已经指出过，电流在金属中流通时，并不使导体的化学组成发生任何变化。由此可知，金属的导电性和金属原子的运动无关，而仅由电子的移动决定。为了说明金属导电的电子性，必须假定金属中的原子，至少是一部分，离解成电子和正离子，因而金属中有很多的自由电子。这些脱离出来的自由电子，再不能说是属于某些原子的了，而成

为整个金属导体所公有。

金属都是晶体。晶体点阵是由位于点阵结点上的离子所构成的。重的离子只能在平衡位置附近完成微小的振动，而非常轻的电子——大约每个原子分出一个自由电子——则能在金属离子构成的结晶点阵里不间断地作不规则的热运动。在这个意义上，金属中的全体自由电子形成一种“电子气体”。如果有外电场存在，这些自由电子除参与紊乱的热骚动外，还在电力作用下作定向移动。这就形成了金属中的电流。金属中的电流是由于自由电子的移动而产生的这件事，曾由托尔曼和斯蒂华德于 1916 年用实验直接证明。

自由电子在它们的运动中不断与金属离子碰撞，因而把它们在电力作用下所获得的多余动能传递给离子，这样就使离子热运动（振动）能量增加，也即使金属变热（焦耳效应）。

为什么自由电子能在金属结晶点阵中，像理想气体分子在空间中一样，自由移动呢？这个问题可从电子与分布在晶格结点上的正离子之间的能量的研究得到回答。先考虑两个相邻的正离子 A_1^+ 和 A_2^+，每一离子与电子相互作用的位能 U 等于

$$U = -\frac{C}{r}$$

式中 C 为一常数，r 是电子至离子的距离。图 41.1 中的虚曲线表示与每一离子对应的位能 U 的值，离子之间的实曲线表示两个离子 A_1^+ 和 A_2^+ 所引起的总位能的变化情形。

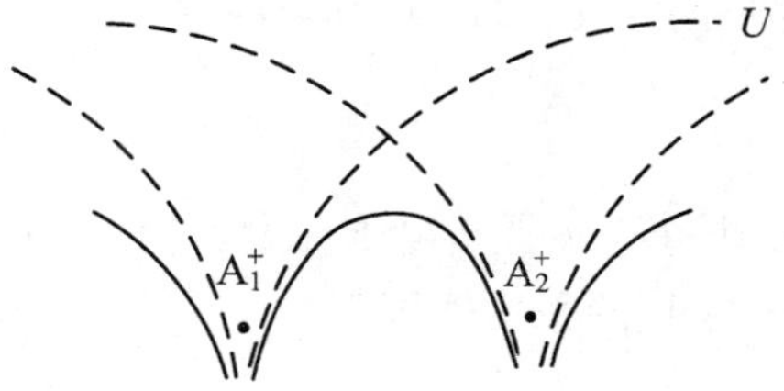

图 41.1

在晶体点阵中离子 A_i^+ 有规则地排列的情形下，全体离子所引起的总位能曲线，如图 41.2 所示。在离子之间的空间中，位能曲线是平的，仅在离子附近形成狭深的位能谷。这些位能谷的区域与位能曲线平部区域相较是很小的；因此，可以认为在金属内部位能有恒定的值 U_a。在金属外部，位能有某值 U_0，U_0 大于金属内部的位能 U_a。也就是说，金属内部的电子是在由 U_0 和 U_a 构成的位能阱内。如果设 $U_0 = 0$，则 $U_a < 0$。设电子的总能量有某值 U，U 满足不等式 $U_0 > U > U_a$，这样的电子能够在金属内部自由运动，但不能够从金属中飞出来，因为要把电子从金属中取出，必须作功

$$A = U_0 - U > 0$$

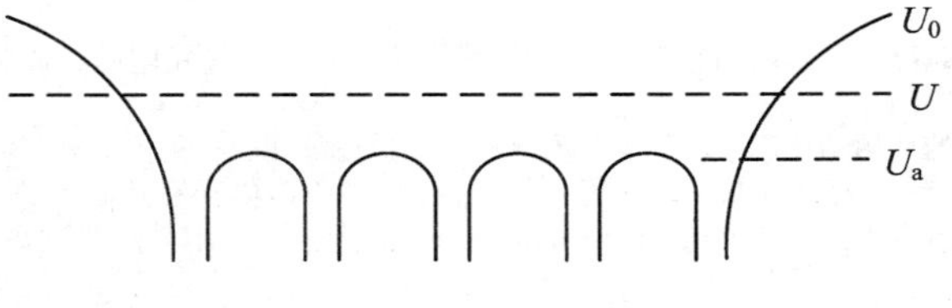

图 41.2

在金属受热时，金属电子的热运动速度不断地增大着；因而当温度充分高时，就有相

当数目的电子获得足够大的动能，足以克服金属表面阻力而逸出金属之外。这就是灼热金属的电子发射现象。热电子流强度和金属温度的数量关系，与上述热电子发射机理符合得很好。

大家知道，一切金属都是良好的导电体，同时也是良好的导热体。从电子论的观点看来，这种一致不是偶然的，而是由于一个共同原因——金属中有自由电子。和非导体不同，在金属中将热量从受热区段传导到相邻区段去，不单是靠原子，而且更主要的是靠自由电子。当易于运动的电子，在受热区段中获得附加的动能时，就比较迅速地在它们的运动中将这一能量传递到物体中的相邻区段，这样就大大地加速了热传导的过程。

2. 从电子论的观点研究欧姆定律和焦耳定律

为了求出金属导电性和表征金属性质的其它物理量之间的关系，我们利用公式

$$\boldsymbol{i} = ne\boldsymbol{V} \tag{41.1}$$

同时作为一级近似，我们将认为金属中的电子气体是理想气体。这就是说，在和离子或其它电子连续两次碰撞之间，电子只受外电场 $\boldsymbol{E}$ 的作用按照质点运动规律而运动着。

当外电场 $\boldsymbol{E}$ 不存在时，由于其热运动的不规则性，电子对晶格的平均速度显然等于零。在电场 $\boldsymbol{E}$ 的作用下，电子，于原有的热骚动之外，将获得某一平行于作用力 $e\boldsymbol{E}$ 的附加速度 $\boldsymbol{V}$。只有在和晶格离子连续两次碰撞之间电子作自由飞行的这段时间里，这一平行于力 $e\boldsymbol{E}$ 的速度 $\boldsymbol{V}$ 才会积累起来①。在每作一次这样的碰撞时，电子速度的方向和大小都是任意改变的。因而，在碰撞后的一刹那，$\boldsymbol{V}$ 的平均值等于零；而在碰撞前的一刹那，

$$\boldsymbol{V} = \frac{e\boldsymbol{E}}{m}\tau$$

式中 $e\boldsymbol{E}/m$ 等于电子在力 $e\boldsymbol{E}$ 作用下的加速度，τ 表示电子的平均自由飞行时间。这样一来，V 的平均值等于

$$\bar{V} = \frac{1}{2}\frac{eE}{m}\tau$$

另一方面，如果 λ 是电子的平均自由程，那么

$$\tau = \frac{\lambda}{u}$$

式中 u 是在没有外电场时电子不规则热运动速率的平均值。在所有实际情况下，由于 $u \gg V$，在计算电子速度平均数值时，附加的定向的速度 $\boldsymbol{V}$ 可以忽略不计②。

---

① 两个自由电子的碰撞不会影响到它们的平均速度，因为在两个质量相同的物体碰撞时，它们的速度矢量和是不会改变的（动量守恒定律）。

② 气体分子或原子的热运动速率平均值与其质量的平方根成反比。在室温下，气体分子或原子的热运动平均速率的数量级为几百米每秒。由于电子质量只是氢原子质量的 1/1836，电子在室温下的热运动平均速率 u 的数量级为几十万米每秒。在电流密度为 100 安培/厘米^2 的情况下，电子定向移动速率 V 的数量级只有千分之几厘米每秒，所以 $u \gg V$。

我们还要指出，欧姆定律（以及焦耳定律）的正确性是和 $V \ll u$ 这一事实紧密相关的。电子在电场 E 的作用下所获得的功能，在和金属离子碰撞时，几乎全部传给离子，因而电场存在时电子的平均速度只是略微地超过电场不存在时电子的平均速度。在真空中电子流的场合下，这些条件就不能成立。由于这个原因，也由于空间电荷的存在，欧姆定律就完全不适用了。

把上面得到的结果代入式(41.1)中,就有

$$\boldsymbol{i} = \frac{ne^2\lambda}{2mu}\boldsymbol{E}$$

由此可见,正像欧姆定律所要求的,电流密度是和电场强度成正比的;而这个比例系数,也即金属电导率 σ,原来就等于

$$\sigma = \frac{ne^2\lambda}{2mu} \tag{41.2}$$

我们且假定经典统计力学可以应用到金属中的电子上去。依照经典统计力学的结果,任何气体分子的热运动的平均平动动能,只依绝对温度 T 为转移,而与气体的化学本性及分子量无关;若近似取分子的平均平动动能为 $mu^2/2$,则

$$\frac{1}{2}mu^2 = \frac{3}{2}kT \tag{41.3}$$

式中 k 是玻尔兹曼常数。将这一关系式应用到金属中的电子气体上,就可从式(41.2)得到

$$\sigma = \frac{ne^2\lambda}{2\sqrt{3mkT}} \tag{41.4}$$

由此可见,金属单位体积内的自由电子数目 n 以及电子的平均自由程愈大,则金属的电导率 σ 就愈大。

遗憾的是,我们不能利用实验数据来直接验证这个公式,因为我们既不知道电子在金属中 n 和 λ 的值,也不知道它们和温度的关系。然而这一方程式毕竟还是可以间接验证的。间接的验证就是根据理论另去求出一个把 n 和 λ 与其他能实测的某量(如金属的导热系数、热容量或热电动势等)联系起来的关系式,再把这个关系式与式(41.3)及实验数据比较,我们留待下节再谈。

我们现在从金属电子论观点先来继续研究焦耳定律。电子在外电场 $\boldsymbol{E}$ 作用下运动时,在自由程的终点,得到了定向速度

$$V = \frac{eE\lambda}{mu}$$

积累了动能

$$\frac{1}{2}mV^2 = \frac{e^2\lambda^2}{2mu^2}\boldsymbol{E}^2$$

并于碰撞时,电子把自己的动能全部传递给金属的点阵骨架。在单位时间内,每一个电子要与点阵骨架平均碰撞 u/λ 次。因此,电子在单位时间内传递给单位体积的金属的总能量等于

$$W = n \cdot \frac{u}{\lambda} \cdot \frac{e^2\lambda^2}{2mu^2}\boldsymbol{E}^2 = \frac{ne^2\lambda}{2mu}\boldsymbol{E}^2 = \sigma\boldsymbol{E}^2$$

这就是焦耳定律。

由此可见,由金属导电性的电子理论能够直接得出欧姆定律和焦耳定律。

3. 金属的导电性与导热性之间的关系

金属是电的，同时也是热的良导体，绝缘体是电的，同时也是热的不良导体。因此，假定金属的导热性也是由于自由电子的作用是很自然的。

在金属中温度较高的区域内，电子与其四周达成平衡，因而具有较大的平均能量。当它转移到温度较低的区域时，它带有过多的能量，就使那里的温度升高。

在物体中，在单位时间内，从温度较高的区域传导到温度较低的区域中去的热量 Q，是与热流的截面积 S 及温度梯度 $\partial T/\partial x$ 成正比的，即

$$Q = \chi S \frac{\partial T}{\partial x}$$

式中 χ 称为导热系数。

从气体动力论，可以得到

$$\chi = \frac{1}{2} nku\lambda \tag{41.5}$$

式中 k 为玻尔兹曼常数，n 为单位体积内的气体分子数目，u 为气体分子运动的平均速度，λ 为气体分子的平均自由程。

金属中电子传热的机理，可以认为与气体分子传热的机理基本上相同。对于金属中的自由电子，我们可以与气体分子类比，也用式(41.5)来决定它的导热系数，并取导热系数 χ 与式(41.2)所表示的电导率 σ 之比，就得

$$\frac{\chi}{\sigma} = \frac{mu^2 k}{e^2}$$

我们暂且把电子热运动的平均动能 $mu^2/2$ 当作为经典电子理论所错误地采用过的一样，等于气体分子在同一温度下的平均动能，即等于 $3kT/2$(其实这是欠妥的，因为分子的平均速率 $u = \sqrt{8kT/(\pi m)}$)，则上式可以写成

$$\frac{\chi}{\sigma} = \frac{3k^2}{e^2} T \tag{41.6}$$

式中 k 和 e 为常数(玻尔兹曼常数和电子电荷)。

由此可知：导热系数 χ 与电导率 σ 之比，与金属的绝对温度成正比，而与金属的种类无关。把 $k = 1.38 \times 10^{-23}$ 焦耳/度和 $e = 1.6 \times 10^{-19}$ 库仑代入上式，并被 4.18 除(1 卡 = 4.18 焦耳)，则有

$$\frac{\chi}{\sigma} = 5.3 \times 10^{-9} T$$

式中 χ 以卡/(度·厘米·秒)计，σ 以欧姆$^{-1}$·厘米$^{-1}$计。

德曼和佛朗慈①测量了一系列金属的导热系数和电导率，并求它们之比。实验结果表明，对于各种不同金属，T 前面的系数介乎 4.6×10^{-9} 至 5.6×10^{-9} 之间。从而得到结论：这两量之比对一切金属大致相等，而且这一比值与计算所得颇为一致。

① 校者注：现分别译作维德曼、弗兰兹。

须知实验数据与理论的这个一致，只是在比值 χ/σ 上成立，说明公式(41.6)相当可靠，但并不保证公式(41.2)和(41.5)本身各与实际一定符合。事实上，如果利用麦克斯韦速度分布公式，使表示 χ 和 σ 的公式更为准确，则计算值与实验结果之间的符合程度反而变坏。这件事指出了上述的一致是带有偶然性质的，并指出理论的进一步发展的必要。

关于金属中自由电子的概念，虽然总的看来，能够说明导电现象和许多其他有关的现象，但是在不少情况下，根据这个概念得出的理论结果与实验数据之间仍然有严重的分歧。表示电导率的式子 $\sigma = ne^2\lambda/(2mu)$ 含有两个常数：金属单位体积内的自由电子数目 n 和电子的平均自由程 λ，这两个常数是不能够用实验直接测定的。洛伦兹假定 n 的数量级与单位体积内的原子数目相同，而 λ 等于结晶点阵里两个离子之间的距离。这些假定是很自然的，而且不与电导率的实验值矛盾。但是表示 σ 的式子，却没有表示出它和温度的正确关系。在表示 σ 的式子里，与温度肯定地有关系的一项是电子的热运动速率 u，而按气体动力论，热运动速率是和绝对温度 T 的平方根成正比的。另一方面，实验证明，电阻率 ρ 是和绝对温度成正比的，因而电导率 σ 与温度的一次方成反比。为了求与实验符合，必须假定乘积 $n\lambda$ 与绝对温度的平方根成反比而变化；但是这个假定是难以论证的。

理论上的概念与实验结果之间的另一不符合的情况更为严重。关于金属中有大量的自由电子在运动着并且具有能量的这一假定，引导出如下的结论：导体的热容量应该比不导电的固体的热容量大很多，因为金属的热容量将是离子点阵热容量和自由电子热容量之和，而固体电介质的热容量只是晶体点阵的热容量。它们之间的差就是自由电子的热容量。如果假定自由电子的数目与原子的数目有相同的数量级，则每一克分子的导电物质有附加的内能，即不规则地运动着的电子的能量。这能量等于 $\frac{3}{2}kNT = \frac{3}{2}RT$，式中 R 是气体常数，N 是 1 克分子物质的分子数目。这些自由电子的热容量 C_V(在体积不变的情形下)，也即使温度升高 1 度所需的能量，等于

$$C_V = \frac{3}{2}R$$

从此就会得出错误结论：金属导体的克分子热容量要比不导电固体的克分子热容量大 $3R/2 \approx 3$ 卡/(度·克分子)。但是实验证明，导电与不导电的固体同样地满足杜隆-珀蒂定律。这就是说，导电固体的克分子热容量，和不导电固体的克分子热容量一样，约等于 6 卡/(度·克分子)，而不像上面所要求的那样，等于 9 卡/(度·克分子)。从经典观点来看，这种情况是相当古怪的：自由电子传递热量，但是和热容量无关。不过事实确是如此。

根据实验数据来说，实测的金属热容量与实测的固体电介质热容量之差，即自由电子的热容量，是一个极其微小的量。这个微小的量，只有在自由电子密度 n 的值很小，因而电导率十分小的情形下，才能和单位体积自由电子的热容量 $c_V = \frac{3}{2}nk = \frac{3}{2}\frac{n}{N}R$ 取得一致。更具体地说，如果硬要使金属中电子气体的热容量等于和实验数据相符的最大数

值，那么从 c_V 的表示式中，可以决定自由电子密度 n 的上限。把这个 n 值代入式(41.4)，又可从实测的 σ 值，决定电子平均自由程 λ 的下限。这样计算的结果，就银来说，在标准温度下，$\lambda \geqslant 5\times 10^{-5}$厘米，而在 $T = 14$ K 时，$\lambda \geqslant 2\times 10^{-3}$厘米。可见，在经典电子论的范围内，上面得出的电子在连续两次碰撞之间飞行的自由程的数值，绝不能和下列事实取得协调：金属（其它固体也是一样）晶格中两个邻接原子之间的距离的数量级不过 10^{-8}厘米。

这个矛盾是反对经典金属电子论的一个极为重要的理由。按照电子理论，接触电动势、热电动势、磁电现象等实验数据，也是自由电子密度 n 和自由程 λ 的函数。从这些不同现象的实验数据，又会得到一系列十分不同的 n 和 λ 之值。

综上所述，经典自由电子论能够极其简单地解释金属的基本性质以及其中所发生的现象，然而它不能够对这些现象作任何统一的、不相矛盾的、定量的描述。企图从不同的现象去决定理论的基本常数 n 和 λ 时，就会得出这两个量的一连串彼此绝对不能取得协调的数值。

4. 金属中电子的量子统计

量子论的发展阐明：金属电子论的基本困难，与其说是由于金属中有自由电子存在这一假定过于简单，不如说是由于在这些电子上应用了经典统计力学而引起的。

按照量子论，电子气体并不遵循经典统计力学，而遵循所谓费米-狄拉克统计力学：

$$dn = \frac{4\pi(2m)^{3/2}}{h^3}\cdot\frac{E^{1/2}}{\exp\left(\frac{E-E_i}{kT}\right)+1}dE \tag{41.7}$$

式中 dn 为每一立方厘米内能量介乎 E 和 $E+dE$ 之间的电子数目，m 为电子质量，h 为普朗克常数，等于 6.624×10^{-27}尔格·秒，k 为玻尔兹曼常数，T 为绝对温度，而 E_i 为 $T=0$ 时电子的最大能量，这可从下面看到。

在绝对零度的温度下，若 $E>E_i$，则从上式可知 $dn=0$，这就说明 E_i 为电子在 $T=0$ 时的最大能量；又若 $E<E_i$，则

$$dn = \frac{4\pi(2m)^{3/2}E^{1/2}}{h^3}dE$$

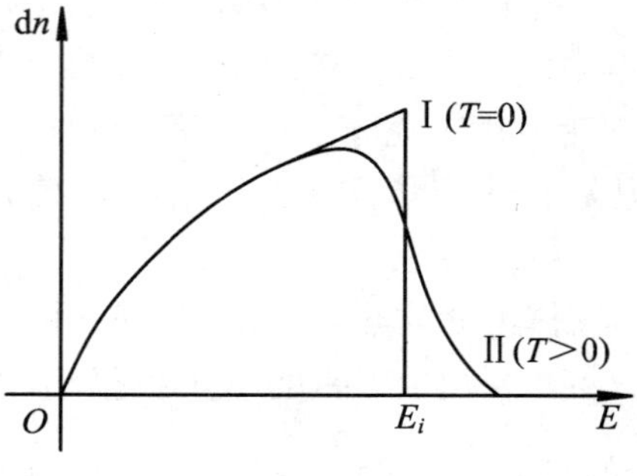

图 41.3

如图 41.3 中曲线 I 所示。从

$$n = \frac{4\pi(2m)^{3/2}}{h^3}\int_0^{E_i}E^{1/2}dE = \frac{8\pi(2m)^{3/2}}{3h^3}E_i^{3/2}$$

就可得出电子在绝对零度时的最大能量

$$E_i = \frac{h^2}{2m}\left(\frac{3}{8\pi}n\right)^{2/3}$$

以 $h=6.6\times 10^{-27}$，$m=9\times 10^{-28}$和 $n=6\times 10^{22}$（大约相当于 1 立方厘米银中的电子数目）代入，就得

$$E_i = 8.9\times 10^{-12}\ \text{尔格} \approx 5.6\ \text{电子伏}$$

如果用电子总数 n 去除全部电子的总能量，则得绝对零度时电子的平均能量

$$\bar{E}=\frac{\int_0^{E_i} E\mathrm{d}n}{n}=\frac{4\pi(2m)^{3/2}}{nh^3}\int_0^{E_i} E^{3/2}\mathrm{d}E$$

$$=\frac{3}{10}\frac{h^2}{m}\left(\frac{3n}{8\pi}\right)^{3/2}=\frac{3}{5}E_i$$

就银来说，$\bar{E}\approx 3.4$ 电子伏。

可见电子能量，在绝对零度时不为零，而且是相当大的，与经典统计结果认为应等于 $3kT/2$ 者不同，绝对零度并不相当于电子停止运动或者电子没有动能，而只是相当于它的能量极小值，所谓零点能量。这个零点能量已经是不管用什么方法都不能从金属中取走了。在物理上，这是极其明显的，比方说，把孤立原子或分子冷却到绝对零度时，组成原子的电子还是继续不断地围绕原子核运动着，其实晶体就是一种巨大的分子。

我们进一步来研究：热运动在金属电子的能量分布上将引起怎样改变。

在通常温度下，一部分电子，由于获得了附加的热能，有可能跃迁到高于 E_i 的能级上去，这样就有相等数目的低于 E_i 的能级空出来。但是热运动传递给电子的平均能量在室温下仅约为 $kT=0.03$ 电子伏，而 $E_i\approx 5\sim 10$ 电子伏，其下的全部能级原来又都是装满了电子的；那么能够跃迁到较高能级中去的大部分电子，其原来能量应比 E_i 只小百分之几电子伏。同时它们超过 E_i 的能量值也应当在邻近百分之几的电子伏范围以内，只有 $E-E_i$ 在数量级上接近 kT 的那些能级被电子充满的几率才明显地不等于零。

由此可见：热运动对金属中电子分布的影响将只限于界面 E_i 的附近，比这一界面 E_i 低百分之几电子伏以内的能级将有一部分是空着的了；而一部分高于 E_i 百分之几电子伏以内的能级将为电子所占据。而且离开界面 E_i 的距离与 kT 之比愈大，则其中的电子密度与绝对零度时的密度相差也就愈小，有如图 41.3 中曲线Ⅱ所示情形。

在什么情形下，费米-狄拉克统计力学与经典统计力学的结果才会一致呢？那就要 $\exp\left(\frac{E_i}{kT}\right)$ 是如此之小，使得式(41.7)中 1 比起 $\exp\left(\frac{E-E_i}{kT}\right)$ 来可以忽略不计。这样一来，式(41.7)就可写成

$$\mathrm{d}n=\frac{4(2\pi m)^{3/2}}{\pi^{1/2}}\cdot\frac{\exp\left(\frac{E_i}{kT}\right)E^{1/2}}{h}\exp\left(-\frac{E}{kT}\right)\mathrm{d}E$$

事实上，在这一情形中，我们可以如次决定 $\exp\left(\frac{E_i}{kT}\right)$ 的值：把上式积分，就有

$$n=\frac{4(2\pi m)^{3/2}}{\pi^{1/2}}\cdot\frac{\exp\left(\frac{E_i}{kT}\right)}{h^3}\int_0^{\infty}E^{1/2}\exp\left(-\frac{E}{kT}\right)\mathrm{d}E$$

$$= \frac{4(2\pi m)^{3/2}}{\pi^{1/2}} \cdot \frac{\exp\left(\frac{E_i}{kT}\right)}{h^3} \cdot \frac{\pi^{1/2}}{2}(kT)^{3/2}$$

$$= \frac{2(2\pi mkT)^{3/2}}{h^3}\exp\left(\frac{E_i}{kT}\right)$$

从而得

$$\exp\left(\frac{E_i}{kT}\right) = \frac{nh^3}{2(2\pi mkT)^{3/2}} \tag{41.8}$$

称为“退化参数”，把它代入 $\mathrm{d}n$ 的表示式中，并以 $mu^2/2$ 代替 E，我们就有

$$\mathrm{d}n = 4\pi n\left(\frac{m}{2\pi kT}\right)^{3/2} u^2\exp\left(-\frac{mu^2}{2kT}\right)\mathrm{d}u$$

这就是经典的麦克斯韦的气体分子的速率分布定律。

由此可见，只有在退化参数 $\exp\left(\frac{E_i}{kT}\right) \ll 1$ 的条件下，经典统计力学才能应用到电子气体中去。实际上，对于金属中电子气体来说，由于电子密度的巨大和电子质量的微小，这个条件是绝不能满足的。在式(41.8)中，代入下列各值：$n = 6\times10^{22}$ 厘米$^{-3}$ 和 $m = 9\times10^{-28}$ 克，相当于银中的电子；$T = 300$ K，相当于室温；我们得到 $\exp\left(\frac{E_i}{kT}\right)$ 之值为 2500。在这样大的 $\exp\left(\frac{E_i}{hT}\right)$ 值之下，式(41.7)分母中的 1 不可能略掉。所以金属中的电子遵循着与经典统计迥然不同的费米-狄拉克统计。

要退化参数 $\exp\left(\frac{E_i}{kT}\right) \ll 1$，质量 m 必须远大于电子质量，或者密度 n 远小于金属中的自由电子。前者是普通气体的情形，后者是电子半导体的情形，每单位体积电子半导体中的自由电子数目为 $10^{12}\sim10^{18}$，$\exp\left(\frac{E_i}{kT}\right)$ 之值将为 $4\times10^{-8}\sim4\times10^{-2}$，所以对于电子半导体而言，气体定律和经典统计在很大的近似程度上是正确的。

可能提出这样的问题：在什么样的温度 T_K 之下，金属中的电子气体才具有普通气体的性质？为此，必须使 $\exp\left(\frac{E_i}{kT}\right)$ 之值为 1 的数量级或远小于 1。以 $\exp\left(\frac{E_i}{kT}\right) = 1$ 代入式(41.8)，即可估计这一温度，虽然在这样的条件下，该式本身已不准确。对于普通金属，例如银，退化温度为

$$T_K = \left(\frac{n}{2}\right)^{2/3} \frac{h^2}{2\pi mk} = 5.3\times10^4\ \mathrm{K}$$

所以经典电子理论的假设认为，在平常温度下，电子的平均能量等于气体分子的能量，即 $3kT/2$，要导致错误的结果，就不足为怪了。只有当温度高于 53000 K 时，金属的电子，假如它能存在于这种温度下的话，才适合于普通气体的定律，也即电子气体才是非退化的。在半导体中，因为电子气体的密度是如此之低，T_K 的数值大为减小，其中的电子气体在室温时已经是非退化的了。

5. 金属电子的能量和热容量

把费米-狄拉克统计应用到金属的电子上，经过必要的计算，就可以消除前面经典理论结果与导电率和热容量实验值的矛盾。

事实上，1 厘米^3 的电子的能量，按照式(41.7)，可以表示为

$$E = \int E \mathrm{d}n = \frac{4\pi(2m)^{3/2}}{h^3}\int_0^\infty \frac{E^{3/2}\mathrm{d}E}{\exp\left(\frac{E - E_i}{kT}\right) + 1}$$

在 $E_i/(kT)$ 足够大的条件下，在第二级的准确度内，这一表示式可以用下式近似地代表：

$$\begin{aligned} E &= \frac{3}{5}nE_i + \frac{\pi^2}{4}\frac{nk^2T^2}{E_i} \\ &= \frac{3}{10}\left(\frac{3n}{8\pi}\right)^{2/3}\frac{nh^2}{m} + \frac{\pi^2}{2}\cdot\frac{nmk^2}{h^2}\left(\frac{8\pi}{3n}\right)^{2/3}T^2 \end{aligned} \tag{41.9}$$

取上式足够精确的第一级近似值，则金属中的平均动能原来等于

$$\frac{1}{2}mu^2 = \frac{E}{n} \approx \frac{3}{5}E_i = \frac{3h^2}{40m}\left(\frac{3n}{\pi}\right)^{2/3}$$

可见金属中自由电子的平均动能不与绝对温度 T 成正比(和从经典公式所得结论不同)，在第一级准确度内根本与绝对温度无关，唯一地决定于电子密度。

从上式解出 u 的值并代入式(41.2)中，我们得到

$$\sigma = \sqrt{\frac{5}{3}}\left(\frac{\pi}{3}\right)^{1/3}\frac{e^2n^{2/3}}{h}\lambda \tag{41.10}$$

由此可见，电导率 σ 随温度的改变，实质上，只由电子自由程 λ 对温度的关系来决定，因为电子密度 n 几乎完全不依 T 为转移。这个 λ 对 T 的依赖关系可以根据量子力学计算出来，而得到正确的电导率和温度的关系曲线：在平常温度和高温度下，σ 和 T 成反比；而在很低的温度下，σ 和 T^5 成反比；对没有杂质的纯金属，当 T 趋于零时，σ 趋于无穷大。但是我们必须指出，即使在平常温度下，电子的自由程也要超过金属原子间距离的几百倍。

电子平均能量随着温度而起的改变并不显著，这就表示电子气体的热容量很小，从式(41.9)，可得 1 厘米^3 金属中电子的热容量

$$C_V = \frac{\mathrm{d}E}{\mathrm{d}T} = \pi^2\frac{nmk^2}{h^2}\left(\frac{8\pi}{3n}\right)^{2/3}T$$

对于 1 厘米^3 的银的电子，$n = 6\times10^{22}$ 厘米$^{-3}$，$T = 300$ K，我们得 $C_V = 2\times10^5$ 尔格/(度·厘米^3)≈0.005 卡/(度·厘米^3)。而 1 厘米^3 内 6×10^{22} 个银原子的热容量，我们知道，等于 0.6 卡/(度·厘米^3)。

可见附加的电子热容量，仅约为金属热容量的 1%。这就说明了为什么在金属和绝缘体的热容量之间，看不到有显著的区别。金属中大量存在的自由电子，虽然参与了热的传导，但是实际上几乎影响不到金属的热容量。但是在接近绝对零度的时候，固体的

热容量降低了几百倍，电子气的热容量开始占优势。

6. 晶体的能带

为了比较金属与绝缘体的性质和说明半导体的性质，必须更详细地研究一下晶体中电子的能级。

假如已知原子的能级，我们研究这些原子接近时的情况，就能够想象出晶体的形成。当它们趋近的时候，原子开始相互作用，对在原子中不同能级的各个电子产生不同的影响。最深处的电子所受的扰动很小；当原子再被分开时，它们仍停留在它们所组成的原子深处。但是最外层的价电子的运动将被扰动得很厉害。对外围的价原子来说，它与相邻原子的作用能和它与原来它所属的原子的作用能可具有相同的数量级，有时甚至前者还要大些。因此，全部价电子的总体形成单一系统，它整个地与全物体相联系。如果原子在空间中作有规律的排列，形成结晶点阵，最外层的个别电子可以完全失掉与它原先所属的原子之间的联系，能够自由地在结晶点阵间运动，成为所谓自由电子。

根据泡利原理，在同一个能级中（假定它"未退化"）不能够有多于两个的电子，而且这两个在同一能级中的电子的自旋方向应该相反。在稀疏的气体中，我们可以把每个原子当作独立的量子系统，并要求在每个原子的范围内没有两个电子具有完全相同的量子状态，而处于不同原子内的电子可以允许它们有相同的量子状态。固体或液体则必须认为是单一的系统，在其中所有的电子都应当处于不同的状态。量子力学对晶体中电子运动所作的分析表明，如果构成结晶点阵的原子数目等于 N，则价电子原先相同的能级，由于原子间互相作用的影响，分裂成 N 个彼此不同而又很接近的能级。当 N 很大时，这些能级几乎形成一个连续的带（图 41.4）。自由电子在晶体中的运动可以具有能带范围内的不同的能量。原子中的价电子有若干许可能级，所以一般地说，晶体中形成若干许可能带。这些许可能带之间相隔的距离 d 与许可能带本身的宽度 Δ 有相同的数量级。

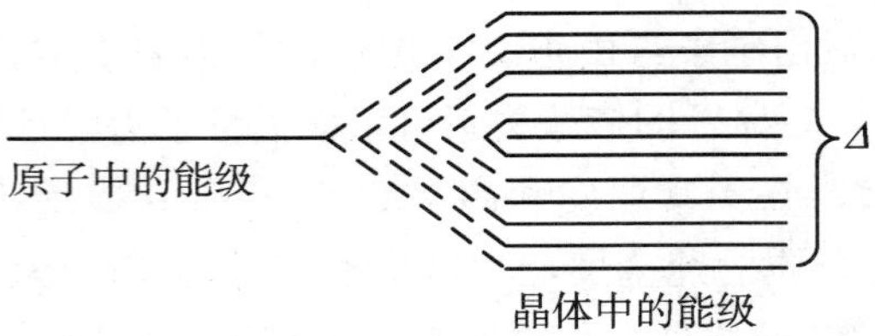

图 41.4

为了说明在外电场存在时有什么情况发生，必须研究一下电子在能带中的各种分布情形。设晶体中有两个能带，它们之间有充分宽的间隔，而且下面这个能带中次能级的数目恰好等于自由电子数目的一半。在这种情形下，整个下面能带填满了电子，而上面能带中没有电子，如图 41.5(a)所示。在这图中用带箭头的点子表示电子，箭头表示电子自旋的方向。如果不十分强的话，外电场不能够把下面能带中的电子迁移到上面能带中去，因为这两个能带之间有很宽的间隔。外电场根本不能够改变电子的运动状态，也就是说，不能够使电子得到附加的速度。因此，在外电场作用下，晶体中不发生电流；这种晶体即为电介质（绝缘体）。如果不是整个下面能带都填满了电子（图 41.5(b)），那么，甚至很弱的外电场也能够使电子迁移到最靠近的空的能级中，也就是使电子运动。这样的晶体即是金属导体。

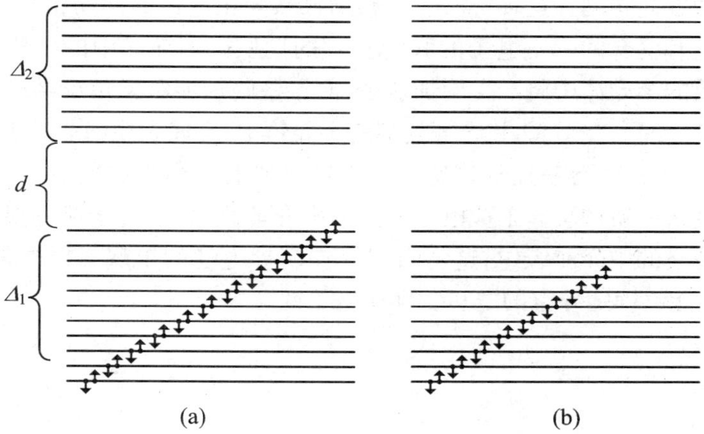

图 41.5

由上所述可知,量子论与经典理论是以完全不同的方法解释电介质与金属之间的区别的。从经典的观点来看,电介质中所有的电子都牢固地维系在自己的原子附近;而在金属中有自由电子,它们在外电场的作用下的迁移运动形成电流。从量子论的观点来看,在电介质和金属中都存在着"自由的",即不和一定的原子有联系的电子。电介质与金属间的区别在于电子能带的填充情形和相对位置之不同。

能带论不仅消除了经典理论在解释金属的导电率时所遭遇的困难,而且说明了半导体的性质。电工学只知道电阻率为 $10^5 \sim 10^{15}$ 欧姆·厘米的绝缘体和电导率在 $10^5 \sim 10^6$ 欧姆$^{-1}$·厘米$^{-1}$的金属。电导率在 $10^{-5} \sim 10^{-10}$ 欧姆$^{-1}$·厘米$^{-1}$范围内的半导体,过去没有得到工业上的利用,因而也没有得到物理学上的研究。半导体研究的发展是最近 30 年来的事,虽然我们周围自然界中的一切无机物差不多都是由半导体构成的。

半导体的特点是,在它里面和在电介质里面一样,整个下面能带填满了电子(图 41.5(a)),但是它的两个能带之间的距离 d 不大。在这种情形下,一部分电子,在热运动的影响下,能够过渡到上面能带,因而能够产生若干导电性。这种电子的数目 n 迅速地随着温度的升高而增大。理论证明

$$n = \alpha \exp\left(-\frac{B}{2kT}\right)$$

式中 α 和 B 是常数。根据上式,电导率与温度之间的关系成为

$$\sigma = \sigma_0 \exp\left(-\frac{B}{2kT}\right)$$

正如§38-4 中所指出的。σ 与 T 之间的这种关系正是半导体的特征。降低温度时,半导体的电导率减小;趋近绝对零度时,电导率接近于零。没有热运动,电子就不能参与电流的传递作用。这个特征就给半导体与金属之间划出一道明显的界限。

半导体的电导率还另有一个特点。电子从下面的满能带过渡到上面的能带时,就在下面的能带中遗留一个空的位置——"空穴"。这使下面能带中的电子有占据这个"空

穴”从而也有参与导电过程的可能。由于电子在外电场作用下的移动，“空穴”沿与电子运动方向相反的方向移动。这种“空穴”的移动显然与正电荷的移动相当。由此可见，半导体的导电性具有混合的——电子的和“空穴”的性质。半导体中的杂质起着特殊的作用。在含有杂质的半导体中将产生附加能级，而这些附加能级又位于纯净半导体的下面能带与上面能带之间。在 CuO，PbS 等类型的半导体中，金属杂质引起填满电子的中介能级的出现，电子能够比较容易地从这些中介能级过渡到上面空的能带中，从而产生电子的导电性。拟金属杂质则引起未被电子填满的中介能级出现，电子能够很容易从下面满带中过渡到这种空的中介能级中，这就引起“空穴”导电性的出现。根据霍尔效应（参看§45－4）的符号能够确定导电的“空穴”性或电子性。

第6章　磁场和电流的相互作用

§42　在本章中所讨论的现象的通性

在本章中将讨论下列两个互相关联的重要现象：

(1) 电流在它的周围产生磁场。把一小磁针挂在金属线的旁边，当线中通过电流时，即见磁针受有转向作用。

(2) 反之，在一个无论由何而生(例如由磁铁产生)的磁场中，一根导线，其中有电流通过时即感受力的作用，可使它移动或使它所成的电路变形。

我们研究这两类现象而得到的定律，又可分成两种形式：

(1) 一种是基元定律，有关的只是电路中无穷短的一小段，告诉我们这一小段所受磁场的作用力，或是由于这一小段所产生的磁场。

(2) 一种是整体定律，有关的是整个电路，直接告诉我们的既不是力，也不是场，而是在某一移动中所作的功。

由电流而发生磁场与磁场对于电流的作用这两种现象，不可分割地互相联系着，成为作用与反作用的关系。如果我们知道了关于这两种现象中任一种的定律，就可知道另一种对应的定律。因此我们可以从任一种现象开始研究。不过从磁场对于电流的作用来研究起比较简单。我们很容易地能让电路中的一小部分可以移动，因而可以单独研究它所受的机械作用。所得基元定律，又是非常简单，而且具有物理的实在性，可由实验来发现或验证。不像在电流产生磁场的现象中，我们实际上无法在电路中隔离一小段电流，来单独研究这一小段电流所产生的磁场。真要隔离一小段电流，不就把电路割断，从而取消了电流吗？所以在这方面的基元定律，只是我们思考时的一种设想，只能把它应用到整个电路上，而知其结果与事实不相违背而已。

§43　磁场对于电流的作用

1. 基元定律

若研究磁场对于整个电路的机械作用，所得结果，就其外表来说，显得极为复杂。由于电路的各部分既有机械的固定的联系，它们所受的作用就要互相合成，成为一个复杂的结果，我们再不容易知道各部分所受的作用究竟是怎样一回事。

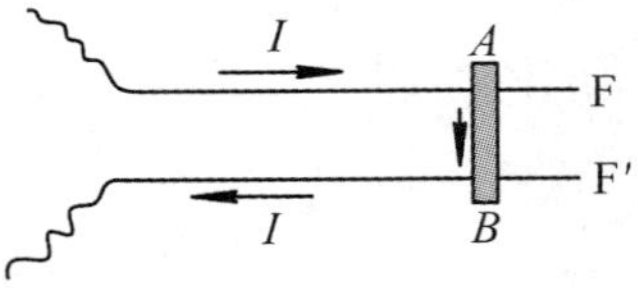

图 43.1

反之，若分开来研究磁场对于电路中某一小段电流(电流元)的作用，将见结果甚为简单。为此，其中有一段电路必须可以移动，而又不会因为它的移动以至割断电路，可有各种装置方法。例如图 43.1 所示，电流由两根平放的粗铜线 F，F′流进与流出，AB 为可在此两铜线上滑动的线段。也可把这可滑动的线段浮于两槽水银之间，这两槽水银是用来引进与引出电流的。又如图 43.2 所示，这段直线 AB 可由两根细铜线 CA，DB 悬挂起来，使它有作某些运动的自由，CA 与 DB 同时作为引进、引出电流之用。在这个装置中，还应注意这两根悬线也可受到磁场的作用。最后，也可将铜线 AB 的一端 A 挂起来(图 43.3)，另一端 B 浸在一个水银槽中，这样电流由 B 通入，由 A 通出，而 AB 可以绕悬点 A 运动。

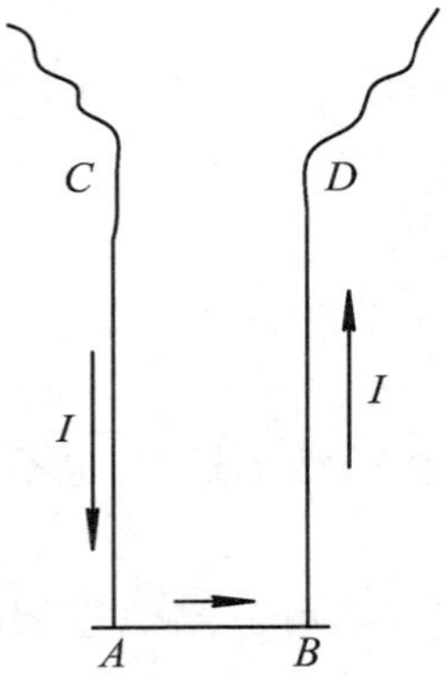

图 43.2

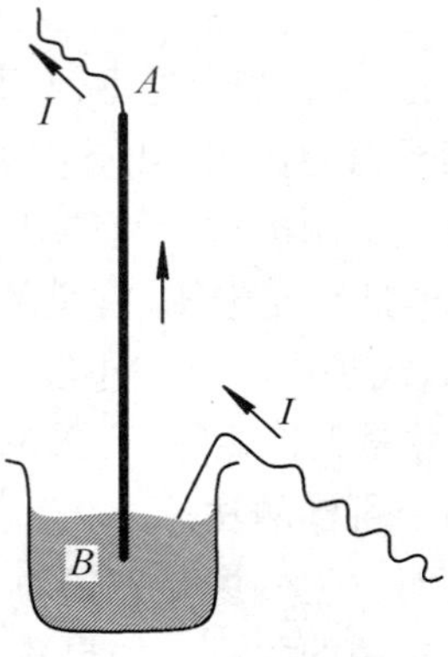

图 43.3

至于磁场，可用一块蹄形磁铁来产生。在其两极之间，磁场近乎均匀，磁力线为自磁铁北极到南极的平行直线，把这个磁场作用于电流通过的电路中的可动部分，将见下面这些事实。

可动线段丝毫没有要旋转的倾向，可知其所受的作用不为力偶，而为力；线段也没有要在它自己方向滑动的趋势，可知其所受的力无沿这段电流方向的分量，换言之，必是正交于这段电流的。它又正交于作用的磁场：如图 43.1 的装置中，假设磁场正交于图的平面，线段 AB 就要向左或向右移动。由此可知，这段电流所受的力正交于电流 AB 与磁场所成的平面。至于这个力的方向，在图 43.1 的装置中，又将见其既要随电流的反向而反向，也要随磁场的反向而反向。

还待探求的就是这个力的大小问题。力的大小决定于磁场强度、电流，以及磁场与线段两者之间的方向关系。最后一因素，可由磁场强度 $\boldsymbol{H}$ 与线段 AB 所成的角 α 来规定(图 43.4)。当 $\alpha=0$，即 AB 平行于磁场时，磁场对电流不起作用，此可于图 43.1 的装置中实验而知。反之，作用最大适在 α 成直角之时(即磁场与电流 AB 正交)。在一般情形下，起作用的只是正交于 AB 的磁场分量；换言之，这个作用与 α 角的正弦成正比。

另一方面，磁场越强，则作用越大。故作用之力又与磁场强度成正比。

最后，有关线段电流 AB 的，一为线段的长短，二为电流的强度。两个等长的线段，通过同大的电流，放在同一磁场内，自将受到相等的力；由此可知，线段所受的力与其长度成正比。至于电流强度的影响，我们就取这个作用力的大小作为电流的量度。因此这个作用之力，依定义，正比于电流强度。

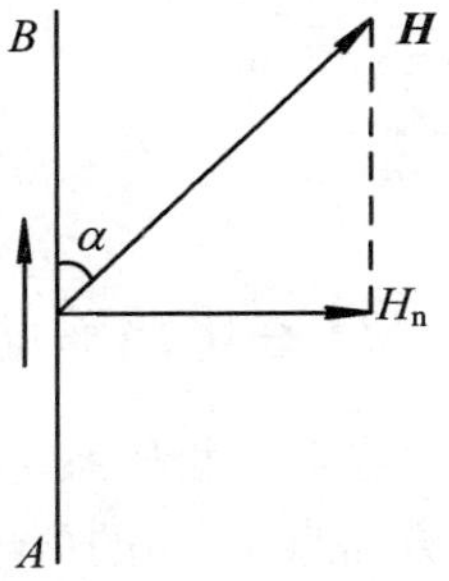

图 43.4

现在我们可以归结起来，说出磁场对一小段电流作用之力的基元定律如下：

把有电流 I 通过的电路中长为 l 的一段放在强度为 $\boldsymbol{H}$ 的磁场中，这段电流受到一个作用之力，正交于 $\boldsymbol{H}$，其大小为

$$F = klIH\sin\alpha \tag{43.1}$$

至于这个力的方向，是这样确定的：假设有一个观察者，沿这线段站起来，使电流从脚下通到头上，磁场又从他的背后通向胸前（安培式的观察者），那么伸出他的左手，指的就是这个作用之力的方向。例如在图 43.4 中，作用力是从前指向画面之后。

式(43.1)中的比例常数 k 随所用单位而定。我们就利用它来规定电流强度的单位。在 CGS 电磁单位制中，力 F 的单位为达因，长度 l 的单位为厘米，磁场 H 的单位为高斯，于是电流强度的单位即由 $k=1$ 这个条件来规定。因得 CGS 电磁单位制电流单位的定义如次：所谓 CGS 电磁单位电流，就是当它在导线中通过而正交于磁场时，1 高斯的磁场对每 1 厘米长的导线施以 1 达因的力。反之，若电流强度的单位已定，则式(43.1)可以看做磁场强度这一概念的定义，用来规定磁场强度的单位。

电流的实用单位安培等于 0.1 CGS 电磁电流单位。以所用单位之不同，上式可具下列两种形式：

$$F(\text{达因}) = l(\text{厘米}) \times I(\text{CGS}) \times H(\text{高斯})\sin\alpha$$

或

$$F(\text{达因}) = 0.1l(\text{厘米}) \times I(\text{安培}) \times H(\text{高斯})\sin\alpha$$

于说理行文和在数学运算中，我们将一律采用 CGS 制单位①，以求简单，但在实际应用中，电流自须以安培表出。

当一部分的电路成为一个不变的固体时，将有一组之力，作用于其各段上，我们可依静力学法则而加以合成。一般来说，合成的结果将为一个力与一个力偶，例外的有时可为一个单纯的力，有时也可为一个力偶而没有力。我们将在讨论了关于功的定理之后，再举几个例子。

值得注意的是，式(43.1)表明，这个作用之力 $\boldsymbol{F}$ 就是 $\boldsymbol{H}$ 与 $I\boldsymbol{l}$ 这两个矢量的矢量积。设 $\mathrm{d}x,\mathrm{d}y,\mathrm{d}z$ 为电流线段 $\mathrm{d}l$ 在坐标轴上的正射影，又设 H_x,H_y,H_z 为磁场 $\boldsymbol{H}$ 沿坐标轴

① 校者注：本书在磁学部分采用 CGS 电磁单位，通常略记为 CGSM 或 emu；前面电学部分采用 CGS 静电单位，通常略记为 CGSE 或 esu。

的分量，就得磁场对该线段电流作用之力 d$\boldsymbol{F}$ 的分量的分析式：

$$\left.\begin{aligned} dF_x &= I(H_z dy - H_y dz) \\ dF_y &= I(H_x dz - H_z dx) \\ dF_z &= I(H_y dx - H_x dy) \end{aligned}\right\} \tag{43.2}$$

2. 在电路移动中磁力所作的功

在研究物质系统受力的作用时，我们每求此等力在物质系统移动中所作的功。从许多方面来说，功的概念饶有意义。功的式子每比力的式子来得简单。盖力须合成，合成所得通常又不为一单独的力，而各力所作之功则为标量，可以代数地相加。再则，功的符号之为正或负，即可指示某移动之发生方式：对于某移动其功为正的，则该移动能够自发进行；对于某移动其功为负的，则必赖外界之助，该移动才能发生。最后，如果从某位置出发所有移动皆成负功的话，则该位置即为稳定平衡。

所以，当我们把一个电路移动或变形的时候，要研究磁场对于电流作用的磁力所作的功。

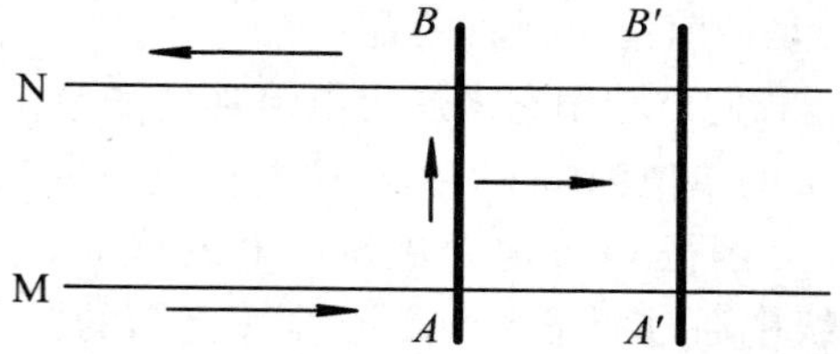

图 43.5

首先假设，在如图 43.1 所示的装置中，只有电路中的一段可以移动。设这一段 AB（图 43.5）长为 l，有电流 I 通过，可在两导线 M 与 N 上滑动。当其从 AB 滑动到 $A'B'$ 时，滑过的路程设为 $x = \overline{AA'}$。又设在 $ABB'A'$ 区域内有磁场存在。这段 AB 即受有磁力的作用。我们要计算这个磁力在 AB 滑动中所作的功。

磁场可以分解为三个分量，第一个沿 AB，第二个沿 AA'，第三个正交于图面。第一个对这段 AB 不生作用；第二个发生一个作用，但是这个作用与图面正交，将对 AB 的滑动不产生或消耗功；所当考虑的只剩第三个磁场分量。设 H_n 为这第三个分量，它对 AB 作用的力将与 AA' 平行，其值以达因计，为

$$F = IlH_n$$

在 $\overline{AA'} = dx$ 的移动中，这个力 F 所作的功，以尔格计，为

$$dW = IlH_n dx$$

式中 $H_n l dx$ 之积就是通过矩形 $AA'B'B$ 的磁通量，以 dΦ 表之。若暂且忽略电流 I 本身所产生的磁场而不计①，则外加磁场的磁通增量 dΦ 即代表通过整个电路的磁通量的增量，因而上式可以写成

$$dW = Id\Phi \tag{43.3}$$

dΦ 就是通过电路的磁通量由于 AB 的滑动而得的增量。

① AB 的移动可使电流产生的磁场发生变化，因此而起的磁通量变化，并不包括在 $H_n l dx$ 之中。那代表外加磁场通量变化的 dΦ，即不能代表通过整个电路的磁通增量。这种一般情形，只有在研究过自感系数之后才能讨论。

这个关系，就符号言，也属正确，如果我们采取一般关于闭合曲线的正向与由这闭合曲线所包围的曲面的正面之间成右螺旋关系的约定的话。在图 43.5 中，取电路的正向，如箭头所示，这也就是电流的正向($I>0$)，则电路的正面朝上。假设磁场 $\boldsymbol{H}$ 从图面下向上，依安培式观察者的定则，可知力 $\boldsymbol{F}$ 向右。于是对于 AA' 的移动，此力 $\boldsymbol{F}$ 所作的功为正。另一方面，$\mathrm{d}\Phi$ 也是正的，因为通过 $AA'B'B$ 的磁通量是从正面流出的缘故。

这由上式表出有关功的定律是多么简单，而且能够立刻把它推广。

不是移动一段，就是移动整个电路，这个定律还是正确的，因为我们可以设想一段一段、一步一步地来实现这整个电路的移动，再把这些关于部分移动的方程式两端各自相加，就得普遍的结论如下：

一个电路，由于移动或由于变形，从磁通量为 Φ_0 的位置到磁通量为 Φ 的位置时，其中流通的电流 I 保持不变，则电路上各部分的磁力所作总功为

$$W = I(\Phi - \Phi_0) \tag{43.4}$$

式中所有的量都以 CGS 电磁单位表出。若把该用实用单位的量以实用单位表出，则电流 I 以安培计，功 W 以焦耳计，上式可以写成

$$W(\text{焦耳}) = 10^{-8} I(\text{安培})(\Phi - \Phi_0)(\text{麦克斯韦})$$

这个定律是关于整个电路的，即所谓整体定律；它一揽子地给出了功的数值，而不提及电路中的各个部分。至于基元定律指出电路中各部分所受的力，好像分析事情，更加深刻。其实基元定律与整体定律两者互为表里，相得益彰。对于每一具体事例，我们都可从这一方面或从那一方面去研究。一件事情，能从两方面去看，就会看得更全面。

3. 从磁通量来求力与力矩

假设电路的行动有如一个不可变形的固体，那么在它各部分上作用的磁力可以简化成为一个力和一个力矩，我们可由上面所述功的式子，求出这个力和这个力矩。

命 F_x, F_y, F_z 为这个力的分量。欲求分量 F_x，给电路一个平行于 Ox 轴的位移 $\mathrm{d}x$，因此引起通过电路的磁通量变化 $\mathrm{d}\Phi$，并得磁力所作的功为 $I\mathrm{d}\Phi$。但是功又等于 $F_x\mathrm{d}x$，所以有

$$F_x = I\frac{\partial \Phi}{\partial x} \tag{43.5}$$

同理可得 F_y 和 F_z 的类似公式。

同样，可以计算磁力对于坐标轴的矩，例如欲求对于 Ox 轴的总矩 L(也即简化后的力偶对于 Ox 轴的矩)，让电路绕 Ox 轴旋转一个角度 $\mathrm{d}\alpha$，即得

$$L = I\frac{\partial \Phi}{\partial \alpha} \tag{43.6}$$

4. 几个特例

在磁场中，一个电路受磁力的作用，就要运动起来，在这运动中磁力所作的功恒为正。这就是说，电路总要朝着这样的一个方向移动，使通过其中的磁通量作代数的

增加。

若在某位置，这个通量已是极大，那么它就是一个稳定平衡的位置，如是极小，则为不稳定平衡；如从此作任何可能的运动而通量不改，则为随遇平衡。

(1) 在均匀磁场中的电路

在均匀磁场中，一个不可变形的电路的平移，将不引起磁通量的任何变化，从方程式(43.5)，可知它所受的磁力的分量 F_x, F_y, F_z 都为零。

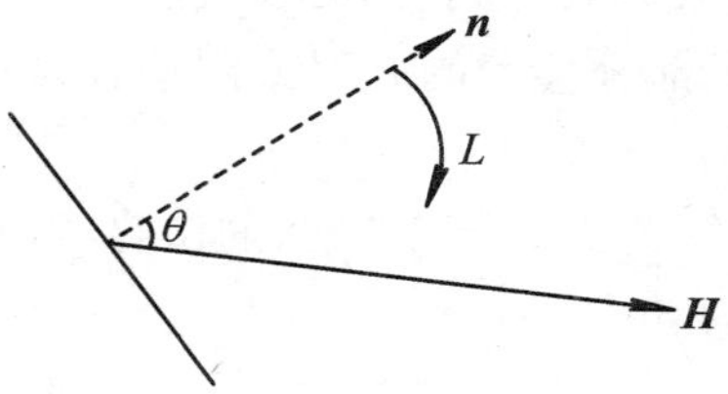

图 43.6

这个结果也可从基元定律得到。在表示每一小段电流所受之力的方程式(43.2)中，磁场的分量 H_x，H_y, H_z 各为常数。欲求总力的分量 F_x，须将 dF_x 沿电路积分；因此就会碰到积分 $\int dy$ 与 $\int dz$，这些积分对于闭合线路，显然是为零的。

所以均匀磁场对于一个不可变形的电路的作用，恒可简化成为一个力偶。

假设这个电路是平面的，命 S 表它的面积，若其法线（在正面上）与磁场 $\boldsymbol{H}$ 成角 θ（图 43.6），则通过其中的磁通量为

$$\Phi = SH\cos\theta \tag{43.7}$$

这个电路受到一个力偶作用，要使它转动起来，以增大磁通量 Φ，也就是减小角度 θ。这个力偶的轴在电路平面之内，与 $\boldsymbol{H}$ 正交。对于一个转动 $d\theta$，有

$$d\Phi = -SH\sin\theta d\theta$$

由此可知，力偶的矩作用于使 θ 减小的方向上，其值为

$$L = ISH\sin\theta \tag{43.8}$$

这个式子也可从基元定律得到：在方程式(43.2)中，取 Ox 轴平行于磁场 $\boldsymbol{H}$，以求磁力对于各轴的矩即得。

从这个式子来看，就可注意到，电路所受的力矩，和一条磁铁所受的一样。等效磁铁的磁轴正交于电路平面，其磁矩为

$$m = IS$$

若此电路是由一根导线沿原来电路曲线绕 n 匝而成的，则其所受力矩将 n 倍于原来的，于是与之相当的磁矩即为 nIS。

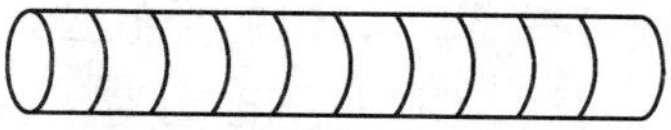
图 43.7

这些 n 匝线圈并不一定都要叠合；它们可以在不同的但互相平行的平面上，结果还是一样。例如在一个圆柱上（图 43.7），取一连串的等距离的正截面，在这些正截面上各有一个同为电流 I 通过的线圈，就成所谓线筒。线筒的制法通常用一根导线沿螺线绕在圆柱体上，可以成为一层或数层。把这样一个线筒自由悬挂在均匀磁场中，各线圈的平面就要正交于磁场而平衡静止；也就是说，线筒的轴与磁场方向相合时，才能静止，完全和在线筒轴上的一根磁针一样。

线筒上线圈匝数 n 与以安培为单位表出的电流强度 I 的乘积，称为**安培匝数**。

(2) 在磁极磁场中的电路

在一位于 M 点处的磁极(图 43.8)所产生的磁场中，来研究一个不可变形的电路 L 所受的作用。

设磁极所带磁荷为 q_m，规定磁通量 Φ 的正向与电路电流 I 的方向满足右螺旋关系，则通过电路 L 的磁通量为①

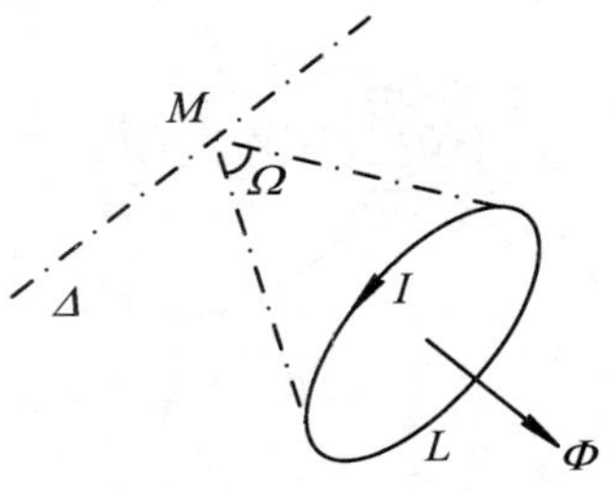

图 43.8

$$\Phi = q_m \Omega \tag{43.9}$$

式中 Ω 表电路 L 在磁极 M 处所张的立体角与 Φ 同号，取值范围为 $0 \sim \pm 2\pi$。这个磁通量是不变的，若电路与磁极保持一定的相对位置。譬如电路绕经过 M 点的任何轴 Δ 而旋转时，Φ 之值不变，即在此运动中，磁力所作的功为零。可见电路的各部分所受磁极的磁力对于经过 M 点任意轴的矩之和，都等于零。由此得出结论：这些磁力的合成结果为一通过磁极的力；换言之，在磁极磁场中，一个电路所受的作用为一通过磁极的单独之力。

求这个单独之力的分量，只须计算磁通量 Φ 由于电路的一个无穷小的运动所引起的变化。

在磁极磁场中，电路自某位置移到另一位置时，设其中电流强度 I 维持不变，则磁力所作的功为

$$W = q_m I(\Omega' - \Omega) \tag{43.10}$$

式中 Ω 和 Ω' 各表电路在前后两位置中对于磁极所张的立体角。

§44 电流所产生的磁场

电流在导体中流通，即在其四周产生磁场，此为我们在上数节中所研究的现象的反现象。这个反现象与正现象不能分割地互相联系着。设有磁针置于电流之侧，磁针产生一个磁场，这个磁场作用于电流；电流自然要施反作用于磁针。磁针既然感受作用，它当然也是处在一个磁场中，这个磁场就是由于电流而产生的。

这个电流所产生的磁场一样可用普通方法来检查。可用小磁针一点一点地来画磁力线，也可用铁屑在纸板上显出它的磁力线图。磁力线的实际形状自然要看具体电路的整个形状而定；欲加计算，颇为复杂；但是下列两点恒为正确，可作为磁力线的基本性质：

(1) 所有磁力线都成闭合曲线；

(2) 每条磁力线至少围绕一根有电流通过的导线。

在电路的附近，磁力线近乎圆周，所在的平面与电路正交。如图 44.1 所示，电路 C

① 校者注：类比§4 中点电荷 q 的电通量公式(4.1)，不难理解点磁荷 q_m 穿过 L 的磁通量为 $q_m\Omega$。此外，单位磁荷的磁场表达式与点电荷的电场表达式类似，而它在磁场中受到的磁力被定义为磁场强度。

中有电流通过，O 为其上的一点，P 为一个与电路 C 正交于 O 点的平面。在 O 点的附近，磁力线即为在 P 上以 O 为心的圆周。至于磁场的方向自然与电流的方向有关，可由下述法则决定：一个安培式的观察者沿电流而立，电流从脚通到头，将见磁力线从右向左，围绕其四周。也可以右螺旋法则表明如次：若螺旋依磁力线方向旋转，则其前进的方向即为电流的方向。

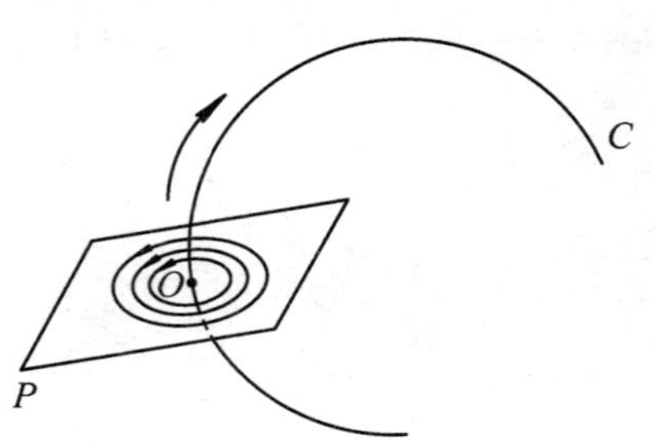

图 44.1

磁力线管都是闭合的管。在每一管中，有一定的磁通量；通过各截面的磁通量都相同。

1. 电流磁场的基元定律

以上所述，仅及磁力线的姿态而已。我们要进一步找到定律，以便求出某一定强度的电流在某一定形式的电路中流通时，在空间中各点所产生磁场的方向和大小。基元定律将告诉我们各段无穷小的电流元所产生的磁场；把这些磁场合成起来，即得整个电路电流所产生的磁场。这种做法自然不免有点人为，因为我们不可能隔离一段电流元而不取消了电流，基元定律非由实验发现，也不能用实验直接证明。所能希望于基元定律的，只是把它用来计算整个闭合电路时能够求出正确的可靠的结果。惟有那闭合的电路，才是一件实在的东西。

这样交代之后，设在电路中有电流 I 流通，AB 为其上的一小段，长度为 l（图 44.2）。在与 AB 相距 $\overline{MO}=r$ 的 M 点，放一单位磁极（带单位磁荷）；此单位磁极所受的力即代表 AB 线段在 M 点所产生的磁场 $\boldsymbol{H}$。同时，磁极 M 也在 O 点产生一个磁场 $\boldsymbol{H}'$，其强度为 $1/r^2$，且沿 MO 方向。由于这个磁场，AB 线段电流即受一个磁力的作用，其方向正交于图面，其大小为

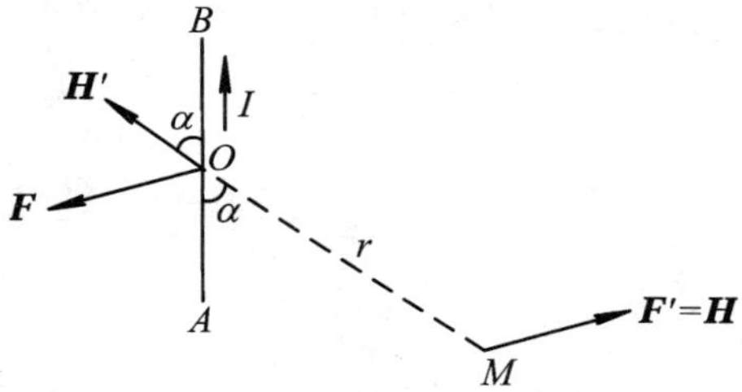

图 44.2

$$F = \frac{lI}{r^2}\sin\alpha$$

式中 α 表 AB 与 MO 间所成的角①。把磁极对于电路各段作用的力合成起来，即得磁极作用于整个电路电流的力。我们已经知道，它是一个通过磁极的单独之力。

根据作用与反作用定律，单位磁极所受整个电路的作用，必与此单独之力大小相等而方向相反。这个作用，就其大小与方向而言，就是代表整个电路电流在 M 点所产生的磁场，自可在 M 点把这些与 $\boldsymbol{F}$ 大小相等而方向相反的矢量合成而得，这些矢量可说就是各段电流在 M 点所产生的磁场。由此得出电流磁场的**基元定律**如次：

设 AB（图 44.2）为有电流 I 流通的电路上的一段电流元，M 为空间中任意一点，其位置可由距离 $\overline{OM}=r$ 及角度 $\angle AOM=\alpha$ 规定，则电流元在 M 点所产生的磁场，与平面

① 校者注：即 $I\mathrm{d}\boldsymbol{l}$ 和 $\boldsymbol{H}'$ 二矢量之间的夹角。

ABM 正交，其方向由安培法则或右螺旋法则决定，其大小为

$$H = \frac{lI}{r^2}\sin\alpha \tag{44.1}$$

式中 H 以高斯计，I 以 CGS 电磁单位计，l 和 r 以厘米计，称为**拉普拉斯定律**①。

把这些由于各段电流元所产生的磁场合成起来，即得整个电路电流在 M 点所产生的磁场。稍后将举几个例子。在电路附近各点的磁场，由于附近的电流元贡献特别大，即可知其磁力线必成如图 44.1 所示的情形。

单位磁极 M 所受 AB 线段电流的磁力 $\boldsymbol{F}' = \boldsymbol{H}$，与 AB 线段电流所受磁极 M 的磁力 $\boldsymbol{F}$ 虽然大小相等，方向相反，但两者一般说来不在同一直线上。

2. 有关电流所产生的磁场的整体定律

若从功的观点而论之，又可直接得到关于整个电路电流所产生的磁场的整体定律。

设 C 为一闭合电路，其中有电流 I 流通，产生一个磁场。在这个磁场中，设有单位磁极；它在各点所受到的磁力，即等于该磁场的强度。当单位磁极从 M 移至 M' 时（图 44.3），求电流磁场对磁极所作的功 W。

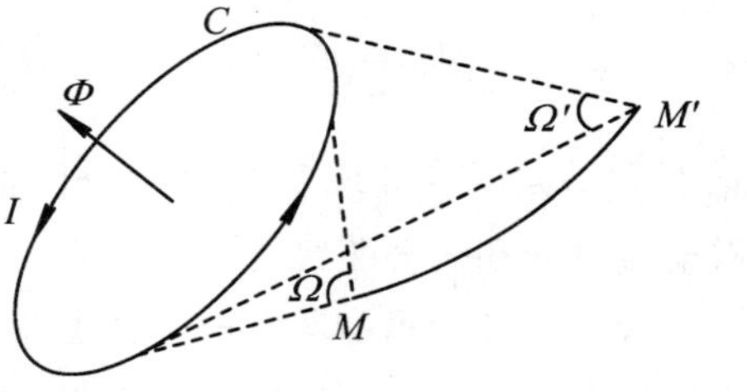

图 44.3

这个问题已经在上面解决。假设磁极在 M 不动，动的是电路 C，而且 C 与 M 间一系列的相对位置，完全与 C 不动而 M 动的时候一样。此时磁极对电路电流所施的力在作功，所作的功已在 § 43 求得，即等于电流磁场对磁极所作的功 W。

因得定律如次：

单位磁极，在电流的磁场中，从 M 点移到另一点 M' 时，磁极受到的力所作的功为

$$W = I(\Omega' - \Omega)$$

式中 Ω 和 Ω' 为闭合电路 C 的正面在 M 和 M' 点所张的立体角。

3. 安培定理

安培定理将很简单地告诉我们磁极环绕电流一周所作的功，也即告诉我们电流磁场沿闭合曲线的环流，也就是电流磁场的整体定律的另一表达式。

如图 44.4 所示，C 为电流 I 流通的电路，Σ 为穿过电路 C 内部一次的闭合曲线，则电路 C 所产生的磁场 $\boldsymbol{H}$ 沿闭合曲线 Σ 的环流为

$$\oint_{\Sigma} \boldsymbol{H} \cdot \mathrm{d}\boldsymbol{l} = 4\pi I \tag{44.2}$$

称为**安培定理**。

因为 $\oint_{\Sigma} \boldsymbol{H} \cdot \mathrm{d}\boldsymbol{l}$ 代表电流磁场对单位磁极环绕 Σ 一周时所作的功 W，我们需要证明该

---

① 校者注：又称毕奥-萨伐尔定律。

功等于 $4\pi I$。为叙述方便起见，以电路 C 为边界作一曲面 S，它与 C 交于 A 点（图 44.4）。当单位磁极从 M 点出发至 A 点，立体角将从 Ω 增至 2π，增量为 $2\pi-\Omega$。自 A 点穿越 S 之后，立体角从 -2π（跨越 S 时，立体角由 2π 跃变至 -2π；该跃变对作功没有贡献）增至 Ω，增量为 $2\pi+\Omega$。将这两个增量相加，求得立体角增量 $\Omega'-\Omega=2\pi-\Omega+2\pi+\Omega=4\pi$，以至 $W=I(\Omega'-\Omega)$，即得 $\oint_\Sigma \boldsymbol{H}\cdot \mathrm{d}\boldsymbol{l}=4\pi I$，这就是我们所要证明的。

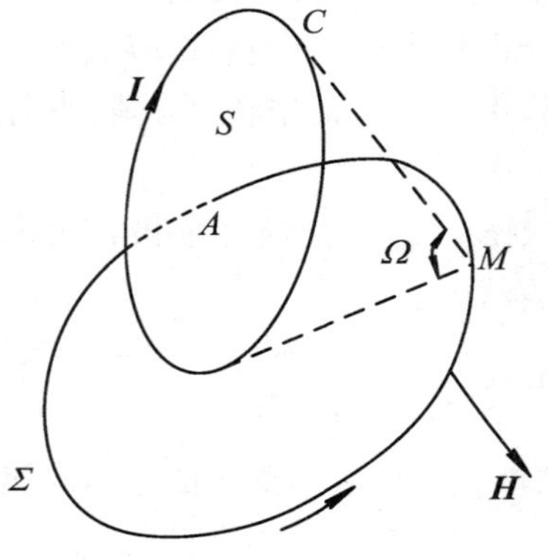

图 44.4

如果闭合曲线 Σ 没有穿过电路 C 的内部，则磁场环流等于零；又若穿过电路 C 的内部 n 次，则磁场环流等于 $4\pi nI$。不说闭合曲线 Σ 穿过电路 C 的内部，而说闭合曲线 Σ 包围电流 I（图 44.5），并把安培定理推广到几个电路所产生的总磁场中，则有

$$\oint_\Sigma \boldsymbol{H}\cdot \mathrm{d}\boldsymbol{l}=4\pi\sum I$$

式中 $\sum I$ 是闭合曲线 Σ 所包围的电流强度的代数和。这些电流强度是正的还是负的，要看电流方向和闭合曲线 Σ 的正向组成右螺旋系统或左螺旋系统而定。

安培定理是磁场理论中极其重要的定理之一，它简单而有力。例如图 44.6 所示四个任意电路 C_1，C_2，C_3 和 C_4 分别有电流 I_1，I_2，I_3 和 I_4 流通，在它们所产生的总磁场中，立刻可以得出沿闭合曲线 Σ 的磁场环流为

$$\oint_\Sigma \boldsymbol{H}\cdot \mathrm{d}\boldsymbol{l}=4\pi(I_1-I_2+2I_4)$$

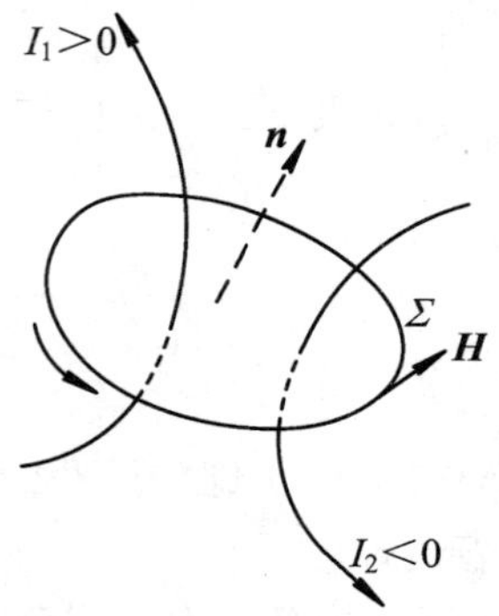

图 44.5

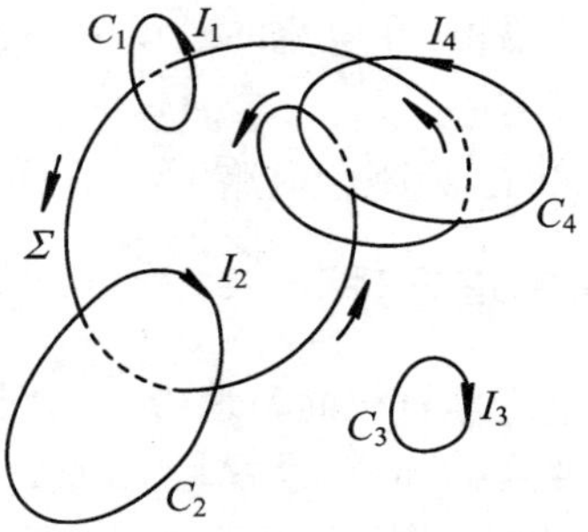

图 44.6

安培定理的重要性还在于其中所说的磁场并不限于电流磁场，可以包括磁铁磁场在内，而丝毫不改磁场环流的结果。如果我们所考虑的磁场 $\boldsymbol{H}$ 是由电流和磁铁所共同产生的，则磁场 $\boldsymbol{H}$ 的环流等于电流磁场 $\boldsymbol{H}_1$ 的环流与磁铁磁场 $\boldsymbol{H}_2$ 的环流之和。但是磁铁磁场的产生遵循库仑定律，因此它的环流和静电场的环流一样，沿着闭合曲线总等于零，在安培定理中无所贡献，不管 $\boldsymbol{H}_2$ 是由磁介质的刚性极化或感应极化而产生的，也可不管闭合曲线 Σ 通过或没有通过磁介质。

安培定理表明磁场与静电场之间本质上的区别。如我们在§8中所讲过的，电荷在静电场中沿闭合回路绕行一周时，电力所作的功永远等于零。这一情况是和能够单值地用电位来表征空间各点的静电场这件事直接联系着的。两点间的电位差确定了把单位电荷从这一点移动到另一点时所作的功，而与单位电荷移动时所遵循的路线无关。在此情形下，单位电荷沿闭合回路移动时电力所作的功等于零，因为路线的终点就是起点，终点和起点在同一的电位。但在磁场的情形下，如安培定理所指出的，沿一闭合回路移动单位磁极时，磁力所作的功通常不等于零。在两点之间移动单位磁极时，磁力所作的功是和这移动所遵循的路线有关的。如在图44.7中，沿路线Σ_1从M到M'磁力所作的功为$W' = I(\Omega' - \Omega)$，而沿路线Σ_2从M到M'磁力所作的功为$W_2 = I(\Omega' - \Omega - 4\pi)$；两者之间相差$4\pi I$。这就使我们不能够像给静电场各点以电位那样给磁场各点以磁位，至少是单值的磁位。如取$I\Omega$作为磁位，Ω将为坐标的非单值函数；在每一点Ω可有无穷个数值，其间相差$4k\pi$（k为正或负整数）。因此磁场不具有标位，至少不具有单值标位。

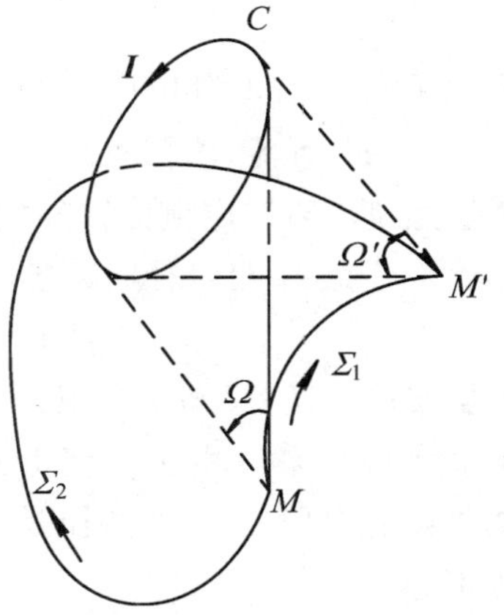

图44.7

4. 电流磁场的几个特例

兹举几个电流产生磁场的例子。

(1) 直线电流

设电路中（图44.8）有一很长部分ZZ'成直线状，其余部分电路离开ZZ'周围的某区域又这样遥远，以至它的作用在该区域内小至可以忽略不计。求该区域内任意一点P的磁场。就P而言，这部分直线电路可看做无限长。

命P与直线电流的距离为$\overline{OP} = a$。于直线上取一段电流元，长dz，与O相距$\overline{OA} = z$。它在P点所产生的磁场正交于平面OAP，大小为

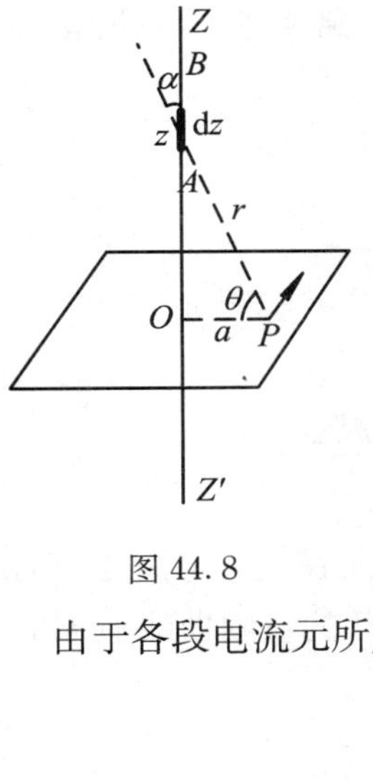

图44.8

$$dH = I\frac{\sin\alpha}{r^2}dz$$

但

$$\sin\alpha = \cos\theta, \quad r = \frac{a}{\cos\theta}, \quad z = a\tan\theta$$

因此

$$dz = \frac{a}{\cos^2\theta}d\theta$$

得

$$dH = \frac{I}{a}\cos\theta d\theta$$

由于各段电流元所产生的磁场方向都相同，积分就得P点的总磁场

$$H = \frac{I}{a}\int_{-\frac{\pi}{2}}^{+\frac{\pi}{2}} \cos\theta \mathrm{d}\theta$$

即

$$H = \frac{2I}{a} \tag{44.3}$$

式中 I 以 CGS 电磁单位计，a 以厘米计，H 以高斯计。

此由基元定律计算而得。其实，这个结果可从对称观点与整体定律立即写出。磁力线显然是以直线电流为轴的圆周。由于对称关系，可知同一磁力线上各点的磁场强度 H 相等。于是 H 沿半径为 a 的圆周的线积分等于

$$2\pi a H$$

根据安培定理，又知这个积分等于 $4\pi I$；两者相等，即得式(44.3)的结果。

上得结果适用于任何形式的电路的附近，更精确地说，只要这样贴近使与电路的距离比起电路的曲率半径是很小的。凡贴近磁力线成为圆周的地方，上述结果都可适用。

单从式(44.3)的外表而言，将见当 $a = 0$ 时，$H = \infty$。事实上，那有无穷大的磁场；在式(44.3)中，电流强度 I 为有限的，若把这根直线电路作为几何学上的直线而无粗细(截面积为零)，则电流密度将为无穷，但这绝不可能。事实上，导线皆成圆柱体。我们可以证明在圆柱体外所产生的磁场，好像所有电流全部集中在其轴上一样。设 R 为圆柱体导线的半径，则 a 的可能的最小值为 $a = R$。命 i 为电流密度，则有

$$I = i \times \pi R^2$$

于是，在导线表面上，磁场强度为

$$H = \frac{2I}{R} = 2\pi i R$$

利用通常许可的电流密度，H 永未达到很大的数值。

(2) 无穷小的平面电路

设 Ox 正交于这个无穷小的平面电路(图 44.9)，S 为它的面积，I 为其中流通的电流强度，求它在任意一点 P 所产生的磁场的位。我们知道磁位是一个非单值的函数。

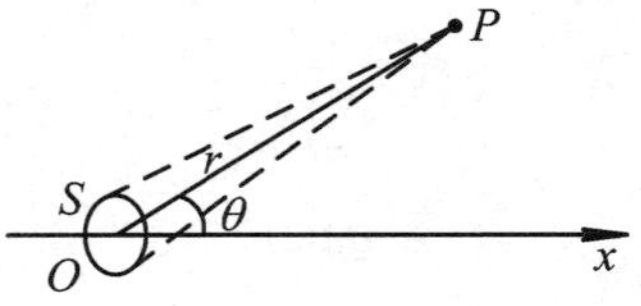

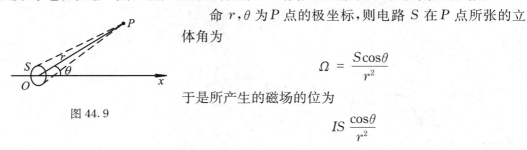

图 44.9

命 r, θ 为 P 点的极坐标，则电路 S 在 P 点所张的立体角为

$$\Omega = \frac{S\cos\theta}{r^2}$$

于是所产生的磁场的位为

$$IS\frac{\cos\theta}{r^2}$$

这与由一个无穷小的磁铁所产生的完全相同，磁铁的轴为 Ox，磁矩为

$$m = IS$$

这个结果可以应用到任何大小的平面电路，只要我们研究的所在地与电路之间的距离比起电路本身尺寸大很多就行。这个结果也可推广到任何形状的空间曲线所成的电

路，因为总有一个平面，在这个平面上电路有最大的投射面积；那么，这个平面就可作为平面电路的平面用，这个任何形状的空间电路就可作为一个平面电路看待。

总之，在一定的方位上（θ = 常数），在遥远的地方，电路所产生的磁场强度与距离的立方成反比，因为磁场的位与距离的平方成反比。

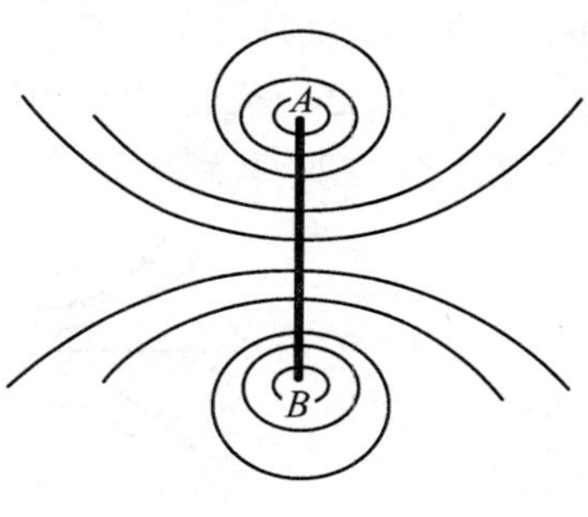

图 44.10

(3) 圆周电流

如图 44.10 所示，图为一个横剖面，圆周电路与图面相交于 A，B 两点，在图面上投射成 AB 段。磁力线成为一簇穿过电路内部的闭合曲线，从电路的负面穿入，正面穿出，在中心部分甚为密集，磁场最强，自此向外，逐渐分离，各自闭合。在遥远的地方，与小磁铁的磁力线无异。

若要计算任意一点的磁场，就要遇到椭圆积分。但在圆周电路的正交轴上各点，磁场极易求得；或从基元定律，或由磁位，均无不可。

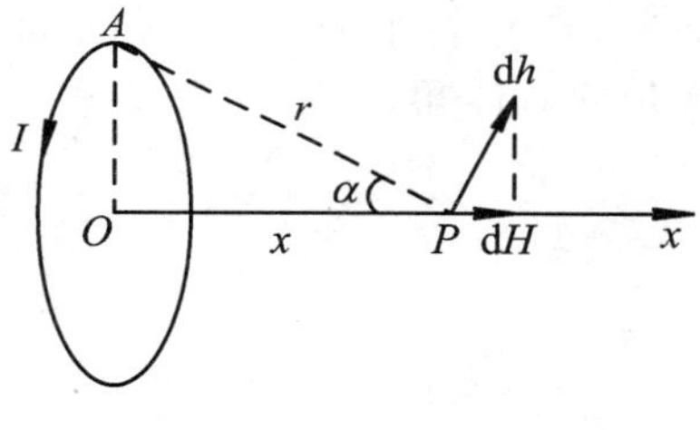

图 44.11

设 a 为圆周半径，于圆周的正交轴上取一点 P（图 44.11）。命 $\overline{OP} = x$，$\overline{PA} = r$，$\angle APO = \alpha$，则 A 点附近一小段电流元在 P 点所产生的磁场，将在 OAP 平面正交于 AP，其值为

$$\mathrm{d}h = \frac{I\mathrm{d}l}{r^2}$$

应把这些磁场合成起来。合成的结果显然是沿 Ox 方向的，所以只须把这些磁场在 Ox 上的正射影相加。$\mathrm{d}h$ 在 Ox 上的正射影为

$$\mathrm{d}H = I\frac{\sin\alpha}{r^2}\mathrm{d}l$$

由于 α 和 r 均为常数，就得 P 点的总磁场

$$H = 2\pi a I\frac{\sin\alpha}{r^2} = \frac{2\pi a^2}{r^3}I = \frac{2\pi I}{a}\sin^3\alpha \tag{44.4}$$

若用 x 以代替 r，则有

$$H = \frac{2\pi a^2}{(x^2 + a^2)^{3/2}}I \tag{44.5}$$

可见，在圆周的心 O，磁场（这可直接立刻得到）为

$$H = \frac{2\pi I}{a} \tag{44.6}$$

(4) 线筒磁场

设有线筒，其长比直径大得多，而又一匝一匝均匀地连串着；可把它看做一系列的圆周电流等距离地并列而成。命 ε 为两邻接圆周间的距离，则 $n = 1/\varepsilon$ 即为线筒上每单位长度的匝数。又命 N 为线筒上线圈的总匝数，I 为导线中流通的电流强度。在线筒之

内，距两端颇远处，磁场与筒轴平行，近于均匀。磁力线（图 44.12）跑出线筒之外，逐渐分离，各经长短不同的途径，而仍返回至筒内起点，成为闭合曲线。线圈既细且长，筒内磁力线的密集程度远较筒外为大，可知筒内的磁场要比筒外的强很多。在线筒之外极远处，磁场一如由于条形磁铁产生者。如果线筒真是很长很长的话，我们在此可以看到磁力线从无穷远来，又到无穷远去的一个很好例子。

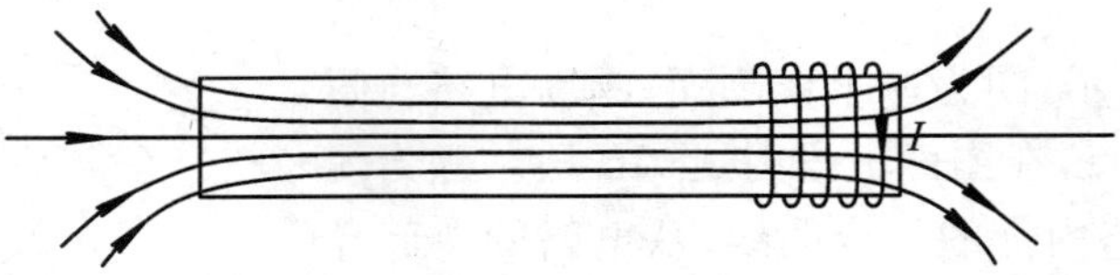

图 44.12

兹求线筒内的磁场。设 P 为线筒内的一点，Ω_1，Ω_2，…，Ω_N 为线筒上各线圈在 P 点所张的立体角。从左到右，线圈各有一个自 1 至 N 的号头。零号线圈（实际上并不存在）将在 1 号线圈之左相距 ε 处。在 P 点磁场的位为①

$$V = -I(\Omega_1 + \Omega_2 + \cdots + \Omega_N)$$

若平行于线筒的轴作一移动 $\overline{PP'} = \varepsilon$（即相邻两线圈间的距离），则此时 k 号线圈在 P' 点所张的立体角，即为 $k-1$ 号线圈原来在 P 点所张的立体角。故在 P' 点磁场的位为

$$V' = -I(\Omega_0 + \Omega_1 + \Omega_2 + \cdots + \Omega_{N-1})$$

从此，得

$$V - V' = I(\Omega_0 - \Omega_N)$$

或

$$V - V' = I(\Omega_1 - \Omega_N)$$

因为 Ω_1 与 Ω_0 相差极微的缘故。

又因移动 ε 很小，即得 P 点的磁场强度

$$H = \frac{V - V'}{\varepsilon} = I(\Omega_1 - \Omega_N)n$$

按 Ω 与 Φ 同号的约定（§43，图 43.8），自 Ω_N 至 Ω_1，立体角从接近零值增至 2π，然后从 -2π 增至接近零值，故有 $\Omega_1 - \Omega_N = 4\pi$，即

$$H = 4\pi nI \tag{44.7}$$

线筒上线圈可以绕有数层，这个公式照样适用，n 当然是每厘米的总匝数。若电流 I 以安培表出，则有

$$H = \frac{4\pi}{10}nI \tag{44.8}$$

式中 nI 即为每厘米的安培匝数。

利用线筒是我们得到一个可以计算的均匀的、够强的磁场的最简便方法。

① 校者注：类比静电力作功与电位的关系式(9.2)，可将单个线圈的磁位定义为 $-I\Omega$，据此可推出 N 个线圈的磁位表达式。

§ 45 运动电荷所产生的磁场和它在磁场中受到的力

1. 运动电荷所产生的磁场

电荷运动形成电流。另一方面,拉普拉斯定律告诉我们一小段电流元所产生的磁场。虽然这个基元磁场是不能用一个电路来实现的,因为我们无法把一小段电流元从电路中和其它部分隔离开来,但是拉普拉斯定律并不因此而减小它的重要性。这不仅由于应用它可以计算整个电路所产生的磁场,更重要的是因为它活生生地代表一个在运动中的单独电荷所产生的磁场。

以运动电荷的电量 e、单位体积内的电荷数目 n 和电荷运动速度 v 来表示电流强度 I 的值,即 $I = envS$,以此值代入式(44.1)中,得出

$$H = \frac{evnSl}{r^2}\sin\alpha$$

式中 S 是导线的正截面积,l 是导线元的长度。在这导线元中有 nSl 个电荷在运动着,因此可以认为每个电荷所产生的磁场强度为(参见图 45.1)

$$H = \frac{ev}{r^2}\sin\alpha \qquad (45.1)$$

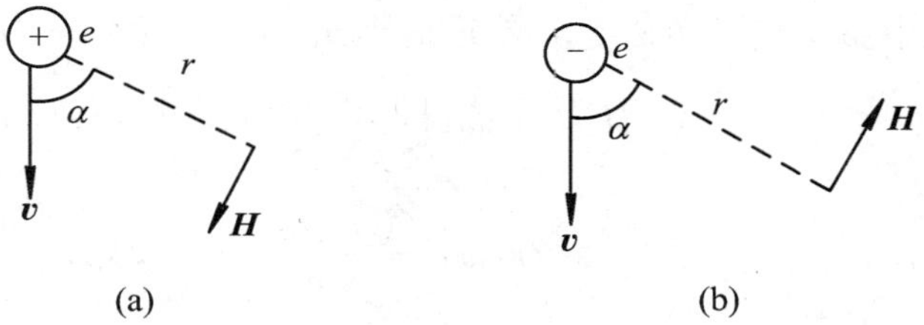

图 45.1

而一个速度为 v 的电荷 e 相当于一个电流元 Il,两者之间的关系是

$$Il = ev \qquad (45.2)$$

2. 运动电荷产生磁场的实验研究

从历史上来看,用实验显示出运动电荷产生的磁场,曾起过重大的作用,因为它证实了导体中的电流乃是电荷的迁移这一观点。

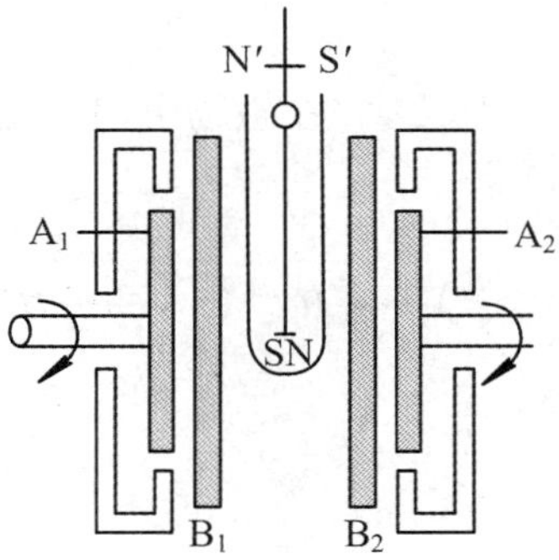

图 45.2

罗兰于 1876 年用如图 45.2 所示的装置来做实验。A_1,B_1 和 A_2,B_2 为两个圆平行板电容器。A_1 和 A_2 可绕轴转动,B_1 和 B_2 固定。当 A_1 和 A_2 转动的时候,它们面上所带的电荷跟着转动,好像成为圆形"传导"电流一样,在空间产生磁场。

在固定的 B_1 和 B_2 之间,在容器 C 内悬挂 NS 和 N′S′ 所成的磁针系统,容器保护磁针系统使其不受气流和静电场的扰乱,磁针 NS 和 N′S′ 反平行,使它们所成系统不受地磁场的影响。N′S′ 远在 B_1,B_2 之外,而 NS 适在它们

的中间，位于转动轴线上。这样就使 N′S′不受 A_1，A_2 面上电荷转动而产生的磁场的作用，受作用的只是磁针 NS。

把 A_1，A_2 转动起来，立即看到磁针系统转过一个角度，从而测定 A_1，A_2 面上电荷转动所产生的磁场强度，完全和由这些同样的电荷以同样的速度，在圆周导线中移动而形成的电流所产生的磁场一样。

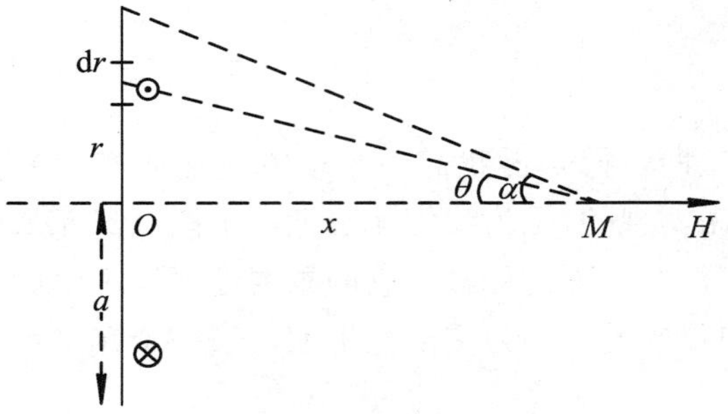

图 45.3

我们现在来计算这个磁场。设 M 为 A_1，A_2 轴上的中点，即磁针 NS 所在处，如图 45.3 所示，在 A_1 板上，每秒钟垂直通过一段径向线段 dr 的电荷，就是电流强度 I，为 $\sigma v dr$，即 $I=\sigma v dr$，式中 σ 为 A_1 板上面电荷密度，$v=\omega r$ 为运动速度。由式(44.4)可知，这以 r 为半径的圆周电流在 M 点所产生的磁场为

$$dH=\frac{2\pi}{r}I\sin^3\theta=\frac{2\pi\sigma v}{r}dr\sin^3\theta=2\pi\sigma\omega\sin^3\theta dr$$

式中 ω 为转动角速度。又 $r/x=\tan\theta$，$dr=x d\theta/\cos^2\theta$，从而得

$$H=2\pi\sigma\omega x\int_0^{\alpha}\frac{\sin^3\theta}{\cos^2\theta}d\theta=2\pi\sigma\omega x\left(\cos\alpha+\frac{1}{\cos\alpha}-2\right)$$

$$=2\pi\sigma\omega a\frac{(1-\cos\alpha)^2}{\sin\alpha}=2\pi\sigma\omega\left(\frac{2x^2+a^2}{\sqrt{x^2+a^2}}-2x\right)$$

若 $x\to0$ 或 $\alpha\to\pi/2$，则 $H\to2\pi\sigma\omega a$；若 $x/a\ll1$，则 $H\approx2\pi\sigma\omega(a-2x)$。

设 $x=2$ 厘米，$a=20$ 厘米，$\sigma=10^{-9}$库仑/厘米^2，$\omega=100\times2\pi$ 秒$^{-1}$，并设 A_1 和 A_2 同向同速转动，则有

$$H=2\times2\pi\times\frac{10^{-9}}{10}\times2\pi\times100\times(20-2\times2)$$
$$\approx1.26\times10^{-5}(\text{高斯})$$

约为地磁强度的四万分之一。

3. 作用在于磁场中运动着的电荷上的力

一个以速度 v 运动着的电荷 e 既然相当于电流元 $lI=ev$，那么，它在磁场中，和电流一样，就要受到磁力 F 的作用：

$$F=evH\sin\alpha,\quad \boldsymbol{F}=e(\boldsymbol{v}\times\boldsymbol{H})\qquad(45.3)$$

如图 45.4 所示。这个力 $\boldsymbol{F}$ 称为**洛伦兹力**。

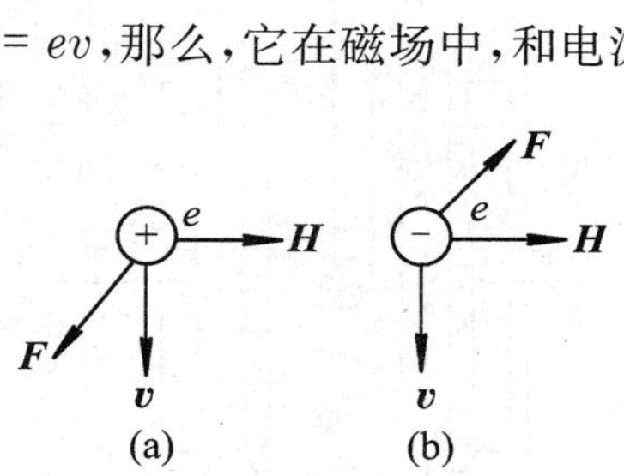

图 45.4

我们要重复指出：电荷受到磁场的作用力，完全由于它在运动的缘故。倘使 $v=0$，自然 $F=0$。这和磁场对于静止电荷没有作用这一事实符合。

在公式(45.1)和(45.3)中，所有的量都应用电磁单

位表示。但是通常采用混合单位制①，即 e 以静电单位计，而 H 以电磁单位计；在这种情形下，就必须在公式右端引入系数 $1/c$，成为

$$H = \frac{1}{c}\frac{ev}{r^2}\sin\alpha, \quad F = \frac{1}{c}evH\sin\alpha$$

式中 c 为电荷的电磁单位对于静电单位之比，就是光的速度。

如果除了磁场之外，还存在着强度为 $\boldsymbol{E}$ 的电场，则作用于以速度 v 运动着的电荷 e 上总的力，等于电力 $e\boldsymbol{E}$ 和式(45.3)所表示的洛伦兹力之和，即

$$\boldsymbol{F} = e\left[\boldsymbol{E} + \frac{1}{c}(\boldsymbol{v} \times \boldsymbol{H})\right] \tag{45.4}$$

在两个电荷同时运动的情况下，它们之间除了电的相互作用力之外，还发生磁的相互作用力。这种磁的作用力之所以发生，是因为每一运动电荷在它的周围空间里产生了磁场，而另一个电荷在这磁场中运动的缘故。我们比较一下这两种力的大小。

假定这两个电荷 e 和 e' 以相同的恒定速度 v 沿相距 r 的平行直线 ab 和 $a'b'$ 运动(图 45.5)。在此情形下，它们之间有相互作用着的库仑力

$$F_E = \frac{ee'}{r^2}$$

同时有相互作用着的洛伦兹力

$$F_H = \frac{ee'}{r^2}\left(\frac{v}{c}\right)^2$$

从而得到

$$\frac{F_H}{F_E} = \left(\frac{v}{c}\right)^2$$

由于在大多数的情况下，$v \ll c$，电荷之间的磁的相互作用力，比起库仑力来，通常是很小的。

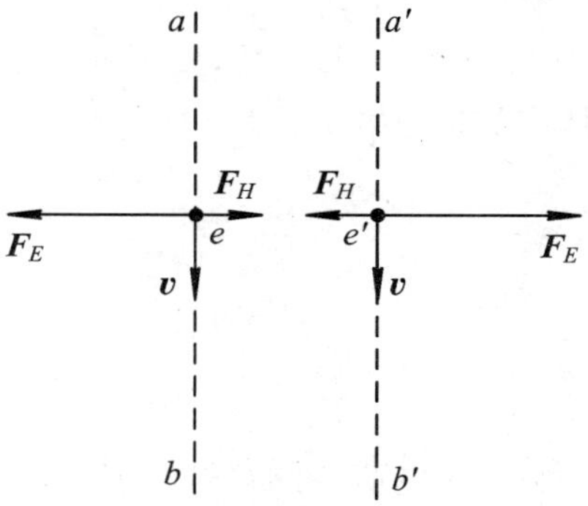

图 45.5

运动电荷在磁场中所受的力，既垂直于磁场 $\boldsymbol{H}$，又垂直于自己的速度 $\boldsymbol{v}$，这样一来，这个力只是使电荷运动的轨道不断弯曲，而不改变其速度的大小，也即不作任何的机械功。这种情况仿佛和下一事实相违背：当带有电流的导体在磁场中运动时，磁场所作的功一般说来，不等于零，发电机中就是这样。如果考虑到，当导体在磁场中运动时，不可避免地要发生电磁感应现象；这一似是而非的矛盾可得到解决。电磁感应将在以后详尽讨论。

4. 霍尔效应

在磁场中运动着的电荷，由于受洛伦兹力的作用，它的轨道将弯曲。因此把带有电流的导体放进磁场里，电流就要在导体截面上重行分布。果然，电流的这一重行分布在

① 校者注：即通常的高斯制，其电学量用静电单位，磁学量用电磁单位。

所谓磁场电现象、热磁现象以及和这两现象相近的现象中表现出来。作为例子，我们讨论霍尔效应。

设有金属板放在垂直于外磁场 $\boldsymbol{H}$ 的位置，当电流 I 沿着金属板通过的时候（图 45.6）在金属板底边 A 和 B 之间产生电位差 $V_A - V_B$，这个现象叫做**霍尔效应**。

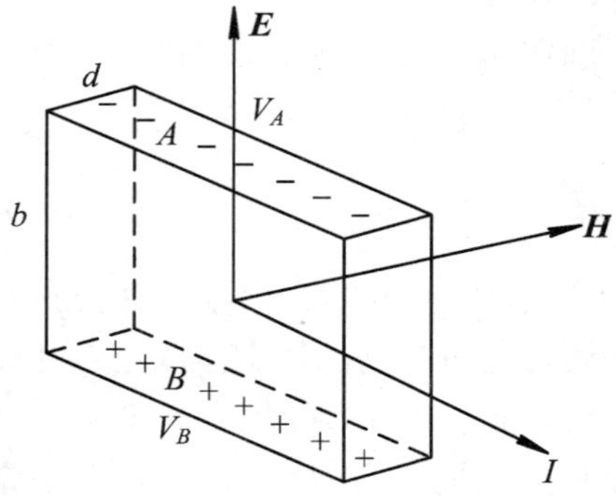

图 45.6

产生的电位差 $V_A - V_B$ 与电流强度和磁场强度的乘积 IH 成正比，而与板的厚度 d 成反比，即

$$V_A - V_B = K\frac{IH}{d}$$

式中 K 是常数，称为**霍尔系数**。

我们知道，电流的发生是由于电荷 e 的迁移；电荷 e 在磁场 $\boldsymbol{H}$ 中受到洛伦兹力

$$\boldsymbol{F} = \frac{e}{c}(\boldsymbol{v} \times \boldsymbol{H})$$

的作用，将在垂直于电流和磁场的方向上发生偏转。这个电荷若是电子，它将偏转到金属板的上底边 A，而在那里引起负电荷的积累。这一过程将一直继续到上底边 A 所累积的负电荷的电场和下底边 B 堆集的过剩正电荷的电场两者的合力与 $\boldsymbol{F}$ 相平衡为止。命 $\boldsymbol{E}$ 代表达到平衡时的合电场，就有

$$e\boldsymbol{E} = -\boldsymbol{F} = -\frac{e}{c}(\boldsymbol{v} \times \boldsymbol{H})$$

但 $E = -(V_A - V_B)/b$，式中 b 是金属板的宽度，又 $I = nev \times bd$，式中 n 是每单位体积导体内的自由电子数目。把它们代入上式，就得

$$V_A - V_B = \frac{1}{nec} \cdot \frac{IH}{d} \tag{45.5}$$

可见霍尔系数

$$K = \frac{1}{nec} \tag{45.6}$$

它的符号由电荷 e 的符号而定。

在加上磁场时，带有电流的导体所产生的横向电位差 $V_A - V_B$ 可由实验直接测定。这个电位差的数值是极其微小的。比如说，当 10 安培的电流通过宽（b）1 厘米、厚（d）0.1 毫米的金片时，在强度为 10000 高斯的磁场中，这个电位差只有 7 微伏特。

许多金属确实给出了预期大小的负的霍尔系数 K。由系数 K 的实验值，可以求出导体中每单位体积内的自由电子数目 n。对于一系列的单价金属，从每个原子中解放出来的自由电子数目 Z 平均近于 1。例如，对于钠，$Z = 0.65$；对于银，$Z = 0.75$；对于金，$Z = 0.9$。对于有较高原子价的金属，所得到的 Z 也比较大，例如对于铝，$Z = 2.0$。

但是也有这样的一些金属，例如 Zn，Cd，Fe 等，它们的霍尔系数 K 是正的，好像这些金属中的电流携带者不是负电荷而是正电荷。这个结论显然与我们关于金属本性方面的全部知识相矛盾，因而在长时间内成为金属电子论的主要困难之一。这个矛盾十分令

人满意地为金属的量子理论所解决。

只有在具有电子导电性的导体中，才能观察到霍尔效应。在具有离子导电性的电解液中，没有显著的霍尔效应。这是因为与电子的速度相比，重的离子的速度是非常小的。

在半导体(氧化亚铜)里，随着温度的降低，霍尔系数 K 剧烈地增大，这是与单位体积内自由电子数目随着温度的降低而迅速地减少相符的。由半导体的霍尔效应的符号，能够判断半导体的导电是电子性的还是“空穴性”的。对于具有“混合的”导电性的半导体，现象有较复杂的性质。

5. 测定磁场强度的方法

在静电学中，我们曾利用试探电荷来研究静电场的性质。试探电荷必须是一个点电荷，那就是说，它所占据的空间区域必须是如此之少，在这个小区域内电场可以认为是均匀的。同理，我们利用磁场对一个小磁针或一个载电流的闭合的无穷小的平面回路的作用来研究磁场的性质。为了量度空间中某一点的磁场强度，磁针或线圈必须取得这样小，以便线圈或磁针所在的范围内的磁场可以看做是均匀的。

在均匀磁场中，载流线圈只受到一个单独力矩 C 的作用(图 45.7)：

$$L = -ISH\sin\theta = -mH\sin\theta$$

式中右端的负号表示力矩作用于使 θ 减小的方向上，θ 是磁场方向与线圈法线正方向间所成的角，$m = IS$ 是线圈的磁矩。只要它的面积 S 和通过的电流强度 I 都保持不变，一个试探线圈，和一根磁针一样，有它自己固定的磁矩。

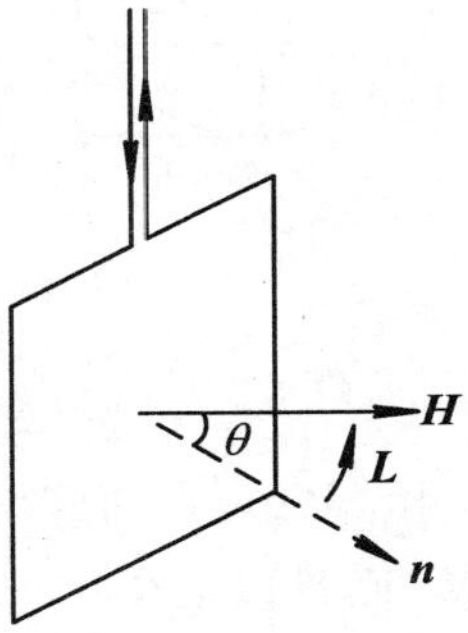

图 45.7

把这个试探线圈放在磁场中某一点上。它的稳定平衡位置是什么呢？在稳定平衡中，$L=0$，也就是 $\theta=0$。可见试探线圈在磁场中取稳定平衡位置时的正法线方向就指出该点的磁场方向。

如何来测定磁场强度 H 的大小呢？把试探线圈在垂直于磁场的平面上悬挂起来。当线圈平面与磁场方向平行时，即 $\theta=\pi/2$，它受到最大的磁力矩 $L = mH$ 的作用。根据悬挂线圈的线扭转，能够量度这个力矩的大小，从而测定磁场强度 $H=L/m$。

如果用扭转常数很小的细线把试探线圈悬挂起来，并让它在稳定平衡位置左右摆动，又可从测定摆动周期

$$T = 2\pi\sqrt{\frac{J}{mH}}$$

来求得 H，式中 J 代表线圈的转动惯量。

从磁场强度的测定中，我们也可以清楚地看出磁场和电场本质的不同。试探电荷在电场中受到的力的方向就是电场的方向，而试探线圈或试探磁针在磁场中受到的作用，其实只是一个单独的力矩；依靠它们在磁场中可以决定一个不受力矩的线圈所在的平面，即垂直于磁场的平面。关于这个问题，利用试探电荷来测定磁场，说起来更加清楚。

试探电荷(比如一个电子或质子)不仅是测定电场,同时也是测定磁场的理想工具。一个以 $\boldsymbol{v}$ 速度运动着的电荷 e,在磁场 $\boldsymbol{H}$ 中,就要受到洛伦兹力 $\boldsymbol{F}=e(\boldsymbol{v}\times\boldsymbol{H})$ 的作用。测定这个洛伦兹力,就可求出磁场的大小。但是,我们知道,洛伦兹力的方向并不就是磁场的方向,而是垂直于磁场的方向。磁场的方向不是单独地由洛伦兹力所能完全决定的。把一个正的或负的试探电荷引入均匀磁场中,并令它以一定的速度 $\boldsymbol{v}$ 运动,它所受到的洛伦兹力的方向将随速度 $\boldsymbol{v}$ 的方向之不同而不同。一般说来,它在均匀磁场中的运动轨道是空间的螺旋线。只有当速度在特殊的平面上时,电荷的运动轨道才是在这个平面上的一个圆周。利用试探电荷的运动,我们可以这样找出磁场中的特殊平面或与这种特殊平面正交的特殊方位。可见磁场有方位,还没有方向。

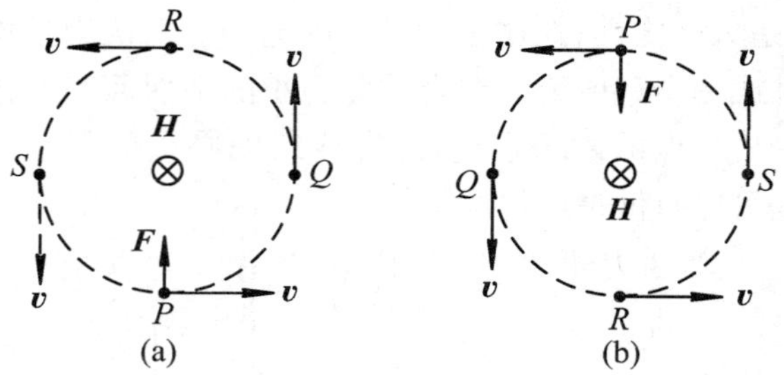

图 45.8

如图 45.8(a)中所示的一个试探正电荷在正交于磁场方位的平面上以速度 $\boldsymbol{v}$ 逆时针方向沿 $PQRS$ 圆周运动,它在 $P,Q,R,\cdots$ 各点所受洛伦兹力 $\boldsymbol{F}$ 的方向处处不同。在这里,值得特别注意的是:如果正电荷在起点 P 的初速度是 $-\boldsymbol{v}$,不是 $\boldsymbol{v}$,它将沿着另一个同样大小的圆周运动,不过运动的方向还是逆时针的(图 45.8(b))。由此可见,磁场对运动电荷的作用总是力图使运动电荷围绕磁场方位旋转,而且以某个一定的方向旋转。由磁场圆柱对称的性质,磁场方位就是对称轴,称为磁轴。我们常称磁场为涡旋场,一方面,这是由于闭合的磁力线呈旋涡状,另一方面,其意义就在于电荷在磁场内的旋涡式的运动。

磁轴不同于矢量,磁场不是一个普通的真正矢量。严格地说,它在空间只有方位,没有方向,它以正电荷或负电荷绕它旋转的方向来表征自己。磁场的方向和负电荷在磁场中旋转的方向是人为地“按协定”(按右螺旋法则,也可按左螺旋法则,见图 45.9)联系着,它们之间直接的客观的联系是不存在的。所以磁场强度矢量是一个赝矢量(也称轴矢量),而电场强度矢量是一个真矢量(也称极矢量)。

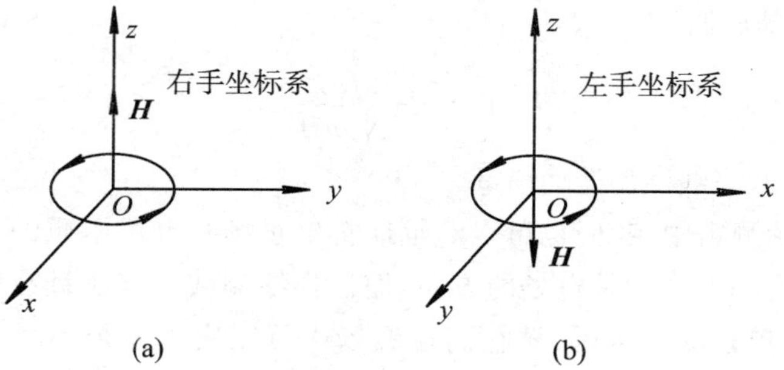

图 45.9

为了使以上所说的更为清楚起见，我们再把真矢量和赝矢量比较一下。真矢量的方向代表一种客观实际，是直接给定了的，不以坐标系之为右手的或左手的选择为转移。赝矢量的方向只在一个确定的坐标系中才是确定的，从右手坐标系变换到左手坐标系时，它的方向就要变成相反。

不难见到，两个真矢量的矢积是赝矢量，标量的梯度是真矢量，真矢量的旋度是赝矢量，等等。两个真矢量或两个赝矢量之间的关系式不以坐标系的选择为转移，而一个真矢量和一个赝矢量之间的等式将不是这样，并且不能有物理意义。

§46　有关磁场的基本定律

磁场的定律和所有定律一样，是很多实验事实的综合。传统的、经典的讲述磁场理论的方法，是根据磁学发展的历史，从磁极的相互作用开始，引入磁量的概念，然后引入库仑定律。关于磁场理论的建立过程完全类似于静电学情形，这相似性还表现在表征静电场和磁场的量的名称相似上。我们说静电场强度 $\boldsymbol{E}$ 和静电感应强度 $\boldsymbol{D}$，磁场强度 $\boldsymbol{H}$ 和磁感应强度 $\boldsymbol{B}$，但是这些相似并不是经常正确，而且并不与静电场和磁场的本性符合。

我们讲过，在静电现象与磁现象之间存在着深刻的区别。在自然界中，有正的或负的电荷存在，但是没有单独磁荷存在，或者说，不同符号的磁荷总是同时存在而不可分割。不同符号磁荷的不可分割性迫使库仑提出关于分子磁偶极子的假说，安培又把分子磁偶极子的假说解释为分子电流的存在。归根结底，一切磁场都由电流产生，所以我们所采取的讲述方法，在本章一开始，就是根据电流所产生的磁场或者磁场对电流的作用而引入磁场这一重要概念的。

电流产生磁场，同时也受磁场作用的力，但是电流是由电荷运动而形成的，可见磁场是运动电荷所产生的，而且磁场也只作用于运动的电荷上。因此，从磁场来说，基本的东西应该是电荷的运动。可是电荷在导体中运动的速度很难由实验直接测定。好在电荷速度知道与否不是特别重要，重要的是和它紧密关联的电流密度，因为 $i = nev = \rho v$，式中 ρ 是电荷体密度，v 是电荷速度。

在电流产生的磁场中，磁力线总是闭合曲线，或者从无穷远来又到无穷远去。磁场与电场本质上的区别就是磁场没有源头。磁力线与电力线不同，它既没有起点，也没有终点。由于磁力线的这般形状，磁场通常被称为涡旋场，磁场强度通过任意闭合曲面的通量永远等于零，即

$$\oint \boldsymbol{H} \cdot \mathrm{d}\boldsymbol{S} = 0 \tag{46.1}$$

这就是磁场的基本定律之一。

由这个定律的积分形式，立刻可以得出它的微分形式，或定域化形式：

$$\mathrm{div}\boldsymbol{H} = 0 \tag{46.2}$$

磁场的另一个基本定律，就是安培定理，即

$$\oint_{\Sigma} \boldsymbol{H} \cdot \mathrm{d}\boldsymbol{l} = 4\pi I \tag{46.3}$$

这个公式的左端，根据斯托克斯定理，可以写成

$$\oint_{\Sigma} \boldsymbol{H} \cdot \mathrm{d}\boldsymbol{l} = \int_S \mathrm{rot_n} \boldsymbol{H} \mathrm{d}S$$

式中 S 是以 Σ 为边线的曲面。另一方面，公式(46.3)右端中的电流强度 I 是电流密度 $\boldsymbol{i}$ 通过曲面 S 的通量，即

$$I = \int_S \boldsymbol{i} \cdot \mathrm{d}\boldsymbol{S}$$

从而得出安培定理的微分形式或定域化形式

$$\mathrm{rot}\boldsymbol{H} = 4\pi \boldsymbol{i} \tag{46.4}$$

这个式子只有对于稳定电流才是正确的。由于 $\mathrm{div\ rot}\boldsymbol{H} \equiv 0$，我们立刻得出前面已经得过的电流稳定的条件：$\mathrm{div}\boldsymbol{i} = 0$。

为了直观地表示静磁场和静电场的相似而又不同之点，我们把它们写在一起作一对比：

静电场	静磁场
$\mathrm{div}\boldsymbol{E} = 4\pi\rho$	$\mathrm{div}\boldsymbol{H} = 0$
$\mathrm{rot}\boldsymbol{E} = \boldsymbol{0}$	$\mathrm{rot}\boldsymbol{H} = 4\pi\boldsymbol{i}$

所以静电场是有源的无旋场，而静磁场是无源的有旋场。有源的静电场完全由源头的强度（也即作为坐标函数的静电场散度）决定，而有旋的静磁场完全由涡旋的强度（也即作为坐标函数的静磁场旋度）决定。磁场的涡旋分布在，也只分布在场中有电流流动着的区域，而且涡旋的强度（也即旋度的数值）与电流密度成正比。换句话说，场中有电流流动着的区域，可以称为磁场的**涡旋空间**。

剩下的事情还要研究电流磁场中的边界条件。为此，引入面电流和电流面密度 i_σ 这个概念是有好处的。我们知道，在无限长线筒的内部，磁场 $H = 4\pi nI$；在它的外部，$H = 0$。可见线筒的侧面就是磁场的突变面。凡电流流通的面，就是磁场突变的地方。在每厘米有 n 匝线圈的无限长线筒侧面上（图 46.1），好像有一个面电流在垂直于筒轴的方向流通一样。安培匝数 nI 就是面电流的实际量度，也就是电流面密度。所以面电流是集中在一个无限薄层上流动着的电流，而电流面密度 i_σ 是在单位时间内流经单位长线段的电量，线段位于流有电流的导体面上并与电流方向正交。

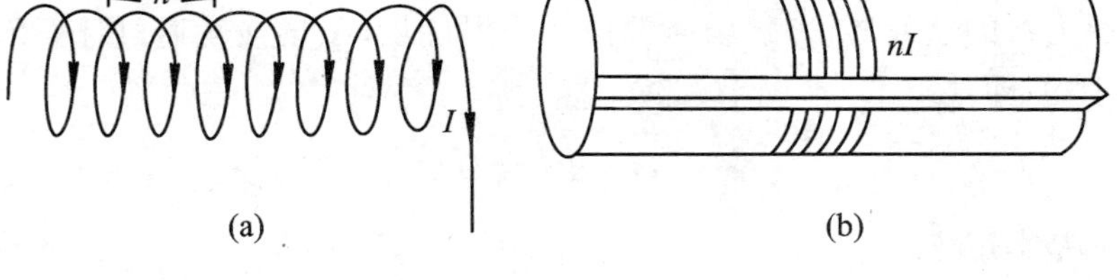

图 46.1

面电流引起磁场的突变是很容易理解的。如图 46.2 所示，P 为有面电流流通的面，电流垂直进入图面，用⊗表示，则在 P 面的上方，磁场向右，而在 P 面的下方，磁场向左。可见 P 面是磁场的一个突变面。

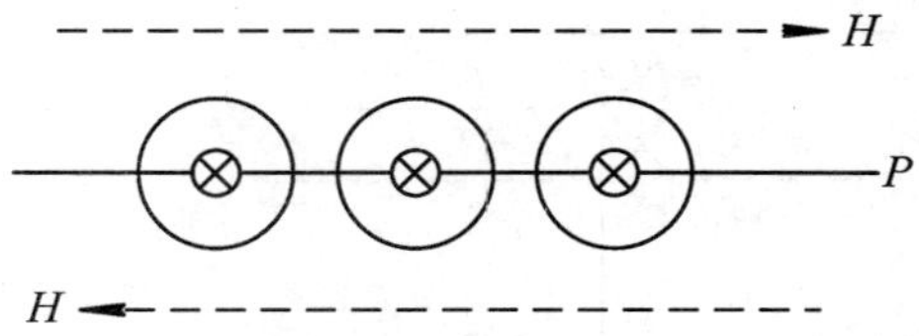

图 46.2

我们现来看一下电流强度 I、电流密度 i 和电流面密度 i_σ 之间的关系。设有电流 I 在导体中流通（图 46.3）。导体的正截面面积 $\mathrm{d}S=\mathrm{d}t\mathrm{d}e$，则

$$I = i\mathrm{d}s = i\mathrm{d}t\mathrm{d}e$$

当导体的厚度 $\mathrm{d}e$ 趋于无穷小时，导体成为导面，电流成为面电流，而有

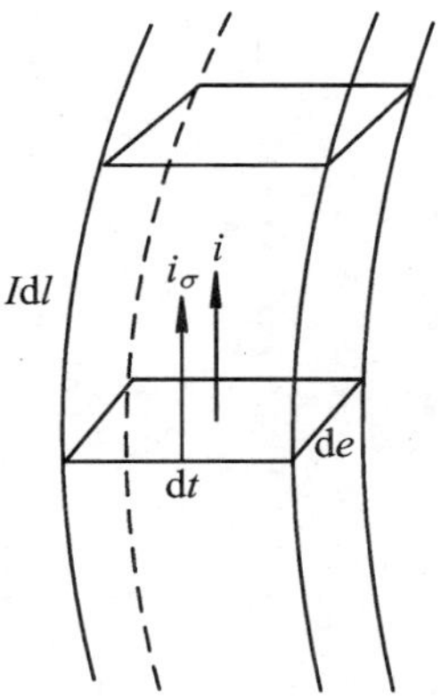

图 46.3

$$\lim_{\mathrm{d}e\to 0}(i\mathrm{d}t\mathrm{d}e) = i_\sigma \mathrm{d}t$$

若考虑一个长度为 $\mathrm{d}l$ 的电流元，则有

$$I\mathrm{d}l = i\mathrm{d}t\mathrm{d}e\mathrm{d}l = i_\sigma\mathrm{d}t\mathrm{d}l$$

可见，其实 I 是线密度，而 i 是体密度。

现在回到电流磁场在突变面上所应满足的边界条件问题上来。在突变面上，方程式(46.2)和(46.4)依然正确，即

$$\mathrm{div}\boldsymbol{H} = \lim_{\Delta V\to 0}\frac{\oint \boldsymbol{H}\cdot \mathrm{d}\boldsymbol{S}}{\Delta V} = 0$$

从而得

$$H_{2\mathrm{n}} - H_{1\mathrm{n}} \equiv \mathrm{Div}\boldsymbol{H} = 0 \tag{46.5}$$

又

$$\mathrm{rot_n}\boldsymbol{H} = \lim_{\mathrm{d}S\to 0}\frac{\oint \boldsymbol{H}\cdot \mathrm{d}\boldsymbol{t}}{\mathrm{d}S} = \lim_{\mathrm{d}e\to 0}\frac{(H_{2t}-H_{1t})\mathrm{d}t}{\mathrm{d}t\cdot \mathrm{d}e} = 4\pi i$$

从而得

$$\boldsymbol{H}_{2\mathrm{t}} - \boldsymbol{H}_{1\mathrm{t}} \equiv \mathrm{Rot}\boldsymbol{H} = 4\pi\boldsymbol{i}_\sigma \tag{46.6}$$

可见在分界面上有面电流密度 i_σ 存在时，磁场 $\boldsymbol{H}$ 的法向分量是连续的，而切向分量经历一个突变 $4\pi i_\sigma$。这就是电流磁场的边界条件，和真空中静电场的边界条件

$$\mathrm{Div}\boldsymbol{E} = 4\pi\sigma,\quad \mathrm{Rot}\boldsymbol{E} = \boldsymbol{0}$$

类似而又不同。

总起来说，方程式

$$\left.\begin{aligned}&\mathrm{div}\boldsymbol{H} = 0,\quad \mathrm{Div}\boldsymbol{H} = 0\\ &\mathrm{rot}\boldsymbol{H} = 4\pi\boldsymbol{i},\quad \mathrm{Rot}\boldsymbol{H} = 4\pi\boldsymbol{i}_\sigma\end{aligned}\right\} \tag{46.7}$$

乃是稳定电流磁场完整的微分方程式组，换句话说，只要电流密度 $\boldsymbol{i}$ 和 $\boldsymbol{i}_\sigma$ 的分布已知，并且在无穷远处满足条件：

$$Hr^2 \text{ 在 } r\to\infty \text{ 时依然有限} \tag{46.8}$$

则磁场就由方程组(46.7)唯一地决定。条件式(46.8)表示：所有激发磁场的电流都分布在空间的有限区域。反过来，如果空间各点的磁场强度 $\boldsymbol{H}$ 已经给定，那么方程组(46.7)

唯一地决定电流密度 $\boldsymbol{i}$ 和 $\boldsymbol{i}_\sigma$ 的分布。

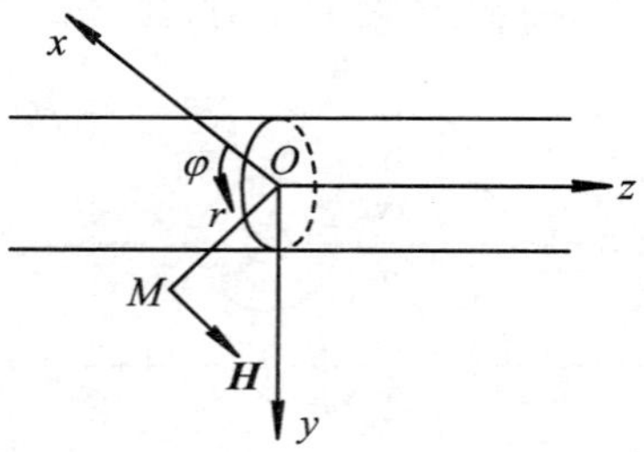

图 46.4

【例】 设有圆柱式磁场(图 46.4)：

$$H=\begin{cases}\dfrac{2I}{r} & (r>a)\\[2mm] \dfrac{2I}{a^2}r & (r\leqslant a)\end{cases}$$

式中 r 代表 M 点与对称轴的距离，I 和 a 各为常数。求产生这个磁场的电流在空间中的分布。

当 $r>a$ 时，

$$H_x=-\frac{2I}{r}\sin\varphi=-\frac{2Iy}{r^2}=-\frac{2Iy}{x^2+y^2}$$

$$H_y=\frac{2I}{r}\cos\varphi=\frac{2Ix}{r^2}=\frac{2Ix}{x^2+y^2}$$

$$H_z=0$$

从而得

$$i_x=\frac{1}{4\pi}\left(\frac{\partial H_z}{\partial y}-\frac{\partial H_y}{\partial z}\right)=0$$

$$i_y=\frac{1}{4\pi}\left(\frac{\partial H_x}{\partial z}-\frac{\partial H_z}{\partial x}\right)=0$$

$$i_z=\frac{1}{4\pi}\left(\frac{\partial H_y}{\partial x}-\frac{\partial H_x}{\partial y}\right)$$

$$=\frac{I}{2\pi}\left[\frac{y^2-x^2}{(x^2+y^2)^2}-\frac{y^2-x^2}{(x^2+y^2)^2}\right]=0$$

当 $r\leqslant a$ 时，

$$H_x=-\frac{2I}{a^2}r\sin\varphi=-\frac{2Iy}{a^2}$$

$$H_y=\frac{2Ix}{a^2}$$

$$H_z=0$$

从而得

$$i_x=\frac{1}{4\pi}\left(\frac{\partial H_z}{\partial y}-\frac{\partial H_y}{\partial z}\right)=0$$

$$i_y=\frac{1}{4\pi}\left(\frac{\partial H_x}{\partial z}-\frac{\partial H_z}{\partial x}\right)=0$$

$$i_z=\frac{1}{4\pi}\left(\frac{\partial H_y}{\partial x}-\frac{\partial H_x}{\partial y}\right)=\frac{I}{2\pi a^2}(1+1)=\frac{I}{\pi a^2}$$

可见在以 a 为半径的圆柱体外各点，电流密度为零；在圆柱体内各点，电流密度矢量沿圆柱轴，为一常量，等于 $I/(\pi a^2)$，即所给磁场由一个强度为 I 的电流沿一个以 a 为半径的无限长圆柱体流通所产生。

§ 47　磁场的矢位

磁场虽不具有标位(至少不具有单值标位),但它具有矢位。由于 div$\boldsymbol{H}=0$,又由于对任何矢量 $\boldsymbol{A}$,总有 div rot$\boldsymbol{A}\equiv 0$,我们能够对每个磁场 $\boldsymbol{H}$ 找到一个矢量 $\boldsymbol{A}$ 和它配合,使 $\boldsymbol{A}$ 的旋度就是 $\boldsymbol{H}$,即

$$\boldsymbol{H} = \mathrm{rot}\boldsymbol{A}$$

或

$$\left.\begin{aligned} H_x &= \frac{\partial A_z}{\partial y} - \frac{\partial A_y}{\partial z} \\ H_y &= \frac{\partial A_x}{\partial z} - \frac{\partial A_z}{\partial x} \\ H_z &= \frac{\partial A_y}{\partial x} - \frac{\partial A_x}{\partial y} \end{aligned}\right\} \tag{47.1}$$

$\boldsymbol{A}$ 由磁场 $\boldsymbol{H}$ 所导出,它又是一个矢量,因此称为**磁场的矢位**。

方程式(47.1)并没有完全确定了矢位 $\boldsymbol{A}$。设 A_x,A_y,A_z 为方程式(47.1)的解,在它们的后边各加上任何函数 U 的偏微商$\partial U/\partial x$,$\partial U/\partial y$,$\partial U/\partial z$,还是这个方程式的解,因为 rot grad$U\equiv\mathbf{0}$。因此,磁场 $\boldsymbol{H}$ 不仅具有矢位$\boldsymbol{A}_1$,$\boldsymbol{A}_1$ 满足方程式(47.1),而且具有无穷个矢位 $\boldsymbol{A}=\boldsymbol{A}_1+\mathrm{grad}U$。

引用了矢位 $\boldsymbol{A}$,就使稳定电流的磁场容易研究得多,正如研究一组固定电荷的电场时引入了标位 Φ 一样。在求 $\boldsymbol{A}$ 时,可以利用它的非完全确定性,采取相当多的任意因素,加入任意条件,比如说,div$\boldsymbol{A}=0$,使计算过程大大简化。

1. 矢位的表示式

我们先来研究一段电流所产生的磁场的矢位。设这段电流在原点 O,长为 l,沿 Oz 轴(图 47.1),H_x,H_y,H_z 为它在任意点 M(其坐标为 x,y,z)所产生的磁场分量,并设 $\overline{OM}=r$。命 $Il=\mu$,则在 M 点的磁场为

$$H = \mu\frac{\sin\alpha}{r^2}$$

设 M'为 M 在 xOz 平面上的正射影,命$\overline{OM'}=\rho$,则有 $\sin\alpha=\rho/r$,于是

$$H = \mu\frac{\rho}{r^3}$$

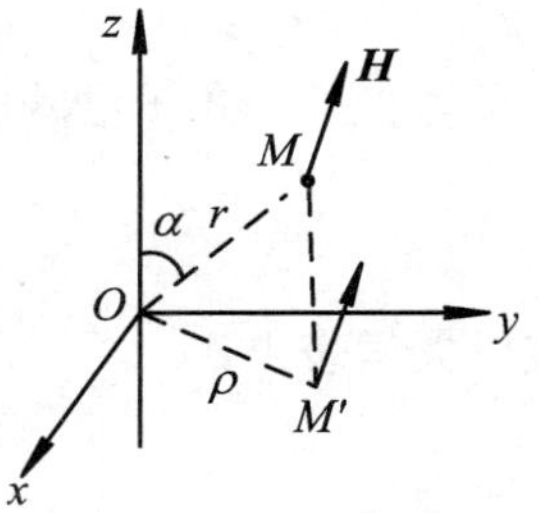

图 47.1

这个磁场正交于平面 MOz,故其分量 H_z 为零;至于其它两个分量,则各以 $-y/\rho$ 及 x/ρ 乘 H 而得,即

$$
\left.\begin{aligned}
H_x &= -\mu\frac{y}{r^3}\\
H_y &= +\mu\frac{x}{r^3}\\
H_z &= 0
\end{aligned}\right\}
$$

我们进一步去求这个磁场的矢位。由于它具有无数个的矢位，我们可以寻找一个最简单的。因为对称的关系，我们要问是否具有一个老是平行于 Oz 轴的矢位？设 A_x, A_y, A_z 为这个矢位的分量，我们要找的是其中有 $A_x = A_y = 0$。于是方程式(47.1)成为

$$
\left.\begin{aligned}
\frac{\partial A}{\partial y} &= -\mu\frac{y}{r^3}\\
-\frac{\partial A}{\partial x} &= \mu\frac{x}{r^3}
\end{aligned}\right\}
$$

满足这两个方程式的有函数

$$
A = \frac{\mu}{r}
$$

由此得出结论：一小段电流元所产生的磁场，具有一个这样的矢位：在空间各点，这个矢位平行于该电流元，而且即等于这段电流元的特征常数 $\mu = Il$，用该点与电流元之间的距离 r 来除，所得的商。

从此可以立刻得到整个闭合电路所产生的磁场的矢位。其上一段 $\overline{AB} = \mathrm{d}l$（图 47.2）在坐标轴上的正射影设为 $\mathrm{d}\xi, \mathrm{d}\eta, \mathrm{d}\zeta$，它们贡献于在 M 点的磁场矢位将各为

$$
\mathrm{d}A_x = \frac{I\mathrm{d}\xi}{r},\quad \mathrm{d}A_y = \frac{I\mathrm{d}\eta}{r},\quad \mathrm{d}A_z = \frac{I\mathrm{d}\zeta}{r}
$$

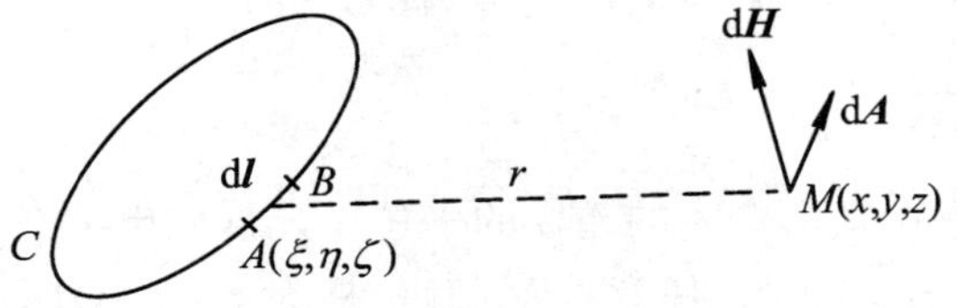

图 47.2

只须再把这些式子沿着电路积分，就得整个电路在 M 点的磁场矢位，即

$$
A_x = I\oint_C \frac{\mathrm{d}\xi}{r},\quad A_y = I\oint_C \frac{\mathrm{d}\eta}{r},\quad A_z = I\oint_C \frac{\mathrm{d}\zeta}{r}
$$

或以矢量表出：

$$
\boldsymbol{A} = I\oint_C \frac{\mathrm{d}\boldsymbol{l}}{r} \tag{47.2}
$$

如果我们所考虑的不是线电流，而是三维空间的电流管，则 $I\mathrm{d}l = i\mathrm{d}S\mathrm{d}l = i\mathrm{d}V$，把它代入上式中，就得

$$A_x = \int_V \frac{i_x \mathrm{d}V}{r}, \quad A_y = \int_V \frac{i_y \mathrm{d}V}{r}, \quad A_z = \int_V \frac{i_z \mathrm{d}V}{r}$$

可见矢位 $\boldsymbol{A} = \int \frac{\boldsymbol{i}\mathrm{d}V}{r}$ 的各个分量的表示式都和静电场标位的表示式

$$\Phi = \int_V \frac{\rho \mathrm{d}V}{r}$$

完全类似。

把静电场和磁场相类似的公式加以对照，矢位和标位间的类似之处特别清楚地显露出来：

$$\boldsymbol{E} = \int \frac{\rho \boldsymbol{r}^3}{r} \mathrm{d}V, \quad \boldsymbol{H} = \int \frac{\boldsymbol{i} \times \boldsymbol{r}}{r^3} \mathrm{d}V$$

$$\Phi = \int \frac{\rho}{r} \mathrm{d}V, \quad \boldsymbol{A} = \int \frac{\boldsymbol{i}}{r} \mathrm{d}V$$

$$\boldsymbol{E} = -\operatorname{grad}\Phi, \quad \boldsymbol{H} = \operatorname{rot}\boldsymbol{A}$$

从这一对比中，可以清楚地看出，电流密度矢量对磁场所起的作用，正如电荷密度标量对静电场所起的作用一样。

2. 矢位的性质

(1) $\operatorname{div}\boldsymbol{A} = 0$

根据我们的选择而引出的矢位 $\boldsymbol{A}$ 的表示式(47.2)满足条件：$\operatorname{div}\boldsymbol{A} = 0$。因为

$$A_x = I\oint_C \frac{\mathrm{d}\xi}{r}, \quad A_y = I\oint_C \frac{\mathrm{d}\eta}{r}, \quad A_z = I\oint_C \frac{\mathrm{d}\zeta}{r}$$

我们有

$$\frac{\partial A_x}{\partial x} = I\oint_C \frac{\partial(1/r)}{\partial x}\mathrm{d}\xi, \quad \frac{\partial A_y}{\partial y} = I\oint_C \frac{\partial(1/r)}{\partial y}\mathrm{d}\eta, \quad \frac{\partial A_z}{\partial z} = I\oint_C \frac{\partial(1/r)}{\partial z}\mathrm{d}\zeta$$

又因为 $r^2 = (x-\xi)^2 + (y-\eta)^2 + (z-\zeta)^2$，我们有

$$\frac{\partial(1/r)}{\partial x} = -\frac{\partial(1/r)}{\partial \xi}, \quad \frac{\partial(1/r)}{\partial y} = -\frac{\partial(1/r)}{\partial \eta}, \quad \frac{\partial(1/r)}{\partial z} = -\frac{\partial(1/r)}{\partial \zeta}$$

于是得

$$\begin{aligned}\operatorname{div}\boldsymbol{A} &= I\oint_C \left[\frac{\partial(1/r)}{\partial x}\mathrm{d}\xi + \frac{\partial(1/r)}{\partial y}\mathrm{d}\eta + \frac{\partial(1/r)}{\partial z}\mathrm{d}\zeta\right] \\ &= -I\oint_C \left[\frac{\partial(1/r)}{\partial \xi}\mathrm{d}\xi + \frac{\partial(1/r)}{\partial \eta}\mathrm{d}\eta + \frac{\partial(1/r)}{\partial \zeta}\mathrm{d}\zeta\right] \\ &= -I\oint_C \mathrm{d}\left(\frac{1}{r}\right) = 0\end{aligned}$$

(2) $\nabla^2 \boldsymbol{A} = -4\pi \boldsymbol{i}$

由

$$\boldsymbol{H} = \operatorname{rot}\boldsymbol{A}$$

和

$$\mathrm{rot}\boldsymbol{H} = 4\pi \boldsymbol{i}$$

我们得

$$\mathrm{rot\ rot}\boldsymbol{A} = 4\pi \boldsymbol{i}$$

根据矢量分析，

$$\mathrm{rot\ rot}\boldsymbol{A} = \mathrm{grad\ div}\boldsymbol{A} - \nabla^2 \boldsymbol{A}$$

而

$$\mathrm{div}\boldsymbol{A} = 0$$

所以我们有

$$\nabla^2 \boldsymbol{A} = -4\pi \boldsymbol{i} \tag{47.3}$$

这是泊松矢量方程。它可分解成三个标量形式的方程：

$$\nabla^2 A_x = -4\pi i_x, \quad \nabla^2 A_y = -4\pi i_y, \quad \nabla^2 A_z = -4\pi i_z$$

我们在此可以更深入地看出静磁场和静电场之间的类似，不管是 Φ 还是 $\boldsymbol{A}$，都由泊松方程来确定。矢位 $\boldsymbol{A}$ 是由电流所引起的，标位 Φ 是由电荷所引起的，它们所遵从的定律相同，只要以电流密度 $\boldsymbol{i}$ 代替电荷密度 ρ。根据以上所说的相似之点，对于已知标位 Φ 的静电场曾经证明的所有结论，例如解的存在和唯一性，对于已知矢位 $\boldsymbol{A}$ 的静磁场来说也都是正确的。关于 $\boldsymbol{A}$ 的求法简单，以及与 Φ 相类似，都证实了引入磁场矢位是很适当的。

3. 矢位的应用举例

(1) 用矢位环流来表示磁通量和电路在磁场中的位能

在磁场中，通过任意曲面 S 的磁通量，依定义，为

$$\Phi = \int_S H_n \mathrm{d}S$$

但 $\boldsymbol{H} = \mathrm{rot}\boldsymbol{A}$，并根据斯托克斯定理，我们有

$$\Phi = \int_S (\mathrm{rot}\boldsymbol{A})_n \mathrm{d}S = \oint_L \boldsymbol{A} \cdot \mathrm{d}\boldsymbol{l} \tag{47.4}$$

L 为包围曲面 S 的闭合边线。

利用这个结果，可以很简单地写出一个闭合电流回路在磁场中的位能。我们知道，一个电路，由于移动或由于变形，从磁通量为 Φ_0 的位置 L_0 到磁通量为 Φ_1 的位置 L_1 时，其中流过的电流强度 I 保持不变，则电路所受的磁力所作的功为 $W = I(\Phi_1 - \Phi_0)$。若令

$$U = -I\Phi = -I\oint_L \boldsymbol{A} \cdot \mathrm{d}\boldsymbol{l} \tag{47.5}$$

则 $W = U_0 - U_1$，可见 U 是电路 L 在磁场中的位能。

(2) 用来研究元电流所产生的磁场

什么是元电流呢？满足下列条件的闭合电流称为元电流：① 电流回路的线度大小比起从它到电流磁场中要研究的那一点的距离来是很小的；② 在整个闭合电流的广袤内，

表征外场各量的值(确切些说,外场强度 H 的值和 H 的各空间微商的值)可以认为是不变的。不要把元电流和电流元混淆起来,元电流是一个无穷小的闭合电流,而电流元是一段无穷短的非闭合电流。比如说,电子围绕原子核运动而形成的电流,是一个元电流。元电流这个问题相当重要。在研究离开闭合电流充分远的地方的磁场时,任何一个闭合电流都可以看做元电流。

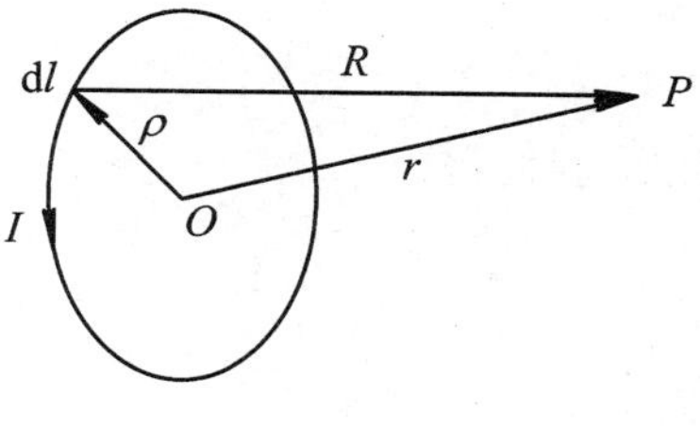

图 47.3

设有一闭合的线电流,在靠近电路的某个地方,任意选择一点 O 作为原点(图 47.3),求在远处一点 P 的磁场。命 r 和 ρ 分别为从原点 O 到观察点 P 和电流元 $I\mathrm{d}l$ 的距离,x,y,z 和 x',y',z' 分别为 P 点和电流元的坐标,我们有

$$R=|\boldsymbol{r}-\boldsymbol{\rho}|=\sqrt{(x-x')^2+(y-y')^2+(z-z')^2}$$

和

$$\frac{1}{R}=\frac{1}{r}\left(1-\frac{2\boldsymbol{r}\cdot\boldsymbol{\rho}}{r^2}+\frac{\rho^2}{r^2}\right)^{-1/2}=\frac{1}{r}+\frac{\boldsymbol{r}\cdot\boldsymbol{\rho}}{r^3}+\cdots=\frac{1}{r}-\boldsymbol{\rho}\cdot\nabla\frac{1}{r}+\cdots$$

于是在 P 点的矢位为

$$\boldsymbol{A}=I\oint\frac{\mathrm{d}\boldsymbol{l}}{R}=I\oint\frac{\mathrm{d}\boldsymbol{l}}{r}-I\oint\left(\boldsymbol{\rho}\cdot\nabla\frac{1}{r}\right)\mathrm{d}\boldsymbol{l}$$

准确到 ρ 的一级小量。

上式右端第一项积分中的 r 是常量,可从积分符号下面提出来,而$\oint\mathrm{d}\boldsymbol{l}$ 是沿着闭合电路的 $\mathrm{d}\boldsymbol{l}$ 矢量之和,等于零。故第一项

$$I\oint\frac{\mathrm{d}\boldsymbol{l}}{r}=0$$

我们把 $\mathrm{d}\boldsymbol{l}=\mathrm{d}\boldsymbol{\rho}$代入剩下的第二项中,则有

$$\begin{aligned}\boldsymbol{A}&=-I\oint\left(\boldsymbol{\rho}\cdot\nabla\frac{1}{r}\right)\mathrm{d}\boldsymbol{\rho}\\&=-I\left[\frac{1}{2}\oint\left(\boldsymbol{\rho}\cdot\nabla\frac{1}{r}\right)\mathrm{d}\boldsymbol{\rho}-\frac{1}{2}\oint\left(\mathrm{d}\boldsymbol{\rho}\cdot\nabla\frac{1}{r}\right)\boldsymbol{\rho}\right.\\&\qquad\left.+\frac{1}{2}\oint\left(\mathrm{d}\boldsymbol{\rho}\cdot\nabla\frac{1}{r}\right)\boldsymbol{\rho}+\frac{1}{2}\oint\left(\boldsymbol{\rho}\cdot\nabla\frac{1}{r}\right)\mathrm{d}\boldsymbol{\rho}\right]\end{aligned}$$

式中第一项和最后一项是原来积分所分成的两部分,中间两项之和等于零。

上式中最后两项

$$\oint\left(\mathrm{d}\boldsymbol{\rho}\cdot\nabla\frac{1}{r}\right)\boldsymbol{\rho}+\oint\left(\boldsymbol{\rho}\cdot\nabla\frac{1}{r}\right)\mathrm{d}\boldsymbol{\rho}=\oint\mathrm{d}\left[\left(\boldsymbol{\rho}\cdot\nabla\frac{1}{r}\right)\boldsymbol{\rho}\right]=0$$

因为任何全微分沿闭合回路的积分等于零。首两项中,

$$-\oint\left(\boldsymbol{\rho}\cdot\nabla\frac{1}{r}\right)\mathrm{d}\boldsymbol{\rho}+\left(\mathrm{d}\boldsymbol{\rho}\cdot\nabla\frac{1}{r}\right)\boldsymbol{\rho}$$

可以根据矢量代数的关系式

$$\boldsymbol{a} \times (\boldsymbol{b} \times \boldsymbol{c}) = \boldsymbol{b}(\boldsymbol{a} \cdot \boldsymbol{c}) - \boldsymbol{c}(\boldsymbol{a} \cdot \boldsymbol{b})$$

改写成

$$\nabla\frac{1}{r} \times (\boldsymbol{\rho} \times \mathrm{d}\boldsymbol{\rho})$$

因此，我们得

$$\boldsymbol{A} = \frac{I}{2}\nabla\frac{1}{r} \times \oint(\boldsymbol{\rho} \times \mathrm{d}\boldsymbol{\rho}) = \nabla\frac{1}{r} \times \frac{I}{2}\oint(\boldsymbol{\rho} \times \mathrm{d}\boldsymbol{l})$$

命

$$\boldsymbol{m} = \frac{I}{2}\oint\boldsymbol{\rho} \times \mathrm{d}\boldsymbol{l} \tag{47.6}$$

$\boldsymbol{m}$ 称为电流回路的磁矩，则有

$$\boldsymbol{A} = \nabla\frac{1}{r} \times \boldsymbol{m} = \frac{\boldsymbol{m} \times \boldsymbol{r}}{r^3} \tag{47.7}$$

电流磁矩 $\boldsymbol{m}$ 的表示式(47.6)中所包含的积分具有简单的几何意义。从图 47.4 中，可以清楚地看出乘积$\frac{1}{2}\boldsymbol{\rho}\times\mathrm{d}\boldsymbol{l}$ 是以 O 为顶点、电流回路 L 为底边的锥面的面积元 $\mathrm{d}\boldsymbol{S}$ 的矢值，即

$$\frac{1}{2}\oint_L\boldsymbol{\rho} \times \mathrm{d}\boldsymbol{l} = \oint\mathrm{d}\boldsymbol{S} = \boldsymbol{S}$$

从而有

$$\boldsymbol{m} = I\boldsymbol{S} \tag{47.8}$$

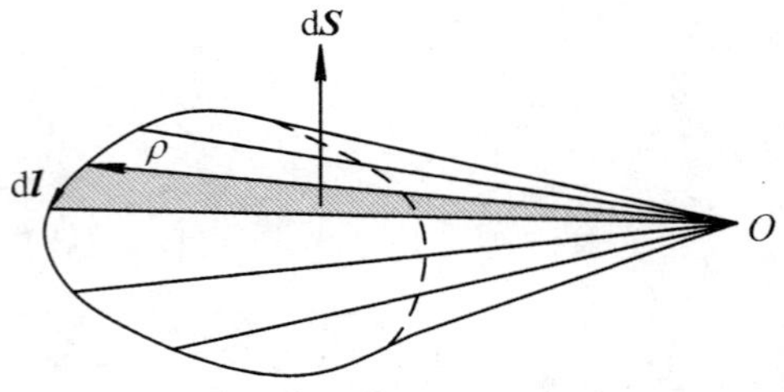

图 47.4

式中 $\boldsymbol{S}$ 代表以电流回路 L 作为边线的面的矢值。这一矢值，从而电流磁矩的值，既不依原点 O 的选择，也不依这个 S 面的形状为转移，完全由回路 L 决定。任意面的矢值 $\boldsymbol{S}$ 的数值 $|\boldsymbol{S}|$ 小于这个面的面积；只有在平面的场合下，这两个数值才彼此相等。磁矩垂直于回路的平面，并从电流的方向按右螺旋法则定磁矩的正向。

既然得到电流回路在 P 点的磁场矢位，现在进而求在该点的磁场强度。

从

$$\boldsymbol{H} = \mathrm{rot}\boldsymbol{A}, \quad \boldsymbol{A} = \frac{\boldsymbol{m} \times \boldsymbol{r}}{r^3}$$

得出

$$\boldsymbol{H} = \mathrm{rot}\,\frac{\boldsymbol{m} \times \boldsymbol{r}}{r^3} = \frac{1}{r^3}\mathrm{rot}(\boldsymbol{m} \times \boldsymbol{r}) + \nabla\left(\frac{1}{\boldsymbol{r}^3}\right) \times (\boldsymbol{m} \times \boldsymbol{r})$$

因为

$$\nabla\left(\frac{1}{r^3}\right) = -\frac{3\boldsymbol{r}}{r^5}$$

所以

$$\nabla\left(\frac{1}{r^3}\right)\times(\boldsymbol{m}\times\boldsymbol{r}) = \frac{3}{r^5}[(\boldsymbol{m}\times\boldsymbol{r})\times\boldsymbol{r}] = \frac{3}{r^5}[\boldsymbol{r}(\boldsymbol{m}\cdot\boldsymbol{r}) - \boldsymbol{m}r^2]$$

$$= \frac{3(\boldsymbol{m}\cdot\boldsymbol{r})\boldsymbol{r}}{r^5} - \frac{3\boldsymbol{m}}{r^3}$$

其次，因为 $\boldsymbol{m}$ 不依观察点 P 的坐标 x,y,z 而变，所以

$$\mathrm{rot}_x(\boldsymbol{m}\times\boldsymbol{r}) = \frac{\partial}{\partial y}(m_x y - m_y x) - \frac{\partial}{\partial z}(m_z x - m_x z) = 2m_x$$

即

$$\mathrm{rot}(\boldsymbol{m}\times\boldsymbol{r}) = 2\boldsymbol{m}$$

最后我们得到

$$\boldsymbol{H} = \mathrm{rot}\,\frac{\boldsymbol{m}\times\boldsymbol{r}}{r^3} = \frac{3(\boldsymbol{m}\cdot\boldsymbol{r})\boldsymbol{r}}{r^5} - \frac{\boldsymbol{m}}{r^3}$$

以上结果很容易推广到元电流组。闭合电流组的磁场，在距它充分远的地方，决定于唯一的参变数——系统的磁矩 $\boldsymbol{m}$，就像中性电荷组（也即电荷代数和为零的电荷组）的电场由它的电矩 $\boldsymbol{p}$ 来决定一样；并且这一电荷组在外电场中所受的力也决定于同一个参变数，电流组在外磁场中的情形也完全相同。磁矩不仅决定场，而且也决定场和电流的相互作用的能量以及此时所产生的力。

不管在主动方面（它所激发的场）或者在被动方面（它所受的力），任一稳定电流都和磁壳等效，而元电流则和最简单的磁壳——磁偶极子——等效。

把中性电荷系统和闭合电流系统作一类比：

中性电荷系	闭合电流系
$\Phi = \dfrac{\boldsymbol{p}\cdot\boldsymbol{r}}{r^3}$	$\boldsymbol{A} = \dfrac{\boldsymbol{m}\times\boldsymbol{r}}{r^3}$
$\boldsymbol{E} = \dfrac{3(\boldsymbol{p}\cdot\boldsymbol{r})\boldsymbol{r}}{r^5} - \dfrac{\boldsymbol{p}}{r^3}$	$\boldsymbol{H} = \dfrac{3(\boldsymbol{m}\cdot\boldsymbol{r})\boldsymbol{r}}{r^5} - \dfrac{\boldsymbol{m}}{r^3}$

公式的相似形式表现在远处的电场 $\boldsymbol{E}$ 和磁场 $\boldsymbol{H}$ 有相同的结构（图 47.5）。形成场的系统各是电偶极子和磁偶极子。在近距离的地方，这两种场是不同的。关于电偶极子的电场和闭合电流的磁场在远距离处的类似，就是安培定理的内容。

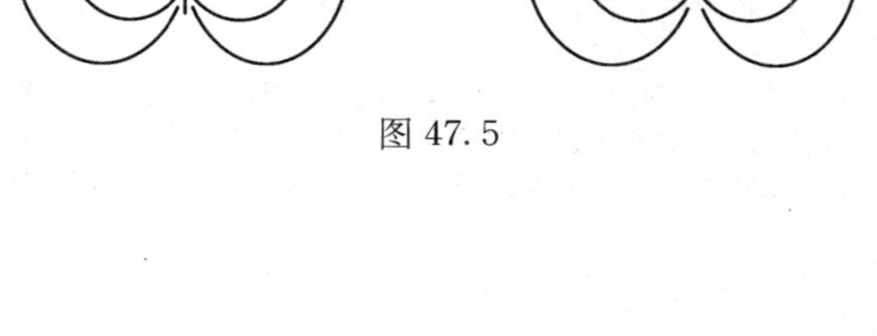

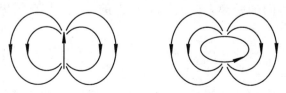

图 47.5

4. 赫芝矢量

在真空中，磁场的矢位 $\boldsymbol{A}$ 和标位 V 可以从同一个所谓的赫芝矢量 $\boldsymbol{N}$ 导出。为此，只须令

$$\boldsymbol{A} = \mathrm{rot}\boldsymbol{N}, \quad V = -\mathrm{div}\boldsymbol{N} \tag{47.9}$$

这样，$\mathrm{div}\boldsymbol{A} = 0$ 自然而然地得到满足，并由上两式分别得出

$$\boldsymbol{H} = \mathrm{rot}\boldsymbol{A} = \mathrm{grad}\,\mathrm{div}\boldsymbol{N} - \nabla^2\boldsymbol{N}$$

和

$$\boldsymbol{H} = -\mathrm{grad}V = \mathrm{grad}\,\mathrm{div}\boldsymbol{N}$$

可见矢量 $\boldsymbol{N}$ 必须满足拉普拉斯方程

$$\nabla^2\boldsymbol{N} = 0$$

以使从它导出的矢位和标位都能给出磁场 $\boldsymbol{H}$。

在此值得注意的是：矢量 $\boldsymbol{A}$ 和标位 V 满足下列四个偏微分方程所成的偏微分方程组：

$$\left.\begin{aligned}\mathrm{rot}\boldsymbol{A} &= -\mathrm{grad}V\\ \mathrm{div}\boldsymbol{A} &= 0\end{aligned}\right\}$$

由于存在着 $\mathrm{div}\boldsymbol{A} = 0$ 的关系，$\boldsymbol{A}$ 的三个分量中只有二个是任意的；从而可能使 $\boldsymbol{N}$ 只具有一个分量（即其它二个分量永远为零），那就是说，$\boldsymbol{N}$ 可以由一点函数 $U(x, y, z)$ 来表达①。

§48 两电流之间的相互作用

任何电流的附近均有磁场，而磁场对于电流又恒能发生力的作用；这就是说，一个电流恒能借其磁场的媒介②而作用于另一电流。故电流与电流之间恒有力的相互作用。关于这一问题的讨论，除在本章中已研究的两个现象（电流所产生的磁场与磁场对于电流的作用）的定律外，不待它求。其中几个特例，值得一说。

平行直线电流间的作用 设 AB 为一根直而长的导线（图 48.1），有电流 I 流通；$A'B'$ 为另一根导线，与前者平行，有电流 I' 通过。试就第二根导线上长为 l 的一段来讨论。设 a 为两导线间的距离，在导线 $A'B'$ 上的一点 M，直线电流 AB 所产生的磁场为

---

① 校者注：例如，可取 $N_x = N_y = 0$，$N_z = U$，U 满足拉普拉斯方程，磁场的矢位 $\boldsymbol{A}$ 和标位 V 由式(47.9)求得。

② 这个两电流之间的相互作用问题，安培曾从别的观点加以研究，盖在当年磁场观念尚未深入人心。安培直接研究两电路之间的相互作用，从而求出有关一电流元对于另一电流元的机械作用的定律。这部分工作，虽是十分漂亮，但在今日已乏兴趣。

$$H = \frac{2I}{a}$$

其方向系与这两根导线所成的平面正交。这个磁场对于 $A'B'$ 作用的力，又与 $A'B'$ 及磁场 $\boldsymbol{H}$ 成正交。因此即在图面之内，与导线正交。可见这两根导线将互相吸引，或是互相推拒。先后应用关于电流所产生的磁场与磁场对于电流的作用的两个正向法则，即可知这两根导线互相吸引，若其中通过的电流方向是相同的；互相推拒，若电流方向是相反的。相互作用的力为

$$F = 2\frac{l}{a}II'$$

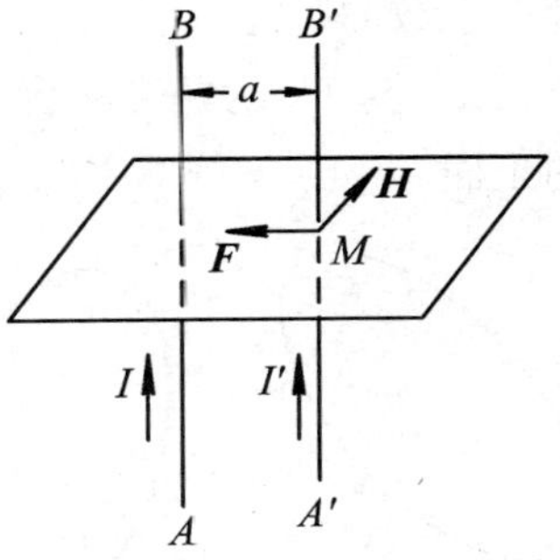

图 48.1

更进一步，可知任何两个电路间的相互作用。恒成 KII' 的形式，其中 K 为一常数，随两个电路的形状和它们之间的相对位置而定。故 K 为一个纯粹的几何数量，只与长度（或距离，距离也是一种长度）有关。若两电路间的相互作用是一个力，而不是力偶，则 K 成为长度之比，其值又将与所用的长度单位无关。

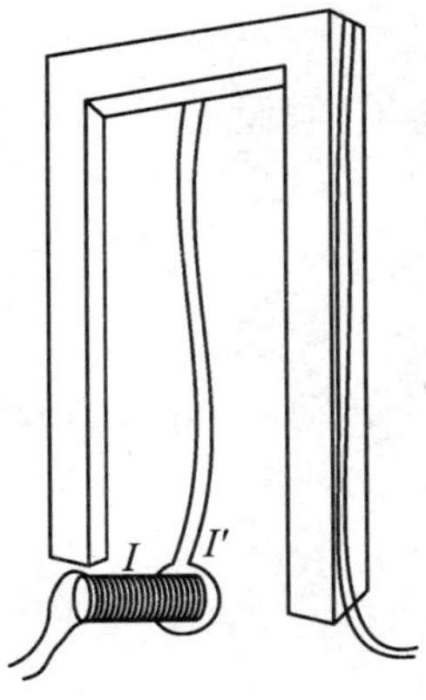

图 48.2

线筒电流间的作用 有电流流通的两个线筒之间的相互作用，和磁铁与磁铁之间的作用一样。若线筒的直径大小不同，流通的电流方向却是一样的（图 48.2），则一个线筒将有钻进另一个线筒的动向。

设有一个很长的水平线筒 C，每厘米 n 匝（图 48.3）。在它的中部场强 $H = 4\pi nI$ 处有另一个垂直线筒 C′，共 N 匝，每匝的面积为 S。当电流 I 流通 C 和 C′时，线筒 C′将受到一个力矩 $L = 4\pi nNSI^2$ 的作用。线筒 C′固定在天平的一端。在天平的另一端加重量 mg，使它的力矩 mgl 与 L 平衡，我们就可绝对地测定电流强度

$$I = \sqrt{\frac{mgl}{4\pi nNS}}$$

这就是电流强度安培标准原器。

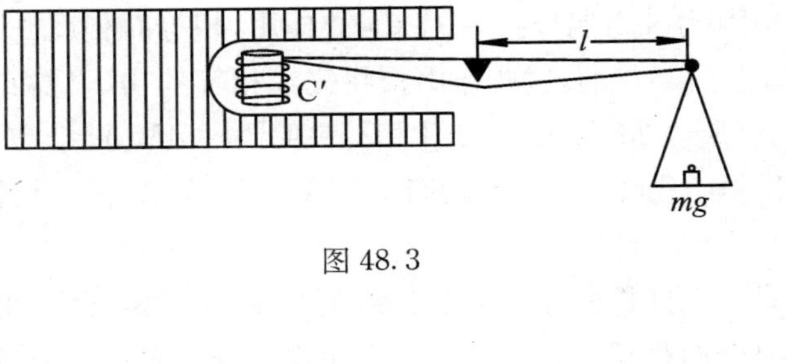

图 48.3

1. 互感系数

两电路间相互作用这一问题，又可从磁通量观点加以研究，由此可以得出极其重要的感应系数的观念。

设 C_1 与 C_2 为两个闭合电路(图 48.4)，在其上任意各选取正向，跟着也就选定了它们的正面。

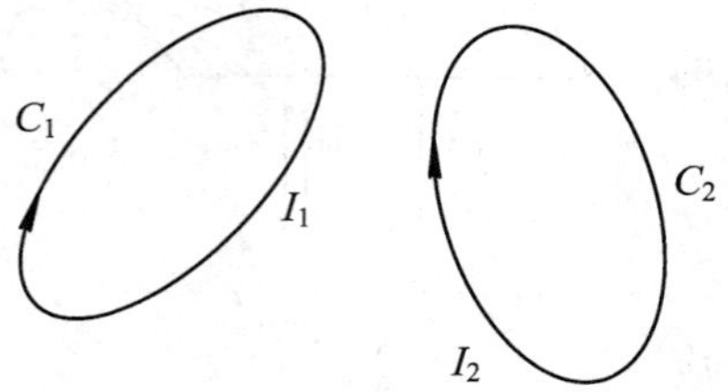

图 48.4

电路 C_1 中设有电流 I_1 流通，即在其四周产生磁场，随之有通过电路 C_2 的磁通量 Φ。因 C_1 在空间各点所产生的磁场强度与 I_1 成正比，则通过 C_2 中的磁通量 Φ 自然也与 I_1 成正比，而可写成

$$\Phi = MI_1$$

式中 M 应该称为 C_1 对于 C_2 的感应系数，但是不久可以见到 C_2 对于 C_1 的感应系数也是 M，因此 M 称为 C_1 与 C_2 两电路的**互感系数**。

互感系数 M 完全由两电路的形状和相对位置而定(假设两者所在的介质性质相同)，所以这是一个纯粹的几何数量，而且很容易知道，就量纲说，它是一个长度。在 CGS 电磁单位制中，互感系数的单位为厘米。

若 C_2 中有电流 I_2 流通，又若让 C_2 移动，则在其中通过的磁通量(假设 I_1 不变)，将有一个变化 $I_1\mathrm{d}M$。在这移动中，C_2 所受的电磁力将完成了

$$\mathrm{d}W = I_1 I_2 \mathrm{d}M$$

的功。

欲求作用于 C_2 的力与力矩，只须给这个电路以三个移动与三个转动，就得力的分量(§ 43 - 3)

$$F_x = I_1 I_2 \frac{\partial M}{\partial x},\cdots$$

与力矩的分量

$$L = I_1 I_2 \frac{\partial M}{\partial \alpha},\cdots$$

在上面讨论中，若把 C_1 与 C_2 的身份对调，又可规定一个系数 M'(即 C_2 对于 C_1 的感应系数)，与 M 相类似。由作用与反作用原理，可以证明 $M = M'$ 如次：

C_2 对 C_1 的作用(力及力偶)与 C_1 对 C_2 的作用，相等而相反。不管 C_2 不动，让 C_1 移动，或是 C_1 不动，让 C_2 移动，这些作用都将完成相等的功，只要它们起初与终了的相对位置都是相同的。所以 M 与 M' 的变化相等(即 $\mathrm{d}M = \mathrm{d}M'$)。当 C_1 与 C_2 相距无穷远时，显然有 $M = M' = 0$；因此可以断定我们总有 $M = M'$ 的关系。从此互感系数这个名字也就有了根据。

互感系数 M 是一个纯粹的几何数量。但在上述 M 的定义中，由于用到了磁通量的缘故，一定包含有一个面积积分。这岂不是用面积积分来表示一个只应依闭合曲线而定

的数量么？而且 C_1 与 C_2 的对称性，也没有表现在 M 的定义之中。这话不错。由磁场矢位，我们可用一个重积分来表 M。在这重积分中将只有 C_1 与 C_2 曲线跑进去，而且是成对称地跑进去的。

设 $I_1=1$，则 M 等于通过 C_2 中的磁通量。命 $A_1B_1(=\mathrm{d}l_1)$ 为电路 C_1 的一小段电流元(图 48.5)。它在 A_2 点所产生磁场的矢位，平行于 $\mathrm{d}l_1$ 而等于 $\mathrm{d}l_1/r$(§47-1)。欲求这个磁场通过 C_2 的磁通量，只须求这个矢位沿 C_2 的环流就得，即

$$\mathrm{d}l_1\oint_{C_2}\frac{\cos\theta}{r}\mathrm{d}l_2$$

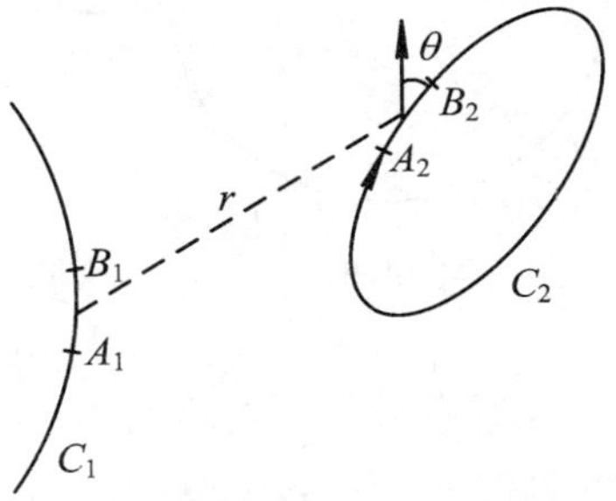

图 48.5

式中 θ 表 A_1B_1 与 $A_2B_2(=\mathrm{d}l_2)$ 间所成的角。欲求整个电路 C_1 所产生的磁场通过 C_2 中的磁通量，只须将上面这个积分再沿 C_1 积分起来，即得

$$M=\oint_{C_1}\oint_{C_2}\frac{\cos\theta}{r}\mathrm{d}l_1\mathrm{d}l_2\quad\text{(牛曼①(Neumann) 公式)}$$

互感系数 M 可有正负之分，若将 C_1 与 C_2 两电路中之一的电流改变方向，M 随即改变符号。

2. 自感系数

类似上一部分的讨论也可应用于一个单独的电路上。如电路 C 有电流 I 流通时，它所产生的磁场自然也将通过本身电路 C 中，而有磁通量

$$\Phi = LI$$

与 I 成正比，L 称为 C 的**自感系数**。

不过在此立刻碰到困难：若把这个定义应用于没有粗细的线路上(即导线的截面积为零)，L 将成为无穷大，可于牛曼公式中见之(将有许多为零的 r)。这完全由于在没有粗细的(几何学上想象的)导线的无穷贴近处磁场将为无穷大的缘故。若真有没有粗细的导线而其中能够流通的电流又是有限的话，则在其本身电路中通过的磁通量自会成为无穷大，因此它的自感系数也就有无穷大之值。但是，我们知道，没有粗细而又能够通过有限的电流的导线，天地间是不存在的。事实上，所有导线可由有限电流流通时，多少总有一些面积，因此电流密度就成有限，不会是无穷大了。于是在空间中任一点磁场有限，通过任何闭合曲线的磁通量也为有限的。所以自感系数应该根据下面这样的规定来计算。

设 S 为导线的正截面(图 48.6)，在这截面上电流分布均匀(即电流密度为常数)。在这截面上，取一个无穷小的面积 $\mathrm{d}S$，则 $\mathrm{d}S$ 中流过的电流强度为

$$\mathrm{d}I=\frac{I}{S}\mathrm{d}S$$

① 校者注：现译作诺伊曼。

通过 dS 的电流自成一个闭合的电流线，命 φ 代表通过这个闭合电流线的磁通量，则整个电路的自感系数 L，依定义，由

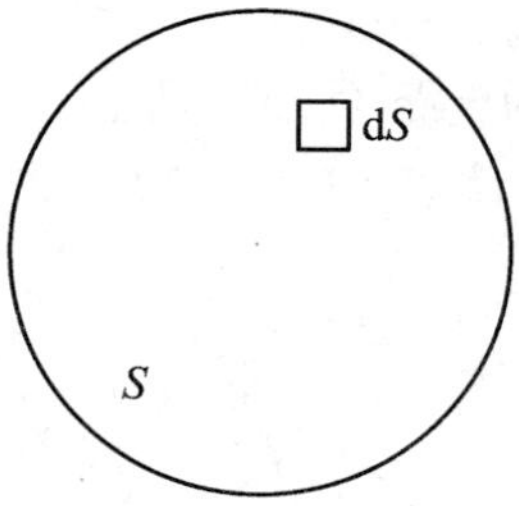

图 48.6

$$LI = \int \varphi \frac{dS}{S}$$

规定(当 S 极小时，$\varphi \approx \Phi$)。所有的 φ 都与 I 成正比，上式右端也即与 I 成正比。可见 L 为电路的常数。

若于上式的两端各乘以 I，又可写成

$$LI^2 = \int \varphi dI$$

在此形式之下，这个方程式又表明总电流的能量(将来证明等于 $LI^2/2$)等于分电流的能量(各为 $\varphi dI/2$)之和。

互感系数与两电路间相互的机械作用有关。同理，自感系数也可用来研究电路所生磁场对其本身中各部分的作用，但在此应用中，有不可不注意者在。

如在图 48.7 中，除由本电路所生者外，并无其它磁场存在(此与在 § 43 - 2 所讨论的情形，外加磁场甚强，本电路所生的磁场可以忽略不计，恰好相反)。设 I 为电路中流通的电流，而又设法维持其强度不变。当线段 AB 移至 $A'B'$ 时(图 48.7)，我们来计算它受到的力所作的功。

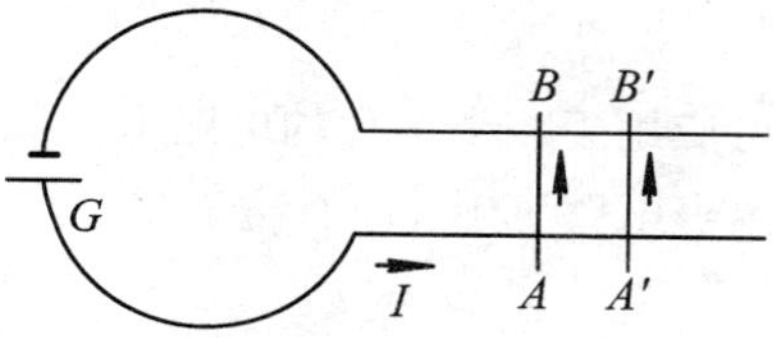

图 48.7

依照 § 43 - 2 第一段的理论，同样得到这个功为

$$dW = I d\varphi$$

$d\varphi$ 代表通过矩形 $AA'B'B$ 的磁通量。但在此地 $d\varphi$ 不再代表通过整个电路的磁通量的增量，而只是这个增量的一半，我们可在下面说明。

盖 AB 线段的移动引起两个结果：第一，是把小矩形 $AA'B'B$ 包括到电路之内；第二，是使电路其他部分所在处的磁场发生了变化。

命 Φ 为可动线段在 AB 位置时通过整个电路中原来的磁通量。当线段移到 $A'B'$ 位置之后，电路可以看做由如图 48.8 所示的两个电路组成。设 M 为这两个闭合电路的互

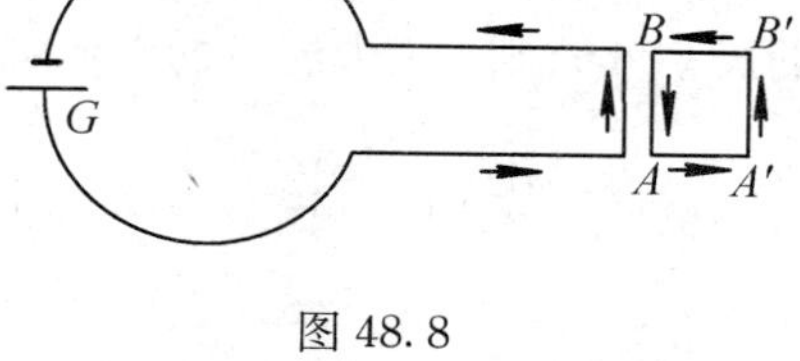

图 48.8

感系数。此时，通过 ABG 的磁通量为

$$\Phi + MI$$

通过 $AA'B'B$ 的磁通量为

$$MI$$

而整个 $GA'B'$电路的磁通量为

$$\Phi + 2MI$$

所以因 AB 移动而得到的磁通量增量为

$$\mathrm{d}\Phi = 2MI$$

那通过矩形 $AA'B'B$ 的磁通量只是

$$\mathrm{d}\varphi = MI$$

故有

$$\mathrm{d}\varphi = \frac{1}{2}\mathrm{d}\Phi$$

及

$$\mathrm{d}W = \frac{1}{2}I\mathrm{d}\Phi$$

与磁通量由于电路以外的外在原因而来时的结果 $\mathrm{d}W = I\mathrm{d}\Phi$ 不同。

但是 $\Phi = LI$，又因 I 不变，故有 $\mathrm{d}\Phi = I\mathrm{d}L$，即得

$$\mathrm{d}W = \frac{1}{2}I^2\mathrm{d}L$$

因此，在§43－2 关于功的定律应该补充如下：

一个可以移动又可以变形的电路，其中流通的电流 I 与外加的磁场，假设都是不变的。当其从 A 情状（情状包括位置与形状）变动到 A'情状时，电路受到的磁力所作的功为

$$W = I(\Phi' - \Phi) + \frac{1}{2}I^2(L' - L)$$

式中 Φ 和 Φ'各表自外而来的磁场，在 A 和 A'情状下，通过电路中的磁通量，L 和 L'各表电路的自感系数在此两情状下之值。

一个孤立的电路，不受外界任何作用时，恒要把它自己变形，使其自感系数成为极大。

§49　电磁力之可连续作功

通常所谓作功，系指机械功而言。利用磁铁与磁铁间的力，我们不能得到连续的机械功，故未有磁机——磁的马达——的发明。磁铁虽能吸铁或吸另一磁铁，但一经吸来粘着，就不能自行放去。欲使其回复原来的位置，必须有人用力把它们分开，然后磁铁才

能作第二次的吸引。在这期间，我们所费的功，即等于磁铁所完成的，结果毫无所获。故单纯的磁铁不能连续作功。苟磁铁而果能擒能纵，将可无需能量以为“饲料”，而成一永动机矣，岂非美事！

若利用电磁效应所产生的电磁力，则情形与此不同，而可连续作功。一电流对于一磁铁（或另一电流），或一磁铁对于一电流，以电磁力的作用，使其作一移动后，我们恒能设法使其作反向的移动回到原处，而不费我们的功。为此，只须切断开关，使其断电，待它将停止运动时，再接通开关并使电流反向，它自将回向原处而来。在这回程之中，我们又可使它作功。如是往复来回，连续作功，而成一原动机矣。此电动机之连续工作，切勿以为无需乎能量。惟能量何从而来？自必仰给于电路中的电源（电能发生器）。与寻常时一样，一部分的能量恒以焦耳效应变成热量；现在又在作功，则当其各部分回到原来位置时，电源所供给的能量比较寻常时为多；这额外所费的能量即等于它所完成的功。于是电动机内有一个反电动势存在，成为理所当然。电动机静止而不作功时，其反电动势为零。但一开动，反电动势立即出现。由此可知一根导线在磁场中移动，将有电动势发生，此即电磁感应现象。苟无电磁感应现象，能量守恒定律将遭撕毁矣。电磁感应现象将于后第8章中详论之。

下册

第 7 章　磁化了的介质

到现在为止，我们在第 6 章中只研究了真空中的磁场，也就是没有大量分子、原子、电子或其它基本粒子存在的空间中的磁场。我们进而研究物质对磁场的影响。能够影响磁场的物质称为**磁介质**。

对电场具有一定影响的物质是我们已经研究过了的电介质。电介质，对于磁场来说，具有真空的性质，即它与磁场没有作用，更精确地说，其作用是很弱的。相反地，磁介质和磁场有很强的作用，和电场的作用很弱。因此一切物质既是电介质，同时又是磁介质，只看它对电的或对磁的行为强弱不同加以区别而已。

§50　物质的磁化

正像把电介质放入自由电荷的静电场中时，由于其极化而引起电场的改变一样，把磁介质放入电流的磁场中时，由于它本身的磁化，也将引起磁场的改变。一切电介质随着外电场的取消而取消极化。但是，在磁介质中，虽然大多数磁介质在外磁场的作用下磁化，并且在外磁场撤销时完全退磁（顺磁质和逆磁质的暂时磁化或感应磁化）；还有一类所谓铁磁质，和电介质不同，即使在外磁场撤销之后也仍然保持它的磁化（所谓永久磁化或剩余磁化）。铁磁质在空间中的存在不仅能使电流磁场变形，而且它能独立激发磁场，不管空间中有没有电流存在（所谓永久磁体）。

1. 磁化强度

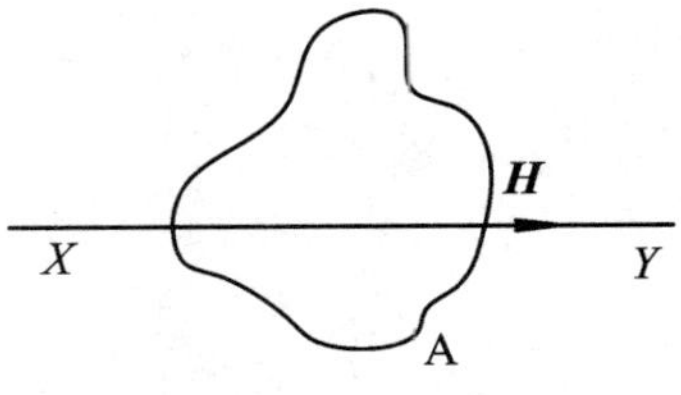

图 50.1

把一小块磁质 A 放在磁场中某点（图 50.1）。假设它是完全自由的，除了磁场之外，不受其它外力的作用。在磁场 $\boldsymbol{H}$ 的作用下，磁质 A 进入一种所谓磁化的特殊状态中。这个特殊状态表现在它有一个稳定平衡的位置。因此我们可以在磁质身上找到一条直线 XY，使磁质 A 在这条直线的左右转过一个角度时，它要回到原来静止的位置。把这条直线在磁质体内画出来，就是磁质的磁轴。磁轴与磁场平行；磁场的正向也就是磁轴的正向。

再把磁质 A 从它的稳定平衡位置转过一个直角，就会感到一个最大力偶，要使磁质回到它的原来静止位置。用各个不同的磁体，在各个不同的磁场中来做这个相同的实验，将见这个最大力偶的矩 $\boldsymbol{L}$ 随两个数量而变：一个是可用以分别这个或那个磁体的，是磁体的特征数量 $\boldsymbol{M}$；另一个是可用以分别这个或那个磁场的，是磁场的特征数量 $\boldsymbol{H}$。即

$$\boldsymbol{L} = \boldsymbol{m}\boldsymbol{H}$$

$\boldsymbol{H}$ 就是磁场强度，$\boldsymbol{m}$ 叫做磁体的磁矩。磁矩 $\boldsymbol{m}$ 就是表征磁体在磁场中磁化的程度。磁矩是一个矢量。

现在考虑一大块磁体，于磁体中任一点 P 的周围取体积元 ΔV，它在磁场中磁化而得的磁矩设为 $\Delta \boldsymbol{m}$，则

$$\boldsymbol{J} = \lim_{\Delta V \to 0} \frac{\Delta \boldsymbol{m}}{\Delta V}$$

称为磁体中 P 点的**磁化强度**。磁化强度 $\boldsymbol{J}$ 为一矢量，用来描述磁体中各点的磁化程度。磁化强度等于单位体积磁化介质的磁矩，与电介质的极化强度类似。

一般说来，磁介质的磁化是不均匀的，在同一磁体中的各点各有自己的磁化强度。这些磁化强度各有一定的方向和一定的大小，整个磁体的总磁矩就是它的各部分的磁矩的矢量和，即

$$\boldsymbol{m} = \int_V \boldsymbol{J} \mathrm{d} V$$

因此在磁化了的介质中，可有磁化曲线，即在此等曲线上各点都与磁化强度矢量相切；又可有磁化线管，它由通过任意闭合曲线上各点的诸磁化曲线包围而成。

2. 磁化强度和磁场强度的关系

物质在磁场中磁化。实验结果表明，在顺磁质和逆磁质中，磁化强度 $\boldsymbol{J}$ 和磁场强度 $\boldsymbol{H}$ 成正比，即

$$\boldsymbol{J} = \chi \boldsymbol{H} \tag{50.1}$$

式中 χ 称为**磁化率**，$\boldsymbol{H}$ 指此时此地的磁场强度而言。对于铁磁质来说，χ 虽是场强和该磁体的历史情况的复杂函数，但在形式上，上式仍可认为是满足的。

顺磁质和铁磁质的磁化率具有正的数值，也即磁化强度 $\boldsymbol{J}$ 的方向和磁场强度 $\boldsymbol{H}$ 的方向相同。逆磁质①则不然，它的磁化率 χ 是负的，也即逆磁质磁化强度的方向和使它磁化的场 $\boldsymbol{H}$ 的方向相反。顺磁质特别是逆磁质的磁化率是异常小的，只有铁磁质才具有相当大的磁化率。

§51 磁化了的介质所产生的磁场

在磁场中，磁化了的介质具有一定的磁矩；一方面它受到磁场的作用力，另一方面，它也产生磁场使原来的磁场改变。现在我们要去研究磁化了的介质所产生的磁场。

---

① 校者注：即通常称呼的抗磁质。

产生磁场的实际方法虽然可有各种各样，但是它们所产生的并不是性质或作用不同的几种磁场。比如说，由藏在盒子里的物件而产生的一个磁场。这个盒子我是不能进去的。从我在盒子外面研究的结果，自然不能断定这个磁场是由几块永久磁铁产生的，或是由一具电磁铁产生的，或是由一群电流产生的，等等。但是我能够说出在盒子外面空间中某点磁场沿某方向，有某强度。这句话就明确指出一连串的性质，而且让我们可以预先知道一大堆的现象。我们可以预知放在该处的一个小磁针所将受到的力偶，一段电流所将受到的力，一个物体所受到的磁化，一个透明物体所将呈现的光学性质，等等。总之，磁场只有一种，磁场是实在的东西；一方面，我们研究如何产生磁场的方法，另一方面，我们研究磁场对放在磁场中的物体的作用。

磁学的历史发展是在研究所谓永久磁体开始的。为了说明这些现象，创立了按库仑定律相互作用着的磁荷这一观念，认为磁荷和电荷一样是真实存在的东西。然而实验表明了：和电荷不同，异号磁荷是不能彼此分开的。从这一事实不能不作出结论（库仑，1789 年）：在磁体的每一个分子里总含有数目相等而符号相反的磁荷，所谓磁化者也必是一个分子现象，而磁质分子最简单的模型乃是磁偶极子。

这样一来，就存在着两类产生磁场的源头：一类是具有磁偶极子的永久磁体；另一类是运动电荷所形成的电流。而且无论是磁体也好，或者是电流本身也好，在外磁场中都受到力的作用。摒除这种二元论，把所有的磁场源头归结到一个范畴中，这种意图就自然而然地产生了。安培在证明电流和磁壳（也即磁偶极子的总和）的等效之后，提出了假定：表面看来磁质分子中有磁偶极子，但实际上它是由分子中和磁偶极子等效的闭合电流（所谓分子电流）所引起的。在这种情形下，磁场的源头只有一个，那就是电流。在差不多整整的一个世纪内，安培有关分子电流的假设始终是一个假设，而且还遇到一系列或多或少地有些根据的反对意见。只有在近代原子结构的观念明确之后，人们将原子看做一群电子绕着正原子核旋转，安培分子电流的假说才有一个巩固的基础。事实上，围绕原子核旋转的电子在磁性方面和具有一定强度 I 的圆形元电流相当；它具有一定的磁矩 $m = IS$，式中 S 是电子轨道的面积；而分子的总磁矩等于分子所包含的各个电子的磁矩的矢量和。

从此得出结论：磁化了的介质所产生的磁场，和任何磁场一样，应该是由磁质内环流着的电流造成的。这就是我们所要进一步阐明的。

要建立磁质的理论，首先就必须用适当方法定量地表征出介质中分子电流的分布，并把这些分子电流的分布和我们所能测定的宏观的磁化强度 $\boldsymbol{J}$ 直接联系起来。正如等于单位体积电介质电矩的极化强度矢量 $\boldsymbol{P}$ 用来表征极化了的电介质所产生的束缚电荷分布一样。

把磁化了的介质分成许多体积元，体积元 $\mathrm{d}V$ 的磁矩等于 $\boldsymbol{J}\mathrm{d}V$，磁质体积元 $\mathrm{d}V$，也即该体积元内的分子电流，所激发的磁场矢位，根据公式(47.7)，等于

$$\frac{\boldsymbol{J} \times \boldsymbol{r}}{r^3}\mathrm{d}V$$

式中 $\boldsymbol{r}$ 是从体积元 $\mathrm{d}V$ 到要决定矢位的那一观察点 P 的矢径（图 51.1）。把上式对整个磁化了的介质积分，就得在所有磁质元中环流着的全体分子电流所激发的磁场矢位

$$\boldsymbol{A} = \int_V \frac{\boldsymbol{J} \times \boldsymbol{r}}{r^3} \mathrm{d}V$$

因此,分子电流磁场的矢位完全决定于介质的磁化强度 $\boldsymbol{J}$。

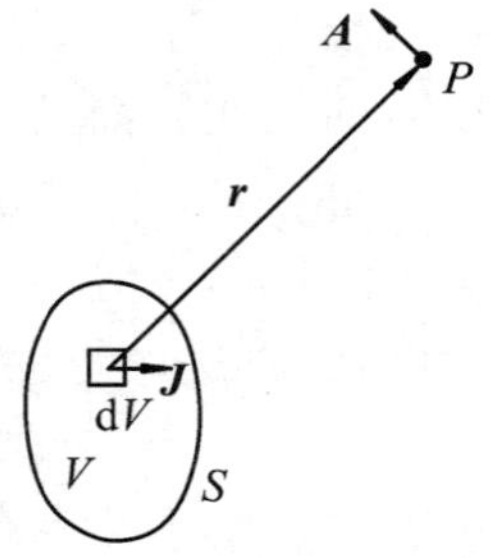

图 51.1

为了计算在 P 点的矢位 $\boldsymbol{A}$,把图 51.1 中的矢量 $\boldsymbol{r}$ 倒转过来是方便的,其起点是固定的 P 点,而终点于积分时在磁介质体积内移动。于是我们有

$$\boldsymbol{A} = -\int_V \frac{\boldsymbol{J} \times \boldsymbol{r}}{r^3} \mathrm{d}V = \int_V \boldsymbol{J} \mathrm{d}V \times \nabla \frac{1}{r} = -\int_V \nabla \frac{1}{r} \times \boldsymbol{J} \mathrm{d}V$$

$$= \int_V \left[\frac{1}{r} (\nabla \times \boldsymbol{J}) - \nabla \times \frac{\boldsymbol{J}}{r} \right] \mathrm{d}V = \int_V \frac{\mathrm{rot}\boldsymbol{J}}{r} \mathrm{d}V - \int_V \mathrm{rot} \frac{\boldsymbol{J}}{r} \mathrm{d}V$$

$$= \int_V \frac{\mathrm{rot}\boldsymbol{J}}{r} \mathrm{d}V - \oint_S \frac{\boldsymbol{n} \times \boldsymbol{J}}{r} \mathrm{d}S = \int_V \frac{\mathrm{rot}\boldsymbol{J}}{r} \mathrm{d}V + \oint_S \frac{\boldsymbol{J} \times \boldsymbol{n}}{r} \mathrm{d}S$$

式中 S 为包围的磁介质体积 V 的曲面,$\boldsymbol{n}$ 为曲面 S 上沿法线的单位矢量。

把上式和以前所得有关矢位的表示式

$$\boldsymbol{A} = \int_V \frac{\boldsymbol{i} \mathrm{d}V}{r}$$

相比,就可得出结论:磁化了的介质所产生的磁场相当于体电流密度

$$\boldsymbol{i}_{分子} = \mathrm{rot}\boldsymbol{J} \tag{51.1}$$

和面电流密度

$$\boldsymbol{j}_{分子} = \boldsymbol{J} \times \boldsymbol{n} \tag{51.2}$$

所产生的磁场。

从式(51.1),可见体分子电流只存在于磁体中磁化不均匀的地方。这是因为,如果介质中相邻体积元的磁化是完全相同的,那么在介质中绝不会发生电流在某一确定方向占优势的情形。由于

$$\mathrm{div}\boldsymbol{i}_{分子} = \mathrm{div\ rot}\boldsymbol{J} \equiv 0$$

又可见体分子电流,正如我们所预料的,满足电流闭合的条件。

又从式(51.2),可见面分子电流只存在于磁体表面上磁化强度矢量的切向分量 $\boldsymbol{J}_t$ 不为零的地方。两种不同磁质的分界面是磁化强度矢量 $\boldsymbol{J}$ 的突变面,在这个突变面上,两侧不同介质的面分子电流密度之和为

$$\boldsymbol{j}_{分子} = \boldsymbol{n} \times (\boldsymbol{J}_2 - \boldsymbol{J}_1) = \mathrm{Rot}\boldsymbol{J} \tag{51.3}$$

式中 $\boldsymbol{n}$ 为在该面上从介质 1 指向介质 2 的法线单位矢量。由于在真空中 $\boldsymbol{J} = \boldsymbol{0}$,在磁化了的介质和真空的分界面上具有密度为

$$\boldsymbol{j}_{分子} = -\boldsymbol{n} \times \boldsymbol{J}$$

的面分子电流。

这样,任意介质所产生的磁场的矢位可以其磁化强度矢量 $\boldsymbol{J}$ 的旋度和面旋度表达出来。

这些体分子电流和面分子电流都是**束缚电流**;束缚电流不能由磁质体中或面上引

出来引到别的地方去。产生磁场(分子磁场)是分子电流的唯一作用。分子电流不使运动着的电荷发生宏观的迁移;电荷的运动轨道是闭合的;分子电流是封闭在分子内的。

除分子电流外,介质中同时还传导有宏观电流 $\boldsymbol{i}$,所以磁场的总矢位为

$$\boldsymbol{A} = \int \frac{\boldsymbol{i}\mathrm{d}V}{r} + \int \frac{\boldsymbol{i}_{分子}\mathrm{d}V}{r} + \oint \frac{\boldsymbol{j}_{分子}\mathrm{d}S}{r} = \int \frac{\boldsymbol{i}\mathrm{d}V}{r} + \int \frac{\mathrm{rot}\boldsymbol{J}\mathrm{d}V}{r} + \oint \frac{\boldsymbol{J}\times\boldsymbol{n}}{r}\mathrm{d}S \quad (51.4)$$

完全由宏观电流密度 $\boldsymbol{i}$ 和表征介质磁化的矢量 $\boldsymbol{J}$ 决定。

分子电流的直观解释 磁质内体电流和面电流的存在可以很直观地理解如下:

设有均匀磁化了的柱状介质,其磁化强度矢量 $\boldsymbol{J}$ 平行于柱轴(图 51.2)。因为 $\boldsymbol{J}$ 是常量,$\mathrm{rot}\boldsymbol{J}=\boldsymbol{0}$,所以没有体电流。在圆柱的两个底面上,$\boldsymbol{J}$ 平行于 $\boldsymbol{n}$,因此在底面上没有面电流;面电流只存在于圆柱侧面上(图 51.2(a))。在圆柱侧面上,面电流密度 $\boldsymbol{j}$ 就数值言,等于磁化强度 $\boldsymbol{J}$;就方向言,与磁化强度 $\boldsymbol{J}$ 的方向组成右螺旋系统。

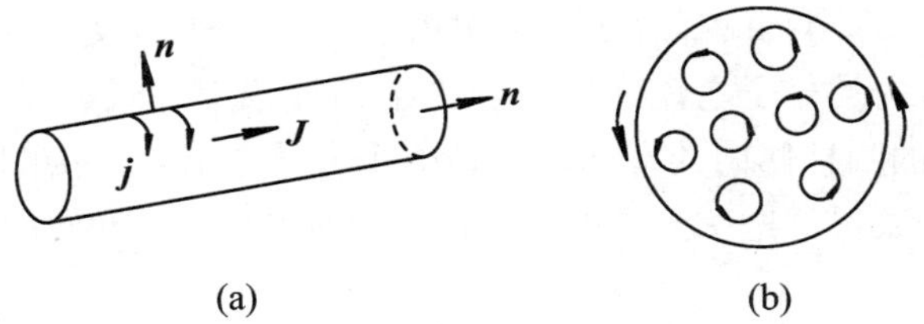

图 51.2

介质的磁化是由于有规则的分子电流的存在。在均匀磁化了的介质中,全体分子电流可以概括地描述成在同一方向围绕每一分子的强度相同的电流的总和。这些分子电流的平面和平行于圆柱轴的磁化强度矢量正交。观察圆柱体截面内的分子电流时(图 51.2(b))我们就会看到,在圆柱体内部,也就是在截面内每一点附近,通过两个方向相反、强度相同的电流,因而电流本身和它们所产生的磁场都相互抵消。只有沿圆柱体侧表面流动的分子电流和它们所产生的磁场未被抵消。

为了定量地求出面电流密度 $j_{分子}$ 与磁化强度 J 之间的关系,我们考虑垂直于圆柱轴的一个单层分子的磁体薄层,命 l 为薄层厚度,S 为它的截面面积,则薄层的体积 $V=Sl$。而薄层内各分子磁矩之和等于 $\sum m = \sum IS_0 = I\sum S_0$。式中 I 代表每个分子电流强度,S_0 代表每个分子电流回路的面积。于是我们有

$$J = \frac{\sum m}{V} = \frac{I\sum S_0}{Sl} = \frac{I}{l}$$

而 I 也正是薄层侧面的总电流强度,依定义 $I/l = j_{分子}$,因此得

$$j_{分子} = J$$

但有一点必须注意,沿着磁体表面流动的面电流,在宏观上好像是连续的,但它实际上是不连续的,因而它不能被引导出来。

体分子电流只有在磁质内部磁化不均匀的条件下出现。此时,体电流和面电流一样,也是不连续的,而是由一块一块的电流组成的。体电流是没抵消掉的分子电流的

一部分。

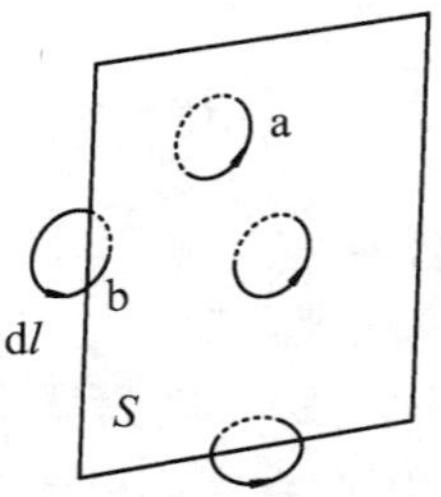

图 51.3

下面我们直观地去推导体分子电流密度。为此，于磁介质中考虑一小块面积 S(图 51.3)，并计算通过该面积的分子总电流。为简单起见，假定在面积 S 范围内所有分子电流都有相同的方位。面积 S 和这些分子电流回路相交的方式可有两种：一种方式为 a，分子电流回路与面积 S 相交于两点，在这两交点电流方向相反，因而对于通过面积 S 的总分子电流来说没有任何贡献；另一种方式为 b，分子电流回路与面积 S 只相交于一点，即仅被面积 S 切开一个缺口，只有充分靠近面积 S 边线的分子电流回路才能如此。惟有后一种相交方式的分子电流回路才对通过面积 S 的总分子电流有所贡献。

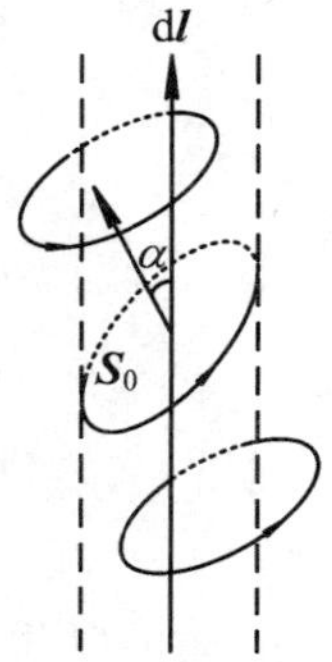

图 51.4

设 α 为分子电流回路 S_0 的法线和面积 S 的一小段边线 $\mathrm{d}l$ 所夹的角(图 51.4)。在 $\mathrm{d}l$ 的周围，只有分子中心处在以 $\mathrm{d}l$ 为轴、$S_0\cos\alpha$ 为正截面面积的圆柱体内的分子电流回路才合乎第二种相交方式。在这个体积为 $S_0\cos\alpha\mathrm{d}l$ 的圆柱体内共有 $nS_0\cos\alpha\mathrm{d}l$ 个分子电流，n 为单位体积磁介质内的分子数目。这些分子电流构成通过面积 S 的总分子电流强度

$$\mathrm{d}I = nI_0S_0\cos\chi\mathrm{d}l = nI_0\boldsymbol{S}_0\cdot\mathrm{d}\boldsymbol{l}$$

式中 I_0 为每个分子电流的电流强度。

把上式沿面积 S 的边线 L 积分，就得通过面积 S 的总分子电流

$$I = \oint_L nI_0\ \boldsymbol{S}_0\cdot\mathrm{d}\boldsymbol{l}$$

依定义，$I_0\boldsymbol{S}_0=\boldsymbol{m}_0$ 为分子磁矩，$n\boldsymbol{m}_0=\boldsymbol{J}$ 是磁化强度。因此，我们得

$$I = \oint_L \boldsymbol{J}\cdot\mathrm{d}\boldsymbol{l} = \int_S \mathrm{rot}\boldsymbol{J}\cdot\mathrm{d}\boldsymbol{S}$$

但另一方面，依定义

$$I = \int_S \boldsymbol{i}_{分子}\cdot\mathrm{d}\boldsymbol{S}$$

于是，我们最后得

$$\boldsymbol{i}_{分子} = \mathrm{rot}\boldsymbol{J}$$

如果 $\boldsymbol{J}$ 是常量，即均匀磁化，则在面积 S 的相对两边的分子电流将是方向相反而大小相等的，因而体积分子电流密度等于零，也就是说，在均匀磁化介质内不会发生分子电流在某一确定方向占优势的情形。

§52 磁介质中的磁场强度和磁感应强度

在上节讨论过磁化了的介质所产生的磁场之后，我们必须也能够在能传导电流的磁

介质(金属、电解溶液之类)中区分传导电流 $\boldsymbol{i}_{传导}$ 和分子电流 $\boldsymbol{i}_{分子}$，前者和运送宏观电流的电荷(金属中的自由电子、电解溶液中的离子和离子化气体中的离子)之运动相当，后者存在于电解溶液的中性分子、构成金属坚固结构架子的离子等内；而且在磁介质中各点真正的微观电流密度

$$\boldsymbol{i}_{微观} = \boldsymbol{i}_{传导} + \boldsymbol{i}_{分子}$$

也和通常的宏观电流密度 $\boldsymbol{i}$ 有别。

在宏观理论中，我们应当运用微观量的平均值。在物理无穷小体积内，传导电流密度的平均值 $\boldsymbol{i}_{传导}$ 显然是通常的宏观电流密度 $\boldsymbol{i}$，即

$$\boldsymbol{i}_{传导} = \boldsymbol{i}$$

而分子电流的平均密度 $\boldsymbol{i}_{分子}$ 可用磁化强度的旋度来表示，即

$$\boldsymbol{i}_{分子} = \mathrm{rot}\boldsymbol{J}$$

因此我们有

$$\boldsymbol{i}_{微观} = \boldsymbol{i}_{传导} + \boldsymbol{i}_{分子} = \boldsymbol{i} + \mathrm{rot}\boldsymbol{J}$$

现在我们从真空中的磁场方程式出发来求磁介质中的磁场方程式，方法是由微观过渡到宏观，即对小的宏观体积中的微观场取平均值的方法来推出表征场的量 $\boldsymbol{H}$ 和 $\boldsymbol{i}$ 的宏观值的方程式。同时我们以一个假定为出发点，即假定对于真实的微观场

$$\boldsymbol{H}_{微观} = \boldsymbol{H}_{传导} + \boldsymbol{H}_{分子}$$

来说，式中 $\boldsymbol{H}_{传导}$ 和 $\boldsymbol{H}_{分子}$ 分别代表由传导电流和分子电流所产生的磁场；如果将 $\boldsymbol{i}_{微观}$ 理解成场中该点电流密度的真实“微观”值，则真空中稳定电流磁场的基本方程式

$$\mathrm{div}\boldsymbol{H}_{微观} = 0, \quad \mathrm{rot}\boldsymbol{H}_{微观} = 4\pi\boldsymbol{i}_{微观}$$

对于任何空间都是严格正确的。

为了取平均值，我们知道，对坐标的微商的平均值等于被微商量的平均值的微商，从而得出

$$\mathrm{div}\bar{\boldsymbol{H}}_{微观} = 0$$

和

$$\mathrm{rot}\bar{\boldsymbol{H}}_{微观} = 4\pi\bar{\boldsymbol{i}}_{微观}$$

但是 $\bar{\boldsymbol{i}}_{微观} = \boldsymbol{i} + \mathrm{rot}\boldsymbol{J}$，于是我们得到任意磁介质中磁场的基本微分方程式：

$$\left.\begin{aligned} \mathrm{div}\bar{\boldsymbol{H}}_{微观} &= 0 \\ \mathrm{rot}\bar{\boldsymbol{H}}_{微观} &= 4\pi\boldsymbol{i} + 4\pi\mathrm{rot}\boldsymbol{J} \end{aligned}\right\} \tag{52.1}$$

现在的问题是如何来规定 $\bar{\boldsymbol{H}}_{微观}$，即 $\bar{\boldsymbol{H}}_{微观}$ 和宏观磁场强度 $\boldsymbol{H}$ 成什么关系？可有两种规定方法，事实上也确是如此。规定宏观磁场强度 $\boldsymbol{H}$ 等于微观磁场强度 $\boldsymbol{H}_{微观}$ 的平均值，在今日看来，原是十分自然而应该的。然而在磁学发展历史上倒是采取了另一种规定方法，即取

$$\boldsymbol{H} = \bar{\boldsymbol{H}}_{微观} - 4\pi\boldsymbol{J}$$

把这个式子和电场的式子

$$\boldsymbol{E} = \bar{\boldsymbol{E}}_{微观}$$

相比时，就可看出在这里有明显的差别。这个差别是由历史原因——关于磁荷存在的不正确概念——所引起的。概括磁荷的观点，量

$$\boldsymbol{B} = \boldsymbol{H} + 4\pi\boldsymbol{J} \tag{52.2}$$

称为**磁感应强度**，它应当具有电场中 $\boldsymbol{D}$ 的意义。因此，在这种规定里，$\boldsymbol{H}$ 是基本的第一手的物理量，而 $\boldsymbol{B}$ 是辅助的第二手的物理量。

但是，现在否定了磁荷的存在，我们采取第二种规定方法，必须首先规定

$$\boldsymbol{B} = \bar{\boldsymbol{H}}_{\text{微观}}$$

并认 $\boldsymbol{B}$ 为基本的第一手的物理量；而

$$\boldsymbol{H} = \boldsymbol{B} - 4\pi\boldsymbol{J}$$

是辅助的第二手的物理量。依理说，本来应该用 $\boldsymbol{H}$ 来表示 $\bar{\boldsymbol{H}}_{\text{微观}}$，但由于习惯的原因，没有把 $\boldsymbol{H}$ 和 $\boldsymbol{B}$ 这两个名词对调过来，继续称 $\boldsymbol{H}$ 为磁介质中的磁场强度，$\boldsymbol{B}$ 为磁感应强度。好在 $\boldsymbol{B}$ 和 $\boldsymbol{H}$ 都是表征磁场的物理量。要紧的是我们必须知道

$$\boldsymbol{B} = \bar{\boldsymbol{H}}_{\text{微观}}, \quad \boldsymbol{H} = \bar{\boldsymbol{H}}_{\text{微观}} - 4\pi\boldsymbol{J}, \quad \boldsymbol{B} = \boldsymbol{H} + 4\pi\boldsymbol{J}$$

磁场强度原来的单位名称——高斯，近来用作磁感应强度的单位，而给磁场强度单位以另一个名称——奥斯特。事实上，在 CGS 电磁单位制中，奥斯特与高斯相同。

§53 磁介质中宏观磁场的微分方程式

把 $\boldsymbol{B} = \boldsymbol{H}_{\text{微观}}$ 代入磁介质中磁场的基本微分方程式(52.1)中，并加进 $\boldsymbol{B}$ 和 $\boldsymbol{H}$ 之间的关系式，我们就有一组完整的磁介质中宏观磁场的微分方程式：

$$\left.\begin{aligned} &\mathrm{div}\boldsymbol{B} = 0 \\ &\mathrm{rot}\boldsymbol{H} = 4\pi\boldsymbol{i} \\ &\boldsymbol{B} = \boldsymbol{H} + 4\pi J = (1 + 4\pi\chi)\boldsymbol{H} = \mu\boldsymbol{H} \end{aligned}\right\} \tag{53.1}$$

式中

$$\mu = 1 + 4\pi\chi \tag{53.2}$$

称为介质的磁导率①。

我们必须指出，由于微观场的平均强度是 $\boldsymbol{B}$，而不是 $\boldsymbol{H}$，从式 $\boldsymbol{J} = \chi\boldsymbol{H}$ 和 $\boldsymbol{B} = \mu\boldsymbol{H}$ 得出的

$$\boldsymbol{J} = \frac{\chi}{\mu}\boldsymbol{B} \tag{53.3}$$

比起 $\boldsymbol{J} = \chi\boldsymbol{H}$ 来，也就是系数 χ/μ 比起 χ 来，具有更简单的物理意义，和电介质的极化系数 χ 相当的正是 χ/μ，而不是 χ。

---

① 磁导率这个名词不很恰当，因为既不存在磁荷，也无所谓磁流，更谈不上导磁或不导磁的介质。

在没有磁介质存在的情形下，$\boldsymbol{J}=0$，$\boldsymbol{H}$ 和 $\boldsymbol{B}$ 没有区别，$\boldsymbol{H}$ 就是 $\boldsymbol{B}$，$\boldsymbol{B}$ 就是 $\boldsymbol{H}$，而方程式组(53.1)与早先推出的真空中的磁场方程式(见§46)完全相同。

对于磁介质来说，这组方程式也在某种程度上可以说明磁荷概念的由来。在没有电流存在的磁场中，我们有

$$\mathrm{rot}\boldsymbol{H}=0$$

$$\mathrm{div}(\boldsymbol{H}+4\pi\boldsymbol{J})=0 \quad 或 \quad \mathrm{div}\boldsymbol{H}=-4\pi\mathrm{div}\boldsymbol{J}$$

和静电场公式相比，就可看出 $\mathrm{div}\boldsymbol{J}$，起着磁荷密度的作用。因此引入虚构的磁荷是可能的。这种虚构的磁荷，和静电学中真实的电荷一样，产生遵守库仑定律的场。这就是历史上在磁场理论中引入不同于根据现代观点所应有的表示法($\bar{\boldsymbol{H}}_{微观}=\boldsymbol{B}$)的原因。

在形式上比较电场方程式和磁场方程式时，

$$电场：\mathrm{div}\boldsymbol{D}=4\pi\rho,\quad \mathrm{rot}\boldsymbol{E}=0,\quad \boldsymbol{D}=\boldsymbol{E}+4\pi\boldsymbol{p}=\varepsilon\boldsymbol{E}$$

$$磁场：\mathrm{div}\boldsymbol{B}=0,\quad \mathrm{rot}\boldsymbol{H}=4\pi\boldsymbol{i},\quad \boldsymbol{B}=\boldsymbol{H}+4\pi\boldsymbol{J}=\mu\boldsymbol{H}$$

就会产生一种印象：一方面 $\boldsymbol{E}$ 和 $\boldsymbol{H}$ 相似，另一方面 $\boldsymbol{D}$ 和 $\boldsymbol{B}$ 相似。这完全由于磁场理论最初是在磁荷这一概念上发展起来的缘故。但是实质上，刚才已经指出过，以后还要说明，磁感应强度 $\boldsymbol{B}$(等于微观磁场强度的平均值)和宏观电场强度 $\boldsymbol{E}$ 相似，而宏观磁场强度 $\boldsymbol{H}$ 和电位移矢量 $\boldsymbol{D}$ 相似。这表现在，比方说，电流所受的力决定于磁感应强度 $\boldsymbol{B}$(我们不久就会看到)，正和电荷所受的力决定于电场强度 $\boldsymbol{E}$ 一样。在此附带指出，ε 和 $1/\mu$ 相当。

§54 整个空间被均匀介质充满了的磁场

1. 磁场强度

现在我们来研究整个的场，也即空间中矢量 $\boldsymbol{H}$ 不等于零的所有区域为均匀磁介质所充满的情形。在这一特殊情形下，磁导率 μ 为常数(在空间各点 μ 的值相同)，可从微商符号内提出来，磁介质中磁场微分方程式(53.1)成为

$$\mathrm{div}\boldsymbol{B}=\mathrm{div}(\mu\boldsymbol{H})=\mu\mathrm{div}\boldsymbol{H}=0$$

即

$$\left.\begin{aligned}\mathrm{div}\boldsymbol{H}&=0\\ \mathrm{rot}\boldsymbol{H}&=4\pi\boldsymbol{i}\end{aligned}\right\}$$

与真空中电磁方程式(46.7)完全相同。由此得出结论：在传导电流 $\boldsymbol{i}$ 的分布已给定的条件下，当均匀介质完全充满磁场强度不等于零的整个空间时，电流的磁场强度 $\boldsymbol{H}$ 并不发生变化，仍然和在真空中即磁介质不存在时一样；而磁感应强度 $\boldsymbol{B}$ 增加到 μ 倍。

作为例子，我们来求无限长螺旋线筒铁心内的磁场强度。由于铁充满了线筒内部，也就是充满了磁场不等于零的整个空间，我们可以应用上面所得的结果，立刻得出铁心

内磁场强度 $H_{铁心}=H_{真空}=4\pi nI$ 和磁感应强度 $B=\mu H_{铁心}=4\pi n\mu I$。

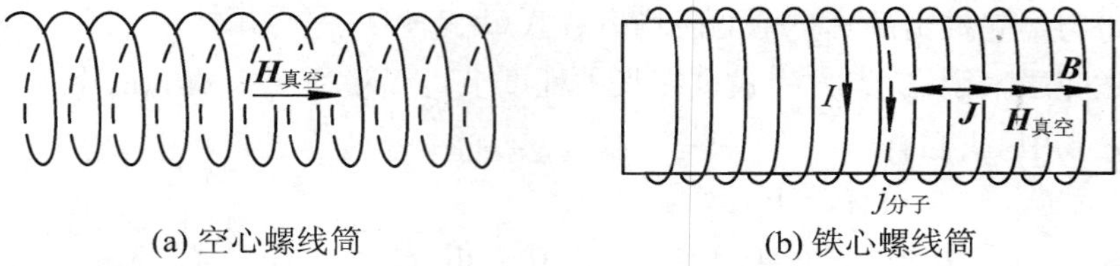

图 54.1

另从传导电流和分子电流考虑,直接来求无限长螺旋线筒铁心内的磁场。铁心内真空的微观场强,也即磁感应强度,等于螺旋线中传导电流所产生的磁场强度 $H_{传导}$ 与铁心里分子电流所产生的磁场强度 $H_{分子}$ 之和,即

$$H_{微观}=B=H_{传导}+H_{分子}$$

在这里,铁被均匀地磁化了,磁化强度为 J;在铁心侧面出现面分子电流,其密度为 $j_{分子}=J$。面分子电流和传导电流各产生磁场强度

$$H_{传导}=4\pi nI,\quad H_{分子}=4\pi J$$

从而有

$$B=4\pi nI+4\pi J$$

但依定义,$H_{铁心}=H_{微观}-4\pi J=B-4\pi J$,于是得

$$H_{铁心}=4\pi nI=H_{真空}$$

$$\begin{aligned}B&=H_{铁心}+4\pi J=H_{铁心}+4\pi\chi H_{铁心}\\&=(1+4\pi\chi)H_{铁心}=\mu H_{铁心}=4\pi n\mu I\end{aligned}$$

2. 磁场矢位

在一般磁介质的磁场中,由于 $\mathrm{div}\boldsymbol{H}\neq 0$ 而 $\mathrm{div}\boldsymbol{B}=0$,可见磁场强度 $\boldsymbol{H}$ 不具矢位,而磁场矢位 $\boldsymbol{A}$ 的旋度就成为磁感应强度 $\boldsymbol{B}$,即

$$\boldsymbol{B}=\mathrm{rot}\boldsymbol{A}\tag{54.1}$$

同时有

$$\nabla^2\boldsymbol{A}=-4\pi\boldsymbol{i}_{微观}=-4\pi(\boldsymbol{i}+\mathrm{rot}\boldsymbol{J})\tag{54.2}$$

$$\boldsymbol{A}=\int_V\frac{\boldsymbol{i}+\mathrm{rot}\boldsymbol{J}}{r}\mathrm{d}V+\oint_S\frac{\boldsymbol{J}\times\boldsymbol{n}}{r}\mathrm{d}S\tag{54.3}$$

但在均匀介质充满磁场不等于零的整个空间,磁化强度 $\boldsymbol{J}$ 是连续的,而且延绵到无限远处。方程式(54.3)内最后一项面积分等于零;又因 χ 和 μ 在整个空间中各点的值为常数,我们有

$$\boldsymbol{i}+\mathrm{rot}\boldsymbol{J}=\boldsymbol{i}+\chi\mathrm{rot}\boldsymbol{H}=\boldsymbol{i}+4\pi\chi\boldsymbol{i}=\mu\boldsymbol{i}$$

从而得

$$\boldsymbol{A}=\mu\int\frac{\boldsymbol{i}\mathrm{d}V}{r},\quad\nabla^2\boldsymbol{A}=-4\pi\mu\boldsymbol{i}\tag{54.4}$$

由此得出结论:在均匀介质充满磁场不等于零的整个空间,电流磁场的矢位比在真空中大 μ 倍。

这一结论和上述均匀介质充满整个场时电流磁场强度与介质磁导率没有关系这一结果完全符合,从

$$\boldsymbol{H} = \frac{1}{\mu}\boldsymbol{B} = \frac{1}{\mu}\mathrm{rot}\boldsymbol{A}$$

可以清楚地看到,正由于 $\boldsymbol{A}$ 增大到 μ 倍,才使 $\boldsymbol{H}$ 与 μ 无关。

一般说来,只有包围导体(其中流有电流)的整个空间介质的 μ 是一样的,而且这些导体本身具有同于周围介质的磁导率 μ 时,公式(54.4)才是严格正确的。这是一种可以设想而不能实现的情形。

§55 再论磁介质中的矢量 H 和 B

1. 守恒的是磁感应通量而不是磁场强度通量

在有磁介质存在的磁场中,由于

$$\mathrm{div}\boldsymbol{B} = 0$$

而 $\mathrm{div}\boldsymbol{H}$ 一般不等于零,通过任何闭合曲面,不管这个曲面是全在磁体之外,或全在磁体之内,或一部分在磁体之内而另一部分在磁体之外,磁感应强度 $\boldsymbol{B}$ 的通量无例外地等于零,而磁场强度 $\boldsymbol{H}$ 的通量则不然。

由上所述,可见磁感应通量的观念之重要。在整个场的空间中任何角落里,无论有磁体或无磁体存在,我们总可画磁感应线和磁感应管,好像它们到处通行无阻的样子。一切磁感应线和磁感应管都是闭合的曲线和闭合的管子,和静电力线及静电力管不同。静电力线与静电力管总是起始于正电荷,而终止于负电荷;至于由电流产生的磁感应线与磁感应管,对于电流也只是环抱而不触摸。而且在每一个磁感应管中,不管有磁体在内与否,总有一定的通量。磁感应通量之所以特别重要,意义就在于此。

在没有磁介质存在的空间中,磁感应强度就是磁场强度;因此,在第 6 章所得有关磁场强度 $\boldsymbol{H}$ 通量的一切结果中,都当以磁感应强度 $\boldsymbol{B}$ 通量代替 $\boldsymbol{H}$ 通量,简称磁通量,而不致引起淆乱,好处在于更加普遍。

例如,在若干电磁问题中时常要考虑一个闭合电路 C,一块磁铁 A 和通过这个电路 C 的磁场强度通量(图 55.1)。为了规定这个通量,从前只能就一个以 C 为边线而不割切磁铁的曲面 Σ 来讨论。若用磁感应通量,则可无限制地取任何曲面,只要以 C 为边线就是。

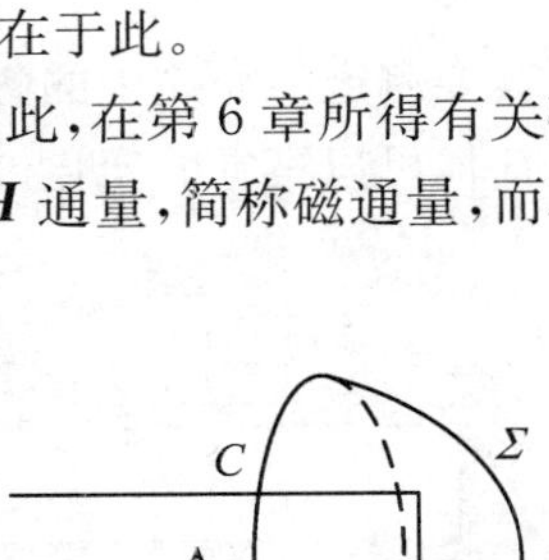

图 55.1

又若磁铁是一个穿过电路 C 的一个环,再没有可能作一个以 C 为边线而不割切磁铁的曲面 Σ。如果曲面 Σ 割切磁铁,

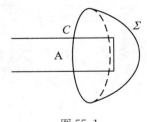

则其中通过的磁场强度通量，又将随各个不同曲面不同，以致磁场强度通量成为毫无意义之可言。磁感应通量则不然。通过 C 的磁感应通量是完全确定的，所以在这个电路中发生感应电流也就是它的作用。

2. 安培定理依然有效

在有磁介质存在的磁场中，我们有

$$\mathrm{rot}\boldsymbol{H} = 4\pi\boldsymbol{i}$$

与在真空中完全一样。由此得出结论：磁场强度 $\boldsymbol{H}$ 的环流，在有磁介质存在的场中，依然等于 4π 乘环流回路所包围的宏观电流强度，并不包含分子电流在内。这又一次说明了安培定理之简单有力，同时也说明了 $\boldsymbol{H}$ 这个量在磁介质中仍有保留的好处与必要。

3. 电流在磁场中所受的力决定于磁感应强度 $\boldsymbol{B}$ 而不是决定于磁场强度 $\boldsymbol{H}$

在没有磁介质存在时，我们知道，一段或一块电流元在磁场中所受的力为

$$\boldsymbol{F} = I(\mathrm{d}\boldsymbol{l} \times \boldsymbol{H}) = (\boldsymbol{i} \times \boldsymbol{H})\mathrm{d}V$$

在磁介质中，它又怎么样呢？

由于导体的微粒结构，导体中真实微观场 $\boldsymbol{H}_{微观}$ 即使在原子距离的范围内也改变得十分厉害。在微观理论中应用上式时，显然我们应该将公式中的 $\boldsymbol{H}$ 理解成微观场的平均值。在磁介质中，这一平均值 $\bar{\boldsymbol{H}}_{微观}$ 通常以 $\boldsymbol{B}$ 来表示而称为磁感应强度。如果考虑到流有电流的导体，一般说来能够被磁化，上式应该写为

$$\boldsymbol{F} = (\boldsymbol{i} \times \boldsymbol{H}_{微观})\mathrm{d}V = (\boldsymbol{i} \times \boldsymbol{B})\mathrm{d}V \tag{55.1}$$

在 $\mu = 1$ 时，磁感应强度 $\boldsymbol{B}$ 等于 $\boldsymbol{H}$，公式(55.1)自然和前在第 6 章所得的相同。

从而得出更为普遍的结论：电流在磁场中所受的力正比于磁感应强度 $\boldsymbol{B}$(而不是正比于磁场强度 $\boldsymbol{H}$)。因此在第 6 章中不考虑磁化时得到的有关磁力和磁力所作的功的所有公式中都当以 $\boldsymbol{B}$ 代替 $\boldsymbol{H}$。上面说过，在确定通过电流回路 C 的磁通量时也是这样。

4. 在磁介质中 $\boldsymbol{H}$ 和 $\boldsymbol{B}$ 的测定

要测定磁介质中的磁场，可用截流线圈。首先必须注意量测器具的引入不使磁场发生任何可以察觉的变化。只有磁介质为气体或液体时，量测器具才能直接引入。如果磁介质为固体的话，就必须在磁介质中挖出一个空腔。空腔里的磁场，在其它条件相同的情况下，又将与空腔的形状和大小有关。因此，我们能够适当选取空腔的形状和大小，以使在这空腔里测出的磁场强度，等于磁介质内磁场强度 $\boldsymbol{H}$ 的值，或等于磁介质内磁感应强度 $\boldsymbol{B}$ 的值(图 55.2)。

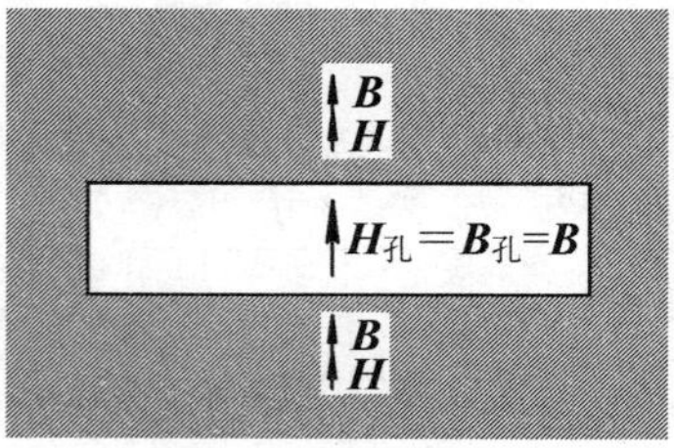

图 55.2

命 $\boldsymbol{H}$ 和 $\boldsymbol{B} = \mu\boldsymbol{H}$ 分别为磁介质内的磁场强度和磁感应强度。在磁介质内挖出一个底面垂直于磁场的无

限短而粗的圆柱状空腔(图 55.2)。由于磁化强度 $\boldsymbol{J}$ 正交于圆柱底面,在圆柱底面上没有分子电流。分子电流只出现在圆柱侧面上,而且这个分子电流将随圆柱高度的充分减小变成弱到可以忽略不计。这样的挖孔方法没有改变分子电流的分布。在空腔里的平均场 $\boldsymbol{B}$ 完全相等。因此在这样的空腔里测出的磁场强度

$$\boldsymbol{H}_{孔} = \boldsymbol{B}$$

为磁介质内挖孔前原来的磁感应强度。

如果在磁介质内挖的是一个母线平行于磁场的无限细而长的针状圆柱空腔(图 53.3),则圆柱底面上依然没有分子电流,但在圆柱侧面上出现的分子电流再不能忽略了。面分子电流密度为

$$\boldsymbol{j}_{分子} = \boldsymbol{J} \times \boldsymbol{n}$$

这个面分子电流在空腔中所产生的附加磁场,可以当作螺旋线管的场来计算,等于

$$4\pi\boldsymbol{j}_{分子} = 4\pi\boldsymbol{J}$$

它的方向,从图中可以看出,与磁介质中的 $\boldsymbol{H}$ 和 $\boldsymbol{B}$ 相反。因此,在这样的空腔里测出的磁场强度

$$\boldsymbol{H}_{孔} = \boldsymbol{B} - 4\pi\boldsymbol{J} = \boldsymbol{H}$$

$\boldsymbol{H}$ 为磁介质内挖孔前原来的磁场强度。

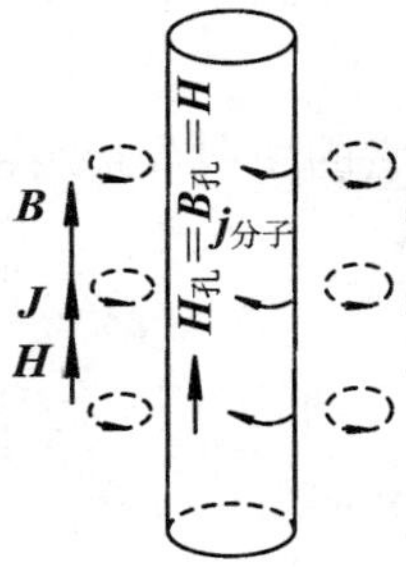

图 55.3

在§29 和§30 中我们曾讲过,在电介质中所作的母线平行于电力线的细长空腔中部,静电场的强度与电介质中的电场强度 $\boldsymbol{E}$ 相同。如果电介质中空腔是一个底面垂直于力线的短而粗的圆柱体,则这种空腔中部的电场强度的值与电介质中的电位移矢量 $\boldsymbol{D}$ 的值相同。由这一点我们可能觉得,和我们所已指出的相似点相反,应该认为矢量 $\boldsymbol{H}$ 与 $\boldsymbol{E}$ 相似,而矢量 $\boldsymbol{B}$ 和 $\boldsymbol{D}$ 相似。事实不是这样。这完全是由于从空腔形状,也就是从形式上来看问题所造成的印象。我们应该从本质来看问题:在电介质的情形下,细长圆柱状空腔内的电场强度与 $\boldsymbol{E}$ 相同,这是因为出现在空腔表面上的附加的束缚电荷面密度 σ' 对空腔内的点不起可觉察的作用;而在磁介质的情形下,对于一短而粗的圆柱状空腔而言,空腔表面上发生的附加的分子电流面密度 $i_{分子}$ 不起可觉察的作用,所以空腔内的磁场与 $\boldsymbol{B}$ 相同。这样来比,我们就得出结论:$\boldsymbol{E}$ 与 $\boldsymbol{B}$ 相似。同样,在电介质的情形下,对于短而粗的圆柱状空腔而言,附加的面束缚电荷发生可觉察的作用,而在磁介质的情况下,对于细而长的圆柱状空腔而言,附加的面分子电流发生可觉察的作用。因此,根据上面所讲的,我们得出结论:$\boldsymbol{D}$ 与 $\boldsymbol{H}$ 相似。

5. $\boldsymbol{H}$ 和 $\boldsymbol{B}$ 的边界条件

(1) 在不同磁介质分界面的两侧,磁感应强度的法向分量不变

由于 $\mathrm{div}\boldsymbol{B} = 0$,即由于磁感应通量守恒,在不同磁介质分界面的两侧,我们有

$$\mathrm{Div}\boldsymbol{B} = B_{2n} - B_{1n} = 0 \tag{55.2}$$

即

$$B_{2n} = B_{1n}$$

若磁介质 1 为真空，磁介质 2 的磁导率为 μ，即

$$B_{1n} = H_{1n}, \quad B_{2n} = \mu H_{2n}$$

则有

$$H_{1n} = \mu H_{2n}$$

即在分界面的两侧，真空中的磁场强度法向分量 μ 倍于磁介质内的磁场强度法向分量。

(2) 在不同磁介质分界面的两侧，磁场强度的切向分量经过一个突变 $4\pi j$，j 为面电流密度

由于磁场强度 $\boldsymbol{H}$ 的微分方程式在磁介质中和在真空中具有完全相同的形式：

$$\mathrm{rot}\boldsymbol{H} = 4\pi\boldsymbol{i}$$

对于它的切向分量，我们推出同样的边界条件(见 §46)：

$$\mathrm{rot}\boldsymbol{H} = \boldsymbol{n} \times (\boldsymbol{H}_2 - \boldsymbol{H}_1) = 4\pi\boldsymbol{j} \tag{55.3}$$

即

$$H_{2t} - H_{1t} = 4\pi j$$

在没有面电流存在的条件下($\boldsymbol{j}=0$)，上式成为

$$H_{2t} = H_{1t} \tag{55.4}$$

即当不同磁介质分界面上没有面电流存在时，在它的两侧，磁场强度的切向分量不变。

(3) 磁感应线在不同磁介质分界面上的折射

设 S 为两种不同磁介质的分界面(图 55.4)，其磁导率分别为 μ_1 和 μ_2。即使分界面上没有面电流存在，从一种介质进入另一种介质时，磁感应线也经历一个方向的突变。

命 α_1 和 α_2 为磁感应线与分界面法线 $\boldsymbol{n}$ 所成的角。由于磁感应强度的法向分量不变，我们有

$$B_1\cos\alpha_1 = B_2\cos\alpha_2$$

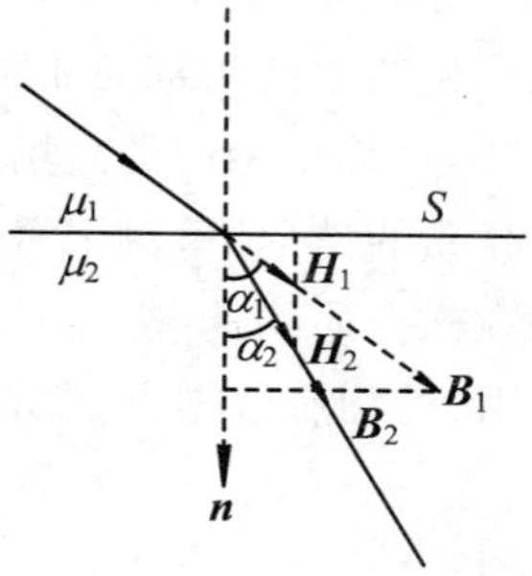

图 55.4

又由于磁场强度的切向分量不变，我们有

$$\frac{B_1}{\mu_1}\sin\alpha_1 = \frac{B_2}{\mu_2}\sin\alpha_2$$

从上两式，就得磁感应线的折射定律：

$$\frac{\tan\alpha_1}{\tan\alpha_2} = \frac{\mu_1}{\mu_2} \tag{55.5}$$

和

$$B_2 = B_1\sqrt{\cos^2\alpha_1 + \left(\frac{\mu_2}{\mu_1}\right)^2\sin^2\alpha_1} \tag{55.6}$$

一个重要的情况是铁磁质与非铁磁质之间的磁感应线折射。在这个情况下，μ_2 很近于 1，μ_1 可以大达数千或数万。于是方程式(55.5)表明 $\tan\alpha_2$ 对于 $\tan\alpha_1$ 来说是很小的；也就是说，磁感应线从铁进入空气中时总是几乎正交于分界面的(图 55.5)。但有一个例外，那就是当 α_1 很近于 $\pi/2$ 的时候(图 55.6)，α_2 可取各个任意的值；不过方程式(55.6)表明，此时 B_2 将是很弱的。由此得出结论：从铁里跑到空中的磁感应线，或是垂直于分

界面，或是在空中只产生极其微弱的场，两者必居其一。

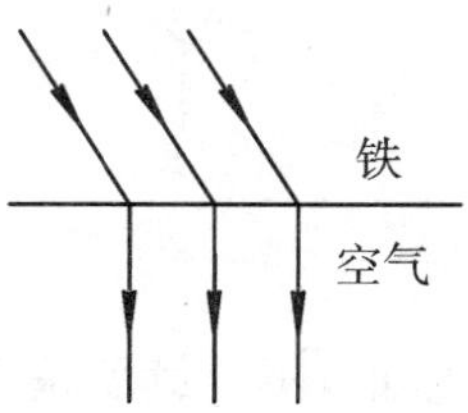

图 55.5

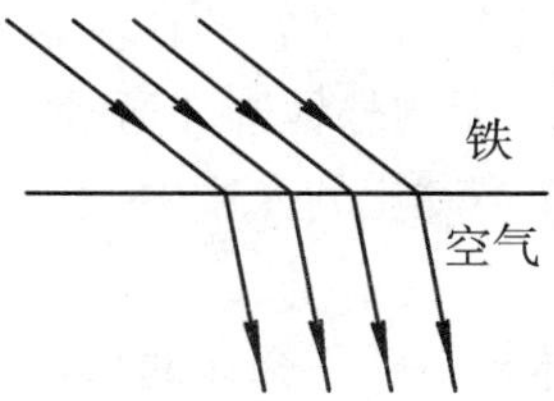

图 55.6

所以磁感应线总要尽量聚集到空气中的铁块里，就好像电流总要几乎全部流过浸没在绝缘质中的导体一样。

(4) 静磁屏蔽

所谓磁屏，就是利用磁感应线的折射现象，使磁导率很大的介质内部空腔区域中不受外部磁场的影响，起着屏蔽的作用。图 55.7 表示铁制中空圆柱或中空圆球在均匀磁场中磁感应线的分布情形。空腔中磁感应线很少，表示空腔内的磁场很弱，放在这个空腔里的电磁元件或仪器就可不受或少受外界磁场的影响。

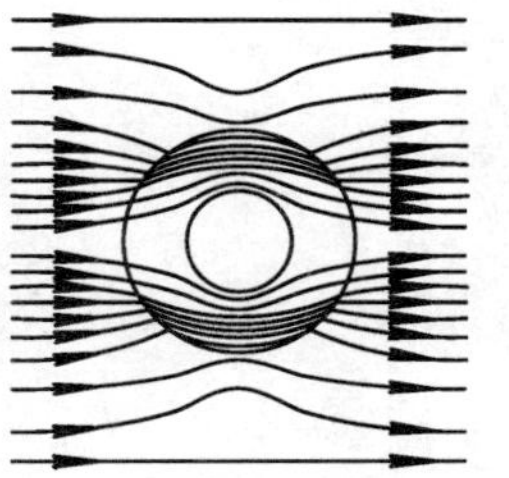
图 55.7

适当计算可以得出中空圆柱和中空圆球内部空腔中的均匀磁场强度各为

$$H_{柱内} = \frac{4\mu H}{(\mu+1)^2 - (\mu-1)^2 \dfrac{b^2}{a^2}} \approx \frac{4}{\mu} \frac{H}{1 - \dfrac{b^2}{a^2}}$$

$$H_{球内} = \frac{9\mu}{2} \frac{H}{(\mu+1)^2 - (\mu-1)^2 \dfrac{b^3}{a^3} + \dfrac{\mu}{2}} \approx \frac{4.5}{\mu} \frac{H}{1 - \dfrac{b^3}{a^3}}$$

式中 a 和 b 为中空圆柱或圆球的外半径和内半径，H 为圆柱或圆球引入前的均匀外磁场强度，μ 为中空圆柱或圆球的介质的磁导率。可见 μ 愈大，b/a 愈小于 1，即屏蔽作用愈好。

6. 关于磁化介质中一点的三个特征矢量的性质提要

在磁化了的物质内各点，我们往往需要考虑下列三个矢量：

磁化强度 $\boldsymbol{J}$，　磁场强度 $\boldsymbol{H}$，　磁感应强度 $\boldsymbol{B}$

它们之间有矢量关系 $\boldsymbol{B} = \boldsymbol{H} + 4\pi\boldsymbol{J}$。

在一般情形下，对于矢量 $\boldsymbol{J}$ 的分布规律，我们不能说什么，既不能说它一定具有位，也不能说它的通量守恒，只有根据具体情况作具体分析。

$4\pi\boldsymbol{J}$，依定义，是 $\boldsymbol{B}$ 和 $\boldsymbol{H}$ 的矢量差。在一般情形下，矢量 $\boldsymbol{J}$ 可有与 $\boldsymbol{B}$ 和 $\boldsymbol{H}$ 不同的方向。比如对于一块永久磁铁，我们没有任何理由说在磁铁中一点的磁化强度与磁铁在该点所产生的磁场有相同的方向，即不能说与磁铁和任意电流在该点所共同产生的磁场有相同的方向。

矢量 $\boldsymbol{H}$ 是一个牛顿式的场：它具有一个非单值的、没有多大用处的位；它的通量，一般说来，不守恒；但是它的环流很有意义。

矢量 $\boldsymbol{B}$ 无例外地遵守通量守恒定律；它具有一个矢位。

在一切不磁化的介质中，有

$$\boldsymbol{J} = 0, \quad \boldsymbol{B} = \boldsymbol{H}$$

在磁体与不磁化介质的分界面，这三个矢量都是不连续的，不连续的情况又各不相同。矢量 $\boldsymbol{J}$ 可从一个有限的任意值突然变到零。矢量 $\boldsymbol{H}$ 的切向分量是连续的，但是法向分量不连续，而有

$$H_{1n} = H_{2n} + 4\pi J_{2n}$$

式中下标 1 表示不磁化介质，2 表示磁体。至于矢量 $\boldsymbol{B}$，则法向分量连续，而切向分量不连续。

§56　磁介质在磁场中受到的力

磁介质在磁场中所受到的机械力应该归结为介质内分子电流所受到的力。根据§43－2 和§43－3 所述，磁场作用在由磁矩 $\boldsymbol{m}$ 来表征的闭合电流组上的力等于

$$\begin{aligned}\boldsymbol{F} &= \nabla W = \nabla(I\Phi) = \nabla(I\boldsymbol{H}\cdot\boldsymbol{S}) = \nabla(\boldsymbol{m}\cdot\boldsymbol{H})\\ &= \boldsymbol{m}\cdot\nabla\boldsymbol{H} + \boldsymbol{m}\times\mathrm{rot}\boldsymbol{H}\end{aligned}$$

为明确而简单起见，假设磁介质由单个分子组成。把上式应用到磁质单个分子上。显然我们应该将 $\boldsymbol{m}$ 理解成分子磁矩，而将 $\boldsymbol{H}$ 理解成分子所在处真实微观场的强度 $\boldsymbol{H}_{微观}$。在我们所能获得的一切磁场中，顺磁质和逆磁质的磁化是很弱的；我们可以忽略磁介质中作用在各个分子（磁偶极子）上的场的平均值与场 $\boldsymbol{H}_{微观}$ 在物理无限小体积内所有各点的平均值 $\boldsymbol{B}$ 之间的区别，磁质单个分子（相当于元电流）所受到的力的平均值将由微观场的平均强度 $\bar{\boldsymbol{H}}_{微观}$，也即磁感应强度来决定，因而上式可以写成

$$\boldsymbol{F} = \boldsymbol{m}\cdot\nabla\boldsymbol{B} + \boldsymbol{m}\times\mathrm{rot}\boldsymbol{B} \tag{56.1}$$

至于单位体积磁质所受到的力，也即磁质所受之力的密度 $\boldsymbol{f}$ 等于作用在单位体积内所有单个分子之力的总和：

$$\begin{aligned}\boldsymbol{f} &= \sum\boldsymbol{F} = \sum\boldsymbol{m}\cdot\nabla\boldsymbol{B} + \sum\boldsymbol{m}\times\mathrm{rot}\boldsymbol{B}\\ &= \sum\boldsymbol{m}\cdot\nabla\boldsymbol{B} + \sum\boldsymbol{m}\times\mathrm{rot}\boldsymbol{B}\end{aligned}$$

即

$$\boldsymbol{f} = \boldsymbol{J}\cdot\nabla\boldsymbol{B} + \boldsymbol{J}\times\mathrm{rot}\boldsymbol{B} \tag{56.2}$$

因为依定义，$\sum\boldsymbol{m} = \boldsymbol{J}$。

除了分子电流外，如果磁介质中还有传导电流 $\boldsymbol{i}$，那么单位体积磁介质所受的力为

$$f = \boldsymbol{i} \times \boldsymbol{B} + \boldsymbol{J} \cdot \nabla \boldsymbol{B} + \boldsymbol{J} \times \mathrm{rot}\boldsymbol{B} \tag{56.3}$$

把上两式中的 $\boldsymbol{J}$ 也用 $\boldsymbol{B}$ 表示出来，即把

$$\boldsymbol{J} = \frac{\chi}{\mu}\boldsymbol{B} = \frac{\mu - 1}{4\pi\mu}\boldsymbol{B}$$

代入，则当所研究的介质元中没有传导电流时，我们得到

$$f = \frac{\mu - 1}{4\pi\mu}(\boldsymbol{B} \cdot \nabla \boldsymbol{B} + \boldsymbol{B} \times \mathrm{rot}\boldsymbol{B}) = \frac{\mu - 1}{8\pi\mu} \nabla \boldsymbol{B}^2 \tag{56.4}$$

而在 $\boldsymbol{i} \neq \boldsymbol{0}$ 时，我们有

$$f = \boldsymbol{i} \times \boldsymbol{B} + \frac{\mu - 1}{8\pi\mu} \nabla \boldsymbol{B}^2 \tag{56.5}$$

把表示式(56.4)和电场作用在电介质上之力的密度的表示式(34.1)：

$$f = \frac{\varepsilon - 1}{8\pi} \nabla \boldsymbol{E}^2$$

相比，也可见 $\boldsymbol{B}$ 与 $\boldsymbol{E}$ 相似，如果记得 $1/\mu$ 与 ε 相当的话。不错，它们之间差一符号，这正表示了逆磁是物质的本性。$\varepsilon - 1$ 总是正的。而 $\mu = 4\pi\chi$ 只有在顺磁质中才是正的，而在逆磁质中 $\mu - 1 < 0$。

由此可见，顺磁质在磁场中将被吸到磁感应强度较强的区域（和电介质在静电场相类似）；反之，逆磁质将被推到磁感应强度较弱的地方。通常条形磁铁的磁场愈靠近磁极愈强，所以顺磁质（例如铜）为磁铁所吸引，而逆磁质（例如铋）则为磁铁所排斥。如果磁介质放在磁场中不能移动而能转动的话，逆磁物体的长向将与磁场正交，而顺磁物体的长向则与磁场平行，如图 56.1 所示。

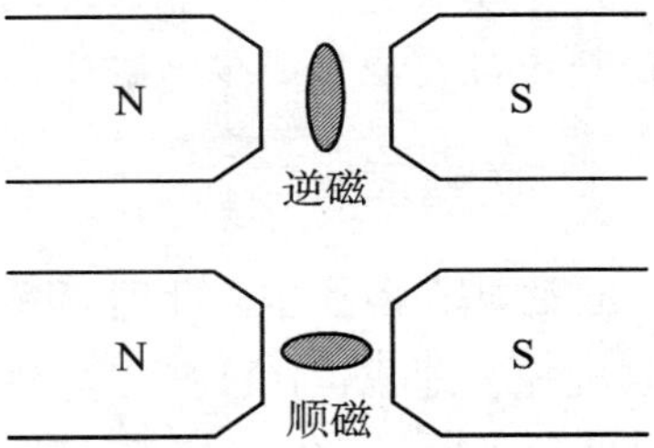

图 56.1

顺磁质和逆磁质在磁场中受到的力，由于它们的 μ 很近于 1，虽然一般说来是很小的，但是测定它们的磁化率 χ 的实验方法大多数就是以这些物体在磁场中所受的力的量度为基础的。

第 8 章　物质的磁化

物质在磁场中磁化，磁场成为使物质磁化的原因。磁化了的物质，反过来，又影响磁场，使磁场变形。后一点我们在第 7 章中着重讨论过，现在进一步研究物质如何磁化与为何磁化。

§57　物质依磁性的分类

由于实验方法的日益进步，我们现在知道：所有物质都具磁性，那就是说，一切物质在磁场中都要或多或少地磁化。根据磁性，可把物质分成三类。

1. 逆磁质

逆磁质在磁场中磁化时，磁化方向与磁场方向相反，而且磁化程度十分微弱，但与磁场强度完善地成正比。所以逆磁质的磁化率 χ 是一个常数，负的而且很近于零，磁导率 μ 比 1 略小。

绝大多数的物质属于逆磁质，它包括大部分元素、几乎所有拟金属化合物、所有有机化合物以及一大部分金属化合物。

就数量级言，对于液体和固体逆磁质，χ 的值靠近 -10^{-6}，例如水，$\chi=-0.7\times10^{-6}$。铋是逆磁质中磁性最强的物质，它的磁化率也不过为 -13×10^{-6}。

逆磁质的磁化率 χ 不随温度而变。

可以断言：逆磁是物质的本性。

2. 顺磁质

顺磁质的磁化方向与磁场方向相同，这和铁磁质一样，但是磁化强度无可比拟地要小得多。所以顺磁质的磁化率 χ 是一个正而小的常数。至少在我们所能获得的最强磁场中它还是常数，磁导率 μ 很接近而稍大于 1。

在顺磁质中，我们有铁、镍、钴（铁磁金属）的盐类和一些其他金属（如铜、钾、某些稀土元素等）的盐类。有两种常温下的气体——氧和氧化氮，也是顺磁质。

至于顺磁质磁化率的数值，我们可以举例：

硫酸铁（在 20 ℃）　　$\chi = 95 \times 10^{-6}$

氢气（在 20 ℃）　　$\chi = 0.15 \times 10^{-6}$

液氧（在 -190 ℃）　　$\chi = 300 \times 10^{-6}$

顺磁质和铁一样要被磁铁吸引，而逆磁质则相反，要被磁铁排斥。无论顺磁质被吸引或逆磁质被排斥，作用都比铁无可比拟地要弱得多。

顺磁质和逆磁质另一个不同之点是它的磁化率与温度有关。磁化率是对单位体积而言的，有时必须考虑对单位质量而言的磁化强度，为此引入磁化系数 λ 更饶意义。磁化系数 λ 与磁化率 χ 之间的关系显然是

$$\lambda = \frac{\chi}{d}$$

式中 d 为物质的密度。实验证明：逆磁质的磁化系数是一个常数，与温度无关，且与其它物理状态也几乎无关；而顺磁质的磁化系数则随温度升高而减小，与绝对温度成反比，即

$$\lambda T = \text{常数}$$

是为**居里定律**。

3. 铁磁质

和顺磁质一样，铁磁质的磁化方向也与磁场方向相同。铁磁质之所以另成一类，是由于它具有下列这些特点：

(1) 特大的磁化率。就普通顺磁质而言，即使是最强的，在常温下，磁化率 χ 也没有达到 1/1000；但是铁磁质的磁化率可以达到上百甚至几千。铁磁质的磁导率 μ，不是比 1 稍大，而是几千甚至几万，所以在铁磁质中，B 与 H 大小悬殊，对于几个奥斯特的磁场强度 H，可有大到 1 万高斯的磁感应强度 B 和它相对应。

(2) J 与 H 之间没有比例关系。当 H 一直增大时，铁磁质的磁化强度 J 趋于一个极限，磁化达到饱和，χ 和 μ 不是常数，而是 H 的复杂函数。

(3) 有磁滞现象。在铁磁质中观察到所谓磁滞现象，即铁磁质磁化强度 J 的大小，不仅有赖于其中的磁场强度 H，而且有赖于这一铁磁物质样品以前曾否置于磁场中和曾置于什么大小和方向的磁场等等，就是与该样品的先前历史有关。和磁滞紧密地联系在一起的是铁磁质在引起磁化的外场消失之后还能保留磁化状态，即所谓剩余磁性，好像有着“记忆力”一样。所有铁磁质都能保留剩余磁性，可是程度大有不同；软铁比较弱，某些硬钢特别强。所谓永久磁铁就是磁滞得厉害的钢保留了很大的剩余磁性。这也就是在罗盘等仪器所用的磁针上我们力图实现的。

铁磁质包括铁（铁可说是铁磁质中较重要的代表，因而有铁磁质之名）、镍、钴和它们的某些合金，富含铁、镍或钴的复合物的大部分（例如生铁与钢），以及少数含有这三种金属之一的化合物（例如 Fe_3O_4）。

温度对铁磁质的磁性有很大的影响，如果在每个温度下测定铁磁质的饱和磁化强度 J_s，结果有如图 57.1 所示。当温度升高时，J_s 开始几乎不变，逐渐减小，再减小很快，以至在某温度 T_0 时几乎为零。温度 T_0 称为**居里点**。在高于居里点的温度下，铁磁质成

为顺磁质。

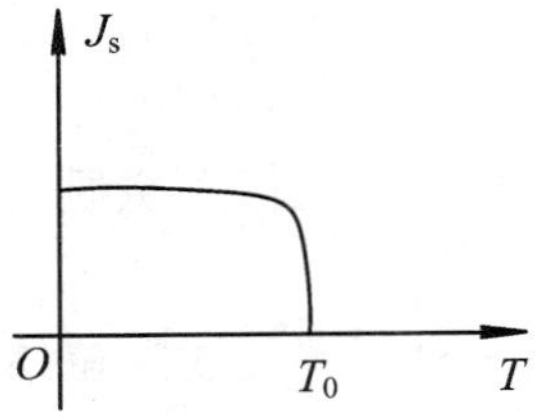

图 57.1

铁的居里点为 770 ℃，镍为 358 ℃，钴为 1131 ℃，钆为 16 ℃，镝为 -168 ℃，可见一些在常温下的顺磁质，当温度降低一定程度时，将转化为铁磁质。

从科学观点，这三类物质的磁性研究有极其重要的意义。它对各种物质的原子和分子构造可以供给重要材料。但是对于工程师来说，情况有所不同。物质的逆磁性和顺磁性是如此微弱，以至它们所得磁化在工业应用上完全可以忽略。对于一个电机制造者，所有非铁磁的物质都可以作为非磁物质看待，即认为

$$\chi = 0, \quad \mu = 1, \quad \boldsymbol{J} = 0, \quad \boldsymbol{B} = \boldsymbol{H}$$

另一方面，铁磁质的研究，无论在理论上或应用上，都有头等重要的意义。

§58 铁磁质特别是铁的磁性

1. 铁的首次磁化

要研究铁的磁化现象，必须从一块丝毫没有保留剩余磁化的样品开始。如何能获得一块彻底而干净地退磁了的铁样品呢？为此，可把铁块加热到居里点之上，再让它在没有磁场作用的地方冷却，不过这种加热办法也会改变以后铁的磁性。最好的退磁方法是下面要讲到的逐渐缩小磁滞循环。

取一块完全退磁了的铁样品，在磁场里使它磁化。磁场从零开始，在一个方向逐步增加，在每一个磁场强度 H 的作用下，测定铁的磁化强度 J。关于熟铁的结果，有如图 58.1 所示。

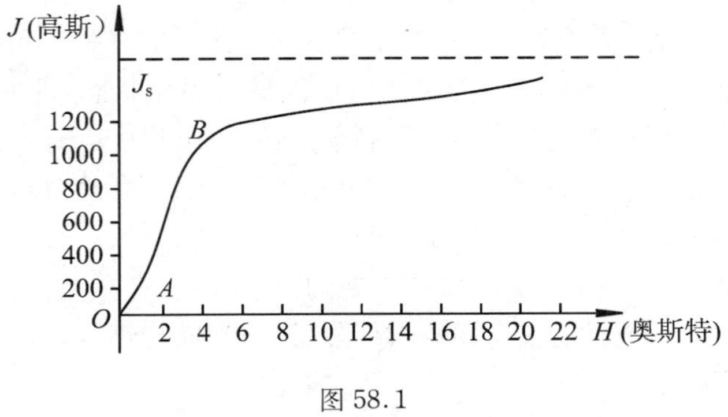

图 58.1

在这磁化曲线上可以大致分成三个区域：

(1) 微弱场强区域 OA，J 随 H 增加很慢；

(2) 中等场强区域 AB，J 增加很快；

(3) 强大场强区域，J 慢慢地趋于一个极限，叫做**饱和磁化**。

熟铁样品的热处理和制备方法以及样品中所含为量不多的化学杂质，都可使它的磁化曲线从这个样品到那个样品有很大数量上的不同，但它们的饱和磁化强度 J_s 都是一样的。所以饱和磁化强度是铁磁质的一个特征数，举例如下：

材料	J_s（高斯）
铁	1706
钴	1412
镍	479
铁钴合金	1880

从 $J-H$ 磁化曲线，可以得出有关磁化的其它要素，例如磁感应强度 B 和磁场强度 H 之间的关系，根据定义

$$B = H + 4\pi J$$

可从 $J-H$ 磁化曲线得出与每一个 H 之值相对应的 B 之值。在 $J-H$ 磁化曲线的大部分上，H 的值对于 $4\pi J$ 来说可以忽略不计。比如说，当 $H=4$ 时，$J=800$ 而 $4\pi J=10000$，几乎全部磁感应强度都由物质的磁化强度所产生。因此，$B-H$ 曲线近似地可从 $J-H$ 曲线改变纵坐标的比例尺得到。不过 $B-H$ 曲线的渐近线将是一根斜直线①，而 $J-H$ 曲线的渐近线是一根与横轴平行的直线。饱和以后，磁感应强度的增加完全由于磁场强度的增加而已。

实际上，χ 和 μ 的值是很有用的，χ 的值在 $J-H$ 曲线的每一点上，就是该点的纵坐标和横坐标值之比，也即等于从原点到该点的直线的斜度，求斜度时要考虑到纵横坐标比例尺的任何差别。显然，磁化率 χ 不是一个常数。至于磁导率 $\mu=1+4\pi\chi$，式中的 1 在 $4\pi\chi$ 前往往可以忽略不计。

χ 或 μ 是 H 的函数，有如图 58.2 所示。磁化率 χ 从 $H=0$ 时的一个不太大的值，比如说，30 开始，迅速增加至高达 180 的极大值，继而减小，开始很快，随即变慢，以趋于饱和时的零值。至于 $\mu-H$ 曲线，形状大致相似。不过当 $H=\infty$ 时，μ 趋近于 1，当 $H=0$ 时，μ 的初值可以是几百，而它的极大值往往到几千甚至更大。

在实际应用中，我们利用铁来得到高值的 J 和 B 而无须产生很强的磁场 H。在曲线上，最值得我们注意的当然是在 χ 极大附近这个区域。不值得再往外跑，因为即使费尽气力来增加磁场 H，而 B 的增加相对地不大。所以实际应用在电工设备上的铁的 B 值超过 15000 高斯不多，通常往往低于这个数目。

因此，利用各种方法如提纯、热处理或改变成分来尽量增大 χ 和 μ 的极大值就成为

① 若纵横坐标取相同的比例尺，渐近线将与横轴成 45°的角；这样作成的 $B-H$ 曲线将使 $H\leqslant 20$ 这一有用部分缩小到几乎看不出什么的程度。

我们努力的方向。近年来制成了各种磁导率非常高的磁性材料。现在制造电机用的硅钢，μ 的极大值总超过 1000。含镍 78% 的铁镍合金，即所谓坡莫合金，其磁导率在 $H=0.06$ 奥斯特时高达 90000；即使在 0.2 奥斯特的磁场里（比地球磁场还弱），已有 $B=8000$ 高斯。

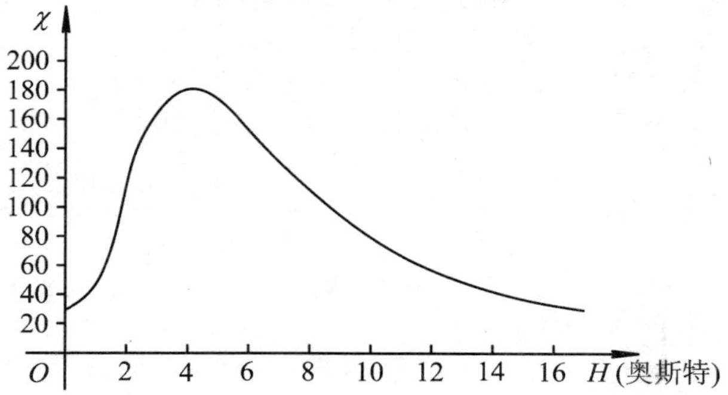

图 58.2

与此相反，碳钢的磁导率比较低；对于含碳 1% 的碳钢，$\mu_{极大}=350$；若它经过淬火，$\mu_{极大}=100$。

铁愈纯，则其磁导率愈大。当铁的含碳量从 0.008% 减低到 0.0045% 时，磁导率的极大值从 8000 增加到 19000。对更纯的铁，$\mu_{极大}=61000$。纯铁的磁性很"脆"，必须经过完善的退火；退火又能使磁导率增大。在 1400 ℃ 下经过长时间的退火能使铁的极大磁导率从原来的 6000 增加到 190000，甚至有人说可以达到 10^6。

作为例子，同时说明数量极，我们在表 58.1 中列举有关几个普通品种的 B 和 H 的对应值。从此很易求出 $\mu=B/H$ 和 $\chi=(\mu-1)/(4\pi)$。

表 58.1

磁场强度 H（奥斯特）	磁感应强度 B（高斯）			
	铁（瑞典产）	软钢（含碳 0.08%）	钢（含碳 1%，经过退火）	硅钢（含硅 1%，含碳 0.25%）
0.5	1000	1550		
1	6350	5650	200	8450
2.5	10500	10800	580	13200
5	12900	13570	1850	14600
10	14600	14980	6550	15300
20	16100	15700	10600	15900
100	18100	17800	15500	17900
1000	22000	22300	20200	21700

在这里，可以注意到：各个品种之间在弱磁场下有很大的区别；但在强磁场下，有几

乎相同的磁感应强度。

2. 磁滞

铁磁物质沿 OA 曲线(图 58.3)首次磁化到 A 之后,如果我们逐渐减小磁场 H,以至于零,那么磁化过程将沿曲线 AC 进行,而不是沿曲线 AO 回头。当 H 减到 h 时,磁化强度并不是首次磁化时的 J_a,而是 J_b,$J_b>J_a$。当 H 减到零时,磁化强度不是回复到零,而是 J_r。

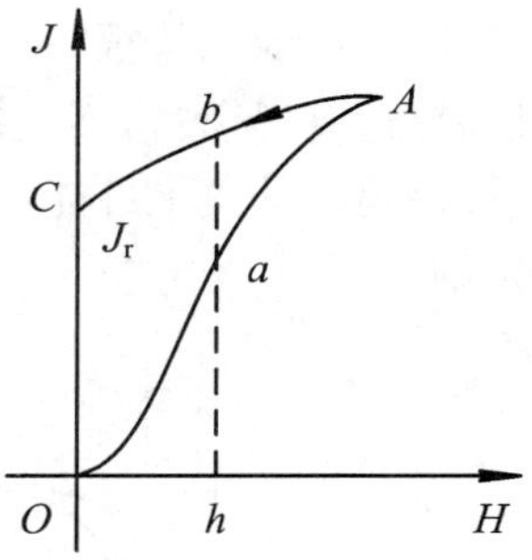

图 58.3

由此可见,铁磁物质的磁化强度不仅和磁场强度有关,而且同该样品过去磁化历史有关。我们不妨说:铁磁质具有磁的“记忆力”;当磁化磁场减小或消灭以后,它仍“记得”它曾经磁化到 A 的地步。在 C 点它已经成为永久磁铁。当 H 增加时和当 H 减小时,铁磁质具有不相重合的两条磁化曲线。这种现象称为磁滞,滞是“落后”的意思。

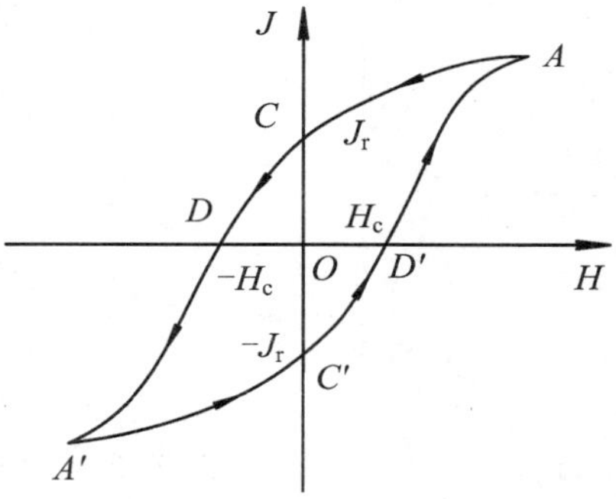

图 58.4

磁滞的一般研究,不但结果复杂到无法整理,而且没有多大用处。若有系统地或有限制地作磁化循环的研究,结果既极简单,意义又很重大。所谓磁化循环,就是起磁磁场 H 从某一个最大值减小到零,然后在相反方向增加到同一最大值,而再减到零,又从零增加到原来的最大值,如是周而复始地作循环的变更,铁磁质的磁化强度和磁感应强度也作同频率的循环变更,有如图 58.4 所示,在 $J-H$(或 $B-H$)平面内成一闭合曲线,称为磁滞回线。这正是许多电工机械如电机和变压器里放在不断变向的磁场中的铁磁物质所要经历的情形。

从图 58.4 可知,当起磁磁场 H 已减到零时,铁磁质还保留着以纵坐标 OC 或 OC' 代表的磁化强度 J_r,称为剩余磁化或顽磁。如要完全消灭铁磁质内的磁化强度,我们必须将起磁磁场减到反向的某一场强 H_c,称为矫顽场强。

上面已经说过,图 58.3 中的首次磁化曲线 OA 是从铁磁质未经磁化的情况开始的。读者可能要问。如何能得到这种情况?因为把起磁磁场减到零时,物质中的磁化强度并不减到零;反之,如物质中的磁化强度减到零时,则起磁磁场就不是零。那么,怎样可以得到两者都是零的起始情况呢?要解决这个问题,可令起磁磁场作循环式的变更,并令起磁场强的最大值,逐渐变小,以至于零,那么物质的磁化过程,就是一连串逐渐缩小的趋近于原点的循环曲线,如图 58.5

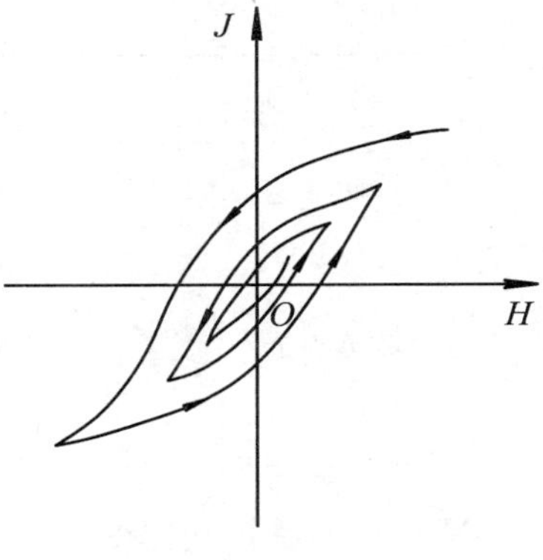

图 58.5

所示，当 H 减到零时，J 也减到零；此时物质完全退磁。

各种铁磁物质的磁滞回线形状大不相同。磁滞回线很"瘦"的(图 58.6)，叫做软磁物质。软磁物质有很小的矫顽场强，但是可有大的剩余磁化，不过方向相反的很小磁场就足以使剩余磁化完全消失。例如很纯的铁，剩余磁化可达 900，超过饱和磁化的一半，而矫顽场强不过十分之几奥斯特。

反之，磁滞回线很"肥"的(图 58.7)，叫做硬磁物质。硬磁物质的特点是矫顽场强大，可以超过 50 奥斯特，而它的剩余磁化并不一定比软磁的大，事实上往往更小。大体说来，硬磁物质的机械性能也是硬的，淬化可以增加磁性硬度。某些钢特别是钨钢的磁性特别硬。

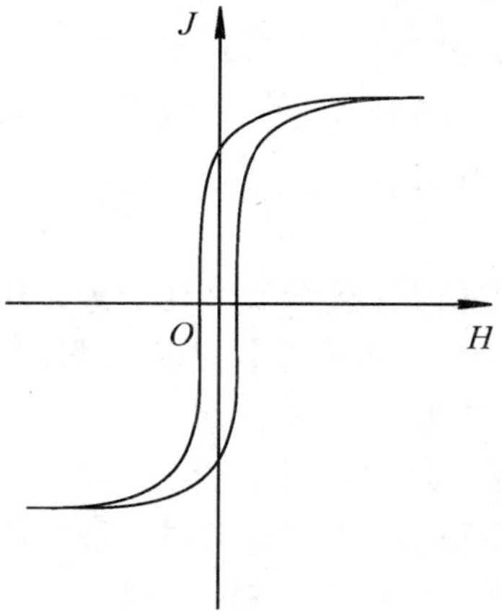

图 58.6

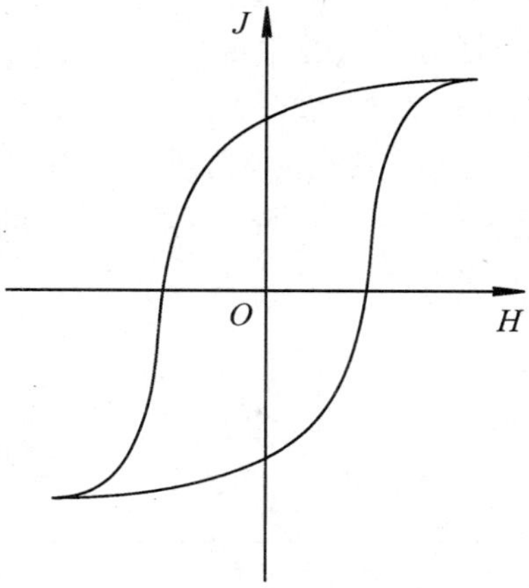

图 58.7

上述磁化曲线和磁滞回线都是以 J 和 H 为纵横坐标，其实，用 B 和 H 有时更为直接方便，不过图形几乎完全相同，只是纵坐标的比例尺不同而已。

技术上的应用需要各种不同类型的磁性材料。软磁材料用于电力工业和电信设备上，硬磁材料用来制造永久磁铁。

纯铁、硅钢和铁-镍合金都是软磁材料，其特性有如表 58.2 所列。

表 58.2　几种典型软磁材料的特性

物　　质	$\mu_{极大}$	J_s(高斯)	H_c(奥斯特)
纯铁	5000	1700	1.0
硅钢	10000	1600	0.2
坡莫合金	100000	1300	0.05
超坡莫合金	900000	640	0.004

碳钢、钨钢、钴钢和铝镍钴合金都是硬磁材料，其特性有如表 58.3 所列。

表 58.3　几种典型硬磁材料的特性

物　　质	J_r（高斯）	J_s（高斯）	H_c（奥斯特）
碳钢	800	1600	42
钨钢	850	1300	65
钴钢	750	1300	250
铝镍钴合金	1000	1100	575

§59　磁滞现象的实际结果

1. 永久磁铁

由于磁滞现象的存在，才有制成永久磁铁的可能。永久磁铁在应用上的重要性是众所周知的。显然，适合于制造永久磁铁的铁磁物质，首先应有相当大的顽磁，才能制成相当强的磁铁。比如由顽磁为 J_r 的物质制成的条形永久磁铁，其磁矩将为 $m = J_r V$，式中 V 为条形磁铁的体积。可见 m 正比于 J_r。除了顽磁要大之外，同时也应具有相当大的矫顽场强，制成的磁铁才能不被外来磁场所削弱或消灭而维持长久。由上节表 58.3 可知，镍钴合金用来制造永久磁铁比之过去所用的碳钢显然优良得多。

有关永久磁铁的简单设计　磁铁的作用通常是要在一定大小的区域内产生一定强度的磁场。我们来设计一个环形永久的磁铁（图 59.1），要在长为 l、截面积为 s 的空隙里产生一个强度为 H_0 的磁场。

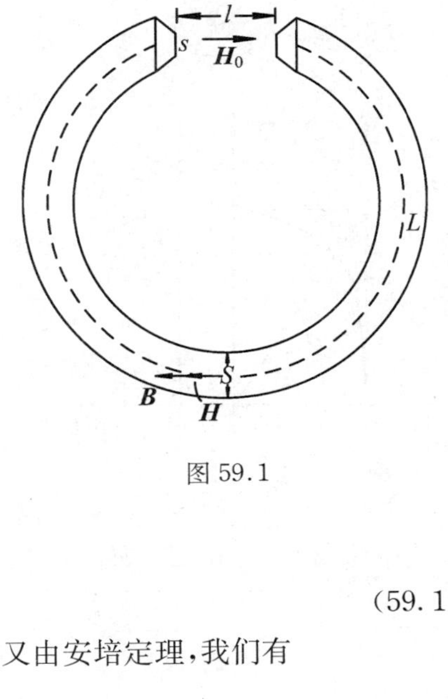

图 59.1

设磁铁内的磁感应线都通过我们所考虑的空隙范围内而闭合，也就是假定没有漏磁。由于磁感应通量是守恒的，我们有

$$BS = H_0 s \tag{59.1}$$

式中 B 为磁铁内的磁感应强度，S 为磁铁的截面积。又由安培定理，我们有

$$HL + H_0 l = 0$$

或

$$HL = - H_0 l \tag{59.2}$$

式中 H 为磁铁内的磁场强度，L 为环磁铁的长。

(59.1)和(59.2)两式相乘,得

$$\frac{V}{v} = \frac{SL}{sl} = -\frac{H_0^2}{BH} \tag{59.3}$$

式中 $V = SL$ 和 $v = sl$ 分别代表磁铁和极间空隙的体积。由此可见,当空隙体积 v 和空隙场强 H_0 已给定时,BH 之积愈大,则磁铁体积愈小。我们在设计中当然要利用这个条件来达到最好结果。

命 B_r,B_s 和 H_c 各为所用硬磁材料的剩余磁感应强度、饱和磁感应强度和矫顽磁场。对于普通硬磁材料,磁化曲线从接近饱和磁化状态到退磁净尽状态这一部分,可近似由下式表示:

$$B = \frac{H + H_c}{\dfrac{H_c}{B_r} + \dfrac{H}{B_s}} \tag{59.4}$$

式中 H_c,B_r 和 B_s 均为正的已知常数。利用上式,来求 BH 关于 H 的微商;使该微商等于零,即得 BH 乘积为极大时的条件:

$$B_r \cdot H^2 + 2B_sH_c \cdot H + B_sH_c^2 = 0$$

解之,得两负根,取绝对值小的负根,得

$$H_m = H_c\frac{B_s}{B_r}\left(\sqrt{1 - \frac{B_r}{B_s}} - 1\right)$$

把 H_m 代入式(59.4),又得

$$B_m = -B_s\left(\sqrt{1 - \frac{B_r}{B_s}} - 1\right)$$

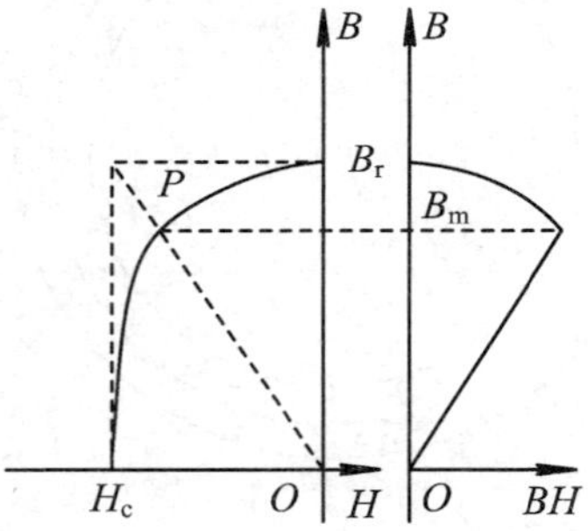

图 59.2

从而得

$$\frac{B_m}{H_m} = -\frac{B_r}{H_c} \tag{59.5}$$

根据式(59.5)所表示的关系,我们可用图解法来决定与 BH 积的极值相对应的 P 点,那就是以 OB_r 和 OH_c 为两边的矩形对角线与磁化曲线的交点(图 59.2)。

回到方程式(59.1)和(59.2),两边相除,得

$$\frac{B}{H} = -\frac{L}{l} \cdot \frac{s}{S} \tag{59.6}$$

利用指定材料,制成最好磁铁,必须在(59.3)和(59.6)两式中使 $B = B_m$ 和 $H = H_m$,并从这两式得出

$$\frac{L}{l} = -\frac{H_0}{H_m} = H_0\sqrt{\frac{B_r}{H_c(-BH)_{极大}}}$$

$$\frac{S}{s} = \frac{H_0}{B_m} = H_0\sqrt{\frac{H_c}{B_r(-BH)_{极大}}}$$

从这最后两式求出 L 和 S,设计告成,当 l 和 s 已给,所用铁磁材料的 B_r,H_c 和 $(-BH)_{极大}$ 已知的时候。

为了尽量避免漏磁，同时减低成本，常用软铁包围铝镍钴合金(图 59.3)。这样制成的环形永久磁铁在极间空隙可得 5500 奥斯特的磁场。

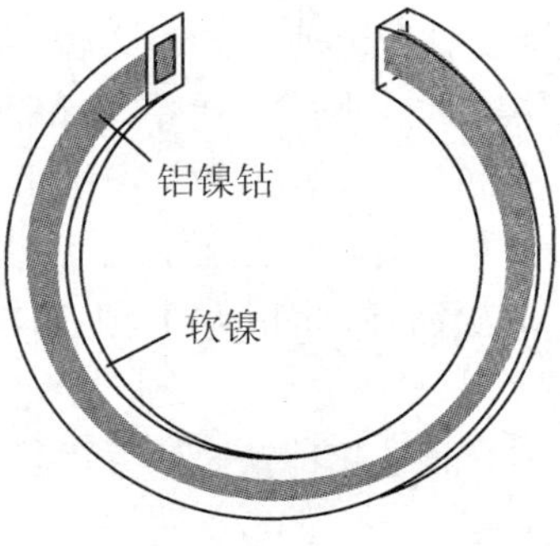

图 59.3

2. 反复磁化的功

磁滞现象的另一结果，是铁磁物质每次作磁化循环变化时要放出热量，也就是要消耗能量，电机和变压器铁心的发热是众所周知的事。

为什么物质作磁化循环时要消耗能量？我们先来说明这一点。比如说，我们要在永久磁铁所产生的磁场中使一小块铁作磁化循环(图 59.4)。永久磁铁磁场的维持显然不费什么能量。铁块先在远处，被磁铁吸引进来；我们把它拉出去，调个头，再助它或让它被吸引进来；如是继续拉出去，调头引进来，反复磁化。在引进来的过程中，磁铁作了功；在拉出去的过程中，我们作了功。若无磁滞现象，这两个功相等而相消。但是铁有磁滞，由于磁滞的缘故，拉出去时的磁化强度比引进来时要大，因而我们所作的功大于磁铁所作的功，结果消耗了能量。

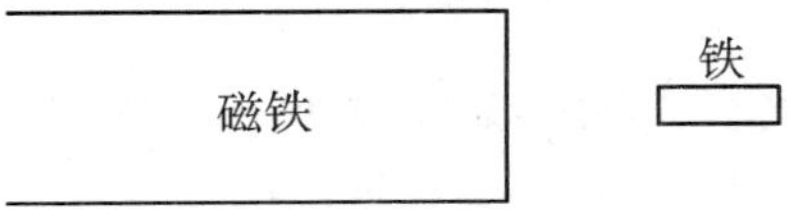

图 59.4

铁磁质可固定在交变磁场中磁化，也可在不均匀而恒定的磁场中把铁磁质来回移动而使它磁化，两种结果完全相同。当铁磁质移动 $\mathrm{d}x$ 时，我们所作的功为 $F\mathrm{d}x$，式中

$$F = m\frac{\partial H}{\partial x}$$

我们所作的功成为铁磁质的能量。于是铁磁质在磁化过程中的能量增加为

$$W = \int m\frac{\partial H}{\partial x}\mathrm{d}x = V\int J\frac{\partial H}{\partial x}\mathrm{d}x = V\int J\mathrm{d}H$$

式中 $m = JV$，而 V 为铁磁体的体积。磁化强度 J 是一个 H 的函数，由磁滞回线表示。沿磁滞回线 C 积分就得

$$\oint_C J\mathrm{d}H = S \quad \text{(磁滞回线的面积)}$$

从而有

$$W = V \cdot S$$

当铁磁质经过一个磁化循环回到出发点时，一切情况仍归原状：能量没有变化，因此，它从外界获得的能量全变为热量而放出。每单位体积铁磁物质在每一磁化循环中所放出的热量，就数值言，即等于磁滞回线的面积。所以铁磁物质中的磁场若是交变的，例如变压器中的铁心就是这样，那么这物质的磁滞回线愈狭窄，面积愈小，能量损耗也就愈小。在变压器等铁心中，由于磁滞而损耗了的能量自然取给于产生交变磁场的电流。

对于给定的铁磁物质来说，磁滞回线的面积，也即每一循环损耗的能量，自然跟着循

环幅度(即 B 或 H 的最大值)而增加。设 B_M 为循环中 B 的极大值(即循环于 $+B_M$ 和 $-B_M$ 之间),则每一单位体积每一次循环中变成热量而消耗了的能量为

$$w = \eta B_M^{1.6}$$

式中 η 为各种样品的特征系数,是为司吞墨兹①(Steinmetz)经验公式。若铁磁物质每秒作 n 次循环,体积为 V,则消耗功率

$$P = nwV$$

下面是几种铁磁物质的 η 数值(能量以尔格计,体积以立方厘米计,磁感应强度以高斯计):

最纯的铁	$\eta = 0.0003$
普通的铁	$\eta = 0.001 \sim 0.002$
硅钢	$\eta = 0.0008$
含碳1%的碳钢	$\eta = 0.015$

可见杂质对磁滞损耗的影响是一个极其复杂的问题。碳使铁的磁滞损耗增大很多,硅则使它减小。因此现在电机和变压器的铁心都用硅钢。

§60 磁性材料的近年进展

由于技术发展的要求和理论分析的深入,本世纪特别是最近二十年来铁磁性材料有很大的进展。首先表现在磁导率的不断提高,有如图60.1中曲线所示。对于合金来说,改进不仅表现在磁导率上,同时也表现在磁滞和电阻率上,后者与傅歌电流的损耗密切有关。

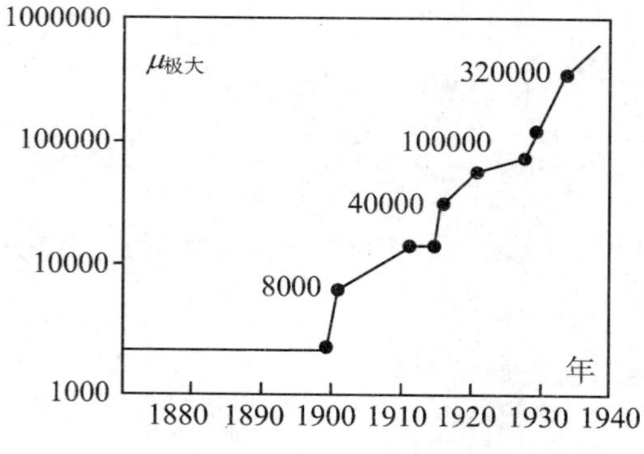

图 60.1

1. 永磁材料

一切需要特别稳定的磁场或需要稳定磁场而又不便特备电源以产生磁场时,都需要永磁材料,做成永久磁体。永磁材料应有相当大的顽磁,才能制成相当强的磁铁;同时也应具有相当大的矫顽场强,制成的磁铁才能不被外来磁场所削弱或消灭。后一条件比前一条件更不易实现。正由于这个缘故,在1925年以前用钨钢(当年最好的永磁材料,矫顽场强约为70奥斯特)制成的磁铁总是很长,这样才能避免它本身所产生的消磁场强达到可与矫顽场强相比拟的强度。

① 校者注:现译作斯坦麦茨。

1930 年前后，高矫顽场强的钴钢（$H_c=250$）和铁镍铝合金的发明（H_c 在 500 到 1200 奥斯特之间），以及此后不到十年间各种铝镍钴合金在这基础上的发展，可以说是永磁材料的一个划时代的进展。经“磁场冷却”处理的铝镍钴合金的 BH 乘积极大值约为 5.5×10^6，含铂 75% 的铂铁合金，其矫顽场强高达 1800 奥斯特，可以制造罗盘和电流计上用的很短而又很稳定的磁针。

值得时常提及的是，由 4.7% 的铝、8.8% 的锰和 86.5% 的银制成的合金，虽然不含任何铁磁元素，但也是铁磁性的，而且有约为 1000 奥斯特的矫顽场强。

最近几年来发展的有重大实用价值的一项工作是从铁磁粉末来制备高 H_c 材料，用的或是铁-镍-铝粉末，或是纯铁粉末，都成细长的针状，以便取得巨大的形状各向异性，并使它们平行排列，就可大大提高 H_c。粉末的大小与磁畴有适当的关系，约为 100 埃。作为粘合剂①的可以是低熔点金属或有机塑料。

2. 特软磁钢

关于纯铁，已在前面讲过。在特软磁钢中，我们举“阿姆歌”铁为例，它含铁 99.84%，比普通特软磁钢和瑞典铁更纯五六倍；其中约含碳 0.009%、硅 0.004%、硫 0.025%，退火使它的磁感应强度增加，有如表 60.1 所示。

表 60.1

磁场强度（奥斯特）	磁感应强度（高斯）	
	未退火	在 930 ℃下退火
1		5300
2	4500	10200
3	6800	12000
4	9400	13400
5	11000	14100

退火使其中内应力消除，内应力的消除也大有助于起始磁导率的提高。如在氢气中作长时间的退火，可使它的起始磁导率从 250 增加到 20000，极大磁导率从 7000 增加到 340000，即使未经退火“阿姆歌”铁的磁导率也比好的软磁钢约高二倍。

3. 硅钢

硅钢也是一种软磁材料，大量用于现代电力工业。在电力工业里，磁场比较强，所用磁性材料必须具有高饱和磁化强度，同时用量很大，材料的价格必须低廉。硅钢的主要成分是铁，所以能满足这些条件。硅钢片大量用于电力变压器、电动机和发电机等电器中。在这些场合，每单位重量的磁性材料在交变磁场的作用下消耗一定的功率，即所谓铁损。铁损包括磁滞损失和涡流损失。要降低磁滞损失，就得从基本上改善材料的磁

① 校者注：现写作黏合剂。

性;而要降低涡流损失,除了可以把铁心用相互绝缘的薄片叠成外,还可以用增大材料的电阻率的办法。在经过试验的许多磁铁中有可观固溶度的元素中,硅最易提高铁的电阻率,而并不太迅速地减小其饱和磁化强度。硅还能消灭铁内一部分杂质的有害作用而提高铁的磁性,但过多的硅含量却会使材料的饱和磁化强度降低太多,并变得太脆而不能轧成薄片。因此硅钢片的含硅量一般不超过重量比5%。

硅钢的磁滞损失约为每千克1.3瓦特,当磁感应强度变化幅度为±10000高斯,频率为50赫芝的时候,只有普通铁的磁滞损失的一半。反之,硅钢的饱和磁感应强度比铁约减小10%(就含硅3%的硅钢来说,从22300高斯减小到20200高斯)。另一特点是硅钢的电阻率约三倍于铁,因而涡流损失只是铁的1/3。

硅钢的一个重要进展是晶粒取向硅钢片,这一品种的含硅量在3%左右,须通过一系列的热轧、冷轧、中间退火,最后在1000℃上下的二次再结晶退火而制成。其特点是钢片平面内不同方向具有不同的磁性(所谓各向异性),沿轧向的磁性特别好,即磁导率特别高,损失特别低。晶粒取向硅钢片的极大磁导率可达35000,而不是普通硅钢的10000。用晶粒取向硅钢片制成的相同功率的电机或变压器,比之用普通硅钢片制成的,可有较小的体积、较小的重量和较小的发热量。

4. 铁镍合金

现代用于电信设备和特殊仪器中的软磁材料主要是各种坡莫合金,这个名词泛指含镍45%至80%左右的铁镍合金。其中有些品种还含少量钼、铜、铬、锰、硅等元素中的一种或几种。铁镍合金的饱和磁化强度虽然一般说来比纯铁要小,并且价格昂贵,因而不宜用于大功率场合;但是它们都具有很高的极大磁化率,且比纯铁有更稳定的磁性。最优的品种如超坡莫合金(含镍78.5%、钼5%和小量的锰),其磁化率可高到百万以上,所以最适用于弱电流器件。

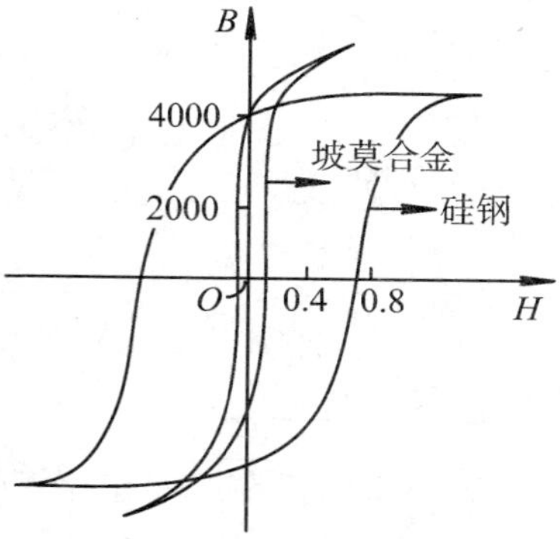

图60.2

把坡莫合金和最好的硅钢作一比较,有如图60.2所示,同是4000高斯的顽磁,而坡莫合金的矫顽场强是0.035奥斯特,硅钢则是0.7奥斯特。坡莫合金和硅钢都是软磁材料,但是它们之间,磁滞回线的肥瘦又大有不同。

含镍50%经过特殊加工和处理(退火后在约80奥斯特磁场中突然冷却)的坡莫合金另有重要特点,就是它的磁滞回线接近矩形(图60.3);因此叫做矩磁材料。一经磁化,剩磁状态非常稳定。从剩磁状态出发再受反向磁场作用时,矩磁材料的退磁只在矫顽场强附近很窄范围内完成。因此矩磁材料可为电子计算机、自动控制等新技术中制作存储、开关等元件之用。

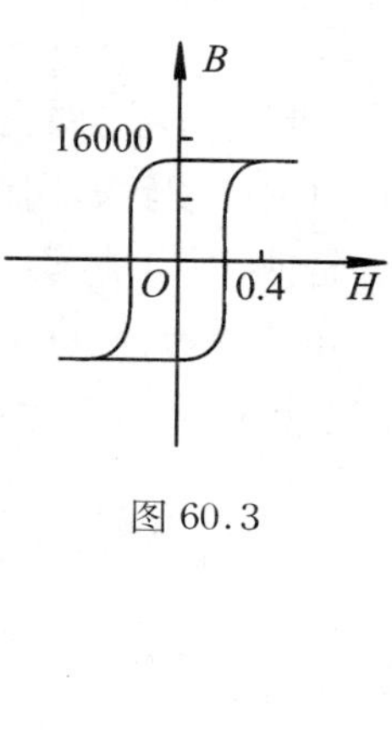

图60.3

5. 磁膜和铁氧体

由于电子计算机和自动控制中的存储、开关等元件须在快速脉冲电流下使用，涡流问题十分严重，矩磁材料必须轧成薄片才能应用。但是现代压延加工技术能压制 1 微米的薄片可说已发展到顶点了。这就促使新材料的探索分两方面进行：其一以新发展的不导电磁性材料——铁氧体为对象；另一是利用化学或真空蒸发淀积技术来把坡莫合金制成厚度在微米级以下的薄膜，即所谓磁膜。

磁膜须淀积于在 300 ℃左右的固体基底上，其材料通常用软玻璃。由于磁膜非常薄（一般不超过 2000 埃），涡流和退磁磁场的影响都可忽略。铁氧体是铁和其它金属元素的各种铁磁性复合氧化物的总称。由于铁氧体是非金属性的，它们在宏观特性方面与一般金属磁性材料的最重要区别就是它们的不导电性。一般金属的电阻率在 10^{-6}～10^{-4} 欧姆·厘米间，而现在所知道的许多铁氧体品种的电阻率则高达 10^{1}～10^{10} 欧姆·厘米。1954 年以来，许多铁氧体系统中，如锰－镁、镍－锌、锰－镁－锌、锰－镉等，都出现了若干可以通过适当热处理而获得矩磁性成分。由于其不导电性，铁氧体元件可以采取模压和烧结成的环或有孔薄片的形式。铁氧体在微波、电子计算机和自动控制等新技术中的应用方兴未艾。

§61　磁化了的介质如何反过来影响磁场

在马蹄形磁铁两极 N，S 之间几乎均匀的磁场中（图 61.1）放置一块软铁 $ABCD$。这

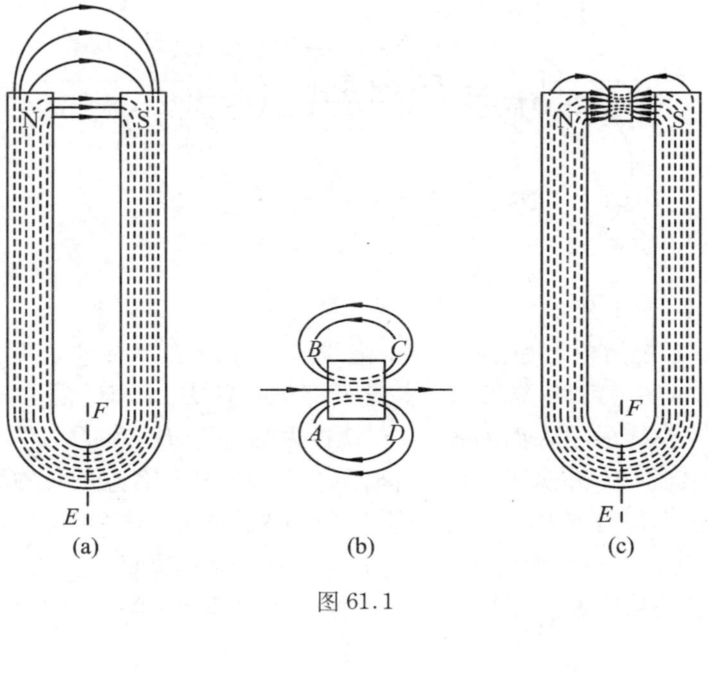

图 61.1

块软铁磁化了,它的磁化产生一个磁场,有如图 61.1(b)所示。在磁极 N 和 AB 面之间,在磁极 S 和 CD 面之间,软铁磁场和磁铁磁场有相同的方向;在 BC 面之上和在 AD 面之下,两个磁场方向相反。所以软铁的引入增强极际空间的磁场,而减弱侧旁区域的磁场;它的作用是使磁力线变形,把尽可能多的磁力线拉进软铁(图 61.1(c))。另一方面,软铁在它对面磁铁里所产生的磁场又可削弱磁铁的消磁磁场,从而增加磁铁的磁化强度;这又可增强引入软铁后的极际空间磁场。极际空间愈窄,则磁场增强愈多。

我们还可采取另一种说法,就是用磁感应线来说明。在空气中,磁感应线就是磁力线;但是它们延伸到磁铁和软铁里而成闭合曲线。而且我们知道磁感应通量是守恒的,那就是说,通过同一个磁感应管的各个截面的磁通量相同。因此我们可以说磁感应管尽量约束自己,集中通过软铁,而软铁对磁感应线敞开大门,为磁感应线铺平道路。铁比空气更乐于让磁感应线渗透其中,这一特性表现在代表 B/H 的值磁导率 μ 特别大这一点上。

如果磁铁足够长,长到消磁磁场在磁铁中部极为微弱的话,那么磁化强度和磁感应强度在磁铁中部截面 EF 上不因软铁的引入而起变化,磁通总量也没有改变,改变的只是磁感应线的分布。若极际空间很窄,可以假设磁通量全部通过软铁。

由于软铁的磁导率 μ 的值很大,极际空间磁力线正交于软铁的面;若软铁内磁感应线也正交于面,则由于在分界面上磁感应强度法向分量连续的缘故,可知空气中的磁场强度等于软铁内的磁感应强度,而大大增强了。

现在来考虑螺旋线筒的情形。有电流 I 流通时,它产生一个磁场,其磁力线也就是磁感应线,有如图 61.2 所示。在线筒内引入软铁棒;铁棒磁化了,磁化了的铁棒所

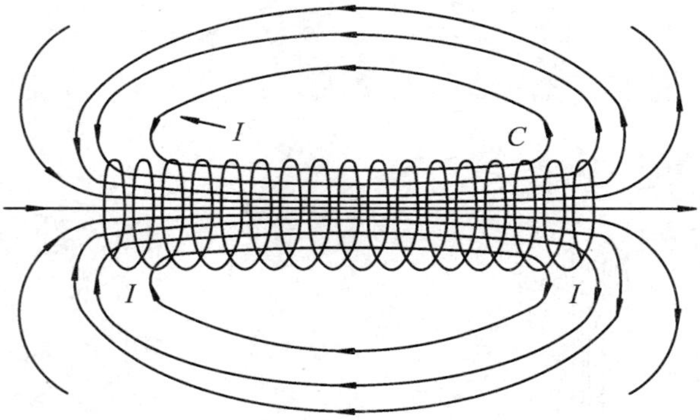

图 61.2

产生的磁场 $\boldsymbol{H}_1$ 的磁力线有如图 61.3 中虚线所示,而实线表示空心螺旋线筒的磁场 $\boldsymbol{H}_2$ 的磁力线。从图上可见,靠近铁棒两端外部空间里 $\boldsymbol{H}_1$ 和 $\boldsymbol{H}_2$ 的方向相同,因此这两处的磁场由于铁棒的引入而加强了;在铁棒内部各点 $\boldsymbol{H}_1$ 和 $\boldsymbol{H}_2$ 的方向相反,而且 $\boldsymbol{H}_1$ 在各点的值也不相等,两端较强,中间最弱,所以铁棒中各点的总磁场强度 $\boldsymbol{H}$ 差别很大。因之铁棒不是均匀磁化,而其两极也不仅限于两端。这个问题不能以解析方法作严格分析,因为这里还牵涉到铁的磁化曲线。若铁棒长度超过直径 10 倍以上,那么两极在铁棒中部的消磁磁场可以忽略不计,而铁棒中部的磁场强度主要由螺旋线筒的

电流所决定,并可从电流的大小和线筒每单位长度的匝数来计算。又若铁棒与线筒等长等粗而线筒又是无限长的话(即软铁充满线筒内磁场强度不等于零的整个空间),则铁棒内磁场 $H=4\pi nI$,与无限长空心螺旋线筒内完全相同,而磁感应 $B=\mu H=4\pi n\mu I$ 增大到 μ 倍。

现在再来考虑马蹄形电磁铁的两极上引入一块软铁的情形(图 61.4)。若软铁 AB(称为电磁铁的衔铁)与两极之间的空间很窄,几乎全部磁通量通过衔铁内部,但在这里与图 61.1 所示的永久磁铁情形有不同之点,即属于软铁的电磁铁铁心,比之制成永久磁铁的硬钢磁化更强,而且磁化强度随着磁场变化更快,因而不能再忽略消磁磁场的变化对电磁铁内部截面 EF 的磁通量的影响。衔铁 AB 愈接近电磁铁的两极,消磁磁场愈减小,从而磁通量增加愈多。

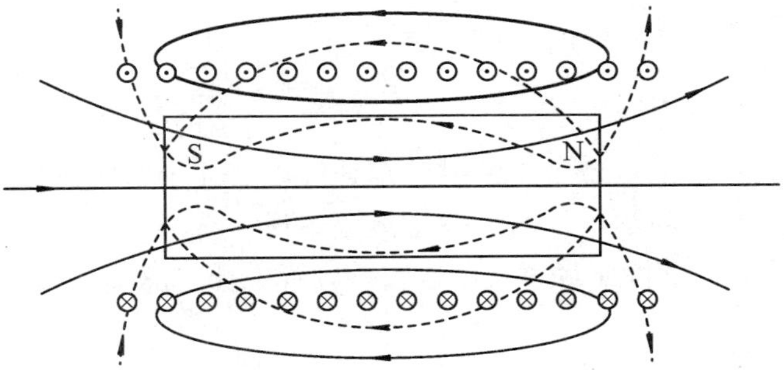

图 61.3

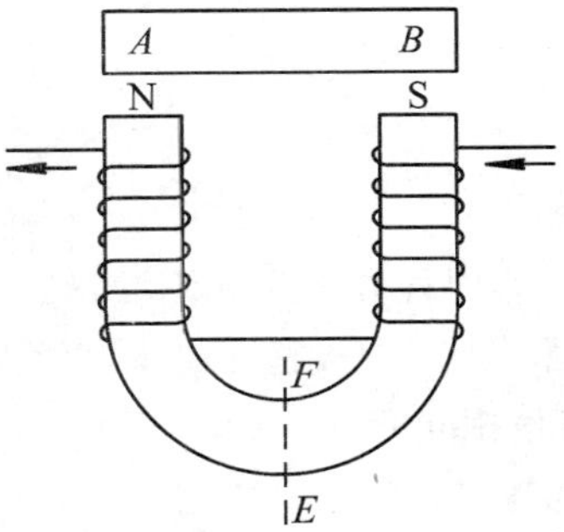

图 61.4

§62 磁 路 定 律

在上节所举的例子和许多工业设备中,我们往往遇到一个软铁的框,在它上面绕有载流线圈(图 62.1),铁框有时成为整个闭合磁感应线或磁感应管的所在,但更通常的是框上有一很窄的横截空气间隙,称为极际空间。我们正要利用这个极际空间中存在的磁场。

磁感应线或磁通量所经过的区域称为**磁路**。若绕在铁框上的各匝导线紧密接触,则磁感应线和磁通量完全集中在铁框内,如图 62.1(a)。即使铁框上只一部分绕有导线,如图 62.1(b),由于软铁的磁导率远较框外空气的为大,事实上绝大部分磁通量仍在铁框内,在框外空气中经过的一小部分磁通量称为**漏磁通量**。若铁框上有一横截空气间隙,如图 62.1(b)所示,那么在这空气间隙边缘的磁感应线要略微向外弯曲,称为**散隧作用**,但绝大部分还是差不多平行的。这种磁路可以看做铁框和空气间隙的"串联"组合。

根据上节讨论,对于每一个具体磁路,我们可以近似地画出磁感应线,它们在铁框里沿铁框走,并且垂直地从这一面到那一面通过极际空间。若磁路的磁通量为 Φ,极际空间的正截面积为 S,则极际空间的磁场强度 $H=\Phi/S$。由此可见,极际空间磁场强度的计算变成磁路磁通量的计算了。

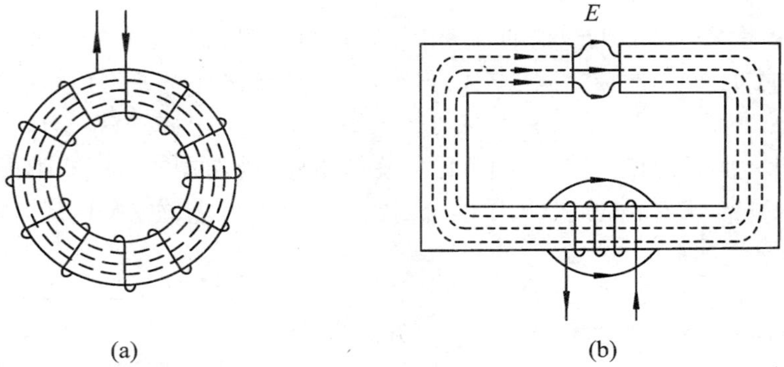

图 62.1

如何计算磁路的磁通量呢?根据是安培定理得出的磁路定律。设有无穷窄的磁感应管(图 62.2),它穿过 N 匝有电流 I 流通的绕组。通过这磁感应管任一截面的磁通量 $\mathrm{d}\Phi$ 是相同的,所以 $\mathrm{d}\Phi$ 是这磁感应管的一个特征常数。在这磁感应管中任一点,我们需要考虑:

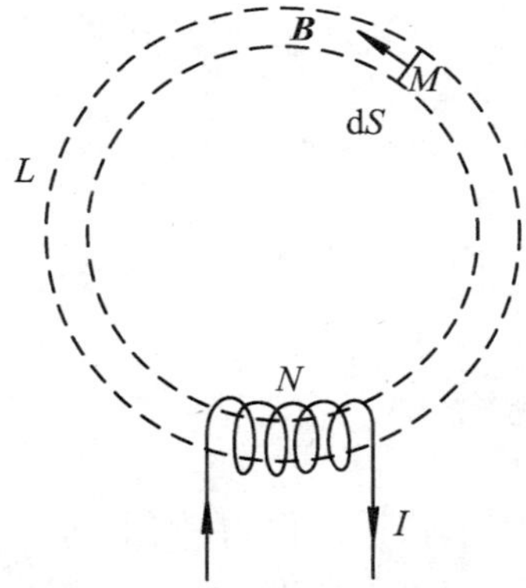

图 62.2

它的正截面积	$\mathrm{d}S$
它的磁感应强度	B
它的磁场强度	H
它的磁导率	μ

沿这磁感应管求 H 的线积分,根据安培定理,不管这磁感应管通过怎样一些介质,也可不管这些介质磁化到怎样程度,我们有

$$\oint_L \boldsymbol{H}\cdot\mathrm{d}\boldsymbol{l} = 4\pi NI$$

但 $H=B/\mu$,而 $B=\mathrm{d}\Phi/\mathrm{d}S$,从而得

$$H = \frac{1}{\mu}\frac{\mathrm{d}\Phi}{\mathrm{d}S}$$

把它代入上式,并注意到 $\mathrm{d}\Phi$ 沿磁感应管是一个常数,可从积分号下提出,我们有

$$\mathrm{d}\Phi = \frac{4\pi NI}{\oint_L \frac{\mathrm{d}l}{\mu\mathrm{d}S}}$$

至于整个磁路的磁通量 Φ 是所有磁感应管的磁通量 $\mathrm{d}\Phi$ 之和。把 $\mu\mathrm{d}S$ 沿磁路的一个正截面积分,并设在每个正截面上 μ 是常数,而正截面面积是 S,我们有

$$\int \mu\mathrm{d}S = \mu S$$

最后我们得

$$\Phi = \frac{4\pi NI}{\oint_L \frac{dl}{\mu S}} \tag{62.1}$$

是为**磁路定律**。它与电路中的欧姆定律完全类似。式中分子 $4\pi NI$ 是产生磁通量的原因,决定于绕组的匝数 N 和其中流通的电流强度 I,相当于电路中的电动势,因此称为**磁通势**(又称为磁动势)。分母

$$R = \oint_L \frac{dl}{\mu dS}$$

相当于电路中的电阻。若磁路的正截面积不变,而它所在的磁介质又是均匀的话(即 μ 和 S 均为常数),则

$$R = \frac{L}{\mu S}$$

磁导率相当于电导率;R 称为**磁阻**。因此,我们有

$$\text{磁通量} = \frac{\text{磁通势}}{\text{磁阻}}$$

可见磁通量相当于电流,虽然在磁路中实际上没有什么流动的东西。

若磁路中有一空气间隙,其长度为 e,则磁路的磁阻增加很多,成为

$$R = \oint_{L+e} \frac{dl}{\mu dS} = \frac{L}{\mu S} + \frac{e}{S} = \frac{1}{S}\left(\frac{L}{\mu} + e\right)$$

比如 $\mu = 1000$,1 毫米的空气间隙相当于铁框的长度 L 增加 1 米,磁通量和磁感应强度将因而减小很多。

在此值得注意的是:磁通量依赖于磁阻,磁阻公式中包含有磁导率,而磁导率又随 H,也即随 B 随 Φ 而变,所以磁路中的磁阻远不是一个常数,非如电路中的电阻那样确定不变。

在设计中,我们要解决的问题是:已给磁路所经过的铁框的形状,铁框上绕组的绕法和绕组中电流的强度,求磁通量;或者反过来,已给磁路中所需要的磁通量,求磁路所经过的铁框的形状、铁框上绕组的绕法和绕组中的电流强度,或简单地说,求磁通势。后一问题比较直捷,所需要的磁通量已经给定,即可由磁化曲线找到与该磁通量密度(即磁感应强度)相对应的磁导率之值,从而计算磁阻并求出磁通势。在解决前一问题来计算磁阻时,我们并不知道磁导率的值,而磁导率的值将随所要求出的磁通量密度而定,我们举例来说明。

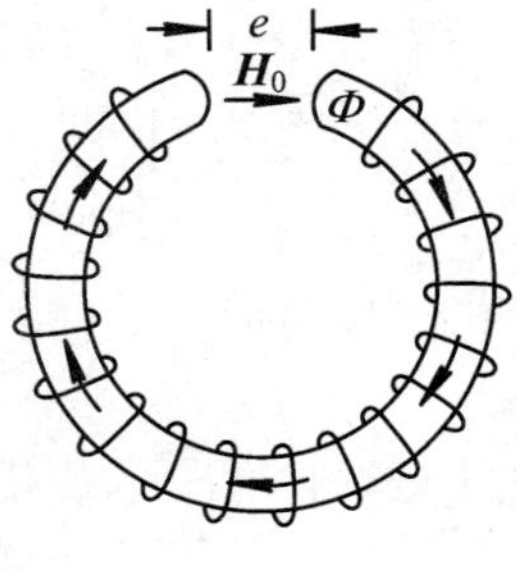

图 62.3

【例 1】 设有环式线圈,其铁心长度 $L = 60$ 厘米,空气间隙 $e = 0.1$ 厘米,横截面积 $S = 12$ 厘米^2,总匝数 $N = 1000$,各匝中的电流强度为 1 安培(图 62.3)。铁心的磁导率 μ 不仅与铁的种类有关,而且如我们所已指出的,与电流强度所决定的磁场强度有关,在这里,设 $\mu = 600$。试求空气间隙内的磁场强度 H_0。

环式线圈内的磁通量

$$\Phi = \frac{0.4\pi N I_a}{L/(\mu S) + e/S}$$

式中 I_a 代表以安培为单位的电流强度，在空气间隙很窄的情形下，其中磁场强度 H_0 在数值上等于铁心内的磁感应强度，因而可用磁通量 Φ 表示如下：

$$H_0 = \frac{\Phi}{S} = \frac{0.4\pi N I_a}{L/\mu + e}$$

把所给的数据代入上式，得出

$$H_0 = \frac{0.4 \times 3.14 \times 1000 \times 1}{\frac{60}{600} + 0.1}(\text{奥斯特}) \approx 6280(\text{奥斯特})$$

如果环式线圈里没有铁心存在，则磁场强度等于

$$H = 0.4\pi \frac{N}{L} I_a = 0.4 \times 3.14 \times \frac{1000}{60} \times 1(\text{奥斯特}) \approx 21(\text{奥斯特})$$

由此可见，在有铁心存在的情况下，间隙中的磁场强度比没有铁心时的强度大至 300 倍。在间隙较宽的情况下，间隙中磁场强度的增加将较小。

又环式线圈铁心内的磁场强度 $H = B/\mu = 6280/600 \approx 10.5$(奥斯特)，比没有铁心时要小一半。

在这个例子里，求磁阻时必须预知磁导率，但磁导率却随所要算出的磁通量而定，不能是已知的。磁导率作为已给的，与事实不符，因而再举下例。

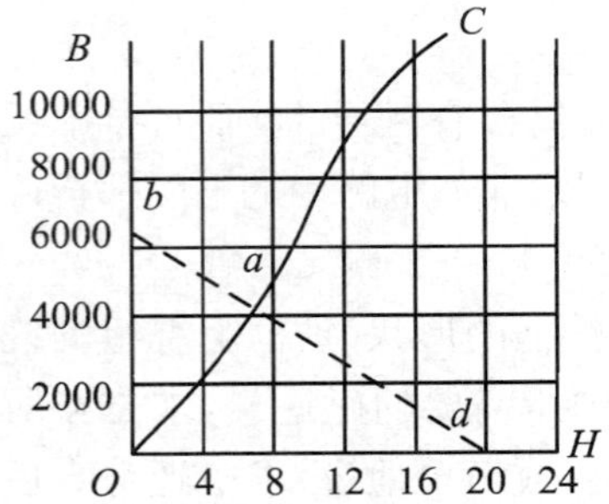

图 62.4

【例 2】 试求上例所分析的环形电磁铁的极际空间中的磁场强度 H_0：空气间隙 e 增加到 0.2 厘米，所用铁心的磁感应强度 B 与磁场强度 H 之间的关系有如图 62.4 中的曲线 OC 所示。

从

$$\Phi = \frac{0.4\pi N I_a}{L/(\mu S) + e/S}$$

有

$$\frac{\Phi L}{\mu S} + \frac{\Phi e}{S} = 0.4\pi N I_a$$

但

$$\frac{\Phi}{S} = B, \quad \frac{\Phi}{\mu S} = H$$

上式可以写成

$$LH + eB = 0.4\pi N I_a$$

把 L，e，N 和 I_a 的值代入，得出

$$60H + 0.2B = 1256$$

这个方程式含有两个未知量，即铁心里的磁场强度 H 和磁感应强度 B。

图 62.4 中曲线所表示的 H 与 B 之间的关系可以作为第二个方程式。为了求这两个

方程式的解，我们利用图解法：作代表第一个方程式的直线 bd，与曲线 OC 相交于 a 点；由图可知 a 点的纵坐标为 $B=4000$ 高斯。由于 B 的连续性和在真空中 B 就是 H，我们得出极际空间的磁场强度

$$H_0 = 4000 \text{ 奥斯特}$$

在上例空气间隙为 0.1 厘米的情况下，$H_0=6280$ 奥斯特。由此可见空气间隙的增大使其中磁场强度显著减小。

现在我们看一下磁路的分支情形（图 62.5）。在磁路中部有一绕组，产生磁通势 $\mathscr{E}_m=4\pi NI$。磁路中部的磁通量 Φ 在磁路的另外两部分的分支中为通量 Φ_1 和 Φ_2，因而

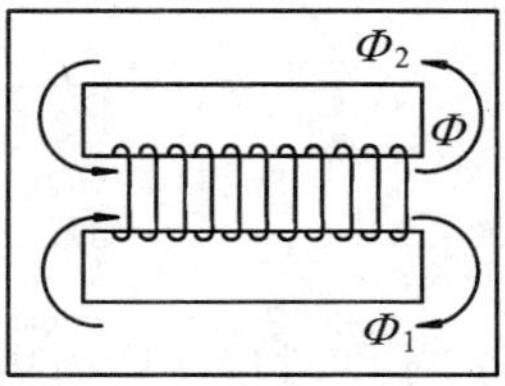

图 62.5

$$\Phi = \Phi_1 + \Phi_2$$

对于每一分支部分有如下的关系式：

$$\Phi_1 = \frac{\mathscr{E}_m}{R_1}, \quad \Phi_2 = \frac{\mathscr{E}_m}{R_2}$$

式中 R_1 和 R_2 各是通量 Φ_1 和 Φ_2 通过的那一部分磁路的磁阻，而 $\mathscr{E}_m$ 是总的磁通势。因为 $\Phi=\Phi_1+\Phi_2$，所以

$$\Phi = \mathscr{E}_m\left(\frac{1}{R_1}+\frac{1}{R_2}\right)=\frac{\mathscr{E}_m}{R}$$

由此可见各分支部分的总磁阻 R 可由下一关系式决定：

$$\frac{1}{R}=\frac{1}{R_1}+\frac{1}{R_2}$$

这与表示并联导体的电阻的关系式完全相同。

§63 电 磁 铁

用来产生强磁场的电磁铁的构造原理，就是根据上面所讲的磁路定律而来的。在电磁铁里，磁场是由螺旋线筒中的电流所激发的；为了增强磁场，我们把铁心放在螺旋线筒内。十分狭窄的极际空间里的磁场强度，比之没有铁心存在时环式线筒的磁场强度要大至 μ 倍。

磁阻愈大，则产生一定数值的磁通量所需要的磁通势也将愈大。由于

$$R = \sum \frac{1}{\mu}\cdot\frac{L}{S}$$

所以电磁铁的铁心恒具短而粗的形状。为了产生强大磁场，我们不能不尽量缩短极际空间，因为 1 毫米的空气间隙，就磁阻说，相当于 μ 倍的铁心长度，即约 1 米之长；但是可能大的极际空间又正是我们所需要而力图实现的。

为了能够正确估计电磁铁内铁心的作用，必须记得铁的磁导率 μ 是和磁场强度有关的。因此，在磁场强度不同的情形下，铁心的作用也不相同。在电磁铁磁路中的空气间

隙很窄的情况下，间隙中的磁场强度 H_0 的数值等于铁心里的磁感应强度 B 的数值。而 B 与铁心里的磁场强度 H 之间的关系，为 $B-H$ 磁化曲线，铁心里的磁场强度 H 与电磁铁绕组中的电流强度 I 成正比。由此可知，B(因而间隙中的磁场强度 H_0)与绕组中电流强度 I 之间的关系，为与 $B-H$ 磁化曲线相似的曲线所表示。对于用某种铁来作铁心的某一定的电磁铁，H_0 与 I 之间的关系如图 63.1 所示。在同一图中，也画出了表示 H 随电流强度 I 的增大而增加的直线。如果电磁铁内没有铁心，则它所产生的磁场强度为 H。显然，开始的时候 H_0 随电流增加而增加的速度比 H 快很多；但只有在饱和未达到之前和铁的磁导率 μ 很大的条件下，情况才是这样的。在饱和达到之后，H_0 的继续增加是直线性的，磁场强度 H_0 比 H 大一个相同的量，如图中线段 ab 所示。因此，我们没有多大好处专靠增加安培匝数来增加 H 和 H_0，费事很多，所获不大。所以在电机里极际空间的磁场强度一般不过 10000 到 12000 奥斯特。此时铁心的磁导率的值可保持在 1000 左右。

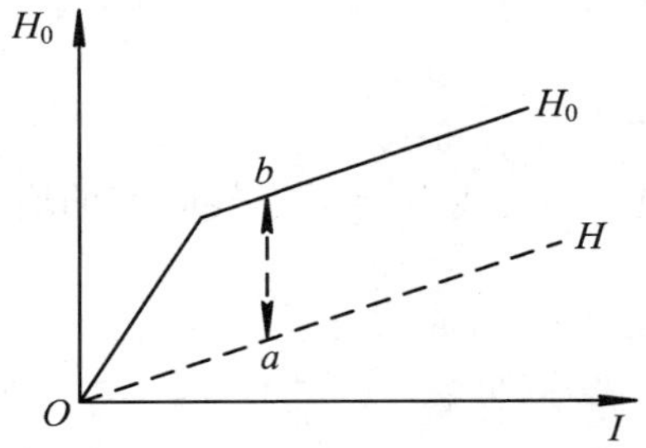

图 63.1

为了增强极际空间的磁场，实验室电磁铁(图 63.2)的两极通常成圆锥体或去尖圆锥体，以使极际空间里的磁感应线更加约束而集中，有如图 63.3 所示。载流线圈中的铁心有较大的截面，而且磁化并不厉害，因而磁阻不大。反之，软铁制成的两极的磁化达到饱和；在极的顶端，磁感应强度 $B=H+4\pi J$ 也就是极际空间的磁场强度 H_0，因而很大。为了增强铁心中的磁场 H，我们放置载流线圈尽可能地接近两极，并在线圈中通过尽可能大的电流。线圈导体是中空铜管，中间用水冷却。

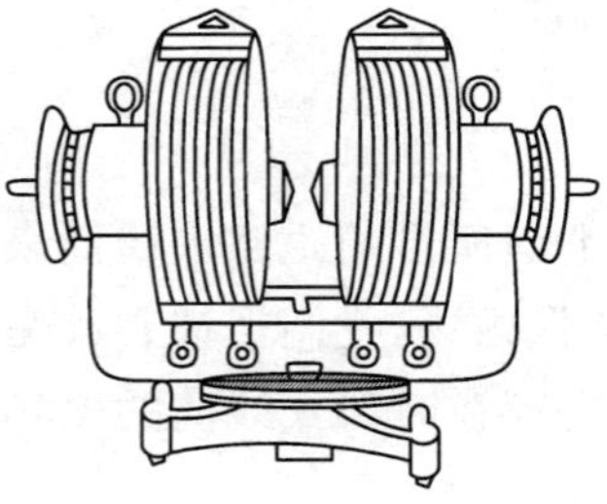
图 63.2

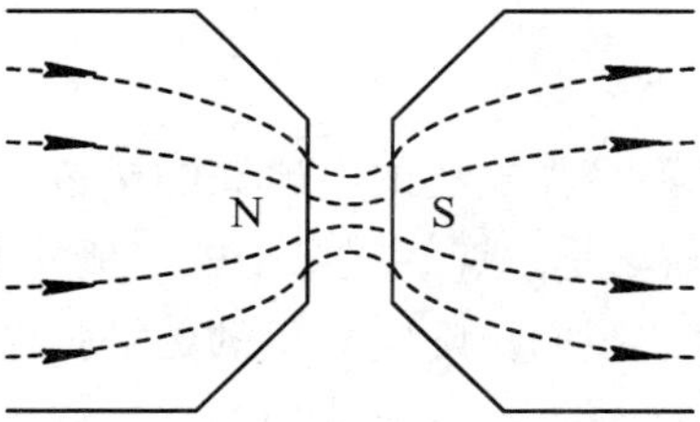

图 63.3

世界上最大的电磁铁能在 20 厘米^3 的极际空间中产生 53000 奥斯特①的磁场，它重 120 吨，消耗功率 100 千瓦，线圈直径 1.90 米。为了产生更强的磁场，卡皮察(Kapitza)，把一个 2000 千瓦发电机决流，使在 1/100 秒钟内通过空心线筒 72000 安培电流，这样产生了 300000 奥斯特的磁场，不过磁场存在的空间很小，且时间很短。

---

① 校者注：目前，无铁心的水冷磁体，最强能在 32 毫米孔径内产生 36 特斯拉的磁场。

1. 磁铁或电磁铁的提引力

我们可以近似地计算出磁铁或电磁铁对另一块软铁的吸引力，当它们是几乎相互接触的时候。设有磁铁 A 和软铁 B(图 63.4)几乎相互接触，接触面积为 S。在磁铁的作用下，软铁磁化了，它们的磁化强度 J 都垂直于接触面，磁铁 M 面在它的附近产生磁场 $2\pi J$，这个磁场作用在软铁 M'面上的力为①

$$F = 2\pi SJ^2$$

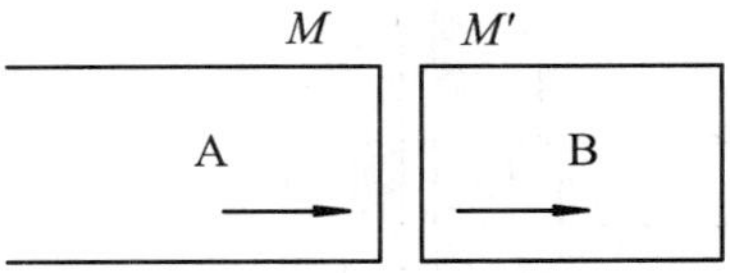

图 63.4

我们也可用 B 来表示这个力 F。因为 $B = H + 4\pi J$，而 H 在 $4\pi J$ 面前可以忽略不计，于是我们得

$$F = \frac{B^2 S}{8\pi} \tag{63.1}$$

这样可以得到巨大的力。若 $B = 15000$ 高斯，$S = 100$ 厘米^2，则 $F = 900$ 公斤。

这就是磁铁或电磁铁(图 63.5)对软铁的吸引力。这种力的应用之例不胜枚举，最直接的就是利用电磁铁来起重。当重物为铁块或是铁制物件时可以不用钩挂。

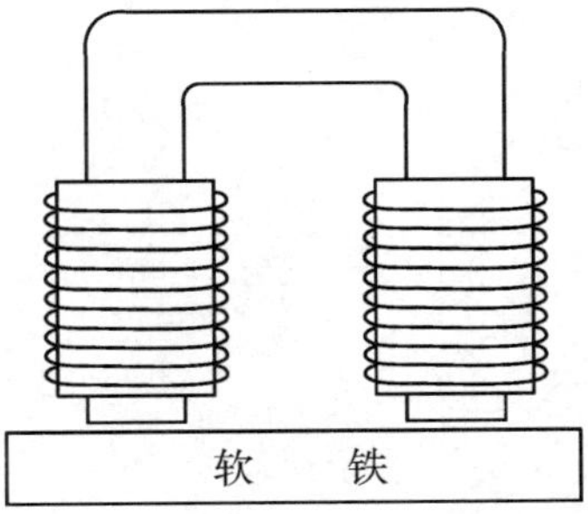

图 63.5

2. 极化继电器

上面所讲磁铁或电磁铁对软铁作用的力总是吸引，而且这个吸引之力与 B^2 成正比。这种情况，在电磁铁的激发电流 I 很小时，极为不利。由于一个磁感应强度变化 $\mathrm{d}B$ 而引起的吸引力变化 $\mathrm{d}F = S/(4\pi)B\mathrm{d}B$，其大小将决定于 B 的值；而 B 的值在 I 很微时将甚小。因此，我们不用软铁而用一块磁铁作为电磁铁的铁心(图 63.6)，使它在激发电流等于零时，仍有一个相当大的 B 值。这个永久磁铁的铁心经常施加于衔铁 A 的吸引力由一固定弹簧 R 所平衡。这样的电磁铁，叫做**极化电磁铁**，与普通电磁铁不同。不同之处在于

$$\mathrm{d}F = \frac{S}{4\pi}B\mathrm{d}B \propto \mathrm{d}I$$

比普通电磁铁大，而且 $\mathrm{d}F$ 将随 $\mathrm{d}I$ 而改变方向，或引或斥，非如普通电磁铁之只能吸引而不会斥拒。

---

① 校者注：软铁面的面磁荷密度为 J，总磁荷为 $q_m = SJ$，受力 $F = q_m H = 2\pi SJ^2$。

图 63.6 所示的装置，为应用极化电磁铁作继电器，可借一微弱电流之助以控制另一强大电流。当电磁铁线圈通以或不通以微弱电流而改变铁心的磁感应强度时，衔铁即被吸引或斥拒，从而开关 K 或关或开，因之另一电路或通或断。

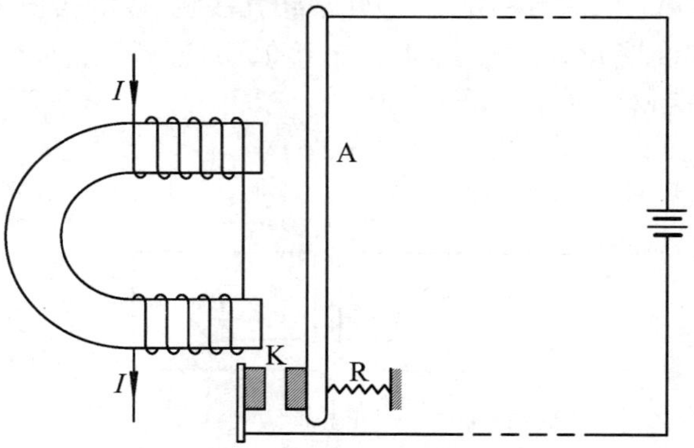

图 63.6

第9章 磁化理论

§64 分子、原子和电子的磁矩

根据微观的概念能够解释磁介质的基本性质。为此,必须研究在原子和分子中进行的过程和发生的现象。安培关于分子电流的假设是和现代原子构造的概念完全符合的。根据卢瑟福所提出的模型,原子由带正电的核和沿一定轨道绕核转动的电子组成。沿闭合轨道转动的电子,在各个方面,都和沿闭合回路流动的电流相似。首先,它具有一定的磁矩。

原子中有若干个沿不同轨道转动的电子;这些电子磁矩的矢量和就是原子的磁矩。同样,分子中各个原子磁矩的矢量和就是整个分子的磁矩。

为了简便起见,我们考虑一个在原子内沿半径为 r 的圆周轨道转动的电子,并决定它的磁矩。设 m,e 和 v 分别为电子的质量,电荷和速度。一个以速度 v 沿半径为 r 的圆周转动的电子相当于什么强度的电流呢? 电子每秒钟绕转 $n=v/(2\pi r)$次,每当电子绕转一周时,将有电量 e 通过轨道截面。每秒钟内通过轨道截面的电量,也就是电流强度,将为

$$ne=\frac{ve}{2\pi r}$$

所以转动的电子相当于一个强度为

$$I=\frac{ve}{2\pi r}$$

的电流。

载电流 I 的回路的磁矩等于IS,S 是回路的面积,也就是电子圆周轨道的面积,等于 πr^2,由此得出电子磁矩

$$p_{\mathrm{m}}=\frac{vre}{2} \tag{64.1}$$

纯粹从力学观点去看,电子在转动中有动量,其动量矩为 $P=mvr$,因此,我们可把电子磁矩和它的动量矩直接联系起来,即

$$p_{\mathrm{m}}=\frac{1}{2}\frac{e}{m}P \tag{64.2}$$

联系系数中又只包含有电子的荷质比 e/m。

除了围绕原子核"公转"之外，电子还要不停地绕着通过它的中心的轴线转动，即所谓**自旋**。在自旋中，电子也有一定的动量 P'，又有一定的磁矩 p'_{m}①；两者之比，根据量子力学，为

$$p'_{\mathrm{m}} = \frac{e}{m}P' \tag{64.3}$$

较之电子的轨道磁矩与其轨道动量矩之比大至二倍。

把电子自旋的和轨道的磁矩与动量矩分别合并起来，就得电子的总磁矩 p^*_{m} 与总动量矩 P^*，它们之间的关系为

$$p^*_{\mathrm{m}} = g\frac{e}{2m}P^* \tag{64.4}$$

式中 g 称为朗德(Lande)因子，值在 1 与 2 之间，看自旋矩与轨道矩的耦合情况而定。

若 p^*_{m} 以玻尔磁子 $eh/(4\pi m)$ 计，其值为 p^*_{M}，P^* 以量子单位 $h/(2\pi)$ 计，其值为 P^*_{Q}，则上式可以写成

$$p^*_{\mathrm{M}} = gP^*_{\mathrm{Q}} \tag{64.5}$$

对于原子核来说，上式也能适用，当然磁矩以核磁子 $eh/(4\pi M)$ 计，式中 e 为原子核的正电荷，M 为核的质量。例如质子，$p^*_{\mathrm{m}} = 2.7986$，$P^*_{\mathrm{Q}} = 1/2$，从而有 $g = 5.5972$。至于中子的磁矩也不等于零，且与其动量矩方向相反。

综上所述，表现磁性的分子电流和一定的磁矩联系着，而一定的磁矩又和一定的动量矩联系着。磁矩若有改变，应该引起动量矩的改变；反之，动量矩的改变也将引起磁矩的改变。这些预见都为实验所证实了。

1915 年，爱因斯坦和德·哈斯(de Hass)以实验证明了顺磁质和铁磁质磁化的同时能使自己转动起来。当我们把一根顺磁质棒放在外磁场中使它磁化的时候，分子磁矩就要转至沿外磁场的方向，结果使分子的动量矩的方向也发生变化。但就整个的棒来说：未受外力，总的动量矩应该保持不变，所以棒的本身就得到相反方向的动量矩，而棒开始转动。

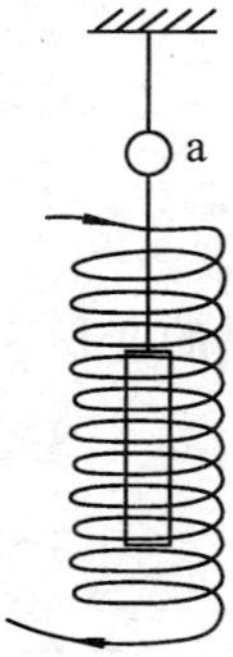

图 64.1

在爱因斯坦和德·哈斯的实验中，是把一根铁棒用细线沿着垂直螺线管的轴线悬挂起来(图 64.1)。当螺线管中电流方向突然改变时，铁棒磁化跟着反向，从 $+J$ 变到 $-J$，电子轨道翻倒过来，与此同时，原子动量矩也就从 $+P^*$ 改变到 $-P^*$。在不受外力作用的这个系统中，总的动量矩应当守恒。因此，在棒内部动量矩发生变化的同时，棒的本身对外也将显出一个相等而相反的动量矩变化，即棒受到一个转动的冲量矩。借助于从固定在悬线上的小镜 a 反射的光线，能够观察到棒的转动。为使转角增大，他们利用共振原理：使螺线管中电流改变方向的周期等于悬在细线上的铁棒的固有振动周期。

另一方面，当顺磁质棒迅速转动的时候，所有分子电流的轴线趋

① 设想电子电荷不是集中在一点，而是分布在电子身上，那么，当电子自旋时，这些电荷就形成闭合电流而产生磁矩。

向于摆在与棒的转动轴线平行的位置，因而棒就磁化。巴尼脱（Barnett）于 1914 年观察到铁棒由于迅速转动而磁化的现象。

所有这些实验都表明了形成分子电流的是带负电的电子，并且能够决定电子的荷质比。特别重要的是他们关于铁磁物质的实验结果，测定 g 的值近于 2，即 $p_m^*/P^* = e/m$。这使我们不能不承认铁磁性是由电子的自旋所引起，而不是由电子的轨道运动所引起的。

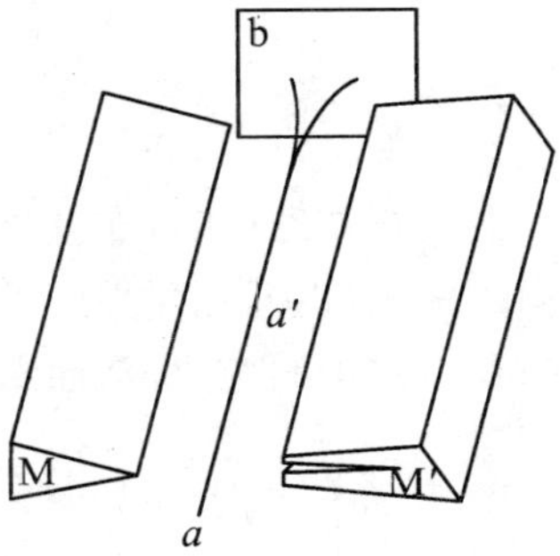

图 64.2

史特恩（Stern）和盖拉赫（Gerlach）于 1922 年完成了原子和分子磁矩的直接测定。在高真空中由蒸发而得到的银原子射线 aa'，通过两个极不对称的电磁铁磁极 M，M′之间（图64.2），并能最后沉积在板 b 上，留有痕迹。磁场作用在射线中原子上的力为

$$F = p_m \frac{\Delta H}{\Delta x} \cos\alpha$$

由原子的磁矩 p_m、磁场梯度 $\Delta H/\Delta x$ 和磁矩 $\boldsymbol{p}_m$ 同磁场 $\boldsymbol{H}$（沿 x 轴正向）间的角 α 决定。

由于原子的热运动，原子的磁矩可有各种各样的方向，不同的原子将在磁场中受到不同的偏转，因而通过磁场的原子射线应该在板 b 上留有比无磁场时更为扩张的痕迹（见图 64.3(a)）。这是大家可以预想到而等着瞧的情况。但是实际上史特恩与盖拉赫的实验引导到另外的结果：原子射线分裂成几条清晰的射线。在银、纳、钾和其它碱金属的情形下，原子射线分裂成两条对称的射线（见图 64.3(b)）；钒原子射线分裂成四条射线，锰原子射线分裂成六条射线，铁原子射线分裂成九条射线。水银、镁和几种其它元素的原子射线既不分裂，也无偏转；这表示这些元素原子的总磁矩为零。

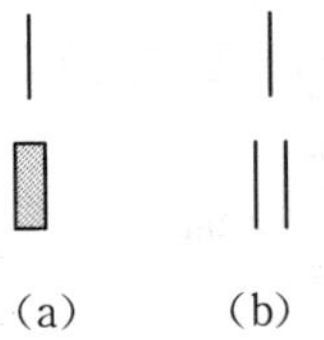

图 64.3

(a) 预料的原子射线在磁场中的扩张；(b) 观察到的银原子射线在磁场中的分裂

原子射线分裂成单个的清晰的射线这一事实表示原子磁矩在外磁场中的取向并不是任意的，而是和磁场方向成一定的某些角，这些角相互之间又是不连续的。例如，钠原子能够有两种取向：它们的磁矩沿磁场方向，或者与磁场方向相反；钒原子对于磁场能有四种取向等等。这些事实在量子力学中都有说明。

偏转的测定表明：所有原子磁矩的投影都等于一有理分数与一完全确定的磁矩 p_0 相乘之积：

$$p_m = \frac{q}{r} p_0$$

式中 q 和 r 是整数；磁矩 p_0 叫做玻尔磁子；它等于

$$p_0 = 0.9275 \times 10^{-20} \text{ 尔格 / 高斯}$$

§ 65 逆 磁 性

在没有外磁场时,非铁磁性物质内分子电流的分布是完全混沌的,因而物质的单位体积的磁矩,也即磁化强度,等于零。物质一旦挪入磁场内,每个原子或分子都要在磁场方向发生磁矩的变化,从而形成磁化。我们要定性和定量地来阐明这一点。

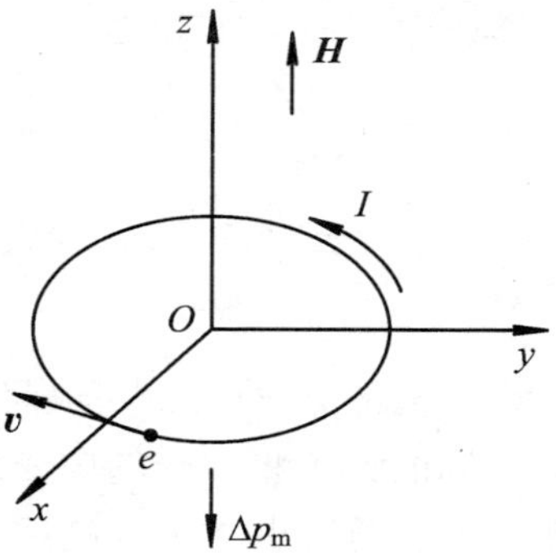

图 65.1

考虑一个电子,在原子核的正电荷 Ze 吸引下,作半径为 r 的圆周运动(图 65.1)。它的速度 v 由下式

$$\frac{mv^2}{r} = \frac{Ze^2}{r^2}$$

决定。

现在引入一个垂直于电子轨道的磁场,电子就要受到洛伦兹力 $F = Bve$,在图 65.1 中情形下,沿半径而向外。我们可以设想,在洛伦兹力的作用下,电子速度 v 不变的话,它的轨道半径必须减小,才能维持运动的稳定,电子磁矩 $p_m = vre/2$ 也就因而减小了一个 Δp_m,在图中向下。这就形成物质在与磁场相反方向的磁化,也就简单而定性地说明了物质的逆磁性。

事实上,在外磁场的作用下,电子轨道的半径 r 不变,变的是电子速度 v。通过电子轨道的磁感应通量为 $SB = \pi r^2 B$。若磁场变化,在电子轨道中就产生一个感应电动势

$$-\frac{\partial(SB)}{\partial t} = -\pi r^2 \frac{\partial B}{\partial t}$$

也就是在电子轨道上产生一个电场 $\boldsymbol{E}$,$\boldsymbol{E}$ 沿电子轨道的环流等于感应电动势,即

$$E \times 2\pi r = -\pi r^2 \frac{\partial B}{\partial t}$$

从而得

$$E = -\frac{r}{2}\frac{\partial B}{\partial t}$$

于是电子在轨道上的速度变化将由方程式

$$m\frac{\mathrm{d}v}{\mathrm{d}t} = eE = -\frac{er}{2}\frac{\partial B}{\partial t}$$

决定。引入磁场,即磁感应从 0 增加至 B,电子将减小速度

$$\Delta v = -\frac{erB}{2m}$$

或换句话说,增加一个方向相反的角速度

$$\Delta\omega = -\frac{eB}{2m}$$

这就是所谓拉莫(Larmor)进动。

因此,磁场的作用使得电子围绕磁场方向的旋转缓慢。现在我们要进一步说明轨道半径 r 不变的道理。电子的速度变慢了,向心力减小了,小于库仑引力;这正是在磁场中运动电子受到洛伦兹力的结果。因为向心力 $m(\omega+\Delta\omega)^2 r = m\omega^2 r + 2m\omega r\Delta\omega$,所减小的 $2m\omega r\Delta\omega$ 等于 $-\omega reB = -evB$,正与洛伦兹力对消。

电子轨道不改,速度减小了,既如上述,那么,电子磁矩怎样变化?

从

$$p_{\mathrm{m}} = \frac{vre}{2} = \frac{\omega r^2 e}{2}$$

得

$$\Delta p_{\mathrm{m}} = \frac{r^2 e}{2}\Delta\omega = -\frac{r^2 e^2 B}{4m}$$

可见 Δp_{m} 总是与磁场方向相反,即使电子运动的方向与图 65.1 中所表示的相反,结果也是如此。所以逆磁是物质的通性。

在一般情形下(图 65.2),若磁场与电子轨道平面成角 θ,则使电子减小速度的是磁场分量 $B\cos\theta$,于是

$$\Delta\omega = -\frac{e}{2m}B\cos\theta$$

$$\Delta p_{\mathrm{m}} = -\frac{r^2 e^2}{4m}B\cos\theta$$

而 Δp_{m} 在磁场方向的分量为

$$(\Delta p_{\mathrm{m}})_H = -\frac{r^2 e^2 B}{4m}\cos^2\theta$$

只有$(\Delta p_{\mathrm{m}})_H$ 这一分量,在物质的许多原子中,相加而不互相抵消。

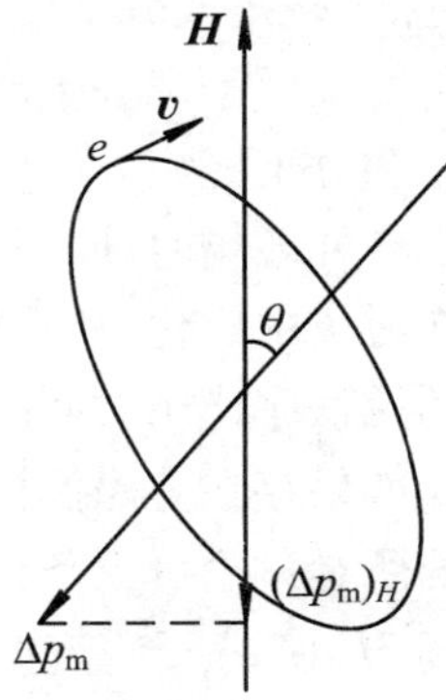

图 65.2

如果原子有 Z 个电子,根据上式,每个电子的轨道都给出了一个附加磁矩。原子磁矩的总变化是对所有电子轨道取和而求得的,即

$$\sum(\Delta p_{\mathrm{m}})_H = -\frac{e^2 B}{4m}\sum r^2\cos^2\theta = -\frac{Ze^2 B}{4m}\overline{R^2}$$

式中$\overline{R^2}$是 $r^2\cos^2\theta$ 的平均值,显然小于原子半径的平方。

对于单位体积中的 n 个原子来说,我们有

$$\Delta J = -\frac{nZe^2}{4m}\overline{R^2}B$$

从而得物质的磁化率

$$\chi = \frac{\Delta J}{B} = -\frac{Zne^2}{4m}\overline{R^2} \tag{65.1}$$

把 $n\approx 6\times 10^{22}$, $e = 1.6\times 10^{-20}$, $m = 9\times 10^{-28}$, $R = 10^{-8}$代入上式,就得逆磁质的磁化率

的数量级为

$$\chi = -\frac{6\times 10^{22}\times(1.6\times 10^{-20})^2\times 10^{-16}}{4\times 9\times 10^{-28}}\approx 10^{-6}$$

这是很小的，与实验结果相符。

从我们的推导可以看出，所有物质都应当是逆磁性的。然而，事实上，逆磁性仅仅出现于没有永久分子磁矩的条件下；这是因为，一般说来，永久分子磁矩大大超过逆磁效应的缘故。

在我们的推导中，没有考虑磁场对于电子轨道平面的改变，也就是假定磁场不能改变电子磁矩对磁场方向的倾斜角。这个假定，在邻近的电子轨道之间的相互作用远远胜过磁场影响的情况下，是完全可以理解和许可的。

§66 顺 磁 性

组成物质的原子或分子，由于其中电子轨道分布的对称性而互相抵消了它们的磁矩，结果原子磁矩或分子磁矩为零，磁场对这类逆磁物质的作用只是上节所说的逆磁效应。但是如果原子和分子的磁矩不等于零。那么，除逆磁效应之外，磁场对这类物质也引起原子和分子磁矩方向的重新分布，这就是顺磁质的情形。

在没有外磁场时，原子磁矩的取向是完全混沌的，因而顺磁质的磁化强度也等于零。顺磁质在磁场中磁化，和有极分子的电介质极化一样，是外界磁场的有秩序作用与紊乱热运动的无秩序作用之间的平衡结果。我们必须像对于有极分子的极化情况一样地进行计算。如果存在有磁偶极子，并且磁场 H 具有与电场 E 同样的性质，则对于有极分子所进行的所有讨论可无条件地搬到这里来。但是在电场 E 中，电偶极子具有位能，而在非保守场 H 中，分子电流没有位能。根据玻尔兹曼定理，分子某一状态时能量愈小，则其几率愈大。因此，我们必须决定在外磁场 H 的作用下原子内电子动能的改变。我们将要证明，在原子磁矩给定时，原子磁矩和磁场方向的夹角愈小，则组成这一原子的电子的动能也愈小。因而，按照玻尔兹曼定理，在外场存在时，由于原子互相碰撞的结果，靠近 H 方向的原子磁轴方向应该占优势；而物体发生磁化（顺磁效应）。

在外磁场 H 的作用下，原子内 Z 个电子动能的总改变为

$$\begin{aligned}\Delta W &= \sum_{i=1}^{Z}\frac{mr_i^2}{2}[(\omega_i+\Delta\omega_i)^2-\omega_i^2]\\ &\approx \sum_{i=1}^{Z} mr_i^2\omega_i\Delta\omega_i = -\sum_{i=1}^{Z} mr_i^2\omega_i\times\frac{e}{2m}B\cos\theta_i\\ &= -\sum_{i=1}^{Z}\frac{\omega_i r_i^2 e}{2}B\cos\theta_i = -\sum_{i=1}^{Z}p_{mi}B\cos\theta_i\\ &= -B\sum_{i=1}^{Z}p_{mi}\cos\theta = -p_0B\cos\theta\end{aligned}$$

式中 p_0 为原子磁矩，θ 为原子磁矩与磁场方向间的夹角。可见在外磁场 H 的作用下，原子内诸电子动能的改变数值，等于磁偶极子在该场中的位能。这是已知的闭合电流和磁偶极子等效的又一证明。

按形式来说，在磁场 H 中原子内诸电子动能的改变又与电场 E 中电偶极子的位能是一致的。因此，顺磁物质的磁化和有极分子电介质的极化完全相似：决定分子轴在外场中分布的玻尔兹曼因子 $\exp\left(-\frac{\Delta W}{kT}\right)$，对磁场 H 中的顺磁分子来说等于 $\exp\left(\frac{p_0 B}{kT}\right)$，而对于电场 E 中的有极分子来说等于 $\exp\left(-\frac{pE}{kT}\right)$。所以在顺磁性的理论中，我们可以应用关于有极分子极化所得到的结果（见 §32-5)，也就是说，

$$J = np_0\left(\frac{e^{\alpha}+e^{-\alpha}}{e^{\alpha}-e^{-\alpha}}-\frac{1}{\alpha}\right) \tag{66.1}$$

式中

$$\alpha = \frac{p_0 B}{kT}$$

对于弱磁场来说，即当 $\alpha \ll 1$ 时，我们从上式得出

$$J = \frac{np_0^2}{3kT}B$$

从而有

$$\frac{\chi}{\mu} = \frac{\chi}{1+4\pi\chi} = \frac{np_0^2}{3kT}$$

由于非铁磁质的磁化率 χ 非常小，以至和 1 比较起来 $4\pi\chi$ 这一项可以略去，我们得顺磁质的磁化率

$$\chi = \frac{np_0^2}{3kT} \tag{66.2}$$

可见顺磁质的磁化率和逆磁质的磁化率不同，在 n 一定时，和绝对温度成反比地变化。还在顺磁性理论提出之前，χ 依 T 而变的这一特性就被居里用实验方法发现，而称为居里定律。

在不同的温度 T 下，测定 χ 和 n，我们就能利用公式(66.2)计算 p_0 的值。这样决定的顺磁原子和分子的磁矩值完全和原子的量子理论推论符合。

在很强的磁场中和在很低的温度下，即在 $\alpha \approx 1$ 时，顺磁质的磁化达到饱和。所谓饱和，就是 J 不再和 B 成比例地增加。随着磁场的增加，磁化强度 J 趋于极限

$$J_s = np_0$$

这一最大可能的磁化强度 J_s，称为饱和磁化强度，相当于所有原子磁矩都和磁场方向一致。

我们来计算一下需要多强的磁场和多低的温度才能达到饱和，即

$$\alpha = \frac{p_0 B}{kT} \gg 1$$

把 $k=1.38\times10^{-16}$ 和 p_0 的数量级 10^{-20}(玻尔磁子)代入,就得

$$\frac{B}{T}\gg10^4\ \text{高斯 / 度}$$

这是完全可以实现的。喀末林·屋纳(Kamerlingh Onnes)①在绝对温度 14 K 下观察到了 $Gd_2(SO_4)_3\cdot 8H_2O$ 的饱和磁化。

以上关于逆磁性和顺磁性的理论是由郎之万于 1905 年发展的。

§67 铁　磁　性

铁磁质是特殊的顺磁质。与其它顺磁质不同之点在于铁磁质具有很大的磁化率,磁化强度 J 可以很快地达到饱和,并且当外磁场撤消以后,J 还可保留一定的值。

顺磁质的磁化率,我们已在上节求出,为

$$\chi=\frac{np_0^2}{3kT}$$

把 $n\approx6\times10^{22}$, $p_0\approx10^{-20}$, $k=1.38\times10^{-16}$, $T\approx300$ K 代入,就可得出与实验结果符合的顺磁质磁化率的数量级为

$$\chi=\frac{6\times10^{22}\times(10^{-20})^2}{3\times1.38\times10^{-16}\times300}\approx10^{-4}$$

但是铁磁质的磁化率 χ,即使在弱磁场中,也在 1 至 100 之间。

为了解释铁磁性,我们必须承认铁磁质的 np_0^2 比之顺磁质的至少要大 10^4 倍。这并不是说铁磁质的原子或分子磁矩 p_0 特别大。相反地,铁磁质的原子或分子磁矩没有比顺磁质的原子或分子磁矩特别大的任何理由。铁原子的磁矩与铬原子的磁矩相同,但铁是最典型的铁磁质,而铬则是普通的顺磁质。也有用非铁磁性物质制成的铁磁性合金。因此,我们假定铁磁质可以分成许多非常小的微观的"自治区域",叫做磁畴。在每个磁畴里,至少有 10^4 个原子或分子,它们"团结一致",磁矩互相平行,自发地磁化至饱和。比如说,每个磁畴由 10^4 个原子组成,那么每个磁畴的磁矩成为 10^4p_0,而单位体积的铁磁质内有 $10^{-4}n$ 个磁畴。这样组成磁畴的单位体积的铁磁物质的 np_0^2 就要比没有组成的磁畴的顺磁物质大 10^4 倍,从而可以说明铁磁质的磁化率比顺磁质的至少要大 10^4 倍的道理。自然,在无外磁场的情形下,这些"自治区域"的磁化矢量的取向是任意的,因而互相抵消,对外不显磁性,所以平均地讲,物体未被磁化。可见铁磁质原子本身在磁性方面并不具有任何特殊的地方,铁磁性是专门与物质的固相联系着的。

为什么铁磁质内的原子或分子能组成许多"自治区域"?外斯(Weiss)于 1907 年提出假说:铁磁质相邻原子间存在着十分巨大的相互作用力,足以使原子磁矩的相对取向在各个小区域内保有完善的秩序。根据这个假说,可以成功地解释铁磁性的所有规律。

① 校者注:现译作喀末林·昂尼斯。

和铁磁质的这些力比较起来，顺磁质中原子间的相互作用力是完全微不足道的。由于这些相互作用力，铁磁质的磁化强度和外磁场的比例性才不存在，剩余磁化和自发磁化才能发生。

按照外斯的理论，作用在铁磁质原子磁矩上的力场可以看成是磁场 H 和某一“分子场”的和，后者是由铁磁质相邻原子对这一原子的作用所引起的，它和铁磁质的磁化强度 J 成正比。换句话说，铁磁质中的“有效”磁场 $H_{有效}$ 等于真实磁场 H 和分子场 αJ 之和：

$$H_{有效} = H + \alpha J$$

式中 α 是铁磁质的正的特征常数。

把 $H_{有效}$ 代替外场 H，我们就可采用郎之万关于顺磁理论的全部工具，而得

$$J = np_0\left(\frac{e^a + e^{-a}}{e^a - e^{-a}} - \frac{1}{a}\right) = J_0\left(\frac{e^a + e^{-a}}{e^a - e^{-a}} - \frac{1}{a}\right)$$

式中

$$a = \frac{p_0(H + \alpha J)}{kT} \tag{67.1}$$

由于 a 中含有 J，上式不可能写成 J 对于 H 的显函数，我们只能用图解法来求解。方程式

$$J = np_0\left(\frac{e^a + e^{-a}}{e^a - e^{-a}} - \frac{1}{a}\right) = np_0 L(a)$$

和

$$J = \frac{kT}{\alpha p_0}a - \frac{H}{\alpha}$$

以参数的形式来确定 J。前者代表郎之万曲线，后者代表直线；它们的交点就相当于解（图 67.1）。

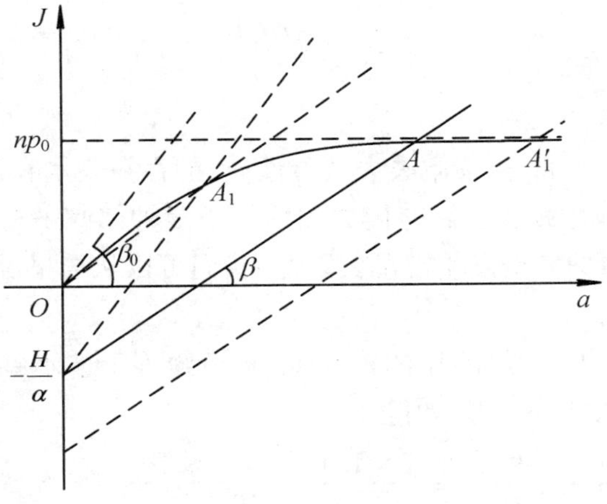

图 67.1

改变温度 T，相当于改变直线的斜度

$$\tan\beta = \frac{kT}{\alpha p_0}$$

可见在一定的磁场 H 下，当温度升高时，则磁化减小，如图中 A, A_1 等点。

又当温度一定时，很容易看出 J 随 H 增加而增加的情况，如图中 A, A_1' 等点。当 $H=0$ 时，$J\neq 0$，如图中 A_1 点所示。这就表明物体具有自发磁化，却不是在所有温度下都可能有自发磁化。在温度太高的情形下，又当 $H=0$ 时，直线就要跑到郎之万曲线之上去了，因而没有原点以外的其它交点，只能是 $J=0$。这个极限温度 T_C 就是居里点。我们来求出 T_C。

郎之万曲线在原点的切线斜度为

$$\tan\beta_0 = \left\{\frac{d}{d a}[np_0 L(a)]\right\}_{a=0} = \frac{1}{3}np_0$$

如果

$$\tan\beta = \frac{kT}{\alpha p_0} \geqslant \tan\beta_0 = \frac{1}{3}np_0$$

则铁磁质成为顺磁质；从而得出居里温度

$$T_C = \frac{np_0^2\alpha}{3k} \tag{67.2}$$

现在我们进一步来研究铁磁物质变成顺磁质之后，即当 $T\geqslant T_C$ 时的情况。对于不太大的有效磁场来说，我们有

$$L(a) = L\left(\frac{p_0(H+\alpha J)}{kT}\right) \approx \frac{1}{3}\,\frac{p_0(H+\alpha J)}{kT}$$

从而

$$J = np_0^2\,\frac{H+\alpha J}{3kT}$$

把式(67.2)中 $np_0^2\alpha$ 的值代入上式，得出

$$J = \frac{np_0^2 H}{3k(T-T_C)} \tag{67.3}$$

这就是居里-外斯定律。

居里温度（超过这一温度，物质失去铁磁性质）的存在表示在足够高的温度下，原子热运动是如此之厉害，足以克服磁畴内力图使原子磁轴彼此平行的原子间的相互作用力，以至原子磁矩的取向完全发生混乱。因此，我们可以从居里温度来计算铁磁质内的“分子磁场”αJ。

对于居里温度为 $T_C=1048$ K 的铁来说，磁矩约等于玻尔磁子，$p_0\approx 10^{-20}$ 而 $n\approx 10^{23}$。把这些数据代入式(67.2)，就得

$$\alpha = \frac{3kT_C}{np_0^2} \approx \frac{3\times 1.4\times 10^{-16}\times 10^3}{10^{23}\times 10^{-40}} = 4\times 10^4$$

另一方面，对于饱和磁化的铁，在室温下，实验给出 $J\approx 1700$，最后我们得到

$$\alpha J \approx 7\times 10^7 \text{ 奥斯特}$$

这就是铁中“分子磁场”的强度,比我们实际上所获得的磁场要大得很多。

问题并不到此完结,多尔夫曼在研究快速电子通过铁磁薄板时,证明了强大的内磁场是不存在的。但是强大的内场是存在的,尽管它的性质不是磁的性质;这可从现代的量子力学得到说明。在量子力学一般原理的基础上,不作任何特殊的假设,有关铁磁性的外斯形式理论获得了物理学上的根据。

§68 磁　　畴

铁磁质中自发的磁化区域——磁畴,可用细磁粉末撒在磨光了的铁磁体表面上而显示出来(图 68.1),在显微镜下直接地观察到。磁畴的大小约为 10 至 100 微米。

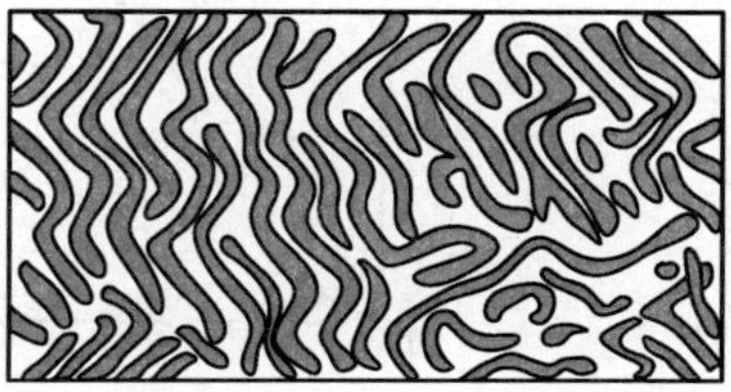

图 68.1

在铁中,每个磁畴的磁矩方向平行于晶体结构的几个主轴之一。在没有磁化过的铁中,各个磁畴的磁矩方向是完全杂乱的,故任何一小块物质的总磁矩都是零,见图 68.2(a)。外磁场使铁磁质磁化,并不是使它的各个原子发生什么变化,而是使各个磁畴建立相同的取向。这个过程通常分为三个阶段。

首先,在弱的磁场中,具有有利取向的磁畴,即其磁矩与磁场方向成锐角的磁畴,逐渐扩大;而具有不利取向的磁畴,即其磁矩与磁场方向成钝角的磁畴逐渐缩小。这种缩小和扩大是通过磁畴间边界的缓慢移动来实现的,这可说是一个“扩张与吞并”的过程,见图 68.2(b)。

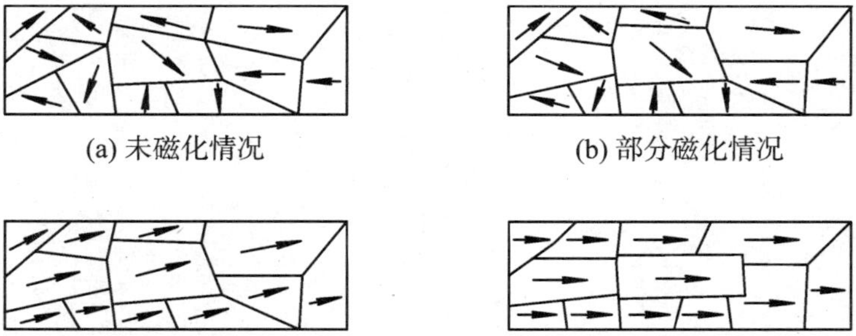

(a) 未磁化情况　(b) 部分磁化情况

(c) 突变完成(磁化曲线的弯曲处)　(d) 饱和情况 (磁畴在强磁场中转动)

图 68.2

在较强的磁场中,即在磁化曲线上升较陡部分,所进行的第二个过程是合并了的磁畴的转动,这些磁畴突然转动 90°或 180°,使其磁矩沿靠近磁场方向的晶轴排列。结果,到第二阶段末,物体成了一个大的磁畴,其磁矩方向几乎平行于磁场,见图 68.2(c),这可说是“统一”的阶段。磁矩方向和磁场方向之间的偏离是晶轴和磁场的方向原来不相重合的缘故。

第三阶段，在很强的磁场中，所有磁畴的磁矩逐渐地转到磁场方向，最终全部物质达到饱和状态，见图 68.2(d)。

一系列的现象，说明铁磁质在磁化时(特别是第二阶段)的"跃进"变化，也证明了磁畴的存在。其中我们只举巴克好森(Barkhausen)[①]效应：磁畴以大角度转动时，磁化过程乃是一连串的突变(图 68.3)。若在一铁磁质杆外置一探察线圈，线圈上接一音频放大器，并将插放在一个可以逐渐增强或减弱的外磁场中，则与放大器相连的扬声器就发出一串咔咔声(图 68.4)。这是因为各磁畴逐一转向时，探察线圈中感应而生短暂的电流，从而在扬声器中发生咔咔之声。

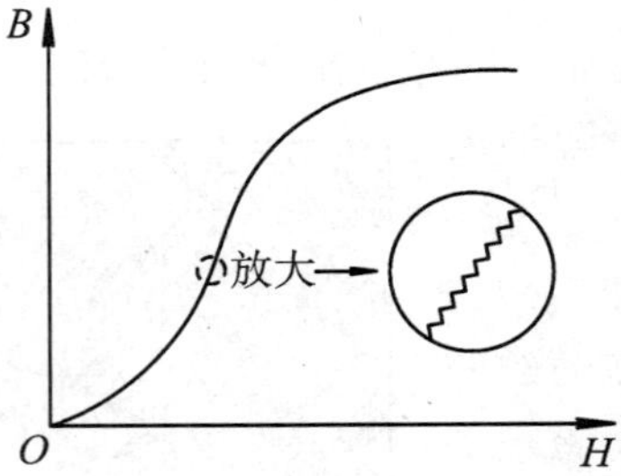

图 68.3

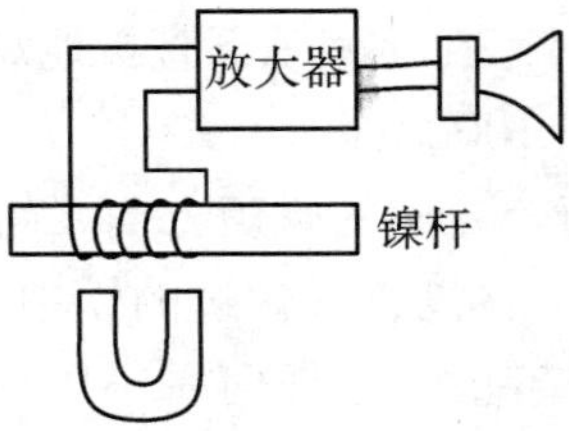

图 68.4

磁畴的大角度突然转动是一种不可逆变化，要它转回头来，必须克服矫顽场强，这就可以解释铁磁质的磁滞现象。至于矩磁材料，可能只是一个大的磁畴。

① 校者注：现译作巴克豪森。

第10章 电 磁 感 应

§69 电磁感应现象的一般性质

在第6章中，磁场对电流的作用的研究，告诉我们利用电能可以持续不断地获得机械功。这种把电能转变为机械功的能量变换在电动机中实现出来。我们能否反过来，在磁场中移动电路来产生电流，获得电能，而所费的只是机械功呢？回答这个问题，就是我们将要研究的电磁感应现象。

电磁感应基本事实如下：

在磁场中移动电路，一般说来，就会在电路中产生电动势；若电路是闭合的，这个感应电动势就会引起电流。

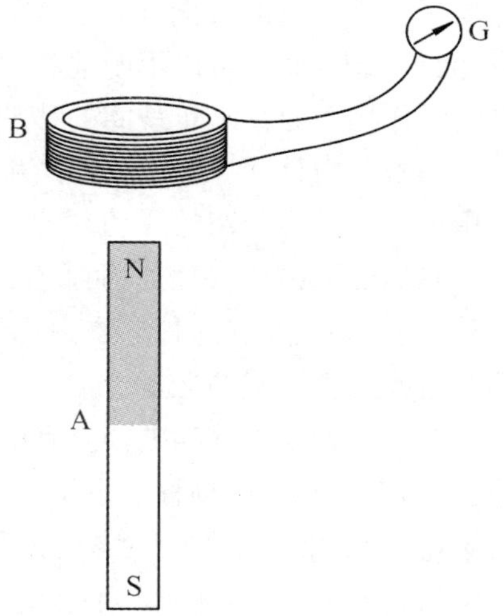

图 69.1

这个事实可用下述实验表明。如图69.1所示，磁场由一强大的条形磁铁A所产生。电路为一多匝线圈B与一电流计G相连。当磁铁与线圈都固定不动时，没有什么电流产生，这是理所当然的，否则电流将可不劳而获。但若线圈移向或移开磁铁的一端，线圈回路中就有电流流通。这可由电流计指针的偏转而察知。当线圈停止运动时，电流立即跟着停止。这样产生的电流，叫做感应电流。

电磁感应现象的发生依赖于线圈与磁铁的相对运动。若让线圈固定不动，而移近或移远磁铁也能在线圈中得到感应电流。但若让线圈与磁铁一起移动，它们之间并无相对运动。如两者固定在地面上随着地球转动那样，当然什么也不会发生。可见感应电流的产生并不单由于磁场的存在，而是由于磁场与电路之间的相对运动。

对于一个给定的移动来说，移动可有快慢之分。快的移动时间短，慢的移动时间长。在快的相对移动中，我们得到的感应电流强，而电流存在的时间短；在慢的相对移动中，我们得到的感应电流弱，而电流存在的时间长。由此可见，情况变化的速度决定电磁感应现象的强度，而且感应电流的方向随着相对移动方向的改变而改变。若以磁铁的南极一端代替北极，感应电流的方向也要改变。

电磁感应现象并不因磁场产生的方式不同而有所不同。无论在永久磁铁的磁场中，或在电磁铁的磁场中，或在另一载流回路所产生的磁场中，甚至在地球磁场(它的原因至今还不清楚)中，发生的电磁感应完全相同。这也可以说明磁场只有一种。在讨论电磁感应现象时，我们可以假设磁场是由永久磁铁产生的，而丝毫不会减少所得结论的普遍性，同时可以简化我们讨论中的说理，因为维持永久磁铁的磁场我们毫不费事。

回到图 69.1 所示的一个永久磁铁的固定磁场中移动电路的情形。在这个电路中，我们得到感应电流，也就是得到电能；所得电能可以转变成其他形式的能量。事实上，电路中不断地在产生热量，这个电能或热量绝不是凭空而来的。那从哪里来的呢？它不是从磁铁来，因为在实验终了和实验开始时磁铁完全一样。它也不是由于线圈对于磁铁的位置变化而来，因为我们可以把线圈电路割断，使线圈回到原来位置而不产生电流或消耗能量。况且线圈回到原来位置时，如果没有割断电路，我们将再一次得到感应电流，得到热量。因此，产生感应电流的能量来源只能归之于移动线圈时我们所作的机械功。

从这个机械功的考虑出发，电磁感应现象就容易懂了。在图 69.1 中，若线圈电路没有连通，我们把它移动，除克服重力外，将不作别的功。但一旦线圈电路接通，就有感应电流，磁铁磁场将对线圈电流施作用力，这个作用力将帮助还是将阻止线圈移动呢？自然要看感应电流的方向而定。若说这个作用力将帮助线圈移动的话，线圈移动成为自发，无需人力，而且可以不断地产生热量，那是违背能量守恒定律的事。所以磁场对感应电流的作用力必是阻止线圈的移动，从而得出规定感应电流方向的楞次定律：

在磁场中移动导线回路而产生感应电流时，感应电流的方向是使磁场对感应电流的作用力反抗导线回路的移动。

我们也可以说，由感应而产生的电磁力所作的功总是负的。要在磁场中实现回路的移动，我们必须克服这种电磁力，必须耗费相当的功。我们所费的功成为电路中所产生的热量或其它形式的能量。

所以在磁场中移动电路得到电流，我们必须耗费功。若在某种磁场中某种移动并不消耗功，就可断定这种移动也不产生感应电流。例如载流回路，在均匀磁场中作平移运动时，受到的电磁力作用为零，并不作正的或负的功。因此我们可以断言，一个闭合回路在均匀磁场中平移，并不产生感应电流；只有当它转动的时候，才有感应电流产生。

一般来说，只有通过回路的磁通量发生变化的时候，电磁力才作功。也就是说，只有使磁通量发生变化的回路移动才能在回路中产生感应电流。可见感应电流的产生由于磁通量的变化，感应电流的强度决定于磁通量变化的速度。

这样就很容易明白为什么感应电流的方向将随移动方向的改变而改变，也将随磁场方向的改变而改变。在图 69.1 中，线圈移向磁铁北极时，线圈中感应电流的方向将是顺时针的方向，如果我们从线圈向磁铁看去的话。在此情形下，磁铁磁场对线圈中感应电流作用的力将反抗线圈移向磁铁北极。如果线圈离开磁铁北极而移动，线圈中将产生反时针方向的感应电流。

我们可用下述实验直接证实楞次定律。

把一个粗铜线(约 5 毫米直径)制成的矩形线圈 *ABCD* 置于电磁铁的两极间，其平面与磁场正交(图 69.2)。AB 边在电磁铁磁场(约 15000 奥斯特)中,CD 边在磁场外。用手拿着 CD 边作上下来回移动,不论向上或向下,我们都将感到线圈反抗移动的阻力,好像我们拿着线圈在很黏的液体中移动一样。若在图中所示的位置把线圈放手,线圈将下落很慢,显出它在下落中受到阻力。只有当 AB 边已到磁场以外之后,矩形线圈才成为自由落体一样而加速地下降。

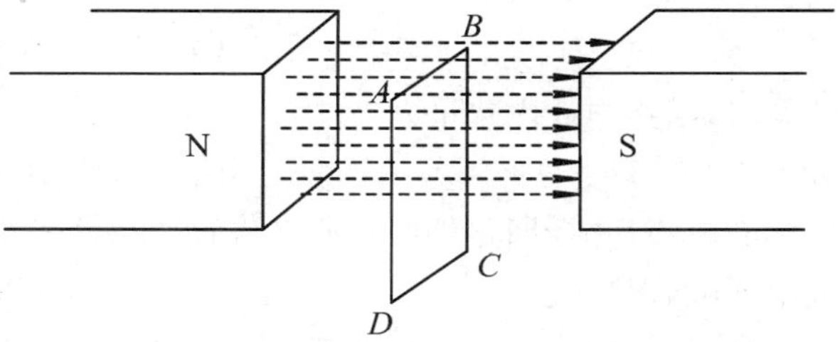

图 69.2

反抗线圈移动的是磁场对线圈中感应电流的作用力,这个作用力正交地施于 AB 边上,向上或向下要看 AB 边中感应电流向前或向后而定。我们向下拉线圈,根据楞次定律,线圈中感应电流将使 AB 边受到向上的电磁力,因而 AB 边中感应电流从后向前。反之,我们向上推线圈,则 AB 边中感应电流从前向后。所以磁场方向、移动方向和感应电流方向三者之间有如下的关系:让磁场从背后穿前胸,伸出右手指出移动,则感应电流从脚底通向头上。我们用手推或拉使矩形线圈在磁场中移动所作的功,在线圈中根据焦耳定律变成热量。

§70 电磁感应定律

上节所述有关电磁感应现象完全是定性的。我们要进一步求出在一定条件下感应电流的强度,结果必须符合能量守恒定律。单是能量守恒定律并不能使我们从电磁现象推出电磁感应定律。原因是在电磁感应实验中牵涉到下列三个现象:

(1) 依照焦耳定律发生热量;

(2) 磁场对电流的作用力所作的功;

(3) 电流本身的能量变化。

对于第一和第二两个现象,我们知道如何计算;但对第三个现象,到现在为止,我们还毫无所知;要计算它,又必须预先知道电磁感应定律。因此,要想从电磁现象与能量守恒定律推出电磁感应定律就成为没有出路的兜圈子。

但在可以忽略第三个现象的特殊情形下,我们能作能量计算,从而推出电磁感应定律。这种特殊情况是:第一,磁场的维持无须消耗能量,比如说永久磁铁的磁场;第二,由于感应电流而产生的磁场弱至可以略而不计,即可忽略电路的自感。

为此,假设一个回路置于不随时间变化的磁场中,R 是回路的电阻,把回路在磁场中移动。实验告诉我们,在回路中就要产生感应电流。在某一时刻,设 Φ 为通过回路的磁通量,I 为回路中感应电流的强度。经过 Δt 之后,回路移到一个无穷接近的位置,其磁

通量成为 $\Phi+\mathrm{d}\Phi$。在这一移动中,电磁力所作的功为 $I\mathrm{d}\Phi$,也即外界对这系统所作的功为

$$\mathrm{d}A=-I\mathrm{d}\Phi$$

在这同时,回路中放出热量

$$\mathrm{d}Q=RI^2\mathrm{d}t$$

随即割断电流,并把回路移回到原来位置。在这一动作中,系统既未作出功或接受功,也无放出或吸收热量。

这样,系统完成了一个循环变化。在这一循环变化中,应用热力学第一定律,我们有 $\mathrm{d}Q=\mathrm{d}A$,即

$$RI^2\mathrm{d}t=-I\mathrm{d}\Phi$$

或

$$I=-\frac{1}{R}\frac{\mathrm{d}\Phi}{\mathrm{d}t}$$

可见在磁场中移动的时候,回路中产生一个电动势

$$\mathscr{E}=-\frac{\mathrm{d}\Phi}{\mathrm{d}t} \tag{70.1}$$

叫做感生电动势。这就是**法拉第电磁感应定律**。

这个定律的形式是我们在定性研究中所已经预计到的:磁通量变化的速度决定电磁感应现象的强度。另一方面,感应电动势 $\mathscr{E}$ 与回路的电阻无关。即使 R 无穷大,即在断路情况下,感应电动势照样存在。可见电磁感应现象中,基本的东西是感应电动势,而不是感生电流,感生电流是随后得出的。

$\mathscr{E}=-\mathrm{d}\Phi/\mathrm{d}t$ 这一式子正确地表示了感应电动势的大小和方向,即磁通量的增加($\mathrm{d}\Phi/\mathrm{d}t>0$)产生沿回路的负绕行方向作用的电动势;磁通量的减小($\mathrm{d}\Phi/\mathrm{d}t<0$)产生沿回路正绕行方向作用的电动势,结果总使感生电流在自己回路所包围面积内产生的磁通量来补偿引起这感应电流的那个磁通量的变化。容易验证,这和楞次定律完全符合。

电磁力所作的功为

$$I\mathrm{d}\Phi=-\frac{1}{R}\frac{\mathrm{d}\Phi}{\mathrm{d}t}\mathrm{d}\Phi=-\frac{1}{R}\left(\frac{\mathrm{d}\Phi}{\mathrm{d}t}\right)^2\mathrm{d}t$$

可见总是负的,那就是说,感应电流的电磁力总是反抗回路的移动。在移动中,我们需要作功,就是用来克服这个电磁力。

§71 电磁感应定律的普遍性

在上节中,我们在特殊情形下推得了电磁感应定律。电磁感应定律告诉我们,感生电动势,就数值言,等于磁通量随时间而变化的速度。其普遍性远远超过我们上面推出这个定律时所考虑的范围。在一切情形下,不管磁场由何产生,磁通量因何而变,即使磁

通量的变化并不是由于回路的移动，磁通量的变化总要引起感应电流，而且相同的磁通量变化速度都产生相同的感应电动势。我们可以说。回路只认识通过它的磁通量及其变化，不问磁通量感应从何而来，因何而变。

电磁感应定律适用范围的逐步推广：

(1) 我们是在一个固定磁铁所产生的磁场中移动回路而推出了电磁感应定律。前面已经说过，若让回路固定而移动磁铁，电磁感应现象完全相同，上得式子丝毫没有改变。移动磁铁需要外界作功，楞次定律照常应用。此其推广一。

(2) 在由任何方式产生的磁场中移动，回路中感生电动势都由式(70.1)表示，此其推广二。这又一次证明磁场只有一种。

(3) 不仅如此，当磁通量的全部或一部分是由电流产生的话，我们可以不借助于任何移动，只是使产生磁场的电流强度变化，而改变通过回路的磁通量。此时既无移动，又无机械功，前面论证全不适用。但在这里，由式(70.1)所表达的电磁感应定律，磁通量变化的速度等于感应电动势，还是完全正确的。不过在这里，在回路中由于焦耳效应产生热量而消耗了的能量，自然不是由什么机械功供给，而是只能取给于产生感应现象的磁场的能量。

取两个固定的螺线管A和B(图71.1)，螺线管A接入一个含有电池E和开关K的电路中，螺线管B经一电流计G成通路。当用开关K使螺线管A中电流接通的那一瞬间，在螺线管B中产生瞬时电流，可由电流计G指针的偏转而察知。当稳定电流螺线管A中继续流通时，螺线管B中观察不出任何电流。在螺线管A中电流切断的那一瞬间，螺线管B中又产生瞬时电流，但方向与先前的相反。在这两种情况下，螺线管A中电流的接通或切断，都使通过螺线管B的磁通量发生变化(增加或减小)，因而在螺线管B中产生感应电流。此其推广三。

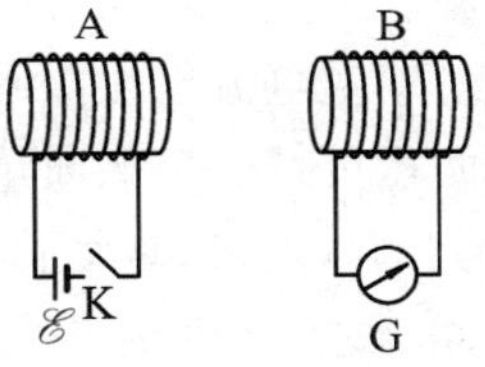

图71.1

但是必须指出，从上述这些实验中并不能看出感应电流的产生究竟是决定于磁感应强度 B 的通量变化，还是决定于磁场强度 H 的通量变化。在无磁介质存在的情况下，这是无关紧要的，因为磁感应强度 B 与磁场强度 H 相等。但在有磁介质存在的时候，B 与 H 之间的区别应该表现出来。为此，我们取一个环式螺线管A，它为一金属线的回路 C 所环绕，好像一根链子的两个相邻的环相互环绕一样(图71.2)。设有电流沿环式螺线管A流动；这电流所产生的磁场完全集中在环式螺线管内，因而这磁场的全部通量穿过回路 C。如果我们切断环式螺线管A中的电流，则通量发生变化(通量消灭)，因而回路 C 中发生感应电流。现在我们用铁填满环式螺线管的内部。在此情形下，环式螺线管内磁场强度 H 仍和以前相同，但磁感应强度 $B=\mu H$ 增加到 μ 倍。再把环式螺线管A中的电流切断(假定原

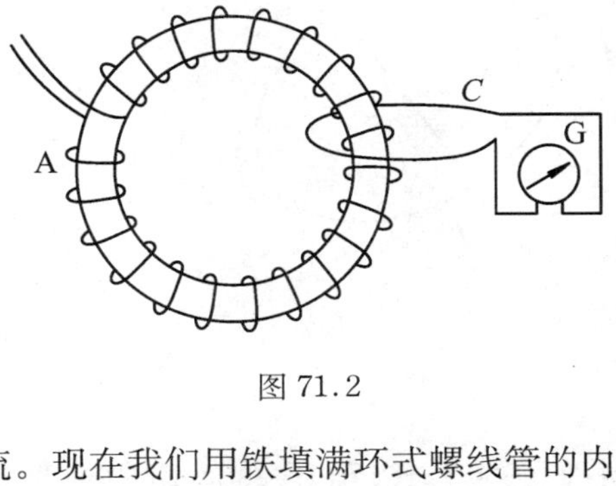

图71.2

来的电流强度与以前相同)，我们将发现回路 C 中的感应电流大大地增加，增加到 μ 倍。这就证明，感应电流的发生决定于磁感应通量的变化。

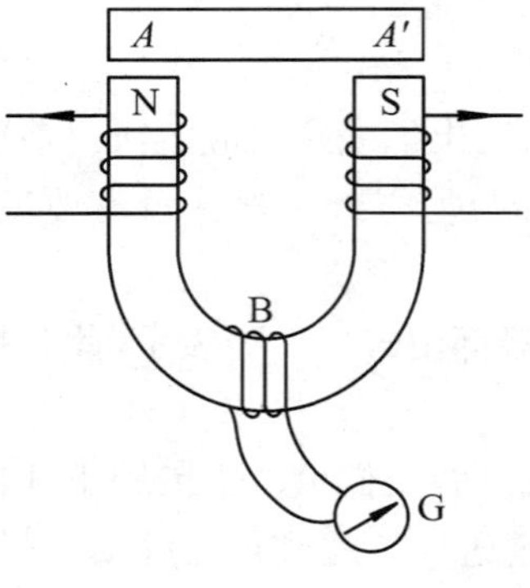

图 71.3

又如图 71.3 中，在马蹄形电磁铁的中部套一与电流计 G 连成回路的线圈 B，维持电磁铁的起磁电流强度 I 不变，但取一条软铁 AA' 用作衔铁，使电磁铁的磁路几乎全在铁中。我们将见线圈 B 中有感应电流产生，其方向与接通起磁电流时所产生的电流方向相同。这是因为利用衔铁，减小了磁阻，虽然磁通势没有改变，磁感应通量增大了的缘故。衔铁 AA' 移近或离开马蹄形电磁铁，电流计 G 的指针就要向左或向右转动，这又说明电磁感应现象中所谓磁通量的变化，是指磁感应通量的变化而言，不是指磁场强度通量的变化。

为了配合电磁感应定律的普遍性，我们应该给规定感应电流方向的楞次定律以一个相适应的，比在 § 69 中所讲的更广泛的表达形式。为此，我们把感生电流所产生的磁场 $\boldsymbol{H}'$ 的方向来描述感应电流的方向；它们两者之间是由右螺旋法则互相联系着的。

感生电流也在四周空间中激发一个磁场 $\boldsymbol{H}'$，因而也在通过它自己回路本身所包围的面积贡献一个磁通量 Φ'。这个磁通量 Φ' 的方向总是和引起感应电流的磁通量变化 $\mathrm{d}\Phi$ 对立，若 Φ 增大了，即 $\mathrm{d}\Phi/\mathrm{d}t>0$(见图 71.4(a))，感生电流的方向将使它自己所产生的 Φ' 来抵消 Φ 的增大。反之，若 Φ 减小了，即 $\mathrm{d}\Phi/\mathrm{d}t<0$(见图 71.4(b))，感生电流的方向将使它自己所产生的 Φ' 来补偿 Φ 的减小。一句话，当通过闭合回路的磁通量有任何改变时，在回路中就要出现这样一个方向的感应电流，千方百计地来反抗磁通量的改变，用自己的磁效应企图维持磁通量于不变。这就是普遍的楞次定律的叙述，它包括了在 § 69中专对运动着的回路而说的表达方式。

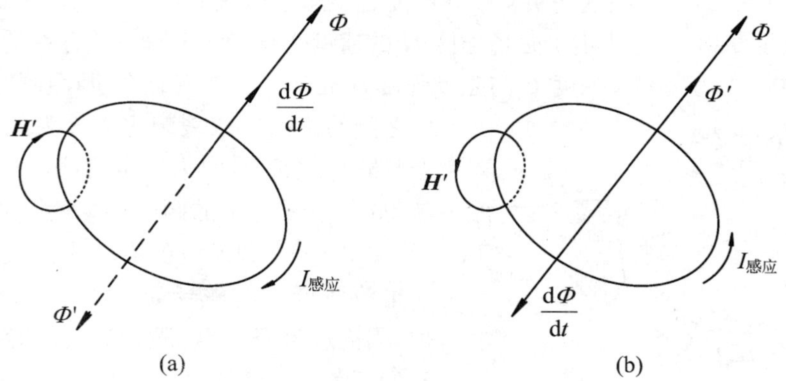

图 71.4

综上所述，不问引起磁通量变化的原因如何，我们假定公式(70.1)总是适用的；事实证明确是如此。这一假定完全符合媒递作用论和一般场论的精神，因为它实质上不外乎假定：在一物体内或空间某一区域内，一切电磁现象都决定于这一区域中场强和它的时间微商的值，而与激发场的方法完全无关。

§72 感应电量

设有可变的磁通量通过一个闭合回路，我们考虑初终两个情状：在初情状时，穿过这回路的磁通量为 Φ_0；在终情状时，穿过这回路的磁通量为 Φ_1。由于磁通量变化快慢的不同，回路中感应电流的强度或强或弱，存在的时间或久或暂。变化愈快，则电流愈强，而存在时间愈短，但是感应电流在回路中所迁移的电量，叫做**感生电量**，是相同的。感生电量只决定于初终情状，证明如下。

命 R 为回路的电阻，除感应电动势外，回路中并无其它电动势。设在时间 $\mathrm{d}t$ 内，磁通量的变化为 $\mathrm{d}\Phi$，则在回路中产生感应电流

$$I = -\frac{1}{R}\frac{\mathrm{d}\Phi}{\mathrm{d}t}$$

通过回路导线截面迁移的电量

$$\mathrm{d}q = I\mathrm{d}t = -\frac{1}{R}\mathrm{d}\Phi$$

从初情状到终情状，回路中的感应电量将为

$$q = -\frac{1}{R}(\Phi_1 - \Phi_0) \tag{72.1}$$

可见感应电量完全决定于磁通量的变化；或者反过来，由这感应电量的测定，我们将知道磁通量的变化 $\Phi_1 - \Phi_0$，或磁通量本身 Φ_1，若 $\Phi_0 = 0$ 的话。这是测定磁通量的最简单方法。铁的磁化测定通常就是应用这个方法。

至于感应电量的测定，可用冲击电流计，将因感应电流存在的时间愈短而愈方便。在这短时间里，感应电流不仅变化很快，而且变化“莫测”；但是感应电量总是简单地由式(72.1)决定。我们说在回路中有一次“放电”，回路中的电流计受到一个真正的冲击，电流计由于这个冲击而引起的最大偏转角将与回路中通过的电量成正比。若“放电”的时间比电流计的振动周期小得多的话，这种用法的电流计叫做**冲击电流计**。

至于磁通量的变化，如何来获得呢？那是最简单不过。或是在磁场中给回路以一个突然运动；或是让回路不动，给产生磁场的电流强度以一个突然的变化。

在这里值得指出的是：在这个突然变化中，所消耗的能量，也就是在回路中所发生的热量

$$W = \frac{1}{R}\int\left(\frac{\mathrm{d}\Phi}{\mathrm{d}t}\right)^2\mathrm{d}t$$

与变化的过程有关，并不像感生电量之完全决定于初终情状而已。

§ 73　电磁感应定律的另一形式——基元定律

电磁感应现象归结到由式(70.1)所表达的电磁感应定律,它是关于整个回路的,牵涉到通过这个回路的磁通量。这和在 § 43 - 2 中关于在电路移动中磁力所作的功的整体定律类似:在电路移动中磁力所作的功的整体定律,也是关于整个电路的,并且牵涉到通过的磁通量。所以由式(70.1)表达的电磁感应定律也是一个整体定律。

电磁感应定律也可具有基元定律的形式吗?为此,我们将分别根据引起磁通量改变的两种可能方式,即可动的导体与可变的磁场两种情形来讨论。

1. 可动的导体

设闭合回路 $ABCD$ 中有一可动部分 AB,其长为 l,可沿与之垂直的 AA' 和 BB' 两侧滑动(图 73.1),有磁场 $\boldsymbol{H}$ 与回路平面正交。命 v 为 AB 线段移动的速度。经 $\mathrm{d}t$ 后,AB 移到 $A'B'$,通过回路中的磁通量增加了磁感应强度 B 与矩形 $ABB'A'$ 面积的乘积,即 $\mathrm{d}\Phi = Blv\mathrm{d}t$,于是得感应电动势

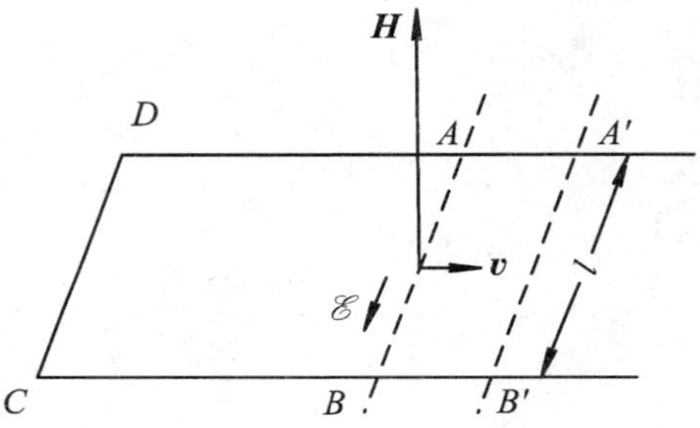

图 73.1

$$\mathscr{E} = -Blv \tag{73.1}$$

这就是关于 AB 线段的电磁感应基元定律。若磁场不与回路 $ABCD$ 正交,则上式中的 B 应该由 $\boldsymbol{B}$ 的垂直于 AB 和 $\boldsymbol{v}$ 所成的平面的分量代替。又若 $\boldsymbol{v}$ 不与 AB 正交,则上式中的 v 应该由 $\boldsymbol{v}$ 的垂直于 AB 的分量代替。在所有情形下,上式可以写成

$$\mathscr{E} = -\boldsymbol{B}\cdot(\boldsymbol{v}\times\boldsymbol{l}) \tag{73.2}$$

这个普遍的结果可以直接得出如下。在不变的磁场中,有一个闭合回路 $ABCDA$(图 73.2)。经 $\mathrm{d}t$ 后,线段 $AB(=\mathrm{d}l)$ 移到 $A'B'$,回路成为 $AA'B'BCDA$,在这移动中,回路所包围的面积增加了 $\mathrm{d}\boldsymbol{S} = \overrightarrow{AA'}\times\overrightarrow{AB}$,通过回路的磁通量增加了

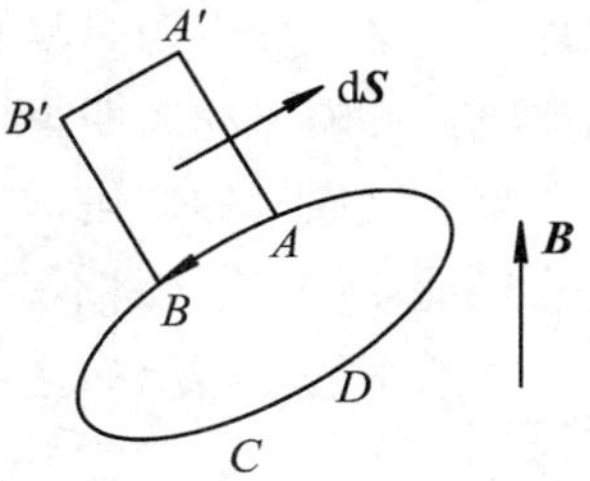

图 73.2

$$\mathrm{d}\Phi = \boldsymbol{B}\cdot(\overrightarrow{AA'}\times\overrightarrow{AB})$$

由 $\overrightarrow{AA'} = \boldsymbol{v}\mathrm{d}t$,$\overrightarrow{AB} = \mathrm{d}\boldsymbol{l}$,则得磁通量的变化速度

$$\frac{\mathrm{d}\Phi}{\mathrm{d}t} = \boldsymbol{B}\cdot(\boldsymbol{v}\times\mathrm{d}\boldsymbol{l}) = (\boldsymbol{B}\times\boldsymbol{v})\cdot\mathrm{d}\boldsymbol{l}$$

于是在回路中产生了感应电动势

$$\mathrm{d}\mathscr{E} = -(\boldsymbol{B}\times\boldsymbol{v})\cdot\mathrm{d}\boldsymbol{l} \tag{73.3}$$

这个感应电动势 $d\mathscr{E}$ 是实际存在的，有物理的意义，而且就出现在线段 AB 上，只要线段 AB 在移动中确实切割了磁感应线。即使没有闭合电路，AB 只是一段绝缘导体，也可断定其两端有感应电动势存在。这就是发电机在开路中转动的情形。在发电机电枢回路没有接通即在空转中时，自然无从发生电流，但是在电枢的两端存在着电动势，可用电位计量出。

倘若 AB 线段为闭合回路的一部分，有如图 73.2 所示，则其两端的电位差，根据欧姆定律，等于 $d\mathscr{E} - IdR$。式中 I 为闭合回路中的电流强度，dR 为线段 AB 的电阻。又若整个闭合回路(L)可以移动或变形，则在其中的总感应电动势将为

$$\mathscr{E} = -\oint_L (\boldsymbol{B} \times \boldsymbol{v}) \cdot d\boldsymbol{l} \tag{73.4}$$

我们从电子论观点分析一下电磁感应定律。设一段导体 ab 放在垂直于图面而向内的磁场 $\boldsymbol{H}$ 里(图 73.3)。作不规则的热运动的自由电子在磁场中受到洛伦兹力作用。但平均地讲，这力不产生任何电流，因为施于不同电子上的力的方向是不规则地分布着的。如果现在导体 ab 开始移动，例如以速度 v 向右移动，则金属里的所有自由电子得到一附加的分速度 v。因此，电子将受到附加的洛伦兹力作用。对于所有的电子，这附加的洛伦兹力有相同的向下方向，并等于

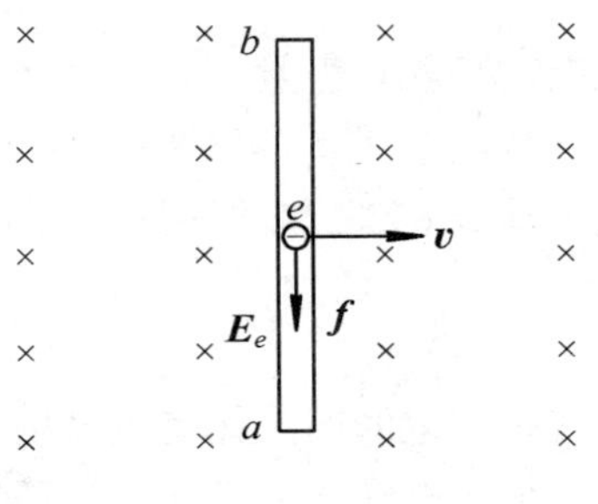

图 73.3

$$f = evB$$

在这些力的作用下，电子将向下移动。导体上端获有过剩的正电荷，下端获有过剩的负电荷，直到导体两端堆积的过剩电荷所建立的静电场足使作用于导体内每一电子的合力等于零时始止。能够产生如此效果的与磁力平衡的电力 $f' = eE$ 可由下面的关系式确定：

$$f' = eE = evB$$

由此可见，这电场强度 $\boldsymbol{E}$ 的大小为

$$E = vB \tag{73.5}$$

并指向下方。

这段导体中发生的电动势，是以导体两端所产生电位差量度的。因为电场强度是以导体长度除其两端电位差所得到的商表示，所以电动势将为电场强度 $\boldsymbol{E}$ 与导体长度 l 的乘积所量度，即

$$\mathscr{E} = -Blv$$

此与公式(73.1)相同。由此可见，以导体中电子所受的洛伦兹力能够说明导体在磁场中移动时感应电动势的产生。所以在恒定磁场内移动着的导体中的电磁感应现象，是磁场对导体中自由电子所施的洛伦兹力作用的结果。

2. 可变的磁场

对于固定不动的闭合回路由于磁场变化而产生的电磁感应现象，可从磁场矢位的考

虑而导出基元定律。通过闭合回路 L 的磁通量(图 73.4)为

$$\Phi = \int_S \boldsymbol{B} \cdot \mathrm{d}\boldsymbol{S} = \int_S \mathrm{rot}\boldsymbol{A} \cdot \mathrm{d}\boldsymbol{S} = \oint_L \boldsymbol{A} \cdot \mathrm{d}\boldsymbol{l}$$

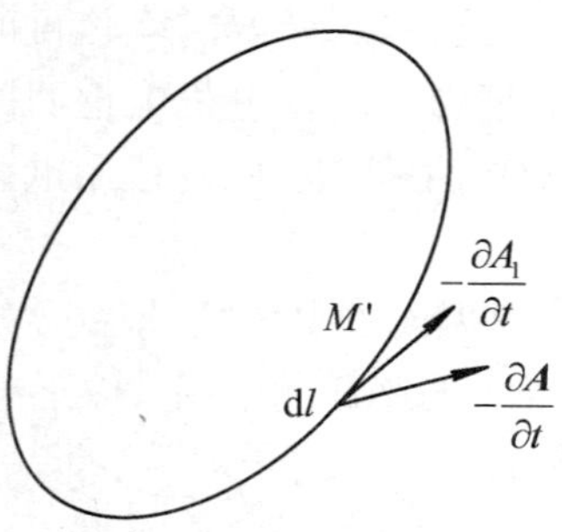

图 73.4

在任意点 M 的矢量 $\boldsymbol{A}$ 和 $\boldsymbol{B}$ 不仅是该点坐标 x, y, z,同时也是时间 t 的函数。对于固定不动的闭合回路 L,其中产生的感应电动势可作如下计算:

$$\mathscr{E} = -\frac{\mathrm{d}\Phi}{\mathrm{d}t} = \int_S \frac{\partial B_n}{\partial t}\mathrm{d}S = -\oint_L \frac{\partial A_1}{\partial t}\mathrm{d}l$$

即可在积分号内求时间微商。我们之所以用偏微商符号代替全微商符号,是为了指出:求$\partial B_n/\partial t$ 和$\partial A_1/\partial t$ 是空间中固定点M 的值B_n 和 A_1 随时间改变的速度。可见感应电动势就是矢量 $-\partial \boldsymbol{A}/\partial t$ 的环流。

从这个式子,可见整个闭合回路中感应电动势 $\mathscr{E}$ 等于各段回路元如 $MM'(=\mathrm{d}l)$的感应电动势 $\mathrm{d}\mathscr{E}$ 之和,即回路元 MM'段所产生的感应电动势

$$\mathrm{d}\mathscr{E} = -\frac{\partial \boldsymbol{A}}{\partial t} \cdot \mathrm{d}\boldsymbol{l} = -\frac{\partial A_1}{\partial t}\mathrm{d}l \tag{73.6}$$

这就是固定的回路在变化磁场中的电磁感应基元定律。

根据电动势的定义,我们知道,当电量 q 通过回路元$MM'(=\mathrm{d}l)$时,它的能量将增加 $q\mathrm{d}\mathscr{E}$。这个增加的能量可以认作是一个等于 $q\mathrm{d}\mathscr{E}/\mathrm{d}l$ 的力对电荷在移动 MM'中所作的功。也就是说,电荷在一个沿回路的电场 $E_1 = \mathrm{d}\mathscr{E}/\mathrm{d}l$ 的作用下而移动。所谓感应电动势,就是这个电场

$$E_1 = -\frac{\mathrm{d}\mathscr{E}}{\mathrm{d}l} = -\frac{\partial A_1}{\partial t} \tag{73.7}$$

的表现。由此得出结论:在矢位为 $\boldsymbol{A}$ 的可变磁场中,不动的导线中的电荷有着一个电场的作用,其强度等于矢量 $-\partial \boldsymbol{A}/\partial t$ 沿导线的分量。

在这个电场的作用下,导体 MM'中存在的电荷就要移动起来。若导体 MM'是闭合回路的一部分,回路中就有电流 I 流通,而在导体 MM'两端的电位差 $\mathrm{d}V$,根据欧姆定律,将是 $\mathrm{d}V = \mathrm{d}\mathscr{E} - I\mathrm{d}R$,式中 $\mathrm{d}R$ 为导体MM'的电阻。

导体 MM'两端的这个电位差可以是零,比如说,正交地置于均匀磁场中的一个圆周导线(图 73.5)就有感应电流流通:当磁场强度变化的时候,其中感应电动势 $\mathscr{E}$ 显然沿圆周均匀地分布着,等于欧姆式电位降落 IR,式中 R 为圆周导线的电阻。对于各段导线元 MM'来说,感应电动势 $\mathrm{d}\mathscr{E}$ 将等于它的欧姆式电位降落 $I\mathrm{d}R$,因而导线元 MM'两端的电位差 $\mathrm{d}V = \mathrm{d}\mathscr{E} - I\mathrm{d}R = 0$。可见圆周导线各点有相同的电位,虽然其中有电流流通,因而并不在静电平衡中。

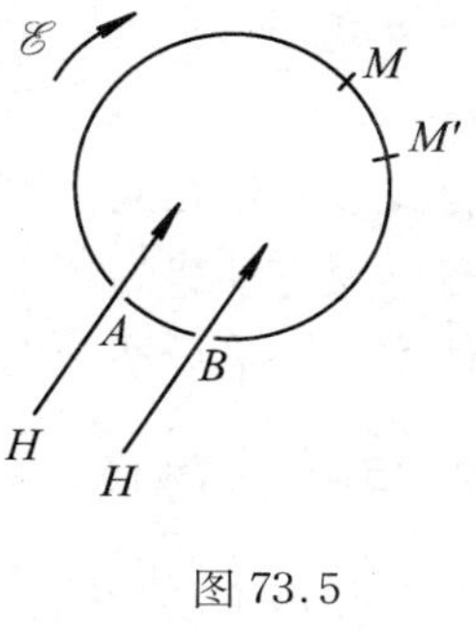

图 73.5

如果导体 MM'在它的两端是绝缘的话,其中自然没有电流流通。感应电场的作用虽将使其中电荷移动起来,不过这种电荷移动很快就要停止。当导体各点堆积了够多的电荷足

以使在其两端产生一个静电位差 $\mathrm{d}V=\mathrm{d}\mathscr{E}$ 的时候，也就是沿导体足以建立一个静电场 $E_1'=-\mathrm{d}V/\mathrm{d}l$ 等于而相反于感应电场 $\mathrm{d}\mathscr{E}/\mathrm{d}l$ 的时候。于是我们可以说，导体 MM' 在静电平衡中，因为其中电荷所受的合力为零，但是导体 MM' 各点的电位是不相同的。若在图 73.5 所示的圆周导线割一缺口 AB，则在 A，B 两端产生电位差 $V_B-V_A=\mathscr{E}$，分布在导线表面上的电荷所产生的电位将从 A 到 B 逐点增加。导体上各点之间就有电位差存在，但是其中没有电流流通，导体在静电平衡中。

我们把在恒定磁场内运动着的导体中的电磁感应现象解释成磁场作用（洛伦兹力）的结果；而把磁场改变时不动导体中的电磁感应现象用完全不同的方法解释成磁场的改变所激发的电场作用的结果。然而这两种感应形式间没有任何客观上的差别，因为运动这一概念是相对的。爱因斯坦关于相对论的第一篇论文，一开头就指出，消除客观上没有区别的两种现象的解释中这一原则上差别的必要性，相对论解决了这一问题。

§74　法拉第-麦克斯韦关系式

从上所述，可见对于在可变磁场中不动的导体，我们再不能应用静电学中的普通定律。对于物理的和化学的不均匀导体，除了由于自由电荷所产生的库仑式电位差之外，我们必须考虑到外来电动势，如接触电动势、热电动势以及其它电动势。同样，对于置在可变磁场中的导体，除了导体的物理、化学不均匀性所引起的外来电动势之外，我们还必须考虑感应电动势，即除由电荷根据库仑定律所产生的静电场外，还必须引进感应电场。

在可变磁场中的导体内（图 74.1），当单位电荷从 M 移动到 M' 时（$\overline{MM'}=\mathrm{d}l$），它获得能量 $-\dfrac{\partial A_l}{\partial t}\mathrm{d}l$，这个能量等于力 $-\dfrac{\partial \boldsymbol{A}}{\partial t}$ 对电荷在它移动 $\mathrm{d}\boldsymbol{l}$ 中所作的功。可见在导体内 M 点，由于磁场的变化，激发起一个感应电场 $\boldsymbol{E}_\mathrm{i}$，由矢量 $-\partial\boldsymbol{A}/\partial t$ 所代表，即

$$\boldsymbol{E}_\mathrm{i}=-\frac{\partial \boldsymbol{A}}{\partial t} \tag{74.1}$$

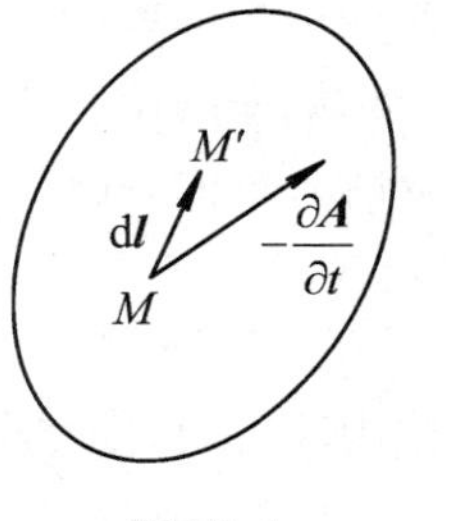

图 74.1

由此得出结论：电场不仅可以为电荷所激发，并且可以为磁场的改变所激发。当然归根结底，磁场本身也是由电荷的运动所激发的。

除了感应电场 $\boldsymbol{E}_\mathrm{i}$ 外，自然还存在着由于导体内和表面上的电荷所产生的库仑静电场

$$\boldsymbol{E}_\mathrm{e}=-\operatorname{grad}V$$

因此，在导体内 M 点的总电场为

$$\boldsymbol{E}=\boldsymbol{E}_\mathrm{i}+\boldsymbol{E}_\mathrm{e}=-\frac{\partial \boldsymbol{A}}{\partial t}-\operatorname{grad}V \tag{74.2}$$

正是这个总电场 $\boldsymbol{E}$ 决定着在导体内 M 点的电荷 q 所将受到的电力 $\boldsymbol{F}=q\boldsymbol{E}$，也正是这个

总电场 $\boldsymbol{E}$，根据欧姆定律 $\boldsymbol{i}=\sigma\boldsymbol{E}$，决定着导体中的电流密度 $\boldsymbol{i}$①。

感应电场 $\boldsymbol{E}_i$ 从而总电场 $\boldsymbol{E}$，与静电场 $\boldsymbol{E}_e$ 有一极其重要的区别：静电场具有标位，而感应电场和总电场不具有标位，因为静电场的环流和旋度等于零，而感应电场和总电场的环流

$$\oint_L \boldsymbol{E}\cdot \mathrm{d}\boldsymbol{l}=\oint_L \boldsymbol{E}_i\cdot \mathrm{d}\boldsymbol{l}+\oint_L \boldsymbol{E}_e\cdot \mathrm{d}\boldsymbol{l}=\oint_L \boldsymbol{E}_i\cdot \mathrm{d}\boldsymbol{l}=\mathscr{E}$$

不等于零。感应电场和总电场的旋度

$$\begin{aligned}\mathrm{rot}\boldsymbol{E}&=\mathrm{rot}\boldsymbol{E}_i+\mathrm{rot}\boldsymbol{E}_e=\mathrm{rot}\boldsymbol{E}_i\\&=-\mathrm{rot}\left(\frac{\partial \boldsymbol{A}}{\partial t}\right)=-\frac{\partial}{\partial t}(\mathrm{rot}\boldsymbol{A})=-\frac{\partial \boldsymbol{B}}{\partial t}\end{aligned}$$

也不等于零。因此，我们在研究具有标位的静电场时引入的许多概念，在可变电磁场中失去直接的物理意义。对可变电场和稳定电场这一极端重要的区别如果注意不够，往往引起大错而特错。

把导体置于可变磁场中，在导体内任一点 M 就有感应电场 $\boldsymbol{E}_i$ 由

$$\mathrm{rot}\boldsymbol{E}_i=-\frac{\partial \boldsymbol{B}}{\partial t} \tag{74.3}$$

决定。值得注意的是：这个结果，虽然由导体的考虑而得到，但又与导体的性质完全无关，没有一个表征导体特性的常数出现在上式之中。只有在从感应电场求感应电流时，才要引入导体的电导率。所以导体的存在并不是在空间 M 点产生感应电场的必要条件。因此，我们可以认为：

在空间有可变磁场存在的任一区域中，总要产生由式(74.3)规定的感应电场，不管充满这个区域的是导体，或是电介质，或是真空。

如果约定今后将 $\boldsymbol{E}$ 理解成电场的总强度，而不问此场是全部地或部分地由磁场的改变所激发的，我们总有

$$\mathrm{rot}\boldsymbol{E}=-\frac{\partial \boldsymbol{B}}{\partial t} \tag{74.4}$$

称为**法拉第-麦克斯韦关系式**，它是电磁场的基本方程式之一。

因为旋度的散度恒等于零，从式(74.3)又可得出

$$\mathrm{div}\left(\frac{\partial \boldsymbol{B}}{\partial t}\right)=\frac{\partial}{\partial t}\mathrm{div}\boldsymbol{B}=0$$

由此可见，在空间每一点上 $\mathrm{div}\boldsymbol{B}$ 不随时间而变，具有恒定的值，那就是说，任何物理过程都不能改变它。要得出电磁场的另一基本方程式

$$\mathrm{div}\boldsymbol{B}=0$$

只须规定：在没有电流和磁介质时，磁感应强度 $\boldsymbol{B}$（因而 $\mathrm{div}\boldsymbol{B}$）在这个空间中都等于零就行。

---

① 若导体是可动的话，我们在此还必须加入与由于导体移动中切割磁感应线而产生的感应电动势有关的一项。

§75 发电机与电动机——电动势与反电动势

发电机是应用导体在磁场中的移动来产生电能的工业设备。磁场激发了,电机转动了,就会产生电动势,但是并不产生电能,也不消耗机械功(除了克服摩擦力等要消耗少许功不计外)。只有当外电路接通时,电机才开始供给电流,从而供给电能,同时也立刻遇到了一个阻力力矩。我们必须克服这个阻力力矩才能使电机的转动维持不停。所以利用电机获得电能,必须消耗机械功。

这个电磁力矩是由电流与磁场之间的相互作用而产生的。不问电流与磁场的来源如何,相同的电流与相同的磁场总要产生相同的电磁力矩。如果现在一方面停止使电机转动,另一方面从外方通入电流(比如说,用蓄电池),电机自己就要开始转动,可以成为一个马达。若我们此时进一步阻止电机转动,就会感觉到一个力矩存在。虽然没有产生机械功,也不产生任何感应电动势,因为既无导体的移动,也无磁通量的改变。所有从外方供给的电能都将变成电路中的热量;此时马达两端的电压很小,简单地由欧姆定律规定。当我们让马达转动,它就产生机械功;立刻有感应电动势出现,它的方向是反对电流的通行的,它是反电动势;马达两端的电压不再等于 RI(R 为电枢的电阻,I 为电流强度),而是等于 $\mathscr{E}+IR$,式中 $\mathscr{E}$ 为反电动势。并且在马达正常运转的情形下,$\mathscr{E}$ 成为主要的一项。最理想的情形是 RI 这一项(代表变成热量而损失了的能量)小到可以忽略不计,事实上它确是很小的。

总而言之,所有电机无论消耗或产生机械功,都是一个正的或负的电动势的所在。若电机消耗功,它就产生电能,成为发电机,具有一个电动势。若电机产生功,它就消耗电能,成为电动机,具有一个反电动势。无论在电动机或在发电机的情形中,都是电磁感应现象在起作用,也都是电磁感应现象在使系统遵守着能量守恒定律。

§76 在二维或三维导体中的感应电流——傅歌电流

在不能够看做线状回路的二维或三维连续导体中,当它在恒定磁场中运动或处于正在变更的磁场中时,也能发生感应电流。这种感应电流在二维或三维连续导体中各点的方向不能预先知道,情况甚为复杂,往往形成涡状,因此叫做**涡电流**,或依涡电流的发现者的名字,称为**傅歌电流**①。

① 校者注:现译作傅科电流。

傅歌电流的强度，就其本来面目来说，将是很大的，与导体运动的速度或磁场变化的速度成正比。导体运动或磁场变化愈快，傅歌电流愈强。傅歌电流在导体中产生热量。磁场对于傅歌电流施作用力和力矩，来阻止导体的运动。这种阻力和阻力力矩与运动速度成正比，而每单位时间内所产生的热量，也就是所消耗的能量，则与运动速度的平方成正比。这些情况都与在粘滞性现象中遇到的类似。

把一个金属圆盘放在电磁铁两极间，让它绕一根垂直于磁场的直径旋转起来。在电磁铁磁场激发之前，圆盘转动很快，很不费力。一旦引入磁场，圆盘转动变慢，很快停止转动。若要使它不停，需要大力推动。涡电流与磁场间的相互作用对圆盘发生制动效应。这类装置应用在机件或仪器上，称之为涡电流制动机。

因为感应电动势与磁通量的变化速度成正比，导体所在处的磁场变化愈快，则傅歌电流愈大。如果把导体引入一螺线管的内腔中，而令迅速变化的电流通过螺线管绕组，则由于这迅速变化的电流产生大小迅速变化的磁场，很容易观察出傅歌电流的发生。在此情形下，大块良导体中的傅歌电流的强度很大，以至放出的热量足以使这块物体灼热甚至熔化。在真空技术方面，广泛地利用这种方法来把被抽空的仪器内的金属部分加热，以除去其中的气体；也用这种方法使金属熔化或在真空中使金属熔化，而成感应电炉和高频感应电炉。

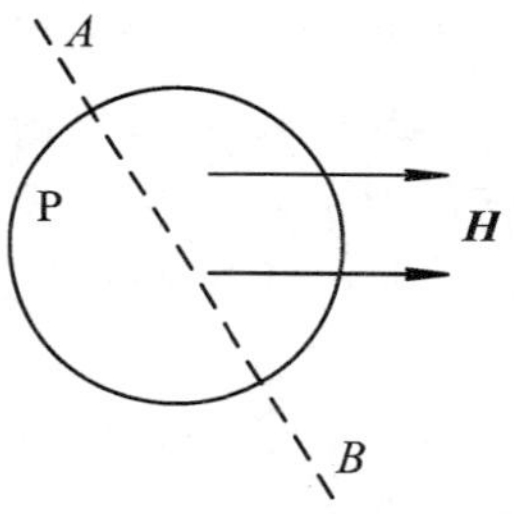

图 76.1

但在许多情形下，傅歌电流所引起的发热，不仅消耗大量能量，而且害处极大。我们如何来避免或减小傅歌电流的发生呢？必须使通过导体体积内所有能画出的闭合曲线的磁通量维持不变。在不变的均匀磁场中平移，二维和三维导体中都不致发生傅歌电流；但是对于转动，情况就不相同。是否因此避免一切转动，而只采取平移呢？那是因噎废食的事。

三维导体在磁场中的任何转动都要产生傅歌电流。至于二维导体，情况就不一样。把一金属薄片 P 置于均匀磁场 $\boldsymbol{H}$ 中，如图 76.1 所示，绕 AB 轴转动就要产生傅歌电流，而绕与图面垂直或与磁场平行的轴转动则否。我们就是利用这个结果来设法避免或减小在磁场中转动的三维导体内产生的傅歌电流。

例如图 76.2 所示，要在磁场 $\boldsymbol{H}$ 中，绕轴 AB 转动一个铁圆柱体 C，这差不多就是电机中转子铁架的情况。如果圆柱体 C 是一整块的，由于傅歌电流之强，要使它不断转动几乎成为不可能的事。因此我们把圆柱体用许多圆形薄片叠成，相邻薄片之间用漆或纸隔开使其互相绝缘。就每个薄片而言，成为图 76.1 所示的绕垂直于其平面的轴而转动的二维导体的情形，没有傅歌电流在薄片面上发生。如果薄片是无限薄的话，在薄片体内也就没有傅歌电流发生。至于两薄片之间，由于互相绝缘，当然不可能有电流流通。这样傅歌电流虽然没有完全消灭，但在很大程度上削弱了。

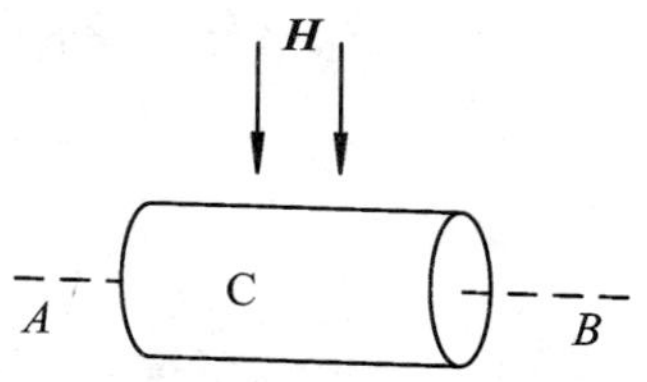

图 76.2

傅歌电流也发生在可变磁场中固定不动的导体体积内，例如在变压器的铁心里（图 76.3）。在铁心内部任一截面 AA' 上，可画许多闭合曲线作为闭合电路。其中任一电路套于另一电路之外。由于原线圈中通有交变电流，穿过铁心内每一电路的磁通量不断改变，因而在整个变压器铁心内皆有涡电流环流着，其流动的回路皆在垂直于磁感应线的各个平面上（图 76.3(b)）。为了避免或减小傅歌电流，在所有的实用变压器中，铁心都由许多薄片叠成，使薄片之间的绝缘层与傅歌电流的方向垂直，也即与磁感应线的方向平行，从而有效地把涡电流限制在各薄片内流动，大大减小了它的强度、发生的热量和损失的能量（图 76.3(c)）。

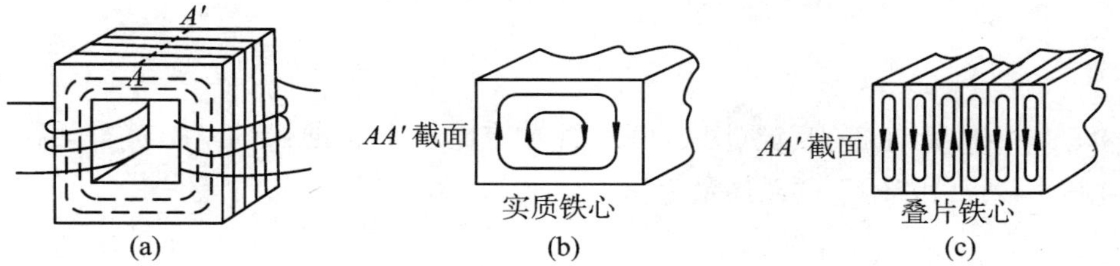

图 76.3

在开口铁心变压器或火花线圈中，铁心常用一束互相绝缘的铁线制成。在涡电流必须减至极小的特殊变压器中，铁心也有用铁粉经高压制成。设法增加磁性材料的电阻率，也是为了减小由于涡电流而引起的能量损失。

第 11 章　互感与自感

§77　两电路的相互感应

设 C_1 和 C_2 为两闭合回路(图 77.1)，C_1 中有电流 I_1 流通，于是 C_2 在 C_1 电流所产生的磁场中，通过回路 C_2 的磁通量为

$$\Phi = MI_1$$

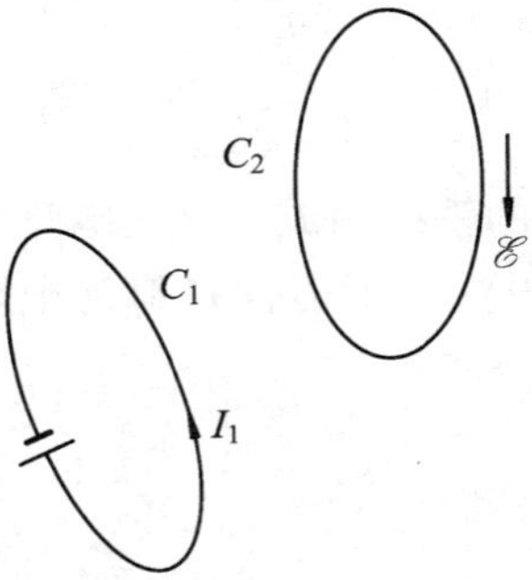

图 77.1

式中 M 代表这两电路间的互感系数。

若 I_1 变化，则在回路 I_2 中有感应电动势

$$\mathscr{E} = -M\frac{\mathrm{d}I_1}{\mathrm{d}t} \tag{77.1}$$

实际上，这就是在图 71.1 中所叙述的实验的理论分析结果。当 C_1 中的电流 I_1 突然切断时，用冲击电流计测定在 C_2 中感应电量 q 就能量出

$$M = \frac{qR}{I_1}$$

式中 R 为电路 C_2 的电阻。

若在 I_1 变化的同时，C_1 与 C_2 之间又有相对运动，则 M 也是时间的函数，在 C_2 中的感应电动势为

$$\mathscr{E} = -M\frac{\mathrm{d}I_1}{\mathrm{d}t} - I_1\frac{\mathrm{d}M}{\mathrm{d}t} \tag{77.2}$$

§78　自感应现象

电流所产生的磁场通过其本身回路的磁通量为

$$\Phi = LI$$

式中 L 是自感系数，总是正的。回路中电流强度 I 如果发生变化，通过这电流本身回路的磁通量也起变化，因此在本身回路中将产生感应电动势

$$\mathscr{E} = -\frac{d(LI)}{dt}$$

是为自感应现象。在回路不能变形的通常情况下，L 为常数，我们有

$$\mathscr{E} = -L\frac{dI}{dt} \tag{78.1}$$

$\mathscr{E}$ 的符号总与 dI/dt 的符号相反，这和楞次定律完全符合。

所谓接通或断开回路时的瞬时电流，可以作为自感应现象的典型例子。假定我们接通电路，因而在这回路中发生电流。发生的电流逐渐成长，需要经过虽然很短却是有限的时间，才能达到最后稳定强度。在初接通的那一瞬间，电流所产生的磁场随着电流强度而增加，通过这回路所包围的面积的磁通量也在增加；因此同时将有感应电流发生。根据楞次定律，感应电流将沿这样的方向流动，使它自己所产生的磁通量来抵消原有磁通量的增加，因而感应电流的方向与被接通的电流方向相反。这相反的感应电流叫做接通时的瞬时电流。此瞬时电流使回路中的电流不能立刻达到最后稳定强度。

断开电路时，电流很快但也不是立刻成为零。如果一回路中的电流强度减小，则通过这回路所包围的面积的磁通量也同时减少，因而回路中发生感应电流。根据楞次定律，感应电流产生的磁通量补偿正在减少着的磁通量，也就是说，感应电流的方向与原来电流的方向相同。这种断开时的感应电流使回路中原来的电流不能立刻降到零。

自感现象的存在，使接通时电路中电流的增长减慢。例如，如果把一电灯泡接入一有显著的自感应现象的回路中，则这电灯泡比它接在一无显著感应现象的回路中的时候要亮得慢一些。接通电路，特别是断开电路，是一个迅速过程，感应电动势往往很大。断开电路时在开关上看到的火花，就是感应电动势强大的表现。

接通时或断开时的瞬时电流，可用如图 78.1 所示的装置观察出来。电池组 B 的电流分向两支路流通。其中一个支路为多匝线圈 L，因而具有很大的自感；另一支路接入电流计 G，自感系数很小。当电路接通达到稳定之后，电流计 G 中有电流 I_g 流通，它的指

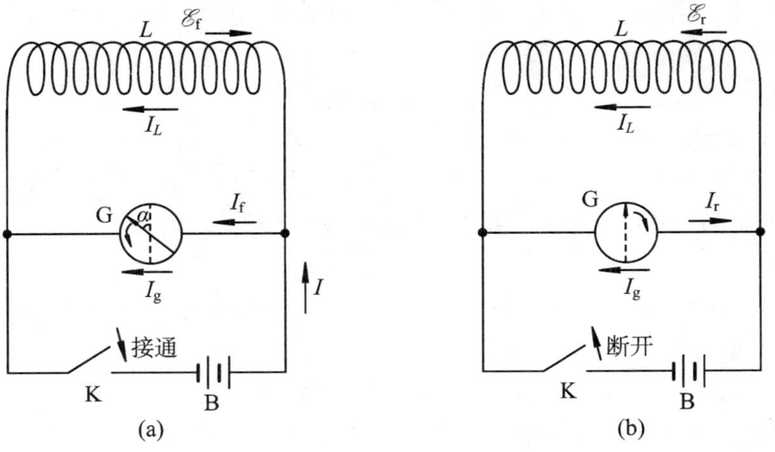

图 78.1

针有一个偏转 α。用一个小支柱把指针挡住(见图 78.1(a)),使它停止在偏转 α 的位置,然后将开关 K 断开,使流经线圈和电流计的电流归零。现在重新接通开关,我们将观察到指针获得一个冲动,朝着 α 更大的方向偏转。对这一现象解释如下:当开关接通时,线圈中的电流从 0 逐渐增大到 I_L,感应电动势 $\mathscr{E}_{\mathrm{f}}$ 在线圈中产生与 I_L 方向相反而在电流计中与 I_{g} 方向相同的瞬时电流 I_{f},因此我们看到电流计指针有比 α 更大的偏转。

现在让开关 K 处于接通状态,并使用支柱(见图 78.1(b))使指针维持在零的位置。然后突然将开关断开,我们将要看到指针获得一个与原来 α 方向相反的冲动,这是因为线圈中电流从 I_L 降到零时,感应电动势 $\mathscr{E}_{\mathrm{r}}$ 产生在线圈中与 I_L 方向相同而在电流计中与 I_{g} 方向相反的感应电流 I_{r} 的缘故。

§79　自感与互感的单位

从

$$\Phi = LI, \quad \Phi = MI$$

或

$$\mathscr{E} = -L\frac{\mathrm{d}I}{\mathrm{d}t}, \quad \mathscr{E} = -M\frac{\mathrm{d}I}{\mathrm{d}t}$$

可见自感与互感有相同的量纲和相同的单位,而且很容易规定它们的单位。

这些式子,无论在静电单位制或在电磁单位制都是适用的。自感与互感的静电单位和电磁单位之间的关系如何?

把

$$\mathscr{E} = 1\ \text{静电电位单位} = c\ \text{电磁电位单位}, \quad \mathrm{d}I/\mathrm{d}t = 1\ \text{静电单位} = \frac{1}{c}\ \text{电磁单位}$$

代入上式,就得 L 或 M 的 1 静电电感单位 = c^2 电磁电感单位,可见自感与互感的 CGS 静电单位比 CGS 电磁单位大 $c^2 = 9 \times 10^{20}$ 倍。

在电磁单位制中,自感与互感的量纲为长度,它们的单位为厘米。

通常使用的自感与互感单位为电磁单位和实用单位。它们之间的关系又如何呢?自感与互感的实用单位称为**亨利**,是这样规定的:如果回路中的电流强度每秒变更 1 安培,这回路中发生的自感电动势为 1 伏特,则这回路的自感系数等于 1 亨利。

由于

$$\mathscr{E} = 1\ \text{伏特} = 10^8\ \text{电磁电位单位}, \quad \mathrm{d}I/\mathrm{d}t = 1\ \text{安培}/\text{秒} = 0.1\ \text{电磁单位}$$

可见

$$1\ \text{亨利} = 10^9\ \text{电磁电感单位}$$

实用单位亨利的大小比较适当,自感为 1 亨利的线圈是容易实现的。用铜线绕成的 1 亨利自感的绕组,内外直径各为 5 和 14 厘米时,高不过 4 厘米,其电阻约为 100 欧姆。

若线圈具有铁心,其自感系数很容易达到几亨利,例如摩尔式收报机电路中的自感就有 10 亨利左右，当然它随衔铁的移动所引起的磁阻变化而有些变化。两条粗为 4 毫米、相距 1 米的输电铜线之间的自感约为每公里 2.6 毫亨；同样的铁电报线，由于铁的磁化关系，自感要大到 10 倍之多。

来回两线互相靠拢，以减小回路所包围的面积，也就可以减小回路的自感。只有绝缘层隔开的两铜线间的自感约为每公里 0.38 毫亨。电阻箱内的线圈就是用折叠而成的双线（图 79.1）绕制的，因而它的自感系数，除通过高频电流时外，通常可以忽略。这种绕法的缺点是使相邻两线之间带上了往往不可忽视的电容。最好的绕法还是用单线间隔地沿这个方向绕几匝，再沿相反方向绕几匝，这样绕成的线圈电阻，在声频电流范围内，可说既无电容，也无电感。

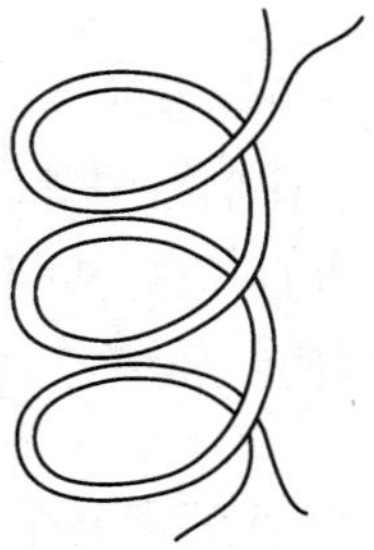

图 79.1

【例】 求螺旋线筒的自感。

设有螺旋线筒长为 l，总匝数为 N，线匝截面面积为 S，其中充满磁导率为 μ 的介质。如果线筒可以认作无限长的话，其中磁感应强度将为

$$B = 4\pi\mu \frac{N}{l} I$$

通过所有 N 匝的磁通量将为

$$\Phi = NBS = 4\pi\mu \frac{N^2}{l} SI$$

把线筒单位长度的匝数 $n = N/l$ 和线筒的体积 $V = Sl$ 代入上式，就有

$$\Phi = 4\pi\mu n^2 VI$$

根据自感系数的定义，我们得出

$$L = \frac{\Phi}{L} = 4\pi\mu n^2 V$$

由此可见，螺旋线筒的自感系数与它单位长上匝数的平方以及线筒体积成正比。由自感系数的定义可知，也由计算结果证实，自感系数是和绕组中的电流强度无关的。但是，如果绕组芯子是用铁磁性物质做成的，则磁导线 μ 与磁场强度有关系，因而也与电流强度有关系，而且这种关系可能是很显著的。在实际计算含有铁心的螺旋线筒等的自感系数时，必须考虑到这一情况。

若长 $l = 50$ 厘米，横截面积 $S = 10$ 厘米^2，$\mu = 1$，总匝数 $N = 3000$，这螺旋线筒的自感系数为

$$L = 4\pi\left(\frac{3000}{50}\right)^2 \times 10 \times 50$$

$$\approx 2.3 \times 10^7\text{(电磁单位)} = 0.023\text{(亨利)}$$

这个结果比起实际的值要偏大一些，因为在这里首先没有考虑到线筒的有限长度；其次，也未考虑到线筒的线匝通常都是一层层绕缠起来的，因而磁感应通量不会全部穿过每一线匝的截面。

§80　电流在有感电路中的成长

在电路中，接入电动势为 $\mathscr{E}$ 的电源和开关 K(图 80.1)。把接通开关的时候作为计算时间的起点，问题就是求出电流在电路中成长的规律，换句话说，求出电流强度 I 与时间 t 的函数关系。

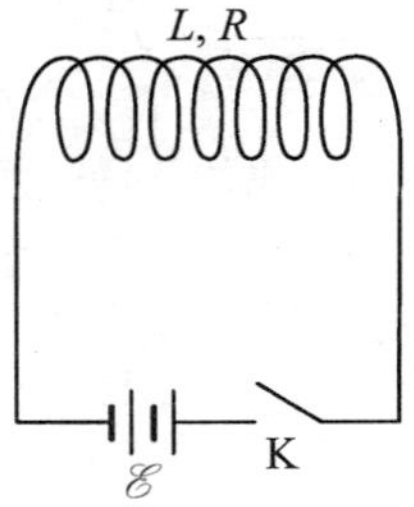

图 80.1

设 L 和 R 为电路的自感和电阻。电流在成长中，也就是在变化中，电流的变化在电路中产生感应电动势

$$\mathscr{E}_{\mathrm{i}} = -L\frac{\mathrm{d}I}{\mathrm{d}t}$$

在电路中的总电动势为 $\mathscr{E}+\mathscr{E}_{\mathrm{i}}$，应用欧姆定律，就得

$$\mathscr{E}+\mathscr{E}_{\mathrm{i}} = \mathscr{E}-L\frac{\mathrm{d}I}{\mathrm{d}t} = RI$$

即

$$L\frac{\mathrm{d}I}{\mathrm{d}t}+RI = \mathscr{E} \tag{80.1}$$

是一个以 I 为变数、t 为自变数的常系数微分方程式。解之，并应用初条件：当 $t=0$ 时，$I=0$，得

$$I = I_0\left[1-\exp\left(-\frac{R}{L}t\right)\right] \tag{80.2}$$

式中 $I_0=\mathscr{E}/R$ 为成长后的稳定电流强度。

可见电流强度从零开始，逐渐增加，并不立刻达到最后强度 I_0，有如图 80.2 所示。依理论说，要经无穷长的时间，才达到最后强度；但在实际上，这个时间可以很短，这完全要看电路的自感与电阻的比值

$$\tau = \frac{L}{R}$$

而定，τ 称为**时间常数**①。当 $t=4.6\tau$ 时，电流强度达到最后值的 99/100；当 $t=9.2\tau$ 时，达到最后值的 9999/10000。通常 τ 很短，成长期不长，电流很快达到稳定状态。只有在电路中具有很多匝数的绕组绕在很多的铁上的情形下，τ 可以达到几秒或更久，电流成长缓慢，可由电路上安培计指针的徐徐上升看出自感现象的存在。

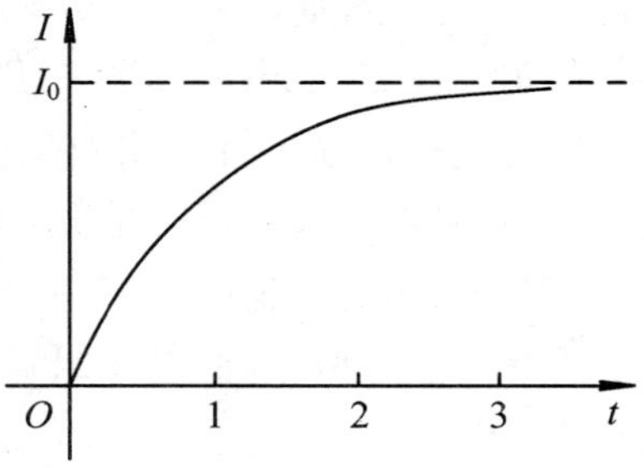

图 80.2

① 只要 L 与 R 由同一单位制的单位求出，比如 L 以亨利计，R 以欧姆计，则时间常数 τ 的单位为秒。

§81 电流在“断路”中的衰减

电流在电路中成长而稳定之后，自感效应就再没有什么表现了。当我们想把电流取消的时候，它又将重上舞台。

如果用开关断开电路，这一动作等于在电路中插入一个不断增加而且在很短时间内成为无穷大的电阻，电流减小以至于零。减小的规律无法预见，因为它依赖于切断开关这个似乎简单而实很复杂的动作。我们所能说的，只是电流消灭很快，$\mathrm{d}I/\mathrm{d}t$ 是负的而且数值很大。若电路具有一个大的自感系数，将要产生一个很大的感应电动势，企图延长电流的寿命，但是没有能够达到目的，因为我们把电路断开了。这个很大的感应电动势表现为一个火花。它可以达到几千伏特之大，造成一些危险与灾害，虽然电路中电源的电动势或许只是几伏特。

我们用下述方法消灭电流，就能完全分析电流消逝的情形：设 B 为一个具有大的自感系数 L 和小的电阻 R 的绕组，其两端 M，N 与一个电池组 $\mathscr{E}$ 和电阻 A 相连（图 81.1）。I_0 为电路稳定后的电流强度。

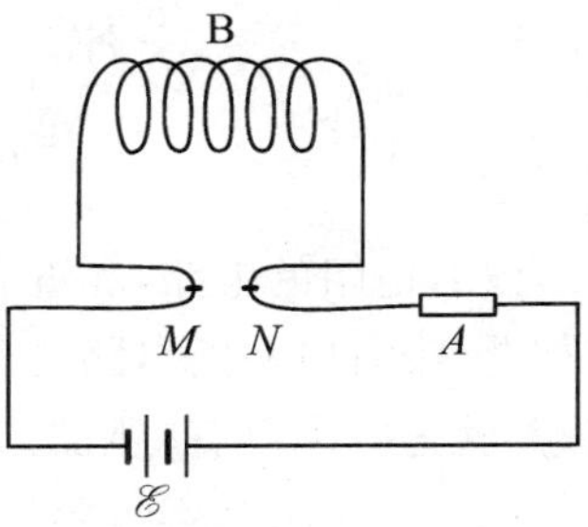

图 81.1

现在我们要消灭绕组 B 中的电流，但不用断开电路的方法。为此，把 M 和 N 两点用一小段导线（电阻很小）迅速地连接起来。这等于把绕组 B 从电路中独立出来自成一个闭合电路，以此为计算时间的起点。在独立电路中虽然没有任何电源，但由于自感现象，电流将在绕组 B 中继续流通，其在 t 时的强度设为 I。感应电动势

$$\mathscr{E}_{\mathrm{i}} = -L\frac{\mathrm{d}I}{\mathrm{d}t}$$

是这个电路中唯一的电动势。根据欧姆定律，我们有

$$L\frac{\mathrm{d}I}{\mathrm{d}t} + RI = 0$$

即

$$\tau\frac{\mathrm{d}I}{\mathrm{d}t} + I = 0$$

式中 $\tau = L/R$ 为电路的时间常数。

应用初条件：当 $t = 0$ 时，$I = I_0$，我们就得上式的解

$$I = I_0 \mathrm{e}^{-t/\tau} \qquad (81.1)$$

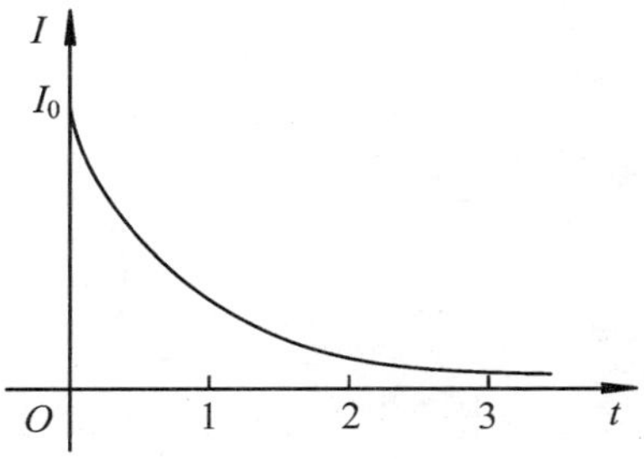

图 81.2

电流从 I_0 降到零，有如图 81.2 所示。在一定时间内（通常很短，在特殊情形下可达几分钟），电流在

绕组 B 中流通，而与任何电源无关。在上式中，令 $R=0$，即 $I=I_0$ 与时间无关。在这个没有电源、没有电阻的绕组 B 中，电流将“天长地久”地持续下去而不衰减。

我们容易求出绕组 B 中当电流消灭时所通过的电量。在计算之前，就可知道这个电量应该是 LI_0/R，式中 R 为绕组 B 的电阻。该电量等于在电流成长中比它稳定后在相等时间内通过的电量所短少的值，有如图 81.3 中阴影部分的两个面积所示。

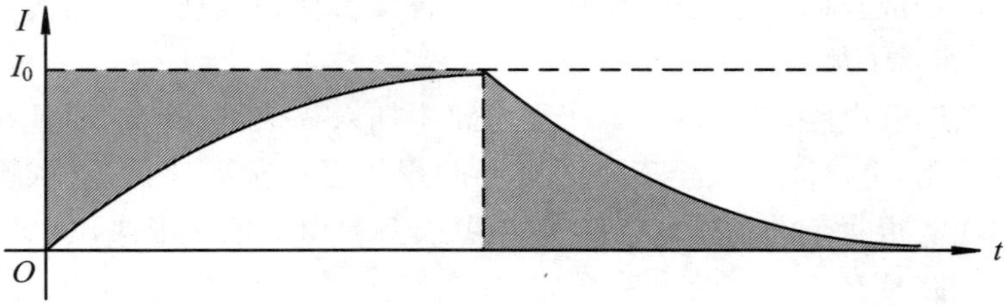

图 81.3

§82 超导体中的电磁感应现象

没有电阻的电路，和没有摩擦的机械系统一样，是我们可以设想的理想“境界”。不仅如此，没有电阻的电路是实际存在的东西。一个金属环，在接近绝对零度时成为超导状态，就是一个没有电阻的电路。

在没有电阻又不包含任何电动势的电路上，无法改变通过它所包围的面积的磁通量。我们先来证明这一点。

设 L 为它的自感系数，I 为其中流通的电流强度。通过这个电路所包围的面积的磁通总量为

$$\Phi = \Phi_1 + LI$$

式中 Φ_1 为外来的磁通量(比如说，从磁铁而来)。我们可以改变 Φ_1，I 将跟着改变，电路中将有感应电动势

$$\mathscr{E} = -\frac{\mathrm{d}\Phi}{\mathrm{d}t} = -\left(\frac{\mathrm{d}\Phi_1}{\mathrm{d}t} + L\frac{\mathrm{d}I}{\mathrm{d}t}\right)$$

由于 $R=0$，根据欧姆定律 $\mathscr{E}=RI=0$，因此得

$$\frac{\mathrm{d}\Phi}{\mathrm{d}t} = 0$$

即

$$\Phi = 常数$$

可见外来磁通量 Φ_1 的任何改变，结果只是在没有电阻的电路中产生感应电流，而这感应电流所产生的磁通量恰好抵消或补偿了外来磁通量 Φ_1 的变化，从而维持磁通总量永久不变。如果 Φ_1 也不变，那么电路中已经存在的电流将无限期地流通下去。

昂纳司就是这样发现了超导性现象。把一个镍环套在磁铁一端的外边，镍环所包围的面积有磁通量 Φ_1 通过，把这个镍环和磁铁放在液氦中冷却，镍环成为超导体。再把磁铁从液氦中单独抽出，这时镍环中产生感应电流 $I=-\Phi_1/L$，使通过它所包围的面积的磁通量维持 Φ_1 不变。这个镍环中的感应电流将继续流动若干小时之久而没有显著的减弱，可由它对一个小磁针的作用而知道。

倘若在没有电阻的电路中，能够引进一个电动势 $\mathscr{E}$，我们将有

$$\mathscr{E}-\mathscr{E}_{\mathrm{i}}=\mathscr{E}-L\frac{\mathrm{d}I}{\mathrm{d}t}=0$$

即

$$\mathscr{E}=L\frac{\mathrm{d}I}{\mathrm{d}t}$$

应用初条件：$I=0$，当 $t=0$ 时，就得上式的解

$$I=\frac{\mathscr{E}}{L}t$$

电流 I 将随时间而无限地增加。

§83　电磁感应在交变电流中的效用

自感与互感现象只出现在电流发生变化的期间。在直流中，当电路接通或断开，或如在电机收集电流的滑环上，一个电路断开，另一个电路接通时，自感与互感就显出它们的效用。但在电流稳定的时候，它们没有什么可以表现。

反之，在不断地变化着的交变电流中，自感与互感无时无刻不在发生效用。在交流电路中，由于自感关系，总有感应电动势存在，因而大大改变了电路的端电压，特别是在自感系数很大的情形下。

所以在交流问题上，自感与互感起着极其重要的作用。正是它们才使交流具有特殊性质，也正是它们才使我们利用交流比利用直流有更广阔的活动天地。

§84　变　压　器

远距离输送电能要利用高电压。距离愈远，高电压的必要性也愈迫切。但是用发电机直接产生高电压的电流不是不可能，但至少是够困难的。现代发电机的电压通常不超过 12000 伏特。另一方面，高电压的直接利用，在许多情形下，也是不方便的，其中有安全的考虑，也有设备上的困难。因此产生电压变换问题。变压器解决了电压变换问题，而且能量几乎毫无损失地解决了这个问题。

变压器中所有部分都是固定的。用铁作为一个完全闭合的磁路，在它上面绕着两组线圈，一组接受电能，叫做**原绕组**；另一组，对于外电路说起来，好像发电器一样，是一个电源，叫做**副绕组**。若副绕组的端电压高于原绕组的端电压，称为升压变压器；反之，则为降压变压器。两绕组中任何一个皆可充作原绕组，把它们的作用互相对调，一个升压变压器就成为降压变压器了。

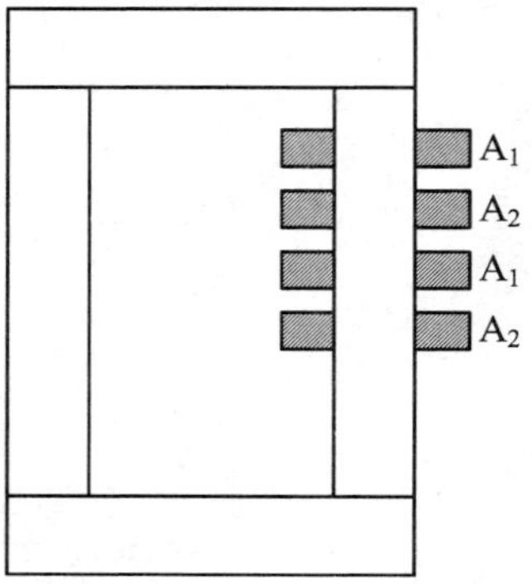

图 84.1

原副绕组互相靠拢，愈紧愈好，使通过一个绕组的磁通量能同时全部通过另一个绕组。为此，可把两个绕组在磁路中叠合，也可把它们各分成若干线圈在磁路上互相间隔地安排着，电能就是利用铁心中的磁通量从一个绕组传递于另一个绕组。

为了避免或减少傅歌电流，磁路用薄铁片（约十分之几毫米厚）组成，通常是矩形的（图 84.1）。磁路的截面几乎成正方形，A_1 和 A_2 分别代表原副绕组的线圈，构造甚为简单，没有精密接合部分；但是必须很好地解决绝缘与冷却问题。原副两个绕组之间以及两个绕组与磁路之间都要有完善的绝缘。变压器虽然效率很高，对于一个大变压器来说，发放热量还是很可观的。例如一个功率为 1000 千瓦、效率为 98% 的变压器，每小时就要发放 17300 大卡的热量，这些热量必须拿走。

1. 变压器理论

在原绕组上任意选定电流的正向，循着绕组的绕向，也就规定了副绕组中的电流正向。磁通量的正向，必须与电流正向相对应，至于电动势和端电压的正向也就必须是在绕组中产生正电流的那个方向。可见变压器原绕组上的电流正向一经选定之后，变压器两个绕组中所有物理量如电流、磁通量、电动势等的正向也都随着完全规定了。

设 N_1 和 N_2 为原副两个绕组的线圈匝数，r_1 和 r_2 为电路的电阻（图 84.2 中所画原副两个绕组完全分开是不符合实际情形的）。

设在 t 时，V_1 和 V_2 为原副绕组的端电压，I_1 和 I_2 为它们的电流，Φ 为通过磁路截面的磁通量。假定 Φ 对于磁路的所有截面都一样，那就是说没有漏磁，所有磁感应线全在铁心中闭合，没有跑出铁心外的。通过原副绕组的磁通量各为 $N_1\Phi$ 和 $N_2\Phi$。

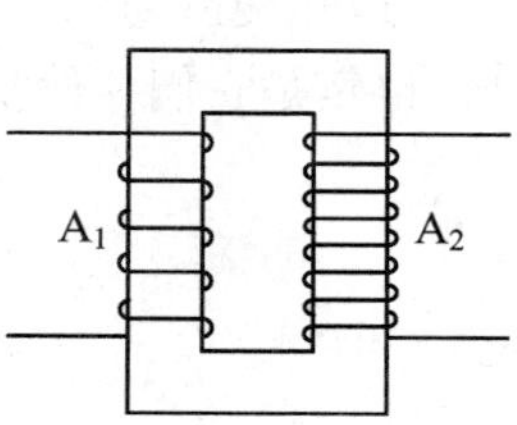

图 84.2

Φ 是时间的函数，在原副两个绕组中我们有感应电动势

$$\mathscr{E}_1 = -N_1\frac{\mathrm{d}\Phi}{\mathrm{d}t},\quad \mathscr{E}_2 = -N_2\frac{\mathrm{d}\Phi}{\mathrm{d}t}$$

由欧姆定律，得

$$V_1 + \mathscr{E}_1 = r_1 I_1,\quad V_2 + \mathscr{E}_2 = r_2 I_2$$

可以写成

$$\left.\begin{aligned} V_1 &= N_1 \frac{d\Phi}{dt} + r_1 I_1 \\ V_2 &= N_2 \frac{d\Phi}{dt} + r_2 I_2 \end{aligned}\right\}$$

很容易看出，上面两个方程式中右边第二项比起左边这一项来要小得很多，这是要得到高效率的应有结果(实际上，变压器效率确是很高)。要有高效率，焦耳效应的损失必须只是有用功率的极小部分。假设副绕组中的电流对于副绕组的端电压没有“相”差，输出的功率将是 $P_2 = V_{2有效} I_{2有效}$，而变成热量消耗的功率即 $P_2' = r_2 I_{2有效}^2$。可见 P_2'对于 P_2，即 $r_2 I_{2有效}^2$对于 $V_{2有效} I_{2有效}$来说，必须很小，这就是上面所要求的结果。对于原绕组，也有同样的要求。

忽略上两式右边第二项不计(即绕组中欧姆式电位降落可以忽略不计)，我们有

$$\left.\begin{aligned} V_1 &= N_1 \frac{d\Phi}{dt} \\ V_2 &= N_2 \frac{d\Phi}{dt} \end{aligned}\right\} \tag{84.1}$$

从而得出

$$\frac{V_2}{V_1} = \frac{N_2}{N_1} = K \tag{84.2}$$

可见在 V_2 与 V_1 之间，在任何时刻，有一定的比值，这个比值叫做**变压比**。由于同一磁通量 Φ 穿过原副两绕组，两绕组的每一匝，无论是原绕组还是副绕组的，产生相同数目的电压。因此原绕组中的感应电动势与副绕组中的感应电动势之比等于该原绕组的匝数与该副绕组匝数之比。在所假定的理想情形下，感应电动势 $\mathscr{E}_1$ 和 $\mathscr{E}_2$ 在数值上等于所对应端电压 V_1 和 V_2，所以只要匝数之比 N_2/N_1 选择适当，便可从某一原端电压获得任何所需要的副端电压。倘若 $V_2 > V_1$，则为升压变压器；倘若 $V_2 < V_1$，则为降压变压器。

假设原绕组的端电压

$$V_1 = V_{1m} \sin \omega t$$

已给定，则副绕组的端电压也必然是一个同周期的正弦函数。至于磁通量，也将作正弦变化，可从式(84.1)中第一式积分得到

$$\Phi = -\frac{V_{1m}}{\omega N_1} \cos \omega t$$

可见磁通量 Φ 与原端电压 V_1 有一个 $\pi/2$ 的“相”差。当原端电压为零时，磁通量有极大值

$$\Phi_m = \frac{V_{1m}}{\omega N_1} \tag{84.3}$$

铁的磁感应强度将在 $+B_m$ 与 $-B_m$ 之间变化。命 S 为磁路截面面积(差不多是常数)，我们有

$$B_m = \frac{\Phi_m}{S} = \frac{V_{1m}}{\omega N_1 S}$$

我们知道，由于铁的磁性特点，B_m 的值不能超过某个极限，通常不能超过 10000 高斯很多。因此，对于一定的频率和一定的磁路截面面积，绕组每匝所能产生的电压也有不可超越的数值。例如，当频率为 50/秒（$\omega = 2\pi \times 50 \approx 314$），$B_m = 10000$ 高斯，磁路截面面积 $S = 100$ 厘米^2 时，绕组每匝所能产生的极大电压为 $\omega S B_m = 3.14$ 伏特，于是我们有

$$V_{1m} = 3.14 N_1 \text{ 伏特}$$

或

$$V_{1\text{有效}} = 2.53 N_1 \text{ 伏特}$$

从此可以得出原副绕组对于产生一定的原端电压 V_{1m} 和副端电压 V_{2m} 所应具有的匝数 N_1 和 N_2。

2. 空运转

当变压器的原绕组两端接上一个外来的交变电位差，而副绕组还处于断开的时候，变压器仅充感应器的作用，副绕组两端产生电压 $V_{2\text{有效}} = KV_{1\text{有效}}$，但是其中没有电流流通。我们说变压器在空运转中。

在空运转中，副绕组中电流为零，原绕组中的电流 I_0 很弱，叫做空转电流，其强度为

$$I_0 = \frac{R}{4\pi N_1}\Phi$$

空转电流之所以很弱，是由于磁路的磁阻 R 很小的缘故，也就是说，原绕组电路的自感系数 $L = N_1\Phi/I_0 = 4\pi N_1^2/R$ 很大的缘故。原绕组电路的自感很大，从而感抗很大。只要不多的安培匝数，就能够产生式(84.3)所规定的磁通量。在现代大功率变压器中，空转电流没有超过满载时的原电流的 3%～5%。

空转电流几乎是完全无功的，如果在铁心中没有发放热量的话。事实上，由于铁的磁滞现象以及铁心中没有消除净尽的傅歌电流，总有一些能量变成热量。因此，虽在空运转中，变压器还是要吸收而消耗一些功率，称为空转功率，也就是铁中损耗。不过在铁心中有关磁的情况，在变压器负载运转时，没有多少改变。这就是说，磁感应强度在和空运转时相同的范围内按相同的规律变化。铁中损耗，在负载运转时，约有与空运转中相同的数值。空转功率也可以代表变压器在负载运转时的铁中损耗。这个铁中损耗，在大功率变压器中，不到满载功率的 1%。

3. 负载运转

副绕组两端与外电路连接，其中有电流流通时，我们说变压器在负载运转中。副绕组中的电流 I_2 由它的有效强度 $I_{2\text{有效}}$ 和对于端电压 V_2 的"相"差 φ 角规定。

在此我们要注意的是，对于外电路而言，副绕组两端的瞬时电压不是 V_2 而是 $-V_2$。外电路中有电流流通是副绕组具有端电压的结果，但是根据前面关于变压器内各种物理量的正向的规定，副绕组的端电压 V_2 为负值时，在外电路中产生的电流 I_2 才会在流过副绕组中被认为是正的。因此，就变压器内部说，副绕组的端电压是 V_2，就外电路来说，

副绕组的端电压是 $-V_2$。

式(84.1)适用于空运转中,也适用于负载运转中。从式(84.1),可以看出下面的两条结论:

(1) 若 $V_{1有效}$ 不变,即以一定的随时间变化的原端电压给变压器时,V_1 与 V_2,无论在空运转中或在负载运转中,总是同相;而 V_1 与 $-V_2$ 也就总是反相;

(2) 磁通量的变化规律,从而总的安培匝数

$$N_1 I_1 + N_2 I_2$$

的变化规律,在负载运转时与在空运转时,总是相同。

在空运转中,$I_2=0$,原绕组中的电流 I_1 就是空转电流 I_0,强度很小。因此,在负载运转中的任何时刻,我们有

$$N_1 I_1 + N_2 I_2 = N_1 I_0$$

或

$$I_1 = I_0 - \frac{N_2}{N_1} I_2 = I_0 - K I_2$$

可见,一旦变压器有了负载,除本来很小的空转电流 I_0 外,立刻来了一个工作电流 $-KI_2$,其强度 K 倍于副绕组中的电流 I_2,其方向总与 I_2 相反。当负载开始有点繁重的时候,I_0 这一项对于 $-KI_2$ 来说可以忽略不计,因而近似地有

$$I_1 = -KI_2$$

副绕组一经接通,副电流 I_2 和原电流 I_1 一样,也要在铁心中产生磁通量。根据楞次定律,副电流的磁通量与原电流的磁通量方向相反,针锋相对地斗争着,有削弱铁心中磁通量的趋势,从而有减小原电路中反电动势的危险。但是(在无损耗的情况下)原电路的反电动势必须等于原电路的路端电压,而路端电压又系外来并且假定保持不变的。因此,原绕组不得不立刻"发出呼吁,要求增援",结果来了"救兵"工作电流,使原电流 I_1 增加到铁心中的磁通量恢复原来无负载时的数值为止。

在原副绕组中的电流 I_1 和 I_2 的方向是相反的,它们的有效强度合乎下列关系:

$$\frac{I_{2有效}}{I_{1有效}} = \frac{1}{K} = \frac{N_1}{N_2} \tag{84.4}$$

若变压器升压,则原电流比副电流强;降压则情形相反。

我们现在明白为什么原副两个绕组必须叠合,愈紧愈好,而不是如图 84.2 中所示的彼此分开。否则,当变压器工作时,两绕组中的电流,既然方向相反,就要产生方向相反的磁通量,每个绕阻所产生的磁通量将有可观的一部分不能通过另一磁组而成为漏磁,结果导致变压比 K 的降低。

4. 变压器效率

假设以一定的电压给原绕组,我们来研究当副电流在强度上和在相上变化时的变压器效率。

设 P_1 为电源供给于原绕组的功率,P_2 为副绕组供给于外电路的功率,则变压器效率为

$$\eta = \frac{P_2}{P_1}$$

差数 $P = P_1 - P_2$ 代表变成热量而损失了的功率。损失分两部分：

（1）铁中损耗，由于磁滞现象与傅歌电流所致。在前述情形下，铁中损耗近乎常数，用 P_f 表示，可在空运转中实验测定。

（2）焦耳效应损耗，损耗在原副两个绕组的铜线中，可说是铜中损耗，铜中损耗功率 P_c 为

$$P_c = r_1 I_{1有效}^2 + r_2 I_{2有效}^2$$

以式(84.4)中 $I_{1有效}^2$ 的值代入上式，并令

$$R = r_2 + K^2 r_1 \tag{84.5}$$

我们就有

$$P_c = (r_2 + K^2 r_1) I_{2有效}^2 = R I_{2有效}^2 \tag{84.6}$$

这样就可全用与外电路有关的物理量——供给于外电路的功率 P_2 和副电流对于副绕组端电压的"相"差 φ，来表示变压器效率 η 如次。从

$$P_2 = V_{2有效} I_{2有效} \cos\varphi$$

得

$$I_{2有效} = \frac{P_2}{V_{2有效}\cos\varphi}$$

把它代入式(84.6)，就有

$$P_c = \frac{RP_2^2}{V_{2有效}^2 \cos^2\varphi}$$

于是我们有

$$\eta = \frac{P_2}{P_2 + P} = \frac{P_2}{P_2 + P_c + P_f} = \frac{P_2}{P_2 + \dfrac{RP_2^2}{V_{2有效}^2\cos^2\varphi} + P_f}$$

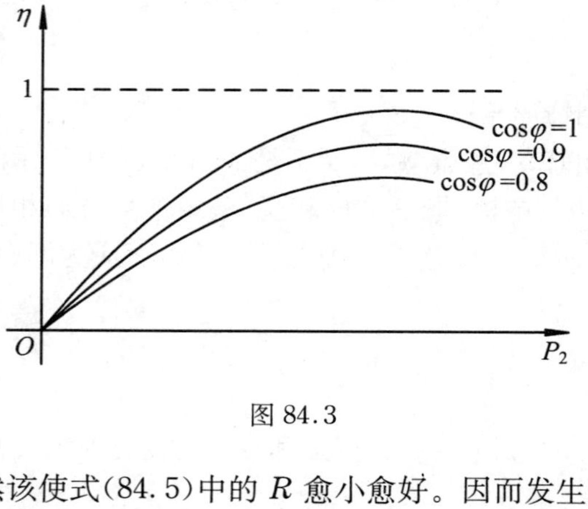

图 84.3

对于一个已定的 $\cos\varphi$，效率曲线有如图 84.3 所示。很容易证明：当铜中损耗等于铁中损耗时，效率最大。最大效率通常出现稍在满载运转之前，以使在满载和比满载略低的运转下都有很好的效率；又 $\cos\varphi$ 愈小，效率曲线愈低。

变压器虽然有这些损耗，但其效率一般都在 90% 以上，大功率变压器的最大效率可高达 99%，何等美事！

要减小损耗，也就是要提高效率，当然该使式(84.5)中的 R 愈小愈好。因而发生这样一个问题：为了制造变压器，规定使用一定重量的铜；由于经济理由或由于空间限制，我们不能或不愿超过这个铜的定量，我们应该在原副两个绕组中如何分配铜的使用量以获得变压器的最大效率？

很简单的计算就可以证明:必须这样分配铜,使

$$r_2 = K^2 r_1$$

变压器的效率才是最大的。这就是说,在原副两个绕组中焦耳效应的损耗应该相等,副原两个绕组所需铜线的长度之比,即 N_2/N_1 等于 K。可见原副两个绕组所用铜线的截面面积之比也必须等于 K,匝数多的绕组用细铜线,而匝数少的绕组用粗铜线。

§85 电子回旋加速器

由于速度增加引起相对论上的质量增加,以前所讲的回旋加速器不能用以加速电子使其达到很高的速度,只能用来加速较重的带电质点,如质子或氘核等,方有良好的结果。在回旋加速器中,要使运动质点和交变电场保持同相,质点的角速度 Bq/m 必须保持一定的值。现在虽然 B 和 q 不变,但 m 则不然。据相对论原理,若动能相同,一个电子的速度远大于一个较重的质子或氘核的速度,因之质量的增加也更显著。例如一个200 万电子伏的电子的质量约为静止时质量的 5 倍,但一个 200 万电子伏的氘核的质量则仅比静止时大 0.01%。若以回旋加速器加速电子,电子很快就与交变电场失去步调一致,因之当它到达空隙时,不能适当地加速,或反而减速。

在回旋加速器面世后约十年,即在 40 年代初,创造了专为电子加速的电子回旋加速器,能把电子加速到具有 100 百万电子伏或更高的能量。今将其原理说明如次。

一个抽成真空的环形玻璃管,横截面成鸡蛋形,内外直径约各为 1.5 和 1.9 米,水平地放置于罐状电磁铁两极面间(图 85.1)。将一频率为每秒 60 周的交变电流通过电磁铁的绕组,因此垂直穿过环形管的平面的磁通量在 1/120 秒钟内,从某一方向的最大值转变为相反方向的最大值。将电子用一电子枪经由约 50000 伏特而加速,再沿着环形管切线方向射入管内,并借这个变化磁场的作用,在管内绕着直径约为 1.7 米的轨道旋转。电子每旋转一周均由一约为 400 伏特的电压所加速。

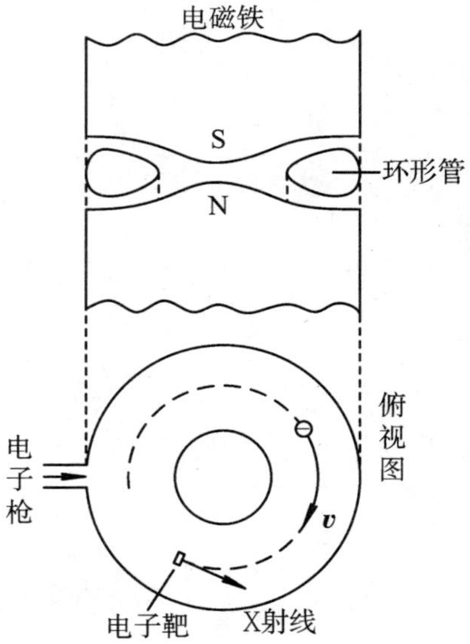

图 85.1

这个加速电压哪里来的?须知此时电子在一个垂直的变化磁场中运动,受着一个电场的作用,电场强度为 $E = -\dfrac{r}{2}\dfrac{\partial B}{\partial t}$,式中 r 为电子轨道的半径(见§65)。此种加速器可与一般变压器相对照,变压器内通常匝数多的高电压副绕组即相当于加速器的玻璃管内的电子。这个使电子旋转中加速的电压的伏数,就是等于变压器中穿过

单匝线圈的磁通量以相同之变化率变更时匝中感应电动势的伏数(参见§84－1)。所以电子因磁场的存在而被迫运动于圆形轨道上,同时由于磁场变化所产生的电场而加速。

电子运动速度极高,在磁通量从零增至最大值所需的时间内,它可能旋转了250000周,每旋转一周即相当于通过400伏特的电位差而加速一次,所以电子最后的能量为250000×400即100百万电子伏,它的速度很接近于光速。

在加速过程的任一阶段,可另外将一脉冲电流输送到电磁铁的线圈内,使电子跑出原来圆形轨道,而撞击于某一靶上,产生特硬X射线。此种X射线波长极短,具有极强的贯穿本领。

为什么由于速度增加而引起的质量增加,在电子回旋加速器中,并不妨碍电子加速呢?这是因为在磁场变化不及一周的时间内,电子已获得其最后所具有的能量,而且在多次旋转中电子并不需要与磁场保持什么步调一致。

第 12 章　磁场的能量

§86　建立电流磁场所需的能量

在§81所述实验(图 81.1)中,绕组 B 一经 M 与 N 点短路而成独立的闭合电路之后,其中已无电源存在,但是电流还能流通片刻,继续发热。这种维持瞬时电流并最后变成热量而消失了的能量,从何而来?

在这一瞬间,与热量发生同时出现的唯一现象为:电流所产生的磁场也随电流而逐渐消灭。因此,我们可以设想:

(1) 电流产生磁场需要花费相当的能量;

(2) 电流断开时,磁场消灭,其能量也就变成它种形式的能量(例如热能)。

我们进一步来证实这种看法的正确,并求出建立磁场所需的能量。

我们先来计算,在图 81.1 所示的实验中,从 M 与 N 点短路时起,绕组电路中所放出的热量 Q。电流强度在 t 时为 I,在 $\mathrm{d}t$ 时间内,变为热量而放出的能量为 $\mathrm{d}Q = RI^2\mathrm{d}t$。因此,我们有

$$Q = \int_0^\infty RI^2\mathrm{d}t = RI_0^2\int_0^\infty \mathrm{e}^{-2t/\tau}\mathrm{d}t = \frac{\tau}{2}RI_0^2 = \frac{1}{2}LI_0^2$$

式中 I_0 为绕组起始电流强度。

到此,我们可以认为:当自感系数为 L 的绕组中有电流 I 流通时所产生的磁场拥有能量 U,其值为 $LI^2/2$。当电流停止时,这个能量 U 变成热量 Q 而消失,消失的快慢看电阻 R 的值而定。

这个能量 U 又从何而来呢?当然是由电能发生器(在本例中为电池)在电流成长的时候所供给的。我们来证实这一点。电流在成长中,遵从微分方程式

$$\mathscr{E} = RI + L\frac{\mathrm{d}I}{\mathrm{d}t}$$

上式两端各乘 $I\mathrm{d}t$,使其中各项都来代表能量,就有

$$\mathscr{E}I\mathrm{d}t = RI^2\mathrm{d}t + \frac{1}{2}L\mathrm{d}(I^2)$$

左端一项就是代表电能发生器在 $\mathrm{d}t$ 时间内所供给的能量,右端第一项就是代表在同一时间内电路中所放出的热量。我们在此看到电能发生器所供给的能量大于电路中所放出的热量,因为右端第二项总是正的。第二项之所以总是正的,是由于 I 正在成长不断

增大的缘故，并不是由于包含有 I 的平方的缘故。所以必有一部分能量储存起来，储存起来的能量在 $\mathrm{d}t$ 时间内，为 $L\mathrm{d}(I^2)/2$。当电流从 0 增长到 I 时，储存起来的能量将为

$$U = \frac{1}{2}LI^2 \tag{86.1}$$

这正是电流在逐渐消灭中所放出的热量。

在上述实验中，电路的各部分全是假设不动的，因而没有机械功。现在我们假设电路可以变形（这等于说，电路各部分可以相对移动）。在 $\mathrm{d}t$ 时间内，由于电路变形，L 改变了 $\mathrm{d}L$，I 改变了 $\mathrm{d}I$；电路所成的系统内储存起来的能量也将因而增加

$$\mathrm{d}U = \mathrm{d}\left(\frac{1}{2}LI^2\right) = \frac{1}{2}I^2\mathrm{d}L + LI\mathrm{d}I \tag{86.2}$$

另一方面，此时系统作出的机械功，根据§48末尾的公式，等于

$$\mathrm{d}A = \frac{1}{2}I^2\mathrm{d}L \tag{86.3}$$

此时，由于电路中的感应电动势为

$$\mathscr{E} = -\frac{\mathrm{d}\Phi}{\mathrm{d}t} = -\frac{\mathrm{d}(LI)}{\mathrm{d}t} = -\left(I\frac{\mathrm{d}L}{\mathrm{d}t} + L\frac{\mathrm{d}I}{\mathrm{d}t}\right)$$

电能发生器所供给的能量中不变为热量的那一部分必为

$$\mathrm{d}W = -\mathscr{E}I\mathrm{d}t = I^2\mathrm{d}L + LI\mathrm{d}I \tag{86.4}$$

从式(86.2)～(86.4)，可知我们确有

$$\mathrm{d}W = \mathrm{d}U + \mathrm{d}A$$

所以电能发生器供给能量依照焦耳定律变成热量以外，还供给能量以作出机械功，同时也供给能量来增加电路系统所储存起来的能量。如果电流 I 不变，作出的机械功与增加的系统能量相等，即一半用来作功，一半储存起来。

§87 能量储存在磁场中

我们进而证明：建立磁场所需的能量 $U = LI^2/2$ 储存在磁场所占据的整个空间中。为此，应把这个式子变成一个对整个空间的体积分，并把磁场强度或磁感应强度在积分里表现出来。

试就电路 C 所产生的磁场而论之（图 87.1）。考虑一个无穷窄的磁感应管 L，它一定是闭合的，而且一定穿过电路 C。命 $\mathrm{d}\Phi$ 代表这个磁感应管的磁通量，设 A 为该磁感应管中任意一点，$\mathrm{d}S$ 为正截面面积，μ 为磁导率，B 和 H 各为在 A 点的磁感应强度和磁场强度，$\mathrm{d}l$ 为磁感应管上一小段。我们有

$$I = \frac{1}{4\pi}\oint_{\mathrm{L}} H\mathrm{d}l, \quad \mathrm{d}\Phi = B\mathrm{d}S$$

把上两式两端相乘，又因 $\mathrm{d}\Phi$ 沿磁感应管为常数，可把 $B\mathrm{d}S$ 移入积分号下，就得

$$Id\Phi = \frac{1}{4\pi}\oint_{L} BH\mathrm{d}S\mathrm{d}l = \frac{1}{4\pi}\oint_{L} BH\mathrm{d}V$$

式中 $\mathrm{d}V$ 为磁感应管 L 的体积元。

再把有关穿过电路 C 的所有磁感应管的结果相加，则上式左端为 $I\Phi$，Φ 表示穿过电路 C 的磁通总量，上式右端将是 $\frac{1}{4\pi}\int BH\mathrm{d}V$ 对整个空间的积分，即

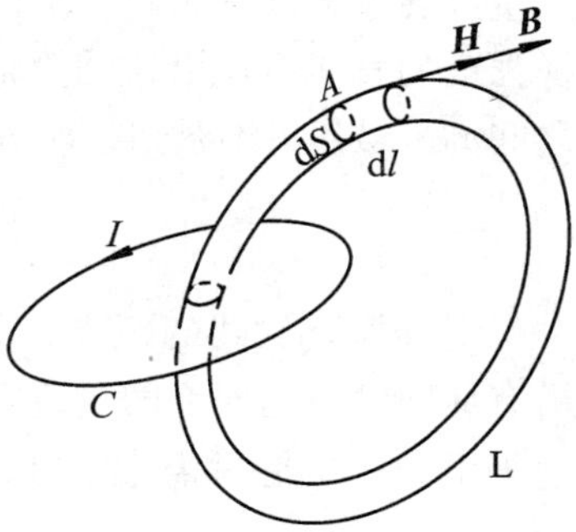

图 87.1

$$I\Phi = \frac{1}{4\pi}\int_{V} BH\mathrm{d}V$$

但是，依定义 $\Phi = LI$，可见 $I\Phi = LI^2$ 为磁场能量 U 的二倍，于是我们最后得

$$U = \frac{1}{8\pi}\int_{V} BH\mathrm{d}V \qquad (87.1)$$

可见能量分布于整个磁场中，每立方厘米内的能量密度为

$$u = \frac{BH}{8\pi} = \frac{\mu H^2}{8\pi} = \frac{B^2}{8\pi\mu} \qquad (87.2)$$

值得注意的是，在强磁场中，能量密度很大，例如在空气中，$H = 50000$ 奥斯特，$\mu = 1$，则

$$u = \frac{1}{8\pi}\times 50000^2 \approx 10^8 \text{ 尔格 / 厘米}^3 = 10 \text{ 焦耳 / 厘米}^3$$

磁场能量分布在磁场所占据的整个空间中，和静电场一样，不单是一种数学计算的方法，而是物理的实际。在电流 I 所产生的磁场的任何一个区域中，放置一个导体回线，就能够在电流 I 断开时通过感应电流吸取能量，还能说能量不就分布在被吸取的地方吗?

【例 1】 从磁场能量的计算，来求电缆的自感系数。

电缆是两个共轴的圆筒状的导体，而且沿内圆筒流动的电流与沿外圆筒流动的电流大小相等而方向相反(图 87.2)。

以 R_1 和 R_2 分别表示内圆筒和外圆筒的半径，考虑长为 l 的一段电缆。沿这一段电缆流动的电流的磁能，可以用两种方法表示：第一，按公式(86.1)，以这段电线的自感系数 L 表示出来：

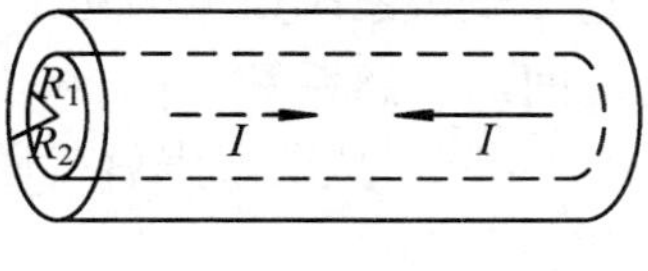

图 87.2

$$U = \frac{1}{2}LI^2 \qquad (87.3)$$

第二，按公式(87.1)，以表征电流磁场的各量表示出来：

$$U = \frac{1}{8\pi}\int_{V} \mu H^2\mathrm{d}V \qquad (87.4)$$

上式中的积分是对于长为 l 的这段电缆，遍及于磁场异于零的体积。比较这两个式子，就能够求出自感系数。

首先由公式(87.4)来计算 U。我们知道：(a) 沿一空圆筒状导体流动的电流在这圆

筒内部产生的磁场强度等于零。因此，在半径为 R_1 的圆筒内这个区域，不需积分。(b) 这两个圆筒之间的电场强度仅由沿内圆筒流动的电流决定。因为外圆筒在这一区域内产生的磁场强度等于零。沿内圆筒流动的电流在这圆筒之外所产生的磁场强度，又与同样强度的直线电流沿这圆筒轴线流动时所产生的磁场强度完全相同。所以，在两个圆筒之间的区域里，磁场强度 H 等于

$$H = \frac{2I}{r}$$

式中 r 是至圆筒轴线的距离。(c) 在两圆筒外的磁场是由两个强度相同而方向相反的电流沿有共同轴线的两个圆筒流动时所产生的，所以在这两个圆筒之外的所有各点，磁场强度等于零。于是只需在介于两个圆筒之间的长为 l 的圆柱层内求公式(87.4)中的积分。

计算的时候，我们把整个的体积分割成 $\mathrm{d}V = 2\pi r\mathrm{d}rl$ 的无限薄的层。在这样的薄层的范围内，可以把磁场强度 H 看做是均匀的。这薄层中的能量等于

$$u\mathrm{d}V = \frac{1}{8\pi}\mu H^2\mathrm{d}V = \mu I^2 l\frac{\mathrm{d}r}{r}$$

把上式对于 r 从 R_1 至 R_2 积分，则得总的能量

$$U = \mu I^2 l\int_{R_1}^{R_2}\frac{\mathrm{d}r}{r} = \mu l I^2 \ln\frac{R_2}{R_1}$$

这表示能量 U 的式子与式(87.3)比较，就得出长为 l 的一段电缆的自感系数

$$L = 2\mu l\ln\frac{R_2}{R_1}$$

因为电缆中介质的磁导率 μ 近于1，所以近似有

$$L = 2l\ln\frac{R_2}{R_1}$$

§88　电流系统的能量

设有两个电路 C_1 和 C_2，各有电流 I_1 和 I_2 流通，求建立这个电流系统所费的功。

命 L_1 和 L_2 各为电路 C_1 和 C_2 的自感系数，M 为它们之间的互感系数。C_1 和 C_2 各有电能发生器，其电动势分别为 $\mathscr{E}_1$ 和 $\mathscr{E}_2$。我们把电路 C_1 和 C_2 同时接通或先后接通。通过 C_1 和 C_2 的磁通量各为

$$\Phi_1 = L_1I_1 + MI_2,\quad \Phi_2 = L_2I_2 + MI_1$$

这二个电路的微分方程式各为

$$\mathscr{E}_1 = R_1I_1 + L_1\frac{\mathrm{d}I_1}{\mathrm{d}t} + M\frac{\mathrm{d}I_2}{\mathrm{d}t}$$

$$\mathscr{E}_2 = R_2I_2 + L_2\frac{\mathrm{d}I_2}{\mathrm{d}t} + M\frac{\mathrm{d}I_1}{\mathrm{d}t}$$

现在来求使 C_1 和 C_2 的电流从零各达到最后值 I_1 和 I_2 所需的能量。为此，分别以 $I_1 \mathrm{d}t$ 和 $I_2 \mathrm{d}t$ 乘上两式的两端而相加，得

$$(\mathscr{E}_1 I_1 - R_1 I_1^2)\mathrm{d}t + (\mathscr{E}_2 I_2 - R_2 I_2^2)\mathrm{d}t = L_1 I_1 \mathrm{d}I_1 + L_2 I_2 \mathrm{d}I_2 + M(I_1 \mathrm{d}I_2 + I_2 \mathrm{d}I_1)$$

左端两项代表这两个发生器在 $\mathrm{d}t$ 时间内所供给能量中不变为热量的那一部分，也就是电流系统所储存的能量，命为 $\mathrm{d}U$。右端各项可以写成

$$\frac{1}{2}L_1 \mathrm{d}(I_1^2) + \frac{1}{2}L_2 \mathrm{d}(I_2^2) + M\mathrm{d}(I_1 I_2)$$

于是我们有

$$\mathrm{d}U = \mathrm{d}\left(\frac{1}{2}L_1 I_1^2 + \frac{1}{2}L_2 I_2^2 + MI_1 I_2\right)$$

从初情状 $U=0, I_1=I_2=0$ 到终情状(U, I_1, I_2)积分，得

$$U = \frac{1}{2}L_1 I_1^2 + \frac{1}{2}L_2 I_2^2 + MI_1 I_2 \tag{88.1}$$

这就是电流系统的能量。$U_1 = \frac{1}{2}L_1 I_1^2$ 和 $U_2 = \frac{1}{2}L_2 I_2^2$ 分别代表 C_1 和 C_2 的固有能量，$U_{12} = MI_1 I_2$ 代表它们之间的相互能量，从而 $U = U_1 + U_2 + U_{12}$ 就是它们所成系统的总能量。由于 M 可以为正也可以为负，系统的能量可以大于也可以小于电流个体固有能量之和。

式(88.1)还可写成如下形式：

$$U = \frac{1}{2}I_1 \Phi_1 + \frac{1}{2}I_2 \Phi_2 \tag{88.2}$$

就更容易推广到三个以上的电路所成的系统。

电流系统的能量当然也分布在这个系统的磁场所占据的整个空间中。那就是说，由式(88.1)所表达的能量 U 应该等于$\int_V \frac{\mu \boldsymbol{H}^2}{8\pi}\mathrm{d}V$，式中 $\boldsymbol{H}$ 为分别由 C_1 和 C_2 所产生的磁场 $\boldsymbol{H}_1$ 和 $\boldsymbol{H}_2$ 的矢量和，即

$$\boldsymbol{H} = \boldsymbol{H}_1 + \boldsymbol{H}_2$$

或

$$H^2 = H_1^2 + H_2^2 + 2H_1 H_2 \cos\alpha = H_1^2 + H_2^2 + 2\boldsymbol{H}_1 \cdot \boldsymbol{H}_2$$

因此，我们有

$$\int_V \frac{\mu H^2}{8\pi}\mathrm{d}V = \int_V \frac{\mu H_1^2}{8\pi}\mathrm{d}V + \int_V \frac{\mu H_2^2}{8\pi}\mathrm{d}V + \int_V \frac{\mu \boldsymbol{H}_1 \cdot \boldsymbol{H}_2}{8\pi}\mathrm{d}V$$

根据上节的计算结果，右端第一、第二两个积分分别就是代表电路 C_1 和 C_2 的固有能量 $U_1 = \frac{1}{2}L_1 I_1^2$ 和 $U_2 = \frac{1}{2}L_2 I_2^2$。现在只须对第三个积分进行计算。为此，我们不用总磁场 $\boldsymbol{H}$ 的磁感应管来分割空间，还是沿电路 C_1 所产生的磁感应管来积分，有如图 88.1 所示。于是，我们有

$$\mu \boldsymbol{H}_1 \cdot \boldsymbol{H}_2 \mathrm{d}V = \boldsymbol{B}_1 \cdot \boldsymbol{H}_2 \mathrm{d}S\mathrm{d}l = B_1 \mathrm{d}S\boldsymbol{H}_2 \cdot \mathrm{d}\boldsymbol{l} = B_1 \mathrm{d}S\boldsymbol{H}_2 \cdot \mathrm{d}\boldsymbol{l}$$

从而

$$\int_V \frac{\mu \boldsymbol{H}_1 \cdot \boldsymbol{H}_2}{4\pi} \mathrm{d}V = \int_\Sigma B_1 \mathrm{d}S \oint_T \boldsymbol{H}_2 \cdot \mathrm{d}\boldsymbol{l}$$

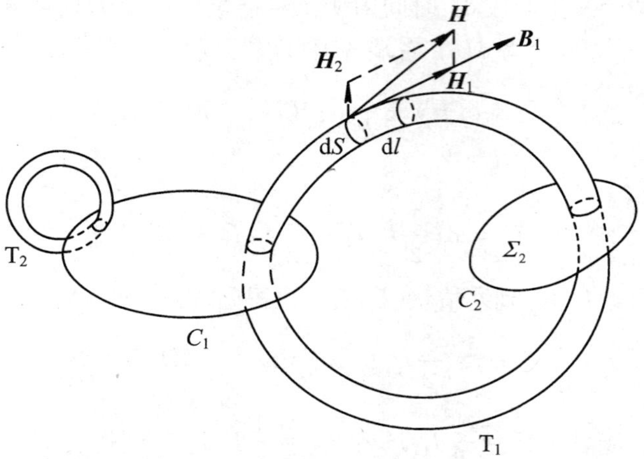

图 88.1

关于 C_1 的磁感应管 T,应分两类来说:一类如 T_1 穿过电路 C_2,另一类,如 T_2 不穿过电路 C_2。对于后一类,我们有

$$\oint_{T_2} \boldsymbol{H}_2 \cdot \mathrm{d}\boldsymbol{l} = 0$$

对于前一类,我们有

$$\oint_{T_1} \boldsymbol{H}_1 \cdot \mathrm{d}\boldsymbol{l} = 4\pi I_2, \quad \int_{\Sigma_2} B_1 \mathrm{d}S = MI_1$$

式中 Σ_2 代表电路 C_2 所包围的曲面,所求得的结果为 C_1 产生的磁场穿过 C_2 的磁通量,即 MI_1。最后,我们得出第三个积分

$$\int \frac{\mu \boldsymbol{H}_1 \cdot \boldsymbol{H}_2}{4\pi} \mathrm{d}V = \frac{4\pi I_2}{4\pi} \int_{\Sigma_2} B_1 \mathrm{d}S = MI_1 I_2$$

就是代表 C_1 和 C_2 间的相互能量。

可见扩及整个磁场空间的积分$\int \frac{\mu H^2}{4\pi} \mathrm{d}V$ 确是代表电流系统的总能量 $U = U_1 + U_2 + U_{12}$,而电流系统的能量确是分布在整个磁场空间中。

§89 磁场的能量类似于物体的动能

把关于电流能量的公式与关于物体运动的公式作一比较,乃为饶有意义的事。磁场的能量类似于物体的动能。

设有飞轮，其转动惯量为 K，以角速度 ω 转动，则其动能为

$$U = \frac{1}{2}K\omega^2$$

与电路的磁能

$$U = \frac{1}{2}LI^2$$

一式相似。转动惯量 K 为飞轮的特征常数，一如自感系数 L 之为电路的特征常数。

飞轮转动恒受摩擦阻力，其力矩与转动速度成正比，可以 $P\omega$ 表之。此项力矩反抗飞轮的转动，恒把它的一部分能量转化为热，其作用有如电路中的电阻，P 即相当于电阻 R，而力矩 $P\omega$ 相当于欧姆式电位降落 RI。每单位时间内转化为热的能量，在飞轮中为 $P\omega^2$，在电路中为 RI^2。

要飞轮由静止而开动，我们须施以一推动的力矩 M，一如电路中电源的电动势 $\mathscr{E}$。从此，飞轮的角速度 ω 逐渐增加，合于下列关系：

$$K\frac{\mathrm{d}\omega}{\mathrm{d}t} + P\omega = M$$

一如§80电流成长时的微分方程式

$$L\frac{\mathrm{d}I}{\mathrm{d}t} + RI = \mathscr{E}$$

图80.2中电流成长曲线，也即代表飞轮开动时角速度增加的情形。最后角速度达到稳定值 $\Omega = M/P$，一如欧姆定律 $I = \mathscr{E}/R$。当开动时，供给原动力矩 M 的原动机所供给的能量，一部分转化为热，一部分由飞轮积储成为动能，终达 $K\Omega^2/2$ 之值。

飞轮行将停止转动时，此项积储的动能又将转化成它种形式的能量。最安全的方法，是撤去原动力矩 M 之后，让它继续旋转，由摩擦阻力逐渐使其停止。所需时间的长短，看 K/P 值的大小而定，即任其将动能全部转变成热量而消失。此种情形，有如图81.1中的实验，将电源撤去，而不把电路断开；电流递减与飞轮转缓，终于停止，完全相同。

突然将电路断开，一如飞轮“刹车”。刹车动作，危险殊甚，如断开电路时，恒见火花飞射。

总而言之，电路中的自感如运动中物体的惯性，电阻一如摩擦阻力。

此种类比还可深入一步。电路的各部分之间有电磁力互相作用着，要使其中可以移动的部分移动起来，以增加电路的自感系数 L。这好像惯性力，例如飞轮中的离心力，要使力学系统中可以移动的部分移动起来，以增加转动惯量 K 一样。

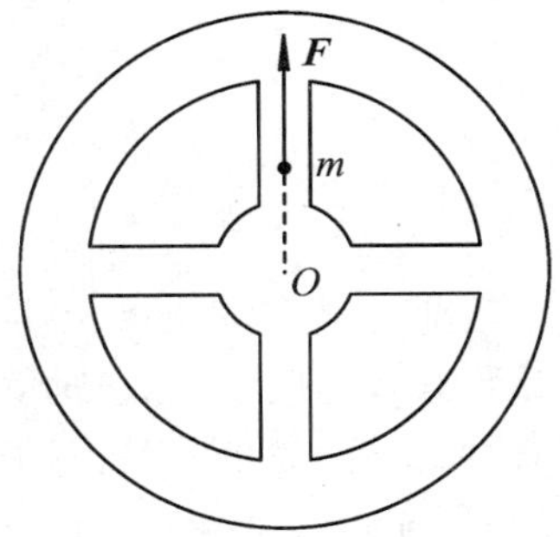

图 89.1

设有质量为 m 的物体附着在转动中的飞轮的一臂上(图89.1)，与转动轴 O 相距 r，它受有离心力 $F = m\omega^2 r$。若它能在臂上移动，它就要移动起来，离 O 更远。当它移动 $\mathrm{d}r$ 时，作出的功为

$$dA = F dr = m\omega^2 r dr$$

在这同时，飞轮的转动惯量增加了，增加的转动惯量为

$$dK = d(mr^2) = 2mr dr$$

于是我们有

$$dA = \frac{1}{2}\omega^2 dK$$

这与公式(86.3)

$$dA = \frac{1}{2}I^2 dL$$

类似。

要使飞轮的角速度维持不变，供给原动力的马达必须供给更多的额外的机械功 dW。同时飞轮的动能也有增加，增加了

$$dU = d\left(\frac{1}{2}K\omega^2\right) = \frac{1}{2}\omega^2 dK$$

可见

$$dU = dA$$

而

$$dW = dU + dA = \omega^2 dK$$

即马达所供给的额外能量，飞轮用来一半增加自己的动能，一半作出额外的功。

这个类比可以进行得如此之深，绝非事出偶然。根据现代观点，类比的东西原是同一回事。我们知道，电流的形成是由于电荷的运动。电荷是物质，自然也具有惯性。电荷的动能就是它们在运动中所产生的磁场的能量。所有物质都由原子组成，而原子又由正负电荷组成。所以一个原子的动能就是这些运动着的电荷在原子范围内所产生磁场的能量。所有动能可说都是电磁性质的，惯性与自感可说是同一回事。因此，惯性可由电磁定律解释；在这个意义上，我们说明了惯性是怎么一回事。

§90 电荷的质量

电荷 q 和它的质量 m 是作为两个互相独立的物理量而引入的。诚然，电子的质量就是负载者的质量，与它所负载的电荷无关。但是即使没有负载者，电荷也有惯性，因而也有它自己的质量，例如电子的质量。电子的质量和它的电荷不是互相独立、没有关系的，我们现在要讨论的就是这一回事。

这个重要事实又是下面另一事实的结果：所有运动着的电荷都在它的周围产生磁场。磁场拥有能量，这个能量与电荷运动速度的平方成正比，因而可以看做是动能，至少当它的速度比起光速来是小的时候。我们现在来求这个能量。

设电荷 q 沿 Ox 轴以速度 v 运动着。这个电荷若集中在一个真是像数学上所说的点

上，那么它由运动而具有的能量将是无穷大。因此我们必须假设电荷分布在一个有限的面或体上。

让我们假设电荷均匀地分布在一个半径为 a 的球面上，运动着的球面上每一个面积元都成为一个平行于 Ox 轴的电流元，而这个带电球的整体在空间中产生磁场。

这样产生的磁场，在球内为零，在球外好像电荷完全集中在球心上一样。

证明这个定理的最简单方法是应用磁场矢位（见§47）。运动着的球面上每一个面积元，既然相当于与 Ox 轴平行的电流元，在相距 r 的 P 点，产生平行于 Ox 轴的磁场矢位 $\mathrm{d}A = v\mathrm{d}q/r$。又因各个面积元的速度同是 v_1，可见运动电荷所产生的磁场矢位的式子和它的牛顿式电位只相差一个因子 v，从而得出相同的定理：在球内，磁场矢位为常数，磁场为零；在球外，对于各点的磁场和磁场矢位，好像电荷完全集中在球心一样。

现在进一步求这个磁场的能量。

设 O 为电荷的球心，电荷沿 Ox 轴以速度 v 运动着，它在 P 点所产生的磁场强度（图 90.1）为

$$H = vq\frac{\sin\theta}{r^2}$$

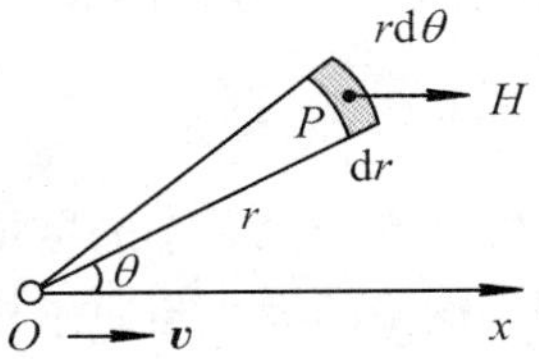

图 90.1

在 P 点周围的体积元 $\mathrm{d}V$ 中的磁场能量为 $H^2/(8\pi)\mathrm{d}V$，所以运动着的电荷球的能量等于把 $H^2/(8\pi)\mathrm{d}V$ 在整个空间中积分，也就是在球外整个空间中积分，因为在球内 $H=0$。

为了积分，把图中以 $\mathrm{d}r$ 和 $r\mathrm{d}\theta$ 为边的矩形绕 Ox 轴一周所成的体积取作体积元：

$$\mathrm{d}V = r\mathrm{d}\theta\mathrm{d}r \times 2\pi r\sin\theta = 2\pi r^2\sin\theta\mathrm{d}\theta\mathrm{d}r$$

而且在这个体积元中，H 是常数，我们有

$$\mathrm{d}U = \frac{1}{8\pi}v^2q^2\frac{\sin^2\theta}{r^4} \times 2\pi r^2\sin\theta\mathrm{d}\theta\mathrm{d}r = \frac{v^2q^2}{4} \cdot \frac{\sin^3\theta}{r^2}\mathrm{d}\theta\mathrm{d}r$$

于是 θ 从 0 到 π，r 从 a 到 ∞ 积分，得

$$U = \frac{v^2q^2}{4}\int_0^{\pi}\int_a^{\infty}\frac{\sin^3\theta}{r^2}\mathrm{d}\theta\mathrm{d}r = \frac{q^2}{3a}v^2 \tag{90.1}$$

可见运动电荷的能量，和动能一样，与其速度平方成正比。所以运动电荷有动能，也就是电荷有质量，把 U 和动能 $mv^2/2$ 等同起来，就得电荷的质量

$$m = \frac{2q^2}{3a} \tag{90.2}$$

对于一定的电荷来说，它所分布的球面半径愈小，质量愈大①。

使一个电荷运动起来，电荷就在它周围产生磁场。这一事实表明：要使电荷运动起来，必须对它作功；一旦运动起来之后，无须新添能量，电荷将以均匀速度继续不断地前进。这就是牛顿定律中物质惯性的意义。

电荷的这个动能，当然，分布在它的周围，理论上分布在它周围的整个空间中，实际上分布在与它的半径 a 不是无可伦比的范围内。如果我们计算在以 O 为心、R 为半径

① 如果假设电荷均匀地分布在球的体积内，所得质量结果类似，只是数字系数不同。

的圆球范围内的磁场能量，则在上述积分中，将对 r 从 a 到 R 而不是从 a 到 ∞ 积分。结果包括在半径为 R 的球内的能量将占总能量的 $1-a/R$；那就是说，在半径为 $1000a$ 的球的范围内，已有总能量的 999/1000。

由此可见，如果两个电荷相距很近，它们的质量将是不能相加的，问题比较复杂。可能有质量的部分抵消，倘若电荷的符号是相反的话。但是当两个电荷之间的距离比起它们的半径很大，比如说，大 1000 倍以上时，它们的质量就可相加，而且无论它们的电荷符号是相同或相反。由此得出结论：正负电荷的质量都是正的。因此，在电子论中，我们断定基元电荷的半径比起它们之间的距离来总是很小；原子的质量等于它所包含的正的或负的基元电荷的质量之和，所有物体的质量全是属于电磁性质；物体的动能就是在它体积内的磁场能量。

把电子的质量 $m=9.1085\times10^{-28}$ 克和电子的电荷 $q=-1.602\times10^{-20}$ 电磁单位代入式(90.2)中，就得电子的半径①

$$a=\frac{2q^2}{3m}=1.9\times10^{-13}\text{ 厘米}$$

这恰是原子核大小的数量级。可见这个简单计算，虽不一定可靠，但并不荒谬。

电子的大小与原子核大小在同一数量级，而原子核内基本粒子之间的相互作用力又不显著地表现于原子核范围之外，所有这些事实都使我们相信，在小于 2×10^{-13} 厘米的范围内，电动力学定律都将有深刻而重要的修改。

§91 电容器的振荡放电

设有电容器 C(图 91.1)的两极板由有自感 L 和电阻 R 的导线连接。在某一时刻，使电容器充电。两极板间有一电位差 V 后，立刻把电位差源断开。在无自感的情形下，将有电流沿连接电容器极板的导线流动，到极板上的电位相等时电流就要停止。但在有自感的电路中，情形就不相同。在极板电位相等的那一瞬间，由于自感而产生的电动势将继续保持正在减小的电流，所以发生电容器极板的再充电。不过再充电时极板间的电位差与第一次充电时方向相反。之后，又产生方向相反的电流，即再放电。结果极板充电、放电、再充电、再放电将周期地发生，形成电容和自感组成的电路中的振荡。因为一部分能量以焦耳热的方式消耗于电阻 R 内，这种振荡逐渐减幅，是一种阻尼振荡。电阻 R 愈小，阻尼也愈小；在电阻 $R=0$ 的极限情形下，振荡才能持续。

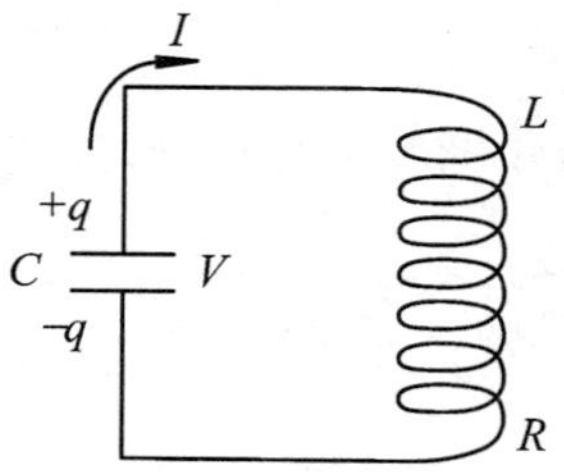

图 91.1

① 校者注：本节和 §120 提到的电子半径等于通常定义的电子经典半径的 2/3。

上面所讲的电振荡与机械振动(例如摆的振动)很相似。偏转的摆由于惯性而通过平衡位置向相反方向偏转,继续运动。这种运动由于摩擦力而逐渐减幅。由这比较可知:自感起着惯性的作用,欧姆电阻起着机械阻力的作用。从能量观点来看,这种类似更为深刻。摆振动的时候,偏转了的摆的位能转变为动能,这动能于摆通过其平衡位置之后又转变为位能,返回时又有同样的情形发生。使电容器充电时,电能(位能)被给予这系统。在图 91.2(a)中,电容器极板之间的虚线表示极板之间有电场存在。电容器放电时发生电流,这电流在螺线管(自感)中激发磁场,这磁场的能量与运动着的摆的动能相似。图 91.2(b)中的虚线表示自感线圈内的磁场。接着就发生电容器的再充电(图 91.2(c)),此时电流的"动能"转变为电容器中电场的位能,依此类推。

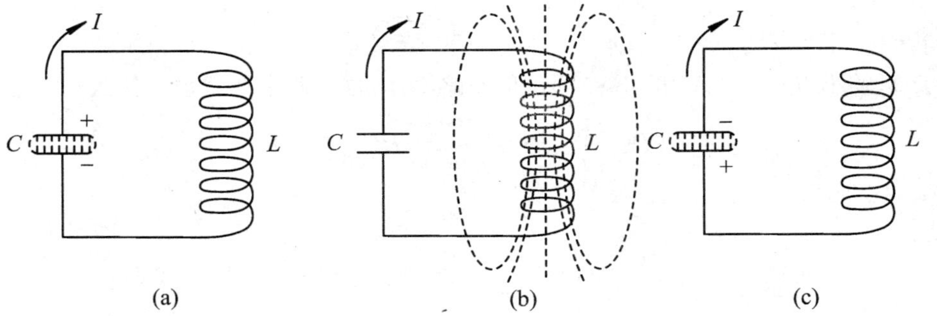

图 91.2

我们更详细地研究一下电容器的振荡放电的情形。

在 t 时,设电容器的电量为 q,电位差为 V,从正极板经导线流向负极板的电流强度为 I(见图 91.2),我们有

$$q = CV, \quad I = -\frac{\mathrm{d}q}{\mathrm{d}t}$$

和

$$RI = V - L\frac{\mathrm{d}I}{\mathrm{d}t}$$

从这三式中消去 I 和 V,我们得

$$L\frac{\mathrm{d}^2 q}{\mathrm{d}t} + R\frac{\mathrm{d}q}{\mathrm{d}t} + \frac{1}{C}q = 0 \tag{91.1}$$

或消去 I 和 q,我们得

$$LC\frac{\mathrm{d}^2 V}{\mathrm{d}t^2} + RC\frac{\mathrm{d}V}{\mathrm{d}t} + V = 0 \tag{91.2}$$

式(91.1)和(91.2)形式完全相同,这是理所当然的,因为 q 与 V 成正比。我们就后一式来进行讨论。

(1) 若 R 足够小以至 $RC\mathrm{d}V/\mathrm{d}t$ 这一项可以忽略不计,则式(91.2)成为

$$LC\frac{\mathrm{d}^2 V}{\mathrm{d}t^2} + V = 0$$

其解为

$$V = A\sin(\omega_0 t + \varphi)$$

式中 $\omega_0 = 1/\sqrt{LC}$，可见振荡是持续的，其周期为

$$T_0 = 2\pi\sqrt{LC}$$

振幅 A 和相角 φ 则由初条件：

$$当\ t = 0\ 时，\quad V = V_0，\quad I = -C\frac{\mathrm{d}V}{\mathrm{d}t} = 0$$

决定，从而得出

$$\varphi = \frac{\pi}{2}，\quad A = V_0$$

于是我们有 $V = V_0\cos\omega_0 t$。

R 足够小以至 $RC\mathrm{d}V/\mathrm{d}t$ 这一项可以忽略不计，这个假定究竟表示什么呢？意思是

$$RC\frac{\mathrm{d}}{\mathrm{d}t} \ll LC\frac{\mathrm{d}^2}{\mathrm{d}t^2}，\quad RC\frac{\mathrm{d}}{\mathrm{d}t} \ll 1$$

但

$$\left(\frac{\mathrm{d}}{\mathrm{d}t}\right) = \omega_0，\quad \left(\frac{\mathrm{d}^2}{\mathrm{d}t^2}\right) = \omega_0^2，\quad LC\omega_0^2 = 1$$

那就是说

$$RC\omega_0 \ll LC\omega_0^2 = 1$$

即

$$R \ll \sqrt{\frac{L}{C}}$$

(2) 若 R 不能忽略，必须加以考虑，我们命 $V = A\mathrm{e}^{pt}$，代入式(91.2)中，就有

$$LCp^2 + RCp + 1 = 0$$

解之，得

$$p = -\frac{R}{2L} \pm \sqrt{\frac{R^2}{4L^2} - \frac{1}{LC}}$$

但若

$$\frac{R^2}{4L^2} < \frac{1}{LC}$$

即

$$R^2 < 4\frac{L}{C}$$

则 p 有两个共轭复根，于是我们得

$$V = A\exp\left(-\frac{Rt}{2L}\right)\sin\left(\sqrt{\frac{1}{LC} - \frac{R^2}{4L^2}}\,t + \varphi\right)$$

为一阻尼振荡。电容器的电位差 V 和电路中的电流 I 有如图 91.3 所示，图中 M_1M_2 或 N_1N_2 代表**阻尼振荡的似周期**：

$$T = \frac{2\pi}{\omega} = \frac{2\pi}{\sqrt{\frac{1}{LC} - \frac{R^2}{4L^2}}} \tag{91.3}$$

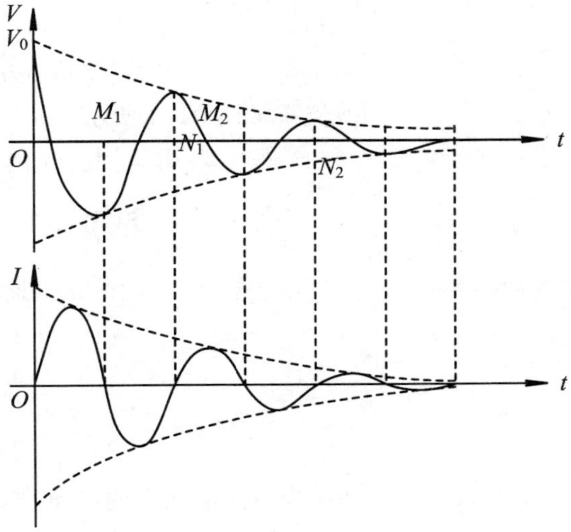

图 91.3

又若$\frac{R^2}{4L^2} \ll \frac{1}{LC}$,则 $\omega = \sqrt{\frac{1}{LC} - \frac{R^2}{4L^2}}$ 与 $\omega_0 = \frac{1}{\sqrt{LC}}$相差很小,上式可以写成

$$V = A\exp\left(-\frac{Rt}{2L}\right)\sin(\omega_0 t + \varphi)$$

而

$$T_0 = \frac{2\pi}{\omega_0} = 2\pi\sqrt{LC}$$

称为电路的固有周期。$R/(2L)$称为电路的阻尼系数,其倒数 $2L/R = \tau$ 是电路的时间常数。每隔时间 τ,振幅就要减小到 1/e。在时间常数 τ 内包含着多少个固有周期,也即每经多少个固有周期,振幅就要减小到 1/e 呢?答案显然是

$$n = \frac{\tau}{T_0} = \frac{2L}{R}\frac{1}{2\pi\sqrt{LC}} = \frac{1}{\pi R}\sqrt{\frac{L}{C}} = \frac{1}{\pi}\frac{L\omega_0}{R} = \frac{1}{\pi}\frac{1}{RC\omega_0} = \frac{Q}{\pi}$$

式中 $Q = L\omega_0/R = 1/(RC\omega_0)$是一个纯粹的数,称为电路的过电压系数,也称电路的共振尖锐系数,是电路的品质常数,它表征着电路把能量从电容送到电感,再从电感送到电容,来回 $n = Q/\pi$ 次,而不致损耗太大的品质。这个品质常数 Q,比之阻尼系数 $R/(2L)$ 或时间常数 $2L/R$,在电路中考虑起来更方便,更饶有意义。

(3) 若电阻 R 增大,也就增大了阻尼和振荡周期。

当 $R^2/(4L^2) = 1/(LC)$即 $R = 2\sqrt{L/C}$时,则品质常数 $Q = L\omega_0/R = 1/2$,时间常数 $\tau = 2L/R = \sqrt{LC} = T_0/(2\pi)$,即每隔 $T_0/(2\pi)$振幅就要减小到 1/e,达到临界阻尼,电路不再振荡了。此时方程式就有两个相等的负根 $-R/(2L)$。利用初条件,我们就得

$$V = V_0\left(1+\frac{R}{2L}t\right)\exp\left(-\frac{Rt}{2L}\right)$$

和

$$I = CV_0\left(\frac{R}{2L}\right)^2 t\exp\left(-\frac{Rt}{2L}\right)$$

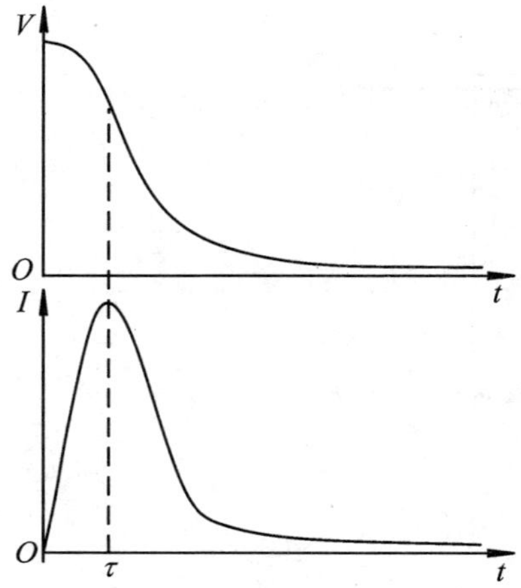

图 91.4

可见 I 与 V 总是同号，电容器的电位差 V 和电路中的电流有如图 91.4 所示。

（4）若电阻 R 更大，或相对地自感 L 小，而有 $\frac{R^2}{4L^2}-\frac{1}{LC}>0$，则方程式 p 有两个负的实根 $-\alpha$ 和 $-\beta$。于是在应用初条件后，我们得

$$V = V_0\frac{\beta e^{-\alpha t}-\alpha e^{-\beta t}}{\beta-\alpha}$$

$$I = CV_0\frac{\alpha\beta}{\beta-\alpha}(e^{-\alpha t}-e^{-\beta t})$$

α 和 β 为电路的两个时间常数，一个比 $2L/R$ 小，另一个比 $2L/R$ 大。可见电容器的电位差与电路中的电流随时间减小要比临界阻尼来得缓慢。这就说明了为什么在电流计等的使用中，我们愿意实现临界阻尼的条件。设 $\beta>\alpha$，则 $e^{-\beta t}<e^{-\alpha t}$，可见 I 与 V 总是同号，其随时间而变化的情形同于图 91.4 所示。

又若电路的自感 L 是如此之小以至可以忽略不计，则微分方程式(91.2)成为

$$RC\frac{dV}{dt}+V=0$$

在这种情形下，我们有

$$V = V_0\exp\left(-\frac{t}{RC}\right),\quad I=\frac{V_0}{R}\exp\left(-\frac{t}{RC}\right)$$

这就是电容器在没有自感的电路中的放电情形，电流从 $I_0=V_0/R$ 一直减小以至于零。电流没有成长时期，因为没有自感妨碍着它立刻达到最大值，也可说电流的成长时间 τ（见图 91.4）缩短为零。

电容器的振荡放电，由费德尔逊(Feddersen)于 1858 年用旋镜方法来观察；他测定了它的振荡周期，与理论公式完全符合。时至今日，我们用示波器来研究这些现象，自然更为方便。

§92 趋肤效应

我们现在考虑可变电流按导体截面分布的问题。这一问题，无论从理论观点或是从

技术观点，都是很重要的。和恒定电流不同，即使在均匀似线导体中，可变电流也不按导体截面均匀分布，而一般说来集中在导体的表面层上。这一现象称为**趋肤效应**，结果使导体的有效电阻和自感发生改变。

交变电流通过导体时，导体本身中将产生傅歌电流，这种傅歌电流是由交变电流自己在导体中所产生的交变磁场引起的，因而影响到电流在导体截面上的均匀分布。我们就来分析这个颇为复杂的情况。

设有交变电流沿轴流过均匀圆柱导体(图92.1)，在导体中各点，电流密度 $\boldsymbol{i}$ 平行于圆柱轴。由 $\boldsymbol{i}=\sigma\boldsymbol{E}$，可见电场强度 $\boldsymbol{E}$ 也平行于圆柱轴。但在导体截面各点上，$\boldsymbol{E}$ 的大小是不相等的，与离圆柱轴线的垂直距离 r 有关；我们先来证明这一点。

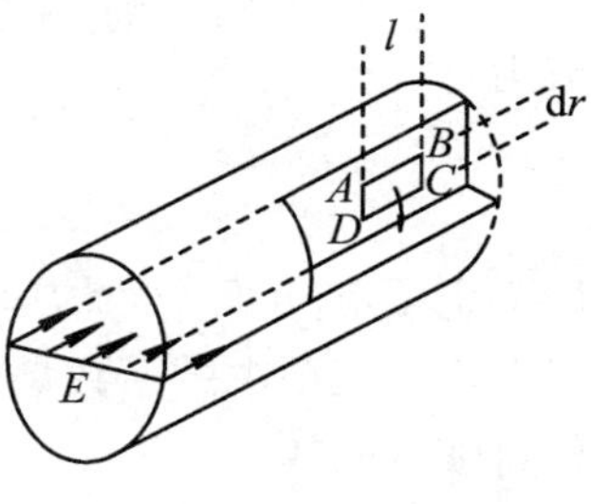

图 92.1

在通过圆柱轴的纵截面上，考虑小矩形 $l\mathrm{d}r$。通过这个小矩形的磁通量为

$$\mathrm{d}\Phi=\mu l\mathrm{d}rH$$

式中 $H=\dfrac{2}{r}\displaystyle\int_0^r i2\pi\mathrm{d}r$。由于 $\boldsymbol{i}$ 和 $\boldsymbol{H}$ 是交变的，沿这个小矩形的边线就有感应电动势

$$\mathscr{E}=-\mu l\mathrm{d}r\frac{\partial H}{\partial t}\tag{92.1}$$

从而有感应电流沿小矩形边线 $ABCD$ 流动(图92.2)。令 $E(r)$ 代表与轴相距 r 一点的电场强度，它沿 BC 和 AD 并不产生电动势；感应电动势 $\mathscr{E}$ 只能归之于在 AB 和 DC 边上电场强度的不同。事实上，我们有

$$\mathscr{E}=-l[E(r+\mathrm{d}r)-E(r)]=-\frac{\partial E}{\partial r}l\mathrm{d}r\tag{92.2}$$

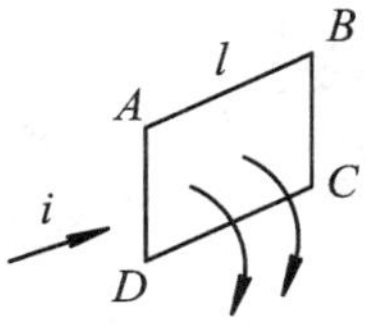

图 92.2

如图92.2所示，电流 i 从 D 到 C，并在 t 时增加，则通过 $ABCD$ 的磁通量也在增大。根据楞次定律，感应电动势将使电流沿 $ABCD$ 方向流动，这就是说，电场 $E(r+\mathrm{d}r)$ 比 $E(r)$ 大，所以电场强度，从而电流密度，在导体横截面上，从中心到边缘随 r 而增大。

从式(92.1)和(92.2)，我们有

$$\frac{\partial E}{\partial r}=\mu\frac{\partial H}{\partial t}\tag{92.3}$$

由此得出另一结论：E 与 H 有一相差 $\pi/2$，但 H 与通过半径为 r 的圆的总电流 I 同相，而 E 与它所在点的电流密度 i 同相，可见电场强度 E 和电流密度 i 的相位各点不同，是 r 的函数。

为了完全决定 $E(r,t)$，把 $H=\dfrac{2}{r}\displaystyle\int_0^r i2\pi r\mathrm{d}r$ 和 $i=\sigma E$ 代入式(92.3)中，得

$$\frac{\partial E}{\partial r}=\frac{2\mu}{r}\int_0^r\frac{\partial i}{\partial t}2\pi r\mathrm{d}r=\frac{2\mu\sigma}{r}\int_0^r\frac{\partial E}{\partial t}2\pi r\mathrm{d}r$$

即

$$r\frac{\partial E}{\partial t} = 4\pi\mu\sigma\int_0^r \frac{\partial E}{\partial t} r\mathrm{d}r$$

将上式两边对 r 求偏微商，我们就有

$$\frac{\partial}{\partial r}\left(r\frac{\partial E}{\partial r}\right) = 4\pi\mu\sigma r\frac{\partial E}{\partial t}$$

我们只来研究强度为时间正弦函数的交变电场，则$\partial/\partial t$ 可以$\sqrt{-1}\omega = \mathrm{j}\omega$ 代替。于是上式成为

$$\frac{\partial^2 E}{\partial r^2} + \frac{1}{r}\frac{\partial E}{\partial r} - 4\pi\mathrm{j}\omega\mu\sigma E = 0 \tag{92.4}$$

可以决定 E 随 r 而变的情形。与 E 成正比的电流密度 i 也满足这个微分方程式。由于上式左边第三项中的系数是虚数，可见 E 和 i 对于 r 的依赖将是复数关系，即 E 和 i 的相位将随 r 而变。

微分方程式(92.4)称为贝塞尔方程式。若令

$$k^2 = -4\pi\mathrm{j}\omega\mu\sigma \quad 或 \quad k = (1-\mathrm{j})\sqrt{2\pi\sigma\mu\omega}$$

贝塞尔方程式的独立解将由第一类和第二类贝塞尔函数 $\mathrm{J}(kr)$和 $\mathrm{N}(kr)$表出。由于第二类贝塞尔函数 $\mathrm{N}(kr)$在 $r\to 0$ 时趋于无穷大，它不能成为本题的解。在导体轴上保持有限而完全确定的解只能是零级第一类贝塞尔函数 $\mathrm{J}_0(kr)$乘以因子 A。利用通过圆柱导体的总电流强度为 I 这一条件，即

$$\int_0^{r_0} i 2\pi r\mathrm{d}r = I$$

式中 r_0 为圆柱导体的半径，来决定因子 A，就得①

$$\frac{i}{I} = \frac{2\mathrm{j}\omega\mu\sigma \mathrm{J}_0(kr)}{kr_0\mathrm{J}_1(kr_0)} \tag{92.5}$$

式中 J_1 为一级贝塞尔函数。由此可知，电流密度 i 和电场强度 E 在圆柱导体表面($r = r_0$)上为极大，愈向轴深入而愈减小，有如图 92.1 所示，这就是**趋肤效应**。趋肤效应随着 k 即频率 ω 的增大而益甚。对于一定的频率而言，导体的磁导率 μ 与电导率 σ 愈大，则趋肤效应愈显著。

在趋肤效应极为显著的情形下，微分方程式(92.4)中$\frac{1}{r}\frac{\partial E}{\partial r}$这一项可以忽略不计，从而该式近似地成为

$$\frac{\partial^2 E}{\partial r^2} - 4\pi\mathrm{j}\omega\mu\sigma E = 0 \tag{92.6}$$

令

$$\beta = \sqrt{2\pi\mu\sigma\omega}$$

可知上式的解为

---

① 校者注：用到恒等式$\frac{\mathrm{d}}{\mathrm{d}x}[x\mathrm{J}_1(x)] = x\mathrm{J}_0(x)$。

$$E = E_0 e^{-\beta(r_0 - r) - j\beta(r_0 - r)}$$

取其实部，我们最后得

$$\left.\begin{aligned} E &= E_0 e^{-\beta(r_0 - r)} \cos[\omega t - \beta(r_0 - r)] \\ i &= \sigma E_0 e^{-\beta(r_0 - r)} \cos[\omega t - \beta(r_0 - r)] \end{aligned}\right\} \tag{92.7}$$

可见当在逐步深入到导体内部时，电场 E 和电流密度 i 的相位随着 r 线性地改变，而它们的幅度 $E_0 e^{-\beta(r_0 - r)}$ 和 $\sigma E_0 e^{-\beta(r_0 - r)}$ 按指数律减小。大部分电流可以认为集中在厚度为

$$\delta = \frac{1}{\beta} = \frac{1}{\sqrt{2\pi\mu\sigma\omega}}$$

的表面层内，因为在这一深度处，电流密度已经只是导体表面处的 1/e。δ 可以称为导体的"空间常数"，与电路的时间常数类似。

就铜来说，$\mu = 1$，室温下 $\sigma = 5.8 \times 10^{-4}$ CGS 电磁单位，与各种频率相对应的表面层厚度 δ 之值，有如下列：

$\frac{\omega}{2\pi}$：	50	100	10^5	10^4	10^6	10^7	赫芝
δ：	9.3	6.6	2.1	0.66	0.066	0.021	毫米

必须注意的是：在 $r_0 \gg \delta$ 的条件下，这些数字才有实际意义。对铁来说，δ 值还要小一个多数量级。

因此，例如在决定导体内电流的总强度时，我们可以将 i 的表示式(92.7)沿导体截面积分，进而求出电流强度的平方在一周期内的平均值 $\overline{I^2}$。同样可以决定单位时间内单位长度导体中放出的热量 Q，Q 与 $\overline{I^2}$ 之比就是这种可变电流按这种分布规律流通时的电阻 R。

在迅变电流的情形下，导体对周频率为 ω 的交变电流显示的电阻，就像对集中在截面为 $2\pi r_0 \delta$ 的导体表面层中的恒定电流一样，即

$$R = R_0 \frac{\pi r_0^2}{2\pi r_0 \delta} = R_0 \frac{r_0}{2\delta} = R_0 r_0 \sqrt{\frac{\pi\mu\sigma\omega}{2}} \tag{92.8}$$

式中 R_0 为导体对于恒定电流的电阻。可见导体电阻随着电流频率而增大。

至于导体的自感，可从电流磁场的能量 $\int \frac{\mu H^2}{8\pi} dV$ 计算，并令其等于 $\frac{1}{2} L \overline{I^2}$ 而得出(见§79 中的例题)。但是，和电阻不同，导体的自感随电流频率的增大而递减。一方面，导体的自感与这一导体的电流的磁场能量成正比；另一方面，由于电流集中在圆柱导体的表面层上，导体内部磁场等于零，而圆柱体外磁场则和电流沿圆柱截面的分布没有关系。所以，随着电流集中在导体表面层上，电流磁场的能量减小，因而导体的自感也减小。在 $\omega \to \infty$ 时，L 趋于恒定的极限。

考虑到导体内迅变电流的磁场也由和它的电场相同的微分方程式来决定，我们就可以得到磁场和电场一样都不能透入导体深处的结论。

第13章　电能的输送，电报信号沿导线的传播

§93　准 稳 电 流

从第10章电磁感应现象起，我们讨论到可变电流。在上节讨论里，我们知道迅变电流在导体同一截面上各点的电流密度和电场强度都不相同。不久我们还要看到在同一时刻迅变电流在导体各截面上又不相同，这是因为电磁变化确以很大速度而不是以无限速度传播的缘故。

当变化磁场存在时，电场的环流变成不等于零；此时电场已不再是无旋或有位的（见§74）。在这场中，闭合电力线的存在变成可能，它既不起始于电荷上，也不终止于电荷上，电位不再是位置的单值函数，因而失去了它的原来意义，这正如在电流磁场中的磁位一样。

但是电流变化如果充分缓慢的时候，仍然可以保留电位与电压的概念。这种缓慢变化电流的密度，在每一时刻，在没有分支的电路的全部截面上保持相等；电流强度与电动势的关系遵从欧姆定律；对有分支的电路，基尔霍夫定律等等仍然适用。所有这些已不像在稳定电流中那样完全正确，而仅是近似的；不过电流变化愈慢就愈准确。

当我们把在稳定电流中所建立的概念与定律应用到可变电流上时所带来的误差能在允许范围内的条件，又由什么来决定呢？电磁变化在我们所讨论的系统中相隔最远两点之间传播所需的时间必须远小于电磁变化的周期。换句话说，电磁变化必须是如此之缓或系统线度是如此之小，使在我们所讨论的整个区域内，在任何时刻，电场与磁场的强度是决定于该系统在这同一时刻的电流强度与电荷分布。满足这个条件的可变电流叫做**准稳电流**。

设 T 为电流强度变化的周期，c 为电磁变化传播的速度（以后我们知道，在真空等于每秒 3×10^5 公里），r 为我们所讨论的系统中相隔最远两点之间的距离，则准稳电流的条件为

$$\tau = \frac{r}{c} \ll T$$

或

$$r \ll cT = \lambda$$

即该系统中相隔最远两点之间的距离应比电磁波动在周期 T 内所传播的路程——与周期 T 相对应的电磁波的波长 λ——小很多。

可见每秒数十或数百周的交变电流都可充分准确地认作准稳电流。因为若 $T =$

1/50秒，则必须

$$r \ll 3 \times 10^5 \times \frac{1}{50} = 6000(\text{公里})$$

即系统的线度，比方说输电线的长度，必须比 6000 公里小，而这条件通常总是满足的。

对于无线电技术中的快速电磁振荡，一般地说，不能应用准稳电流的理论，或者仅在某种限制条件下才可应用。

§94 为什么远距离输送电能需用高电压

我们尽量用简单的语言来说明在最简单的情形下远距离（比如说几百公里）输送电能利用高电压的必要性。

假设直流输电，G 为发电厂，S 为用电所，它们之间由两根导线相连，其总电阻为 R（图 94.1）。设 $\mathscr{E}$ 为发电厂输出的端电压，$\mathscr{E}'$ 为用电所接入的端电压，I 为输出的电流强度。发电厂输送的功率为 $P = \mathscr{E}I$，用电所接入的功率为 $P' = \mathscr{E}'I$，我们有 $\mathscr{E}' = \mathscr{E} - RI$。于是输电的效率为

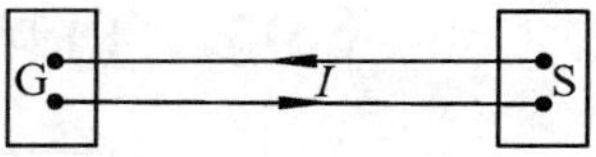

图 94.1

$$\eta = \frac{P'}{P} = \frac{\mathscr{E}'}{\mathscr{E}} = \frac{\mathscr{E} - RI}{\mathscr{E}} = 1 - \frac{RI}{\mathscr{E}} = 1 - \frac{PR}{\mathscr{E}^2}$$

可见通过已定的导线（R 已定）输送一定的功率 P，电压 $\mathscr{E}$ 愈高，效率愈大；反之，若 $\mathscr{E}$，P 和 η 已给定，则上式决定导线的电阻应为

$$R = \frac{1 - \eta}{P}\mathscr{E}^2$$

若发电厂与用电所之间的距离已定，导线的截面积 S（粗细）随 $1/R$，即由上式可知，随 $1/\mathscr{E}^2$ 而变，可见铺设输电导线所需要的金属重量与电压的平方成反比；电压愈高，所需金属的重量愈小。

因此我们要问：利用已定的电压，可把电能输送多远？这个输送范围受着下列两种考虑的限制：一为输送效率不能太低，不能低于某一定值；二为铺设费用不能与所得结果太不成比例，即每输送 1 千瓦电能所用的金属重量必须小于某一限度。

设 l 为输送距离，即每根导线的长度，S 为导线截面面积，则 $R = 2\rho l/S$，从而有

$$l = R\frac{S}{2\rho} = \frac{S}{2\rho}\frac{1 - \eta}{P}\mathscr{E}^2 = \frac{2lS}{P}(1 - \eta)\frac{\mathscr{E}^2}{4\rho l}$$

根据上述两个考虑，$2lS/P$ 与 $1 - \eta$ 都有一定的值，而 ρ 又是常数，可见输电距离 l 与电压 $\mathscr{E}^2$ 成正比。我们不能给出更详尽的数字结果，因为这与许多经济因素有关。但是我们可以说输送距离是每千伏特几公里。把 100 伏特电压下的电能输送到 10 公里之外，并非技术上不可能，而是经济上不合算。

上面所述也完全适用于单相交流输电，若在用电所电流与电压之间没有"相"差，并可忽略输电线的电容与自感的话。若在用电所电流与电压之间有"相"差，虽然用相同的电流强度，但输送过去的功率比较小，因而效率减低。

在三相交流输电情形中，设 $V_{有效}$ 为合成电压，R_1 为每根导线的电阻。若无"相"差，我们有

$$P = 3\mathscr{E}_{有效} I_{有效} = \sqrt{3} V_{有效} I_{有效}$$
$$P' = P - 3R_1 I_{有效}^2$$

从而得出输电效率

$$\eta = \frac{P'}{P} = 1 - \frac{PR_1}{V_{有效}^2}$$

现代输送电能多用三相交流，所用电压多为 22 万伏特或更高，可把电能输送到 1000 公里以外。

§95 自感、电容和漏电对电能输送的影响——电报员方程式

在上节讨论中，我们假定了输电导线的自感与电容（它们在直流输电中自然无关）可以忽略不计，并且假定了输电导线是尽美尽善地绝缘的。如果这些条件没有实现的话，结果又将如何呢？在一般情形下，现象非常复杂，问题极其重要。这个问题出现在电能输送上，出现在电报信号沿导线的传播上，也出现在电流沿天线的分布上。

我们假设输送线由两根导线组成。导线上任意一点 M 的位置由它离开导线一端的距离 x 来规定。在 M 点，在时刻 t，设两导线间的电位差为 V，V 也就是 M 点的电压。在这两根导线中有电流 I 流通，一去一来。由于电容和漏电的关系，电流 I，和电压 V 一样，在导线上各点可有不同的值。V 与 I 都是 x 与 t 的函数。

我们又假设输送线是均匀的；均匀的意思是说：各段输送线有完全相同的性质。对于这些性质，作如下规定：

输送线（两根导线的集体）每单位长的电阻为 R^*。

输送线每单位长的自感系数为 L^*。

输送线每单位长的电容为 C^*。

最后规定漏电的系数。漏电是由于输送线绝缘不够完善的缘故。好像两根输送导线之间存在着许多电阻很大的导体一样。这些导体是并联的，它们的电导可以相加。因此我们规定输电线每单位长的漏电电导为 G^*。

为了把准稳电流理论应用到迅变电流上，我们不去研究输电线所构成的整个电路，而来研究输电线上长度为 $\mathrm{d}x$ 的一个小段 MM' 中所发生的现象，并假定准稳电流理论适用于每一个小段。

在 MM'这一小段中，由于电导 $G^* \mathrm{d}x$ 产生漏电电流 $VG^* \mathrm{d}x$，由于电容又产生电流 $C^* \dfrac{\partial V}{\partial t}\mathrm{d}x$。这两个电流都要使 M'点的电流强度比在 M 点的电流强度小。M 与M'的电流强度之差为$\dfrac{\partial I}{\partial x}\mathrm{d}x$，因此我们有

$$\frac{\partial I}{\partial x} = - G^* V - C^* \frac{\partial V}{\partial t} \tag{95.1}$$

另一方面，在这 MM'小段中，我们又有欧姆式电压降落 $R^* I\mathrm{d}x$ 和自感应电动势 $-L^* \dfrac{\partial I}{\partial t}\mathrm{d}x$，这两者之和等于 M 与M'间的电位差$\dfrac{\partial V}{\partial x}\mathrm{d}x$。于是我们有

$$\frac{\partial V}{\partial x} = - R^* I - L^* \frac{\partial I}{\partial t} \tag{95.2}$$

可见 x 与 t 的函数 V 与 I 遵守式(95.1)与(95.2)所成的偏微分方程式组：

$$\left.\begin{aligned} \frac{\partial I}{\partial x} &= - C^* \frac{\partial V}{\partial t} - G^* V \\ \frac{\partial V}{\partial x} &= - L^* \frac{\partial I}{\partial t} - R^* I \end{aligned}\right\}$$

要从上两式中消去 I。为此，以 L^* 乘式(95.1)的两端，再对 t 求微商；对 x 求式(95.2)的微商；然后相减，得

$$R^* \frac{\partial I}{\partial x} = C^* L^* \frac{\partial^2 V}{\partial t^2} + G^* L^* \frac{\partial V}{\partial t} - \frac{\partial^2 V}{\partial x^2}$$

再与式(95.1)相比，就得 V 的偏微分方程式

$$\frac{\partial^2 V}{\partial x^2} = C^* L^* \frac{\partial^2 V}{\partial t^2} + (G^* L^* + C^* R^*) \frac{\partial V}{\partial t} + G^* R^* V \tag{95.3}$$

同样，在式(95.1)和(95.2)中消去 V，就得 I 的偏微分方程式

$$\frac{\partial^2 I}{\partial x^2} = C^* L^* \frac{\partial^2 I}{\partial t^2} + (G^* L^* + C^* R^*) \frac{\partial I}{\partial t} + G^* R^* I \tag{95.4}$$

可见 I 与 V 遵循完全相同的偏微分方程式，但是它们的边界条件并不一样。

这个偏微分方程式，首先由开尔文在海底电缆传递信号的讨论中得到，称为**电报员方程式**；它在电话中也很重要。

边界条件要看实际使用的具体情况而定。例如在电能输送中，发电厂的端电压按已知的规律而变，即在 $x=0$ 时，V 为一已知的 t 的函数。在输电线用电所这一端若是绝缘的，没有与用电设备连接起来，那就是说在“空运转”时，电流在这一端为零，即对于某一定的 x 之值，$I=0$。又在运转中，我们通常知道在用电所的有效电流强度和电流对于端电压的“相”差等等。

对只有电阻与漏电导致能量的损耗说明如下。在电能输送中，由于输送线的电阻而导致的能量损耗容易计算；至于绝缘不良而招致的漏电损耗不能预先知道。漏电损耗在电缆中几乎为零；在空中导线，即使绝缘体潮湿，通常也是很小；在极高电压下，输电导线之间还有所谓**电晕**现象。电晕现象正限制着输电电压的更大提高。

§ 96 电报员方程式在简单特例中的解

我们先来研究电报员方程式在既无漏电又无电阻的这一特别简单而又重要的情形下的解。在这一特殊情形下，电报员方程式成为

$$\frac{\partial^2 V}{\partial x^2} = C^* L^* \frac{\partial^2 V}{\partial t^2} = \frac{1}{u^2}\frac{\partial^2 V}{\partial t^2} \tag{96.1}$$

$$\frac{\partial^2 I}{\partial x^2} = C^* L^* \frac{\partial^2 I}{\partial t^2} = \frac{1}{u^2}\frac{\partial^2 I}{\partial t^2} \tag{96.2}$$

式中

$$u = \frac{1}{\sqrt{L^* C^*}} \tag{96.3}$$

这就是声波传播或弦线振动的微分方程式，其普遍解为

$$I = f\left(t - \frac{x}{u}\right) + \varphi\left(t + \frac{x}{u}\right) \tag{96.4}$$

式中 f 和 φ 为两个任意函数。

$f(t - x/u)$代表一个电流波以速度 u 沿 x 的正向在导线中传播，因为在 $t = 0$ 时在 x 处的电流情状，将在 $t = \tau$ 时出现在 $x + \xi$ 处，即

$$I = f\left(-\frac{x}{u}\right) = f\left(\tau - \frac{x + \xi}{u}\right)$$

从而得

$$\tau - \frac{\xi}{u} = 0 \quad 或 \quad u = \frac{\xi}{\tau}$$

可见电流在时间 τ 内流过路程 ξ，即以速度 u 前进。

同样，$\varphi(t + x/u)$代表一个电流波以速度 u 沿 x 的负向在导线中传播。$\varphi(t + x/u)$与$f(t - x/u)$代表传播速度相同而方向相反的两个波。

传播速度 u 通常是很大的，完全由导线的参数 C^* 和 L^*，即由导线的直径与两根导线之间的距离和电介质决定。另一方面，传播速度与波的形状无关，特别是与波的频率无关，即无“色散”现象。

对于两根导线之间的距离 a 比它们的直径 d 大得多的输送线来说，我们容易求得

$$L^* = 1 + 4\ln\frac{a}{d}, \quad C^* = \frac{1}{c^2}\frac{\varepsilon}{4\ln\frac{a}{d}}$$

从而得

$$u = \frac{c}{\sqrt{\varepsilon}}\sqrt{4\ln\frac{a}{d}\Big/\left(1 + 4\ln\frac{a}{d}\right)}$$

若两根导线之间的距离 a 对于它们的直径来说可以认作无限大的话，则电流波在导线中的传播速度为

$$U = \frac{c}{\sqrt{\varepsilon}}$$

式中 ε 为导线所在电介质的介电常数；c 为电动力学常数，等于光在真空中的传播速度。若导线在真空中或空气中，即 $\varepsilon = 1$，电流波在导线中的传播速度 u 即等于光速 c。

代表电流波的两个函数 f 和 φ，一经边界条件完全决定之后，就可从式(95.1)(命 $G^* = 0$)

$$\frac{\partial V}{\partial t} = -\frac{1}{C^*}\frac{\partial I}{\partial x} \tag{96.5}$$

或式(95.2)(命 $R^* = 0$)

$$\frac{\partial V}{\partial x} = -L^*\frac{\partial I}{\partial t} \tag{96.6}$$

求 V 关于 t 和 x 的偏导数。

把

$$\frac{\partial V}{\partial t} = -\frac{1}{C^*}\frac{\partial I}{\partial x} = \frac{1}{uC^*}\left[\frac{\mathrm{d}f}{\mathrm{d}(t - x/u)} - \frac{\mathrm{d}\varphi}{\mathrm{d}(t + x/u)}\right]$$

对 t 积分，就得

$$V = \frac{1}{uC^*}\left[f\left(t - \frac{x}{u}\right) - \varphi\left(t + \frac{x}{u}\right)\right] = \sqrt{\frac{L^*}{C^*}}\left[f\left(t - \frac{x}{u}\right) - \varphi\left(t + \frac{x}{u}\right)\right]$$

后边可以加一个 x 的任意函数。但是 V 必须同时满足式(96.6)，就知这个 x 的任意函数应当为零。

综上所述，在既无漏电又无电阻的输电导线问题里，我们有微分方程式组：

$$\left.\begin{aligned}\frac{\partial I}{\partial x} &= -C^*\frac{\partial V}{\partial t}\\ \frac{\partial V}{\partial x} &= -L^*\frac{\partial I}{\partial t}\end{aligned}\right\}$$

其解为

$$\left.\begin{aligned}I &= f\left(t - \frac{x}{u}\right) + \varphi\left(t + \frac{x}{u}\right)\\ V &= \rho\left[f\left(t - \frac{x}{u}\right) - \varphi\left(t + \frac{x}{u}\right)\right]\end{aligned}\right\} \tag{96.7}$$

式中 $\rho = \sqrt{L^*/C^*}$ 为导线的特性阻抗，$u = 1/\sqrt{C^* L^*}$ 为传播速度。

1. 电缆

把上面所得结果应用到输送线由同轴圆柱所成的电缆中，来求电缆的特性阻抗 ρ 和传播速度 u。

设 ε 和 μ 分别为充满两同轴圆柱间的介质的介电常数和磁导率。由于该介质必须是完善的绝缘体，显然不能用铁磁质，可知 μ 必近于 1。

我们知道同轴圆筒电容器的电容为

$$C^* = \frac{\varepsilon}{2c^2 \ln \frac{R_2}{R_1}} \text{（电磁单位）}$$

电感为（见 § 87 中的例题）

$$L^* = 2\mu \ln \frac{R_2}{R_1}$$

从而得

$$u = \frac{1}{\sqrt{L^* C^*}} = \frac{c}{\sqrt{\mu\varepsilon}}$$

$$\rho = \sqrt{\frac{L^*}{C^*}} = 2c\sqrt{\frac{\mu}{\varepsilon}} \ln \frac{R_2}{R_1} \text{（电磁单位）}$$

可见传播速度与 R_1 和 R_2 无关，即使电缆的内外直径有些不规则的变化，也不影响传播速度。传播速度完全由介质的常数决定，主要由介电常数 ε 决定，因为磁导率 μ 总是很近于 1。

若电缆中间是真空或气体，则 ε 和 μ 都很近于 1，传播速度 $u = c = 3 \times 10^{10}$ 厘米/秒。在一般情形下，传播速度 $u = c/\sqrt{\varepsilon}$ 即等于光在介质中的速度。

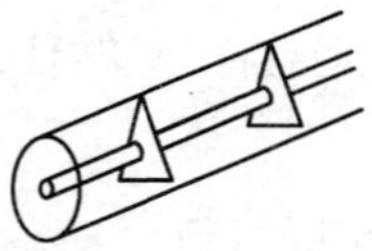

图 96.1

这种同轴电缆愈来愈广泛地应用在高频载波长途电话的传送中，同轴两圆筒之间用适当分隔的绝缘体支架着，有如图 96.1 所示。

至于特性阻抗 ρ，由于 R_2 通常为 R_1 的几倍，可知其为 100 欧姆上下。在一般情形下，设 C^* 为电缆每厘米长的电容；若电容以静电单位厘米计，则有

$$\rho = \frac{30\sqrt{\varepsilon}}{C^*} \text{（欧姆）} \tag{96.8}$$

2. 馈线

同轴电缆的特点在于外圆柱完全包围了内圆柱；在外圆柱之外与在内圆柱之内，电场与磁场均等于零，因而没有辐射出去的能量。即使不用同轴圆柱，而用两根临近导线，使其可以认作一个电容器的两极，相对两点带有不同符号的电荷，它们输送方向相反的电流，则每一导线的对外辐射也将为另一导线所完全抵消，它们有很好的输送效率。

这样组成的输送线称为馈线，其特性阻抗由公式(96.8)用单位长的电容表出，馈线用来输送高频电流的能量到无线电发射天线。

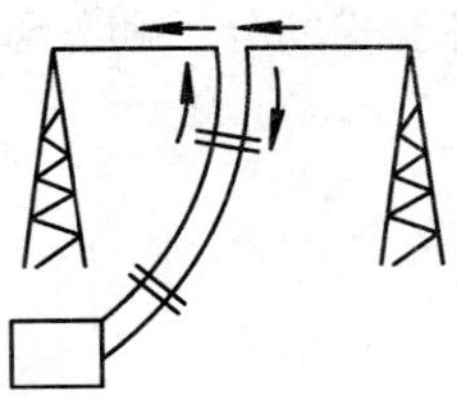

图 96.2

如图 96.2 所示，在任一时刻，在组成馈线的两根导线中，电流方向相反，因而在天线两部分中的电流方向相同，结果两半部天线对远处的辐射不是互相抵消，而是互相增大，达到增强辐射的目的。

3. 应用边界条件来决定函数 f 与 φ，驻波与前进波

一切输送线都有尽头。在尽头处，由一阻抗为 Z 的设备连接，因而为电压与电流之间规定了一个关系。一般地说，这个关系是线性而且齐次的。那就是说，当 $x = l$(输送线尽头位置)时，我们有

$$V = IZ$$

将 V 和 I 用式(96.7)和(96.4)代入，就得函数 f 与 φ 间的关系：

$$\rho\left[f\left(t - \frac{l}{u}\right) - \varphi\left(t + \frac{l}{u}\right)\right] = Z\left[f\left(t - \frac{l}{u}\right) + \varphi\left(t + \frac{l}{u}\right)\right]$$

即

$$\varphi\left(t + \frac{l}{u}\right)(Z + \rho) = (\rho - Z)f\left(t - \frac{l}{u}\right) \tag{96.9}$$

若函数 f 已知，则上式就可决定函数 φ。可见 φ 所代表的波为 f 所代表的波在阻抗 Z 上反射回来的波，因为，根据上式，

$$\varphi\left(t + \frac{x}{u}\right) = \varphi\left(t + \frac{l}{u} - \frac{l - x}{u}\right)$$

$$= \frac{\rho - Z}{\rho + Z}f\left(t - \frac{l}{u} - \frac{l - x}{u}\right) = \frac{\rho - Z}{\rho + Z}f\left(t - \frac{2l - x}{u}\right)$$

就证实了这一点。把这个结果代入式(96.4)和(96.7)中，我们得

$$I = f\left(t - \frac{x}{u}\right) + \frac{\rho - Z}{\rho + Z}f\left(t - \frac{2l - x}{u}\right)$$

$$V = \rho\left[f\left(t - \frac{x}{u}\right) - \frac{\rho - Z}{\rho + Z}f\left(t - \frac{2l - x}{u}\right)\right]$$

均由 f 与 Z 表出。

V 与 I 的比值 $Z(x)$ 称为视阻抗，是 x 的函数，同时也是 t 的函数，但在时间正弦函数的特殊情形下，我们可命

$$f(t) = I_0 e^{j\omega t}$$

从而有

$$\frac{V}{I} = \rho\,\frac{e^{-j\omega x/u} - \dfrac{\rho - Z}{\rho + Z}e^{-j\omega(2l - x)/u}}{e^{-j\omega x/u} + \dfrac{\rho - Z}{\rho + Z}e^{-j\omega(2l - x)/u}}$$

将上式的分子和分母各乘 $e^{j\omega l/u}$，就得

$$Z(x) = \rho \frac{\rho[e^{j\omega(l-x)/u} - e^{-j\omega(l-x)/u}] + Z[e^{j\omega(l-x)/u} + e^{-j\omega(l-x)/u}]}{\rho[e^{j\omega(l-x)/u} + e^{-j\omega(l-x)/u}] + Z[e^{j\omega(l-x)/u} - e^{-j\omega(l-x)/u}]}$$

或

$$Z(x) = \rho \frac{\frac{Z}{\rho} + j\tan\frac{\omega(l-x)}{u}}{1 + j\frac{Z}{\rho}\tan\frac{\omega(l-x)}{u}} \tag{96.10}$$

只是 x 的函数。这个比较简单的公式给出了输送线的作为 x 的函数的视阻抗，当它的尽头 l 连接一个阻抗 Z 的时候。

其中一个特别重要的问题是关于输送线的起头，即 $x=0$ 处，我们有

$$Z_0 = \rho \frac{\frac{Z}{\rho} + j\tan\frac{\omega l}{u}}{1 + j\frac{Z}{\rho}\tan\frac{\omega l}{u}}$$

知道了 Z_0，就可把整个输送线作为一个简单电路来处理。例如，在起头处引入电动势为 V_0 的发生器时，求起头处的电流。

我们考虑下面几个重要的特例：

(1) Z 为纯粹的电抗：$Z = jX$。

在这种情形下，式(96.10)成为

$$Z(x) = \rho \frac{j\frac{X}{\rho} + j\tan\frac{\omega(l-x)}{u}}{1 - \frac{X}{\rho}\tan\frac{\omega(l-x)}{u}} = j\rho\tan\left[\frac{\omega(l-x)}{u} + \arctan\frac{X}{\rho}\right]$$

这就表明长度为 l 的输送线，在它尽头连接一个纯粹电抗 X 时，好像增长或缩短了一个由下式规定的长度 l_1 一样：

$$\frac{\omega l_1}{u} = \arctan\frac{X}{\rho}$$

若 Z 是感抗，即 $X = L\omega$，则输送线好像增长了

$$l_1 = \frac{u}{\omega}\arctan\frac{L\omega}{\rho} < \frac{\pi}{2}\frac{u}{\omega} = \frac{\lambda}{4}$$

可见 l_1 不到四分之一波长（$\lambda = 2\pi u/\omega$ 代表输送线中电振荡的波长）。

若 Z 是容抗，即 $X = -1/(C\omega)$，则输送线好像缩短了不到四分之一波长。

若 $Z = \infty$，即在尽头处没有连接，则有

$$Z_0 = \frac{\rho}{j\tan\frac{\omega l}{u}}$$

又若 $Z = 0$，即在尽头处成为短路，则有

$$Z_0 = \rho j\tan\frac{\omega l}{u}$$

总之,在 Z 为纯粹电抗的情形下,视阻抗 $Z(x)$ 也是一个纯粹的电抗,即在输送线上没有能量的消耗。这时 $(\rho - Z)/(\rho + Z)$ 的模量等于 1,从而由式(96.9)可见,反射波 φ 与入射波 f 有相同的振幅。在输送线上出现了一系列的驻波,电压与电流到处"相"差 $\pi/2$。在 $Z(x) = 0$ 的各点是电压的节和电流的腹。反之,在 $Z(x) = \infty$ 的各点是电流的节和电压的腹。

重要而简单的特例是输送线的尽头没有连接而是敞口的,即 $x = l$ 处,$Z = \infty$,于是我们有

$$Z_0 = \frac{\rho}{\mathrm{j}\tan\dfrac{\omega l}{u}}$$

又若输送线的起头也是敞口的,那么,合乎条件

$$Z_0 = \frac{\rho}{\mathrm{j}\tan\dfrac{\omega l}{u}} = \infty$$

的频率将起共振。这些共振周频率 ω 为

$$\tan\frac{\omega l}{u} = 0$$

或共振波长 λ 为

$$\frac{2\pi l}{\lambda} = k\pi$$

即

$$\lambda = \frac{2l}{k}$$

k 为正整数。这就是空中自由天线的基振 $l = \lambda/2$ 和倍振 $l = k\lambda/2$ 的情形(图 96.3)。基振天线成为所谓谐调双极子。

反之,若输送线的起头连接一个阻抗为零的导体,这就是输送线接地的情形,那么,合乎条件

$$Z_0 = \frac{\rho}{\mathrm{j}\tan\dfrac{\omega l}{u}} = 0$$

或

$$\tan\frac{\omega l}{u} = \infty$$

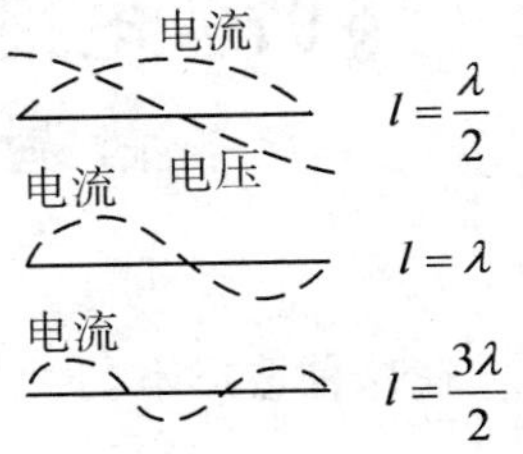

图 96.3

的频率将起共振,这些共振波长 λ 为

$$\frac{2\pi l}{\lambda} = \frac{\pi}{2} + k\pi \quad (k\ 为正整数)$$

或

$$l = \frac{\lambda}{4}, \frac{3\lambda}{4}, \frac{5\lambda}{4}, \cdots$$

可见接地天线的长为基振波长的四分之一，而倍振频率为基振频率的奇倍数(图 96.4)。

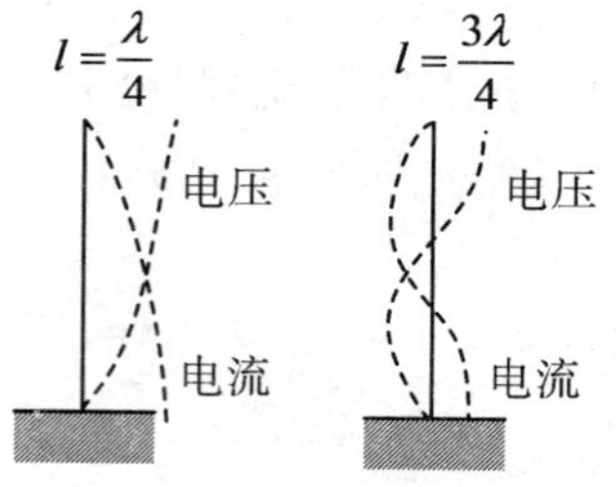

图 96.4

(2) Z 为纯粹的电阻，即 $Z=R$。

在这种情形下，从式(96.10)，我们有

$$Z(x) = \rho \frac{\frac{R}{\rho} + \mathrm{j}\tan\frac{\omega(l-x)}{u}}{1+\mathrm{j}\frac{R}{\rho}\tan\frac{\omega(l-x)}{u}}$$

视阻抗 $Z(x)$，一般地说，是 x 的函数，它有实的和虚的部分，既永不为零，也永不为无穷大。

值得注意的是 $R=\rho$ 这个重要特例，即输送线在尽头处由一个等于特性阻抗的阻抗连接，此时，我们有

$$Z(x) = \rho$$

与 x 无关，即在输送线各点上电压与电流的比值到处相同，而且这个比值是实的，即电压与电流的相位相同。事实上，在这种情形下，从式(96.9)可知 $\varphi=0$，即无反射波，只有 f 存在，我们说输送线上传播一个前进波。

在一般情形下，输送线上有一个前进波和一系列的驻波。为了使全部能量从起头送到终头，我们有必要调整馈线，使其中没有驻波存在，以便完善地完成它的喂馈任务。因此，我们总设法使馈线尽头由一个等于它的特性阻抗的阻抗连接。用馈线来喂谐调双极于天线时，我们总把馈线接到天线中点，天线两半部的长等于 $\lambda/4$，其尽头的阻抗为无穷大，从而中点的阻抗为零；这说明天线在共振中。但是在不断辐射中的天线，将给它的中点带来一个辐射电阻 r，所以，我们必须这样设计馈线，使它的特性电阻 ρ 等于天线的辐射电阻 r。天线上，由于辐射而散失的能量随时获得馈线中前进波的喂养，就能维持持续的驻波而不减幅。

§97 电报员方程式在输送线起头为正弦电压的普遍情形下的解

在这种情形下，我们有完整的电报员方程式：

$$\frac{\partial^2 V}{\partial x^2} = C^* L^* \frac{\partial^2 V}{\partial t^2} + (G^* L^* + C^* R^*)\frac{\partial V}{\partial t} + G^* R^* V$$

及其边界条件：在 $x=0$ 处，$V=V_0\cos\omega t$。

开始动作的瞬间过去之后，输送线上各点的电压和电流都是时间的正弦函数，因此可取

$$V = A\mathrm{e}^{\mathrm{j}\omega t+\alpha x}$$

作为电报员方程式的解。把它代入电报员方程式，就得

$$\alpha^2 = (-L^* C^* \omega^2 + G^* R^*) + \mathrm{j}\omega(G^* L^* + C^* R^*)$$

上式中 α 有两个复根，其和为零；命这两根为 $k+\mathrm{j}s$ 和 $-k-\mathrm{j}s$。可见输送线中有两个沿相反方向传播的波，我们研究后一个，即

$$V = A\mathrm{e}^{\mathrm{j}\omega t-\mathrm{j}sx-kx}$$

其实部即为电报员方程式的解。应用边界条件，我们得

$$V = V_0\mathrm{e}^{-kx}\cos(\omega t - sx) \tag{97.1}$$

从这里得到结论：波的传播有衰减，衰减系数为 k，而它的相速等于

$$u = \frac{\omega}{s}$$

在漏电电导 G^* 可以忽略的情况下，由于

$$k^2 - s^2 = -C^*L^*\omega^2, \quad 2ks = \omega C^*R^*$$

我们有

$$u = \frac{\omega}{s} = \frac{2k}{C^*R^*}$$

$$k^2 = \frac{C^*L^*\omega^2}{2}\left[\sqrt{1+\left(\frac{R^*}{L^*\omega}\right)^2}-1\right]$$

在决定 u 和 k 对于 ω 的依赖关系时，必须注意到，依照式(92.8)，输送线对于迅变电流的电阻与电流频率 ω 的平方根成正比，即 $R^* = \rho_c\sqrt{\omega}$，式中 $\rho_c = R_0r_0\sqrt{\pi\mu\sigma/2}$；而电容 C^* 与 ω 无关，至于 L^* 在 $\omega\rightarrow\infty$ 时趋于恒定的极限(趋肤效应，见§92)。由此可见，波传播的相速 u 和波的衰速系数 k 随着波的频率 ω 单调地上升。在频率 ω 足够大，以至满足下列条件

$$\frac{R^*}{L^*\omega} = \frac{\rho_c}{\sqrt{\omega}L^*} \ll 1 \tag{97.2}$$

时，这些量近似地为

$$k = \frac{R^*}{2}\sqrt{\frac{C^*}{L^*}} = \frac{\rho_c}{2}\sqrt{\frac{\omega C^*}{L^*}} \tag{97.3}$$

$$u = \frac{1}{\sqrt{C^*L^*}} \tag{97.4}$$

即相速趋于恒定的极限，而衰减系数随着 ω 而上升。

在有线长途电话中，为了尽可能减小语音的畸变，必须保证条件式(97.2)在音频范围内实现；因为在这一条件下，波的相速才与频率无关。至于衰减系数不可避免地随着频率而增大，因此，在每相隔一定距离的地方，在线中接入特殊的自感线圈以增加输送线的自感应，从而减小衰减系数，同时更能保证条件式(97.2)的实现。

第 14 章　可变电磁场和它的传播
——麦克斯韦方程组

§98　有关电的、磁的和电磁的现象的回顾

1. 关于不随时间变化的稳定状态的结果

在静电现象中，我们遇到三个主要矢量：电场 $\boldsymbol{E}$、极化强度 $\boldsymbol{P}$、电位移 $\boldsymbol{D}$，它们之间有下列关系：

$$\boldsymbol{D} = \boldsymbol{E} + 4\pi\boldsymbol{P}, \quad \boldsymbol{D} = \varepsilon\boldsymbol{E}$$

它们遵循两个基本定律：

(1) 电场 $\boldsymbol{E}$ 可从电位 V 导出（V 是一个单值函数）；

(2) 电位移 $\boldsymbol{D}$ 适用奥-高定理。

把这两个定律用数学式子表示出来，我们有

$$\oint E_l \mathrm{d}l = 0$$

即在静电场中，场强沿着任意闭合曲线的环流等于零；

$$\oint D_n \mathrm{d}S = 4\pi q$$

即通过任何闭合曲面的电位移通量等于该闭合曲面内所包含的总电荷（自由电荷）的 4π 倍。

这两个积分式子还可以用微分形式表达为

$$\left.\begin{aligned} \mathrm{rot}\boldsymbol{E} &= \boldsymbol{0} \\ \mathrm{div}\boldsymbol{D} &= 4\pi\rho \end{aligned}\right\} \qquad (98.1)$$

或

$$\left.\begin{aligned} \boldsymbol{E} &= -\,\mathrm{grad}\,V \\ \nabla^2 V + \frac{4\pi\rho}{\varepsilon} &= 0 \end{aligned}\right\} \qquad (98.2)$$

式(98.1)和(98.2)这两组方程式是完全等效的，加上关系式 $\boldsymbol{D} = \varepsilon\boldsymbol{E}$，都足以描述静电场中任意一点的情态。

在静磁现象中，我们也遇到三个主要矢量：磁感应强度 $\boldsymbol{B}$、磁化强度 $\boldsymbol{J}$、磁场强度 $\boldsymbol{H}$，

它们之间有

$$\boldsymbol{H} = \boldsymbol{B} - 4\pi\boldsymbol{J}, \quad \boldsymbol{B} = \mu\boldsymbol{H}$$

的关系，它们也遵循两个基本定律：

(1) 磁感应通量，在任何情形下，是守恒的；

(2) 任何(电流或磁铁所产生的)磁场适用安培定理。

这两个定律，用数学式子表示出来，就是

$$\oint B_n \mathrm{d}S = 0$$

即在任何磁场中，通过任何闭合曲面的磁通量恒为零(独立磁荷是不存在的)；

$$\oint H_l \mathrm{d}l = 4\pi I = 4\pi\int i_n \mathrm{d}S$$

即磁场强度沿任何闭合曲线的环流等于该闭合曲线所包围的总电流(传导电流)的 4π 倍。

这两个积分式子又可以写成微分形式：

$$\left.\begin{aligned} \mathrm{div}\boldsymbol{B} &= 0 \\ \mathrm{rot}\boldsymbol{H} &= 4\pi\boldsymbol{i} \end{aligned}\right\} \tag{98.3}$$

式中 $\boldsymbol{i}$ 为电流密度，用来描述静磁场中各点的情态。

引进磁场矢位 $\boldsymbol{A}$，上组方程式还可由下列等效的方程式组所代替：

$$\left.\begin{aligned} \boldsymbol{B} &= \mathrm{rot}\boldsymbol{A} \\ \nabla^2\boldsymbol{A} + 4\pi\mu\boldsymbol{i} &= 0 \end{aligned}\right\} \tag{98.4}$$

在有稳定电流流通的导体中，我们有

$$\left.\begin{aligned} \boldsymbol{i} &= \sigma\boldsymbol{E} \quad (\text{欧姆定律}) \\ \mathrm{div}\boldsymbol{i} &= 0 \quad (\text{电量守恒定律}) \end{aligned}\right\} \tag{98.5}$$

2. 关于准稳状态的电磁现象的结果

在电磁感应现象中，由于磁场变化也就是磁通量变化，在导线中产生感应电动势，也就产生电场。可见，除电荷产生电场外，变化着的磁场也要产生电场。这种由于磁场变化而产生的电场 $\boldsymbol{E}_i$ 称为感应电场，以别于静止电荷所产生的静电场 $\boldsymbol{E}_e$。这两种不同起源的电场之间的区别，在于后者的力线是不闭合的，起于正电荷而止于负电荷；而前者力线是闭合的，成为涡旋电场，不能从一个电位函数导出。用数学的术语来说，

$$\mathrm{rot}\boldsymbol{E}_e = \boldsymbol{0}, \quad \mathrm{rot}\boldsymbol{E}_i = -\frac{\partial\boldsymbol{B}}{\partial t}$$

把这两个结果统一起来，就有法拉第-麦克斯韦关系式：

$$\mathrm{rot}\boldsymbol{E} = -\frac{\partial\boldsymbol{B}}{\partial t} \tag{98.6}$$

式中 $\boldsymbol{E} = \boldsymbol{E}_e + \boldsymbol{E}_i$ 包括了由电荷和由变化磁场所产生的总电场。

所以电磁感应定律的意义很简单，就是磁场的变化引起电场旋度的出现，同时 $\boldsymbol{E}_e = -\mathrm{grad}V$ 为

$$\boldsymbol{E} = -\operatorname{grad} V - \frac{\partial \boldsymbol{A}}{\partial t} \tag{98.7}$$

所代替。

上面所总结的包括了一直到现在为止我们所讨论过的全部有关在固定物体内电的、磁的和电磁的现象的基本原理与规律。这些原理与规律涉及这样一些现象：由固定电荷引起的现象（静电场）；由稳定运动电荷（稳定电流）引起的现象，其中发生的电场和磁场是不随时间变化的；以及在闭合导线内作充分缓慢变化的电流（准稳电流）所引起的现象。

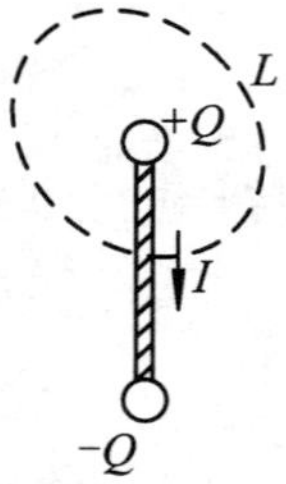

图 98.1

在非闭合的导线中，例如在有电容器的电路中，变化着的电流也能流通，而且电流变化愈快（频率愈高），就愈容易流通。如图 98.1 所示，在由两个金属球和金属杆连接而成的导体上，在某一时刻，分别给两球以电荷 $+Q$ 和 $-Q$，立刻有电流 I 在金属杆中流通。我们如何来计算这个瞬时电流所产生的磁场？

安培定理在此已经无能为力。我们既不能说一个闭合曲线如 L 包围着电流 I，也不能说它没有包围着电流 I。这个困难反映在数学公式上就是表达安培定理的微分形式

$$\operatorname{rot} \boldsymbol{H} = 4\pi \boldsymbol{i}$$

或积分形式

$$\oint_L H_l \mathrm{d} l = 4\pi I = 4\pi \int_S i_n \mathrm{d} S$$

与稳定电流的连续性方程式

$$\operatorname{div} \boldsymbol{i} = 0$$

不能并存。因为依照安培定理，$\boldsymbol{i}$ 和 $\boldsymbol{H}$ 的旋度成正比，而旋度的散度恒等于零，从此得出的结果 $\operatorname{div} \boldsymbol{i} = 0$，对稳定电流是完全正确的，对准稳电流是在准稳的限度内正确的，但对非闭合导线的可变电流，它是完全错误的。

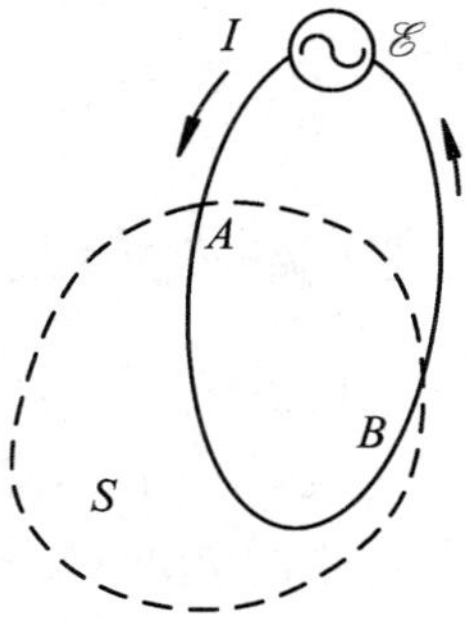

图 98.2

例如一闭合电路（图 98.2）在交变电动势 $\mathscr{E}$ 的作用下，有可变电流 I 流通，I 是地点与时间的函数。作一闭合曲面 S 围住电路的任意部分。电流在截面 A 处流入 S，以 I_A 表其瞬时值；在截面 B 处流出 S，以 I_B 表同一时刻在 B 处的瞬时值。通过 S 面的总电流为 $I_B - I_A$，通常不等于零。只有在准稳状态的假设下，在准稳的程度内，$I_B - I_A$ 才等于零。

又如在一不闭合而带有电容器的电路中（图 98.3），作一包围电容器的一个极板的闭合曲面 S。通过曲面 S 的总电流，就等于通过导线中的电流，显然不等于零。可见在不闭合的电路中，传导电流的通量是不守恒的。

可见安培定理已经不能应用到可变电流上去，这是因为流过以闭合曲线 L 为边线的 S 面的不闭合电流的强度不仅和边线 L 有关系，并且和 S 面的形状及位置密切相关。总

之，我们在第6章中得到的有关稳定电流磁场的基本方程式，一般来说，不能应用到可变电流上，而需要加以修改或补充。要使 $\mathrm{rot}\boldsymbol{H}=4\pi\boldsymbol{i}$ 在任何情形下都能适用，必须以一个通量守恒的电流来代替传导电流。

另一方面，从电磁感应现象中，我们知道，变化磁场可以产生电场；反过来，一个变化电场能否产生磁场呢？也是很自然地要发生的问题。

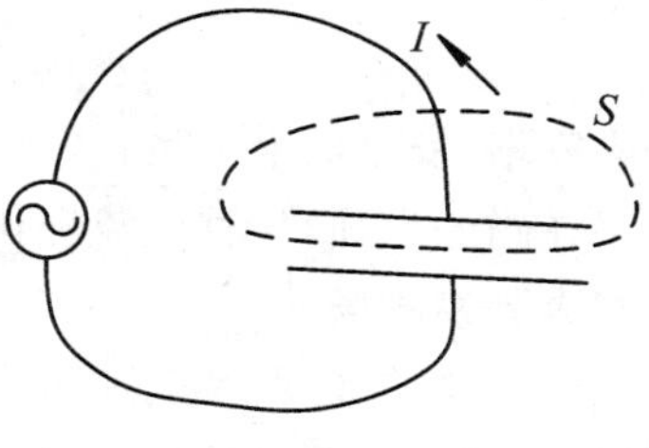

图98.3

麦克斯韦于19世纪60年代初引入了位移电流的概念，一箭双雕地解决了这两个问题。

§99 位移电流——安培-麦克斯韦关系式

在电流随时间而变化的情形下，电量守恒定律表现为(见§39)

$$\mathrm{div}\boldsymbol{i}+\frac{\partial\rho}{\partial t}=0$$

应用这个连续性普遍方程式，就能很简单地修正安培定理，以消除它们之间存在的矛盾。

连续性普遍方程式表明，当 $\boldsymbol{i}$ 的通量不守恒或 $\boldsymbol{i}$ 的散度在某点不为零时，则在该点必有电荷聚积或消失，聚积或消失的电荷将要产生电场，而这个电场随着电荷的聚积或消失而增强或减弱，那就是说，电场也是随时间而变化的。

空间电荷密度 ρ 与电位移 $\boldsymbol{D}$ 又有

$$4\pi\rho=\mathrm{div}\boldsymbol{D}$$

的关系，从而得出

$$\frac{\partial\rho}{\partial t}=\frac{1}{4\pi}\mathrm{div}\frac{\partial\boldsymbol{D}}{\partial t}$$

于是电量守恒定律成为

$$\mathrm{div}\left(\boldsymbol{i}+\frac{1}{4\pi}\frac{\partial\boldsymbol{D}}{\partial t}\right)=0$$

可见只要以 $\boldsymbol{i}+\frac{1}{4\pi}\frac{\partial\boldsymbol{D}}{\partial t}$ 代替 $\boldsymbol{i}$，上述矛盾就能消除。除传导电流 $\boldsymbol{i}$ 外，还有一种称为**位移电流**的电流

$$\boldsymbol{i}_{\text{位移}}=\frac{1}{4\pi}\frac{\partial\boldsymbol{D}}{\partial t}\tag{99.1}$$

这两种电流的和称为**全电流**，即

$$\boldsymbol{i}_{\text{全}}=\boldsymbol{i}+\frac{1}{4\pi}\frac{\partial\boldsymbol{D}}{\partial t}=\boldsymbol{i}_{\text{传导}}+\boldsymbol{i}_{\text{位移}}$$

一般来说，磁场对电流密度的真实依赖关系是磁场旋度与全电流密度成正比，而不是如

稳定或准稳状态中的只与传导电流密度成正比，即

$$\mathrm{rot}\boldsymbol{H} = 4\pi\boldsymbol{i}_{全} = 4\pi\boldsymbol{i} + \frac{\partial\boldsymbol{D}}{\partial t} \tag{99.2}$$

是为安培-麦克斯韦关系式，除法拉第-麦克斯韦关系式外，它是电磁场的另一基本方程式。在磁的方面，位移电流和传导电流等效，也就是说，位移电流按照和传导电流一样的定律去激发磁场。

全电流的散度为零，而可变的传导电流的散度不等于零；因此，在普遍的情形下，无源的是全电流，不是传导电流；闭合的是全电流，不是传导电流。全电流既无始点也无终点，总是闭合或伸展到无限远去。如果传导电流在什么地方中断，位移电流就在什么地方接上去，成为闭合电流。

在这里我们又一次见到科学上新的事实和旧的理论之间的矛盾是不断出现的。科学的发展就是通过认识内部矛盾的不断揭示和不断克服来实现的。认识内部矛盾发展的需要，推动人们去研究那些为现有理论不能解释的新事物，去发展新的理论来解释这些事实，这就是认识的深化。

1. 位移电流的根据和解释

在交流发电机的两端接一电容器，尽管电容器的两极板互相绝缘，电路是"断"的，仍然有交变电流流通；而且电容器的电容量愈大，流通的电流也就愈强。

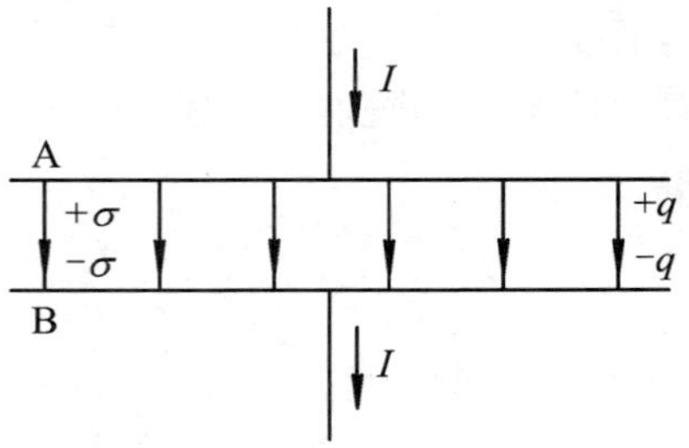

图 99.1

例如平行板电容器（图 99.1）。当它充电或放电时，极板上的电荷 q 或电荷密度 σ 都随时间而变化，充电时增加，放电时减小。设电容器每一极板的面积为 S，则通过电路上导线中的传导电流强度为

$$I = \frac{\mathrm{d}q}{\mathrm{d}t} = \frac{\mathrm{d}(S\sigma)}{\mathrm{d}t} = S\frac{\mathrm{d}\sigma}{\mathrm{d}t}$$

或传导电流密度为

$$i = \frac{I}{S} = \frac{\mathrm{d}\sigma}{\mathrm{d}t}$$

在 A，B 两极板之间的电介质内或真空中，传导电流为零。但在电容器充电或放电过程中，σ 随时间而变化，因此两极板间电场中的电位移 $D=4\pi\sigma$ 也随时间而变化。电位移对时间的变化率为

$$\frac{\mathrm{d}D}{\mathrm{d}t} = 4\pi\frac{\mathrm{d}\sigma}{\mathrm{d}t}$$

可见导线中的传导电流密度 $\boldsymbol{i}$ 与电介质内的电位移 $\boldsymbol{D}$ 之间有

$$\boldsymbol{i} = \frac{1}{4\pi}\frac{\partial\boldsymbol{D}}{\partial t}$$

这一简单的关系。

为了使上述导线中的电流保持在电路上的连续性，麦克斯韦引入位移电流这一新的

概念，并令

$$\boldsymbol{i}_{\text{位移}} = \frac{1}{4\pi}\frac{\partial \boldsymbol{D}}{\partial t}$$

也就是令电场中各点的位移电流密度与电位移 $\boldsymbol{D}$ 的变化速率成正比。按照这一定义，位移电流，不仅在电介质中，而且在真空中，当然也在导体中，都可发生；然而在稳定电场中，这些电流恒等于零。

上一关系的正确性，不限于平行板电容器，而是有普遍意义的，我们来证明这一点。设有任何形状的导体 A 浸没在任何电介质中，由传导电流 I 经导线 C 供给电量，$\mathrm{d}q = I\mathrm{d}t$（图 99.2）。我们应该证明，由导线 C 传入到导体 A 的电流 I 等于由导体 A 经过电介质内任意包围 A 而闭合的曲面 S 流出的密度为 $\boldsymbol{i} = \frac{1}{4\pi}\frac{\partial \boldsymbol{D}}{\partial t}$ 的位移电流之和，即

$$I = \int_S \boldsymbol{i} \cdot \mathrm{d}\boldsymbol{S} = \frac{1}{4\pi}\int \frac{\partial \boldsymbol{D}}{\partial t} \cdot \mathrm{d}\boldsymbol{S}$$

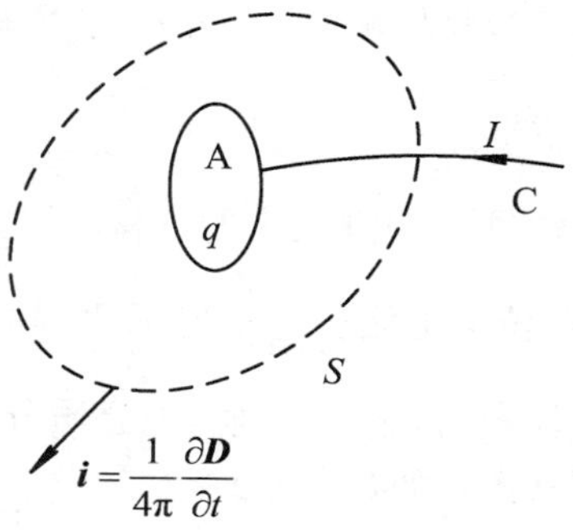

图 99.2

事实上，确是如此，因为，根据奥-高定理，我们有

$$\int_S \boldsymbol{D} \cdot \mathrm{d}\boldsymbol{S} = 4\pi q$$

把它两端对 t 求微商，就得

$$\int_S \frac{\partial \boldsymbol{D}}{\partial t} \cdot \mathrm{d}\boldsymbol{S} = 4\pi \frac{\mathrm{d}q}{\mathrm{d}t} = 4\pi I$$

总之，在任何情形下，所有电流总可认作是闭合的，只要承认在电位移变化的地方存在位移电流；位移电流与传导电流的和，即全电流，永远是处处连续的。位移电流不仅保持了电流的连续性或闭合性，而且在它周围的空间里产生磁场。位移电流所产生的磁场与等值的传导电流所产生的磁场完全相同。

从现代观点看来，一方面是传导电流，另一方面是电介质内或真空中的位移电流，虽然名称近似，它们实质上是完全不同的物理概念。它们唯一共同的性质是它们以同样的方式激发磁场，也就可以同样的方式包含在安培-麦克斯韦关系式(99.2)中；但在所有其他方面，这两种电流是截然不同的。

最根本的区别在于：传导电流相当于电荷的运动，而“纯粹”的位移电流——真空中的位移电流——只相当于电场强度或电位移的变化，并不伴随有电荷或任何别的物质质点的任何运动。

在真空中，有电场存在时，空间的性质起了变化。这种变化，在空间中各点，由电位移 $\boldsymbol{D} = \boldsymbol{E}$ 来描述，这就表明电场的物质性。麦克斯韦进一步承认电位移或电场的变化 $\frac{1}{4\pi}\frac{\partial \boldsymbol{E}}{\partial t}$，就其产生磁场这一点来说，相当于传导电流。除此之外，在金属中的传导电流与真空中的位移电流之间，麦克斯韦并不假定任何其他共同之点。麦克斯韦理论只是告诉

我们:在空间任何区域里,只要有变化的电场,就存在着磁场,这个磁场可由安培-麦克斯韦关系式计算出来。

在不是真空的电介质中,我们有

$$\boldsymbol{D} = \varepsilon\boldsymbol{E} = \boldsymbol{E} + 4\pi\boldsymbol{P}$$

$$\boldsymbol{i}_{位效} = \frac{1}{4\pi}\frac{\partial \boldsymbol{D}}{\partial t} = \frac{1}{4\pi}\frac{\partial \boldsymbol{E}}{\partial t} + \frac{\partial \boldsymbol{P}}{\partial t}$$

根据极化理论,$\boldsymbol{P} = n\boldsymbol{p} = \sum e\boldsymbol{l}$,式中 $\boldsymbol{l}$ 代表分子中正负电荷中心的相对位移,因此

$$\frac{\partial \boldsymbol{P}}{\partial t} = \sum e\frac{\partial \boldsymbol{l}}{\partial t}$$

可见电介质中的位移电流是由两部分组成的:一部分是不和电荷运动相关联的"纯粹"位移电流$\frac{1}{4\pi}\frac{\partial \boldsymbol{E}}{\partial t}$,它只表现场中空间性质的改变;另一部分是$\sum e\frac{\partial \boldsymbol{l}}{\partial t} = \sum e\boldsymbol{v}$这一项所代表的,它考虑到和电介质分子联系着的电荷的移动,可以称为电介质的极化电流,并且从微观的观点看来,它实质上是传导电流的组成部分,因为最后一式中的 $\boldsymbol{v}$ 代表电荷 e 的运动速度。

还要提醒一点,和传导电流不同,位移电流并不发生焦耳式热量。在真空中的位移电流情形下,这是不言而喻的。在介电常数不随温度而变(似弹性偶极子)的电介质内的位移电流,这还是严格正确的。至于具有刚性电偶极子的电介质,当它的极化强度改变时,可有热量的放出或吸收,这种电介质中的位移电流会伴随着热量的产生,而且在高频可变电场中可以产生颇大的热量。但是这种热量与导体中放出的焦耳式热量不同,它遵从完全不同的规律。

严格地说,在可变电场的情形下,即使在导体内部,也有位移电流存在,但是位移电流比起传导电流来通常要小得多,可以忽略不计。

设在导体内,电场强度为

$$E = E_0\sin\omega t$$

则有

$$i_{传导} = \sigma E = \sigma E_0\sin\omega t$$

$$i_{位移} = \frac{\varepsilon\omega}{4\pi}E_0\cos\omega t$$

两者振幅之比为

$$\frac{i_{位移}}{i_{传导}} = \frac{\varepsilon\omega}{4\pi\sigma}$$

对于金属来说,电导率 σ 是一个数量级为 10^{17} 静电单位的量;根据间接的测定①,金属的介电常数 ε 为一不大于 10 的量,因此,对于 $\omega\approx10^7$ 弧度/秒,比值 $\varepsilon\omega/(4\pi\sigma)=10^{-10}$。由此可见,在金属导体或在导体组成的闭合回路里,在电工学与无线电工学范围内,与传导电流相较,位移电流是完全可以略而不计的。

① 在迅变电场中,金属的介电常数 ε 之值,可借助对于电磁波在金属中的反射和折射的研究来决定。

反之,在电介质中,取 $\sigma = 10^{-10}$(欧姆·厘米)$^{-1}$ = 90 静电单位,位移电流,与传导电流相比,已成决定性的角色。例如在接有电容器的电路中,电容器两板间空间内的位移电流绝不能忽略,流过电容器两板间空间内的位移电流总强度等于接到电容器上的导线中的传导电流强度。在某种近似下,可将接有电容器的回路与闭合的导电回路相比拟;换句话说,在计算回路的自感、电流的磁场等等时,就可把电容器内两板之间流过的位移电流看成和接到电容器的导线中同样强度的传导电流一样。因此,可变电流回路中电容器的存在只直接影响到电流的电场,把电流的电场集中在电容器两板之间,但不影响电流的磁场。

如果我们研究的是完全断开的导电线路,例如为有限长度直线导体的天线,情形就不同了。在这种情形下,位移电流分布在导体周围的整个空间内。最后,在电振荡充分快而导体充分长(比电磁波波长长得多)时,在导体不同截面上,传导电流的强度可以不同(甚至当这一导体闭合而且没有支路时也是如此)。即便在一定条件下,在决定磁场时可以忽略位移电流,这种传导电流毕竟不能与稳定电流相提并论,并且不满足准稳条件。

2. 安培-麦克斯韦关系式的物理意义

把欧姆定律 $\boldsymbol{i} = \sigma\boldsymbol{E}$ 代入,安培-麦克斯韦关系式(99.2)又可写成

$$\mathrm{rot}\boldsymbol{H} = 4\pi\sigma\boldsymbol{E} + \varepsilon\frac{\partial \boldsymbol{E}}{\partial t} \tag{99.3}$$

它只包含电场 $\boldsymbol{E}$ 和磁场 $\boldsymbol{H}$,是电动力学基本方程式之一。我们以后要见到,这一方程式的最令人信服的证明是电磁波的传播这一事实。

为了阐明安培-麦克斯韦关系式的物理意义,我们来研究在不导电电介质内($\sigma = 0$)的情形,也即在传导电流等于零(全电流等于位移电流)的情形。在这一情形下,安培-麦克斯韦关系式具有下列形式:

$$\mathrm{rot}\boldsymbol{H} = \frac{\partial \boldsymbol{D}}{\partial t} \tag{99.4}$$

这与法拉第-麦克斯韦关系式

$$\mathrm{rot}\boldsymbol{E} = -\frac{\partial \boldsymbol{B}}{\partial t}$$

形式上完全类似。由此得出结论:正如电场不仅可以为电荷所激发,并且可以为磁场的变化所激发一样,磁场也可以不仅为电荷的运动所激发,并且可以为电场的变化所激发。

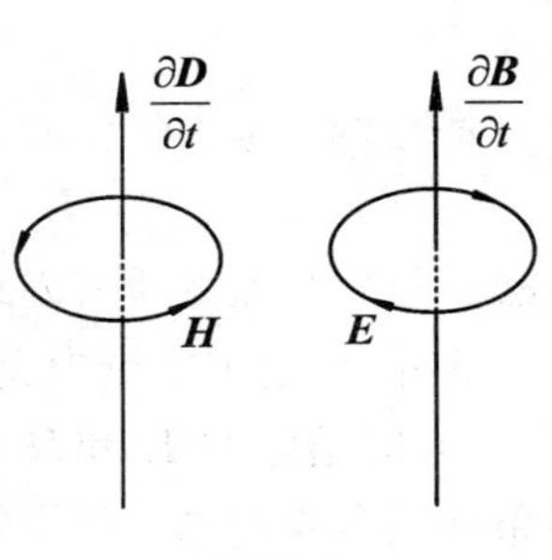

图 99.3

在上面两个关系式中,电场与磁场的变化速率之间具有不同的符号。这一不同是由于位移电流 $\boldsymbol{i}_{\text{位移}} = \dfrac{1}{4\pi}\dfrac{\partial \boldsymbol{D}}{\partial t}$ 所激发的磁场 $\boldsymbol{H}$ 的力线与位移电流的方向组成右螺旋系统,而矢量 $\boldsymbol{E}$ 的力线和矢量 $\partial\boldsymbol{B}/\partial t$ 的方向之间的关系恰好相反(见图 99.3)。这一不同又是完全应该的。假使没有这个不同,则电场与磁场的同时存在将是根本不可能的。当它们中的一个,比如说,有任何的增加,将

引起另一个的增大；另一个的增大，又将帮助而不是阻止第一个的再增加。这样一来，电场和磁场两个中的一个倘有偶然的微小变化，就要引起这两个场或者同时无限制地增加，或者同时一直下降到零。在这两种可能下，场能都是自发地在无任何补充或消耗的情形中发生变化，将与能量守恒定律相违背。

又，法拉第-麦克斯韦关系式中没有像安培-麦克斯韦关系式中那样的一项，这正反映了“磁流”（磁荷的运动）不存在的事实。

§100　麦克斯韦方程组

在本章前两节里，我们不仅回顾了有关稳定的、准稳的和随时间变化的电磁现象的基本定律，而且引入了麦克斯韦理论中位移电流这一基本概念。现在我们知道了电磁场的所有基本定律，这些基本定律的总和组成了完整的麦克斯韦方程组：

$$\left.\begin{aligned}
&\text{Ⅰ}.\ \operatorname{rot}\boldsymbol{E} = -\frac{\partial \boldsymbol{B}}{\partial t}\\
&\text{Ⅱ}.\ \operatorname{div}\boldsymbol{D} = 4\pi\rho\\
&\text{Ⅲ}.\ \operatorname{rot}\boldsymbol{H} = \frac{\partial \boldsymbol{D}}{\partial t} + 4\pi\boldsymbol{i}\\
&\text{Ⅳ}.\ \operatorname{div}\boldsymbol{B} = 0
\end{aligned}\right\} \tag{100.1}$$

这一组基本方程式实质上是经典电动力学的“公理”。这些公理在经典电动力学中所起的作用，和牛顿定律在经典力学中所起的作用相同。从它们出发，可以得出电磁场的所有性质——不论是我们已经研究过的，或者是未曾研究过的。我们现在的任务在于揭露这些方程式的内容，在于将它们应用到各种具体问题上去，在于将它们所获得的结果和实验事实相比较。

解麦克斯韦方程组的意思就是根据已知的 ρ 和 $\boldsymbol{i}$，求场 $\boldsymbol{E}$ 和 $\boldsymbol{H}$。为了求 $\boldsymbol{E}$ 和 $\boldsymbol{H}$ 的六个分量，方程Ⅰ和Ⅲ已足够了，方程Ⅱ和Ⅳ的作用是，对方程Ⅰ和Ⅲ的所有可能的解提出某些限制，因此方程Ⅱ和Ⅳ起着附加条件的作用，这些条件可以缩小解的选择的任意性。

将电磁场基本矢量的值彼此联系起来的关系式：

$$\boldsymbol{D} = \varepsilon\boldsymbol{E},\quad \boldsymbol{B} = \mu\boldsymbol{H},\quad \boldsymbol{i} = \sigma(\boldsymbol{E} + \boldsymbol{E}_{\text{外加}})$$

也必须附列在麦克斯韦方程组之内。

此外，还要加上场中突变面的条件和边界条件，麦克斯韦方程组才使我们能够根据在 $t=0$ 时给定的 $\boldsymbol{E}$ 和 $\boldsymbol{H}$ 的初值，唯一地决定空间中任何一点在任一时刻的电磁场。边界条件完全要看每一问题的具体情况而定。特别是，如果整个无限空间包含在所研究的区域之内，则边界条件具有无穷远处条件的性质。

§ 101 电磁波的传播

在远离电荷和电流的地方存在的电磁场称为电磁波。根据这个定义可以立刻得出结论：电磁波场只能是变化的而不可能是恒定的。如果场恒定的话，即$\partial \boldsymbol{E}/\partial t=0$和$\partial \boldsymbol{H}/\partial t=\boldsymbol{0}$，则从麦克斯韦方程组可以推得：当$\rho=0$和$\boldsymbol{i}=\boldsymbol{0}$时，场是不存在的。

当$\boldsymbol{H}$变化时，就引起涡形电场$\boldsymbol{E}$的出现，这可称为磁感应现象；又当$\boldsymbol{E}$变化时，就引起涡形磁场（位移电流的磁场）的出现，这可称为电感应现象。电感应现象与磁感应现象是不可分割地同时出现的。变化的电场与磁场永远是互相联系着的，形成统一的电磁场。

在介质的某个地方如果有交变电流产生，那么在它周围空间中同时有交变磁场出现；这交变磁场又在较远的区域引起交变电场，而这交变电场又在周围空间中产生交变位移电流。位移电流能够产生磁场，就像一般的传导电流能在自己周围产生磁场一样。于是空间中愈来愈大的区域成为交变电场与交变磁场活动的场所。这种从空间某给定区域出发，由近而远，交替着引起交变电场和磁场的过程，称为电磁波的传播。故在某处发生的电振动不是老待在一个地方不动的，它以电磁波的形式传播着，逐渐占据介质空间越来越多的部分。

在均匀介质中，在既无电荷又无电流存在的地方，麦克斯韦方程组成为

$$\left.\begin{aligned}\operatorname{rot}\boldsymbol{E}&=-\mu\frac{\partial \boldsymbol{H}}{\partial t}\\ \operatorname{div}\boldsymbol{E}&=0\\ \operatorname{rot}\boldsymbol{H}&=\varepsilon\frac{\partial \boldsymbol{E}}{\partial t}\\ \operatorname{div}\boldsymbol{H}&=0\end{aligned}\right\}\tag{101.1}$$

各方程式中所有各量都用同一个单位制（电磁或静电单位制）的单位表出。如果采用混合单位制①，即$\boldsymbol{B}$和$\boldsymbol{H}$用电磁单位，而$\boldsymbol{E}$和$\boldsymbol{D}$用静电单位，则更方便；好处在于在真空中将有$\varepsilon=1$和$\mu=1$这些简单的值。在混合单位制中，麦克斯韦方程组成为

$$\left.\begin{aligned}\operatorname{rot}\boldsymbol{E}&=-\frac{\mu}{c}\frac{\partial \boldsymbol{H}}{\partial t}\\ \operatorname{div}\boldsymbol{E}&=0\\ \operatorname{rot}\boldsymbol{H}&=\frac{\varepsilon}{c}\frac{\partial \boldsymbol{E}}{\partial t}\\ \operatorname{div}\boldsymbol{H}&=0\end{aligned}\right\}\tag{101.2}$$

式中c为电荷的电磁单位与静电单位之比。

① 校者注：即高斯单位制。

方程式

$$\text{rot}\boldsymbol{E} = -\frac{\mu}{c}\frac{\partial \boldsymbol{H}}{\partial t} \tag{101.3}$$

和

$$\text{rot}\boldsymbol{H} = \frac{\varepsilon}{c}\frac{\partial \boldsymbol{E}}{\partial t} \tag{101.4}$$

把 $\boldsymbol{E}$ 和 $\boldsymbol{H}$ 互相耦合,形式上成为对称。磁场 $\boldsymbol{H}$ 时间上的变化引起电场 $\boldsymbol{E}$ 空间中的变化;反之也然。在这两方程式中很容易消去 $\boldsymbol{E}$ 和 $\boldsymbol{H}$ 中的一个,比如 $\boldsymbol{H}$。为此,于第一式两端取旋度,于第二式两端对 t 求微商并乘 $-\mu/c$,然后相减,就得

$$\text{rot rot}\boldsymbol{E} = -\frac{\mu\varepsilon}{c^2}\frac{\partial^2 \boldsymbol{E}}{\partial t^2}$$

根据矢量分析

$$\text{rot rot}\boldsymbol{E} = \text{grad div}\boldsymbol{E} - \nabla^2\boldsymbol{E}$$

又根据假定 $\rho = 0$ 即 $\text{div}\boldsymbol{E} = 0$,于是我们有

$$\nabla^2\boldsymbol{E} = \frac{\varepsilon\mu}{c^2}\frac{\partial^2 \boldsymbol{E}}{\partial t^2} = \frac{1}{v^2}\frac{\partial^2 \boldsymbol{E}}{\partial t^2} \tag{101.5}$$

式中 $v = c/\sqrt{\mu\varepsilon}$。

这个矢量方程式表示电场 $\boldsymbol{E}$ 的每个分量 E_x, E_y, E_z 都满足相同方程式。比如 E_x:

$$\nabla^2 E_x = \frac{\partial^2 E_x}{\partial x^2} + \frac{\partial^2 E_x}{\partial y^2} + \frac{\partial^2 E_x}{\partial z^2} = \frac{\varepsilon\mu}{c^2}\frac{\partial^2 E_x}{\partial t^2}$$

同理,在方程式(101.3)和(101.4)中消去 $\boldsymbol{E}$,可得 $\boldsymbol{H}$ 的完全相同的方程式

$$\nabla^2\boldsymbol{H} = \frac{\varepsilon\mu}{c^2}\frac{\partial^2 \boldsymbol{H}}{\partial t^2} = \frac{1}{v^2}\frac{\partial^2 \boldsymbol{H}}{\partial t} \tag{101.6}$$

式(101.5)和(101.6)就是**场的波动方程**。在既无电荷又无电流的均匀介质中,电场和磁场以速度

$$v = \frac{c}{\sqrt{\varepsilon\mu}} = \frac{c}{\sqrt{\varepsilon}} \quad (\text{通常 } \mu = 1)$$

传播着。在真空中,电磁场的传播速度 $v = c$,即等于光速。这是麦克斯韦理论的重要预见。

借助于达朗贝尔算子

$$\Box = \nabla^2 - \frac{1}{v^2}\frac{\partial^2}{\partial t^2}$$

它们可以更简单地写成

$$\Box\boldsymbol{E} = 0, \quad \Box\boldsymbol{H} = 0$$

1. 平面波

我们进一步详尽地来研究场 $\boldsymbol{E}$ 和 $\boldsymbol{H}$ 依赖于一个坐标 x(当然也依赖于时间 t)的特殊情形。这种场,称为**平面场**,是由无穷远处的源头所引起,平行于 Ox 轴而传播的。在

这种平面场的情况下，我们有

$$E = E(x,t)$$

E 的值与 y,z 无关。这就是说，在垂直于 Ox 轴的平面上各点的场，在同一时刻，是完全相同的。

在垂直于 Ox 轴的平面上，我们取矢量 E 在该平面上的投影作 Oz 轴，这样一来，$E_y=0$，$E_z=E_z(x,t)$。E_x 怎么样呢？我们将见其必然为零。

从 $\mathrm{div}\boldsymbol{E}=\dfrac{\partial E_x}{\partial x}+\dfrac{\partial E_y}{\partial y}+\dfrac{\partial E_z}{\partial z}=0$，加以由选择坐标轴而来的结果 $E_y=0$ 和 $\dfrac{\partial E_z}{\partial z}=0$，我们得出①

$$\frac{\partial E_x}{\partial x} = 0$$

另一方面，场沿 Ox 轴传播，即场沿 Ox 轴变化。为了统一这两个互相矛盾的结果，我们不得不承认 $E_x=0$，即矢量 E 没有沿 Ox 轴的分量。可见电场垂直于传播方向，因此就电场言，波是横波。

综上所述，我们有

$$\left.\begin{aligned} E_x &= 0 \\ E_y &= 0 \\ E_z &= E(x,t) \end{aligned}\right\}$$

于是波动方程(101.5)成为

$$\frac{\partial^2 E_z}{\partial x^2} = \frac{1}{v^2}\frac{\partial^2 E_z}{\partial t^2} \tag{101.7}$$

磁场 H 的情况又是怎么样呢？我们可从麦克斯韦方程式(101.3)即

$$\frac{\partial \boldsymbol{H}}{\partial t} = -\frac{c}{\mu}\mathrm{rot}\boldsymbol{E}$$

和已知有关 E 的结果来求 H。在这里，$\mathrm{rot}\boldsymbol{E}$ 的三个分量为

$$\left.\begin{aligned} \mathrm{rot}_x\boldsymbol{E} &= \frac{\partial E_z}{\partial y} - \frac{\partial E_y}{\partial z} = 0 \\ \mathrm{rot}_y\boldsymbol{E} &= \frac{\partial E_x}{\partial z} - \frac{\partial E_z}{\partial x} = -\frac{\partial E_z}{\partial x} \\ \mathrm{rot}_z\boldsymbol{E} &= \frac{\partial E_y}{\partial x} - \frac{\partial E_x}{\partial y} = 0 \end{aligned}\right\}$$

可见矢量 H 也只有一个分量 H_y，由

$$\frac{\partial H_y}{\partial t} = \frac{c}{\mu}\frac{\partial E_z}{\partial x} \tag{101.8}$$

决定。就磁场而言，波也是横波，矢量 E 和 H 同处于 $x=$ 常数的平面上，并且彼此互相正交。

---

① 这就是 $\mathrm{div}\boldsymbol{E}=0$ 对电场 E 起着附加条件作用，以缩小其解的选择性的一个例子。

现在我们来解波动方程

$$\Box \boldsymbol{E} = \frac{\partial^2 \boldsymbol{E}}{\partial x^2} - \frac{1}{v^2}\frac{\partial^2 \boldsymbol{E}}{\partial t^2} = 0$$

为此,可以把它写成更方便的形式

$$\Box \boldsymbol{E} = \left(\frac{\partial}{\partial x} + \frac{1}{v}\frac{\partial}{\partial t}\right)\left(\frac{\partial}{\partial x} - \frac{1}{v}\frac{\partial}{\partial t}\right)\boldsymbol{E} = 0$$

并引入新的变数

$$\xi = x - vt, \quad \eta = x + vt$$

于是我们有

$$\frac{\partial}{\partial x} = \frac{\partial \xi}{\partial x}\frac{\partial}{\partial \xi} + \frac{\partial \eta}{\partial x}\frac{\partial}{\partial \eta} = \frac{\partial}{\partial \xi} + \frac{\partial}{\partial \eta}$$

$$\frac{\partial}{\partial t} = \frac{\partial \xi}{\partial t}\frac{\partial}{\partial \xi} + \frac{\partial \eta}{\partial t}\frac{\partial}{\partial \eta} = v\left(\frac{\partial}{\partial \eta} - \frac{\partial}{\partial \xi}\right)$$

从而

$$\left(\frac{\partial}{\partial x} + \frac{1}{v}\frac{\partial}{\partial t}\right) = 2\frac{\partial}{\partial \eta}, \quad \left(\frac{\partial}{\partial x} - \frac{1}{v}\frac{\partial}{\partial t}\right) = 2\frac{\partial}{\partial \xi}$$

因此

$$\Box \boldsymbol{E} = 4\frac{\partial^2 \boldsymbol{E}}{\partial \eta \partial \xi} = 0$$

先对 ξ 积分,给出

$$\frac{\partial \boldsymbol{E}}{\partial \eta} = f'(\eta)$$

式中 f' 是任意函数对 η 的导数;再对 η 积分,给出

$$\boldsymbol{E} = f(\eta) + g(\xi)$$

式中 g 为另一个任意函数。

所以波动方程的通解为

$$\boldsymbol{E} = g(x - vt) + f(x + vt) \tag{101.9}$$

式中 g 和 f 是两个任意函数。我们将见 $g(x-vt)$ 和 $f(x+vt)$ 分别代表一个沿 Ox 轴正向和负向各以速度 v 传播的波。

传播的意思应该作何理解?即某一时刻 t 在某一地方 x 出现的现象,过了某一时间 $\mathrm{d}t$ 就在离开 x 地方某一距离 $\mathrm{d}x$ 的另一地方出现,我们说:这个现象在沿 Ox 方向传播,传播的速度为 $\mathrm{d}x/\mathrm{d}t$。根据这个理解,设 $g(x-vt)$ 代表在 x 地方在 t 时刻出现的现象,则当 $t+\mathrm{d}t$ 时刻在 $x+\mathrm{d}x$ 地方出现的现象由 $g(x+\mathrm{d}x-v(t+\mathrm{d}t))$ 所代表,两者相同,必须

$$x + \mathrm{d}x - v(t + \mathrm{d}t) = x - vt$$

即

$$\frac{\mathrm{d}x}{\mathrm{d}t} = v$$

所以 $g(x-vt)$代表一个沿 Ox 轴正向以速度 v 传播的波。同样可以证明 $f(x+vt)$代表一个沿 Ox 轴负向传播的波。

既然得到电场

$$E_z = E = g(x - vt) + f(x + vt)$$

我们就可以从式(101.8),得出

$$H_y = H = \frac{c}{\mu v}[f(x + vt) - g(x - vt)] \tag{101.10}$$

可见电场 E 沿 Oz 偏极化的电磁波沿 Ox 正向传播时($f\equiv0$),它的磁场沿 Oy 轴的负向,磁场数值为

$$H = H_y = -\frac{c}{\mu v}E_z = -\sqrt{\frac{\varepsilon}{\mu}}E$$

从而有

$$\mu H^2 = \varepsilon E^2 \tag{101.11}$$

电场 $\boldsymbol{E}$ 的分量为

$$E_x = 0,\quad E_y = 0,\quad E_z = g(x - vt)$$

而磁场 $\boldsymbol{H}$ 的分量为

$$H_x = 0,\quad H_y = -\frac{c}{\mu v}g(x - vt),\quad H_z = 0$$

若这个电磁波沿 Ox 负向传播($g\equiv0$),即

$$E_x = 0,\quad E_y = 0,\quad E_z = f(x + vt)$$

则它所具有的磁场沿 Oy 轴的正向,其分量为

$$H_x = 0,\quad H_y = \frac{c}{\mu v}f(x + vt),\quad H_z = 0$$

在这两种情形下,矢量 $\boldsymbol{E}$ 和 $\boldsymbol{H}$ 互相正交,它们的矢量积 $\boldsymbol{E}\times\boldsymbol{H}$ 都指着传播前进的方向,即 $\boldsymbol{E}$,$\boldsymbol{H}$ 和传播方向三者之间是以右螺旋法则联系的。

以上结果无论 $\boldsymbol{E}$ 和 $\boldsymbol{H}$ 随时间而变化的规律如何,都是成立的。

现在我们假设,在 xOz 平面上,矢量 $\boldsymbol{E}$ 按照正弦定律在变化,而且保持自己的方向与 Oz 轴平行。对于 $x=0$,我们有

$$E_x = 0,\quad E_y = 0,\quad E_z = A\cos\omega t$$

式中 $\omega=2\pi/T$,T 为电场变化周期,A 为电场 E 的最大振幅。这就是问题的初条件。利用这个初条件,就得本问题的解,即电场 E 和磁场 H 对任何 t 与任何 x 的值:

$$E_x = 0,\quad E_y = 0,\quad E_z = A\cos\left[\omega\left(t - \frac{x}{v}\right)\right] = A\cos\left[2\pi\left(\frac{t}{T} - \frac{x}{\lambda}\right)\right]$$

和

$$H_x = 0,\quad H_y = -\frac{c}{\mu v}A\cos\left[\omega\left(t + \frac{x}{v}\right)\right] = -\frac{c}{\mu v}A\cos\left[2\pi\left(\frac{t}{T} - \frac{x}{\lambda}\right)\right],\quad H_z = 0$$

式中 $\lambda=vT$ 为波长。图 101.1 就是代表电磁波在某一时刻的波形图。

可见电磁波的矢量 $\boldsymbol{E}$ 和 $\boldsymbol{H}$ 互相正交,按照相同的规律变化,有相同的周期、相同的

周相和一定比值的振幅。在真空中，若 $\boldsymbol{E}$ 用静电单位，$\boldsymbol{H}$ 用电磁单位，它们时时刻刻都有相同的数值。

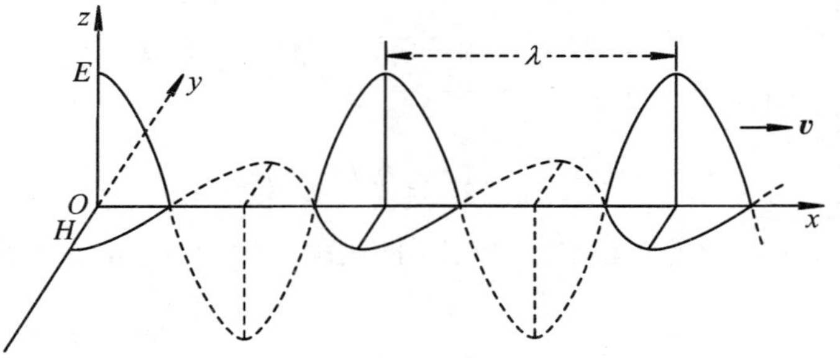

图 101.1

在介质中，由于 $\mu H^2 = \varepsilon E^2$，可见各点的电能密度 $\varepsilon E^2/(8\pi)$ 与磁能密度 $\mu H^2/(8\pi)$ 同时为零，同时达到相同的最大值，在同一时刻有相同的值。

上面说的就是关于面偏振波。可见对面偏振波，传播方向 Ox 不是对称轴，而偏振波有两个对称面 xOz 和 xOy，前者包含电场，后者包含磁场。包含磁场与传播方向的面，也就是正交于电场的那一个面，称为波的偏振面。

上述结论只能适用于无限的平面波。若振源的尺寸很小，则其电磁场将从波动方程 $\nabla^2 \boldsymbol{E} = \dfrac{1}{v^2}\dfrac{\partial^2 \boldsymbol{E}}{\partial t^2}$ 得出与前不同的解。它所产生的电磁场将向各个方向传播，成为以它为心的球面波。只有在离振源比波长 $\lambda = vT$ 大得多的地方 M，也即波面的曲率半径比 λ 大得多时，球面波才可作为平面波看待，具有与平面波相同的性质：在 M 点的电场 $\boldsymbol{E}$，磁场 $\boldsymbol{H}$ 与矢径 $\overrightarrow{OM}$ 成为互相正交的右旋关系；电场与磁场才有相同的周相，它们强度的比值才为 $\sqrt{\varepsilon/\mu}$；它们才以速度 v 沿 $\overrightarrow{OM}$ 方向传播。在这种情形下，电磁场的振幅将与振源的距离成反比而减小。

§ 102　电磁能的传播——坡印亭矢量

再就沿 Ox 方向传播的平面波而论之，其电场和磁场分别为

$$E_z = A\cos\left[\omega\left(t - \frac{x}{v}\right)\right],\quad H_y = -\sqrt{\frac{\varepsilon}{\mu}}A\cos\left[\omega\left(t - \frac{x}{v}\right)\right]$$

在场中 Ox 轴上 M 点周围的体积元 $\mathrm{d}V$ 内(图 102.1)，在某一时刻 t，定域着电磁场的能量 $\mathrm{d}W$ 为电场能量与磁场能量之和，即

$$\begin{aligned} \mathrm{d}W &= \frac{\varepsilon}{8\pi}E^2\mathrm{d}V + \frac{\mu}{8\pi}H^2\mathrm{d}V \\ &= \left\{\varepsilon A^2\cos^2\left[\omega\left(t - \frac{x}{v}\right)\right] + \varepsilon A^2\cos^2\left[\omega\left(t - \frac{x}{v}\right)\right]\right\}\frac{\mathrm{d}V}{8\pi} \end{aligned}$$

$$= \frac{\varepsilon}{4\pi} A^2 \cos^2\left[\omega\left(t - \frac{x}{v}\right)\right] \mathrm{d}V$$

或能量密度

$$w = \frac{\varepsilon E^2}{8\pi} + \frac{\mu H^2}{8\pi} = \frac{\varepsilon}{4\pi} A^2 \cos^2\left[\omega\left(t - \frac{x}{v}\right)\right]$$

$$= \frac{\sqrt{\varepsilon\mu}}{4\pi} |\boldsymbol{E} \times \boldsymbol{H}| = \frac{c}{4\pi v} |\boldsymbol{E} \times \boldsymbol{H}| \tag{102.1}$$

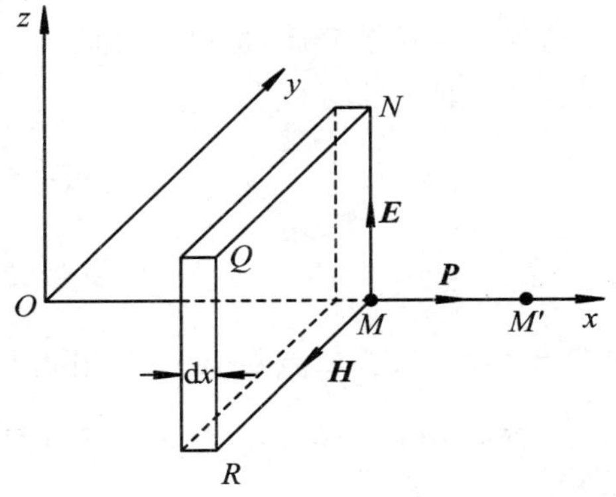

图 102.1

在另一时刻 t'，这个 M 点的体积元包含着另一个不同数值的能量，甚至可以完全不包含能量；但是另一个大小相等而相距 $\overline{MM'} = v(t' - t)$ 的体积元正包含着 t 时刻第一个体积元所包含的能量。我们说，电磁场的能量从 M 点传播到 M' 点。可见电磁场的能量沿着波面的垂直方向以速度 v 传播着。

在 M 点波面上考虑面积元 $MNQR = \mathrm{d}S$。从时刻 t 到 $t + \mathrm{d}t$ 通过这个面积元的能量就是当 t 时定域在以 $\mathrm{d}S$ 为底、$\mathrm{d}x$ 为高的六面体内的能量，即

$$\mathrm{d}W = \frac{\varepsilon}{4\pi} A^2 \cos^2\left[\omega\left(t - \frac{x}{v}\right)\right] \mathrm{d}x \mathrm{d}S$$

$$= w \mathrm{d}x \mathrm{d}S = w v \mathrm{d}S \mathrm{d}t = \frac{c}{4\pi}(\boldsymbol{E}_z \times \boldsymbol{H}_y) \cdot \mathrm{d}\boldsymbol{S} \mathrm{d}t$$

可见，在单位时间内，通过单位体积的能量流量由一个矢量

$$\boldsymbol{P} = \frac{c}{4\pi}(\boldsymbol{E} \times \boldsymbol{H}) \tag{102.2}$$

所规定，矢量 $\boldsymbol{P}$ 称为坡印亭矢量。矢量 $\boldsymbol{P}$ 与电磁波传播方向相同，正交于电场 $\boldsymbol{E}$ 和磁场 $\boldsymbol{H}$，即 $\boldsymbol{E}$，$\boldsymbol{H}$ 和 $\boldsymbol{P}$ 三个矢量组成一个正交直角坐标系。从式(102.1)和(102.2)，有

$$\boldsymbol{P} = w\boldsymbol{v} \tag{102.3}$$

可见能量的流速等于 $\boldsymbol{v}$，也即和能量的携带者——电磁波——的传播速度相同；这和液流流量等于液体密度与液流速度的乘积一样。

由于 $\cos^2[\omega(t - x/v)]$ 的平均值

$$\frac{1}{T}\int_0^A \cos^2\left[\frac{2\pi}{T}\left(t - \frac{x}{v}\right)\right] \mathrm{d}t = \frac{1}{2}$$

可见电磁波通过单位面积的功率，也即电磁波的强度，等于

$$\frac{v\varepsilon}{8\pi} A^2 = \frac{c}{8\pi}\sqrt{\frac{\varepsilon}{\mu}} A^2$$

与电场振幅，也与磁场振幅的平方成正比。

1. 坡印亭定理

从电磁能定域在空间这一观念出发，我们应该根据上述结果作结论：电磁能从所研

究的空间 V 经过 S 面向外流出，每秒流出的能量为$\oint_S P_n \mathrm{d}S$，是为坡印亭定理。

坡印亭定理具有普遍的意义，可以直接推导如下：

考虑一个连续介质，也可能就是一个导体，其中有外加电动势，就有外加电场 $\boldsymbol{E}_{外加}$，于是 $\boldsymbol{i} = \sigma(\boldsymbol{E} + \boldsymbol{E}_{外加})$，我们有

$$\left.\begin{aligned}\mathrm{rot}\boldsymbol{H} &= \frac{\varepsilon}{c}\frac{\partial \boldsymbol{E}}{\partial t} + \frac{4\pi}{c}\boldsymbol{i} \\ \mathrm{rot}\boldsymbol{E} &= -\frac{\mu}{c}\frac{\partial \boldsymbol{H}}{\partial t}\end{aligned}\right\}$$

以 $\boldsymbol{H}$ 点乘第二式，$\boldsymbol{E}$ 点乘第一式，相减得

$$\begin{aligned}\boldsymbol{H}\cdot\mathrm{rot}\boldsymbol{E} - \boldsymbol{E}\cdot\mathrm{rot}\boldsymbol{H} &= -\frac{1}{c}\left(\mu\boldsymbol{H}\cdot\frac{\partial \boldsymbol{H}}{\partial t} + \varepsilon\boldsymbol{E}\cdot\frac{\partial \boldsymbol{E}}{\partial t}\right) - \frac{4\pi}{c}\boldsymbol{i}\cdot\boldsymbol{E} \\ &= -\frac{1}{c}\left(\mu\boldsymbol{H}\cdot\frac{\partial \boldsymbol{H}}{\partial t} + \varepsilon\boldsymbol{E}\cdot\frac{\partial \boldsymbol{E}}{\partial t}\right) - \frac{4\pi\boldsymbol{i}}{c}\cdot\left(\frac{\boldsymbol{i}}{\sigma} - \boldsymbol{E}_{外加}\right)\end{aligned}$$

应用矢量分析公式

$$\mathrm{div}(\boldsymbol{E}\times\boldsymbol{H}) = \boldsymbol{H}\cdot\mathrm{rot}\boldsymbol{E} - \boldsymbol{E}\cdot\mathrm{rot}\boldsymbol{H}$$

和式(102.2)，上式可以写成

$$\boldsymbol{i}\cdot\boldsymbol{E}_{外加} = \frac{\boldsymbol{i}^2}{\sigma} + \frac{\partial}{\partial t}\left(\frac{\varepsilon\boldsymbol{E}^2}{8\pi} + \frac{\mu\boldsymbol{H}^2}{8\pi}\right) + \mathrm{div}\boldsymbol{P} \tag{102.4}$$

这是一个功率收支平衡式，也就是表示能量守恒定律。左端这一项代表外加电动势在每单位体积内维持电流 $\boldsymbol{i}$ 所供给的功率；右端第一项代表在单位体积内电流所放出的焦耳热功率；第二项是单位体积内电磁能的时间增加率；而第三项代表在单位时间中从单位体积内流出的电磁能，它表明坡印亭矢量是电磁能的流量密度。把公式(102.4)应用于场中为曲面 S 所包围的区域 V，就可知道，空间 V 内电磁能的变化不只有赖于外加电动势在此空间中所作的功和在此空间中放出的焦耳热，而且还有赖于边界面 S 上坡印亭矢量 $\boldsymbol{P}$ 的值，这就是电磁场能量的辐射。

值得注意的是，坡印亭矢量的表示式(102.2)包含着某种程度的任意性。我们不能直接用实验去验证它。只有在闭合曲面所包围的体积内我们才能观察能量。因此，坡印亭定理仅在积分形式下才具有物理意义。如果把任意矢量 $\boldsymbol{A}$ 的旋度附加于坡印亭矢量上，即以

$$\boldsymbol{P}' = \boldsymbol{P} + \mathrm{rot}\boldsymbol{A}$$

代替 $\boldsymbol{P}$，则通过任意闭合曲面的能流并不改变。这就是说，$\boldsymbol{P}'$和 $\boldsymbol{P}$ 一样符合功率收支平衡式(102.4)，这就证明了坡印亭矢量的非完全确定性。

虽然如此，我们还是将坡印亭矢量和场中某点的能流密度等量齐观，因为它很简单，又能给出与实验符合的结果。

2. 在稳定场中能量流动的性质

能量的辐射只出现于可变的电磁场中。在只有电场或只有磁场时，能量是不动的；

在电场和磁场同时存在的地方，才有能量的流动。在两个彼此叠加的稳定场 $\boldsymbol{E}$ 和 $\boldsymbol{H}$ 中，虽有能流，但能流是稳定的，总能量在各点都是常量。能量不从稳定场中流出，也没有从外界流进来；稳定场没有能量的辐射。很容易用实例来说明在稳定场中能量流动的性质。

在静电场与静磁场中，比如圆柱形电容器处在磁场中的情形(图 102.2(a))，能流是闭合的(图 102.2(b))。又如平行板电容器处在磁场中的情形(图 102.3(a))，能流分成两部分，并从两方面围绕着电容器的两个极板，能流也是闭合的(图 102.3(b))。闭合的稳定能流无法观察，因为这种能流并不改变体积元中的能量。这两种情形下都没有辐射。

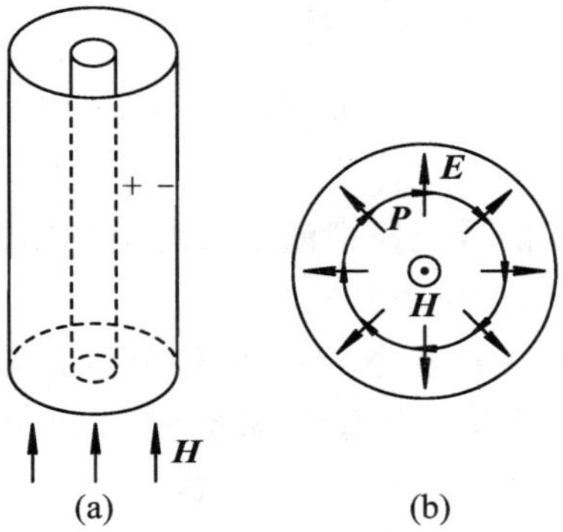

图 102.2

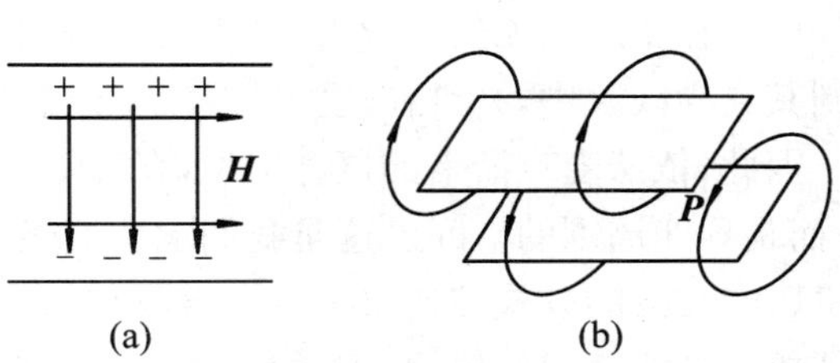

图 102.3

在稳定电流的场中，电磁场的强度，从而它的能量，都保持恒定，因之外加电动势所作的功全部变成热量(假设电路不动)。然而外加电动势只有在回路中 $E_{外加}$ 不等于零的那些区段才作功，而在回路的所有区段都要放出焦耳热量。不难见到，外加电动势源所供给的能量，此时作为电磁能被传递到消耗能量的所有场所，再以热的形式放出。

为此，让我们研究长度为 l 的圆柱形均匀导线的一段。设 r 为导线半径，I 为导线中的电流强度。在贴近导线面的一点 M 上(图 102.4,)磁场强度为

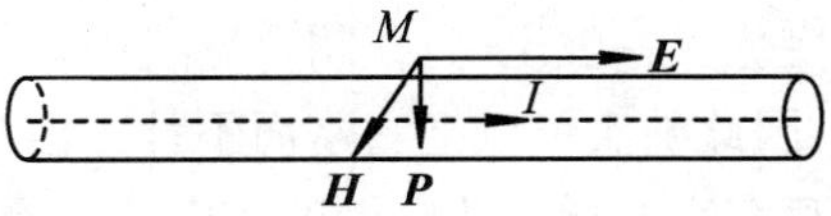

图 102.4

$$H = \frac{2I}{cr} = \frac{2i\pi r^2}{cr} = \frac{2\pi r}{c} i$$

而且磁力线为中心位于导体轴线上的圆周。

首先假定在所研究的导线段中，$E_{外加} = 0$。在这一情形下，电场 $\boldsymbol{E}$ 的方向沿着电流的方向，并等于 i/σ，因而，在导线表面上 M 点的坡印亭矢量的大小为

$$P = \frac{c}{4\pi} |\boldsymbol{E} \times \boldsymbol{H}| = \frac{c}{4\pi\sigma} |\boldsymbol{i} \times \boldsymbol{H}| = \frac{c}{4\pi\sigma} iH = \frac{ri^2}{2\sigma}$$

并且，按照右螺旋法则，$\boldsymbol{P}$ 的方向沿着导线表面的内法线，从周围空间经过导线外表面流入这段导线的能量为

$$\oint_S P_n \mathrm{d}S = 2\pi r l P = \frac{i^2}{\sigma} \pi r^2 l = \frac{i^2}{\sigma} V$$

式中 V 是该导线段的体积。因为 P 与圆柱导线的底面平行，能量并不流过圆柱导线的两个底面。正如我们所预料的，这一能量等于每秒内在该导线段中放出的焦耳热量。

可见，在 $\boldsymbol{E}_{外加}=0$ 的那些导线段内，电流所放出的热能是由导线周围空间中的电磁能流入导线中转变而成的。显然，这一能量应该从那些有外加电动势作功的导线段传递到这个空间。的确，如果 $\boldsymbol{E}_{外加}\neq 0$，则

$$\boldsymbol{E}=\frac{\boldsymbol{i}}{\sigma}-\boldsymbol{E}_{外加}$$

而

$$\boldsymbol{P}=\frac{c}{4\pi}(\boldsymbol{E}\times\boldsymbol{H})=\frac{c}{4\pi\sigma}(\boldsymbol{i}\times\boldsymbol{H})-\frac{c}{4\pi}(\boldsymbol{E}_{外加}\times\boldsymbol{H})$$

已经证明，右端第一项是指向导线内部的能流；第二项带有负号，因而具有相反的方向，就是经过导线侧面流出的能量。

所以在稳定电流的情形下，从有外加电动势源存在的导线段中流出来的全部能量，回到其它导线段中，并且在这些导线段中以热能的形式发放出来。

因此，依照麦克斯韦的概念来说，在导线中建立电流的过程中，起主要作用的不是导线，而是导线周围的空间。这是我们承认的能量定域于场中之应用的结论。电源供给的能量以电磁波的方式传递出去。电磁波在导线中由于电磁感应而产生电流，只是一种附属现象。导线所起的作用，不过是防止电磁能朝着所有的方向辐射，而引导电磁能沿着导线前进而已。

在准稳电流的情形下，也有类似的关系式。比方说，从电路中撤去电动势源（例如蓄电池）时，断路电流在电路中继续环流某一段时间。我们在§86中已经见到，这一瞬时电流所放出的焦耳热量是由电流磁场的能量（由周围空间流入导体）之逐渐减小转变而得的。

在§87和§88中讨论电流磁场的能量时，我们没有考虑电流周围的电场能量所发生的变化。一般说来，在闭合导线中通过准稳电流的情形下，电场能量比磁场能量要小得多，因此确实可以把它略而不计。但是在准稳电流的电路中如果接入一个电容器，那个储存在它的场中的电能就和电流的磁能大小差不多，因而就不能忽略它了（见§91）。

一般说来，在有电流流通的闭合或近似闭合的电路中，电磁能的确转变为热，没有辐射出去。这一能量定域在电路周围的外部空间中，它通过导体的外表面而进入导体内部。在迅变电流中，这一点表现得特别清楚。在场的变化非常迅速时，场能不能达到导体的内层，只是集中在有可变电流的导体表面层上，转变为焦耳热（趋肤效应，见§92）。

第 15 章　电磁波的产生与检验

§103　电磁波的频率与波长

麦克斯韦理论的主要成就之一是预言电磁波的存在。电磁波带着它的电磁能以很大而有限的速度传播着。在真空中，电磁波的传播速度为 $c = 3\times10^{10}$ 厘米/秒。

在麦克斯韦死后十年(1888 年)，赫芝在实验室里产生了电磁波。麦克斯韦的理论和赫芝的实验工作不仅证实了电磁波的存在，而且也指出了所有为我们所熟知的辐射(如果既不是微粒射线——阴极射线、阳极射线、放射性物质的 α 和 β 射线，也不是机械波，例如声波)都是电磁波。属于电磁波的有无线电波、红外线、可见光、紫外线、伦琴射线和放射性物质的 γ 射线，它们之间只有频率大小的不同。

电磁波的一个基本元素是它的振动周期 T 或频率 $\nu = 1/T$。在真空中，电磁波的波长 λ 与周期和频率之间有如下的关系：

$$\lambda = cT = \frac{c}{\nu}$$

我们所产生或碰到的电磁波，频率范围极其广阔。我们碰到频率高达 10^{20} 赫芝(波长 $\lambda = 3\times10^{-10}$ 厘米)，低到 10^4 赫芝($\lambda = 30$ 公里)。若有需要的话，可以毫无困难地产生更长的电磁波。

在电磁波的整个体系中，由于技术或习惯原因，我们把它分割成若干波段，这种分割主要根据产生方法的不同。

§104　产生电磁波的原理和方法

任何电磁场的起源都是运动着的电荷，但并不是电荷的任何运动都伴随着电磁波的辐射。当电荷作匀速直线运动(即按惯性运动)时，就不辐射；但在所有其它情况下运动时均有辐射，而且辐射波的性质完全依从于运动的方式。若电荷运动突然受到制止，则将辐射单个的电磁脉冲波；若电荷作周期性的运动(特别是按正弦规律振动)，则波中场强 $\boldsymbol{E}$ 和 $\boldsymbol{H}$ 的变化也将是周期性的(特别是正弦式的)，等等。

归根结底，产生电磁波的原理只有一个，就是把电荷周期地扰动起来。被扰动着的电荷就成为产生电磁波的中心；从这中心，电磁扰动以球面波传播出去，在远距离的小区域内，这些球面波可以作为平面波看待。

产生电磁波的原理虽然只有一个，但是实现电荷扰动的方法是多种多样的。可把它们分为实际上很不相同的两类：

(1) 利用振荡电路使电荷在电路中作来回运动。这种用电的技术所产生的电磁波的频率是随我们所欲的，而它的电磁性是很显然的。

这类电磁波用在无线电通信上。它们的频率，比之交流，可说是很高的；但在辐射的整个体系中说，它们又在低频这一头。

利用电的方法产生电磁波，其频率从 10^4 赫芝到 1.5×10^{12} 赫芝，即波长从 30 公里到 0.2 毫米。要得到更高的频率(即更短的波长)是很困难的，因为发生器的尺寸必须愈来愈小，从而所能利用的功率几乎趋近于零。

(2) 电荷的运动可以是在原子或分子之内，也可以是被热骚动所引起的。这种运动将不再是在我们直接控制之下，我们所能做的只是激发，而激发所得的频率完全由物质本身的性质决定。

所有高频辐射都是这样得到的，包括可见光在内。就频率范围而言，在低的方面我们可以检查出一直到 10^{12} 赫芝(波长 0.3 毫米)，与由第一类方法所产生的电磁波互相衔接甚至有些重叠。

这种不用振荡电路得到的辐射，包括红外线、可见光、紫外线、伦琴射线和 γ 射线，可见光只是其中很小的一个范围。

我们现在所要讨论的限于第一类，就是利用电的方法所产生的电磁波，也称为**赫芝波**。

§105　利用高频电流产生电磁波

在电容器的振荡放电中，我们知道振荡频率是相当高的；电路中电阻愈小，振荡的阻尼也愈小。但是这样的电路，和交流电路一样，辐射很小。准稳电流实际上也不辐射，因在准稳电流的情况下，位移电流或可以小到忽略(闭合传导电路)，或是集中于一个小体积内(有电容器的准稳电路)。这种电路的 M 和 M' 两部分电流(图 105.1)在远处所产生的磁场几乎完全互相抵消。结果远处磁场是与电路的距离的三次方成反比的；另一方面，静电能量则又几乎完全集中在电容器 C 内，磁能则几乎完全集中于自感线圈 L 中；这就是这种电路不可能有显著的辐射的原因。

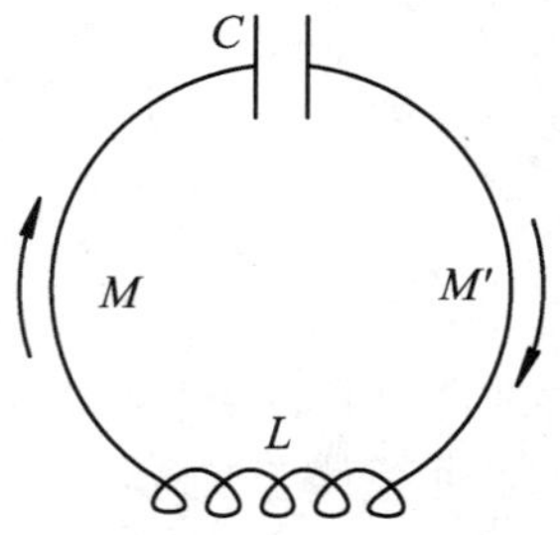

图 105.1

为了增强辐射必须创造条件，使有位移电流发生的区域和矢量 $\partial\boldsymbol{B}/\partial t$ 异于零的区域尽可能地不与周围的空间隔绝，不要脱离周围的空间。因此必须增加电容器极板间的距离，并且采取不是线圈式的而是比较开放的回路形电路。增加极板间的距离，并以直线导体代替线圈电路，我们就从图105.2(a)得到如图(b)和图(c)所示的具有不同开放程度的振荡电路。

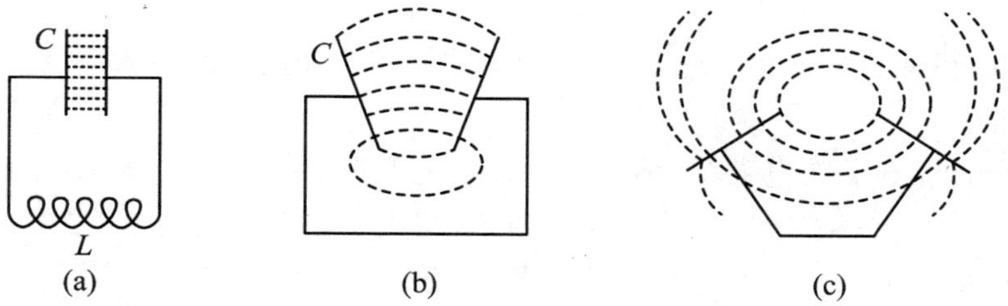

图105.2

显然，这样改变后的电路中的电容与自感，比原来电路中的电容与自感要小得多，因而这系统的固有振荡频率更高；这又是增强辐射的另一有利因素。

所以要使电磁波的辐射强大，重要的不只是有大的电振荡功率，而且还要有它的充分高的频率与发射电路的有利形状。

一根直线导体 AB，即使是完全绝缘的，交变电流也能在其中流通。电流在导体上各截面的强度在同一时刻是不相同的。我们可以设想 AB 线内有一电荷，或更一般地说，有许多电荷作正弦运动。在 A，B 两端，这些电荷的速度必然为零，因而电流强度为零；电流是交变的，在 AB 的中点电流强度最大。从另一观点，我们可以说导线有电容与自感分布在整个导线线段上。线段的一端 B 还可与地连接，那么在这一端电流强度最大。

这样一根导体辐射要远比闭合电路来得强。它在空间中所产生的电场与磁场强度与距离成反比。我们还可设想几根导体组成的开放电路，在无线电上叫做**天线**。

一根天线有它自己的振荡频率。若由于外来原因，比如说从外来了一个电场，它的静电平衡被破坏了，就有电荷出现在导体表面；外来原因突然停止，导体中就发生阻尼的交变电流，它的频率是天线所固有而一定的。

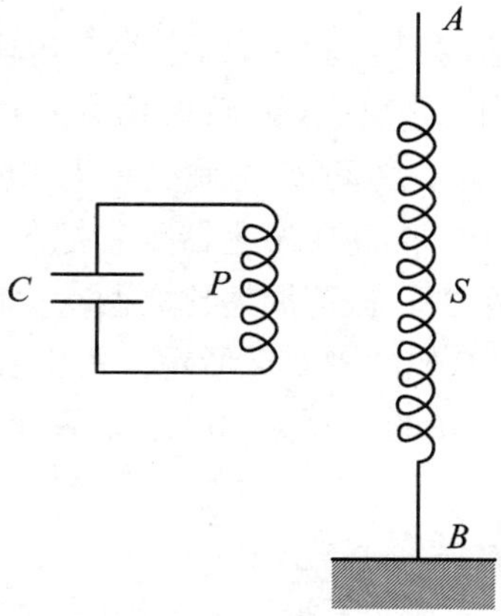

图105.3

如图105.3所示，在天线中的交变电流由电磁感应产生。AB 为天线，其下端 B 接地；CP 为闭合的振荡电路，通过 P 与 S 间的互感，作用于天线上。若天线的固有频率与强迫它振荡电路的频率相同的话，天线 AB 中就产生强大的交变电流（A 端为零，B 端最大）。

§ 106　赫芝振荡器

赫芝在 1888 年首次产生了电磁波，研究它的结构并测定它的传播速度，从而证实了麦克斯韦理论。

为在远处产生显著的电磁场，赫芝所用开放电路有如图 106.1 所示，主要为两金属球 S 和 S′，相当于振荡电路的电容器两极，与金属杆 T 和 T′连接，两金属杆 T 和 T′即相当于振荡电路。T 和 T′的另一端又各与小球 A 和 A′连接，A 和 A′相距几毫米。

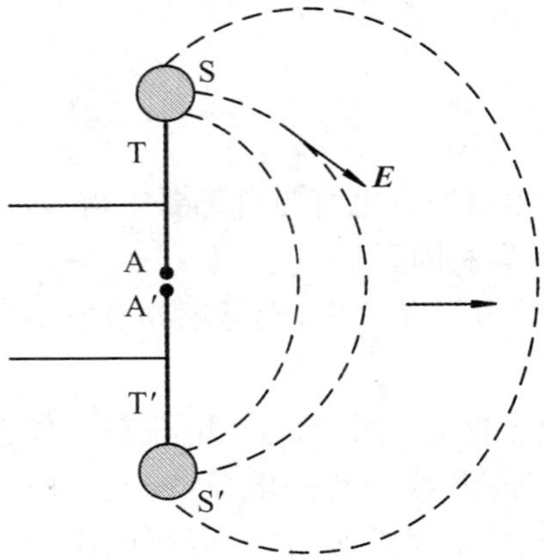

图 106.1

当金属杆 T 和 T′与高压发生器(静电机或感应圈)的两极相连而建立起一个电位差的时候，在它们的周围空间中就产生一个以 TT′为对称轴的电场。把这个电位差逐渐增大到几万伏特，A，A′之间突然发生火花，使间隙内空气由于火花通过而电离导电，这就等于瞬时间内把 A 和 A′连接起来。在这瞬间内，SAA′S′中产生阻尼的交变电流，也就是产生电振荡。由于电容和自感很小，振荡周期很短，也就是频率很高，这样就产生了电磁波。在赫芝当年的实验中，产生的电磁波波长为 0.6 米。

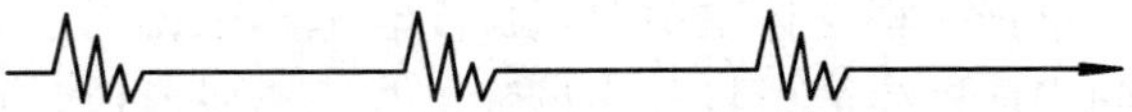

图 106.2

在赫芝实验中，由于火花电阻和辐射，阻尼很大，因而振荡存在时间很短，AA′之间不久就又不导电了。在这个时候高压发生器重新把 S 和 S′充电，又使火花通过，这样再有一次阻尼振荡，如是继续下去。振荡周期比之两次火花之间的间隔是很短的；这样就产生了一连串的阻尼电磁波，有如图 106.2 所示。每次发射的电磁波存在的时间，比如说，只有 10^{-8} 秒，而两个相邻火花的间隔为 10^{-2} 秒。两个火花之间的熄灭时间，比之它们的活动时间，可说是无穷长。

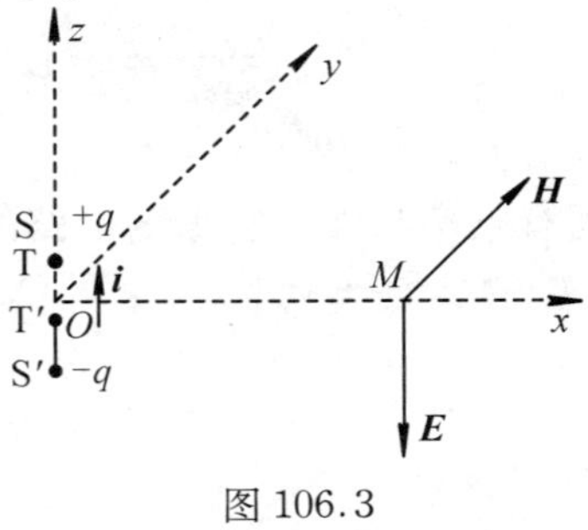

图 106.3

根据麦克斯韦理论，我们来看赫芝振荡器所产生的电磁波。

把 TT′置于 Oz 轴上(图 106.3)。在 Ox 轴上一点 M，电场 $\boldsymbol{E}$ 平行于 Oz 轴，磁场 $\boldsymbol{H}$ 平行于 Oy 轴，我们有一个面偏振电磁波，其偏振面为 xOy。

如何用实验方法来检查这个电磁波的存在和它的结构呢？下节将讨论这个话题。

§ 107　赫芝共振器

为了检查和研究电磁波，赫芝当年用的共振器，就是一匝有缺口的粗铜线圈(图107.1)。缺口长短可以调节，通常只是百分之几毫米。若有感应电动势在线圈中产生，就可在缺口处出现弱小火花。若线圈的固有频率与感应电动势频率相同，就成共振，火花显得比较强大。线圈的固有频率是可以计算的。由于线圈的尺寸小，我们可以得到约 3×10^8 赫芝的频率(即波长 1 米)。

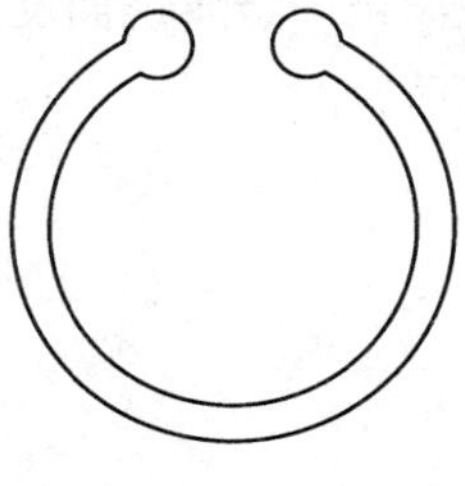

图 107.1

时至今日，可用一匝粗铜线与可变电容器相连而成更为灵敏的共振器(图 107.2)，共振时可使并联的小电灯泡发亮。

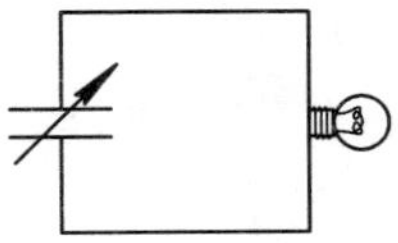

图 107.2

这种共振器可以检查电磁波的磁场，也可以检查电磁波的电场。若共振器的回路平面 Γ 垂直于电磁波的交变磁场 $\boldsymbol{H}$，而电容器的极板垂直于电磁波传播的方向，如图 107.3 所示的位置Ⅰ，则电场平行于电容器的极板对它不起作用，而共振器回路 Γ 将为交变磁场所垂直通过，成为感应电流流通的场所；此时共振器所表现的电灯泡发亮最甚，指出了磁场的方向和磁场变化的幅度。反之，如图 107.3 所示的位置Ⅱ，共振器回路平面 Γ 平行于磁场，而电容器极板垂直于电场，则磁场对它不起作用，而交变电场将以静电感应使电容器忽而充电，忽而放电，交替不止；此时共振器所表现的电灯泡发亮最甚，指出了电场的方向和电场变化的幅度。

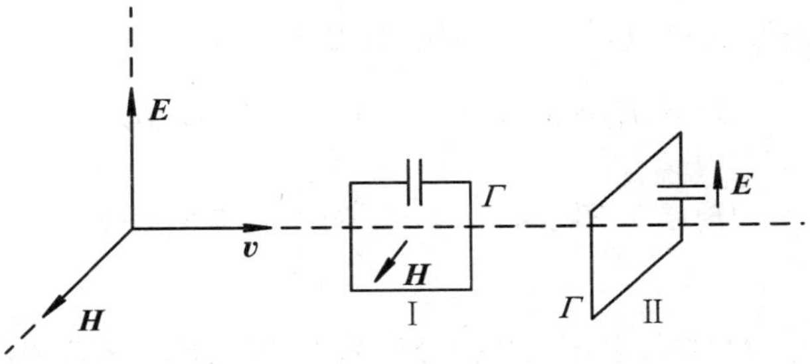

图 107.3

所以在离开振荡器几米甚至几十米的地方，放置一个这样的共振器，就能检查电磁波并能测定波的电场与磁场的方向，知道它们是互相正交的并正交于波的传播方向。但是这个实验还无从测定电磁波的传播速度。

§108 电磁驻波

为了测定传播速度，赫芝利用相向进行的两个电磁波干涉而形成的驻波。前进的电磁波被一金属镜面反射，反射波与入射波成为两个相向进行的波，在空中互相干涉，形成驻波。

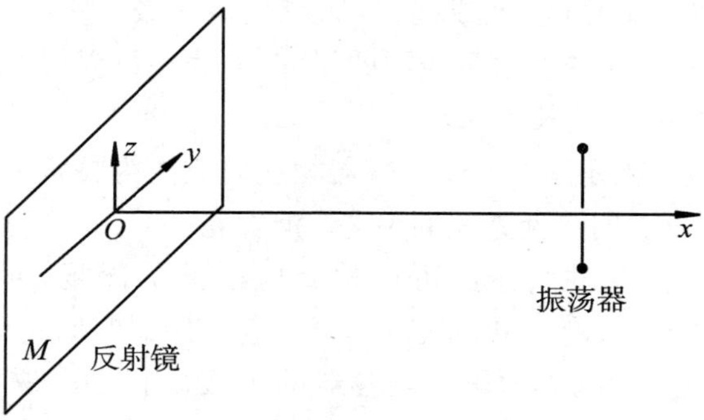

图 108.1

取金属镜面 M 为 yOz 平面，并设振荡器置在 Ox 轴上某一点(图 108.1)，则入射波沿 Ox 轴的负向传播，其方程式为

$$\left.\begin{aligned} E_1 &= E_0\cos\left[\omega\left(t+\frac{x}{v}\right)\right] \quad (\text{沿 } Oz \text{ 轴}) \\ H_1 &= H_0\cos\left[\omega\left(t+\frac{x}{v}\right)\right] \quad (\text{沿 } Oy \text{ 轴}) \end{aligned}\right\} \tag{108.1}$$

式中 $H_0 = E_0$。反射波沿 Ox 轴的正向传播，其方程式为

$$\left.\begin{aligned} E_2 &= E_0'\cos\left[\omega\left(t-\frac{x}{v}\right)\right] \quad (\text{沿 } Oz \text{ 轴}) \\ H_2 &= -H_0'\cos\left[\omega\left(t-\frac{x}{v}\right)\right] \quad (\text{沿 } Oy \text{ 轴}) \end{aligned}\right\}$$

式中 $H_0' = E_0'$。

在金属镜面($x=0$)附近，电场的切向分量为零；因此$\boldsymbol{E}_1 + \boldsymbol{E}_2 = \boldsymbol{0}$，即 $E_0' = -E_0$；从而 $H_0' = E_0' = -E_0 = -H_0$，于是反射波的方程式可写为

$$\left.\begin{aligned} E_2 &= -E_0\cos\left[\omega\left(t-\frac{x}{v}\right)\right] \\ H_2 &= H_0\cos\left[\omega\left(t-\frac{x}{v}\right)\right] \end{aligned}\right\} \tag{108.2}$$

从式(108.1)和(108.2)，得

$$E = E_1 + E_2 = -2E_0\sin\frac{\omega x}{v}\sin\omega t$$

$$H = H_1 + H_2 = 2H_0 \cos \frac{\omega x}{v} \cos\omega t$$

可见各点的电场和磁场振幅与其所在的地点有关。空间中,有的点振幅恒为零,称为波节;有的点振幅较大,称为波腹。这就形成驻波。磁场的波腹与电场的波节相合,而电场的波腹与磁场的波节相合,如图 108.2(c)所示。图 108.2(a)代表入射波,图(b)代表反射波。

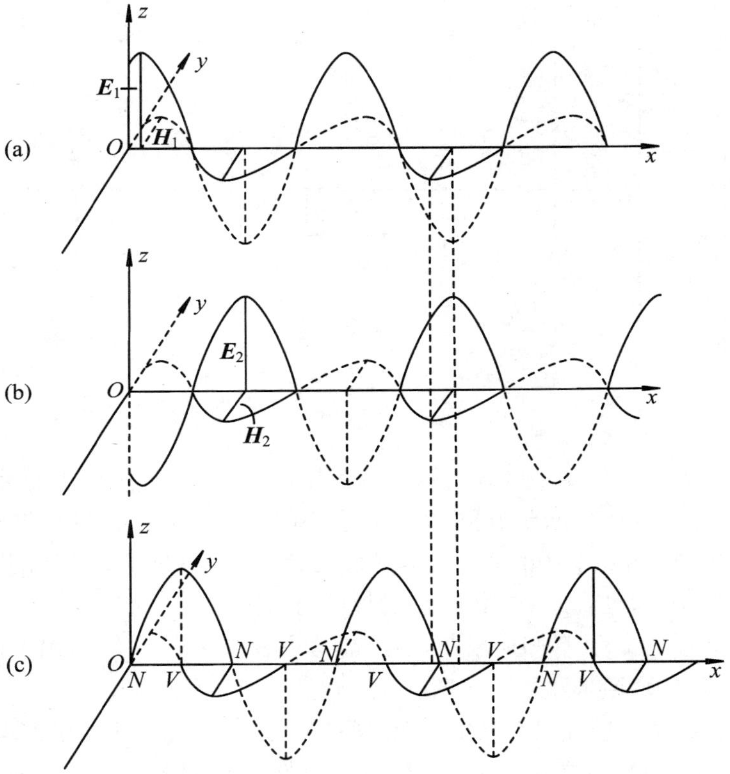

图 108.2

电场的波节或磁场的波腹 N 由

$$\frac{\omega x}{v} = k\pi \quad (k \text{ 为正整数})$$

决定,而电场的波腹或磁场的波节 V 由

$$\frac{\omega x}{v} = \left(k + \frac{1}{2}\right)\pi$$

决定,两个相邻波节或波腹之间的距离等于半个波长,即

$$\frac{\lambda}{2} = x_{k+1} - x_k = \frac{v\pi}{\omega}$$

或

$$\lambda = vT$$

波长就是空间中的周期。

在镜面上反射的地方,观察到电场的节与磁场的腹。由此可知,电场振动在金属面上反射时,就相而言,有半周期的损失;而磁场振动则于反射前后无相的改变。

如何来观察电磁驻波的电场和磁场的节和腹呢?振荡器平行于 Oz 轴而置于 Ox 轴上。若把共振器置于 xOz 平面内,如图 108.3 所示的位置Ⅰ,它将对磁场敏感而电场对它不起作用。把它沿 Ox 轴移动,就可测定磁场的节 V 和腹 N 以及其间的距离。

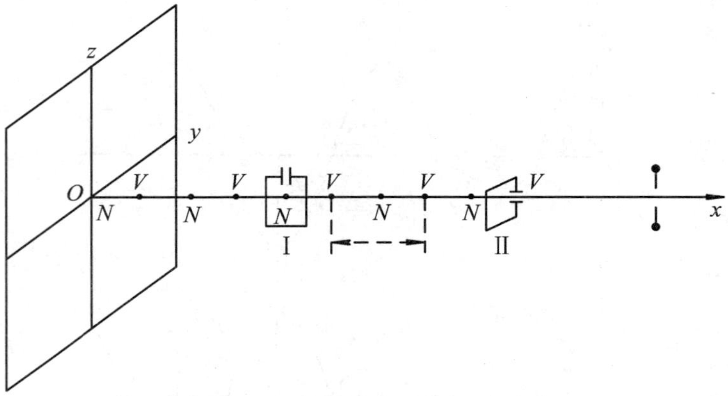

图 108.3

再把共振器安置在如图 108.3 所示的位置Ⅱ,使其平行于 yOz 平面,同时电容器的极板垂直于 Oz 轴,则它对电场敏感而磁场对它不起作用。把它沿 Ox 轴移动,就可测定电场的节 N 和腹 V,可见电场的节与磁场的腹相合,而磁场的节与电场的腹相合。这样实验证实了驻波理论,也就证实了电磁波的传播与结构。

这样测定了波长 λ,并且知道周期 T,就能够由公式 $v = \lambda / T$,求出电磁波的传播速度 v,结果 $v = 3 \times 10^{10}$ 厘米/秒,等于光速。

电磁波的传播速度曾在巴黎与华盛顿之间加以直接测定。测定方法如下:A 和 A′为两个发射台;一在巴黎,一在华盛顿;另有两个接收台 B 和 B′,各在 A 和 A′的附近(图 108.4)。A 台在时刻 t 发一信号,A′在时刻 t' 发一信号;这些信号被 B 收到的时刻分别为 t 和 $t' + \tau$,被 B′收到的时刻分别为 $t + \tau$ 和 t';先后收到信号相隔时间,在 B 为 $\theta = t' + \tau - t$,在 B′为 $\theta' = t' - (t + \tau)$。可见信号从巴黎到华盛顿或华盛顿到巴黎传播所需的时间 $\tau = (\theta - \theta')/2$。由实测 θ 和 θ' 的结果,得出 τ 约为 1/50 秒。A 和 A′两者之间的距离比较难说;假设电磁波沿地球的大圆周传播,得出它的传播速度 $v = 296000$ 公里/秒。

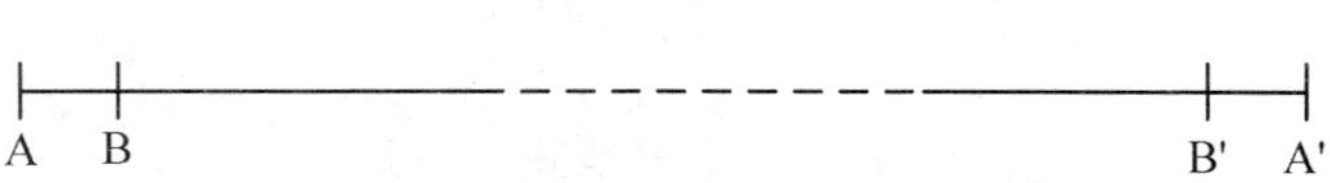

图 108.4

§109　光波是电磁波

由上所述，已知电磁波是横波，传播速度是光速，电磁波有偏振，电磁波的所有这些性质都与光波相同。赫芝还演示了电磁波的成影、反射、折射、偏振、干涉和驻波。列别捷夫(1896年)更用6毫米的电磁波研究了色散和双折射。可见光波是电磁波，光波与赫芝波的不同在于波长而已，一如红光与蓝光之不同。

电磁波在介电常数为 ε 的介质中的传播速度为 $c/\sqrt{\varepsilon}$；又光波在折射率为 n 的介质中的传播速度为 c/n；光波既是电磁波，两者必须相等，从而得出麦克斯韦关系式：

$$\varepsilon = n^2$$

把介质的介电常数和折射率直接联系起来。

当然，我们必须这样理解麦克斯韦关系式：n 与 ε 是对同一频率电磁波而言的。倘将光学的折射率 n(可见光频率的数量级为 10^{15} 赫芝)与在静电场("频率"为零)中得到的 ε 相比较，例如对于水，$\varepsilon = 80$，而 $n = 1.33$，其不符合麦克斯韦关系式又何见怪？这是由于存在色散现象(即 n 和 ε 随频率而变)的缘故。但以同一频率来测定同一介质的 ε 和 n，结果都很好地符合麦克斯韦关系式。

在赫芝振荡器中，发射的电磁波波长决定于金属杆T和T′的长度。振荡时，赫芝振荡器中建立了驻波。电流的波腹在火花间隙 AA' 中(图109.1)，在端点 S 和 S' 是两个波节，因为它们是绝缘的。相反地，电压波腹在端点 S 和 S'，电压振荡在这两点的振幅最大，电压的波节在火花间隙中。

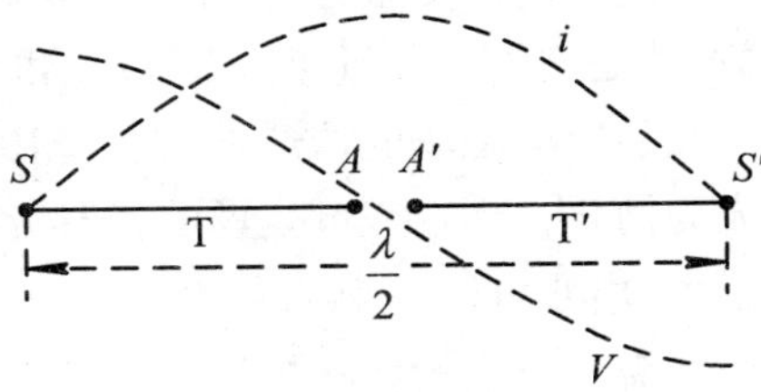

图 109.1

所以整个振荡器很像作基频振动的弦，被它所发射的电磁波波长约为振荡器总长的二倍。例如，若取T和T′两杆的长各为75厘米，则波长 λ 约为3米，振荡频率约为 10^8 赫芝。上面提到列别捷夫得到的6毫米的电磁波，就是利用两根各长1.5毫米的细铂丝做成的振荡器产生的。

为了产生更短的电磁波，显然无法利用赫芝振荡器。用金属屑当作振荡器，列非兹卡娅(Levitskaya)于1927年得到30微米的阻尼电磁波，这样早把赫芝波与红外线联系起来了。用磁控电子管与速调电子管做的现代振荡器，可以产生频率高于 3×10^7 千周的持续振荡，即短于1厘米的电磁波。

第 16 章　电磁场的位

§110　用电场标位和磁场矢位来解麦克斯韦方程组

解麦克斯韦方程式组

$$\left.\begin{aligned}\mathrm{rot}\boldsymbol{E} &= -\frac{1}{c}\frac{\partial \boldsymbol{B}}{\partial t}\\ \mathrm{div}\boldsymbol{D} &= 4\pi\rho\\ \mathrm{rot}\boldsymbol{H} &= \frac{1}{c}\frac{\partial \boldsymbol{D}}{\partial t} + 4\pi\frac{\boldsymbol{i}}{c}\\ \mathrm{div}\boldsymbol{B} &= 0\end{aligned}\right\}$$

这个问题之所以复杂，是由于它包含着电场和磁场两个矢量，实际上，需要决定六个未知函数，就是它们的分量 E_x,E_y,E_z 和 H_x,H_y,H_z。有什么方法可以简化吗？

在稳定电磁场的情形下，引入辅助的量——电场标位 φ 和磁场矢位 $\boldsymbol{A}$，曾使许多问题大为简化。现在在可变场的普遍情形下，如果我们也引用标位 φ 和矢位 $\boldsymbol{A}$ 来描述电场和磁场，岂非可以一个标量和一个矢量来代替两个矢量而得到简化吗？事实确是如此，我们所需要决定的将不再是六个未知函数，而只是四个未知函数，即 φ 和 A_x,A_y,A_z。

解得 φ 和 $\boldsymbol{A}$ 之后，就能从

$$\left.\begin{aligned}\boldsymbol{B} &= \mathrm{rot}\boldsymbol{A}\\ \boldsymbol{E} &= -\,\mathrm{grad}\boldsymbol{\varphi} - \frac{1}{c}\frac{\partial \boldsymbol{A}}{\partial t}\end{aligned}\right\} \tag{110.1}$$

求出电场 $\boldsymbol{E}$ 和磁场 $\boldsymbol{B}$。

由式(110.1)定义的 $\boldsymbol{B}$ 和 $\boldsymbol{E}$ 显然满足麦克斯韦方程组中的下面两个方程式：

$$\mathrm{div}\boldsymbol{B} = 0,\quad \mathrm{rot}\boldsymbol{E} = -\frac{1}{c}\frac{\partial \boldsymbol{B}}{\partial t}$$

把式(110.1)的 $\boldsymbol{B}$ 和 $\boldsymbol{E}$ 代入麦克斯韦方程组的其余两个方程式：

$$\mathrm{div}\boldsymbol{D} = 4\pi\rho,\quad \mathrm{rot}\boldsymbol{H} = \frac{1}{c}\frac{\partial \boldsymbol{D}}{\partial t} + 4\pi\frac{\boldsymbol{i}}{c}$$

就可得出两个方程式来决定作为 ρ 和 $\boldsymbol{i}$ 的函数 φ 和 $\boldsymbol{A}$。

利用矢量分析公式：

$$\mathrm{div\ grad}\varphi = \nabla^2\varphi,\quad \mathrm{rot\ rot}\boldsymbol{A} = \mathrm{grad\ div}\boldsymbol{A} - \nabla^2\boldsymbol{A}$$

并经简化之后，这两个决定 φ 和 $\boldsymbol{A}$ 的微分方程式可以写成

$$\left.\begin{aligned}-\nabla^2\varphi-\frac{1}{c}\frac{\partial}{\partial t}(\operatorname{div}\boldsymbol{A})&=4\pi\frac{\rho}{\varepsilon}\\\frac{\mu\varepsilon}{c^2}\frac{\partial^2\boldsymbol{A}}{\partial t^2}-\nabla^2\boldsymbol{A}+\operatorname{grad}\left(\operatorname{div}\boldsymbol{A}+\frac{\mu\varepsilon}{c}\frac{\partial\boldsymbol{\varphi}}{\partial t}\right)&=\frac{4\pi\mu\boldsymbol{i}}{c}\end{aligned}\right\}\tag{110.2}$$

这样就在可变场的普通情形下，把解麦克斯韦方程组的问题变成解方程组(110.2)的问题了。

§111 规范不变性与洛伦茨关系式——电磁场的位的微分方程式

规定标位 φ 和矢位 $\boldsymbol{A}$ 的微分方程组(110.2)乍看起来，好像比麦克斯韦方程组还要复杂，其实不然。我们还可利用标位 φ 和矢位 $\boldsymbol{A}$ 的定义中所包含的任意性来大大简化微分方程组(110.2)。

在 $\boldsymbol{E}$ 和 $\boldsymbol{H}$(或 $\boldsymbol{E}$ 和 $\boldsymbol{B}$)给定的情形下，在标位 φ 和矢位 $\boldsymbol{A}$ 的定义中究竟有什么样的任意性呢?

设 φ_0 和 $\boldsymbol{A}_0$ 满足方程式组(110.1)，即有

$$\boldsymbol{B}=\operatorname{rot}\boldsymbol{A}_0,\quad \boldsymbol{E}=-\operatorname{grad}\varphi_0-\frac{1}{c}\frac{\partial\boldsymbol{A}_0}{\partial t}$$

由于梯度的旋度恒等于零，我们可以在 $\boldsymbol{A}_0$ 上附加任意标量 χ 的梯度，即

$$\boldsymbol{A}=\boldsymbol{A}_0+\operatorname{grad}\chi$$

仍将适合于原来的磁感应强度值 $\boldsymbol{B}$，因为

$$\operatorname{rot}\boldsymbol{A}=\operatorname{rot}\boldsymbol{A}_0+\operatorname{rot}\operatorname{grad}\chi=\operatorname{rot}\boldsymbol{A}_0=\boldsymbol{B}$$

如果 χ 和时间无关，则在以 $\boldsymbol{A}$ 置换 $\boldsymbol{A}_0$ 时，电场强度 $\boldsymbol{E}$ 的值也不发生变化。在一般情形下，χ 和时间有关，则有

$$\boldsymbol{E}=-\operatorname{grad}\varphi-\frac{1}{c}\frac{\partial}{\partial t}(\boldsymbol{A}_0+\operatorname{grad}\chi)=-\operatorname{grad}\left(\varphi+\frac{1}{c}\frac{\partial\chi}{\partial t}\right)-\frac{1}{c}\frac{\partial\boldsymbol{A}_0}{\partial t}$$

可见，只要在以 $\boldsymbol{A}$ 代替 $\boldsymbol{A}_0$ 的同时，也以

$$\varphi=\varphi_0-\frac{1}{c}\frac{\partial\chi}{\partial t}$$

代替 φ_0，则 $\boldsymbol{E}$ 的值也可保持不变。

由此得出结论：如果在矢位 $\boldsymbol{A}$ 上添加任意标量 χ 的梯度，同时从标位 φ 中减去这一标量 χ 的时间微商被 c 除后所得的量，即

$$\left.\begin{aligned}\boldsymbol{A}&=\boldsymbol{A}_0+\operatorname{grad}\chi\\\varphi&=\varphi_0-\frac{1}{c}\frac{\partial\chi}{\partial t}\end{aligned}\right\}\tag{111.1}$$

则电场强度 $\boldsymbol{E}$ 和磁感应强度 $\boldsymbol{B}$ 保持不变。换句话说，若 φ_0 和 $\boldsymbol{A}_0$ 满足方程组(110.1)，则由式(111.1)所规定的 φ 和 $\boldsymbol{A}$ 也满足方程组(110.1)。可有无数多个不相同的一类标位 φ 和矢位 $\boldsymbol{A}$ 来描述同一个 $\boldsymbol{E}$ 和 $\boldsymbol{B}$ 的电磁场，φ 和 $\boldsymbol{A}$ 的定义中的任意性就在于此。

使场强 $\boldsymbol{E}$ 和 $\boldsymbol{B}$ 可在式(111.1)所表示的这一类位变换之下保持不变的麦克斯韦方程组的性质，称为规范不变性。

如果 χ 和坐标无关，则规范不变性就表示在标位 φ 上可以加一任意相加常数(这个常数可以和时间有关)，这一点我们在静电学中早已知道。

洛伦茨首先注意到利用规范不变性以后可以在相当大的范围内任意改变 $\boldsymbol{A}$ 和 φ，只有电场强度 $\boldsymbol{E}$ 和磁感应强度 $\boldsymbol{B}$ 才具有直接的物理意义，而标位 φ 和矢位 $\boldsymbol{A}$ 只是辅助的概念，作为计算 $\boldsymbol{E}$ 和 $\boldsymbol{B}$ 的数学技巧。因此，我们可以自由选择 φ 和 $\boldsymbol{A}$，只要它们能由式(110.1)给出正确的电场和磁场就行。于 φ 和 $\boldsymbol{A}$ 之间，洛伦茨提出了附加要求：

$$\mathrm{div}\boldsymbol{A} + \frac{\mu\varepsilon}{c}\frac{\partial\varphi}{\partial t} = 0 \tag{111.2}$$

称为洛伦茨关系式①，以消去标位和矢位定义中的任意性，从而大大简化了方程组(110.2)。

引入洛伦茨关系式后，方程组(110.2)成为

$$\left.\begin{aligned}\nabla^2\boldsymbol{A} - \frac{1}{v^2}\frac{\partial^2\boldsymbol{A}}{\partial t^2} &= -4\pi\frac{\mu\boldsymbol{i}}{c}\\ \nabla^2\varphi - \frac{1}{v^2}\frac{\partial^2\varphi}{\partial t^2} &= -4\pi\frac{\rho}{\varepsilon}\end{aligned}\right\} \tag{111.3}$$

式中 $v^2 = c^2/(\varepsilon\mu)$，或

$$\left.\begin{aligned}\Box\varphi + 4\pi\frac{\rho}{\varepsilon} &= 0\\ \Box\boldsymbol{A} + \frac{4\pi\mu\boldsymbol{i}}{c} &= 0\end{aligned}\right\} \tag{111.4}$$

这就是电磁场的位的微分方程式。

引入洛伦茨关系式的确大大简化了电磁场的位的微分方程式，但是否一定能这样做，我们还不知道。或者说，我们是否一定能选择 φ 和 $\boldsymbol{A}$ 或如何选择 φ 和 $\boldsymbol{A}$ 以使它们满足洛伦茨关系式？也就是，如何决定 χ，使由式(111.1)给出的 φ 和 $\boldsymbol{A}$ 一定能符合洛伦茨关系式？

假设电磁场可由 φ_0 和 $\boldsymbol{A}_0$ 来描述，即 φ_0 和 $\boldsymbol{A}_0$ 满足方程式组(110.1)，但是

$$\mathrm{div}\,\boldsymbol{A}_0 + \frac{\mu\varepsilon}{c}\frac{\partial\varphi_0}{\partial t} = \alpha \neq 0$$

按照式(111.1)来变换位函数 φ_0 和 $\boldsymbol{A}_0$ 而得出

$$\boldsymbol{A} = \boldsymbol{A}_0 + \mathrm{grad}\chi, \quad \varphi = \varphi_0 - \frac{1}{c}\frac{\partial\chi}{\partial t}$$

---

① 校者注：系丹麦物理学家洛伦茨(L. V. Lorenz)于 1867 年提出，常被误称为洛伦兹(H. A. Lorentz，荷兰物理学家)关系式。

并使 $\boldsymbol{A}$ 和 φ 满足洛伦茨关系式：

$$0=\operatorname{div}\boldsymbol{A}+\frac{\mu\varepsilon}{c}\frac{\partial\varphi}{\partial t}=\operatorname{div}(\boldsymbol{A}_0+\operatorname{grad}\chi)+\frac{\mu\varepsilon}{c}\frac{\partial}{\partial t}\left(\varphi_0-\frac{1}{c}\frac{\partial\chi}{\partial t}\right)$$

$$=\operatorname{div}\boldsymbol{A}_0+\frac{\mu\varepsilon}{c}\frac{\partial\varphi_0}{\partial t}+\nabla^2\chi-\frac{\mu\varepsilon}{c^2}\frac{\partial^2\chi}{\partial t^2}=\alpha+\nabla^2\chi-\frac{1}{v^2}\frac{\partial^2\chi}{\partial t^2}$$

可见只要标函数 χ 由方程式

$$\nabla^2\chi-\frac{1}{v^2}\frac{\partial^2\chi}{\partial t^2}=-\left(\operatorname{div}\boldsymbol{A}_0+\frac{\mu\varepsilon}{c}\frac{\partial\varphi_0}{\partial t}\right)=-\alpha \tag{111.5}$$

规定，变换后的矢位 $\boldsymbol{A}$ 和标位 φ 就能满足洛伦茨关系式；而这总是能做到的。满足洛伦茨关系式的矢位和标位，称为洛伦茨式场位。

方程式(111.3)使我们能够根据给定的自由电荷分布和传导电流分布去决定电磁场的标位和矢位；知道了 φ 和 $\boldsymbol{A}$，就可由方程式(110.1)求出 $\boldsymbol{E}$ 和 $\boldsymbol{B}$。应该指出：虽然标位 φ 像在稳定场的情形中那样，只和电荷的分布有关，而矢位 $\boldsymbol{A}$ 只和传导电流的分布有关，然而电场强度 $\boldsymbol{E}$ 不仅有赖于标位的梯度，而且还有赖于矢位的时间微商；这点正反映了电磁感应现象。

在真空中，或在既无自由电荷又无传导电流的介质中，我们有 $\Box\varphi=0$ 和 $\Box\boldsymbol{A}=0$；可见 φ 和 $\boldsymbol{A}$，与 $\boldsymbol{E}$ 和 $\boldsymbol{B}$ 一样，也以速度 v 传播着，这就给洛伦茨式场位以特别的物理意义。

在稳定场的情形下，所有的时间微商都等于零，上述方程式与我们先前所确立的稳定场方程式一致(见§11 和§47-2)，这正是应有的事。

§112 达朗贝尔方程式的解

从把满足洛伦茨关系式(111.2)的场位和 ρ，$\boldsymbol{i}$ 联系起来的式(111.3)，可知无论是标位 φ，或者是矢位 $\boldsymbol{A}$，在笛卡儿坐标系中的各个分量 A_x，A_y，A_z，都满足下列达朗贝尔方程式：

$$\nabla^2 S-\frac{1}{v^2}\frac{\partial S}{\partial t^2}=-4\pi\delta(x,y,z,t) \tag{112.1}$$

式中 δ 代表 ρ/ε 或 $\mu i_x/c$，$\mu i_y/c$，$\mu i_z/c$ 中的一个，而 S 代表 φ 或 A_x，A_y，A_z 诸量中的一个。

我们在这里不打算叙述达朗贝尔方程式的经典的、从数学观点看来十分严格的解法，而使用简单得多的、从物理观点带直觉性的讨论方法。达朗贝尔的非齐次线性方程包括以前所研究的稳定场和电磁波，达朗贝尔方程式的解可用齐次和非齐次方程的解之和来表示。齐次方程即波动方程的解是我们所已求得的。我们根据方程的线性性质求非齐次方程的解。方程的线性性质直接告诉我们，如果

$$\Box S_1=-4\pi\delta_1,\quad \Box S_2=-4\pi\delta_2$$

则

$$\square(S_1 + S_2) = -4\pi(\delta_1 + \delta_2)$$

方程的线性关系是物理上叠加原理的数学反映。

我们先来研究点电荷(一个电荷处在非常小的体积内)这一最简单的情况。取电荷所在点作为坐标原点 O,在任何时刻 t,除了 O 点周围非常小的区域中 δ 等于给定的时间函数 $\delta(t)$ 以外,在场中所有其它各点上 δ 的值都等于零。在这种情形下,除了坐标原点外,达朗贝尔方程到处都是齐次波动方程:

$$\nabla^2 S - \frac{1}{v^2}\frac{\partial^2 S}{\partial t^2} = 0 \tag{112.2}$$

我们来求这一波动方程的球对称解,即 S 只是径向距离和时间的函数 $S(r,t)$,而与极角 θ 和经角 α 无关,为此,采用球坐标

$$\left.\begin{aligned} x &= r\sin\theta\cos\alpha \\ y &= r\sin\theta\sin\alpha \\ z &= r\cos\theta \end{aligned}\right\}$$

在球坐标中,当函数只和径向距离有关时,我们有

$$\nabla^2 = \frac{\partial^2}{\partial r^2} + \frac{2}{r}\frac{\partial}{\partial r}$$

于是齐次达朗贝尔方程式可以写成

$$\frac{\partial^2 S}{\partial r^2} + \frac{2}{r}\frac{\partial S}{\partial r} - \frac{1}{v^2}\frac{\partial^2 S}{\partial t^2} = 0$$

或

$$\frac{1}{r}\frac{\partial^2(rS)}{\partial r^2} - \frac{1}{v^2}\frac{\partial^2 S}{\partial t^2} = 0$$

即

$$\frac{\partial^2(rS)}{\partial r^2} - \frac{1}{v^2}\frac{\partial^2(rS)}{\partial t^2} = 0$$

它的普遍解,大家知道,具有如下形式:

$$rS = f(r + vt) + g(r - vt)$$

从而得出

$$S = \frac{f(r + vt)}{r} + \frac{g(r - vt)}{r} \tag{112.3}$$

可见,由处在 O 点的电荷或电流所激发的电磁场的位(标位或矢位),是以速度为 v、从 O 这一点或向 O 这一点传播的球面波,波的振幅和距离 r 成反比地减小。

当然,由式(112.3)所表示的解,不可能在空间所有各点都是正确的:一方面,在 $r=0$ 时,它成为无穷大,失去了意义;另一方面,它所描述的场和产生这个场的电荷或电流丝毫没有联系,这是因为它只是齐次达朗贝尔方程(112.2)的解,而不是非齐次达朗贝尔方程(112.1)的解的缘故。

为了要找出非齐次达朗贝尔方程的解,让我们回忆一下静电学中或稳定场中类似问

题的解。在没有电荷或没有电流的地方，静电标位 φ 或稳定矢位 $\boldsymbol{A}$ 满足拉普拉斯方程式 $\nabla^2\varphi=0$（或 $\nabla^2\boldsymbol{A}=0$；它的球对称解 $\varphi=q/r=\rho\mathrm{d}V/r$ 或 $\boldsymbol{A}=\boldsymbol{i}\mathrm{d}V/r$ 与表示式(112.3)类似，静电或稳定问题的完全解，也即泊松方程式 $\nabla^2\varphi=-4\pi\rho/\varepsilon$（见 § 11）或 $\nabla^2\boldsymbol{A}=-4\pi\mu\boldsymbol{i}/c$（见 § 47)的解，可以将拉普拉斯方程式的球面对称解加起来而得到，具有积分的形式：

$$\varphi=\int\frac{\rho\mathrm{d}V}{\varepsilon r}$$

或

$$\boldsymbol{A}=\int\frac{\mu\boldsymbol{i}\mathrm{d}V}{cr}$$

并且这一积分在空间中所有各点都保持有限的值。一方面，鉴于拉普拉斯方程式与波动方程式之间的相似性，另一方面，鉴于泊松方程式与达朗贝尔方程式的相似性，可以预料，达朗贝尔方程式的解由式(112.3)类型的解之和来表示，并且鉴于函数 ρ 和 $\boldsymbol{i}$ 与 δ 函数的作用相似，可以假定

$$S=\int\frac{\delta(t+r/v)}{r}\mathrm{d}v+\int\frac{\delta(t-r/v)}{r}\mathrm{d}v \tag{112.4}$$

这将是在电荷或电流任意分布的情况下，根据叠加原理来求得的场位。对无限小体积元 $\mathrm{d}V$ 中的点电荷或电流元 $\delta(t)\mathrm{d}V$ 所激发的场位，将由公式

$$S=\frac{\delta(t+r/v)\mathrm{d}V}{r}+\frac{\delta(t-r/v)\mathrm{d}V}{r} \tag{112.5}$$

来表示，可见这就是非齐次达朗贝尔方程式(112.1)的特解。

§ 113 推 迟 位

从达朗贝尔方程式的解，可知由电荷 ρ 和电流 $\boldsymbol{i}$ 所激发的场位为

$$\varphi=\int\frac{\rho(t+r/v)\mathrm{d}V}{\varepsilon r}+\int\frac{\rho(t-r/v)\mathrm{d}V}{\varepsilon r}$$

$$\boldsymbol{A}=\int\frac{\mu\boldsymbol{i}(t+r/v)\mathrm{d}V}{cr}+\int\frac{\mu\boldsymbol{i}(t-r/v)\mathrm{d}V}{cr}$$

它们就是电磁场的位的微分方程式(111.3)的解。

在这一解中，无论是标位 φ 还是矢位 $\boldsymbol{A}$，都包含两部分：一部分是

$$\int\frac{\rho(t-r/v)}{\varepsilon r}\mathrm{d}V \quad 或 \quad \int\frac{\mu\boldsymbol{i}(t-r/v)}{cr}\mathrm{d}V$$

代表从电荷或电流传播出去的波，而以电荷或电流为场的源头，称为推迟位；另一部分是

$$\int\frac{\rho(t+r/v)}{\varepsilon r}\mathrm{d}V \quad 或 \quad \int\frac{\mu\boldsymbol{i}(t+r/v)}{cr}\mathrm{d}V$$

代表向电荷或电流传播进来的波，而以电荷或电流为场的尾闾，称为超前位。

推迟位的物理意义十分清楚，那就是说，离电荷或电流（电流就是运动着的电荷）较远地方的场位不是立刻发生的，而是以有限速度 v 传播来的，因而就推迟了。所以为了确定远处某一点在某一时刻 t 的场，必须知道的不是在该时刻 t 时电荷的位置和它的速度，而是在更早些，即 $t-r/v$ 时电荷的位置和它的速度。只有在电荷附近的点上才能忽略推迟。

由此可见，决定可变场的位是与决定稳定场的位十分相似而又大有区别的。区别在于：在每一时刻 t，在与体积元 $\mathrm{d}V$ 相距 r 的地方，这一体积元中的电荷和电流所激发的场位，并不决定于这些电荷和这些电流在目前 t 时刻的密度，而决定于它们在过去 $t-r/v$ 这一时刻的密度。因此，可以说，每一体积元中的电荷和电流所激发的场的标位 φ 和矢位 $\boldsymbol{A}$ 以速度 $v=c/\sqrt{\varepsilon\mu}$ 从 $\mathrm{d}V$ 向各个方向传播，同时它们的大小和距离 r 成反比地减小着。

至于超前位，把在时刻 t 时在 r 点的位值和在继后的时刻 $t+r/v$ 时电荷和电流的空间分布联系起来，没有实际的物理意义。在通常情形下，问题在于决定由某种电荷组或电流组所激发的电磁场。在某一瞬间 t_0 之前，场或者等于零，或者是稳定的；然后在时刻 t，发生电荷的运动，发生可变电流等等，需要决定在 t_0 以后（$t>t_0$）时的场，而不需要也不可能决定在 t_0 以前（$t<t_0$）时的场。要在场的源头 —— 电荷组成的电流开始存在或变化之前来决定它的所还未激发的场，岂不荒谬！

无论是理论物理学和实验物理学中，还是在技术物理学中，我们所会遇到各种问题，在通常情形下，要求应用推迟位，而不要求应用超前位。在这种情形下，电磁场的标位和矢位决定于推迟位的表示式

$$\left.\begin{aligned}\varphi &= \int \frac{\rho(t-r/v)}{\varepsilon r}\mathrm{d}V \\ \boldsymbol{A} &= \int \frac{\mu \boldsymbol{i}(t-r/v)}{cr}\mathrm{d}V\end{aligned}\right\} \tag{113.1}$$

应用推迟位，电磁场方程式，和力学方程式一样，能够使我们根据过去和现在来决定将来，而不像应用超前位那样，将使我们能够根据现在和将来去决定过去。根据过去和现在决定将来是科学的预见；反之，根据现在和将来决定过去是我们所不可想象和不能接受的事。

现在估计一下在多近的距离范围内，我们可以忽略场位的推迟。设激发场的电荷以频率 ν 振动，振动周期为 $\tau_0=1/\nu$，而场传播到观察者所需的时间为 $\tau=r/v$。很明显，当 $\tau \ll \tau_0$ 时，可以忽略推迟。满足这不等式时，场在电荷还没有发生显著变化之前已经传播到了观察者，不等式还可写成

$$r \ll \frac{v}{\nu} = \lambda$$

这就是说，观察者到电荷的距离应当比运动电荷辐射的波长要小很多。

在工业上所用的交流电情形下，$\nu=50$ 赫芝，$\lambda=6000$ 公里，考虑场位的推迟成为多余的事。但在无线电天线有关的问题上，天线所辐射的电磁波的波长只是它的长度的二倍或四倍，就不能不考虑场位的推迟了。

§114 赫芝矢量

在场位的微分方程式

$$\nabla^2 \boldsymbol{A} - \frac{1}{v^2}\frac{\partial^2 \boldsymbol{A}}{\partial t^2} = -4\pi \frac{\mu \boldsymbol{i}}{c}$$

$$\nabla^2 \varphi - \frac{1}{v^2}\frac{\partial^2 \varphi}{\partial t^2} = -4\pi \frac{\rho}{\varepsilon}$$

中，若把场的源头 $\boldsymbol{i}$ 和 ρ 之间的关系表达出来，则标位 φ 和矢位 $\boldsymbol{A}$ 也即电场 $\boldsymbol{E}$ 和磁场 $\boldsymbol{B}$ 可单由一个矢量 $\boldsymbol{\Pi}$ 表示，更为简单。

设在均匀介质中有外加的极化电流 $\boldsymbol{i}$（见§99－1）。这就是说，由于该处外来的原因而不是由于电磁场的本身，介质中发生了极化，其强度为 $\boldsymbol{P}$，因而形成外加的极化电流 $\boldsymbol{i} = \partial \boldsymbol{P}/\partial t$。由于极化，同时也就出现电荷密度 $\rho = -\mathrm{div}\boldsymbol{P}$（见§27）。这样就把 $\boldsymbol{i}$ 和 ρ 同由矢量 $\boldsymbol{P}$ 表示而互相关联起来。于是场位的微分方程式成为

$$\left.\begin{aligned} \nabla^2 \boldsymbol{A} - \frac{1}{v^2}\frac{\partial^2 \boldsymbol{A}}{\partial t^2} &= -4\pi \frac{\mu}{c}\frac{\partial \boldsymbol{P}}{\partial t} \\ \nabla^2 \varphi - \frac{1}{v^2}\frac{\partial^2 \varphi}{\partial t^2} &= 4\pi \frac{1}{\varepsilon}\mathrm{div}\boldsymbol{P} \end{aligned}\right\} \tag{114.1}$$

若命

$$\left.\begin{aligned} \boldsymbol{A} &= \frac{\mu}{c}\frac{\partial \boldsymbol{\Pi}}{\partial t} \\ \varphi &= -\frac{1}{\varepsilon}\mathrm{div}\boldsymbol{\Pi} \end{aligned}\right\} \tag{114.2}$$

式中 $\boldsymbol{\Pi}$ 为一新矢量，称为赫芝矢量，它们显然符合洛伦茨条件：

$$\mathrm{div}\boldsymbol{A} + \frac{\mu\varepsilon}{c}\frac{\partial \varphi}{\partial t} = 0$$

把这样规定的 $\boldsymbol{A}$ 和 φ 代入矢位和标位的微分方程式(114.1)，这两个微分方程式就成为一个相同的方程式：

$$\nabla^2 \boldsymbol{\Pi} - \frac{1}{v^2} \cdot \frac{\partial^2 \boldsymbol{\Pi}}{\partial t^2} = -4\pi \boldsymbol{P} \tag{114.3}$$

这就是赫芝矢量必须满足的微分方程式，而且也是一个达朗贝尔方程式。其解为

$$\boldsymbol{\Pi}(t, r) = \frac{\boldsymbol{p}(t - r/v)}{r}$$

问题得到了简化。

这样解得 $\boldsymbol{\Pi}$ 之后，代入式(114.2)，就得 $\boldsymbol{A}$ 和 φ；再代入式(110.1)，就得

$$\boldsymbol{B} = \frac{\mu}{c}\frac{\partial \mathrm{rot}\boldsymbol{\Pi}}{\partial t} \tag{114.4}$$

$$\boldsymbol{E} = \frac{1}{\varepsilon}\left(\text{grad div}\boldsymbol{\Pi} - \frac{1}{v^2}\frac{\partial^2 \boldsymbol{\Pi}}{\partial t^2}\right) \tag{114.5}$$

在外加极化强度为零的区域中(即 $\boldsymbol{P}=\boldsymbol{0}$),由于式(114.3)成为$\nabla^2\boldsymbol{\Pi} - \frac{1}{v^2}\frac{\partial^2 \boldsymbol{\Pi}}{\partial t^2} = 0$,我们有

$$\text{grad div}\boldsymbol{\Pi} - \frac{1}{v^2}\frac{\partial^2 \boldsymbol{\Pi}}{\partial t^2} = \text{grad div}\boldsymbol{\Pi} - \nabla^2\boldsymbol{\Pi} = \text{rot rot}\boldsymbol{\Pi}$$

于是式(114.5)成为

$$\boldsymbol{E} = \frac{1}{\varepsilon}\text{rot rot}\boldsymbol{\Pi} \tag{114.6}$$

因此,要决定 $\boldsymbol{E}$ 和 $\boldsymbol{B}$,只需要计算赫芝矢量 $\boldsymbol{\Pi}$ 的旋度和它的时间微商。

上面所述关于外加的极化电流的结果,并不限于极化电流才是正确的,可以推广到任何外加的电流。所谓外加的电流,指的不是由所考虑的场引起的,相反地,而是所考虑的场的源头。对于任何外加的电流 $\boldsymbol{i}$,我们总可以引入相应的矢量 $\boldsymbol{P}$,使它们之间符合 $\boldsymbol{i}=\frac{\partial \boldsymbol{P}}{\partial t}$的关系。再由连续性方程式 $\text{div}\boldsymbol{i}+\frac{\partial \rho}{\partial t}=0$,又总有 $\rho = -\text{div}\boldsymbol{P}$,这样 $\boldsymbol{i}$ 与 ρ,和上面外加的极化电流一样,可由矢量 $\boldsymbol{P}$ 分别用同样公式表示出来。

由此得出结论:在所有情形下,外加的电流所激发的电磁场可用单个赫芝矢量 $\boldsymbol{\Pi}$ 来描述。

第 17 章　电磁辐射与衍射

§115　振子的辐射

在静电学中，我们知道，有一个无论多么复杂的、但就整个来看是中性的静止电荷系统，在距这一系统很远的地方所激发的场，可以通过这一系统的电矩矢量 $\boldsymbol{p}$（每单位体积的电矩就是极化强度）十分简单地表示出来。现在我们利用上一章的结果来对中性运动电荷系统的场作类似的讨论。

通常的电偶极子——两个异号而等量的电荷的总和——是最简单的中性电荷系统。电矩 $\boldsymbol{p}$ 随时间而变化的电偶极子称为振子。从电子论的观点，对于一个电子和一个质子的总和，它们之间的距离随时间周期性地发生变化，是实现振子的最简单形式。在麦克斯韦的宏观场论中，可以把赫芝振荡器当作振子最简单的模型。

赫芝振子是由长度各为 $l/2$ 的金属杆 T 和 T′与两个金属球 S 和 S′连接而成（图 115.1），金属球 S 和 S′上的电荷 $+q$ 和 $-q$，在任一时刻 t 都是数值相等而符号相反，是一个时间 t 的函数。振子的电矩为

$$\boldsymbol{p} = q\boldsymbol{l} = \boldsymbol{p}_0 f(t) \tag{115.1}$$

式中 $\boldsymbol{p}_0$ 是方向沿着振子轴的恒矢量，而 $f(t)$ 是任意的时间标函数①，由外加的使振子振动的电动势决定。因此可以应用上节的结果，得出赫芝矢量

$$\boldsymbol{\Pi} = \frac{\boldsymbol{p}(t - r/v)}{r} = \frac{\boldsymbol{p}_0 f(t - r/v)}{r} \tag{115.2}$$

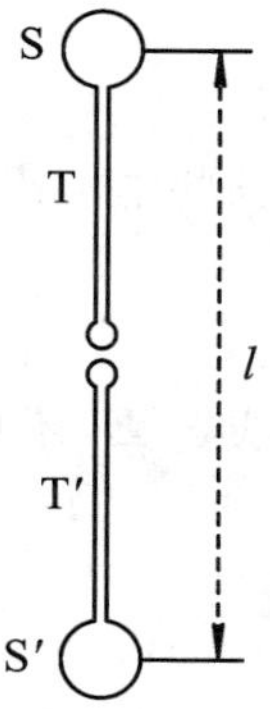

图 115.1

要决定振子所产生的场 $\boldsymbol{E}$ 和 $\boldsymbol{B}$，只需要计算矢量 $\boldsymbol{\Pi}$ 的旋度和它的时间微商，就能够从式(114.6)和(114.4)分别求出。

为此，暂时引用符号

$$\Phi(r, t) = \frac{f(t - r/v)}{r}$$

就有

① 这一假定并没有限制问题的普遍性，因为任一振子的电矩 $\boldsymbol{p}$ 可以分解为三个彼此正交、方向一定的分量，而我们可以分别来研究每一个分量所产生的场。

$$\boldsymbol{\Pi} = \boldsymbol{p}_0 \Phi(r, t)$$

由于$\boldsymbol{p}_0$是一个常矢量，根据矢量分析，我们就得

$$\mathrm{rot}\boldsymbol{\Pi} = \mathrm{grad}\Phi \times \boldsymbol{p}_0 = \frac{\partial \Phi}{\partial r}\frac{\boldsymbol{r}}{r} \times \boldsymbol{p}_0$$

$$= \frac{1}{r}\frac{\partial \Phi}{\partial r}(\boldsymbol{r} \times \boldsymbol{p}_0)$$

我们建立一个原点置于振子位置，极轴和振子电矩$\boldsymbol{p}_0$平行的球坐标系 r, θ, α(图115.2)。在场中每一点 M 上，将我们遇到的各个矢量分解为三个彼此正交的分量，各指向球坐标 r, θ 和 α 增大的方向。

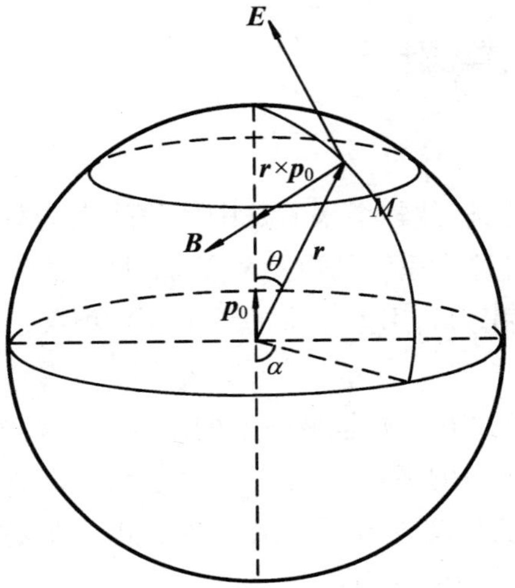

图 115.2

显然在场中每一点 M，矢积$\boldsymbol{r} \times \boldsymbol{p}_0$和通过 M 点的纬线的切线方向一致，并指向经角 α 减小的方向；而矢积$\boldsymbol{r} \times \boldsymbol{p}_0$的数值等于 $rp_0\sin\theta$，这里 θ 是M 点的极角。因而矢积$\boldsymbol{r} \times \boldsymbol{p}_0$沿 r, α 和 θ 增大方向的分量各为

$$(\boldsymbol{r} \times \boldsymbol{p}_0)_r = (\boldsymbol{r} \times \boldsymbol{p}_0)_\theta = 0$$

$$(\boldsymbol{r} \times \boldsymbol{p}_0)_\alpha = -rp_0\sin\theta$$

于是我们得

$$\mathrm{rot}_r\boldsymbol{\Pi} = \mathrm{rot}_\theta\boldsymbol{\Pi} = 0$$

$$\mathrm{rot}_\alpha\boldsymbol{\Pi} = -\sin\theta p_0 \frac{\partial \Phi}{\partial r} = -\sin\theta \frac{\partial \Pi}{\partial r}$$

把这些结果代入式(114.4)中，就得

$$B_r = B_\theta = 0, \quad B_\alpha = -\frac{\mu}{c}\sin\theta \frac{\partial^2 \Pi}{\partial t \partial r} \tag{115.3}$$

要决定 $\boldsymbol{E}$，还必须算出 $\mathrm{rot}\boldsymbol{\Pi}$ 的旋度，即

$$\mathrm{rot}_r\mathrm{rot}\boldsymbol{\Pi} = \frac{1}{r\sin\theta}\left[\frac{\partial}{\partial\theta}(\sin\theta \cdot \mathrm{rot}_\alpha\boldsymbol{\Pi}) - \frac{\partial \mathrm{rot}_\theta\boldsymbol{\Pi}}{\partial\alpha}\right]$$

$$= -\frac{1}{r\sin\theta}\frac{\partial}{\partial\theta}\left(\sin^2\theta\frac{\partial\boldsymbol{\Pi}}{\partial r}\right) = -\frac{2\cos\theta}{r}\frac{\partial\boldsymbol{\Pi}}{\partial r}$$

$$\mathrm{rot}_\theta\mathrm{rot}\boldsymbol{\Pi} = \frac{1}{r\sin\theta}\left[\frac{\partial \mathrm{rot}_r\boldsymbol{\Pi}}{\partial\alpha} - \frac{\partial}{\partial r}(r\sin\theta\mathrm{rot}_\alpha\boldsymbol{\Pi})\right]$$

$$= -\frac{1}{r}\frac{\partial}{\partial r}(r\mathrm{rot}_\alpha\boldsymbol{\Pi}) = \frac{\sin\theta}{r}\frac{\partial}{\partial r}\left(r\frac{\partial\boldsymbol{\Pi}}{\partial r}\right)$$

$$\mathrm{rot}_\alpha\mathrm{rot}\boldsymbol{\Pi} = \frac{1}{r}\left[\frac{\partial}{\partial r}(r\mathrm{rot}_\theta\boldsymbol{\Pi}) - \frac{\partial \mathrm{rot}_r\boldsymbol{\Pi}}{\partial\theta}\right] = 0$$

再从式(114.6)，就得

$$E_r = -\frac{2\cos\theta}{\varepsilon r}\frac{\partial\boldsymbol{\Pi}}{\partial r}, \quad E_\theta = \frac{\sin\theta}{\varepsilon r}\frac{\partial}{\partial r}\left(r\frac{\partial\boldsymbol{\Pi}}{\partial r}\right), \quad E_\alpha = 0 \tag{115.4}$$

从方程式(115.3)和(115.4)得到结论:振子场的电矢量和磁矢量彼此正交,并且磁力线与球坐标系的纬线相合,而电力线则在子午平面内。

1. 正弦振子

到现在为止,我们没有对函数 $f(t)$或 $\boldsymbol{p}=\boldsymbol{p}_0 f(t)$,也即对振子的振动,作任何假定。现在我们假定振子作正弦振动,也即假定

$$f(t)=\cos\omega t,\quad \boldsymbol{p}(t)=\boldsymbol{p}_0 f(t)=\boldsymbol{p}_0\cos\omega t$$

即

$$\boldsymbol{p}\left(t-\frac{r}{v}\right)=p_0\cos\left[\omega\left(t-\frac{r}{v}\right)\right]$$

或者,在复数形式下,

$$\boldsymbol{p}\left(t-\frac{r}{v}\right)=\boldsymbol{p}_0\exp\left[\mathrm{j}\omega\left(t-\frac{r}{v}\right)\right]$$

式中 ω 是振子的周频率。这是实际上最简单也最重要的特例。

在这一情形下,按照式(115.2),我们有

$$\boldsymbol{\Pi}(t,r)=\frac{\boldsymbol{p}_0\exp\left[\mathrm{j}\omega\left(t-\frac{r}{v}\right)\right]}{r}$$

从而得

$$\frac{\partial\Pi}{\partial r}=p_0\left(-\frac{1}{r^2}-\frac{\mathrm{j}\omega}{vr}\right)\exp\left[\mathrm{j}\omega\left(t-\frac{r}{v}\right)\right]=-\left(\frac{1}{r}+\frac{\mathrm{j}\omega}{v}\right)\Pi$$

和

$$\begin{aligned}\frac{\partial}{\partial r}\left(r\frac{\partial\Pi}{\partial r}\right)&=-\frac{\partial}{\partial r}\left[\left(1+\frac{\mathrm{j}\omega r}{v}\right)\Pi\right]=-\left[\frac{\mathrm{j}\omega}{v}\Pi+\left(1+\frac{\mathrm{j}\omega r}{v}\right)\frac{\partial\Pi}{\partial r}\right]\\&=-\left[\frac{\mathrm{j}\omega}{v}-\left(1+\frac{\mathrm{j}\omega r}{v}\right)\left(\frac{1}{r}+\frac{\mathrm{j}\omega}{v}\right)\right]\Pi=\left(\frac{1}{r}+\frac{\mathrm{j}\omega}{v}-\frac{\omega^2 r}{v^2}\right)\Pi\end{aligned}$$

把它们代入式(115.3)和(115.4),我们就得矢量 $\boldsymbol{B}$ 和 $\boldsymbol{E}$ 有别于零的分量:

$$\left.\begin{aligned}B_\alpha&=\frac{\mu}{c}\sin\theta\frac{\partial}{\partial t}\left[\left(\frac{1}{r}+\frac{\mathrm{j}\omega}{v}\right)\Pi\right]=\frac{\mathrm{j}\omega\mu}{c}\sin\theta\left(\frac{1}{r}+\frac{\mathrm{j}\omega}{v}\right)\Pi\\E_r&=\frac{2}{\varepsilon}\cos\theta\left(\frac{1}{r^2}+\frac{\mathrm{j}\omega}{vr}\right)\Pi\\E_\theta&=\frac{1}{\varepsilon}\sin\theta\left(\frac{1}{r^2}+\frac{\mathrm{j}\omega}{vr}-\frac{\omega^2}{v^2}\right)\Pi\end{aligned}\right\}\tag{115.5}$$

这些式中的实数部分就代表作正弦振动的振子在场中任意一点 M 的磁场矢量和电场矢量有别于零的分量。

在方程式(115.5)的右端,括号中各项的绝对值之比,决定于 $1/r$ 和 $\omega/v=2\pi/(vT)=2\pi/\lambda$ 之比,即决定于 r 和 λ 之比。如果距离 r 比 λ 还小很多,则第一项是最大的主要

一项，其它各项可以忽略。随着距离 r 的增加，第一项的重要性相对地减小，而其它项的贡献逐渐增大。到了 r 远比 λ 大的地方，第一项可以忽略，第二项或第三项成为主要的了。因此，我们可以把振子周围的整个空间分成三个场区：静场区（第一项占优势）、过渡场区和波动场区（第二项或第三项占优势）。

2. 静场区

在振子周围邻近的静场区里，场好像是以无限速度传播的，可以忽略推迟，即

$$\Pi(t,r) = \frac{p(t - r/v)}{r} \approx \frac{p(t)}{r}$$

在每一时刻 t，振子在它邻近处所激发的场强决定于和 t 同时的振子电矩的值 $p(t)$ 及其微商 $\partial p(t)/\partial t$ 的值。在场强的表示式(115.5)中，我们只须保留第一项就够准确，而有

$$\left.\begin{aligned} B_\alpha &= \frac{\mathrm{j}\omega\mu}{c}\sin\theta\,\frac{\Pi}{r} = \frac{\mu}{c}\,\frac{\sin\theta}{r^2}\,\frac{\partial p(t)}{\partial t} \\ E_r &= \frac{2\cos\theta}{\varepsilon r^2}\Pi = \frac{2\cos\theta}{\varepsilon r^3}p(t) \\ E_\theta &= \frac{\sin\theta}{\varepsilon r^2}\Pi = \frac{\sin\theta}{\varepsilon r^3}p(t) \end{aligned}\right\} \tag{115.6}$$

可见在每一时刻 t，振子在它邻近处所激发的电场，正如我们所预料的，和电矩 p 等于振子电矩瞬时值 $p(t)$ 的不动的电偶极子的场相同。至于说到磁场，由于 $B_r = B_\theta = 0$，我们可以把 B_α 的表示式写成如下的矢量形式：

$$\boldsymbol{B} = \frac{\mu}{cr^3}\left(\frac{\partial \boldsymbol{p}}{\partial t} \times \boldsymbol{r}\right)$$

振子可以看成一段电流元，即 $\partial \boldsymbol{p}/\partial t = I\boldsymbol{l}$，故上式又可写成

$$\boldsymbol{B} = \frac{\mu I}{cr^3}(\boldsymbol{l} \times \boldsymbol{r})$$

就是毕奥－萨伐尔定律。可见，在任一时刻，振子在它邻近处的磁场和长度为 l 的等效电流元的磁场相同，这也正如我们所预料的。

我们要注意到，振子在它邻近处的电场按照离振子的距离的立方成反的规律而减小，而磁场按照离振子的距离的平方成反比的规律而减小。

3. 波动场区

在离振子很远处的波动场区里，在方程式(115.5)的多项式中，所有分母含 r 的项比起分母不含 r 的项来要小得多；因此，我们足以准确地有

$$B_\alpha = \frac{\mathrm{j}\omega\mu}{c}\sin\theta\,\frac{\mathrm{j}\omega}{v}\Pi = -\frac{\mu\omega^2}{cv}\sin\theta\,\frac{p(t - r/v)}{r}$$

且

$$\boldsymbol{E}_r = 0, \quad \boldsymbol{E}_\theta = -\frac{\omega^2}{\varepsilon v^2}\sin\theta\Pi = -\frac{\omega^2}{\varepsilon v^2}\sin\theta\frac{p(t-r/v)}{r}$$

加之以

$$B_r = 0, \quad B_\theta = 0, \quad \boldsymbol{E}_\alpha = 0$$

我们有

$$\left.\begin{aligned} &B_r = 0 \\ &B_\alpha = -\frac{\mu\omega^2}{cv}\sin\theta\frac{p(t-r/v)}{r} = -\mu\sqrt{\varepsilon\mu}\frac{\omega^2}{c^2}\sin\theta\frac{p(t-r/v)}{r} \end{aligned}\right\} \tag{115.7}$$

$$B_\theta = 0$$

$$\left.\begin{aligned} &\boldsymbol{E}_r = 0 \\ &\boldsymbol{E}_\alpha = 0 \\ &\boldsymbol{E}_\theta = -\frac{\omega^2}{\varepsilon v^2}\sin\theta\frac{p(t-r/v)}{r} = -\mu\frac{\omega^2}{c^2}\sin\theta\frac{p(t-r/v)}{r} \end{aligned}\right\} \tag{115.8}$$

可见,在波动场区的每一点上,$\boldsymbol{E}$,$\boldsymbol{B}$ 和 $\boldsymbol{r}$ 诸矢量彼此正交,并组成右螺旋系统(图 115.3),而且 $\boldsymbol{E}$ 的方向沿着子午线的弧,$\boldsymbol{B}$ 沿着纬线的弧,场矢量 $\boldsymbol{E}$ 和 $\boldsymbol{B}$ 有相同的位相 $\omega(t-r/v)$,沿矢径 $\boldsymbol{r}$ 的方向,以速度 v 传播;它的振幅和离振子的距离成反比而减少。在每一点上,电场强度和磁场强度有一定的比值,即 $E/B = 1/\sqrt{\varepsilon\mu}$,从而有 $\varepsilon E^2 = B^2/\mu = \mu H^2$,可见在每一点上,电能密度与磁能密度相等。在真空中,$\varepsilon = \mu = 1$,则有 $v = c$ 和 $\boldsymbol{E} = \boldsymbol{B}$。

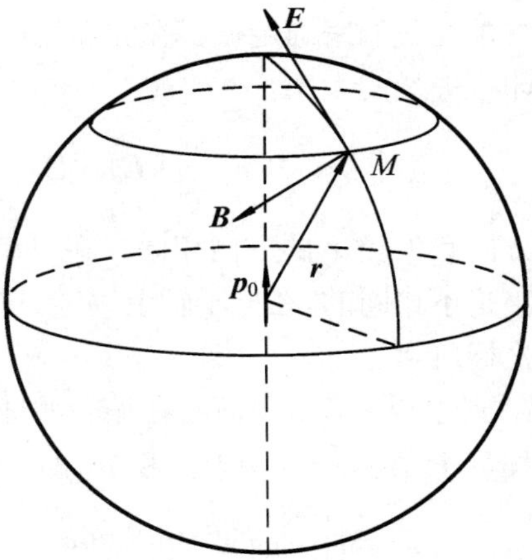

图 115.3

任何周期现象,如果不集中在一点上,而扩展到一定的空间区域,而且它的位相以一定的速度传播着,都称为波,位相相同的各点所成的面称为**波面**。可见振子所激发的电磁场是以振子为心的球面波,传播方向与波面正交。

把 $p(t-r/v) = p_0\exp[\mathrm{j}\omega(t-r/v)]$ 代入式(115.7)和(115.8),并且只保留解的实数部分,我们有

$$\frac{B}{\sqrt{\varepsilon\mu}} = \boldsymbol{E} = -\frac{\mu\omega^2}{c^2 r}\sin\theta\cdot p_0\cos\left[\omega\left(t-\frac{r}{v}\right)\right] \tag{115.9}$$

注意到 p 对于 t 的微商等于以 $\mathrm{j}\omega$ 乘 p,则式(115.9)还可写成

$$\frac{B}{\sqrt{\varepsilon\mu}} = \boldsymbol{E} = \frac{\mu\sin\theta}{c^2 r}\frac{\partial^2 p(t-r/v)}{\partial t^2} \tag{115.10}$$

在球面波波面上各点我们要指出,不管振子的电矩和时间的关系如何,上面这一表示式,和静电场区中的式(115.6)一样,总是正确的。的确,任一时间函数总可展成傅里叶级

数，也即可以写成若干个正弦函数之和，而公式(115.10)可以应用于其中的每一项，由于该公式不包含周频率。它也适用于整个的和，也即适用于任意的 $p(t)$。由此可见，波动场区的场是由电荷的加速运动所引起的；因之，当电荷作匀速运动时不产生波动场区的场。

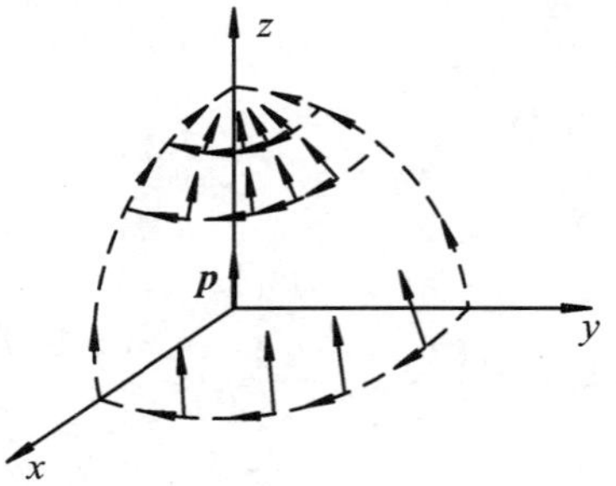

图 115.4

电磁场，虽有相同的位相，但是场强并不是各点相等，而与所考虑的点的极角 θ 有关。这就是说，场在球面上的分布是非均匀的。这可从式(115.7)和(115.8)看出。在振子轴的延长线上($\theta=0$ 或 π)，也即在电荷加速的方向上，场等于零而不存在；在振子的赤道面上($\theta=\pi/2$)，也即在垂直于电荷加速的方向上，场达到极大值，有如图 115.4 所示。

4. 振子的辐射能量

现在我们来确定振子在波动场区中的能流。为此，我们首先利用式(115.10)来计算坡印亭矢量的大小：

$$P=\frac{c}{4\pi}|\boldsymbol{E}\times\boldsymbol{H}|=\frac{\mu\sqrt{\varepsilon\mu}}{4\pi c^3}\frac{\sin^2\theta}{r^2}\left[\frac{\partial^2 p(t-r/v)}{\partial t^2}\right]^2 \tag{115.11}$$

其方向和矢径 $\boldsymbol{r}$ 的方向相同。在以 r 为半径而心在振子的球波面上各点，坡印亭矢量的大小是不相同的，在振子轴上为零，在赤道面上为极大，依 $\sin^2\theta$ 而变，有如图 115.5 中用极坐标所示。

通过以 r 为半径而心在振子的球面的总能流 Σ 等于坡印亭矢量 $\boldsymbol{P}$ 在这个球面上的积分，即

$$\begin{aligned}\Sigma&=\int_0^{2\pi}\int_0^{\pi}Pr^2\sin\theta\mathrm{d}\theta\mathrm{d}\alpha\\&=\frac{\mu\sqrt{\varepsilon\mu}}{2c^3}\left[\frac{\partial^2 p(t-r/v)}{\partial t^2}\right]^2\int_0^{\pi}\sin^3\theta\mathrm{d}\theta\\&=\frac{2}{3}\frac{\mu\sqrt{\varepsilon\mu}}{c^3}\left[\frac{\partial^2 p(t-r/v)}{\partial t^2}\right]^2\end{aligned} \tag{115.12}$$

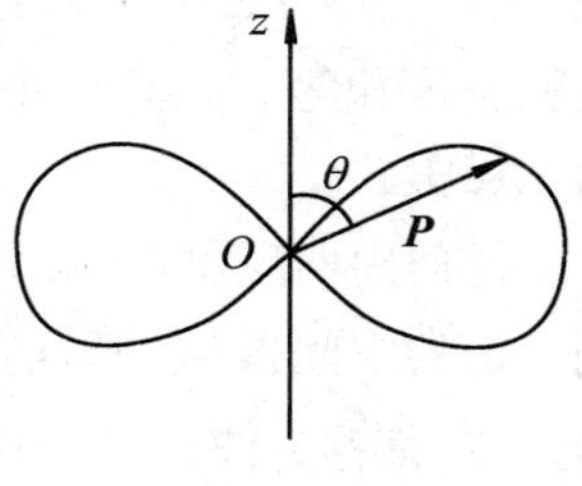

图 115.5

一个重要的情况是，振子作频率为 $\omega=2\pi/T$ 的简谐振动，即

$$p\left(t-\frac{r}{v}\right)=p_0\cos\left[\omega\left(t-\frac{r}{v}\right)\right]$$

于是在一个整周期的时间内通过球面的平均总能流，也即振子的平均辐射，等于

$$\begin{aligned}\overline{\Sigma}&=\frac{1}{T}\int\Sigma\mathrm{d}t=\frac{2}{3}\frac{\mu\sqrt{\varepsilon\mu}}{c^3}\frac{\omega^4p_0^2}{T}\int_0^T\cos^2\left[\omega\left(t-\frac{r}{v}\right)\right]\mathrm{d}t\\&=\frac{\mu\sqrt{\varepsilon\mu}}{3c^3}p_0^2\omega^4=\frac{cp_0^2}{3\varepsilon\sqrt{\varepsilon\mu}}\left(\frac{2\pi}{\lambda}\right)^4\end{aligned} \tag{115.13}$$

由此可见，振子不断把能量辐射到它周围的空间中，它所辐射的平均能量和电矩振

幅的平方成正比,并和振动频率的四次方成正比,也即和波长的四次方成反比。平均辐射和频率或波长的关系,说明了为什么在无线电通信或广播中必须利用频率较高或波长较短(由几公里到几十米)的电磁波。反之,在强电流工业设备中所用频率为 50 或数百赫芝的缓变电流(相当于波长为 6000 公里或几百公里)的辐射,实际上是察觉不出来的。

从式(155.13)和球的半径没有关系这一点,可见在波动场区在一个周期的时间内,流过任一个以振子为中心的球面的能量是相同的,这是 $\boldsymbol{E}$ 和 $\boldsymbol{B}$ 与 r 成反比(式(115.8)和(115.7)),从而 $\boldsymbol{P}$ 与 r 的平方成反比(式(115.11))而减少的应有结果。事实上,通过一个包围振子的闭合曲面的平均辐射都是相同的,不管这个闭合曲面是在静场区中抑或在波动场区中。可以用直接的计算来证明这一点。这一结论的正确性也可从我们所作的假定推出。我们假定了在振子周围的空间中既没有导体,也没有电荷,因此振子所辐射的电磁能不可能转变成为别种形式的能量,而只能没有损失地转移到远离的空间区域。

最后我们要指出,振子只有在受到外加的周期性电动力的作用的情况下,才能作非衰减的振动。不然的话,振子振动就要逐渐衰减以至停止。这不仅是由于它的电磁能在振子本身中转变为热,而且还由于辐射,也即由于它所辐射的电磁波带走了能量。

§116 天线的辐射

天线就是一个振子。设 l 为天线的长度,I 为其中流通的电流,则

$$Il = l\frac{\mathrm{d}q}{\mathrm{d}t} = \frac{\partial p}{\partial t}$$

式中 $p = p_0\exp[\mathrm{j}\omega(t - r/v)]$为与它相当的振子的电矩,从而有

$$\frac{\partial p}{\partial t} = \mathrm{j}\omega p = Il$$

把以 Il 表示的 p 值代入式(115.7)和(115.8),并假设在真空或空气中,我们得

$$H = E = \mathrm{j}\frac{\omega Il}{c^2 r}\sin\theta = \mathrm{j}\frac{2\pi Il}{c\lambda r}\sin\theta \tag{116.1}$$

可见,就数值言,天线所辐射的电磁场强度为

$$E = H = \frac{2\pi Il}{c\lambda r}\sin\theta \tag{116.2}$$

通常 I 以安培计,H 以奥斯特计,E 以伏特/厘米计,则有

$$H = \frac{2\pi}{10}\frac{Il}{\lambda r}\sin\theta\ (\text{奥斯特}) \tag{116.3}$$

$$E = 60\pi\frac{Il}{\lambda r}\sin\theta\ (\text{伏特 / 厘米}) \tag{116.4}$$

上面这些式子,只在 l 很小,可把 Il 看做电流元的情形下,才是正确的。把它们应用到实

际天线上，还须作以下的计算。

如图 116.1，把天线分成许多小段 dz，则上面结果可以应用到每个小段天线振子。设 $I(z)$ 为天线在 z 处的电流强度。从在 z 点的 dz 小段传播到远处 M 与从在 O 点的 dz 小段传播到远处 M 之间有一路程差 $\overline{OA}=z\cos\theta$。

应用公式(116.4)，并设从 O 点的小段传播到 M 的电场为

$$dE=\frac{60\pi\sin\theta}{\lambda r}I(0)\exp\left[j\omega\left(t-\frac{r}{c}\right)\right]dz$$

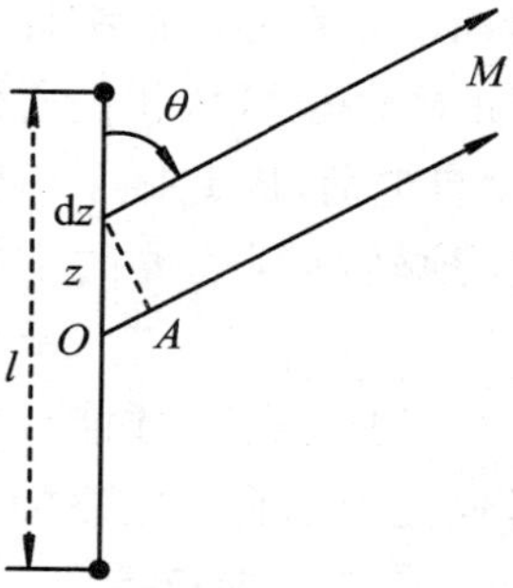

图 116.1

则从 z 点的小段传播到 M 的电场为

$$dE=\frac{60\pi\sin\theta}{\lambda r}I(z)\exp\left[j\omega\left(t-\frac{r-z\cos\theta}{c}\right)\right]dz$$

于是从这个天线传播到 M 点的电场为

$$\begin{aligned}E&=\frac{60\pi\sin\theta}{\lambda r}\int_{-\frac{l}{2}}^{\frac{l}{2}}I(z)\exp\left[j\omega\left(t-\frac{r-z\cos\theta}{c}\right)\right]dz\\&=\frac{60\pi\cos\theta}{\lambda r}\exp\left[j\omega\left(t-\frac{r}{c}\right)\right]\int_{-\frac{l}{2}}^{\frac{l}{2}}I(z)\exp\left(j\omega\frac{z\cos\theta}{c}\right)dz\\&=\frac{60\pi\cos\theta}{\lambda r}\exp\left[j\omega\left(t-\frac{r}{c}\right)\right]\int_{-\frac{l}{2}}^{\frac{l}{2}}I(z)\exp\left(j\frac{2\pi z\cos\theta}{\lambda}\right)dz\end{aligned}$$

对于一个作基振的天线，

$$l=\frac{\lambda}{2},\quad I(z)=I_0\cos\frac{2\pi z}{\lambda}$$

我们有

$$E=\frac{60\pi\sin\theta}{\lambda r}I_0\exp\left[j\omega\left(t-\frac{r}{c}\right)\right]\int_{-\frac{\lambda}{4}}^{\frac{\lambda}{4}}\cos\frac{2\pi z}{\lambda}\left(\cos\frac{2\pi z\cos\theta}{\lambda}+j\sin\frac{2\pi z\cos\theta}{\lambda}\right)dz$$

由于对称关系，积分的虚数部分为零，我们有

$$E=\frac{60}{r}I_0\frac{\cos\left(\frac{\pi}{2}\cos\theta\right)}{\sin\theta}\exp\left[j\omega\left(t-\frac{r}{c}\right)\right]\tag{116.5}$$

例如，在基振天线的中点电流振幅 I_0，若为 1 安培，在它的赤道面上($\theta=\pi/2$)相距 $r=1$ 公里处，它所激发的电场振幅为

$$E=\frac{60I_0}{r}=6\times10^{-4}\text{ 伏特/厘米}=60\text{ 毫伏特/米}$$

§117 辐射电阻

在振子作正弦振动的情形下，电流平方的平均值等于

$$\overline{I^2}=\frac{1}{l^2}\overline{\left(\frac{\partial p}{\partial t}\right)^2}=\frac{\omega^2}{l^2}p_0^2\,\overline{\cos^2\omega t}=\frac{\omega^2p_0^2}{2l^2}$$

并把这个以$\overline{I^2}$表示的 p_0^2 值代入式(115.13)中，就得

$$\overline{\Sigma} = \frac{8\pi^2}{3c}\left(\frac{l}{\lambda}\right)^2 \overline{I^2}$$

可见振子所辐射的平均功率，或者说，振子由于辐射而损失的平均功率，与电流平方的平均值成正比，可以写成

$$\overline{\Sigma} = R_\lambda \overline{I^2}$$

式中

$$R_\lambda = \frac{8\pi^2}{3c}\frac{l^2}{\lambda^2}\ (\text{静电单位}) \tag{117.1}$$

称为辐射电阻，或者，在实用单位下，

$$R_\lambda = 80\pi^2 \frac{l^2}{\lambda^2}\ (\text{欧姆}) \tag{117.2}$$

这可以说，天线与整个空间的"耦合"是由一个与天线串联的假想电阻 R_λ 而实现的。在假想电阻中发放的焦耳热量，实际上，就是由电磁波带走的辐射能量。如果把振子放在一个闭合容器内，而容器又能完全吸收电磁辐射的话，这个容器确把振子的辐射能量变成热量而发散于空间。

在上面计算中，我们把振子看做电流元，也就是说，假定了振子长度 l 远比波长 λ 小，并假定了振子的电流强度各点相同。这只符合赫芝共振器的情况，而不适用于一般天线。

对于一个作基振的天线，我们进行直接计算：

$$\overline{\Sigma} = \int_S \overline{P}\mathrm{d}S = \frac{1}{4\pi}\int_S \overline{E^2}\mathrm{d}S = \frac{1}{4\pi}\int_0^{2\pi}\int_0^{\pi} \overline{E^2}\, r^2 \sin\theta \mathrm{d}\theta \mathrm{d}\alpha = \frac{1}{2}\int_0^{\pi} \overline{E^2}\, r^2 \sin\theta \mathrm{d}\theta$$

其中 E 用式(116.5)代入，就得

$$\overline{\Sigma} = 1800 \overline{I_0^2}\int_0^{\pi}\cos^2\left(\frac{\pi}{2}\cos\theta\right)\frac{\mathrm{d}\theta}{\sin\theta} = R_\lambda \overline{I_0^2} = \frac{1}{2}R_\lambda I_0^2$$

式中 I_0 为无线中点的电流强度，是时间的函数。最后用数字计算方法求出积分 $\int_0^{\pi}\cos^2\left(\frac{\pi}{2}\cos\theta\right)\frac{\mathrm{d}\theta}{\sin\theta}$ 的值①，得

$$R_\lambda = 73\ \text{欧姆}$$

可见，不管长度如何，所有作基振的天线，只要合乎 $l=\lambda/2$ 的条件，都有相同的 73 欧姆的辐射电阻。

§118 定 向 天 线

一根普通天线的辐射是非定向的，在天线延长线的方向上虽然没有辐射，但在赤道

① 校者注：该值约等于 1.22。

面上四周各个方向的辐射却是相等的(见§115－4,图115.5)。在某些场合下,这样自然不免浪费电磁能量。我们能否将电磁辐射集中在某个选定的方向上呢?

1. 定向辐射的原理

问题的答案是肯定的,基于下面这个有关波的衍射定理:

设有同振幅、同周期、同位相的一连串点振动源均匀地排列在一个长度为 D 的线段上(图118.1),则在图面内它们的辐射将主要地集中在半角为 $\alpha=\arcsin(\lambda/D)$ 的扇面上,式中 λ 为辐射的波长。

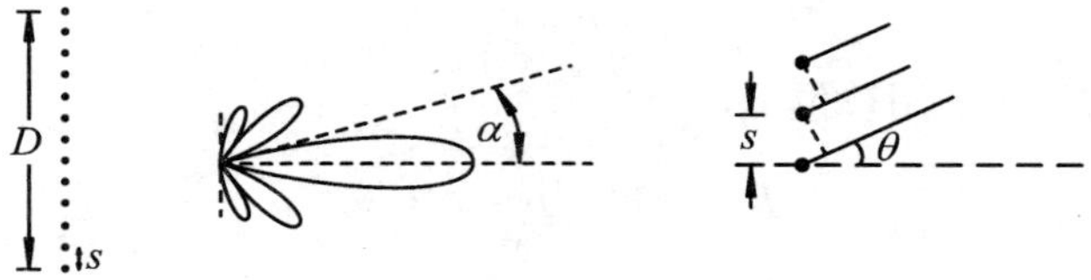

图118.1

命 s 为相邻两个振源之间的距离。在辐射方向 θ 上,它们之间将有一个路程差 $s\sin\theta$,从而有一个位相差 $2\pi s\sin\theta/\lambda$,其合振动为

$$a\sin\omega t + a\sin\left(\omega t - \frac{2\pi s\sin\theta}{\lambda}\right)$$

更一般地说,若与线段 D 的中点相距 x 处 $\mathrm{d}x$ 上有 $n\mathrm{d}x$ 个振源,这些振源在 θ 方向上的辐射将为

$$a\sin\left(\omega t - \frac{2\pi x\sin\theta}{\lambda}\right)n\mathrm{d}x$$

于是整个线段 D 上所有 N 个振幅($N=nD$)的合振动将为

$$\begin{aligned}\int_{-\frac{D}{2}}^{\frac{D}{2}} a\sin\left(\omega t - \frac{2\pi x\sin\theta}{\lambda}\right)n\mathrm{d}x &= a\sin\omega t\int_{-\frac{D}{2}}^{\frac{D}{2}}\left(\cos\frac{2\pi x\sin\theta}{\lambda}\right)n\mathrm{d}x\\ &= 2na\frac{\sin\left(2\pi\dfrac{D}{2}\dfrac{\sin\theta}{\lambda}\right)}{\dfrac{2\pi\sin\theta}{\lambda}}\sin\omega t\\ &= Na\frac{\sin\dfrac{\pi D\sin\theta}{\lambda}}{\dfrac{\pi D\sin\theta}{\lambda}}\sin\omega t\end{aligned}$$

如果这 N 个振源集中在线段中点上,将同单个振源一样,在所有方向上的辐射同是 $Na\sin\omega t$。现在它们均匀地排列在线段 D 上,其振源为 Na 乘上一个因子:

$$\rho(\theta)=\frac{\sin\dfrac{\pi D\sin\theta}{\lambda}}{\dfrac{\pi D\sin\theta}{\lambda}} \qquad (118.1)$$

该因子依 θ 而变,就成为定向辐射。这是这些振源辐射互相干涉的结果。

在上面计算中,我们应用了积分,也就是把断续排列在线段 D 上的 N 个振源作为均匀而连续地分布在每一线段元 dx 上看待。这种做法只有在相邻两个振源在任何方向辐射时的位相差 $2\pi s\sin\theta/\lambda$ 比起 2π 是很小的条件下,才是可以容许的。必须 $2\pi s\sin\theta/\lambda \ll 2\pi$,即 $s \ll \lambda$,也就是在一个波长 λ 的长度内必须排列有许多振源,或至少有一二个振源。这个条件,在我们的讨论中,总是假定满足的。否则,不能从 $-D/2$ 到 $D/2$ 求积分,必须应用菲涅耳(Fresnel)法则直接去求各项正弦之和。

现在我们来研究式(118.1)所表示的 ρ 对于 θ 的依赖关系。命 $x=\pi D\sin\theta/\lambda$,$y=\rho$,则曲线 $y=\sin x/x$ 如图 118.2 所示。当 $x=0$ 时,y 极大,等于 1;当 $x=\pi,2\pi,3\pi,\cdots$ 时,$y=0$;当 x 近于 $3\pi/2,5\pi/2,\cdots$ 时,y 成为次极大,就绝对值言,近似地等于 $1/x$。

就 θ 而论,当 $\theta=0$ 时,ρ 极大,等于 1;当 $\sin\theta=\lambda/D$ 时,ρ 减小为零;当 $\sin\theta=3\lambda/(2D)$ 时,ρ 达到第一"次极大";当 $\sin\theta=2\lambda/D$ 时,又再减为零,等等。用极坐标,有如图 118.3 所示。可见 D 必须远大于 λ。在图 118.3 中,当 θ 介乎 0 和 $\pi/2$ 之间,ρ 曾两次为零,没有达到第三次。这就表明 $2\lambda/D$ 小于 1,而 $3\lambda/D$ 略大于 1,可见图 118.3 代表线段长度 D 大于 2λ 而略小于 3λ 的情形。大部分的能量辐射集中于以 $\arcsin(\lambda/D)$ 为半角的扇形内,这正是我们所要说明的。D 比 λ 愈大,则半角愈小。

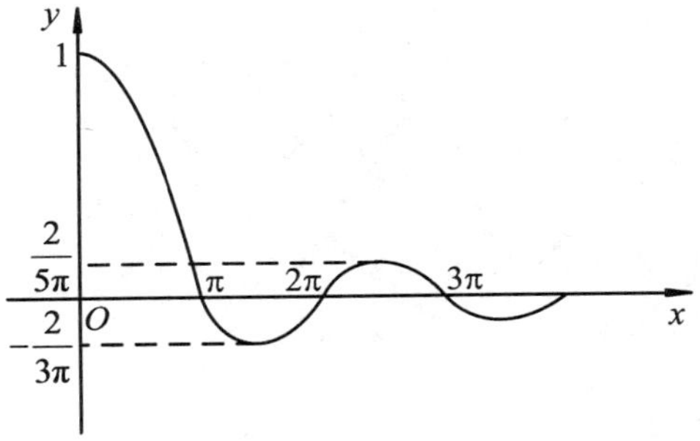

图 118.2

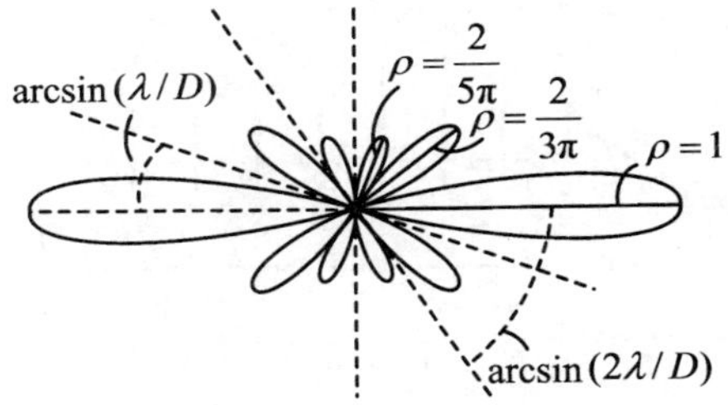

图 118.3

我们进一步要问,能否设法减小或取消次极大以增强在方向 $\theta=0$ 上的主辐射呢?为此,可有两种办法:或将振源非均匀地排列;或用前后平行的几行均匀排列的振源。

虽然能减弱或取消次极大,不过在主辐射的方向上既有向前辐射同时又有向后辐射。我们能否取消向后辐射,使其全部成为向前辐射呢?这也是可能的,方法是在原来的振源行列的后面相距 $\lambda/4$ 处再来一行类似的振源,如图 118.4 所示。不过对后一行振源 B,我们并不供给电能,使其本身发生振动,只是用来反射由前一行振源 A 发送而来的电磁波。由前行振源 A 向前发射的波①与由前行振源 A 向后发射再由后行振源 B 向前反射的波②之间有位相差 2π,它们互相增强,因而振幅加倍。反之,由前行振源 A 向后发射的波③与由前行振源 A 向后发射再由后行振源

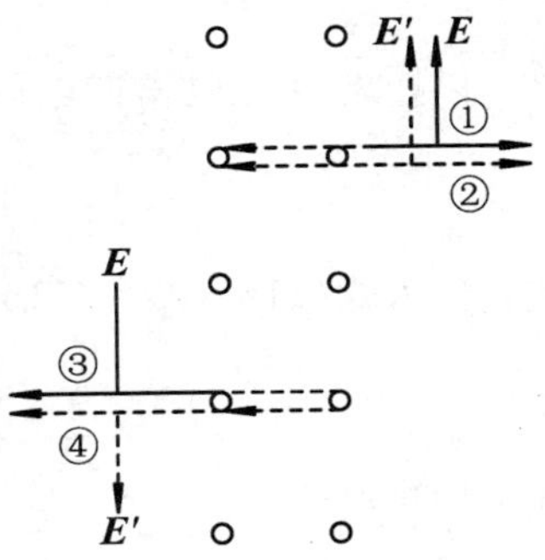

图 118.4

B 向后发射的波④之间有位相 π,互相抵消,因而振幅为零。结果由振源 A 反射的能量全部向前传播了,达到单向辐射的目的。

2. 定向天线的具体装置

依上所述,为了实现定向辐射,需要若干相同的天线平行地排列成行,并供给它们以完全相同周期和相同位相的电振荡。更加巧妙的装置是用一根导线,如图 118.5 所示,弯成互相正交的若干段。在导线中设法产生驻波,使其波长适为每段导线长度的二倍。导线的两端和其间的曲折点都是电流的节。在相邻两段导线中,电流的方向在每一时刻都是相反的。各段电流将在空间激发相应的磁场。把各段电流矢量分解成垂直和水平分量,可以清楚地看到,这些水平分量两两相互抵消(图 118.5(b)),而所有垂直分量都同向,成为一系列的实现定向辐射的振源(图 118.5(a))。我们也可用多根导线做图 118.6 所示的装置,构成定向天线。馈线用虚线画出。这样辐射集中在一个锥体内,其轴与天线平面正交,水平顶角分别为 2α 和 2β,各由 $\sin\alpha = \lambda/D_1$ 和 $\sin\beta = \lambda/D_2$ 决定,式中 D_1 和 D_2 代表天线系统的长度和宽度。

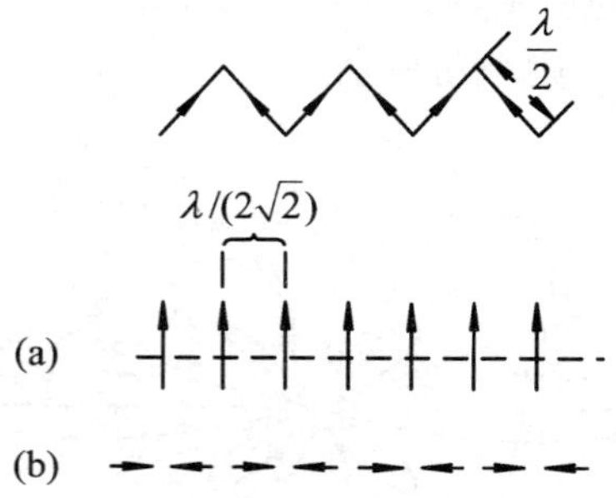

图 118.5

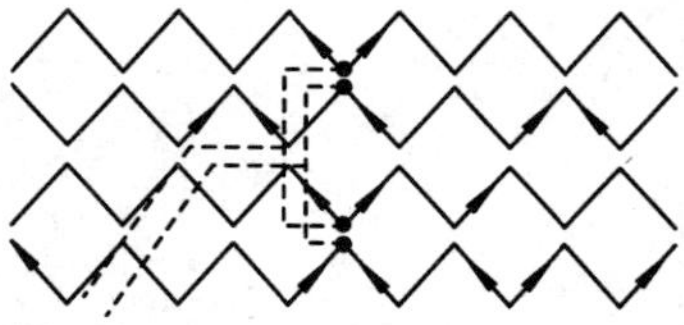

图 118.6

§119 运动电荷的辐射

以速度 u 运动着的电荷 q 可以作为一个振子看待。其电矩 p 与 q 之间的关系为

$$\frac{\mathrm{d}p}{\mathrm{d}t} = qu$$

把它代入式(115.10)和(115.12)中,就得运动电荷在真空中远处所辐射的电磁场

$$E = B = \frac{q\sin\theta}{c^2 r}\frac{\mathrm{d}u}{\mathrm{d}t} \tag{119.1}$$

和平均辐射能量

$$\bar{\Sigma} = \frac{2q^2}{3c^3}\overline{\left(\frac{\mathrm{d}u}{\mathrm{d}t}\right)^2} \tag{119.2}$$

式中 $\mathrm{d}u/\mathrm{d}t$ 为电荷的加速度。可见电荷只有在作加速运动时才能辐射，作匀速直线运动的电荷并不辐射。

若电荷作正弦振动，可令 $p = p_0\cos\omega t$，则有

$$E = B = -\frac{p_0\omega^2}{c^2 r}\sin\theta\cos\omega t \tag{119.3}$$

$$\bar{\Sigma} = \frac{2p_0^2\omega^4}{3c^3}\overline{\cos^2\omega t} = \frac{p_0^2\omega^4}{3c^3} \tag{119.4}$$

1. 辐射阻尼

振动电荷由于辐射而损失能量。这相当于摩擦阻力对振动电荷的影响，电荷能量的损失就是在运动中克服摩擦阻力所作的功。摩擦阻力与速度 u 成正比，设为 $-Ru$，则在 $\mathrm{d}t$ 时间内所作的功为 $-Ruu\mathrm{d}t = -Ru^2\mathrm{d}t$。在 $\mathrm{d}t$ 时间内，电荷的能量损失为 $-\bar{\Sigma}\mathrm{d}t$。就一周期内的平均值而言，两者应该相等，即

$$R = \frac{\bar{\Sigma}}{\overline{u^2}} = \frac{2q^2}{3c^3}\frac{\overline{\left(\frac{\mathrm{d}u}{\mathrm{d}t}\right)^2}}{\overline{u^2}} = \frac{2}{3}\frac{\omega^2 q^2}{c^3} \tag{119.5}$$

R 就是运动电荷的辐射“电阻”。它是辐射场作用在场所引起的电荷上的结果。辐射的反作用引起了摩擦阻力的出现和电荷振动的衰减。

2. 围绕原子核运动的电子的辐射

以氢原子为例。设 r 为电子轨道的半径，ω 为角速度，我们有

$$m\omega^2 r = \frac{e^2}{r^2}$$

电子具有位能 $-e^2/r$ 和动能 $m(\omega r)^2/2 = e^2/(2r)$，其总能量为

$$W = -\frac{e^2}{2r}$$

从远处看来，电子好像沿一直径作简谐运动，其电矩为

$$p = p_0\cos\omega t = er\cos\omega t$$

把 $p_0 = er$ 和 $\omega^2 = e^2/(mr^3)$ 代入式(119.4)，就得电子单位时间(每秒)内辐射出去的能量①

$$\bar{\Sigma} = \frac{p_0^2\omega^4}{3c^3} = \frac{e^6}{3c^3 m^2 r^4}$$

比起电子所具有的总能量来，它是非常巨大的②：

$$\left|\frac{\bar{\Sigma}}{W}\right| = \frac{2}{3c^3}\frac{e^4}{m^2 r^3} \approx 10^{10}$$

① 校者注：电子的圆周运动由两个垂直方向的简谐运动合成，相应辐射功率应予加倍。

② 校者注：这意味着在约 10^{-10} 秒的时间内，电子的能量将因辐射而损失殆尽。

在由于辐射而引起的阻尼的作用下，电子不能不改变运动的性质而缩小轨道的半径，电子很快地向核靠近，一直到落在核上为止。核和电子所组成的系统将不可能是稳定的，显然违背原子是十分稳定的组织这个事实。由此可知，经典电动力学不能应用于原子内的过程。长期研究原子的性质，特别是原子光谱的结构之后，才阐明了原子内的过程所遵循的量子规律。

§120 电子的衍射

上面所述振子都是由于振子本身内能的供给而辐射能量，或者像在天线中所发生的那样，把其它能源供给的能量转变成辐射能，这种振子称为原始发射体。除原始发射体外，还有相当重要的所谓次级发射体，即由于电磁波的作用，偶极子开始振动，从而产生辐射。如果原始波的频率恰好和偶极子的本征频率相同，那么，在这种共振情况下，次级辐射特别强烈。

例如电子，在入射光波的交变电场

$$E_1 = E_{10}\mathrm{e}^{\mathrm{j}\omega t}$$

的作用下运动起来，其速度 u 将正比于 $\mathrm{e}^{\mathrm{j}\omega t}$，同时朝各个方向辐射。电子所辐射的电磁场将依 $\mathrm{e}^{\mathrm{j}\omega t}$ 而变化，其振幅与距离 r 成反比而减小，这就是衍射现象。

命 m 和 e 分别为电子的质量和电荷。电子沿 z 轴方向运动，除受有正比于位移 z 要把它拉回到原来位置 O 的力 Kz 外，还受着摩擦阻力 $R\mathrm{d}y/\mathrm{d}t$ 的作用。设光波沿 Ox 方向入射，其电场沿 Oz 轴，为

$$E_1 = E_{10}\exp\left[\mathrm{j}\omega\left(t - \frac{x}{c}\right)\right]$$

在原点 O，我们有 $x = 0$ 和 $E_1 = E_{10}\mathrm{e}^{\mathrm{j}\omega t}$，于是电子的运动方程式为

$$m\frac{\mathrm{d}^2 z}{\mathrm{d}t^2} + R\frac{\mathrm{d}z}{\mathrm{d}t} + Kz = eE_{10}\mathrm{e}^{\mathrm{j}\omega t} \tag{120.1}$$

当电子运动达于稳定的振动之后，其解显然为

$$z = \frac{eE_{10}\mathrm{e}^{\mathrm{j}\omega t}}{K - m\omega^2 + \mathrm{j}R\omega}$$

从而

$$u = \frac{\mathrm{d}z}{\mathrm{d}t} = \frac{\mathrm{j}\omega eE_{10}\mathrm{e}^{\mathrm{j}\omega t}}{K - m\omega^2 + \mathrm{j}R\omega} \tag{120.2}$$

于是我们有

$$eu = \frac{\mathrm{j}\omega e^2 E_{10}\mathrm{e}^{\mathrm{j}\omega t}}{K - m\omega^2 + \mathrm{j}R\omega}$$

这样运动起来的电子就成为次级发射体。它所辐射的电磁场，依式(116.2)，为

$$E = H = \frac{2\pi\sin\theta}{c\lambda r}eu$$

把上面所得 eu 的表示式代入，就有

$$E = H = \frac{\sin\theta}{c^2 r}\frac{j\omega^2 e^2 E_{10} e^{j\omega t}}{K - m\omega^2 + jR\omega} \tag{120.3}$$

这就是电子的衍射波。可见衍射波的场强与电子加速度 $d^2 z/dt^2$ 成正比。

1. 天空的蓝色

分子中电子的辐射和波长的关系可以说明天空和海水的蔚蓝色。若电子波拉向原来位置的力 Kz 很大，远比惯性力 $m dz^2/dt^2$ 摩擦阻力 $R\frac{dz}{dt}$大，即

$$K \gg m\omega^2, \quad K \gg R\omega$$

由式(120.3)，得

$$E = H \propto \omega^2 E_1$$

电磁波的电场矢量 $\boldsymbol{E}$ 就是光学中所谓菲涅耳振动矢量。因此，光的强度 I 与电场 E 的振幅平方成正比，即

$$I \propto \boldsymbol{E}^2 \propto \omega^4 E_1^2$$

E_1^2 表征入射照度。即 I/E_1^2 在某种意义上可说表征电子的衍射效率，与 ω^4 成正比，也即与 λ^4 成反比。在可见光范围内，蓝光($\lambda = 0.4$ 微米)要散射得比红光($\lambda = 0.8$ 微米)厉害。因此，照射在大气或海水的太阳白光，被空气分子或海水分子中运动着的电子所散射后，就呈蔚蓝色。

2. 电子的辐射阻尼

与成为次级发射的电子相距 r 处的坡印亭矢量 $\boldsymbol{P}$ 的大小，利用式(120.2)和(120.3)的结果，可以写成

$$P = \frac{c}{4\pi}|\boldsymbol{E}\times\boldsymbol{H}| = \frac{\sin^2\theta}{4\pi c^3 r^2}\omega^2 e^2\left(\frac{dz}{dt}\right)^2$$

把它在以电子为心、r 为半径的球面上积分，就得电子在单位时间内所衍射的能量：

$$\Sigma = \int_0^{2\pi}\int_0^{\pi} Pr^2\sin\theta d\theta d\alpha = \frac{\omega^2 e^2}{4\pi c^3}\left(\frac{dz}{dt}\right)^2\int_0^{2\pi}\int_0^{\pi}\sin^3\theta d\theta d\alpha = \frac{2}{3}\frac{\omega^2 e^2}{c^3}\left(\frac{dz}{dt}\right)^2 \tag{120.4}$$

电子所衍射出去的能量，当然取给于入射波；也就是说，入射电场 E_1 使电子移动 dz 时作了功 $eE_1 dz$。电子用这个功来克服它在振动中所遇到的摩擦阻力。从电子的运动方程式(120.1)，我们有

$$m\frac{d^2 z}{dt^2}dz + R\frac{dz}{dt}dz + Kzdz = eE_1 dz$$

的确，在上式左边三项中，只有第二项在一周期内的平均值，由于摩擦阻力 Rdz/dt 与速度 dz/dt 有相同的位相的缘故，才不为零。可见在单位时间内克服摩擦阻力所作的功等于电子衍射的功率，即

$$\frac{R\left(\frac{dz}{dt}\right)dz}{dt} = R\left(\frac{dz}{dt}\right)^2 = \Sigma = \frac{2}{3}\frac{\omega^2 e^2}{c^3}\left(\frac{dz}{dt}\right)^2$$

从而得出电子的辐射阻尼

$$R = \frac{2}{3}\frac{\omega^2 e^2}{c^3} \tag{120.5}$$

这当然和式(119.5)完全相同。

3. 衍射电子的接收面

在振动中也就是在衍射中的电子所辐射的功率$\frac{2}{3}\frac{\omega^2 e^2}{c^3}\left(\frac{dz}{dt}\right)^2$取决于入射的电磁波，既如上述；但在入射电磁波中的能流(在单位时间内通过单位面积的能量)又以它的坡印亭矢量大小 $P = \frac{c}{4\pi}|\boldsymbol{E}_1 \times \boldsymbol{H}_1| = \frac{cE_1^2}{4\pi}$表出。因此，电子从入射波获得能量好像是通过一个如下规定的面积 S 来实现：

$$S = \frac{\frac{2}{3}\frac{\omega^2 e^2}{c^3}\left(\frac{dz}{dt}\right)^2}{\frac{cE_1^2}{4\pi}}$$

S 称衍射电子的接收面积。我们将见衍射电子的接收面要比它的截面大好几倍。

把式(120.2)中 dz/dt 的值代入上式，就得

$$S = \frac{8\pi}{3}\frac{\omega^4 e^4}{c^4}\frac{1}{(K - m\omega^2)^2 + R^2\omega^2}$$

再把式(120.5)中 R 的值代入，就得

$$S = \frac{8\pi}{3}\frac{\frac{\omega^4 e^4}{c^4}}{(K - m\omega^2)^2 + \frac{4}{9}\frac{\omega^6 e^4}{c^6}}$$

对于自由电子而言，K 等于零，而 $m^2\omega^4$ 又比$\frac{4}{9}\frac{\omega^6 e^4}{c^6}$大得非常之多。因此，我们有

$$S = \frac{8\pi}{3}\frac{e^4}{c^4 m^2}$$

把 $e = 4.80 \times 10^{-10}$静电单位，$m = 9.11 \times 10^{-28}$克和 $c = 3 \times 10^{10}$厘米/秒代入，就得自由电子的接收面积

$$S = 0.663 \times 10^{-24} \text{ 厘米}^2$$

在§90 我们知道电子半径 $a = 2e^2/(3c^2 m)$①，可见衍射电子接收面积和它的截面积

① 校者注：注意§90 的电子半径公式 $a = 2e^2/(3m)$采用电磁学单位制，此处公式改用静电单位制，式中分母多出因子 c^2。

之比

$$\frac{S}{\pi a^2} = 6$$

有如图 120.1 所示,电子从入射波中接收来的能量,全部转变成为它的次级辐射,以衍射波的形式散布于四周空间中。

另一重要的情况为共振。在共振下,$K - m\omega^2 = 0$,电子的接收面积成为

$$S = 6\pi \frac{c^2}{\omega^2} = \left(\frac{3}{2\pi^2}\right)\pi\lambda^2$$

这个接收面积非常之大,即电子从入射波获得的能量将是十分可观的。不过这种电子不是自由电子,这种情况只有在原子内的电子才能遇到。原子内部的能量转换与重新发射过程,都将遵循量子规律,非经典电动力学所能解决,已如 § 119 - 2 所述。

等离子体中或大气电离层中的电子介乎上述两种情况之间:它们是自由的,同时又为几乎不动的正电荷整体所吸引而成共振。

在所有情况下,电场中由于存在电子而引起的扰乱绝不像图 120.1 所示的那样简单。事实上,电子周围是入射电场与衍射电场的聚合,成为若干干涉条纹,有如海浪冲击孤立的礁岩而成的波纹(图 120.2)。由于衍射波的振幅与距离成反比地减小,此等干涉条纹在离电子稍远处就不明显。

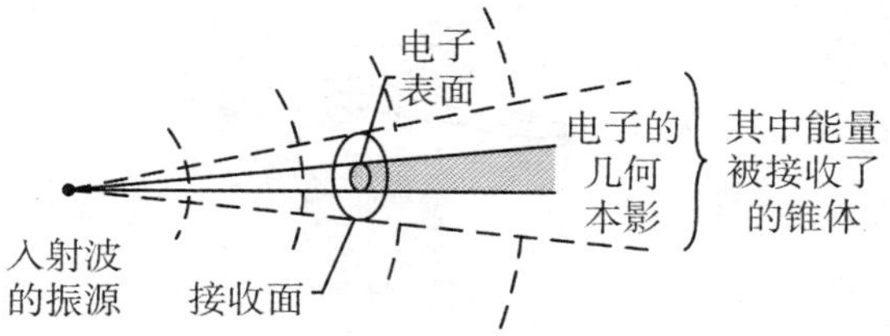

图 120.1

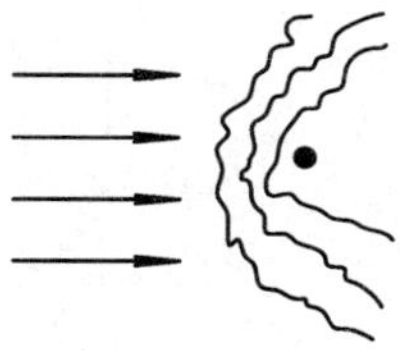

图 120.2

§ 121　基振天线的接收面

沿着 Oz 方向树立长度为 $l = \lambda/2$ 的基振天线。当有入射电磁波,其电场沿着 Oz 方向并为 $E_1 = E_{10}e^{jw(t - x/c)}$ 时,天线就起共振,而得电位差 $V = E_1 l = \lambda E_1/2$。此时天线中有交变电流流通。在天线中点,最大电流振幅为 $I = V/R$,式中 R 为基振天线的辐射电阻,等于 73 欧姆。在入射电磁波的作用下,基振天线成为次级发射体;它所辐射的功率为

$$RI^2 = \frac{V^2}{R} = \frac{\lambda^2 E_1^2}{4R}$$

当然取给于入射电磁波。

入射电磁波的能流为 $cE_1^2/(4\pi)$。命 S 为基振天线的接收面积,于是我们有

$$S = \frac{\lambda^2 E_1^2}{4R} \Big/ \frac{cE_1^2}{4\pi} = \frac{\pi\lambda^2}{Rc}$$

把 $R = 73$ 欧姆 $= \frac{73}{9 \times 10^{11}}$ 静电单位和 $c = 3 \times 10^{10}$ 厘米/秒代入，就得

$$S = \frac{30}{73}\pi\lambda^2 = \pi(0.64\lambda)^2$$

接收面相当于以 $1.28l$ 为半径的圆(图 121.1)。若天线方向与入射电磁波的电场方向不相平行，则接受面积当然减小。

电磁波遇到任何物体，无论其为导体或为介质，都要产生衍射现象。在入射电磁波的作用下，金属中的自由电子运动起来成为交变的传导电流，自不待言；介质中的分子，由于极化，也就产生交变的位移电流。由此可知，所有物体都可成为或强或弱的次级发射体。

例如一个在空中的飞机对于 3～8 米的电磁波的衍射，其强度可与十来个基振天线相比。飞机机身和接收面的相对大小有如图 121.2 所示。在有利的条件下。这些衍射波往往足够强大到可在地面上接收，从而侦知飞机的存在。

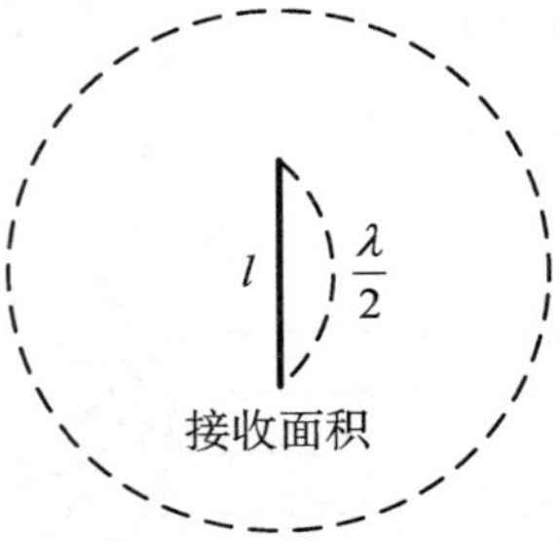

图 121.1

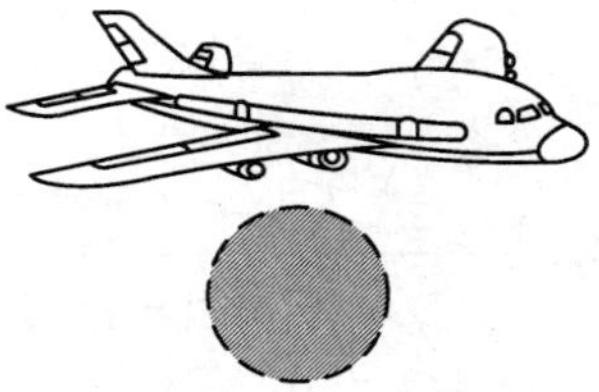

图 121.2

对于更短的波或更大的物体，衍射现象成为反射，这就是雷达定位原理。雷达中所用波长通常为 3～10 厘米。

§122　无线电波的传播过程

电磁波作为通信之用，对它在地面上大气中传播过程的研究有其特别重要的意义。为了了解无线电波的传播过程，应当知道大地和大气的电学特性，特别是电导率和介电常数对波的电磁场有严重的影响。

1. 大地对无线电波传播的作用

大地对无线电波传播的作用，视其频率或波长而不同，是很复杂的。

大地是导电介质。在一个电导率为 σ、介电常数为 ε 的介质中，设 $\boldsymbol{E}$ 为电场强度(可

以写成 $E = E_0 e^{j\omega t}$），$\boldsymbol{i}$ 为电流密度，我们有

$$\boldsymbol{i} = \sigma \boldsymbol{E} + \frac{\varepsilon}{4\pi}\frac{\partial \boldsymbol{E}}{\partial t} = \left(\sigma + \frac{j\omega\varepsilon}{4\pi}\right)\boldsymbol{E}$$

上式右边第一项代表传导电流，第二项代表位移电流。

试看位移电流和传导电流的相对大小。若位移电流大于传导电流，即 $\sigma < \omega\varepsilon/(4\pi)$，则介质主要显露它的介电性；反之，若位移电流可以不计，即 $\sigma \gg \omega\varepsilon/(4\pi)$，则介质显露它的导电性，可以作为导体看待。在这个划分的条件中，除 σ 外，还包含有周频率 ω。

关于地面上各部分的介电常数和电导率（均用静电单位），有如表 122.1 第二和第三两列所示。

表 122.1

	ε	σ（静电单位）	ν_0（Hz）	λ_0
海水	80	4×10^{10}	10^9	30 厘米
淡水	80	45×10^6	10^6	300 米
湿砂	9	1×10^6	0.2×10^6	1500 米
干砂	4	0.1×10^6	0.05×10^6	6000 米
耕地	15～25	$50\sim150\times10^6$	10^7	30 米
森林	12	70×10^6	10^7	30 米

在表中第四列，我们列入导体与介质的划分频率 ν_0，它由条件

$$\frac{\omega\varepsilon}{4\pi} = \frac{\varepsilon\nu_0}{2} = \sigma$$

即

$$\nu_0 = \frac{2\sigma}{\varepsilon}$$

所规定。在表中末列，我们列入与划分频率相对应的划分波长 λ_0。对于频率 $\nu \ll \nu_0$ 或波长 $\lambda \gg \lambda_0$ 的无线电波，地面可以作为导体看待；反之，对于频率 $\nu \gg \nu_0$ 或波长 $\lambda \ll \lambda_0$ 的无线电波，地面是电介质。

由上表可见，对于通常使用的波长大于 30 厘米的所有无线电波，地球表面的全部都是导体。无线电波入射在海洋、森林、耕地等面上，就呈金属式的反射。当无线电波在地球表面的上方传播时，地球将不让波从它的内部通过。电力线以垂直方向通向大地，且沿大地表面移动。因此，无线电波绕着地球传播，绕地球一周只需 0.13 秒的时间。

在地面上树立接地发射天线时，由于地面对无线电波的反射，在任意一点 P 所接收到的，除了在天线中运动着的电子的辐射外，还有这些电子对于地面所成的像的运动而形成的辐射。比如说，天线中电子 A 向上（图 122.1），则其像 A' 是一电量相等而符号相反、向下移动的正电荷。因此，它们可形成的电流不仅强度相等而且方向相同。地面上各点与振源 A 和 A' 有相同的距离，因而有极大的电磁场，虽然这种极大不是十分突出。所以一个四分之一波长的接地发射天线相当于自由空间中的一个半波长的发射天线，有

如图 122.1 所示。

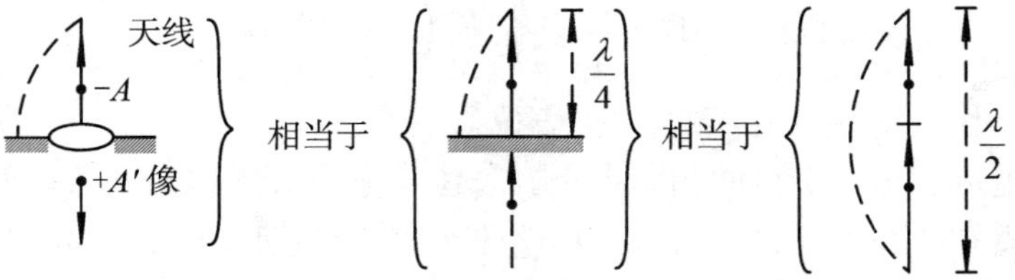

图 122.1

大地的电导率 σ 使大地对无线电波产生吸收作用。实际上，大地既是良导体，无线电波就在其中产生傅歌电流，而傅歌电流又反过来阻止能量深入大地，这就形成金属式的反射。

无线电波穿入大地表面层的厚度（见 § 92）为

$$\delta = \frac{1}{\sqrt{2\pi\mu\sigma\omega}}$$

对于海水和耕地来说，$\mu = 1/c^2$ 静电单位，σ 分别等于 4×10^{10} 和 100×10^6 静电单位，与各种频率 $\nu = \omega/(2\pi)$ 相对应的 δ 之值有如表 122.2 所示。

表 122.2

ν（赫芝）	10^4	10^5	10^6	10^7
海水的 δ	2.4 米	0.8 米	0.24 米	0.08 米
耕地的 δ	48 米	16 米	4.8 米	1.6 米

频率低于 10^5 赫芝的无线电波可以深入海面几米，这一事实有实际应用的意义，它告诉我们要用很长的无线电波与潜水艇通信更为有利。

2. 大气中的电离层对于无线电波传播的作用

在离地面 80～300 公里的大气中有电离层。这个电离层又可分成若干层，由空气分子受太阳光紫外线或从太阳来的其他粒子照射而电离出来的自由电子集合而成。

我们现在来研究无线电波在这种电离层内的传播情形。设电离层每单位体积内有 N 个自由电子，并设有入射的无线电波来到，其电场 $E = E_0\sin\theta$ 沿 Oz 轴。在入射电磁场的作用下，这些电子开始运动，其方程式为

$$m\frac{\mathrm{d}^2 z}{\mathrm{d}t^2} = eE_0\sin\omega t \tag{122.1}$$

在此，我们不必考虑电子与空气分子碰撞而来的热骚动，也可以不考虑电子参与电离层的整体移动。电子，在入射场的作用下，作

$$z = -\frac{eE_0}{m\omega^2}\sin\omega t$$

振动。

于是每个振动着的电子成为振子而辐射，像一个电偶极子一样；电偶极子的正电荷

不动①,负电荷有了位移 z,因而产生电矩

$$p = \alpha E = ez = -\frac{e^2 E_0}{m\omega^2}\sin\omega t$$

此时每单位体积的电矩,也即电离层的极化强度为

$$\boldsymbol{P} = N\alpha\boldsymbol{E} = -\frac{Ne^2\boldsymbol{E}_0}{m\omega^2}\sin\omega t$$

根据

$$\boldsymbol{D} = \varepsilon\boldsymbol{E} = \boldsymbol{E} + 4\pi\boldsymbol{P}$$

我们得出

$$\varepsilon = 1 + 4\pi N\alpha = 1 - \frac{4\pi Ne^2}{m\omega^2}$$

这就是电离层的介电常数,比 1 小。从 $\varepsilon = n^2$,又可知电离层的折射率 n 也小于 1,和金属薄膜的折射率相似。无怪乎电离层对无线电波起着金属式的反射作用。

我们进一步来研究电离层对于无线电波的反射过程。大气层的电离是不均匀的,也就是说,在单位体积内的自由电荷是逐层变化的。由于电离层每单位体积内的自由电子数目 N 起始自下而上随着高度 z 而增加,可知电离层的折射率 $n = \sqrt{1 - 4\pi Ne^2/(m\omega^2)}$ 不是常数,而是一个小于 1 的变数,随 z 的增加反而减小。因此,从地面上以某一角度进入电离层的电磁"光线",将偏离法线,电离增加意味着偏离法线逐层加甚,势必到一地步折转向下,而又回返到地面上,和构成海市蜃楼的情况完全一样。

如图 122.2 所示,设有电磁"光线"①和②以 θ 方向射到电离层内高度为 z 和 $z + \mathrm{d}z$ 处,AA'为它们的波面。当 A 沿光线①达到 B 点时,A'沿光线②达到 B'点,则 BB'为另一时刻的波面,垂直于光线①和②。从 A 到 B,光线①所需的时间为 $\mathrm{d}s/c(z)$,式中 $c(z)$ 为无线电波在高度 z 处的传播速度,而 $\mathrm{d}s$ 为 AB 弧的长度,等于 $r\mathrm{d}\theta$,r 为光线①在 A 点的曲率半径。同理,从 A'到 B'光线②所需的时间为 $\mathrm{d}s'/c(z + \mathrm{d}z)$,式中 $c(z + \mathrm{d}z)$ 为无线电波在高度 $z + \mathrm{d}z$ 处的传播速度,而 $\mathrm{d}s'$为 $A'B'$弧的长度,等于 $(r + AA')\mathrm{d}\theta = \left(r + \frac{\mathrm{d}z}{\sin\theta}\right)\mathrm{d}\theta$。

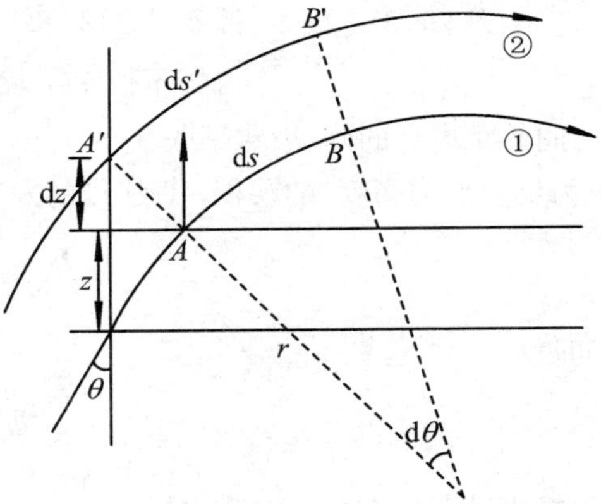

图 122.2

这两个时间必须相等,我们有

$$\frac{\mathrm{d}s}{c(z)} = \frac{\mathrm{d}s'}{c(z + \mathrm{d}z)}$$

① 电离层内有与电子数量相同的正离子。由于质量较大,它们并不发生辐射,只是作为电偶极子的不动的正电荷。

即

$$\frac{ds'}{ds} = 1 + \frac{dz}{r\sin\theta} = \frac{c(z + dz)}{c(z)} = 1 + \frac{1}{c}\frac{\partial c}{\partial z}dz$$

从而得

$$\frac{1}{r\sin\theta} = \frac{1}{c}\frac{\partial c}{\partial z}$$

但 $c = c_0/n$，式中 c_0 为无线电波在真空中的速度，有 $\frac{1}{c}\frac{\partial c}{\partial z} = -\frac{1}{n}\frac{\partial n}{\partial z}$；又 $n^2 = \varepsilon = 1 - \frac{4\pi Ne^2}{m\omega^2}$，于是我们有

$$\frac{1}{r} = -\frac{\sin\theta}{n}\frac{\partial n}{\partial z} = -\frac{\sin\theta}{2\varepsilon}\frac{\partial \varepsilon}{\partial z} \approx \frac{2\pi e^2\sin\theta}{m\omega^2}\frac{\partial N}{\partial z}$$

电磁“光线”的曲率 $1/r$ 随 $\partial N/\partial z$ 而变，但是曲率变化的快慢看因子 $1/\omega^2$ 而大有不同。这就是说，无线电波在电离层中的行为要看它的频率或波长而定：长波（ω 小，$\lambda>1000$ 米）的行为不同于中波，中波（λ 从 200 米到 1000 米）的行为不同于短波，短波（λ 从 10 米到 100 米）的行为不同于超短波（$\lambda<10$ 米）。

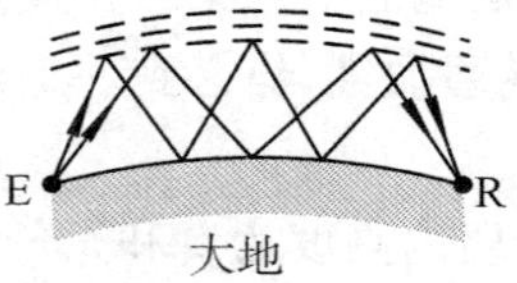

图 122.3

（1）对于长波（$\nu = \omega/(2\pi)$，300000 赫芝）来说，只要电离层内有电子存在，即使为数不多，电磁“光线”的曲率总是很大，表现为全反射的情形，不管入射角 θ 如何，也不管在一年之内什么季节或一日之内什么时辰。从发射台 E 到接收站 R，这种长波很有规则地沿着一条或几条途径，经过一次或几次反射传播着（图 122.3）。而且在大地与电离层之间的传播，电磁场的振幅不依 $1/r$ 而依 $1/\sqrt{r}$ 而减小，式中 r 为发射台 E 与接收站 R 之间的距离。的确，坡印亭矢量的大小 $cEH/(4\pi) = cE^2/(4\pi)$ 与圆柱侧面面积 $2\pi rh$（h 为反射点的高度）的乘积，代表 E 的发射功率，必然是一个常数，不因 r 而异，即

$$2\pi rh \times \frac{cE^2}{4\pi} = \text{常数}$$

从而得

$$E \propto \frac{1}{\sqrt{r}}$$

可见场强减弱比在自由空间中慢。这就说明了为什么无线电波能够传递到很远的地方。

（2）对于中波（从 300000 赫芝到 1500000 赫芝）来说，它们的行为类似长波，不过曲率较小，在射回大地之前穿入电离层较深，因而更多地受着电离层变化的影响。在白天，电离层随着太阳的高度和活动而不断变化。在夜间，电离层较为稳定，其中电子更加层次分明。因此，一般地说，电离层对无线电中波的反射，从而无线电中波的传播，夜间比白昼好。

（3）还有一些附带现象需要考虑：与空气分子的碰撞，对于自由电子来说，是一种制动作用。考虑到这一点，自由电子的运动方程式应该是

$$m\frac{d^2z}{dt^2}+f\frac{dz}{dt}=eE=eE_0\sin\omega t$$

而不再是简单的方程式(122.1)。从此解得的 z 将不再与 E 有相同的位相,因而极化强度 P 也将落后于电场 E。若用复数,取 $E=E_0e^{j\omega t}$,我们将得出一个复数的介电常数:

$$\varepsilon=1+\frac{4\pi Ne^2}{jf\omega-m\omega^2}$$

其中虚数部分表征电离层对无线电波的吸收作用。这是完全可以理解的,因为与空气分子碰撞而招致的能量损失自必取给于入射无线电波。

自由电子,在电场 $E_0\sin\omega t$ 的作用下,一旦运动起来,又要立刻受到地磁场的作用发生偏转,从而导致电离层对于无线电波吸收的增大,特别是在从 100 米到 200 米这一波段,表现出类似共振现象。因此 100 米到 200 米是传播最坏的无线电波(图 122.4)。

(4) 对于从 10 米到 80 米,即从 30 兆周到 3.75 兆周的短波来说,情况大有不同:电离层中的自由电子不再足够使短波的所有入射"光线"都能弯曲折回大地(图 122.5);入射角小的将穿过电离层,深入宇宙空间;只有入射角足够大的才能弯曲折回大地,而且只能回到以发射台 E 为心,某一定值 r 为半径的圆周之外的地方;这个半径为 r 的圆就成为寂静区。

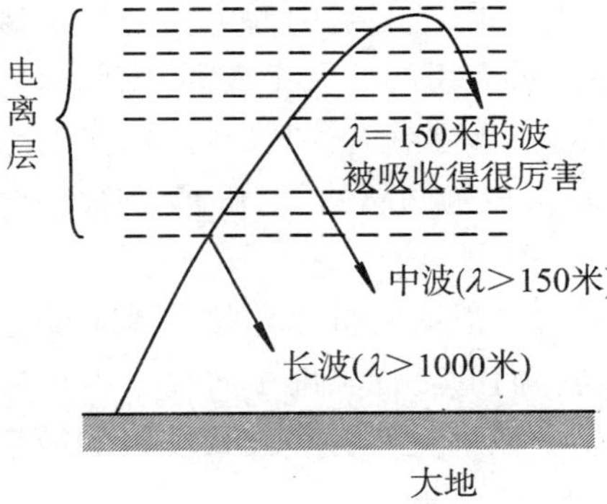

图 122.4

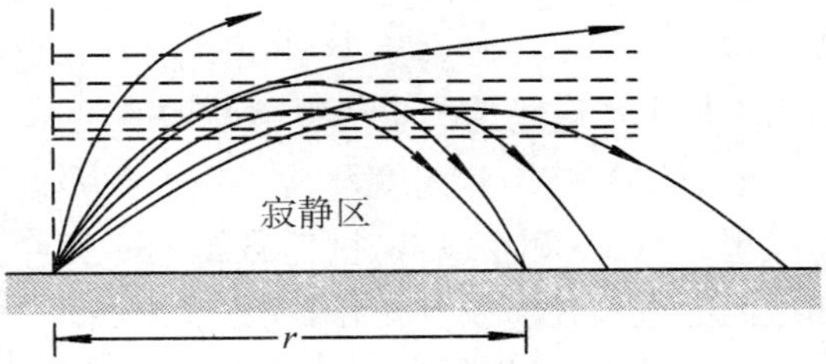

图 122.5

寂静区对于 80 米波开始出现,随着波长减小而不断扩大,对于 20 米波达到 2000 公里,对于 15 米到 12 米波达到 5000 公里或 6000 公里。

(5) 至于 10 米以下的超短波,只要触及电离层,就无不超越电离层通向宇宙空间,再不被电离层所反射。所以超短波只是掠地传播,这就迫使超短波只有在直接可见的区域内才能被接收。

3. 电离层的结构

大气中自由电荷密度分布具有若干个极大值,因此电离层又可分成若干层。这些层在每一年的不同季节和在每一天的不同时间具有不同的稳定性。更重要的一点就是电离层的生成和太阳的活动有关,电离层情状的变化和太阳黑子 11 年的周期相对应。

在高达250～300公里处，夜间只有一层F，到白天就分成两层F_1和F_2。在120公里的高处有一层E，只有白天存在。更低的在离地面80公里处有一层D，无线电波的吸收主要就在这一层里(图122.6)。

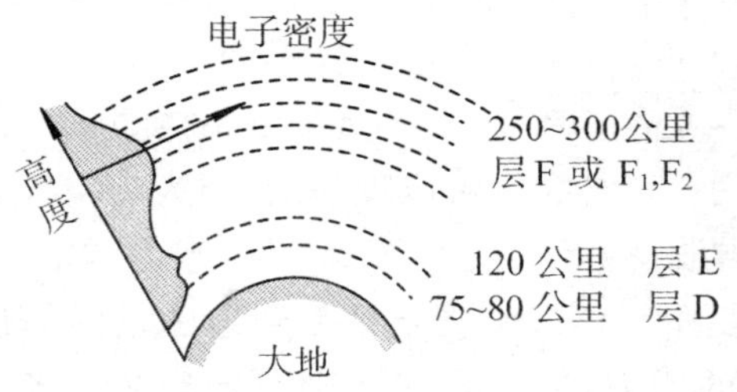

图122.6

这些电离层是如何生成的呢？电离层里有自由电子，它们又从哪儿来的呢？首先它们可从太阳而来，特别是当太阳里发生“暴动”的时候。这些从太阳疾驰而来的自由电子到了地磁场，就要围绕磁力线螺旋式前进，以趋于地球的磁极，这就形成极光。

但是电子的主要来源是高空中空气分子的电离。在极高空中存在的空气分子主要是(但非唯一是)氮分子。什么东西使氮分子电离？氮分子偶尔受到来自宇宙空间各种粒子的冲击而电离，但是更主要的电离是太阳光中紫外线照射的结果。也正由于这个原因，达到地面的太阳光中才缺少紫外部分。

空气分子电离而成电子与正离子。正离子的行为和电子不同，以其质量较大，不因地面上射来无线电波的电场作用而起运动，因而也不干预无线电波的传播。但是正离子的存在并不是不发生任何影响的。它们与电子相遇，就要复合，重新成为中性分子，结果使电离层中的电子密度减小。所以电离层的稳定状态是太阳光照射引起电离与分子碰撞导致复合这两个相反过程的平衡结果。这当然是指白天而说的。及至夜间，太阳照射停止了，单剩下复合过程，复合将使电离层消失，特别是在低层空气较密、碰撞较多的地方。这就说明了为什么层D和E只有白天存在，而在白天成为两层的F_1和F_2到夜间合而为一层F。这些情况也为日食时的观测所证实。

电离层的结构和高度及其对各种频率的无线电波的作用均由雷达定位技术来测定而发现。自1928年以来，世界各国莫不穷年累月观测它们的变化。由于研究了电离层和地面的电的性质及其变化，在无线电技术上已经得出一系列关于各种波长发射的最有利条件的结论，并根据这些结论可以有把握地作电讯“天气”预测。

4. 电讯“天气”预测

所谓电讯“天气”预报，就是要解决下面这个实际问题：要把无线电波从发射台E发送到接收台R，该在什么时间用什么频率才最可靠且最有利？

在讨论这个问题之前，我们先来介绍临界频率。利用雷达设备垂直向上发送脉冲信号之后不久，我们收到由各个电离层发射回来的信号，有如图122.7所示。若逐渐增大脉冲信号的载波频率，将见频率高于某一定值时，从某一电离层反射回来的信号就要消失，这个频率称为临界频率。

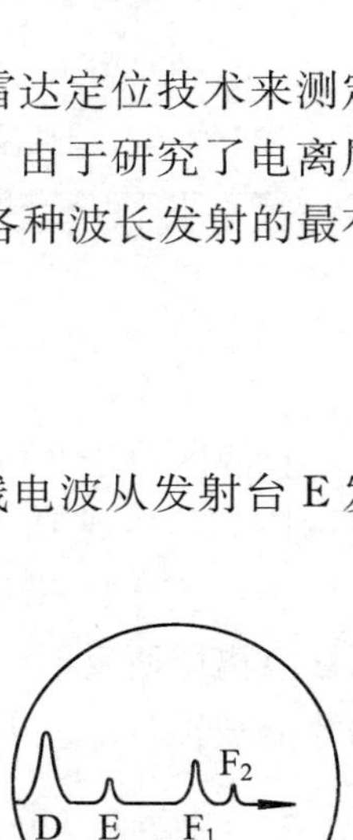

图122.7

根据实测结果，D层的临界频率约为400千周，E层的临界频率约为2000千周，至于F_1和F_2层的临界频率，随纬度和时间变化很大，F_2 层的临界频率约为 5000～8000 千周。

（1）空间预测

我们先来考虑要把无线电波从 E 发到某一指定地点 R 时所应该采用的频率问题。设电离层的高度已知，则从 E 到 R 的无线电波在电离层上的反射角 φ 极易计算。在这种斜射方向的临界频率，可以证明其为 $f_c/\cos\varphi$，式中 f_c 为该电离层的垂直方向的临界频率。所谓“预测”，就是要根据地理位置计算 $\cos\varphi$，要测定或查出 f_c，从而决定我们应该采用的频率。我们可以利用的频率必须低于 $f_c/\cos\varphi$。

倘若发送台的功率可以随意增大，又若利用很长的无线电波，我们总能把无线电波从 E 送到 R，比如说，50 千周的长波将由 D 层反射，若 D 层不存在将由 E 层反射，若在夜间将由 F 层反射。一句话，它总可被反射回到地面，并且回到地面上任意一点。

不过利用长波也有其不便之处。首先，接收中“杂音”很厉害，由于频率低可以同时传送的频道数目极为有限；其次，天线要长；最后，功率要大而效率要低。

因此，要用短波。比如说，用最省钱的方法，把无线电波发送到 3000 公里远的地方，就要选择频率只是稍低于与这个距离相对应的临界频率。由于电离层的高度变动无常，我们还须降低临界频率 15% 作为安全系数。在一日之内，临界频率又随时间而变化。因此我们可有两种解决办法：根据给定的频率来选择发送时间；或根据指定的发送时间来选择发射频率。但是我们不可能在指定的时间和给定频率的双重条件下来完成任务。

尽可能完善地利用这些条件，欧洲创造了如下记录：用功率不到 1 瓦特的发送器把无线电波送过大西洋，和用功率为 5 瓦特的发送器与澳大利亚对话。自然，这种条件是可遇而不可求的。

又如在敌后工作，往往只有功率很小、便于携带的无线电发送器。为了掩护自己，自然还要利用寂静区。因此，通常多用 40 米左右的短波。

（2）时间预测

以上所述只是问题的一个方面。问题的另一方面是由于无线电波的传播条件随着时间变化而引起的。比如说，派一只巡洋舰去南极探险，应该用什么波长范围装备起来，才能保证在六个月之内与祖国联系得很好？又如装备一队飞机，该用什么波长范围，使其在三年或五年之内完全适用？

电离层性质的变化与太阳活动有关，并与太阳活动有相同的 11 年的周期，而且从 1928 年以来我们观测电离层变化已达好几个 11 年之久，积累了相当丰富的资料。因此，可以预测电离层将来的情态。例如，在 1946 年某月某日时的各个电离层的各个临界频率约为 1943 年同月同日同时的 1.6 倍。既不能想象，也不能容忍，一个 1943 年装备起来的海军舰队到了 1947 年，必须把它的通信系统全部改装，或就通信系统说，只能在 11 年内作战。

我们的任务，就在于观测当前的各个电离层临界频率和太阳活动，来推测将来的临界频率。这就是所谓“电讯天气预测”，其重要性不言而喻。

首先是一个几何问题，决定无线电波从发送台 E 到接收站 R 所遵循的可能途径，其中在地面上和在电离层要经过几次反射(图 122.3)。在地面上的反射,自然要选在平原或湖面上,而不选在喜马拉雅山顶。

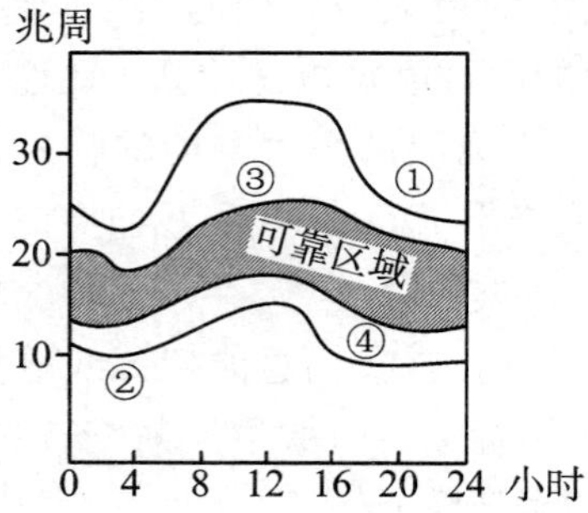

图 122.8

其次,根据目前测定的临界频率之值以及根据过去记录,推知其演化情况,计算出将来某一时期内各个时刻的临界频率之值。最后,选择一个略低于临界频率的值,作为将来某一时刻的发送频率。我们可以制成如图 122.8 所示的"电讯天气预测"图。

由于吸收的缘故,我们不宜选择发送频率低于临界频率太多。吸收只使无线电波的强度减小,并不使它消失,我们总可以增加发射台的功率来补偿吸收的损失。可见传送频率的下限由发射台的功率、天线的效率以及可以容许的"杂音"程度等决定。

图 122.8 为 1947 年 8 月某日某地用功率为 10 瓦特的发送器发送到 2500 公里的"电讯天气预测"图:曲线①代表各个时刻的临界频率,曲线②代表由于吸收而规定的频率下限,曲线③和④包围成一个可靠区域,其中与每一时刻相对应的垂直线段告诉我们可以利用的可靠频率范围。

第 18 章　电磁波的辐射压力和电磁场的动量

§ 123　电磁波在导电介质中的传播与吸收

一直到现在为止，我们所讨论的是电磁波在介质中特别是在真空中的传播。在介质或真空中，平面电磁波没有衰减地传播着；但在导电介质中，σ 不等于零，情况就有不同。由于焦耳效应，将有热量产生，因而在其中传播的电磁波的能量将不断减少。因此可以预料介质的导电将导致辐射能量之被吸收。

在导电介质中，我们有 $\boldsymbol{i}=\sigma\boldsymbol{E}$，并设 $\mu=1$。在这种情形下，麦克斯韦方程式可以写成

$$\mathrm{rot}\boldsymbol{E}=-\frac{1}{c}\frac{\partial \boldsymbol{H}}{\partial t}$$

$$\mathrm{rot}\boldsymbol{H}=\frac{\varepsilon}{c}\frac{\partial \boldsymbol{E}}{\partial t}+4\pi\frac{\sigma}{c}\boldsymbol{E}$$

为简单起见，我们限于考虑平面波，其偏振面为 xOy，并沿 Ox 轴传播，即 $\boldsymbol{E}$ 和 $\boldsymbol{H}$ 只有分量 E_z 和 H_y。于是上两方程式成为

$$\frac{1}{c}\frac{\partial H_y}{\partial t}=\frac{\partial \boldsymbol{E}_z}{\partial x}$$

$$\frac{\varepsilon}{c}\frac{\partial \boldsymbol{E}_z}{\partial t}+4\pi\frac{\sigma}{c}\boldsymbol{E}_z=\frac{\partial H_y}{\partial x}$$

在这两式中消去 H_y。为此，把第一式对 x 求微商，把第二式对 t 求微商，再乘 $1/c$，然后相加，就得电场在导电介质中的传播方程式：

$$\frac{\partial^2 \boldsymbol{E}_z}{\partial x^2}=\frac{\varepsilon}{c^2}\frac{\partial^2 \boldsymbol{E}_z}{\partial t^2}+\frac{4\pi\sigma}{c^2}\frac{\partial \boldsymbol{E}_z}{\partial t} \tag{123.1}$$

这是电报员方程式（见 § 95）的一个特例；和在电介质中的波动方程式（101.6）相比，多了含 $\partial \boldsymbol{E}_z/\partial t$ 的一项。

假设，对于平面 $x=0$ 上的各点，$\boldsymbol{E}_z$ 依时间 t 的正弦函数而变，即 $\boldsymbol{E}_z=\boldsymbol{E}_0\mathrm{e}^{\mathrm{j}\omega t}$，来求方程式（123.1）在这个初条件下的解；也就是说，已知 $x=0$ 的平面波，来研究它的传播情形。

从 $\boldsymbol{E}_z=\boldsymbol{E}_0\mathrm{e}^{\mathrm{j}\omega t}$，有 $\dfrac{\partial \boldsymbol{E}}{\partial t}=\dfrac{1}{\mathrm{j}\omega}\dfrac{\partial^2 \boldsymbol{E}_z}{\partial t^2}$，把它代入方程式（123.1），得

$$\frac{\partial^2 E_z}{\partial x^2} = \frac{1}{c^2}\left(\varepsilon + \frac{4\pi\sigma}{\mathrm{j}\omega}\right)\frac{\partial^2 E_z}{\partial t^2}$$

这个在导电介质中的波动方程式和电介质中波动方程式不同的地方，只是在前式中以 $\varepsilon + 4\pi\sigma/(\mathrm{j}\omega)$代替后式中的 ε 而已。换句话说，只要以与导电介质的 ε 和 σ 有关的

$$\varepsilon' = \varepsilon + \frac{4\pi\sigma}{\mathrm{j}\omega} = \varepsilon - \mathrm{j}\frac{4\pi\sigma}{\omega} \tag{123.2}$$

代替电介质中的 ε，导电介质波动方程式

$$\frac{\partial^2 E_z}{\partial x^2} = \frac{\varepsilon'}{c^2}\frac{\partial^2 E_z}{\partial t^2} \tag{123.3}$$

就和电介质中波动方程式完全相同。由此可见，对电磁波的传播来说，导体和具有复数的介电常数 ε'的电介质等效，其传播速度为

$$v' = \frac{c}{\sqrt{\varepsilon'}} \tag{123.4}$$

而传播方程式，也即方程式(123.3)的解，为

$$E_z = E_0 \exp\left[\mathrm{j}\omega\left(t - \frac{x}{v'}\right)\right]$$

我们进而求出 v'的值。从式(123.4)和(123.2)，有

$$\frac{1}{v'^2} = \frac{\varepsilon'}{c^2} = \frac{\varepsilon}{c^2} - \mathrm{j}\frac{4\pi\sigma}{c^2\omega}$$

它将给 v'以两个复根，各与沿 Ox 轴正向或负向传播速度相对应。与 Ox 轴正向传播相对应的速度 v'可以写成

$$\frac{\omega}{v'} = \alpha - \mathrm{j}\beta$$

式中 α 和 β 为正数。很简单的计算可以给出

$$\left.\begin{aligned} \alpha^2 &= \frac{\omega^2\varepsilon}{2c^2}\left[\sqrt{1 + \left(\frac{4\pi\sigma}{\varepsilon\omega}\right)^2} + 1\right] \\ \beta^2 &= \frac{\omega^2\varepsilon}{2c^2}\left[\sqrt{1 + \left(\frac{4\pi\sigma}{\varepsilon\omega}\right)^2} - 1\right] \end{aligned}\right\} \tag{123.5}$$

最后，我们得

$$E_z = E_0 \mathrm{e}^{-\beta x}\mathrm{e}^{\mathrm{j}(\omega t - \alpha x)}$$

其实数部分，即

$$E_z = E_0 \mathrm{e}^{-\beta x}\cos(\omega t - \alpha x) \tag{123.6}$$

满足方程式(123.1)及所假定对于 $x = 0$ 的初条件，式中 β 和 α 由导电介质的常数 ε 和 σ 与电磁波的周频率 ω 通过公式(123.5)决定。

可见，电磁波在导电介质中传播时，和在电介质中不同，波的振幅按照距离的指数律 $\mathrm{e}^{-\beta x}$而递减，这就是导电介质对于电磁波的吸收现象的表现。β 愈大，则衰减愈快，吸收愈甚；β 称为**衰减系数**，随 σ 而增大。依理说，从衰减系数 β 的测定，可以求出导电介质的介电常数 ε。在电介质中，$\sigma = 0$，则 $\beta = 0$，电磁波没有衰减或被吸收。

电磁辐射在导电介质中的吸收伴随着热量的产生;产生的热量等于辐射能量的消失。这个能量消失与焦耳效应同一根源。

突出的例子就是金属。在金属中,β 的值很大;电磁波只能穿入金属表面很浅的一层。在§92 中讨论趋肤效应时,我们也曾研究过导线中的周期场。那儿的讨论和我们现在的研究只有一个差别,就是在§92 中,我们将导体中的位移电流略去不计,而只考虑传导电流。按照§99-1,直到和红外线相对应的频率($\nu=\omega/(2\pi)\approx 10^{14}$赫芝),金属中位移电流与传导电流之比 $\varepsilon\omega/(4\pi\sigma)$远小于1。因此,我们此地所得结果应该在频率小时与§92 所得结果完全相同。

的确,在金属中 $\varepsilon\omega/(4\pi\sigma)\ll 1$,则从式(123.5),有

$$\alpha=\beta=\frac{\sqrt{2\pi\sigma\omega}}{c}$$

与§92 所得相同,而方程式(123.6)成为

$$E_z=E_0\mathrm{e}^{-\beta x}\cos(\omega t-\beta x) \tag{123.7}$$

完全与式(92.7)一致。

电磁波透入金属的深度,决定于

$$\delta=\frac{1}{\beta}=\frac{c}{\sqrt{2\pi\sigma\omega}}$$

这一个量,因为在这一深度电磁波的振幅和在金属表面上的振幅相比下降到 1/e。又从式(123.7),可知在金属中电磁波波长为

$$\lambda=\frac{2\pi}{\beta}$$

因此,我们有

$$\delta=\frac{\lambda}{2\pi}$$

这一深度只有金属中波长的 $1/(2\pi)$。可见电磁波在金属中传播完全没有空间的周期性。

以铜为例($\sigma=5.14\times10^{17}$静电单位),对于各种不同频率 ω 或各种不同波长 λ_0(在真空中的波长 $\lambda_0=2\pi c/\omega$)的电磁波的 δ 之值有如下列:

λ_0:	10^{-4}厘米	1 厘米	10^4 厘米
δ:	3.8×10^{-7}厘米	3.8×10^{-5}厘米	3.8×10^{-3}厘米

描述导电介质中磁场的方程式和描述电场的有相同的形式。因此,和电场一样,磁场也集中到导体表面的薄层中。这是电流由导体中心部分被排挤到表层的结果,在导体表面流动的电流在导体内部不产生磁场。电流和磁场在表面上聚集的结果还将使电流的场能减小,因为在导体外部的磁场不变,而在导体内部的磁场消失了。因此,可以得出结论:导体的自感系数随着电流集中在导体表面层上而减少。

§124 辐射压力

电磁波是横波，在垂直于传播方向的平面上有互相正交的电场和磁场。具有这样结构的电磁波入射到导体表面上时将发生什么作用呢？

在被照射的导体表面上，电磁波的电场将使导体内的自由电子运动起来，形成和电场方向相同的电流。电磁波的磁场又将按照安培定律对这个电流施作用力。这个作用力，其方向与入射波的传播方向相同，其大小自然正比于被照射的导体表面面积，因而具有压力的性质。可见电磁波在传播中形成对它所遇到的导体的压力，称为辐射压力。

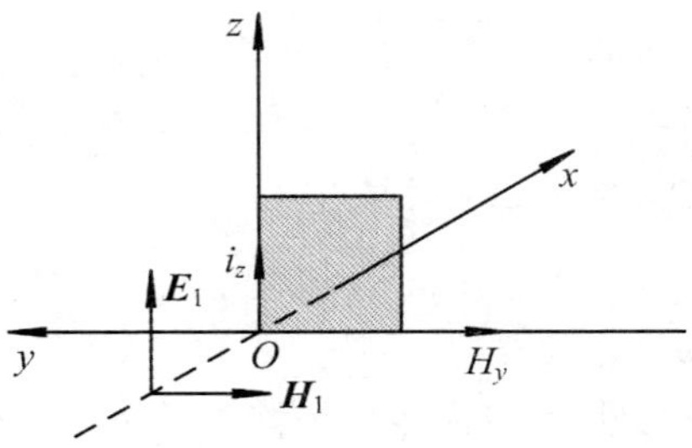

图 124.1

设有电磁波沿 Ox 轴的正向传播（图 124.1），正射于金属表面 yOz 上。yOz 平面的前方为真空或空气，后方为金属。电磁波的电场 $\boldsymbol{E}_1$ 平行于 Oz 轴，磁场 $\boldsymbol{H}_1$ 平行于 Oy 轴。在金属表面上，O 点将有沿 Oz 轴的电流密度 i_z，由方程式

$$\mathrm{rot}\boldsymbol{H} = 4\pi\frac{\boldsymbol{i}}{c}$$

即

$$\frac{\partial H_y}{\partial x} = 4\pi\frac{i_z}{c}$$

来规定。由于金属式的反射，在金属表面 yOz 上，磁场加倍了，而电场却被抵消了，即 $H_y = 2H_1$ 和 $E_z = 0$。在金属表面 yOz 上，虽然 $E_z = 0$，但是 i_z 确不为零，这是由于金属的电导率 σ 很大，可以看做无穷大的缘故。

通过沿 Oy 轴单位宽度和沿 Ox 轴 $\mathrm{d}x$ 深度的面积的电流强度为 $i_z\mathrm{d}x$。对于沿 Oz 方向每单位长度的电流，磁场 H_y 所施的作用力，沿 Ox 的正向，并且在 yOz 平面每单位面积上，在混合单位制中，等于

$$\frac{1}{c}i_zH_y\mathrm{d}x = \frac{1}{4\pi}H_y\frac{\partial H_y}{\partial x}\mathrm{d}x$$

所以这个作用力是对金属表面的一个压力。

欲求总压力 p，只须把上式对 $\mathrm{d}x$ 积分，我们得

$$p = \frac{1}{4\pi}\int_a^x H_y\frac{\partial H_y}{\partial x}\mathrm{d}x = \frac{H_y^2}{8\pi} = \frac{(2H_1)^2}{8\pi} = 2\frac{H_1^2 + E_1^2}{8\pi} = 2w$$

可见对于完全反射的金属面，电磁波的辐射压力，就数值言，等于电磁波能量密度的二倍。

另一种极端情况是所谓黑体，把入射的电磁波完全吸收了，丝毫没有反射。电磁波对黑体的辐射压力，显然只有对于完全反射金属的一半，也就是等于电磁波的能量密度，即 $p = w$。

一般来说，金属对于入射的电磁波，既不完全吸收，也不完全反射。设 ρ 为它的反射系数，则电磁波能量的 $1-\rho$ 部分被吸收，ρ 部分被反射。于是电磁波对于金属面的辐射压力为

$$p = (1-\rho)w + 2\rho w = (1+\rho)w \tag{124.1}$$

介乎 w 与 $2w$ 之间。

电磁波能量密度 w 与能流 P 之间有 $P = wc$ 的关系（见 § 102）。在上式中，以 P/c 代 w，则有

$$p = (1+\rho)\frac{P}{c} \tag{124.2}$$

由于电磁波也即光波的传播速度很大，在实际上可以获得的能流情形下，辐射压力都很小。就拿晴天直射的日光来说，在大气外，每平方厘米每分钟 2 卡（太阳常数）。当它完全被吸收时，它所产生的压力也只是每平方米 0.46 毫克。光压既然如此微小，测定它甚至察觉它都不是容易的事。

历史上在实验中发现光压而且第一次加以测定的是莫斯科大学列别捷夫教授（1900 年）。他用细丝挂起极轻悬体，其两端固定着小翼，一个涂黑，一个光亮。悬体放在抽空了的容器内成为扭转极灵敏的装置。把弧光聚射在小翼上，悬体就扭转一定角度，从而测出小翼上所受到的光压，同时列别捷夫用温差电偶测定入射的光能量，以证实麦克斯韦的理论推算。

不管光压的数值在通常情形下是如何微小，它在理论上有极重要的意义，而且在就规模来说恰恰相反的两个领域中，即在宇宙过程和原子现象中，它还起着重大的甚至决定性的作用。例如彗星尾巴的形成、恒星庞大体积之有限度、受激原子辐射时的“光反坐”等问题都与光压有关。

§ 125　电磁场的动量

动量概念的进化和能量概念的进化十分相似。在任意惯性系统中，动量守恒定律是能量守恒定律的必要条件。动量守恒定律，和能量守恒定律一样，最初只适用在机械运动上，以后考虑到能量和动量可以由一种形式转变成另一种形式，才逐步推广到其它范围，成为普遍的定律。现在要说明，光施压力于它所遇到的物体上，我们也必须认为电磁波的场具有一定的动量。

当光直射在真空中金属镜面上时，它对镜面施以压力 p。命 S 为镜面面积，则镜受到的力等于 $\boldsymbol{F} = pS\boldsymbol{n}$，式中单位矢量 $\boldsymbol{n}$ 的方向和入射波的方向一致。按照力学定律，力 $\boldsymbol{F}$ 将使镜面发生加速运动，而且镜的机械动量 $\boldsymbol{G}_{\mathrm{M}}$ 将依下一方程式而改变：

$$\frac{\mathrm{d}\boldsymbol{G}_{\mathrm{M}}}{\mathrm{d}t} = \boldsymbol{F} = pS\boldsymbol{n}$$

根据动量守恒定律，在镜面的动量 $\boldsymbol{G}_M$ 增加的同时，必须有某种别的形式的动量发生相应的减少。在我们目前所讨论的问题中，光的反射和吸收是伴随镜的加速运动同时发生的唯一事件，所以只有光才能是另一种形式的动量的荷载者。因此，我们必须认为电磁波具有一定的动量 $\boldsymbol{G}$，而且在所研究的过程中，$\boldsymbol{G}$ 的变化应该满足条件：

$$\frac{\mathrm{d}}{\mathrm{d}t}(\boldsymbol{G}_M + \boldsymbol{G}) = \boldsymbol{0}$$

即

$$\frac{\mathrm{d}\boldsymbol{G}}{\mathrm{d}t} = -pS\boldsymbol{n}$$

利用公式(124.2)，并考虑到入射波中能流 $\boldsymbol{P}$ 的方向和 $\boldsymbol{n}$ 的方向相同，而在反射波中和 $\boldsymbol{n}$ 的方向相反，我们可把上式写成

$$\frac{\mathrm{d}\boldsymbol{G}}{\mathrm{d}t} = -\frac{1}{c}(\boldsymbol{P} - \boldsymbol{P}_r)S \tag{125.1}$$

式中 $\boldsymbol{P}_r = \rho\boldsymbol{P}$ 代表反射波中的能流。如果我们定义

$$\boldsymbol{g} = \frac{\boldsymbol{P}}{c^2} = \frac{1}{4\pi c}(\boldsymbol{E} \times \boldsymbol{H}) \tag{125.2}$$

则可将式(125.1)改写为

$$\mathrm{d}\boldsymbol{G} = -(\boldsymbol{g} - \boldsymbol{g}_r)Sc\mathrm{d}t \tag{125.3}$$

式中 $\boldsymbol{g}_r = \boldsymbol{P}_r/c^2$。这个结果告诉我们什么呢？换句话说，我们应该如何理解 $\boldsymbol{g}$ 和 $\boldsymbol{g}_r$ 的物理意义呢？显然，$\mathrm{d}\boldsymbol{G}$ 表示在 $\mathrm{d}t$ 时间内电磁波的动量变化。在这段时间内，入射波和反射波各走过同样的距离 $c\mathrm{d}t$，也即镜面吸收的入射波和发放的反射波所占的空间体积同为 $Sc\mathrm{d}t$。于是，我们很自然将 $\boldsymbol{g}$ 理解为入射波的动量密度，将 $\boldsymbol{g}_r$ 理解为反射波的动量密度。在这种理解下，镜面吸收入射波的电磁动量为 $\boldsymbol{g}Sc\mathrm{d}t$，发放反射波的电磁动量为 $\boldsymbol{g}_r Sc\mathrm{d}t$，由此产生电磁动量的总变化 $\mathrm{d}\boldsymbol{G}$。

这种情况完全和气体的情形类似。当气体分子碰撞容器器壁并从器壁反射回来时，就把一定的动量传给器壁，结果气体对器壁产生压强。当光射到镜面并从镜面反射时，光的一部分电磁动量就传给镜面；施在镜面上的光压就是这样产生的。

可见光不仅有能量，而且还有动量，能对它所遇到物体施加压力。这无疑证明了光的物质性，证明了光和实物一样，是物质的一种形式。列别捷夫实验结果的重要意义，就在于使过去把光和实物对立起来，而认为光是一种什么“非物质”的东西的看法不攻自破了。光是物质，其真实的程度，绝不亚于实物之为物质。

以上所述，电磁动量 $\boldsymbol{G}$ 的概念是在辐射压力 p 的基础上提出来的，我们也可反过来，从电磁动量得出辐射压力。

为了计算电磁波压力 p 的大小，我们假设电磁波正射于面积 ΔS 上，并根据物体的不同性质分为三类：

(1) 对于完全吸收的黑体，电磁波的动量变化 $\Delta\boldsymbol{G}$，在数值上，等于截面为 ΔS、高为 $c\Delta t$ 的柱体内所包含的动量 G_0（图 125.1），即

$$\Delta G = G_0 = \frac{w}{c} \times c\Delta t\Delta S = w\Delta t\Delta S$$

由此得出作用在面积 ΔS 上的压力

$$p = \frac{F}{\Delta S} = \frac{\Delta G}{\Delta S\Delta t} = w$$

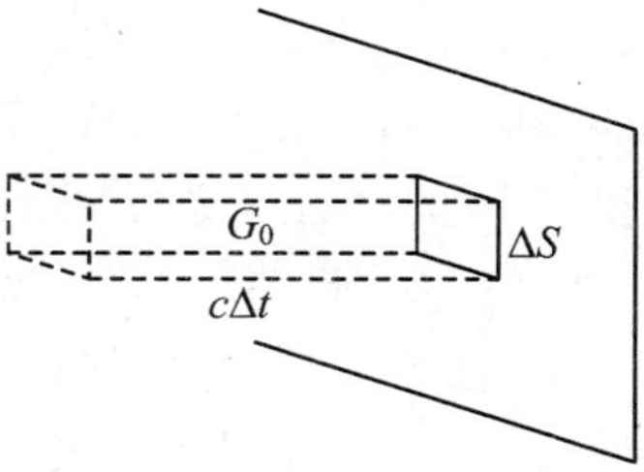

图 125.1

(2) 对于完全反射面,动量的改变等于 $2G_0$,电磁波压力 $p=2w$,即比完全被吸收时大一倍(图 125.2)。

(3) 对于反射系数 $\rho<1$ 的物体,动量的变化等于 $(1+\rho)G_0$(图 125.3),于是电磁波的压力为

$$p = (1+\rho)w$$

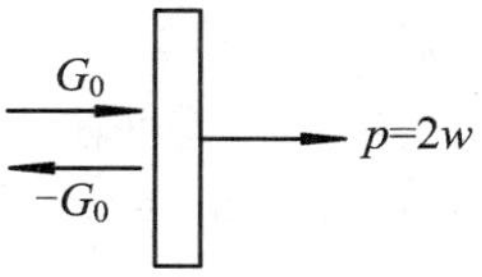

图 125.2

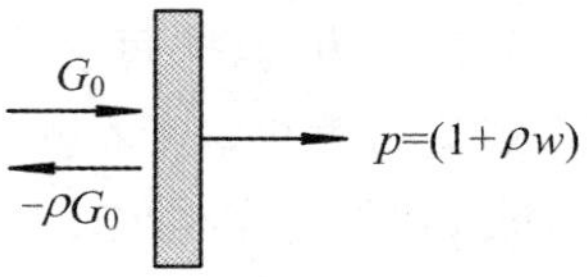

图 125.3

§126 到上世纪末电学理论的阶段总结

在这一节里,我们想把已经讨论过的有关电磁现象本性的各种观点的实质和各种电学理论的基本差别这些内容作一概略的总结。

一直到 19 世纪中叶,超距作用的理论占着优势。在超距作用理论中,电荷是基本的、第一性的概念,一切电磁现象都归结为电荷之间超距的并且立刻的相互作用。不管静止电荷的相互作用力也好,或者运动电荷(电流)的相互作用力也好,它们在某一瞬间的值完全决定于在同一瞬时这些电荷的分布和运动状态。库仑定律和两电流之间的机械相互作用定律

$$\boldsymbol{F} = \frac{q_1 q_2}{r_{12}^3}\boldsymbol{r}_{12}, \quad \boldsymbol{F} = \frac{I_1 I_2}{r_{12}^3}[\mathrm{d}\boldsymbol{s}_2 \times (\mathrm{d}\boldsymbol{s}_1 \times \boldsymbol{r}_{12})]$$

是超距作用定律的典范。场在超距作用理论中只是一个辅助概念;如果愿意,完全可以不用场这个概念。

恰恰相反,在法拉第-麦克斯韦的邻接作用的理论中,场这个概念是基本的、第一性的概念,而电荷和电流的概念则降级为表征场的特性的、第二性的概念。所有电磁现象都是场的存在和变化的结果,并遵从把空间邻接点上的电磁矢量在相邻瞬时的值联系起来的偏微分方程式。在空间某一区域内发生任何一种场的变化(或者,如通常所说的,场的扰动),只直接影响到该区域邻接的场的区域。因此,一切电磁扰动都是逐渐地、按部就班地由一点传递到另一点的,并且它的传播需要非无限小的时间(有限的传播速度),

不是立刻可以做到的。

邻接作用理论和超距作用理论之间的差别，实际上，归结为电磁扰动的传播速度问题。迅变场中现象的特性和电磁扰动的传播速度有紧密的关系，单凭迅变场的实验研究就能解决而且已经解决超距作用理论和邻接作用理论两者之间的争论。至于稳定场和准稳场中的现象，从这两种理论的观点，都能解释得一样好。

我们再就能量问题来看这两种理论。

在超距作用理论中，所谓电磁能量当然不是指场能，而是指电荷或电流的相互作用能。从电能和磁能的表示式：

$$W_{电} = \frac{1}{2}\sum_{i,k}\frac{q_i q_k}{r_{ik}}, \quad W_{磁} = \frac{1}{2}\sum_{i,k}L_{ik}I_i I_k \quad (i \neq k)$$

就可完全了解这一点；其中每一项表示某一对电荷或某一对电流的相互作用能，而且这种相互作用能完全由在空间不同区域内的这些电荷或电流的瞬时状态所决定。

恰恰相反，在邻接作用理论中，电磁能量是指场能。它以完全确定的方式定域在空间中。在空间中，单位体积的电磁能量为

$$w = \frac{\varepsilon E^2}{8\pi} + \frac{\mu H^2}{8\pi}$$

这样就完全确定地回答了在场中任一区域内能量多少这个问题。

在稳定场和准稳场的范围内，这两种理论和实验结果符合得同样好。因为，我们知道，上面这两种能量表示法，在这些场中，就数学上来说，是完全等效的。然而在迅变场中，这些公式就不再等效，而电磁扰动的传播速度有限这一事实和能量守恒定律联系起来，就使这两种理论的取择问题得到了解决，结果是肯定了能量定域在场中。

例如，在某一时刻 t_0 由 A 站发出一个无线电信号或者光信号。这就是说，一定数量的非电磁性的能转变成电磁辐射能。B 站在时刻 t_1 收到这一信号，即接受了电磁波从 A 站带来的某些能量。如果 A 和 B 之间的距离为 R，则在 A 站发送信号和在 B 站接受信号时间相隔 $t_1 - t_0 = R/c$ 之久。倘若 A 站发送信号的持续时间很短，而 A，B 之间的距离 R 又相当长，则存在有这样的中间时刻 $t'(t_0 < t' < t_1)$：B 站还没有收到信号，而 A 站辐射过程已经终结。在这中间时刻，A 站所辐射的能量究竟在什么地方呢？

倘使我们不预备抛弃能量守恒定律，就只能承认，电磁能量的值不决定于电流和电荷的瞬时分布，而决定于场的状态。A 站发出的能量在时刻 t_0 转变为辐射电磁场的能量。这个能量随着场一起在空间中传播，只是在 R/c 秒后的时刻 t_1 才有一部分被 B 站所捕获。

电磁扰动的传播速度有限这个事实肯定了邻接作用理论，但是我们绝不能因此否认电荷的真实存在。事实上，电磁场唯一地决定于电荷和传导电流的分布；不过所谓分布不仅指我们所研究的瞬时的分布，同时也包括以前的瞬时的分布(推迟位)。正是根据这种理论，洛伦兹提出了超距作用和法拉第-麦克斯韦场论的某种综合的**电子论**。

承认电荷具有第一性的物理现实就使电子论和超距作用理论接近起来。电荷不单是表征空间某一点上场的特性的名词。相反，场只能由电荷和它们的运动所激发。

电子论的特征是假定电的颗粒结构——电子，在这一点上，它是和彻底的法拉第-麦克斯韦概念完全背道而驰的。另一方面，电子论又从法拉第-麦克斯韦场论中接受了场的传播速度（也即电荷相互作用的传播速度）有限这一原则。从电子论的观点来看，一方面，借助于场的概念，就可便利于作用在电荷上的力这一基本问题的研究；另一方面，承认电荷和电流的真实存在，只能说到电荷和电流的一种推迟超距作用，而不能像从前那样说到瞬时超距作用。

电子论不仅保留了满足邻接作用原则的真空中的麦克斯韦方程组，而且还认为这些真空中的方程式（包括有关电荷元所造成的电荷密度和运动电荷元所形成的电流密度的项）对任意介质有电荷元与电荷元之间甚至在电荷元之内的微观场也是正确的。取它们的平均值，就可从洛伦兹的微观场过渡到麦克斯韦的宏观场。从这些场方程式得到场的传播速度有限这一个原则。从这一个原则可以得到电磁场不仅是电磁能的荷载者，同时也是一定动量的荷载者的结论。归根结底，在电子论中，场的概念也由辅助概念（便利于电荷相互作用问题的解决）升级为物理现实（能量和动量的荷载者）。

洛伦兹电子论的成功虽在上世纪末年煊赫一时，预见到了正常塞曼效应的存在，但是始终不能给电子本身以一个满意模型，使其单含负电而不至爆炸。另一方面，要想把它应用到原子内部的过程，立刻遇到核和电子系统不可能是稳定的这个无法克服的基本困难。

第19章 运动媒质的电动力学

§127 运动媒质电磁现象中存在的问题

(1) 到现在为止,我们所讨论的主要是限于场中所有物体都在不动情形下的电磁场。把麦克斯韦理论应用到运动物体上时,就会表现出客观事物中并不存在的不对称性。例如关于磁铁与导体的相互作用,我们所能观察到的电磁感应现象完全由它们之间的相对运动决定。究竟是磁铁固定而导体在运动,或是导体固定而磁体在运动,是无关紧要的。这完全符合运动这一概念是相对的事实。但是从麦克斯韦理论的观点来说,这两种情况显然是有区别的。若导体固定而磁铁在运动,则磁铁附近的空间中由于磁场变化而产生了电场;由于这个电场的作用,导体中的自由电子运动起来而形成电流。若磁铁固定而导体在运动,则磁铁附近并不产生电场。导体中的自由电子,由于导体的带动,受到了磁场的洛伦兹力的作用而开始在导体中运动起来形成电流。因此,我们把在恒定磁场内运动着的导体中的感应电流现象解释成磁场(洛伦兹力)作用的结果,而把磁场改变时不动导体中的感应电流用完全不同的方法解释成磁场的改变所激起的电磁作用的结果。然而,事实上,这两种感应形式间没有任何客观上的差别。爱因斯坦1905年关于相对论的第一篇论文中,一开头就指出,消除客观上没有区别的两种现象的解释中这一原则上差别的必要性。

(2) 在讨论电磁现象时,我们不言而喻地在某一确定的惯性系统内计算电荷,计算电荷的位置和运动,计算全部物理量。但是我们容易看到,场矢量的数值和计算系统有密切的关系。

比如说,如果在计算系统 S 中,根据测量知道,在某一空间区域 V 内,电场 $\boldsymbol{E}=\mathbf{0}$,而磁场 $\boldsymbol{H}\neq\mathbf{0}$(为简单起见,假定所研究的空间区域 V 为真空,即 $\varepsilon=\mu=1$)。这就是说,如果置在区域 V 中的电荷 e 对计算系统 S 是静止的,那么就没有任何力作用在它上面;但是如果它以速度 $\boldsymbol{v}$ 对 S 运动,就有力

$$\boldsymbol{F}=\frac{e}{c}(\boldsymbol{v}\times\boldsymbol{H})$$

作用在它上面。

我们考虑另一个惯性计算系统 S'。它对 S 以速度 $\boldsymbol{u}$ 作匀速平动。在计算系统 S' 内,电荷 e 的速度为

$$\boldsymbol{v}' = \boldsymbol{v} - \boldsymbol{u}$$

它受到的作用力为

$$\boldsymbol{F} = \frac{e}{c}(\boldsymbol{v} \times \boldsymbol{H}) = \frac{e}{c}[(\boldsymbol{u} + \boldsymbol{v}') \times \boldsymbol{H}] = \frac{e}{c}(\boldsymbol{u} \times \boldsymbol{H}) + \frac{e}{c}(\boldsymbol{v}' \times \boldsymbol{H}) \quad (127.1)$$

若 $\boldsymbol{v}' = \boldsymbol{0}$，则有

$$\boldsymbol{F} = \frac{e}{c}(\boldsymbol{u} \times \boldsymbol{H})$$

这就是作用在对计算系统 S'中静止的电荷上的力。但是，按照定义，电场强度等于静止单位正电荷所受的力。所以对计算系统 S'进行观察，将要得到结论：在空间区域 V 中，有强度为

$$\boldsymbol{E}' = \frac{1}{c}(\boldsymbol{u} \times \boldsymbol{H})$$

的电场。

于是式(127.1)可以写成

$$\boldsymbol{F} = e\left[\boldsymbol{E}' + \frac{1}{c}(\boldsymbol{v}' \times \boldsymbol{H})\right]$$

由此又可得出结论：对于计算系统 S'，也有磁场

$$\boldsymbol{H}' = \boldsymbol{H}$$

这样一来，在计算系统 S 中只有磁场($\boldsymbol{E} = \boldsymbol{0}, \boldsymbol{H} \neq \boldsymbol{0}$)，但在等效的惯性系统 S'中，则有按狭义而言的电场和磁场($\boldsymbol{E}' \neq \boldsymbol{0}, \boldsymbol{H}' \neq \boldsymbol{0}$)。可见把电磁场分为电场和磁场这种分法具有相对的性质，即在不同的惯性系统中有不同的分法。

(3) 麦克斯韦理论中的常数 c，一方面，标志着电磁制电荷单位与静电制电荷单位的比值；另一方面，标志着电磁场的传播速度。这一常数 c 和光的传播速度相比较又奠定了光的电磁学说。

光波和电磁波能在真空中传播，它们前进时无需寻常意义的所谓物质作为媒介；反之，当途中毫无物质存在时，它们前进方向不受扰乱，且最迅速。当 19 世纪之初光的波动说方成立时，咸以为自然界中的一切现象，最终必须用力学来说明，即必须是物质的一种变化或状态的表现。故当时以为自光源发射的光线能在寻常意义下所谓真空内传播也者，必须承认此种空间并非完全真空，其中必为某种物质所充满；但是此种物质，除由光线传播而得知其存在外，实无它法可以认识(“科学家”的鬼话！)。于是光波可视为此种物质各部分的机械振动。人们称这种物质为“光以太”或“宇宙以太”或简称“以太”，以太弥漫整个空间并渗入一切物质的内部，以太是光波和电磁波所借以传播的媒质。以太概念实有巨大困难。盖光波和电磁波是横波，横波只能在固体中传播；又以光波和电磁波传播如是之速，以太的弹性必须极大，而其密度又必须极小，不但为寻常物质所未见，且为我们所很难想象。

根据以太的假说，一切电磁过程和光学过程既然看成是在充满空间的以太之中进行的，我们就要提出这样一个问题：当发生光学或电磁现象的系统有了运动时，这个运动是否影响，又将如何影响光学或电磁现象的进行？也就是说，我们有没有可能去确定光源

和光接收器对以太的相对运动，还是只可能去确定光源和光接收器彼此间的相对运动？这就接触到运动媒质的电动力学。运动媒质电动力学的基本问题，乃是关于物体运动对以太的影响问题。这个问题在原则上十分重要，因为我们的实验绝大多数是在地面上的实验室中进行的，也就是在一个对其它天体有相对运动的系统中进行的。这种情况对我们所观测的现象的进行有没有影响？如果有，又怎样？这个问题只能由实验来回答。

我们先以声波来作一个简单的比喻。设想一个从宇宙中隔离出来的对恒星作匀速直线运动的实验室，要在这实验室里测量沿运动方向传播的声速。就理论说，下面两种极端情况都是可能的。第一种情况是，室壁不能让空气透过，而空气被实验室所带动；第二种情况是，空气能够透过室壁，而空气对于恒星是静止的，实验室穿过空气运动，而不带动空气。假定在这两种情况下进行声速的测量。进行测量的有两种观测者，一种是相对于恒星运动，另一种是相对于恒星静止。在各种情况下，声音对于这两个观测者的速度将是不同的。如果声速在空气中为 c，实验室对于静止观测者的速度为 v，则在实验室带动空气的情况下，运动的观察者测得声速为 c，而静止的观测者测得的声速为 $c+v$，在空气不被实验室带动的情况下，运动的观测者测得的声速等于 $c-v$，而静止观测者测得的结果为 c。

从类似于上面比喻中两种极端情况的关于运动物质和以太的相互关系的完全不同观点出发，分别建立了赫芝电动力学和洛伦兹电动力学。把每个理论的各个结论和实验进行比较，我们就能够检验这个理论是否正确。

§128　赫芝电动力学——以太漂移说

赫芝电动力学的出发点是以下假定：当物体运动时，以太完全被物体所带动而漂移，运动媒质中的电磁和光学现象被认为是发生在和这个媒质一起运动而不稍落后的以太之中，因此观测运动媒质中的电磁和光学现象，不可能确定这个媒质相对于以太的运动。换句话说，赫芝的理论把力学的相对性原理应用到电动力学(和光学)中来了。赫芝利用伽利略变换式，建立了电动力学的方程。这些电动力学方程，对伽利略变换来说，当然是不变的了。

当赫芝的电动力学继续发展下去的时候，它遭遇到了许多困难。在这里，我们不来讨论这些困难，而只是要指出。赫芝理论的各个结论和一系列的实验结果完全矛盾。在这些实验之中，有一个重要的光学实验，是斐索在1851年做成功的。

1. 斐索实验

斐索实验的目的在于精确地了解透明媒质的运动对该媒质中以太的影响。如图128.1所示，光线 S 射到半镀银薄片 A 上，一部分透过薄片，一部分被反射，分成 AB 和 AC 两路，一路沿 $ABDCA$，另一路沿 $ACDBA$，前者再透过薄片 A，后者再被 A 反射，重新并合，互相干涉。在光线经过的路程上放置 L_1 和 L_2 两管，管中充满速度为 v 的流水，其流动方向有如图中所示。一路光线在全部时间内顺水流方向沿管前进，而另一路光线则沿相反方向逆水流前进。如果光波所借以传播的以太真像赫芝理论所假设的那样被水所完全带动，则两路光线的速度对水来说将同等于静水中的光速，即同等于 $c_1 = c/n$，式中 c 是自由以太中的光速，n 是水的折射率。但对静止的仪器的各个平面镜来说，光在通过流水这一段路程时的速度，将和水流的方向有关。就顺水方向进行的光线而言，这个速度等于 $c_1 + v$；而就逆水方向进行的光线而言，这个速度将等于 $c_1 - v$。所以这两路光线的干涉图样在水流动时和在水静止时应当发生变化。这一变化决定于两光路的附加程差（以波长 λ 计）：

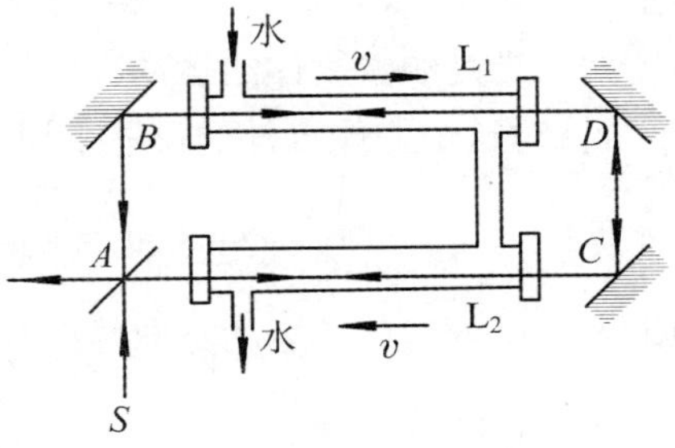

图 128.1

$$\Delta = \frac{c\Delta t}{\lambda} = \frac{c}{\lambda}\left(\frac{2l}{c_1 - v} - \frac{2l}{c_1 + v}\right) = \frac{4l}{\lambda}\frac{cv}{c_1^2 - v^2}$$

式中 l 为 L_1 和 L_2 的长度。如果 v^2/c_1^2 和 1 相比可略去，则

$$\Delta = \frac{4ln^2}{\lambda c}v$$

在实验中，斐索的确看到并且测定在静止的和流动的水的情形下的干涉条纹的移动；不过与这个实测移动相对应的程差，只是上面根据以太漂浮说（以太完全被运动媒质所带动）计算所得的约一半。可见赫芝理论与斐索实验结果无法协调。

2. 漂移系数

斐索实验的结果倒和 33 年前菲涅耳就阿拉戈关于地球运动对星光折射影响的一个实验而提出的理论符合得很好。按照菲涅耳的理论，以太是在通过运动物体而不是被运动物体所带动。根据菲涅耳的一般概念，当从一种媒质（比如真空）进入另一种媒质时，以太的弹性保持不变，而以太的密度有所改变，即以太的密度和媒质折射率的平方成正比：

$$\frac{\rho_1}{\rho} = \left(\frac{c}{c_1}\right)^2 = n^2$$

式中 ρ_1 为媒质中的以太密度，ρ 为真空中的自由以太密度，n 为媒质的折射率。所以当媒质运动时，进入媒质内的以太要发生紧缩，以增加它的密度。

设想有一个截面为 1 厘米^2 的柱体在沿着轴方向运动，运动的速度对以太来说是 v。在每秒之内，通过柱体的底面渗入柱体内的以太体积为 v，这一体积所包含的以太质量为 $v\rho$。由于以太在物质内的密度变成 ρ_1，进入物质后的以太在物质内应该以另一种速度 v_1 向前移动，v_1 决定于下一条件：

$$v_1\rho_1 = v\rho \quad 即 \quad v_1 = v\frac{\rho}{\rho_1} = \frac{v}{n^2}$$

由此可见,当物体运动时,虽然以太并没有因为物体而漂移,但是物体相对于以太的速度将不完全等于 v,而是要小一些,等于 v_1。

如果光是顺着物体的运动方向传播的,则光在物体内的速度,对于这个物体来说,是 $c_1 - v_1$;对这个物体以外的仪器来说,则是

$$c_1 - v_1 + v = c_1 + v\left(1 - \frac{v_1}{v}\right) = c_1 + v\left(1 - \frac{1}{n^2}\right)$$

如果光是逆着物体的运动方向传播的,则所观测到的速度将是

$$c_1 - v\left(1 - \frac{1}{n^2}\right)$$

因而现象的进行就好像是以太发生了部分漂移,而漂移系数为

$$\chi = 1 - \frac{1}{n^2} \tag{128.1}$$

斐索实验就是为验证这个漂移系数而进行的。

就水说,$\chi = 0.43$。从斐索实验数据,干涉条纹的移动相当于 $\chi = 0.46$。迈克耳孙和莫雷在1886年重复了斐索实验,得出精确的结果 $\chi = 0.434 \pm 0.020$;而赫芝理论所给出的却是 $\chi = 1$,显然与实验结果不符。

由此可见,以太完全随运动物体漂移的观念以及建立在这个观念上的赫芝理论应该予以摒弃。

§129 洛伦兹电动力学——静止以太说

洛伦兹理论的出发点是假设以太完全静止,丝毫不参与物质式媒质的运动。在这个基础上建立起来的电动力学早就不存在相对性原理了。可以采取一个固定在静止以太中的参考系统作为绝对参考系统,而其它一切参考系统在原则上都将和这个绝对参考系统有所区别。电动力学实验和光学实验的进行将随着所在的运动惯性系统的速度而有所不同。这些实验就可以用来确定这个惯性系统对于静止以太的运动速度,即绝对速度。物体在静止以太中的运动应该伴随有“以太风”;这种“以太风”的影响可以用实验来加以揭示。

洛伦兹所发展的运动媒质的电动力学(和光学)是他的总的电子论的一部分。按照电子论,物质的一切电磁性质将决定于电荷在静止以太中的分布和这些电荷在静止以太中的运动。当从一个惯性系统转换到另一个惯性系统时,无论是赫芝的电动力学还是洛伦兹的电动力学,它们都毫无保留地利用了伽利略变换式。不过洛伦兹否认了相对性原理。他们的电动力学方程,对伽利略变换来说,就不是不变的了。可能存在一个唯一的参考系统,在这个系统中光速等于 c,并且在这个系统中麦克斯韦方程是正确的;但在其它惯性系统中麦克斯韦方程是不正确的。麦克斯韦方程的不正确性就表现在光速在这

些惯性系统之中具有另外的值。

洛伦兹理论的出现向前大大迈进了一步。在光学现象方面。洛伦兹理论和菲涅耳的理论符合一致，它也引导出关于光波部分漂移的观念。按照洛伦兹理论，物质的运动乃是分子和与分子相关的那些电荷在静止以太中的运动。这种运动的计算证明：如果静止媒质中的光速为 c_1，则在以速度 u 运动的媒质中，光的传播速度将为 $c_1 + (1 - 1/n^2)u$。这样，洛伦兹理论推导出了菲涅耳的部分漂移公式，而这个公式已经由精确的测量很好地证实了。

§130 麦克耳孙实验

当继续研究以太的特性时，要想确定地球相对于以太运动的性质是很自然的事；况且大气具有几乎等于 1 的折射系数，不至于显著地带动以太（漂移系数很小），地球与以太的相对运动就是地球相对于充满整个宇宙间静止媒质的绝对运动。

假设地球以速度 v 在以太中沿某一定方向运动，让我们来计算以速度 c 在以太中传播的光在通过地球上某路程 l 所需的时间。如果光沿着地球在以太中运动的方向进行，则此时间等于 $l/(c - v)$，因为光相对于地球的速度等于以太中的光速与地球对于以太的速度之差。如果光逆着地球在以太中运动的方向进行，则通过路程 l 所需的时间又显然等于 $l/(c + v)$。现在考虑光沿着垂直于地球在以太中运动的方向 AB 前进（图 130.1），则光在以太中所经历的途径为 AB'，其长为 $\sqrt{l^2 + (vt)^2}$，因而所需时间为

$$t = \frac{\sqrt{l^2 + (vt)^2}}{c}$$

即

$$t = \frac{l}{\sqrt{c^2 - v^2}} = \frac{l}{c} \frac{1}{\sqrt{1 - v^2/c^2}}$$

由此可见，光在地球上通过相同路程 l 所需的时间将随该路程的方向对于地球在以太中运动的方向的不同而不同，其间的差别又与地球在以太中的运动速度 v 有关。光在地球这个运动系统中传播时，在不同方向上，应该有不同的速度；这是由于系统相对以太运动，也即由于“以太风”而引起的。

迈克耳孙的干涉实验（1881 年）就是为了检查“以太风”的存在而做的。其装置有如图 130.2 所示。来自光源 S 的光线以 45°角射到半镀银的薄片 A 上，一半被反射，一半透过。分成 AM 和 AM' 两路。这两路光线被镜 M 和 M' 反射后又回到 A；A 又再将这一对光线各分裂为两部分；其中沿 S' 方向进行的两路光线互相重合而起干涉。若路程 AM 和 AM' 在几何上相等，则两干涉光线之间的光程差只能由于通过线段 $\overline{AM} = \overline{AM'} = l$ 所需时间的不同而发生。

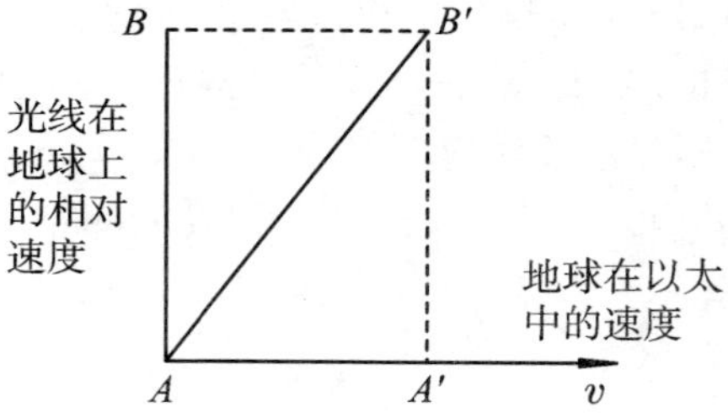

图 130.1

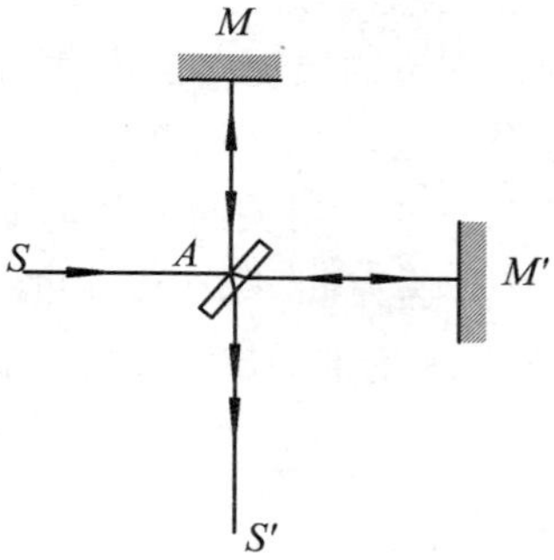

图 130.2

假定仪器的一臂 AM 与地球环绕太阳而运动的方向平行，并且假定地球在以太中的速度与其公转的速度相同，即 $v=3\times10^6$ 米/秒。那么，光线在 AM 路程中往返所需时间为

$$t_1=\frac{l}{c-v}+\frac{l}{c+v}=\frac{2l}{c}\cdot\frac{1}{1-v^2/c^2}$$

在 AM' 路程上往返的光线，垂直于地球在以太中运动的方向，所需时间为

$$t_2=2\frac{l}{c}\cdot\frac{1}{\sqrt{1-v^2/c^2}}$$

此两时间的差近似地等于

$$t_2-t_1=\frac{2l}{c}\left(\frac{1}{\sqrt{1-v^2/c^2}}-\frac{1}{1-v^2/c^2}\right)\approx-\frac{l\beta^2}{c}$$

由于 $v/c=\beta$ 很小的缘故。

若把整个仪器旋转 90°，使 AM 方向变成原来的 AM' 方向，则光线改变了相对于以太的方向，从而改变了时间差数的符号。因此，仪器的转动导致时间差数变动的数值为 $2l\beta^2/c$，应该引起干涉条纹的移动。干涉条纹移动的数目等于时间差数的变动 $2l\beta^2/c$ 除以光的振动周期 T 所得的商，即

$$N=\frac{2l\beta^2}{cT}=\frac{2l}{\lambda}\beta^2$$

式中 λ 为所用光的波长。

由此可见，从干涉条纹的移动，就可以判断地球运动对干涉实验的影响，可以测定 β，并且可以求出地球在以太中运动的绝对速度。

事实上，麦克耳孙和他的合作者，在不同季节与不同地理条件下，曾不止一次地重复这个实验，无例外地总是看不到干涉条纹的任何移动。这是一件出乎意料的事。

是他们的观测方法不够灵敏和精确吗？完全不是。他们从 1881 年到 1887 年做了多次实验，每次都作了很大的改进。其中包括加长路程 l 到了 11 米。在这种情形下，对于所用光波 $\lambda=5.9\times10^{-5}$ 厘米，预期的干涉条纹移动数目为

$$N=\frac{2l\beta^2}{\lambda}=\frac{2\times1100\times(10^{-4})^2}{5.9\times10^{-5}}=0.4$$

而实验装置的精确程度可以测出干涉条纹百分之一条的移动，所以麦克耳孙实验结果的正确性是无可置疑的。

麦克耳孙实验的否定结果在原则上有重大的意义。它得不出地球相对于以太运动的速度，从而否定了洛伦兹理论中关于以太静止说这个假定的出发点。根据麦克耳孙实验的结果，我们只能认为：或者是①地球和以太一起绝对静止，但这和我们熟知的地球围绕太阳转动的事实相矛盾；或者是②以太完全被地球的大气所带动，但这不仅与斐索实验不符，也与在地球上所观察到的星的光行差现象相矛盾。如所周知，根据速度相加的基本原理，只要假定地球系在以太中运动好像在静止的媒质中运动一样，即可圆满地解释星的光行差现象。在装满水的望远镜中观察星的光行差，即可得到与部分带动理论完全一致的结果，也即与斐索实验一致。为了能够解释麦克耳孙实验，我们必须假设以太随地球一起运动；但是，为了解释斐索实验和星的光行差现象等，我们又必须假设以太静止，不随物体（包括地球）运动。因而，根据以太理论，无论假设以太绝对静止或以太随物体一起运动，都不能同时对斐索实验、星的光行差和麦克耳孙实验等作出统一的解释。

麦克耳孙实验结果曾经引起过广泛而激烈的科学争论，也曾经引起过希望不推翻以太理论而能够解释麦克耳孙实验的各种尝试。正确的出路只有一条，就是从根本上摒弃以太理论，即根本不承认以太的存在，不存在一个特殊的绝对静止的参考系统，麦克斯韦方程更不是只对这个特殊的不存在的参考系统才成立的。这就是爱因斯坦的工作和贡献。实际上，麦克斯韦方程是根据地球上相对于观察者的无数实验结果总结出来的。而麦克耳孙实验也正证明了在地球上光的传播速度这个电磁现象与其传播方向无关。

§131　狭义相对论基础

1905 年爱因斯坦从一个完全崭新的角度上重新审查了整个问题，并把下面两个假定提升到原理的地位作为他的理论的基础。

1. 相对性原理

自然界的一切定律，和机械运动规律一样，在所有处于相对匀速直线运动的惯性系统中，都是相同的。也就是说，它们不因它们所附丽的惯性系统的运动而改变，没有任何一个物理实验能够确定惯性系统中某一系统的特殊性。一切惯性系统都是等同的，所以相对性原理也称等同原理。

相对性原理，在牛顿力学中，表现为伽利略变换式，不是爱因斯坦才发现的。爱因斯坦只是把力学中的相对性原理推广到一切物理现象，其中包括电磁现象和光学现象。

相对性原理并不意味着一个现象在两个惯性系统中的进行是完全一模一样的。由于起始条件不同，“完全一模一样”是不可能的。相对性原理只是要说，与某些定律相关联的某个现象的表现，虽然可以是相对的，即在不同的惯性系统中是不同的，然而定律中所指出的这些物理量之间的关系，在所有惯性系统中，是绝对相同的。以电磁场为例，并不是说各个坐标系里代表同一电场和磁场的数值相同，而只是说决定电磁场变化规律的麦克斯韦方程，经过坐标变换后，形式不变。这就是说，物理定律具有绝对意义，因为它们在任何一个惯性系统中都起作用。相对性原理说明的时间 - 空间的性质很像各向同性的性质。在空间和时间中发生的所有现象都满足相对性原理。

相对性原理作为相对论的基础之一并非偶然的；它是一个基本的实验事实的表达，它是建立在无数实验积累的基础上的，也是上节讨论过的必须放弃以太这样一个特殊参考系统的必然结果。

2. 光速不变原理

对于一切惯性系统，真空中的光速不变。真空中的光速和光源或接收器的运动无关，而是一个普适常数 c；“往”的和“返”的光速没有分别；光速在各个方向都是相同的。

光速不变原理也是在地球上和天文上大量实验和观测告诉我们的结论。光速既不与光源的运动速度有关(如双星观测)，也不与观察者的运动速度有关(如木星的卫星观测)，还不与光的传播方向有关(麦克耳孙实验)。光速不变原理取消了电磁波和别的波(比如声波)之间的相似性，我们再不能把习用的速度相加原理应用到光波上。光速，这个从伽利略变换看来是相对的物理量，在这里却成为一个绝对的物理量了。

光速不变原理表明，光速虽是一个有限量，但在行为上类似无穷大，即对光速不能增加或减小任何速度，光速是一个极限速度；自然界中所遇到的任何速度都比真空中的光速 c 小。可以断言，将来发现的任何其它场或任何超速粒子都不会有比 c 更大的速度。

速度是路程对时间之比，普适速度的存在这一事实就反映了空间量和时间量之间应有普遍的关系存在，因而时间和空间是互相关联的。确立时间和空间的不可分割的关系也就是相对论的主要特点。这种关系导出结论：时间和空间是统一的，是物质存在的普遍形式。

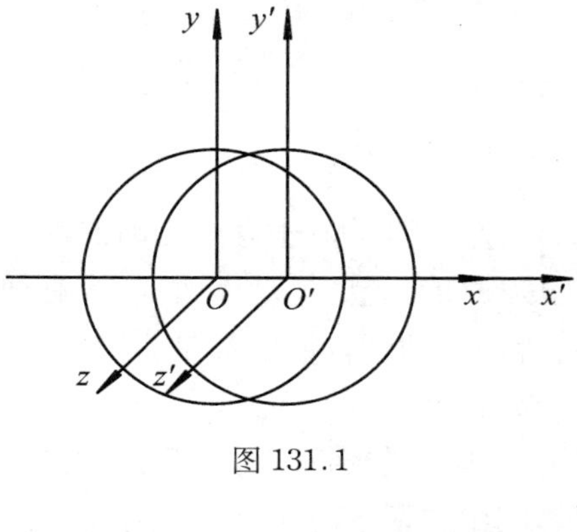

图 131.1

光速不变原理和相对性原理，在表面上看，似乎彼此矛盾，其实不然。设有坐标系 $Ox'y'z'$ 相对于坐标系 $Oxyz$ 以速度 v 沿 Ox 轴移动(图 131.1)，并设在 $t=0$，当两个原点 O 和 O' 重合在一起时，从原点发出一个闪光。按照光速不变原理，在这两个坐标系中光速皆为 c。按照相对性原理，光波的形状从这两坐标系看来应该相同。换言之，在时刻 t，光波将是以 ct 为半径的球面，但是球心应该既在 O 点同时又在 O' 点，这显然是不可能的事。这个矛盾之所以产生，是由于我们错误地认为：从 O 点发闪光时起到光达到我们所考虑的波面为止，这段时间，在两个坐标系中，是相同的；即错误地认为 $t=t'$ 这个伽利略变换式之一总是可以成立。其实，我们有什么理由可以不假思索地承认 $t'=t$ 呢？问题就出在这里。正确地分析这个例子可以看出，这里并不存在光速不变原理与相对性原理之间的任何矛盾。在 $Oxyz$ 坐标系中，波面应为球面 $x^2+y^2+z^2=c^2t^2$；在 $O'x'y'z'$坐标系中，波面也应为球面，其方程式为 $x'^2+y'^2+z'^2=c^2t'^2$。但是(x',y',z',t')与(x,y,z,t)之间并不遵守伽利略变换而已。

另一方面，若把光速不变原理看成只是相对性原理的一个推论，也是不对的。相对性原理只说电磁学定律或麦克斯韦方程的形式不随惯性坐标系统而变，并没有说其中物理量的数值不变。所以我们不能认为光速不变原理是相对性原理必然的结果。虽然如此，光速不变原理和相对性原理是有逻辑的联系的。事实上，假如在不同的参考系统中存在有不同的极限速度，则相对性原理对此显然不能成立。

相对性原理和光速不变原理构成了狭义相对论的基础。狭义相对论所考虑的问题只涉及惯性系统；"狭义"两字的意义就是在于此。

相对论否认了关于电磁波在以太中的两个方案。在有关光速的实验中，不论对于静止观察者抑或是对于运动观察者，光速都是 c。这就是说，不论是静止的或是被物体带动的以太的假设都和相对论相矛盾。在相对论中，以太的假设完全成为多余的不必要的东西。相对论从根本上推翻了将场比喻为发生力学形变的媒质这一概念的可能性。我们由此得出结论：电磁场具有直接的真实性。

相对论是从研究电磁场的机械携带者（以太）的存在问题而产生的。相对论解决了这个问题。在这一意义上，可把它认为是电磁场理论的成就。但是相对论远远超出了电动力学的范围。它的发展建立了接近光速时的机械运动规律，得到了质量和能量的等价律，并导出了关于引力本质的新观点。

第 20 章　相对论的运动力学

§132　力学中的相对性原理和伽利略变换式

在牛顿力学的基本定律 $m\dfrac{d^2 s}{dt^2} = F$ 中出现的是物体的加速度而不是物体的速度。当从一个参考系统转换到另一个对它作匀速直线运动的参考系统即所谓惯性系统时，力学定律的表述丝毫没有改变。在力学定律的表述上，必须定出一个参考系统，例如对全体恒星静止的参考系统。这一点迫使牛顿引进绝对空间的概念。他把绝对空间作为原始参考系统。在一切相对于绝对空间作匀速直线运动的一些参考系统中，即在一切对绝对空间说来是惯性系统的那些系统之中，力学过程的定律可以有相同的表述。因而从力学观点看来，这些参考系统彼此等效。

由此可见，从力学过程中的观测上，我们不可能把这个绝对空间从无穷多个惯性系统的总体中辨认出来，这一情况称为经典力学中的相对性原理。媒质的牛顿力学就是依照这个相对性原理建立起来的。

当从一个惯性系统转换到另一个惯性系统时，加速度保持不变，但坐标和速度发生改变。变换公式即在于确定坐标和速度在先后两个惯性系统中的对应关系，使某一惯性系统中的坐标和时间 x, y, z, t 与另一惯性系统中的坐标和时间 x', y', z', t' 建立关系。假设第二惯性系统以速度 $+v$ 沿 Ox 轴相对于第一惯性系统而运动（或者第一惯性系统以速度 $-v$ 相对于第二惯性系统而运动），并且假设两个惯性系统的各个对应的坐标轴互相平行，而且在 $t=0$ 时，两个坐标的原点相重合（图 132.1），则牛顿力学所遵循的变换公式为

$$x' = x - vt,\quad y' = y,\quad z' = z,\quad t' = t \tag{132.1}$$

称为伽利略变换式。显而易见，力学方程对伽利略变换式说来是不变的。这种不变性就是力学相对性原理的数学表示。牛顿力学定律和实验的符合一致乃是这个原理的实验根据和基础①。

从伽利略变换式，我们立刻得出

① 这里所谓符合一致只限于速度和光速相比不大的力学现象和天文现象而言。我们不久将讨论对于速度不满足这个条件的现象来说，牛顿力学适合到什么程度这一问题。

$$\frac{dx}{dt} = \frac{dx'}{dt} + v = \frac{dx'}{dt'} + v \tag{132.2}$$

即绝对速度 = 相对速度 + 牵动速度，这就是牛顿力学中的速度相加基本原理。

用数学的术语来说，伽利略变换式成为一个“群”。这就是说，先后两个伽利略变换的结果等同于一个单一的伽利略变换。牛顿力学方程对于伽利略群是不变式；这就是说，从一个惯性系统转换到另一个惯性系统，牛顿力学方程是不变的。

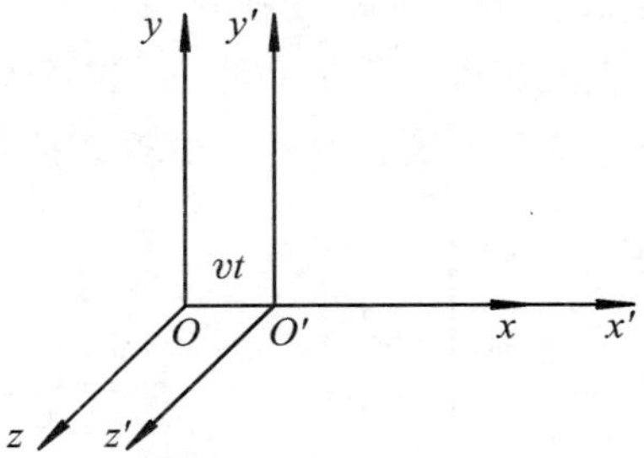

图 132.1

这样从牛顿力学以至经典物理学都曾长期应用了“绝对”空间和“绝对”时间的形而上学概念。牛顿就曾对这些概念作了如下定义：“绝对的、真实的及数学的时间本身，不论有无其它任何客体，永远均匀不断地流逝着”；又“绝对空间本身，与其它任何客体无关，永远保持不变，而且不动”。但是空间和时间的客观特性实际上并不是这样，只有在实验数据的基础上才可以辨识它们。

§133 洛伦兹变换式

现在考虑光在真空中的传播问题。对于附丽在全部恒星的参考系统而静止的观察者来说，我们可以认为光在真空中各向同性地依下述方程式以常数速度 c 传播着：

$$\frac{1}{c^2}\frac{\partial^2 \psi}{\partial t^2} = \nabla^2 \psi \tag{133.1}$$

或

$$\Box \psi = 0$$

式中

$$\Box = \nabla^2 - \frac{1}{c^2}\frac{\partial^2}{\partial t^2} = \frac{\partial^2}{\partial x^2} + \frac{\partial^2}{\partial y^2} + \frac{\partial^2}{\partial z^2} - \frac{1}{c^2}\frac{\partial^2}{\partial t^2}$$

麦克耳孙实验所告诉我们的基本事实，就是在所有惯性系统中光也依方程式(133.1)各向同性地传播。由于光学实验的精确程度远远超过力学实验，光在真空中传播的方程式也比牛顿力学方程式更为可靠。有朝一日，我们不得不修改光波理论与牛顿力学两者中之一时，我们应该修改牛顿力学而不修改光波理论。当然，修改后的力学方程式，在原有的精确程度内，必须就是牛顿力学方程式。

所以力学中的相对性原理，在相对论以前，有如下两种相同的说法，即①牛顿力学方程对于伽利略变换是不变的；②一切力学现象在所有惯性系统中都是相同的。但是相对论把第一种说法作为不正确的说法而抛弃了，留下第二种说法并且把它推广到力学以外的其它现象。

麦克耳孙实验指出，不仅借助于力学现象，甚至借助于光学现象，也都不能确定参考系统的“绝对”运动。应着重指出，企图用光学方法来发现系统对以太运动，都是基于假定在光学现象的范围内可应用速度相加原理。麦克耳孙实验的计算就是按此原理进行的。所以麦克耳孙实验的否定结果，可解释为：速度相加原理在此范围内是不适用的。从而伽利略变换式在此范围内也不适用。事实上，也很容易看出，光的波动方程式(133.1)对伽利略变换式(132.1)不是不变的。但是，要使方程式(133.1)对于所有伽利略式的观察者都是一样的，必须从一个惯性系统转换到另一个惯性系统时保持光的波动方程式于不变。有什么变换式能够符合这个要求呢？

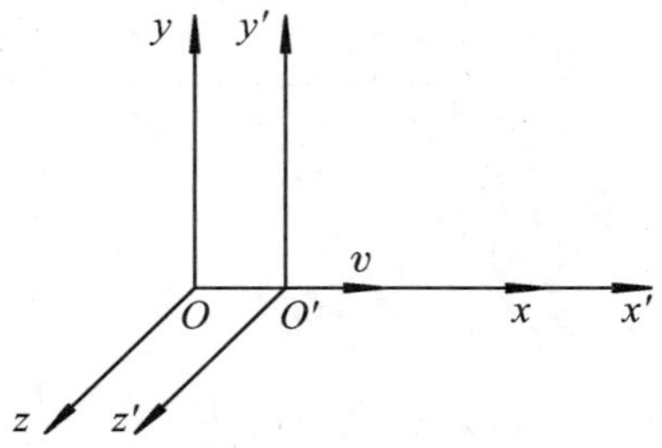

图 133.1

利用相对论的两个基本原理，我们就能得出符合这个要求的坐标和时间的变换式。为了计算简单起见。我们再作下面两个不必要的假定：①变换式是一次齐次式；②与运动方向垂直的两个坐标轴，在这两个惯性系统中，是彼此互相平行的。

设有两个惯性系统 S 和 S'(图 133.1)，其 Ox 与 Ox' 轴都在相对速度 $\boldsymbol{v}$ 的方向。选择时间和空间的原点，使 $t=0$ 时，$t'=0$，并当 $t=t'=0$ 时，O 与 O' 点重合。

设想，当 $t=0$ 时，一个光信号从原点发出。在 S 系统内，在 t 时，信号将达到 $x^2+y^2+z^2=c^2t^2$ 这一球面上。这同一个信号，在 S' 系统内，在对应于 t 的 t' 时，将达到球面 $x'^2+y'^2+z'^2=c^2t'^2$。根据光速不变原理，我们有

$$x^2+y^2+z^2-c^2t^2=\gamma(x'^2+y'^2+z'^2-c^2t'^2)=0$$

又根据相对性原理，γ 必须等于 1，否则“光球”在这两个参考系统内将有不同的大小。我们又假定了 $y=y'$ 和 $z=z'$，从而得

$$x^2-c^2t^2=x'^2-c^2t'^2 \tag{133.2}$$

当 $x=vt$ 时，$x'=0$。又当 $x'=-vt'$ 时，$x=0$，所以必须有

$$x'=k(x-vt) \tag{133.3}$$

$$x=k'(x'+vt') \tag{133.4}$$

式中 k 和 k' 为包含 v 的两个常数。

将式(133.3)中的 x' 值代入式(133.4)，得

$$t'=k\left[t-\frac{x}{v}\left(1-\frac{1}{kk'}\right)\right] \tag{133.5}$$

这样就由(133.3)和(133.5)两式把 x' 和 t' 用 x 和 t 表示出来。现在可以把它们代入式(133.2)的右边，再把等式两边的 x^2，t^2 和 xt 各项的系数等同起来就得包含 k 和 k' 的三个方程式。就其中任何两式，解得

$$k=k'=\frac{1}{\sqrt{1-v^2/c^2}}=\frac{1}{\sqrt{1-\beta^2}}$$

最后，从式(133.3)和(133.5)，我们得

$$
\left.\begin{aligned}
x' &= \frac{x - vt}{\sqrt{1 - \beta^2}} \\
y' &= y \\
z' &= z \\
t' &= \frac{t - \dfrac{v}{c^2}x}{\sqrt{1 - \beta^2}}
\end{aligned}\right\} \tag{133.6}
$$

这就是洛伦兹变换式。反之，若以 x', y', z', t' 表出 x, y, z, t，就是洛伦兹逆变换式：

$$
\left.\begin{aligned}
x &= \frac{x' + vt'}{\sqrt{1 - \beta^2}} \\
y &= y' \\
z &= z' \\
t &= \frac{t' + \dfrac{v}{c^2}x'}{\sqrt{1 - \beta^2}}
\end{aligned}\right\} \tag{133.7}
$$

从式(133.6)和(133.7)可见洛伦兹变换式是由相对性原理所要求的对称性。

洛伦兹变换式的主要特点是它放弃了时间的绝对性，即不再有 $t = t'$，各个参考系统各有自己的时间。

当 $\beta \ll 1$，即 $v \ll c$ 时，在经典力学(其中也包括天体力学)所接触到的速度确是如此，可以略去 β^2 项和 vx/c^2 项，则洛伦兹变换式成为伽利略变换式。可见伽利略变换式仅是洛伦兹变换式在 $v \ll c$ 的条件下的近似。洛伦兹变换式所包含的精确度远远超过力学测量和天文学测量的精确度。所以，在某些光学测量和在 v, c 可以相比的情形下，伽利略变换式必须为洛伦兹变换式所代替。洛伦兹变换式才正确地代表坐标系的变换关系。我们以后将要看到，从洛伦兹变换式所得到的一系列结论与实验事实符合得极为良好。虽然在我们这班“庸俗化了”的眼光看来，这些结论都非常奇怪。

显然，洛伦兹变换式仅在 $\beta < 1$ 即 $v < c$ 的条件下，才有意义。换句话说，参考系统彼此之间的相对速度不可能超过真空中的光速 c，光速 c 是运动的极限速度。这一情况正是相对论所特有的，并且是整个相对论结构的基础。

洛伦兹变换式保持了 $x^2 + y^2 + z^2 - c^2t^2$ 这个量于不变，即

$$x'^2 + y'^2 + z'^2 - c^2t'^2 = x^2 + y^2 + z^2 - c^2t^2$$

或

$$\Delta s = \sqrt{(\Delta x)^2 + (\Delta y)^2 + (\Delta z)^2 - c^2(\Delta t)^2}$$

这个量，在洛伦兹变换中，保持不变。

这是什么意思呢？在物理上，一个事件如果具有实在性，那么要决定这个事件，就要知道地点与时间，也就是要知道 x, y, z, t 四个坐标，才能在四度时空(宇宙)中确定代表该事件的点(世界点)。一个完全孤立的事件是没有任何意义的。具有实在物理意义的是在四度时空中两个事件之间的距离，即在四度时空中两个事件之间的“长度”：

$$\Delta s = \sqrt{(\Delta x)^2 + (\Delta y)^2 + (\Delta z)^2 - c^2(\Delta t)^2}$$

这个量称为“间隔”，它具有一定的数值，它是一个不变量，因为它和坐标系的选择无关。洛伦兹变换式，和伽利略变换式一样，也自成一个群。

§134 洛伦兹变换式的物理意义

根据作为狭义相对论基础的两条原理而得出的变换公式(133.6)和早先洛伦兹所指出的公式相同。洛伦兹在研究运动媒质的电动力学时曾注意到：当从一个系统转换到另一个系统时，如果引进变数 $t' = t - vx/c^2$ 来代替变数 t，则计算得到简化。变数 t' 是随观测地点(坐标 x)而变的时间，因而称为地方时，以区别于所谓普适时 t。后来，为了解释麦克耳孙的实验结果，洛伦兹又引进收缩说，并从而获得结论说：变换公式(和公式(133.6)相同)使得真空的电动力学方程成为不变式了。因此，公式(133.6)常称为洛伦兹变换式。

但在洛伦兹当时看来，这个变换式只是一些为了减轻计算的辅助公式。时间的物理意义仍然归于 t，而不归于 t' 这个量。在计算速度和一般在取参考系统 S' 的时间微商时，按照洛伦兹的意思，应该对 t 微分，而不能对 t' 微分。由于他把变换式这样来运用，洛伦兹没有能够获得物质式媒质的电动力学方程的不变性。爱因斯坦的处理方法是把物理意义给了变数 t'(对 t' 微分)。这就使得电动力学方程在任何惯性系统中都具有完全相同的形式。也就是说，使得这些方程成为不变式了。这一结果是理所当然的，因为相对性原理乃是爱因斯坦论点的基础所在。

爱因斯坦在肯定伽利略变换式与那两个后来被他提升为原理的实验性的假设之间有所矛盾之后，深刻而精辟地分析了关于空间测量方法和时间测量方法的概念，并正确地认为过去对于这些概念分析不够乃是运动媒质电动力学所遇到的困难的根源，从而揭示了洛伦兹变换式所包含的真正的物理意义。

1. 同时的定义

无论是空间测量还是时间测量，都牵涉到两件事情的所谓同时。正确地规定两件发生在不同地方的事情的“同时”一语的困难，远非爱因斯坦以前的人们所曾想象的。

在空间测量方面，我们把待测的量和一个制定的标准，例如标准米尺，进行比较时，待测的量的两端和标准米尺的某两个刻度必须同时叠合。

至于和时间有关的各项判断，更不用说，是建立在关于同时这个概念上的。某事某时发生，意思是说，某事的发生和时针指在某处是同时的两件事情。时刻是由标准钟的读数来确定的，这个读数和这个时刻是同时的。因而任何一个过程所经历的时间都可以这样规定：在过程开始时，同时读下标准钟的读数；在过程终了时，又同时读下同一标准钟的读数；使这两个读数分开来的一段时间就是这一过程所经历的时间。任何周期性过程，如地球的自转、摆的摆动、原子或分子的振动等，都可以用来作为时钟。

如果所说的同时是限于在同一地点发生的那些事情，同时或不同时容易判断，同时的意义才够明确。比如说火车在7点钟到站，就表示火车的到站和站钟指针的指向7点是同时发生的两件事情。但是所说的两件事情如果在不同的地点或在远离时钟所在的地点发生的话，同时的意义就不那么明确。对于发生在不同地点的事情，我们如何来规定它们的同时呢？

我们或许可以这样设想：让一个固定在钟旁的观测者收集各地发生事件的信号，每收一信号，同时读下时钟的读数。岂非就把各地发生的事情在时间上联系起来了？这样联系的结果，显然将随观测者所在的地点而不同，甚至先后倒置。除非信号的传播速度是无穷大。

上面所说的方法在以伽利略变换式为依据的经典力学中早就付诸实施了。在经典力学中，当有几个参考系统在彼此作相对运动时，它们之间的坐标和时间的关系是由伽利略变换式来确定的。伽利略变换式的出发点是假设各参考系统中的时间彼此相同一致，即 $t = t'$。这表示在伽利略的理论中，各参考系统的钟的同步是办得到的。方法是依靠传播速度无穷大的信号来建立各点(待同步的时钟所在各点)之间的联系。设在 t_A 时刻，A 发出这种信号(t_A 以A钟为准)，而当这个速度无穷大的信号到达 B 时，B钟的指示是 t_B，如果 $t_B = t_A$，那么A，B两个钟的同步没有问题。

"不幸"的是，我们没有遇到过传递速度为无穷大的任何信号。考虑到我们所知道的最大的传播速度是电磁波和光波，爱因斯坦就作为原理提出如下假定：自然界中没有任何能量的传递，也即没有任何信号的传递，会超过光速 c。我们将要看到相对论力学事后证实了这个假定。从此很自然而方便地利用光波作为校准不同地点的时钟的信号，并对发生不同地点的事情的同时和时间作出明确的规定。

设在空间中 A 点安置一钟，则在 A 点的观测者能读下在其附近所发生的事情的时刻。又在 B 点安置一个完全相同的钟，则在 B 点的观测者也能读下在 B 附近所发生的事情的时刻。但是我们还不能把在 A 发生的事情和在 B 发生的事情在时间上互相比较，因为到现在为止我们只规定了"A 地方的时间"和"B 地方的时间"，并没有规定一个 A 和 B 的共同"时间"。怎样才能在 A 和 B 之间规定一个共同时间呢？为此，我们只有说：光波从 A 到 B 所需的"时间"，依定义，等于光波从 B 到 A 所需的"时间"。这样规定的时间才是 A 和 B 两个地方的共同时间。除此之外，别无他法。

得出时间的定义之后，我们进一步讨论在 A，B 两地发生的事情的同时性。要讨论它们是否同时，首先应使 A，B 两地的时钟同步。这要用光信号来校准。今在 A 地时钟所指示的"A 地方时间"t_A 发出一个光信号，在"B 地方时间"t_B 到达 B 并且立刻反射回来，回到 A 点的"A 地方时间"为 t'_A。若有

$$t_B - t_A = t'_A - t_B$$

则 A，B 两地的时钟依定义，是同步的。

爱因斯坦认为在这个同步的定义里没有任何自在的矛盾，而且可以应用到置在各地的任何数目的时钟上。因此得出如下两个结论：①若B钟与A钟同步，则A钟与B钟同

步;②若A钟与B钟、C钟同步,则B钟与C钟也互相同步。

根据事实,爱因斯坦再认为

$$\frac{2\,\overline{AB}}{t'_A - t_A} = c$$

这个量是一个普适常数——光在真空中的传播速度。

有了同步的时钟,就能在同一个坐标系里谈不同各点所发生的事情是否同时,并且为这个坐标系明确规定了一个共同时间,称为这个坐标系的时间。两件事情,分别发生在同一坐标系中的 A,B 两点,并发生在当A,B两个同步时钟正指着相同时刻 t 的时候,才能称为同时。这是在一个惯性系统中正确地规定同时性的唯一方式。这也是经爱因斯坦深刻分析而弄明白的主要之点。

在两个不同的惯性系统中,情况又是怎样呢?

2. 长度和时间的相对性

设有静止的刚杆,其长度由静止的量尺量得为 l。现在把这个刚杆置于静止坐标系的 Ox 轴上,并令刚杆沿 Ox 轴的正向作匀速运动,其速度为 v。现在我们要问这个运动着的刚杆的长度是什么?我们可以由下列两个操作方法来回答:

(1) 观测者带着原来的量尺跟着刚杆一起运动,并用直接比较法来测,即把量尺与待量的刚杆叠合,好像刚杆、量尺和观测者都是静止一样。

在这种情形下测定的刚杆长度将被称为“在运动坐标系中的刚杆长度”。根据相对性原理,它必须等于静止时刚杆的长度 l。

(2) 利用安置在静止坐标系中的已经校准了的若干个同步时钟,观测者首先看明在某一时刻运动刚杆的两端在静止坐标系中所居的两点。也就是小心地同时读下它两端的坐标,再用原来的量尺(现在是不动的)测出这两点之间的距离。这个距离也代表刚杆的长度。根据相对论的两条原理,我们将见其不等于 l,叫做“运动刚杆在静止坐标系中的长度”。因此,同一长度,在不同的惯性系统中,是不相同的。这就是长度的相对性。

经典运动学中不声不响地认为根据上面两个操作方法所测定的刚杆长度完全相同;换句话说,在经典运动学中,认为一个运动着的刚体的几何形状完全可由这个刚体静止在某一定位置时的形状来表示。

我们进一步设想,在刚杆的 A,B 两端各安置有时钟。这些时钟已经在静止坐标系中校准好了,与静止坐标系中的时钟同步;那就是说,它们在任何时刻的指示都对应于它们所在地点的静止坐标系的时间。所以它们是两个“在静止坐标系中同步”的时钟。

我们再进一步设想,在这两个时钟的旁边各有一个跟着运动的观测者。他们要用光信号,根据前面所说的方法,来检验这两个时钟是否同步。光从刚杆的 A 端在时刻 t_A 发出,经 B 端的镜面 M 在时刻 t_B 反射,再在时刻 t'_A 回到 A 时刻。t_A,t'_A 和 t_B 是两个运动着的观测者各根据A钟和B钟的指示读下的,也就是代表静止坐标系里当地当时的时刻。在静止坐标系里(图 134.1),当光从 A 出发到达镜面 M 时,A 端走过一段距离 $\overline{A_0A_1}$。根据光速不变原理,我们有

$$\overline{A_0M} = c(t_B - t_A) = \overline{A_0A_1} + \overline{A_1M} = v(t_B - t_A) + r_{AB}$$

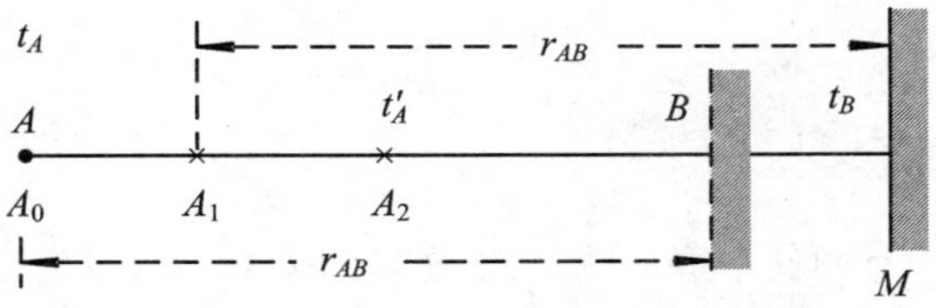

图 134.1

即

$$t_B - t_A = \frac{r_{AB}}{c - v} \qquad (134.1)$$

式中 r_{AB} 代表运动刚杆在静止系统中测定的长度。又当光从镜面 M 反射回到刚杆的另一端时,该端又由 A_1 走到 A_2 了。根据光速不变原理,我们有

$$\overline{MA_2} = c(t'_A - t_B) = \overline{MA_1} - \overline{A_1A_2} = r_{AB} - v(t'_A - t_B)$$

即

$$t'_A - t_B = \frac{r_{AB}}{c + v} \qquad (134.2)$$

从式(134.1)和(134.2),可见

$$t_B - t_A \neq t'_A - t_B$$

根据这个结果,运动着的观测者将得出结论:A 钟和 B 钟是不同步的;虽然静止的观测者将坚持说:给你们的 A 钟和 B 钟是我亲手校准了的,和我的系统中其它时钟一样,是同步的。

由此可见,我们不能对同时性赋以绝对的意义。天下没有发生在不同地点的、绝对同时的两件事情;从某一坐标系看来,就不再是同时的了。所以每个参考系统各有自己的时间。

现在考虑两个惯性系统 S 和 S'。静止在惯性系统 S 的观测者 A 应用坐标 x,y,z 和如同我们上面所述规定的时间 t;静止在惯性系统 S' 的观察者 B 应用坐标 x',y',z' 和同样方法所规定的时间 t'。然后我们可以依照爱因斯坦采用相对性原理说:“观察者 B 可以和观察者 A 同样合法地把自己看成静止不动。当 B 用他自己的时空坐标 x',y',z',t' 时所得到的自然定律,将和 A 也用他自己的时空坐标 x,y,z,t 所得到的,必须具有完全相同的形式。”我们前面已经证明,要其如此,在光学现象中,x,y,z,t 与 x',y',z',t' 之间必须由洛伦兹变换式联系起来。爱因斯坦这样揭示了洛伦兹变换式的真正物理意义,这些意义是和在每个惯性系统中应该如何规定同时性与如何校准时钟使其同步密切联系着的。

§135 从洛伦兹变换式得出的一些结果

1. 同时性的概念

设在坐标系 S 中有两件事情，分别发生在时刻 t_1 和 t_2，发生在地点 x_1 和 x_2。在坐标系 S'中，相对应的时刻为 t_1'和 t_2'，相对应的地点为 x_1'和 x_2'。应用洛伦兹变换式，就得

$$x_2' - x_1' = \frac{(x_2 - x_1) - v(t_2 - t_1)}{\sqrt{1-\beta^2}}$$

$$t_2' - t_1' = \frac{(t_2 - t_1) - (v/c^2)(x_2 - x_1)}{\sqrt{1-\beta^2}}$$

若这两件事情发生在坐标系 S 中同一地点和同一时刻，即 $\Delta x = x_2 - x_1 = 0$ 和 $\Delta t = t_2 - t_1 = 0$，则有 $\Delta x' = x_2' - x_1' = 0$ 和 $\Delta t' = t_2' - t_1' = 0$。在任何惯性系统中，这两件事情都是同时同地发生，这是理所当然的，可由相对性原理直接得出。

如果这两件事情在坐标系 S 中同一时刻但是不同地点发生，即 $\Delta x \neq 0$ 和 $\Delta t = 0$，则有

$$\Delta x' = \frac{\Delta x}{\sqrt{1-\beta^2}} \neq 0, \quad 且 \quad \Delta t' = \frac{(v/c^2)\Delta x}{\sqrt{1-\beta^2}} \neq 0$$

那么，这两件事情，在坐标系 S'中，不但在不同地点发生，而且不同时了。这正是我们上面所说的情况。

2. 物体在运动方向的缩短

设有刻度尺，其长度为 l，沿着 $O'x'$轴放置。左端与 O'点重合，对于坐标系 S'静止不动。因而对于坐标系 S 来说，这尺是在以速度 v 运动着的。现在让我们来比较一下这尺在坐标系 S 和 S'中的长度。在坐标系 S'中，尺是静止的，测定它的长度毫不困难，只要记下这尺左右两端的坐标就行了，即

$$x_1' = y_1' = z_1' = 0 \quad 和 \quad x_2' = l, \quad y_2' = z_2' = 0$$

于是右端的横坐标 x_2'就是这尺在坐标系 S'中的长度。

在坐标系 S 中，尺在运动，情况要复杂一些：我们必须同时记下这运动着的尺的两端的位置（坐标）。这两个位置之间的距离 $x_2 - x_1$ 就代表这尺在坐标系 S 中的长度。坐标 x_2 和 x_1，正像刚才所说的，是在以 S 钟为准在同一时刻 t 确定下来的。根据洛伦兹变换式，这尺左右两端在时刻 t 的坐标为

$$y_1 = z_1 = 0, \quad x_1 = vt + x_1'\sqrt{1-\beta^2} = vt$$

和

$$y_2 = z_2 = 0, \quad x_2 = vt + x_2'\sqrt{1-\beta^2} = vt + l\sqrt{1-\beta^2}$$

于是这个运动着的尺在坐标系 S 中的长度等于 x_2 和 x_1 在同一时刻 t 的值之差，即

$$x_2 - x_1 = l\sqrt{1-\beta^2} \tag{135.1}$$

比 l 小，因为 $0<\beta\leqslant1$。这尺缩短了，依照 $\sqrt{1-\beta^2}:1$ 而缩短。静止时长度为 l 的尺，在运动中，看起来变短了，变成 $l\sqrt{1-\beta^2}$，这个结论类似于洛伦兹－斐兹杰惹假设，但它是作为普遍公式的结果而得出的，不再是一个特殊的假定。

物体在运动方向的缩短正好说明麦克耳孙实验的否定结果；而麦克耳孙实验的否定结果也正是物体在运动方向缩短的直接证明。

3. 运动时钟的变慢

设有校准了的时钟固定在坐标系 S' 中，其振动参数为

$$q = q_0\sin\left(2\pi\frac{t'}{T'}\right)$$

式中 T' 为时钟在坐标系 S' 中的周期。对于静止在坐标系 S 中的观测者来说，这个时钟以速度 v 运动着。当他开始观测这个运动时钟，即 $t=0$ 时，时钟在坐标系 S 中的横坐标 x 的值设为 x_0。对于静止的观察者来说，在他的时刻 t，运动时钟恰好走过横坐标为 $x=x_0+vt$ 的点的面前，而静止在该点的时钟恰好指示着时刻 t。把洛伦兹变换式 $t'=\dfrac{t-vx/c^2}{\sqrt{1-\beta^2}}$，代入上式，就有

$$\begin{aligned} q &= q_0\sin\left(2\pi\frac{t'}{T'}\right) = q_0\sin\left[\frac{2\pi}{T'}\frac{t-v(x_0+vt)/c^2}{\sqrt{1-\beta^2}}\right] \\ &= q_0\sin\left[2\pi\left(\frac{t}{T'}\sqrt{1-\beta^2}-\frac{vx_0}{c^2T'\sqrt{1-\beta^2}}\right)\right] \end{aligned}$$

由此可见，在静止的观测者看起来，运动时钟的周期为

$$T = \frac{T'}{\sqrt{1-\beta^2}} > T' \tag{135.2}$$

换句话说，观测者看到对他运动着的时钟变慢了。相对论的这一结论也得到了关于 π 介子寿命的实验证明。

4. 速度合成公式

设坐标系 S' 相对于坐标系 S 沿 x 轴而运动，其速度为 v；又在坐标系 S' 中设有物体以速度 u' 沿 x' 轴运动。让我们来决定这个物体相对于坐标系 S 的运动速度 u。

令 x' 为该物体在 t' 时刻在坐标系 S' 中的横坐标，则 $u'=\mathrm{d}x'/\mathrm{d}t'$。同样，在坐标系 S 中，我们有 $u=\mathrm{d}x/\mathrm{d}t$。从洛伦兹变换式，我们得

$$\mathrm{d}x' = \frac{\mathrm{d}x - v\mathrm{d}t}{\sqrt{1-\beta^2}},\quad \mathrm{d}t' = \frac{\mathrm{d}t-(v/c^2)\mathrm{d}x}{\sqrt{1-\beta^2}}$$

从而

$$\frac{dx'}{dt'}=\frac{dx-vdt}{dt-\frac{v}{c^2}dx}=\frac{\frac{dx}{dt}-v}{1-\frac{v}{c^2}\frac{dx}{dt}}$$

即

$$u'=\frac{u-v}{1-uv/c^2}\quad 或 \quad u=\frac{u'+v}{1+u'v/c^2} \tag{135.3}$$

这样一来,合成速度 u 就不简单地等于 u' 和 v 的代数和了。当 u' 向光速 c 任意接近时,合成速度也仍然小于 c,可见 c 为极限速度。如果 u' 真的等于 c,即相当于在坐标系 S' 中有一光信号传播,则 u 还是等于 c。在一切惯性系统中,光速总等于 c,这一结果表明速度合成公式符合光速不变原理。

有了正确的速度合成公式(135.3),就可很容易地解释斐索实验结果,而不必乞灵于什么以太的所谓漂移系数了。我们把坐标系固定在流水上,坐标系 S 固定在仪器或观测者上,则水的流速相当于 S' 对于 S 的速度 v,而光在水中(即坐标系 S' 中)的传播速度 $v_1=c/n$ 相当于 u'。于是,根据速度合成公式,我们就得光对于仪器的速度

$$u=\frac{\frac{c}{n}+v}{1+\frac{c}{n}\frac{v}{c^2}}=\frac{\left(\frac{c}{n}+v\right)\left(1-\frac{v}{cn}\right)}{1-\frac{v^2}{c^2n^2}}\approx\frac{c}{n}+v\left(1-\frac{1}{n^2}\right)$$

与 § 128 - 2 的结果一致。

§ 136 两个相对匀速运动的观测者何以能测得相同的光速

我们利用从洛伦兹变换式得出的结果来解释相对论中光速不变原理。

设有 A 和 B 两个观测者,分别固定在坐标系 S 和 S' 中,将各自问:何以他在真空中测光的传播速度能得到和我相同的值 c?

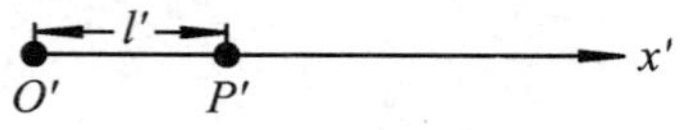

图 136.1

为了测定光速,B 必须利用光信号,使其沿某一路程往返。设 B 在 O' 点发出一个光信号。信号在与 O' 相距为 l' 的 P' 点反射后回到 O'(图 136.1)。B 用自己的钟测得光往返所需的时间为 τ。承认光的传播各向同性,于是 B 取

$$c=\frac{\overline{O'P'}+\overline{P'O'}}{\tau}=\frac{2l'}{\tau}$$

作为光的速度。

A 在观看 B 所进行的实验之后,将有什么意见呢? A 说:"在 B 的实验和计算中,我

有下列三点意见：① $O'P'$的长度不是 l'，而是 $l'\sqrt{1-\beta^2}$；② 相对于 $O'x'$轴，光在往返中有不同的速度，在去程为 $c-v$，在回程为 $c+v$；③ B 钟走得太慢，光在往返中所需的时间不是 τ，而是 $\tau/\sqrt{1-\beta^2}$。”

根据 A 的意见，写成方程式为

$$\frac{\tau}{\sqrt{1-\beta^2}}=\frac{l'\sqrt{1-\beta^2}}{c-v}+\frac{l'\sqrt{1-\beta^2}}{c+v}=\frac{2l'}{c\sqrt{1-\beta^2}}$$

可见最后结果还是一样。

但是，在 A 看起来，B 的观测之所以正确，是由于他对长度、对时间和对速度都犯了错误，而这些错误恰好互相抵消的结果。A 对自己说：“B 这家伙真幸运！他把自己当作静止，其实他在运动；他用的量尺太短，用的时钟走得太慢；但是这些错误互相抵消，最后得出正确的结果。”

显然，A 是一个非相对论者。

若 A 进行光速实验，B 也会提出同样的意见，给出同样的说法。

§137　互相谴责之谜

A 说 B 犯了错误，根据相对性原理，B 也完全有同样权利说 A 犯了错误。A，B 互相谴责，上节就是例子，下面再举一个。

A 和 B 各有一根完全相同的量尺，其长度同为 l，分别静止在坐标系 S 和 S'中，并把他们的量尺沿 Ox（也即 $O'x'$）轴安置着。A 将说 B 的量尺缩短了，缩短成 $l\sqrt{1-\beta^2}$；反之，B 也将说 A 的量尺缩短了，缩短成 $l\sqrt{1-\beta^2}$。这又如何可能呢？这是由于每个观测者对别人运动量尺的长度所不得不采取的计量方法而来。他必须记下运动量尺两端在其系统中同时所占据的地点，而后测定该两点之间的距离，即为运动量尺的长度。但是每个观测者各有自己的时间，各自规定本系统内的同时性，而在两个不同惯性系统中的同时是不相同的。

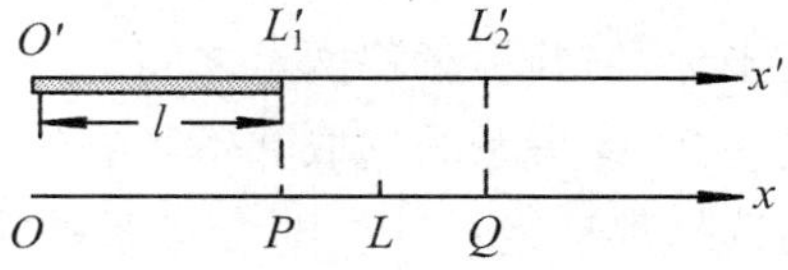

图 137.1

且看 A 如何测定 B 尺的长度。

为了更加清楚起见，我们把 Ox 和 $O'x'$轴分开（图 137.1），并把 B 尺左端 O' 点走过 A 尺左端 O 点的这一时刻作为该两坐标系计算时间的起点，即放在 O 和 O'的钟同指零点时，即 $t_0=t_0'=0$。在这个零时，处在 P 的 A 的合作者看见 B 尺右端恰好走过他的面前；于是 A 说，B 尺的长度为$\overline{OP}=l\sqrt{1-\beta^2}<l$，小于他自己的尺的长度$\overline{OL}$。由于运动着的钟变慢了的缘故，在 S 系统看起来，置在 B 尺右端 L_1'的钟并不和置在它对面 P 点静止时钟指着相同的时刻（零时）；它指的还不到零时。根据洛伦兹变换式，当 $t=0$ 时，在L_1'点和在 O'点的两个时间之差，在 S 系统看起来，为

$$t'_1 - t'_0 = -\frac{vx/c^2}{\sqrt{1-\beta^2}} < 0$$

依 S 系统来说，处在 B 尺右端 L'_1 的 B 的合作者，必须从走过 P 点之时起，再经过

$$\Delta t' = \frac{vx/c^2}{\sqrt{1-\beta^2}} = \frac{v}{c^2}l$$

之后，才会在它身边的钟上看到地方时刻 $t'=0$。

当 $t'=0$ 时，置在 B 尺右端 L'_1 对面而在 S 系统内的静止时钟将指着时刻

$$\Delta t = \frac{t' + vx'/c^2}{\sqrt{1-\beta^2}} = \frac{vx'/c^2}{\sqrt{1-\beta^2}} = \frac{vl/c^2}{\sqrt{1-\beta^2}}$$

因为 $x'=l$。

对于 S 系统来说，B 尺右端 L'_1 以速度 v 运动着；在时刻 $0+\Delta t$，L'_1 将适走到 L'_2，即 Ox 轴上 Q 点的面前，而 Q 点的坐标为

$$\overline{OQ} = x_Q = \overline{OP} + \overline{PQ} = l\sqrt{1-\beta^2} + v \times \frac{vl/c^2}{\sqrt{1-\beta^2}}$$

$$= \frac{l}{\sqrt{1-\beta^2}} = \frac{\overline{OL}}{\sqrt{1-\beta^2}}$$

对 B 来说，$\overline{OQ}$ 等于 l，因为长度为 l 的 B 尺左右两端当 $t'=0$ 时恰好同时在 O 点和 Q 点的面前。于是在 S 系统中，

$$\overline{OL} = \overline{OQ}\sqrt{1-\beta^2}$$

这一关系，在 B 看来，就是 A 尺的长度 $\overline{OL}$ 不是 l 而是 $l\sqrt{1-\beta^2}$。

从上面所举两个例子，可见根据爱因斯坦观点对长度测量和时间测量所作的分析是何等细致而深刻。狭义相对论的基础已处于不可动摇的地位，除非有朝一日有实验可以证明匀速直线运动对光学现象或电磁现象的影响；任何这种影响直到今天为止是不存在的。

长度和同时的相对性的正确理解，不应该被唯心主义学者和哲学家所利用，作为物理概念已失去了客观性的借口。在通常的三度空间中，坐标系的选取，虽然改变了一点的坐标，但并不影响两点之间的距离与物体的形状和大小。在四度时空理论中，情况也是一样，参考系的选取并不影响作为物理过程的时空表现的间隔，间隔对于任何参考系的选择都有绝对性。随参考系的选择而改变的仅是个别选取的空间的或时间的形式。正如在三度空间中，当变换坐标系时，物体在坐标平面上的投影形状发生改变一样。

和经典物理学比较起来，相对论对于空间和时间的认识大大向前迈进了一步。在经典物理学中，时间和空间乃是两个互相独立的、彼此无关的范畴，而在相对论里，时间和空间却有着不可分割的联系。在这个联系上来研究它们，相对论得出了更深刻、更精确的关于时间和空间的概念，以及更加接近于客观世界中的时间和空间的相互关系。这些概念在所谓广义相对论中又有所发展。广义相对论不仅研究参考系的匀速运动，而且研究参考系的加速运动。广义相对论获得了空间和时间的性质与物质群的分布有关的结论，更进一步揭示了空间和时间对运动着的物质的依赖性。空间和时间乃是物质存在的形态。

第 21 章　相对论电动力学和相对论力学

§138　真空中的麦克斯韦方程的变换

在 S 参考系统(x,y,z,t)里，真空中的麦克斯韦方程为

$$\left.\begin{aligned}
\frac{1}{c}\frac{\partial E_x}{\partial t} &= \frac{\partial H_z}{\partial y}-\frac{\partial H_y}{\partial z}, &\quad -\frac{1}{c}\frac{\partial H_x}{\partial t} &= \frac{\partial E_z}{\partial y}-\frac{\partial E_y}{\partial z}\\
\frac{1}{c}\frac{\partial E_y}{\partial t} &= \frac{\partial H_x}{\partial z}-\frac{\partial H_z}{\partial x}, &\quad -\frac{1}{c}\frac{\partial H_y}{\partial t} &= \frac{\partial E_x}{\partial z}-\frac{\partial E_z}{\partial x}\\
\frac{1}{c}\frac{\partial E_z}{\partial t} &= \frac{\partial H_y}{\partial x}-\frac{\partial H_x}{\partial y}, &\quad -\frac{1}{c}\frac{\partial H_z}{\partial t} &= \frac{\partial E_y}{\partial x}-\frac{\partial E_x}{\partial y}
\end{aligned}\right\}\tag{138.1}$$

式中 E_x, E_y, E_z 为电场$\boldsymbol{E}$ 的分量，H_x, H_y, H_z 为磁场$\boldsymbol{H}$ 的分量。

对于这些方程式，应用洛伦兹变换，我们就可得到在 S'参考系统(x', y', z', t')里真空中的麦克斯韦方程。从洛伦兹变换式，我们有

$$\frac{\partial t}{\partial t'}=\frac{1}{\sqrt{1-\beta^2}},\quad \frac{\partial x}{\partial t'}=\frac{v}{\sqrt{1-\beta^2}}$$

$$\frac{\partial t'}{\partial x}=-\frac{v/c^2}{\sqrt{1-\beta^2}},\quad \frac{\partial x'}{\partial x}=\frac{1}{\sqrt{1-\beta^2}}$$

于是

$$\begin{aligned}
\frac{1}{c}\frac{\partial E_x}{\partial t'} &= \frac{1}{c}\left(\frac{\partial E_x}{\partial t}\frac{\partial t}{\partial t'}+\frac{\partial E_x}{\partial x}\frac{\partial x}{\partial t'}\right)\\
&= \frac{1}{c\sqrt{1-\beta^2}}\left(\frac{\partial E_x}{\partial t}+v\frac{\partial E_x}{\partial x}\right)
\end{aligned}$$

把麦克斯韦方程(138.1)中第一式$\partial E_x/\partial t$ 的值和

$$\frac{\partial E_x}{\partial x}=-\frac{\partial E_y}{\partial y}-\frac{\partial E_z}{\partial z}$$

代入就得

$$\begin{aligned}
\frac{1}{c}\frac{\partial E_x}{\partial t'} &= \frac{1}{\sqrt{1-\beta^2}}\left[\left(\frac{\partial H_z}{\partial y}-\frac{\partial H_y}{\partial z}\right)-\frac{v}{c}\left(\frac{\partial E_y}{\partial y}+\frac{\partial E_z}{\partial z}\right)\right]\\
&= \frac{\partial}{\partial y}\left[\frac{1}{\sqrt{1-\beta^2}}\left(H_z-\frac{v}{c}E_y\right)\right]-\frac{\partial}{\partial z}\left[\frac{1}{\sqrt{1-\beta^2}}\left(H_y+\frac{v}{c}E_z\right)\right]
\end{aligned}$$

$$= \frac{\partial}{\partial y'}\left[\frac{1}{\sqrt{1-\beta^2}}\left(H_z - \frac{v}{c}E_y\right)\right] - \frac{\partial}{\partial z'}\left[\frac{1}{\sqrt{1-\beta^2}}\left(H_y + \frac{v}{c}E_z\right)\right]$$

这就是由麦克斯韦方程(138.1)中的第一式变换而成的。

为了变换第二式,我们有

$$\begin{aligned}
\frac{1}{c}\frac{\partial E_y}{\partial t'} &= \frac{1}{c}\left(\frac{\partial E_y}{\partial t}\cdot\frac{\partial t}{\partial t'} + \frac{\partial E_y}{\partial x}\frac{\partial x}{\partial t'}\right) \\
&= \frac{1}{\sqrt{1-\beta^2}}\left(\frac{\partial H_x}{\partial z} - \frac{\partial H_z}{\partial x}\right) + \frac{v}{c\sqrt{1-\beta^2}}\frac{\partial E_y}{\partial x} \\
&= \frac{1}{\sqrt{1-\beta^2}}\frac{\partial H_x}{\partial z} - \frac{1}{\sqrt{1-\beta^2}}\frac{\partial}{\partial x}\left(H_z - \frac{v}{c}E_y\right) \\
&= \frac{1}{\sqrt{1-\beta^2}}\frac{\partial H_x}{\partial z} - \frac{1}{\sqrt{1-\beta^2}}\left[\frac{\partial}{\partial x'}\left(H_z - \frac{v}{c}E_y\right)\frac{\partial x'}{\partial x} + \frac{\partial}{\partial t'}\left(H_z - \frac{v}{c}E_y\right)\frac{\partial t'}{\partial x}\right] \\
&= \frac{1}{\sqrt{1-\beta^2}}\frac{\partial H_x}{\partial z} - \frac{1}{(1-\beta^2)}\frac{\partial}{\partial x'}\left(H_z - \frac{v}{c}E_y\right) + \frac{v}{c^2(1-\beta^2)}\frac{\partial}{\partial t'}\left(H_z - \frac{v}{c}E_y\right)
\end{aligned}$$

即

$$\begin{aligned}
\frac{1}{c}\left[\frac{\partial}{\partial t'}\frac{1}{\sqrt{1-\beta^2}}\left(E_y - \frac{v}{c}H_z\right)\right] &= \frac{\partial H_x}{\partial z} - \frac{\partial}{\partial x'}\left[\frac{1}{\sqrt{1-\beta^2}}\left(H_z - \frac{v}{c}E_y\right)\right] \\
&= \frac{\partial H_x}{\partial z'} - \frac{\partial}{\partial x'}\left[\frac{1}{\sqrt{1-\beta^2}}\left(H_z - \frac{v}{c}E_y\right)\right]
\end{aligned}$$

同样,我们可以变换麦克斯韦方程(138.1)中其它各式。最后,得

$$\left.\begin{aligned}
\frac{1}{c}\frac{\partial E_x}{\partial t'} &= \frac{\partial}{\partial y'}\left[\frac{1}{\sqrt{1-\beta^2}}\left(H_z - \frac{v}{c}E_y\right)\right] - \frac{\partial}{\partial z'}\left[\frac{1}{\sqrt{1-\beta^2}}\left(H_y + \frac{v}{c}E_z\right)\right] \\
\frac{1}{c}\frac{\partial}{\partial t'}\left[\frac{1}{\sqrt{1-\beta^2}}\left(E_y - \frac{v}{c}H_z\right)\right] &= \frac{\partial H_x}{\partial z'} - \frac{\partial}{\partial x'}\left[\frac{1}{\sqrt{1-\beta^2}}\left(H_z - \frac{v}{c}E_y\right)\right] \\
\frac{1}{c}\frac{\partial}{\partial t'}\left[\frac{1}{\sqrt{1-\beta^2}}\left(E_z + \frac{v}{c}H_y\right)\right] &= \frac{\partial}{\partial x'}\left[\frac{1}{\sqrt{1-\beta^2}}\left(H_y + \frac{v}{c}E_z\right)\right] - \frac{\partial H_x}{\partial y'} \\
-\frac{1}{c}\frac{\partial H_x}{\partial t'} &= \frac{\partial}{\partial y'}\left[\frac{1}{\sqrt{1-\beta^2}}\left(E_z + \frac{v}{c}H_y\right)\right] - \frac{\partial}{\partial z'}\left[\frac{1}{\sqrt{1-\beta^2}}\left(E_y - \frac{v}{c}H_z\right)\right] \\
-\frac{1}{c}\frac{\partial}{\partial t'}\left[\frac{1}{\sqrt{1-\beta^2}}\left(H_y + \frac{v}{c}E_z\right)\right] &= \frac{\partial E_x}{\partial z'} - \frac{\partial}{\partial x'}\left[\frac{1}{\sqrt{1-\beta^2}}\left(E_z + \frac{v}{c}H_y\right)\right] \\
-\frac{1}{c}\frac{\partial}{\partial t'}\left[\frac{1}{\sqrt{1-\beta^2}}\left(H_z - \frac{v}{c}E_y\right)\right] &= \frac{\partial}{\partial x'}\left[\frac{1}{\sqrt{1-\beta^2}}\left(E_y - \frac{v}{c}H_z\right)\right] - \frac{\partial E_x}{\partial y'}
\end{aligned}\right\} \tag{138.2}$$

这就是在 S' 参考系统(x', y', z', t')里真空中的麦克斯韦方程。

根据相对性原理,若真空中的麦克斯韦方程(138.1)在参考系统 S 中是正确的话,它们在参考系统 S' 中也应该是正确的,而且具有完全相同的形式,即

$$\left.\begin{aligned}
\frac{1}{c}\frac{\partial E_x'}{\partial t'} &= \frac{\partial H_z'}{\partial y'} - \frac{\partial H_y'}{\partial z'}\\
\frac{1}{c}\frac{\partial E_y'}{\partial t'} &= \frac{\partial H_x'}{\partial z'} - \frac{\partial H_z'}{\partial x'}\\
\frac{1}{c}\frac{\partial E_z'}{\partial t'} &= \frac{\partial H_y'}{\partial x'} - \frac{\partial H_x'}{\partial y'}\\
-\frac{1}{c}\frac{\partial H_x'}{\partial t'} &= \frac{\partial E_z'}{\partial y'} - \frac{\partial E_y'}{\partial z'}\\
-\frac{1}{c}\frac{\partial H_y'}{\partial t'} &= \frac{\partial E_x'}{\partial z'} - \frac{\partial E_z'}{\partial x'}\\
-\frac{1}{c}\frac{\partial H_z'}{\partial t'} &= \frac{\partial E_y'}{\partial x'} - \frac{\partial H_x'}{\partial y'}
\end{aligned}\right\} \tag{138.3}$$

式中 E_x', E_y', E_z' 和 H_x', H_y', H_z' 各为电场和磁场在参考系统 S' 中的分量。

显然,方程组(138.2)和(138.3)在参考系统 S' 中代表同一的事物,于是我们有

$$\left.\begin{aligned}
E_x' &= E_x\\
E_y' &= \frac{1}{\sqrt{1-\beta^2}}\left(E_y - \frac{v}{c}H_z\right)\\
E_z' &= \frac{1}{\sqrt{1-\beta^2}}\left(E_z + \frac{v}{c}H_y\right)\\
H_x' &= H_x\\
H_y' &= \frac{1}{\sqrt{1-\beta^2}}\left(H_y + \frac{v}{c}E_z\right)\\
H_z' &= \frac{1}{\sqrt{1-\beta^2}}\left(H_z - \frac{v}{c}E_y\right)
\end{aligned}\right\} \tag{138.4}$$

这就是电磁场矢量 $\boldsymbol{E}$ 和 $\boldsymbol{H}$ 的分量从参考系统 S 到参考系统 S' 的变换公式。可见场矢量的数值和计算系统有密切的关系,换句话说,把电磁场分割为电场和磁场的这种做法具有相对的性质。至于任一电荷所带的电量 q,显然与参考系统无关。

设有静止在参考系统 S 中的单位电荷,它受到的力,依定义,为 $\boldsymbol{E}(E_x, E_y, E_z)$。若该单位电荷静止在运动着的参考系统 S' 中,则它受到的力,在 S' 中来量,将为 $\boldsymbol{E}'(E_x', E_y', E_z')$。因此,方程组(138.4)中前三式的含义可有下面新旧两种说法:

(a) 单位的电荷若在电磁场中运动着,则除电力外,它将受到一个"电动力"的作用;在忽略 v/c 的平方和更高次方的情形下,这个"电动力"等于运动速度 $\boldsymbol{v}$ 和磁场强度 $\boldsymbol{H}$ 的矢积用 c 除(旧的说法)。

(b) 在电磁场中运动着的单位电荷所受到的力,就数值言,等于相对于静止的坐标系 S' 中电荷所在之点的电场强度 $\boldsymbol{E}'$(新的说法)。

从方程组(138.4)后三式,可见有类似的"磁动力"。电动力和磁动力只是辅助概念;它们的引入是由于电场和磁场并非超脱于参考系统的运动之外而独立地存在的缘故。

就电磁场的变换式(138.4)来看,在§127(1)中提到的关于磁铁与导体的相互作用

里，磁铁固定而导体运动与导体固定而磁铁运动的非对称性不复存在了。

电场强度和磁场强度随参考系统的选择而改变既如上述，我们很自然地就会提出这样一个问题：什么是电磁场在数量上不变的特征呢？从变换式(138.4)，很易证明：

$$E'_xH'_x + E'_yH'_y + E'_zH'_z = E_xH_x + E_yH_y + E_zH_z$$

$$E'^2 - H'^2 = E^2 - H^2$$

即 $\boldsymbol{E}\cdot\boldsymbol{H}$ 和 $E^2 - H^2$ 是电磁场的两个不变量。

§139 含有对流电流的麦克斯韦方程的变换

当考虑到密度为 ρ 的媒质自由电荷跟媒质一起以速度 $\boldsymbol{u}$ 运动(牵动)，而形成对流电流或牵动电流，其密度 $\boldsymbol{i}=\rho\boldsymbol{u}$ 时，麦克斯韦方程成为

$$\left.\begin{aligned}
\frac{1}{c}\left(\frac{\partial E_x}{\partial t} + 4\pi\rho u_x\right) &= \frac{\partial H_z}{\partial y} - \frac{\partial H_y}{\partial z}\\
\frac{1}{c}\left(\frac{\partial E_y}{\partial t} + 4\pi\rho u_y\right) &= \frac{\partial H_x}{\partial z} - \frac{\partial H_z}{\partial x}\\
\frac{1}{c}\left(\frac{\partial E_z}{\partial t} + 4\pi\rho u_z\right) &= \frac{\partial H_y}{\partial x} - \frac{\partial H_x}{\partial y}\\
-\frac{1}{c}\frac{\partial H_x}{\partial t} &= \frac{\partial E_z}{\partial y} - \frac{\partial E_y}{\partial z}\\
-\frac{1}{c}\frac{\partial H_y}{\partial t} &= \frac{\partial E_x}{\partial z} - \frac{\partial E_z}{\partial x}\\
-\frac{1}{c}\frac{\partial H_z}{\partial t} &= \frac{\partial E_y}{\partial x} - \frac{\partial E_x}{\partial y}
\end{aligned}\right\} \qquad (139.1)$$

若媒质中的自由电荷就是电子或离子，那么这些方程式就是运动媒质洛伦兹电动力学的基础。

假设方程(139.1)在坐标系 S 中是正确的，根据电磁场变换式(138.4)和时空洛伦兹变换式(133.6)和(133.7)，把它们变换到惯性系统 S'，应该得到一组形式完全相同的方程式。

为此，把

$$E_x = E'_x$$

$$H_z = \frac{1}{\sqrt{1-\beta^2}}\left(H'_z + \frac{v}{c}E'_y\right)$$

$$H_y = \frac{1}{\sqrt{1-\beta^2}}\left(H'_y - \frac{v}{c}E'_z\right)$$

代入式(139.1)中的第一式，我们有

$$\frac{1}{c}\left(\frac{\partial E'_x}{\partial t}+4\pi\rho u_x\right)=\frac{1}{\sqrt{1-\beta^2}}\left[\frac{\partial H'_z}{\partial y}-\frac{\partial H'_y}{\partial z}+\frac{v}{c}\left(\frac{\partial E'_y}{\partial y}+\frac{\partial E'_z}{\partial z}\right)\right]$$

但是

$$\frac{\partial E'_x}{\partial t}=\frac{\partial E'_x}{\partial t'}\frac{\partial t'}{\partial t}+\frac{\partial E'_x}{\partial x'}\frac{\partial x'}{\partial t}=\frac{1}{\sqrt{1-\beta^2}}\left(\frac{\partial E'_x}{\partial t'}-v\frac{\partial E'_x}{\partial x'}\right)$$

并令

$$4\pi\rho'=\frac{\partial E'_x}{\partial x'}+\frac{\partial E'_y}{\partial y'}+\frac{\partial E'_z}{\partial z'}$$

得

$$\frac{1}{c}\left(\frac{\partial E'_x}{\partial t'}-4\pi\rho' v+4\pi\rho u_x\sqrt{1-\beta^2}\right)=\frac{\partial H'_z}{\partial y'}-\frac{\partial H'_y}{\partial z'}$$

为了使它具有与式(139.1)中的第一式完全相同的形式：

$$\frac{1}{c}\left(\frac{\partial E'_x}{\partial t'}+4\pi\rho' u'_x\right)=\frac{\partial H'_z}{\partial y'}-\frac{\partial H'_y}{\partial z'}$$

式中 u'_x依速度合成公式，为

$$u'_x=\frac{u_x-v}{1-u_x v/c^2}$$

我们必须有

$$\rho' u'_x=\rho u_x\sqrt{1-\beta^2}-\rho' v$$

从而得出

$$\rho'=\rho\frac{1-u_x v/c^2}{\sqrt{1-\beta^2}}$$

对式(139.1)中其它五式，作类似的变换，我们最后得

$$\left.\begin{aligned}
&\frac{1}{c}\left(\frac{\partial E'_x}{\partial t'}+4\pi\rho' u'_x\right)=\frac{\partial H'_z}{\partial y'}-\frac{\partial H'_y}{\partial z'}\\
&\frac{1}{c}\left(\frac{\partial E'_y}{\partial t'}+4\pi\rho' u'_y\right)=\frac{\partial H'_x}{\partial z'}-\frac{\partial H'_z}{\partial x'}\\
&\frac{1}{c}\left(\frac{\partial E'_z}{\partial t'}+4\pi\rho' u'_z\right)=\frac{\partial H'_y}{\partial x'}-\frac{\partial H'_x}{\partial y'}\\
&-\frac{1}{c}\frac{\partial H'_x}{\partial t'}=\frac{\partial E'_z}{\partial y'}-\frac{\partial E'_y}{\partial z'}\\
&-\frac{1}{c}\frac{\partial H'_y}{\partial t'}=\frac{\partial E'_x}{\partial z'}-\frac{\partial E'_z}{\partial x'}\\
&-\frac{1}{c}\frac{\partial H'_z}{\partial t'}=\frac{\partial E'_y}{\partial x'}-\frac{\partial E'_x}{\partial y'}\\
&\frac{\partial E'_x}{\partial x'}+\frac{\partial E'_y}{\partial y'}+\frac{\partial E'_z}{\partial z'}=4\pi\rho'\\
&\frac{\partial H'_x}{\partial x'}+\frac{\partial H'_y}{\partial y'}+\frac{\partial H'_z}{\partial z'}=0
\end{aligned}\right\}\qquad(139.2)$$

式中

$$\left.\begin{aligned}u'_x &= \frac{u_x - v}{1 - u_x v/c^2}, \quad u'_y = \frac{u_y\sqrt{1-\beta^2}}{1 - u_x v/c^2} \\ u'_z &= \frac{u_z\sqrt{1-\beta^2}}{1 - u_x v/c^2}, \quad \rho' = \rho\frac{1 - u_x v/c^2}{\sqrt{1-\beta^2}}\end{aligned}\right\} \tag{139.3}$$

由于 $\boldsymbol{u}'$就是在惯性系统 S'中的电荷速度,可见洛伦兹关于运动媒质的电动力学理论合乎相对性原理;但是,由于洛伦兹并没有认识到洛伦兹变换式的真正意义,他始终没有能够得出物质式媒质的电动力学的不变性。

§140 匀速运动点电荷的场

设有点电荷 e 以匀速 v 在真空中运动,求它所产生的电场 $\boldsymbol{E}$ 和磁场 $\boldsymbol{H}$。取惯性坐标系 S',相对坐标系 S 以匀速 v 运动着;并设在 $t' = t = 0$ 时,点电荷 e 在该两坐标系叠合的原点 O 和 O'上。在坐标系 S'中点电荷是不动的,它只产生静电场,即

$$\boldsymbol{E}' = \frac{e}{r'^3}\boldsymbol{r}', \quad \boldsymbol{H}' = 0$$

从 $\boldsymbol{E}'$和 H',根据电磁场变换式(138.4)①,即可得出我们所要求的在坐标系 S'中的电场和磁场:

$$\left.\begin{aligned}E_x &= E'_x, \quad E_y = \frac{E'_y}{\sqrt{1-\beta^2}}, \quad E_z = \frac{E'_z}{\sqrt{1-\beta^2}} \\ H_x &= 0, \quad H_y = -\frac{(v/c)E'_z}{\sqrt{1-\beta^2}}, \quad H_z = \frac{(v/c)E'_y}{\sqrt{1-\beta^2}}\end{aligned}\right\} \tag{140.1}$$

由此可见匀速运动点电荷的电场与静止点电荷的电场之间的关系:设 $E_{/\!/}$ 和 $E'_{/\!/}$ 为平行于点电荷运动速度方向的分量,$E_{\perp}$ 和 $E'_{\perp}$ 为正交于点电荷运动速度方向的分量,则有

$$E_{/\!/} = E'_{/\!/}, \quad E_{\perp} = \frac{E'_{\perp}}{\sqrt{1-\beta^2}}$$

即把各点的静电场,在正交于运动速度的方向,按$(1/\sqrt{1-\beta^2}):1$ 拉长,就得运动电荷的电场。

但是在坐标系 S'中的某一点,即使当 $t' = t = 0$ 时,也不对应坐标系 S 中的同一点。在坐标系 S 中,$M(x, y, z, t = 0)$点的时空坐标按洛伦兹变换式求得,结果为

$$x = x'\sqrt{1-\beta^2}, \quad y = y', \quad z = z', \quad t = 0$$

换句话说,把坐标系 S'中的空间,沿运动速度 $\boldsymbol{v}$ 的方向,按$\sqrt{1-\beta^2}:1$ 压缩,就成为坐标

① 校者注:使用与式(138.4)等效的逆变换式。

系 S 中的空间。

从此得出结论:匀速运动点电荷的电场(图 140.1(a)),可从静止点电荷的电场(图 140.1(b)),沿电荷运动的方向,连空间带电场,按 $\sqrt{1-\beta^2}:1$ 压缩而得。

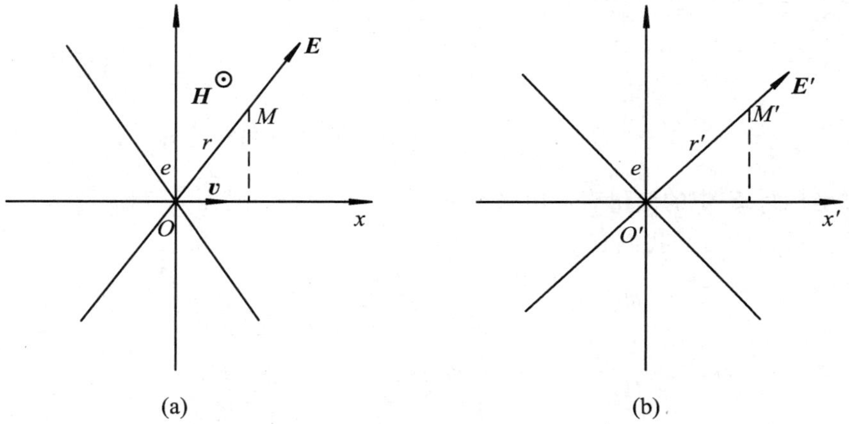

图 140.1

至于运动点电荷的磁场,则由式(140.1)可知,与电荷的运动方向正交,其大小为

$$H=\frac{v}{c}E_{\perp}$$

或以矢量表出,为

$$\boldsymbol{H}=\frac{1}{c}\boldsymbol{v}\times\boldsymbol{E}$$

这当然就是毕奥-萨伐尔定律。

显然,若电荷的运动速度愈大,则电场在运动方向的压缩愈甚。当其速度达于光速而成为光子时,电场和磁场,只限于通过电荷而垂直于它的运动方向的这个平面上,成为光波。

§141 质点的动力学

电子是一个带电质点;相对于一个暂时静止的观察者来说,由于对称关系,可以作为一个很小的均匀带电的球壳看待。当电子在运动时,相对论告诉我们,它的形状,和它的电场一样,按相同的比 $\sqrt{1-\beta^2}:1$ 在运动方向压缩,而成为一个椭球。

我们现在去计算这个运动电子所产生的电磁场的动量 $\boldsymbol{G}$。根据公式(125.2),动量的体密度为

$$\boldsymbol{g}=\frac{\boldsymbol{P}}{c^2}=\frac{1}{4\pi c}(\boldsymbol{E}\times\boldsymbol{H})$$

于是我们有

$$G = \frac{1}{4\pi c}\int (\boldsymbol{E} \times \boldsymbol{H})\mathrm{d}V$$

积分体积遍及于电子外部的整个空间，因为在电子内部电场为零。

若电子以速度 v 沿 Ox 轴运动，由于对称关系，显然有

$$G_y = G_z = 0$$

而

$$G_x = \frac{1}{4\pi c}\int (E_y H_z - E_z H_y)\mathrm{d}V$$

可以通过坐标系 S' 中的诸量表示出来。

根据公式(140.1)，我们有

$$E_y = \frac{E'_y}{\sqrt{1-\beta^2}}, \quad E_z = \frac{E'_z}{\sqrt{1-\beta^2}}$$

$$H_y = -\frac{(v/c)E'_z}{\sqrt{1-\beta^2}}, \quad H_z = \frac{(v/c)E'_y}{\sqrt{1-\beta^2}}$$

同时

$$\mathrm{d}V = \mathrm{d}x\mathrm{d}y\mathrm{d}z = \sqrt{1-\beta^2}\mathrm{d}x'\mathrm{d}y'\mathrm{d}z' = \sqrt{1-\beta^2}\mathrm{d}V'$$

把它们代入上式，得

$$G_x = \frac{\beta}{4\pi c\sqrt{1-\beta^2}}\int (E'^2_y + E'^2_z)\mathrm{d}V'$$

在坐标系 S' 中，电子是不动的，$\boldsymbol{E}'$ 是一个静电场。由于这个静电场对电子所在的原点 O' 成对称的缘故，我们有

$$\int E'^2_x\mathrm{d}V' = \int E'^2_y\mathrm{d}V' = \int E'^2_z\mathrm{d}V' = \frac{1}{3}\int E'^2\mathrm{d}V' = \frac{1}{3}\int_a^\infty \frac{e^2}{r'^4}4\pi r'^2\mathrm{d}r' = \frac{4\pi e^2}{3a}$$

式中 a 为电子的半径。于是我们得

$$G_x = \frac{2e^2}{3ac^2}\frac{v}{\sqrt{1-\beta^2}}$$

在一般情形下，电子不一定沿 Ox 轴运动。设其速度为 $\boldsymbol{v}$，则它的电磁动量为

$$\boldsymbol{G} = \frac{2e^2}{3ac^2}\frac{\boldsymbol{v}}{\sqrt{1-\beta^2}} \tag{141.1}$$

现在假设电子的速度在缓慢地变化着。由于电子速度变化而引起的场的变化将以光速传播。我们可以断言，在每时刻在加速运动着的电子附近的场，也等于以该时刻的速度作匀速运动的电子所产生的场，表示电子电磁动量的积分之值绝大部分由于其附近的场而来。因此，以很高的精确度来说，一个缓慢加速电子在某一时刻的电磁动量即等于以该时刻的速度作匀速运动的电子的电磁动量。

设 $\boldsymbol{a}$ 为电子的加速度，并设力 $\boldsymbol{F}$ 依定义等于动量的时间变化率，则有

$$\boldsymbol{F} = \frac{\mathrm{d}\boldsymbol{G}}{\mathrm{d}t} = \frac{2e^2}{3ac^2}\left[\frac{1}{\sqrt{1-\beta^2}}\frac{\mathrm{d}\boldsymbol{v}}{\mathrm{d}t} + \frac{\boldsymbol{v}}{c^2(1-\beta^2)^{3/2}}\left(\boldsymbol{v}\cdot\frac{\mathrm{d}\boldsymbol{v}}{\mathrm{d}t}\right)\right]$$

$$= \frac{2e^2}{3ac^2}\left[\frac{\boldsymbol{a}}{\sqrt{1-\beta^2}} + \frac{(\boldsymbol{v}\cdot\boldsymbol{a})\boldsymbol{v}}{c^2(1-\beta^2)^{3/2}}\right]$$

命 $\boldsymbol{a}_{/\!/}$ 和 $\boldsymbol{a}_{\perp}$ 各为平行于和正交于速度方向的加速度分量，则上式又可写成

$$\boldsymbol{F} = \frac{2e^2}{3ac^2}\left[\frac{\boldsymbol{a}_{\perp}}{\sqrt{1-\beta^2}} + \frac{\boldsymbol{a}_{/\!/}}{(1-\beta^2)^{3/2}}\right]$$

或分写为

$$F_{/\!/} = \frac{2e^2}{3ac^2(1-\beta^2)^{3/2}} a_{/\!/} \tag{141.2}$$

$$F_{\perp} = \frac{2e^2}{3ac^2\sqrt{1-\beta^2}} a_{\perp} \tag{141.3}$$

式中 $F_{/\!/}$ 和 $F_{\perp}$ 各为力 $\boldsymbol{F}$ 平行于和正交于速度方向的分量。

1. 质量

若保持牛顿第二定律：

$$力 = 质量 \times 加速度$$

的形式，则由上两方程式(141.2)和(141.3)，我们有

$$m_l = \frac{m_0}{(1-\beta^2)^{3/2}} \tag{141.4}$$

称为纵质量；

$$m_t = \frac{m_0}{\sqrt{1-\beta^2}} \tag{141.5}$$

称为横质量；而

$$m_0 = \frac{2e^2}{3ac^2} \tag{141.6}$$

式中电荷 e 以静电单位计，与公式(90.2)相同[①]，称为静止质量。如果电子在某坐标系中是静止的，则电子在该坐标系中的质量就是 m_0。

当电子以速度 v 运动时，它的质量将随速度而增加，且在平行于速度的方向与在正交于速度的方向而有所不同，纵质量比横质量大。因此，加速度往往不与作用的力有相同的方向。

根据公式(141.1)，(141.5)和(141.6)，电子的动量又可写成

$$\boldsymbol{G} = \frac{m_0}{\sqrt{1-\beta^2}}\boldsymbol{v} = m_t\boldsymbol{v} \tag{141.7}$$

这与动量定义的经典形式完全相同，由于 m_t 出现在动量的表示式中，通常所称运动质量是指横质量而言。

由上所述，可见电子和所有带电质点的质量完全是电磁性的。不应该说“带电质

① 校者注：注意式(90.2)使用电磁单位，而式(141.6)使用静电单位。

点”，并不是“质”点带“电”，所有物质颗粒就是电的本身。电子与质子固无论矣，就是中子，虽不具有纯净的电荷，但是具有磁矩，很可能是一个等量而异号的电荷的混合体，所以物质就是电，再不包含别的东西。因此，在本节中得到的有关电子的定律也就是质点的动力学。特别是我们从电磁理论得出了牛顿第二定律①，虽然经典的牛顿力学只是相对论力学在 $\beta = v/c$ 足够小的条件下的近似。

质量随速度而增加的事实，在本世纪初，对β射线的电子来说，就已查明。目前，有很多实验可以定量地验证质量公式。由因子 $\sqrt{1-\beta^2}$ 而来的修正在设计带电粒子的加速器时起着决定性的作用。在现代巨大加速器中所能得到的粒子速度可以达到光速的 0.99986，因而粒子质量比静止时要大 60 倍。但是对宏观物体在地球上所能进行的一切实验中，我们都不必考虑对质量数值的修正。精确的天文观察测出了水星的轨道与椭圆略有出入，可用水星沿轨道运动时质量的变化来解释②。

由公式(141.5)，可知粒子所获有的速度不可能大于或等于光速。因为随着粒子速度趋近于 c，粒子质量趋近于无穷大。这就是说，粒子速度的增加(加速度)必然逐渐趋向于零。相对论事后说明了光速的极限意义。在宇宙线的研究中，已经发现有速度比光速只小一点点的粒子，但是它们的速度终究要比光速小一点点。

2. 质量和能量的关系

我们先求动能的表示式。正如在经典力学中一样，动能的增加等于力所作的功，即

$$\mathrm{d}T = \boldsymbol{F} \cdot \boldsymbol{v}\mathrm{d}t$$

但

$$\boldsymbol{F} = \frac{\mathrm{d}\boldsymbol{G}}{\mathrm{d}t}, \quad \boldsymbol{G} = \frac{m_0}{\sqrt{1-\beta^2}}\boldsymbol{v} = m\boldsymbol{v}$$

式中 $m = m_0/\sqrt{1-\beta^2}$ 为速度 v 的函数，于是

$$\mathrm{d}T = \boldsymbol{v} \cdot \mathrm{d}(m\boldsymbol{v})$$

把它积分，得

$$\begin{aligned} T &= \int_0^v \boldsymbol{v} \cdot \mathrm{d}(m\boldsymbol{v}) \\ &= mv^2 - \int_0^v m\boldsymbol{v} \cdot \mathrm{d}\boldsymbol{v} \\ &= mv^2 - m_0\int_0^v \frac{\boldsymbol{v} \cdot \mathrm{d}\boldsymbol{v}}{\sqrt{1-v^2/c^2}} \\ &= mv^2 + m_0 c^2\left(\sqrt{1-v^2/c^2} - 1\right) \\ &= \frac{m_0 v^2}{\sqrt{1-v^2/c^2}} + m_0 c^2\left(\sqrt{1-v^2/c^2} - 1\right) \end{aligned}$$

即

---

① 我们注意，把牛顿定律写成 $\boldsymbol{F} = \mathrm{d}\boldsymbol{G}/\mathrm{d}t$，则它仍然成立；但是公式 $\boldsymbol{F} = m\boldsymbol{a}$ 不再是在所有情况下都正确。

② 事实上，也需要广义相对论来解释。

$$T = mc^2 - m_0c^2 = (m - m_0)c^2 \tag{141.8}$$

所求得的动能公式与通常的表示式是完全不相似的。但是,在 $v \ll c$ 的条件下,由于 $\frac{1}{\sqrt{1-\beta^2}} \approx 1 + \frac{1}{2}\beta^2$,我们仍然有

$$T = \frac{1}{2}m_0v^2$$

正是质量为 m_0 的物体的动能。

若令

$$E = mc^2 \tag{141.9}$$

则式(141.8)表示对物体所作的功等于函数 E 的增量,即

$$T = E - E_0$$

因此,E 这个函数获得物体的能量的意义,而动能 T 是物体在速度为 v 时的能量 $E = mc^2$ 和静止时的能量 $E_0 = m_0c^2$ 之差,于是我们有

$$T = \Delta E = (m - m_0)c^2 = c^2\Delta m \tag{141.10}$$

可见物体或系统的质量增加或减小,必然伴随着它的能量增加或减小。其间有如式(141.9)或(141.10)所示的线性而普适的关系。

质量和能量相互联系的定律是自然界的基本定律。能量的值可以确定物体的质量;反之,质量的值也可以确定物体的能量。质量和能量相互联系的定律不能以 v 趋近于零之故转变为某个经典的定律;因此,它对经典物理来说是一个新的定律。

$E = m_0c^2$ 是物体的静止能量,即物体的内能,由组成它的粒子的静止能量、它们的动能和它们的相互作用的位能相加而成。因此,如果物体的温度升高,系统的内部运动加剧,静止质量就会增加。如果使系统的相互排斥的各部分互相接近,或者使相互吸收的各部分互相离开,静止质量也会增加。由此可见,相互作用的粒子所成系统的质量,不具有相加的性质,即不遵守守恒定律。设有 N 个静止质量为 m_0 的粒子所组成的系统,其总质量为 M_0,则

$$|M_0 - Nm_0| = \Delta M$$

叫做**质量亏损**,而

$$\Delta E = c^2\Delta M$$

这个量叫做**结合能**。这在原子核的裂变和聚变中得到了充分的证实。

在没有基本粒子参与转变的一般现象中,无论是物理现象或化学反应中,内能的变化都只占全部内能中的很小很小的一部分,即

$$\Delta E \ll E = mc^2$$

不足以引起可以测量的质量变化,因此就建立了质量守恒和能量守恒这两个独立的定律。

质量和能量的关系式表明,当一个系统,由于光的吸收或发射,或者由于热的交换或机械功的完成,而发生任何内能的变化时,这个系统的质量也同时发生虽小但有一定的变化。如果因此而说质量转变为能量,或说能量转变为质量,甚至说物质在消灭或被创造,那将是错误的。质量绝不能转变为能量,正像能量之不可能转变为质量一样。例如,

光的辐射过程是辐射系统的内能转变为辐射能的过程。而辐射体的质量之所以也同时减少，是因为有一部分质量转化为辐射场的质量了。

3. 四度动量

一个物体的质量，在不同的惯性系统中，是不同的，即质量是相对的。但是静止质量 m_0 与任何参考系统无关，是物体本身的性质。动量和能量，彼此分开也都是相对的；但是，把它们合在一起成为一个四度矢量 G_μ 的形式：

$$G_\mu = \left(\frac{m_0 \boldsymbol{v}}{\sqrt{1-\beta^2}}, \mathrm{j}\frac{m_0 c}{\sqrt{1-\beta^2}}\right)$$

就有了绝对的意义，因为

$$-\sum_{\mu=1}^{4} G_\mu G_\mu = \frac{E^2}{c^2} - G^2 = m^2 c^2 - m^2 v^2 = m_0^2 c^2 = \text{不变量} \tag{141.11}$$

4. 光子的能量、质量和动量

设想质点的能量 E 保持不变，使其速度 v 达于光速 c，并使其静止质量 m_0 减小以至于零时，这个质点就成为光子。根据量子论，光子的能量为

$$E = h\nu \tag{141.12}$$

式中 ν 为光的频率，h 为普朗克常数。于是光子的质量为

$$m = \frac{h\nu}{c^2} \tag{141.13}$$

光子的动量为

$$G = \frac{h\nu}{c} \tag{141.14}$$

质量和能量是物质的不可分割的属性，不管这个物质是处于物的状态还是处于电磁场（光）的状态。无论是光，还是物，都具有质量和能量。光和物标志着物质的基本性质。这个性质，正如列宁所着重指出的：乃是物质之作为存在于我们的意识之外的客观的实在的特性。

校者说明

严济慈先生于1960年以来，给中国科学技术大学开设“电磁学”和“电动力学”课程，亲自授课，亲自编写讲义。严老一直有将“电磁学”与“电动力学”两门课程“贯通”的想法，这体现在他所编写的讲义中。该讲义共分21章，计141节；先是油印(1960年)，后改为铅印(1961年)。1964年，严老对原电磁学讲义作了修改，删去其中涉及电动力学的内容。至20世纪80年代末期，高等教育出版社约请当时国家教委物理课程教学指导委员会刘佑昌、夏学江二位教授，以1964年的讲义为基础，参照1961年的讲义作了补充，讲述顺序上稍有变动，更新了某些内容和数据，统一采用了国际单位制(SI)。所整理的书稿于1989年10月由高等教育出版社出版，著者严济慈，书名为“电磁学”。该书保持了原讲义(电磁学部分)的体系、风格和特点，但删去了电动力学的内容，已无法体现当初严老将“电磁学”和“电动力学”贯通的思路。

中国科学技术大学出版社决定重新出版严老早期撰写的讲义。我们从校档案馆和图书馆等找到下述有关资料：

1. 1960年油印讲义下册(第7章至第21章，即第50节至第141节)；

2. 1961年铅印讲义上册(第1章至第6章，即第1节至49节)和下册(章、节次同上)；

3. 1989年高等教育出版社出版的严济慈著的《电磁学》。

为保持严老讲义的早期体系、风格和特点，出版社遂以1961年铅印讲义上册和1960年油印讲义下册为基础，照原文录入，形成校样。该校样由出版社委托我进行校订。

整个校订过程自始至终都在责任编辑和校者的密切合作下进行，其间也曾就某些问题请教过本校一些老师。校订过程中遵循的主要原则是忠实原文，维持原讲义体系、风格和特点不变，其中特别是将“电磁学”和“电动力学”贯通的思路不变。原讲义中同时使用绝对静电制、绝对电磁制、高斯单位制和国际单位制，对这一部分我们也维持原状，不作修改。好在原讲义对不同单位制之间的转换作了必要解释，这在一定程度上给读者掌握各类单位制的由来和相互转换方法提供了难得的学习机会，也不失为原讲义的特色之一。除保留原讲义的语言风格之外，还基本保留讲义中出现的科技名词和国外科学家译名。其中，凡与现代称谓或译名不同的，在其首次出现时以“校者注”的方式加以说明，指出其相应的现代称谓或译名。对于书中出现不同译名的情况，一律代之以现代译名。例如，原文同时出现“劳伦芝”、“罗伦兹”和“洛伦兹”，在校订过程中统一为“洛伦兹”。

讲义上册为铅印本，有两种标记重点方法，一种用黑体字，一种在文字下加着重号，我们均按原样保留，不另作统一处理；下册为油印本，不再出现黑体字，而是采用文字下加波浪线和加点两种方式。我们不妄揣严老的意图，仍依原样予以保留。讲义成书于 20 世纪 60 年代，书中的叙述均以当时的年代为时间基准点。例如，“最近三十年来”，是指自 20 世纪 30 年代以来。

为纠正原讲义中可能出现的一些笔误，我们在校订中参考了 1961 年铅印讲义下册和 1989 年高等教育出版社出版的教材，并对讲义中的公式推导和运算结果进行了校核。为方便读者理解本书内容，我们以“校者注”的方式，对书中个别地方作些简要诠释，供读者参考。

尽管反复校对，仍难免出现错误，其中部分来自原讲义，部分来自校者的疏忽，期盼读者批评指正。最后，对给本书校订提出宝贵意见和建议的老师表示衷心的感谢。

胡友秋

2013 年 7 月